VERHANDLUNGSBERICHTE DER KOLLOID-GESELLSCHAFT · BAND 26

Strukturen von Polymer-Systemen

(Special Edition from Progress in Colloid and Polymer Science, Vol. 57)

Vorträge und Diskussionen

Gehalten auf der 26. Hauptversammlung in Marburg vom 19. bis 21. September 1973

Herausgegeben von

PROF. DR. F. HORST MÜLLER und PROF. DR. ARMIN WEISS

Mit 298 Abbildungen, 7 Schemata und 26 Tabellen

SPRINGER-VERLAG BERLIN HEIDELBERG GMBH 1975

ISBN 978-3-662-16018-3   ISBN 978-3-7985-1795-0 (eBook)
DOI 10.1007/978-3-7985-1795-0

Erscheinungsweise: in der Regel alle 2 Jahre – Bandpreis: DM 160,–

INHALT

KOLLOID-GESELLSCHAFT E. V.

Frühere 1. Vorsitzende

1922–1943   Prof. Dr. *Wo. Ostwald* †
1949–1967   Prof. Dr. *H. Erbring*

1. Vorsitzender 1973-1975

Prof. Dr. *A. Weiss*, München

Vorstand 1973-1975

Prof. Dr. *H. Lange*, Düsseldorf
J. Steinkopff, Darmstadt (Geschäftsführung)
Prof. Dr. *A. Weiss*, München

Vorstandsrat 1973-1975

Prof. Dr. *H. P. Boehm*, München
Prof. Dr. *H. Erbring*, Bensberg
Prof. Dr. *G. Kanig*, Ludwigshafen
Prof. Dr. *F. H. Müller*, Marburg
Prof. Dr. *W. Noll*, Opladen
Prof. Dr. *W. Scheele*, Hannover
Prof. Dr. *Th. G. F. Schoon*, Würzburg
Dr. *H. Schuller*, Ludwigshafen
Prof. Dr. *E. Wolfram*, Budapest

Bisherige Hauptversammlungen

Lfd. Nr.	Jahr	Tagungsort	Vorsitzender	Thema, Tagung bzw. Berichtsband
1	1922	Leipzig	Prof. Dr. *Wo. Ostwald*	Kolloidchemie der Gegenwart
2	1923	Jena	Prof. Dr. *Wo. Ostwald*	–
3	1924	Innsbruck	Prof. Dr. *Wo. Ostwald*	Wasserbindung in Kolloiden
4	1925	Nürnberg	Prof. Dr. *Wo. Ostwald*	Experimentelle Methoden der Kolloidchemie
5	1926	Düsseldorf	Prof. Dr. *Wo. Ostwald*	Säurewirkung und Wasserstoffionenkonzentration in der reinen und angewandten Kolloidchemie
6	1927	Essen	Prof. Dr. *Wo. Ostwald*	Brownsche Bewegung und nichtflüssige disperse Systeme
7	1928	Hamburg	Prof. Dr. *Wo. Ostwald*	Gallerten und Gele
8	1930	Frankfurt/Main	Prof. Dr. *Wo. Ostwald*	Organische Chemie und Kolloidchemie
9	1932	Mainz	Prof. Dr. *Wo. Ostwald*	Filme und Fäden
10	1934	Hannover	Prof. Dr. *Wo. Ostwald*	Röntgenoskopie und Elektronoskopie von dispersen Systemen, Fäden, Filmen und Grenzschichten
11	1936	Dresden	Prof. Dr. *Wo. Ostwald*	Angewandte Kolloidchemie
12	1938	Stuttgart	Prof. Dr. *Wo. Ostwald*	Kolloidchemie und einige biologisch-medizinische Probleme
13	1941	Dresden	Prof. Dr. *Wo. Ostwald*	Struktur kolloider Systeme
14	1949	Wiesbaden	Prof. Dr. *H. Erbring*	Neue Ergebnisse der Kolloidwissenschaft
15	1951	Köln	Prof. Dr. *H. Erbring*	–
16	1953	Hamburg	Prof. Dr. *H. Erbring*	Kräfte und Strukturen bei Kolloiden
17	1955	Bad Oeynhausen	Prof. Dr. *H. Erbring*	Grenzflächenprobleme und Reaktionen im kolloiden Zustand
18	1957	Bad Oeynhausen	Prof. Dr. *H. Erbring*	Kolloidchemie makromolekularer Naturstoffe
19	1959	Bad Oeynhausen	Prof. Dr. *H. Erbring*	Anorganische Dispersoide
20	1961	Bad Oeynhausen	Prof. Dr. *H. Erbring*	Chemie und Physik der Makromoleküle
21	1963	Bad Oeynhausen	Prof. Dr. *H. Erbring*	Ordnungsstrukturen in biologischen, polymeren und kolloiden Systemen
22	1965	Bad Oeynhausen	Prof. Dr. *H. Erbring*	Polymere und Grenzschichten
23	1967	Bad Oeynhausen	Prof. Dr. *H. Erbring*	Grenzflächen und Stabilität von Dispersionen
24	1969	Heidelberg	Prof. Dr. *A. Weiss*	Grenzflächen: Grundlagen, Methoden, Anwendungen
25	1971	München	Prof. Dr. *A. Weiss*	Stabilität kolloider Systeme
26	1973	Marburg	Prof. Dr. *F. H. Müller*	Strukturen von Polymer-Systemen

Empfänger des Laura-R.-Leonhard-Preises:

1923   Prof. Dr. *Wo. Pauli* †
       Prof. Dr. *R. Zsigmondy* †
1924   Prof. Dr. *M. H. Fischer* †
1925   Prof. Dr. *H. Siedentopf* †
1926   Prof. Dr. *H. Ambronn* †
1927   Prof. Dr. *A. Lottermoser* †
1928   Prof. Dr. *H. Freundlich* †
       Sir *William Hardy* †
1929   Dr. Dr. *R. E. Liesegang* †
1930   Prof. Dr. *H. Bechhold* †
1931   *Agnes Pockels* †
1932   Prof. Dr. *P. P. von Weimarn* †
1933   Prof. Dr. *G. Wiegner* †
1935   *A. Imhausen* †
1936   Prof. Dr. *L. Ubbelohde* †
1938   Prof. Dr. *M. Samec* †
1940   Dr.-Ing. E. h. *Theodor Steinkopff* †
1941   Dr. *H. Lüppo-Cramer* †

Empfänger des Felix-Cornu-Preises:

1924   Dr. Dr. *R. E. Liesegang* †

Empfänger des Thomas-Graham-Preises:

1926   Prof. Dr. *Wo. Ostwald* †
1969   Prof. Dr. *H. Erbring*

Empfänger des Wolfgang-Ostwald-Preises:

1961   Prof. Dr. *O. Kratky*
1963   Prof. Dr. *F. H. Müller*
1965   Prof. Dr. *U. Hofmann*
1971   Prof. Dr. *W. Noll*
1973   Prof. Dr. *G. Rehage*

Empfänger des Richard-Zsigmondy-Stipendiums:

1961   Priv.-Doz. Dr. *K. Kühn*, Heidelberg
       Prof. Dr. *R. C. Schulz*, Mainz
       Prof. Dr. *K. Hummel*, Graz
1963   Prof. Dr. *H.-G. Kilian*, Ulm
       Dr. *E. Brandt*, Kiel
1965   Priv.-Doz. Dr. *W. Funke*, Stuttgart
       Prof. Dr. *K. Ebert*, Heidelberg
1969   Prof. Dr. *G. Lagaly*, Kiel
1973   Dr. *W. Borchard*, Clausthal

Verstorbene Ehrenmitglieder:

       Prof. Dr. *P. Debye*
       Prof. Dr. *M. H. Fischer*
       Prof. Dr. *M. Samec*
       Dr.-Ing. E. h. *Theodor Steinkopff*
       Prof. Dr. *The Svedberg*

Mitglieder der Kolloid-Gesellschaft
(Mitgliederstand per 15. 1. 1975: 317)

Ehrenmitglieder

Erbring, Prof. Dr. Hans, D-5060 Bensberg, Graf-von-Spee-Straße 5

Ordentliche Mitglieder

Adam, Dr. Gerold, D-7750 Konstanz, W.-Sombart-Straße 20 III

Adler, Dipl.-Ing. Klaus, Univ.-Inst. f. physikal. Chemie, D-8700 Würzburg, Markusstraße 9-11

Affeldt, Dr. H., D-6000 Frankfurt, Reuterweg 14

Albrecht, Prof. Dr. Johannes, D-8000 München 19, Bäumlstraße 11

Antweiler, Prof. Dr. H. J., D-5300 Bonn, Ölbergstraße 7

Ara, Dr. Antonio, Calle Sanclemente 7 y 9, Zaragoza (Spanien)

Awad, Dr. Aida, Assiut University, Faculty of Science, Chemistry Department, Assiut (Ägypten)

Baaz, Dr. Katharina, Institut f. chem. Technologie organischer Stoffe T. H., Karlsplatz 13, A-1040 Wien

Baltá Calleja, Dr. F. J., Instituto de Quimica Fisica „Rocasolano", Serrano 119, Madrid 6 (Spanien)

Balzer, Dr. Dieter, D-4010 Hilden, Steinauerstraße 77

Barthell, Dr. E., D-4150 Krefeld, Minkweg 18a

Bartunek, Dr. Richard, D-8761 Mechenhard, Am Sonnenberg 11

Bartusch, Dr. Werner, D-8000 München 13, Winzererstraße 50

Baumann, Dr. Helmut, D-4630 Bochum, Grillostraße 4

Beck, Dr. Karlheinz Hanns, Brändli 1484, Heerbrugg-Widnau, Kt. St. Gallen (Schweiz)

Beckmann, Dr. Heinrich, D-5308 Rheinbach, Waldblick 17

Behre, Dr. Johannes, D-2000 Hamburg 64, Rollfinckstieg 23

Beisecker, Dr. Dieter, D-4134 Rheinberg, Ritterstraße 3

Beneke, Klaus, Univ.-Inst. f. anorgan. Chemie, D-2300 Kiel, Olshausenstrasse 40-60

Bergna, Dr. Horacio E., 34 Vining Lane, West Park, Wilmington, Delaware 19807 (USA)

Bergseth, Dr. Harald, Chemisches Institut d. Landwirtschaftl. Hochschule Norwegens, Vollebekk (Norwegen)

Beutelspacher, Dr. H., D-3300 Braunschweig, Bundesallee 50

Boehm, Prof. Dr. H. P., D-8000 München 2, Meiserstraße 1

Bonart, Prof. Dr. Richard, TU Berlin, Institut für nichtmetallische Werkstoffe – Polymerphysik, D-1000 Berlin 12, Englische Straße 20

Borchard, Dr. Werner, D-3392 Clausthal-Zellerfeld 3, an der Ziegelhütte 7

Brandt, Dr. Erik, D-2300 Kiel 1, Ripener Weg 29

Braun, Prof. Dr. Dietrich, D-6100 Darmstadt-Arheilgen, Jakob-Jung-Straße 56

Breitenbach, Prof. Dr. J. W., Währingerstraße 42, A-1090 Wien

Broese, Dr. Siegfried W., D-5024 Pulheim, Nordring 37

Budde, Dr. Klaus, D-6090 Rüsselsheim, Mainzer Straße 85

Burkhardt, Dr. Ernst, D-6230 Frankfurt 80, Sossenheimer Weg 28

Corte, Dr. Herbert, D-5670 Opladen, Am Wasserturm 12

Cremer, Prof. Dr. Erika, Innrain 52a, A-6020 Innsbruck

Damm, Dr. Klaus, D-5600 Wuppertal-Elberfeld, Am Freudenberg 13

Davidescu, Dr. Yvette, B-dul Republicii 177, Bukarest (Rumänien)

Dervichian, Dr. D. G., Institut Pasteur, Avenue du Docteur Roux, F-75 Paris XV

Dialer, Prof. Dr. Kurt, D-8000 München 83, Spalatinstraße 41

Diemair, Prof. Dr. Dr. Willibald, D-6000 Frankfurt/Main-Niederrad, Reichsforststraße 36

Dobry-Duclaux, Frau Dr. A., 39, rue de l'Arbalète, F-75 Paris V

Dövener, Dr. Dierk, D-6701 Ellerstadt, Sonnenbergstraße 5

Ebert, Prof. Dr. Gotthold, D-3550 Marburg, Gisselberger Straße 49

Ebert, Prof. Dr. Klaus, D-6900 Heidelberg 1, Werderstraße 1

Edelmann, Dr. Kurt, Via Tuarga 6, CH-7013 Domat/Ems, GB

von Eichborn, Dr. Johann Ludwig, D-2000 Hamburg 73, Falkenburger Ring 20

Ekwall, Prof. Dr. Per, Ytkemiska Laboratoriet, IVA:s försöksstation, Drottning Kristinas väg 47, S-114-28 Stockholm

Elßner, Dr. Richard, D-5138 Heinsberg-Randerath, Martin-Jansen-Straße 51

von Engelhardt, Prof. Dr. Wolf, D-7400 Tübingen, Wilhelmstraße 56

Fikentscher, Dr. Hans, D-6702 Bad Dürkheim, Holzweg 75

Fitz, Stephan, D-8000 München 2, Meiserstraße 1

Flaig, Prof. Dr. Wolfgang, D-3300 Braunschweig, Bundesallee 50

Flumiani, Prof. Dr. Gilbert, Philosophische Fakultät, Skoplje (Jugoslawien)

Forslind, Prof. Dr. Erik, Inst. Fysikalisk Kemi, Kungl. Tekniska Högskolan, S-114-70 Stockholm

Forst, Prof. Dr. August W., D-8000 München 80, Schönbergstraße 12

Franck, Prof. Dr. Heinrich, DDR-111 Berlin-Niederschönhausen, Heinrich-Mann-Straße 20

Freyer, Dr. Peter, D-2300 Kiel 14, Pottberghöhe 1

Freytag, Dr. Hans, D-6100 Darmstadt, Riedeselstraße 10

Funcke, Priv.-Doz. Dr. Werner, D-7250 Leonberg, Liststraße 17

Fürniss, Dr. Peter, D-6901 Eppelheim, Adalbert-Stifter-Straße 11

Garcia Fernandez, Prof. Dr. Serafin, Nucleo Universitario de Pedralba, Barcelona 14 (Spanien)

Gast, Apotheker Werner, D-4132 Kamp-Lintfort, Montplanelstraße 5

Gehatia, Priv.-Doz. Dr. Theodor M., 5749 Seven Gables Avenue, Dayton, Ohio 45426 (USA)

Gessner, Prof. Dr. Hermann, Stockenstraße 107, CH-8022 Kilchberg b. Zürich

Ghosh, Prof. Dr. S., Chemical Laboratories, University of Allahabad, Allahabad 2 (Indien)

Gille, Dr. Fritz, D-4033 Hösel, Bahnhofstraße 116

Gohr, Doz. Dr. Dr. Hans, D-5350 Eiserberg über Euskirchen, Hauptstraße 2

Götte, Dr. Ernst, D-4030 Ratingen-Tiefenbroich, Angermunder Weg 37

Grasenick, Dr. Fritz, Rechbauerstraße 12, A-8020 Graz

Grassmann, Prof. Dr. Wolfgang, D-8036 Herrsching, Gachenaustraße 21

Groh, Dr. Julius, Châlet Breitfeld, CH-1722 Bourguillon

Groh, Dr. Marguerite, Châlet Breitfeld, CH-1722 Bourguillon

Hamann, Prof. Dr. Karl, D-7000 Stuttgart 1, Wiederholdstraße 10

Hansen, Dr. Albert, Statens Seruminstitut, Amager Boulevard 80, Kopenhagen S (Dänemark)

Härtel, Dipl.-Ing. Chem. Martin, D-5340 Bad Honnef 1 (Rhöndorf), Eulenhardtweg 4

Helferich, Prof. Dr. Burckhardt, D-5300 Bonn, Bonner Talweg 66

Heller, Prof. Dr. Siegfried, Medizinische Forschungsanstalt MPG, D-3400 Göttingen, Planck-Straße 10

Hellmuth, Dr. Eckhard W., 3 East 55th Terrace, Kansas City, Mo. 64113 (USA)

Henning, Dr. Otto, DDR-53 Weimar, Freiherr-vom-Stein-Allee 24

Hermann, Dr. Rolf, D-8000 München 90, Hellabrunner Straße 1

Herminghaus, Dr. Helmut, D-5804 Herdecke, Wetterstraße 49

Herzog, Alfred, Univ.-Inst. f. anorg. Chemie, D-8000 München 2, Meiserstraße 1

Heusch, Dr. Rudolf, D-5000 Köln 80, Morgengraben 12

Hilke, Dr. Klaus-Jürgen, D-5102 Würselen, Wolfgang-Borchert-Straße 9

Hofmann, Prof. Dr. Ulrich, D-6900 Heidelberg, Tischbeinstraße 42

Holland-Moritz, Dr. K., D-5090 Hürth, Deutscher Ring 6

Horn, Dr. Dieter, D-6900 Heidelberg, Görresstraße 81

Hosemann, Prof. Dr. R., D-1000 Berlin 33, Schorlemerallee 26a

Hummel, Prof. Dr. Klaus, Plüddemanngasse 71, A-8010 Graz

Imhausen, Prof. Dr. Karl-Heinz, D-7630 Lahr, Kaiserstraße 95

Jäckel, Dr. Karl, D-6800 Mannheim-Lindenhof, Kalmitstraße 18

Janeschitz-Kriegl, Dr. H., Landstetnerbocht 25, Delft (Holland)

Jasmund, Prof. Dr. K., D-5000, Köln-Lindenthal, Kerpener Straße 4

Jodl, Dipl.-Chem. Richard, D-5023 Lövenich, Am Heidstamm 81

Joly, Dr. Maurice, 55, rue Lacordaire, F-75015 Paris

Jost, Dr. Frantisek, D-4000 Düsseldorf, Hügelstraße 30

Junghanss, Dr. Helmut P., D-4100 Duisburg, Zieglerstraße 58

Kalauch, Dr. Carl, DDR-705 Leipzig, Harnackstraße 9

Kamm, Dipl.-Phys. Gerhard, D-3508 Melsungen, Altstadt 12

Kanig, Prof. Dr. Gerhard, D-6700 Ludwigshafen, Saarlandstraße 40

Kassenbeck, Dir. Dr. Paul, Fraunhofer-Inst. f. angew. Mikroskopie, Photographie und Kinematographie, D-7500 Karlsruhe-Waldstadt, Breslauer Straße 48

Kast, Prof. Dr. Wilhelm, D-7800 Freiburg, Kybfelsenstraße 48

Katsurai, Prof. Dr. Tominosuke, 476, Shimo-ochiai 1-chome, Shinjuku-ku, Tokyo (Japan)

Kausch, Dr. H. H., Battelle Institut e.V., D-6000 Frankfurt 90, Am Römerhof 35

Kern, Dr. Rudolf, D-6736 Hambach, Winterbergstraße 3

Kern, Prof. Dr. Werner, D-6500 Mainz, Universität, Institut für Organische Chemie

Kiessig, Dr. Heinz, D-7016 Gerlingen 2, Finkenweg 30

Kilian, Prof. Dr. Hanns-Georg, D-7900 Ulm, Beyerstraße 37

Kiyek, Dipl.-Ing. H., Univ.-Inst. f. physikal. Chemie, D-8700 Würzburg, Markusstraße 9–11

Klein, Dipl.-Chem. Hermann, D-5000 Köln 30, Arnimstraße 32

Kleinschmidt, Prof. Dr. Albrecht, Universität Ulm, Abt. Mikrobiologie I, D-7900 Ulm, Oberer Eselsberg

Kleinstein, Dipl.-Chem. Ana, Catedra de chimie fizică, Strada 23 August Nr. 11, Jaşi (Rumänien)

Klemm, Prof. Dr. Wilhelm, D-4400 Münster, Theresiengrund 22

Klette, Dr. Hermann, D-8000 München-Pasing, Lützowstraße 40

Kling, Dr. Walter, D-4000 Düsseldorf-Eller, Vennhauser Allee 40

Knappwost, Prof. Dr. A., D-2000 Hamburg 13, Laufgraben 24

Knözinger, Priv.-Doz. Dr. Helmut, D-8000 München 90, Alpenstraße 18 III

Koeck, Dr. Wolfgang, D-6000 Frankfurt-Süd, Waidmannstraße 11

Kohlschütter, Prof. Dr. H. W., D-6100 Darmstadt, Annastraße 19

Koppe, Dr. Paul, D-4430 Mülheim, Parsivalstraße 32d

Koppelmann, Prof. Dr. Jan, Montanistische Hochschule, A-8700 Leoben

Kosfeldt, Prof. Dr. Robert, D-5100 Aachen, In den Atzenbenden 30

Krämer, Dr. Karl-Heinz, D-6200 Wiesbaden-Bierstadt, Dorrlochstraße 15

Kratel, Dr. Rudi, D-7016 Gerlingen 2, Fritz-von-Grävenitz-Straße 23

Kratky, Prof. Dr. Oskar, Weltendorfer Hauptstraße 76 E, A-8010 Graz

Krléza, Prof. Dr. Franjo, Lenjinova 9/IV, Sarajewo (Jugoslawien)

Krücke, Dipl.-Chem. Edgar, D-3406 Bovenden üb. Göttingen, Kastanienweg 3

Kurzendörfer, Dr. Claus-Peter, D-4019 Monheim, Kapellenstraße 7

Lagaly, Prof. Dr. Gerhard, Univ.-Inst. f. anorgan. Chemie, D-2300 Kiel, Olshausenstr. 40–60, Haus N 13a, N 13b

Lange, Dr. Burkhart, Rennweg 100, CH-4000 Basel

Lange, Prof. Dr. Hermann, D-4018 Langenfeld, Beethovenstraße 11

László, Dr. Zoltán, Sallai Imre u. 41, Budapest XIII (Ungarn)

Lehmann, Prof. Dr. Hans, D-3380 Goslar, Oberer Triftweg 28

Lohs, Dr. Karl-Heinz, DDR-1115 Berlin-Buch, Lindenberger Weg 70

Lüdde, Dr. K. H., Löwen-Apotheke, DDR-53 Weimar, Güldeplatz 1

Lyklema, Prof. Dr. J., Laboratorium voor Fysische en Kolloidchemie der Landbouwhogeschool, De Dreyen 6, Wageningen (Holland)

Malss, Dr. Hellmuth, D-4000 Düsseldorf-Oberkassel, Cheruskerstraße 36

Martin Sauras, Prof. Dr. Juan, Calvo Sotelo 25, Zaragoza (Spanien)

Matijević, Prof. Dr. Egon, 94 Market Street, Potsdam, N.Y., 13676 (USA)

Matthes, Prof. Dr. A., DDR-45 Dessau, Kiefernweg 6

Medina Romero, Ing. Antonio, C/Aben-Humeya 10, Granada (Spanien)

Meskat, Dr. Walter, D-5090 Leverkusen 3, Mühlenweg 90a

Metzger, Dr. Gisela, DDR-40 Halle, Mühlpforte 1

Milićka, Dr. Lubomir, Smeralova 2, Bratislava (ČSSR)

Mitra, Dr. S. P., Sheila Dhar Institute of Soil Science, University of Allahabad, 2-D Beli Road, Allahabad (Indien)

Moeller, Dr. August, D-6230 Frankfurt-Rödelheim, In der Au 28

Moll, Dr. Walter, D-3030 Walsrode, Schulstraße 18

Moravek, Prof. Dr. Vladimir, Kotlarska 2, Brno (ČSSR)

Morlock, Dr. Gerhard, c/o Degussa Wolfgang, Abt. FC-P, D-6450 Hanau, Postfach 602

Müller, Prof. Dr. F. Horst, D-3550 Marbach/Marburg, Schulstraße 26

Nemetschek, Prof. Dr. Theobald, D-6900 Heidelberg, Hildastraße 24

Netter, Prof. Dr. Hans, D-2300 Kiel, Waitz-Straße 4

Neumann, Prof. Dr. A. W., 76 Ayrault Drive, North Tonananda 14120, N.Y. (USA)

Noll, Prof. Dr. Walter, D-5670 Opladen, Am Wasserturm 15A

Ohlenbusch, Prof. Dr. Hans-Dieter, D-5100 Aachen, Maria-Theresia-Allee 219

Otero Aenlle, Prof. Dr. Enrique, Universidad, Facultad de Farmacia, Barcelona (Spanien)

Ottewill, Prof. Dr. R. H., School of Chemistry, Bristol University, Bristol B S 8 1 TS (Großbritannien)

Patat, Prof. Dr. F., D-8000 München 2, Arcisstraße 21

Peterlin, Prof. Dr. Anton, Research Triangle Institute, P.O. Box 12194, Research Triangle Park, Durham, N.C. 27709 (USA)

Peschel, Priv.-Doz. Dr. G., Univ.-Inst. f. physik. Chemie, D-8700 Würzburg, Markusstraße 9–11

Peters, Dr. Freimut, D-5800 Hagen, Brahmsstraße 21

Pfefferkorn, Prof. Dr. Gerhard, D-4400 Münster, Habichtshöhe 12

Pfeiffer, Dr. Hans H., D-2800 Bremen I, Pagentorner Straße 7

Pich, Dr. Josef, C.Sc., Zahradni město-Zăpaol č.2802, Praha 10 (ČSSR)

Pieper, Dr. Luise, D-1000 Berlin 20, Grünhofer Weg 45

Pohle, Dr. Hans, D-5670 Opladen, Am Weidenbusch 33

Prosch, Dr. Werner, D-5810 Witten, Schulstraße 49

Pucherna, Dir. Dr. Jaroslav, Sdruženi Cukrovar ů, Výzkumný Ustav Cukrovarnický Ředitel, Praha (ČSSR)

Quadvlieg, Dr. Mathieu, D-5300 Bonn-Bad Godesberg, Andreasstraße 32

Rechmann, Dr. Heinz, D-5670 Opladen, Obere Straße 16

Rehage, Prof. Dr. G., Inst. f. physik. Chemie TU, D-3392 Clausthal-Zellerfeld, Ad.-Römer-Straße 2A

Reinwald, Dr. Elmar, D-4000 Düsseldorf-Wersten, Werstener Dorfstraße 110

Reitstötter, Prof. Dr. Dr. Josef, D-8000 München 13, Elisabethstraße 31

Reske, Prof. Dr. Günter, D-6000 Frankfurt 50, Marbachweg 86

Revallier, Dr. L. J., Centraal Laboratorium, Staatsmijnen in Limburg, Geleen (Holland)

Rupprecht, Dr. Herbert, D-8000 München 13, Elisabethstraße 73I

Ruska, Prof. Dr. Ernst, D-1000 Berlin 33, Falkenried 7

Sachsse, Prof. Dr. Hans, D-6200 Wiesbaden, Regerstraße 1

Saechtling, Dr. Hans-Jürgen, D-6000 Frankfurt 70, Wilhelm-Beer-Weg 103

Saito, Dr. Shuji, Momotani Juntenkan Ltd., Minatoku, Osaka (Japan)

Sandera, Prof. Dr. K., Výzkumný Ustav Cukrovarnický, Modrany, Masarykova 76, Praha (ČSSR)

Sappok, Dr. Reinhard, D-6900 Heidelberg 1, Langgarten 15

Sato, Prof. Dr. Koichi, 2-chome Shibuya-ku, Higashi 8-7, Tokyo (Japan)

Sauerwald, Prof. Dr. H., Univ.-Inst. f. physikal. Chemie, DDR-40 Halle

Schaaffs, Prof. Dr. Werner, D-1000 Berlin 13, Im Heidewinkel 3

Schade, Dr. Herbert, DDR-422 Leuna, Franz-Lehmann-Straße 24

Schäfer, Prof. Dr. Herbert, Eduard-Zintl-Institut THD, D-6100 Darmstadt, Hochschulstraße 4

Scharrer, Dr. Erich, D-5101 Mulartshütte, Schnackebuschstraße

Scheele, Prof. Dr. Walter, D-3000 Hannover-Kirchrode, Diedenhofener Straße 14

Scheludko, Prof. Dr. A., Bulgar. Akademie der Wissenschaften, Institut für physikalische Chemie, Sofia 13 (Bulgarien)

Schempp, Dr. W., Institut für makromolekulare Chemie THD, D-6100 Darmstadt, Alexanderstraße 24

Schindler, Prof. Dr. Paul, Univ.-Inst. f. anorganische Chemie, Freiestraße 3, CH-3000 Bern

Schlüter, Dr. Herbert, D-4370 Marl-Drewer, Hessische Straße 4

Schmid, Prof. Dr. Gerhard, D-5060 Bensberg, Kardinal-Schulte-Straße 30

Schmidt, Dr. Herbert, D-2000 Hamburg-Wellingsbüttel, Saturnweg 16

Schöllhorn, Dr. Robert, D-8000 München 2, Meiserstraße 1

Scholz, Dr. Werner, D-6904 Ziegelhausen, Schönauer Abteiweg 5

Schoon, Prof. Dr. Th. G. F., Univ.-Inst. f. physikal. Chemie, D-8700 Würzburg, Markusstraße 9–11

Schramm, Dr. Georg, D-8021 Großhesselohe, Karwendelstraße 9

Schuller, Dr. Helmut, D-6700 Ludwigshafen, Freinsheimer Straße 30

Schultze, Prof. Dr. Georg R., D-3000 Hannover 1, Gerlachstraße 24

Schulz, Prof. Dr. Rolf C., D-6100 Darmstadt, Alexanderstraße 24

Schulz, Dr. Richard, D-4800 Bielefeld, Postfach 7540

Schurz, Prof. Dr. Dr. J., Univ.-Institut für Physikalische Chemie, Heinrichstraße 28, A-8010 Graz

Schwabe, Prof. Dr. Kurt, DDR-7301 Meinsberg üb. Döbeln

Schwiete, Prof. Dr. Hans Ernst, D-5100 Aachen, Drimbornallee 253

Schwiete, Dr. R., D-6084 Gernsheim, Mainzer Straße 35

Schwuger, Dr. Milan Joh., D-5657 Haan, Sauerbruchstraße 18

Sell, Dr. P.-J., Institut für Physik und Chemie der Grenzflächen, D-7000 Stuttgart S, Römerstraße 32a

Singh, Dr. Mahendra Kumar, Kolloidbiologisches Forschungslabor, D-2000 Hamburg 20, Martinistraße

Sippel, Dr. Arnulf, D-7800 Freiburg, Weddigenstraße 3

Sliwka, Dr. Wolfgang, D-6940 Weinheim, Diemstraße 8

Smolka, Dr. Heinz G., D-4018 Langenfeld, Karlstraße 2a

Springer, Prof. Dr. Jürgen, D-1000 Berlin 38, An den Hubertushäusern 3e

Spurný, Prof. Dr. Křetoslav, Fraunhofer-Institut für Aerobiologie, D-5949 Grafschaft (Sauerland)

Stampe, Dr. Gerhard, D-2400 Lübeck, Wakenitzstraße 56

Stanislaus, Dr. Fritz, D-8000 München 2, Halserspitzstraße 12

Stauff, Prof. Dr. Joachim, D-6100 Darmstadt, Briegelweg 21

Steenken, Dr. Gerhard, D-5161 Berzbuir-Düren, Auf der alten Kirche 3

Steinbach, Dr. Hans-Horst, D-5072 Schildgen, Im Birkelshof 1

Steinkopff, Verlagsbuchhändler Jürgen, D-6100 Darmstadt, Zimmerstraße 13

Störzbach, Wolfram, c/o Kinematica GmbH, Steinhofhalde, CH-6005 Luzern

Strauch, Dr. Georg, D-4150 Krefeld, Minkweg 42

Sucker, Dr. Christian, D-5072 Schildgen, Hoppersheider Busch 6

Szántó, Dr. Ferenc, Aradi Vértanúk tere 1, Szeged (Ungarn)

Tamamushi, Prof. Dr. Bun-ichi, Nezu Chemical Institute, Musashi University, 1–26 Toyotama-kami, Nerimaku, Tokyo (Japan)

van den Tempel, Dr. M., Unilever Research Laboratory, Olivier van Noort Laan 120, Vlaardingen (Holland)

Tewari, Dr. Swarup Narain, 15 Taj Road, Agra (Indien)

Težak, Prof. Dr. Božo, Postfach 131, Zagreb (Jugoslawien)

Thiele, Prof. Dr. Heinrich, D-2300 Kiel 1, Olshausenstraße 40–60, Neue Universität-Kolloidchemie

Tönges, Dipl.-Chem. Carl-Heinz, D-5657 Haan, Dieselstraße 12

Traitteur, Dr. Heinz, D-8016 Heimstetten, Feldkirchner Straße 15

Tschapek, Prof. Dr. Max, Instituto de Edafologia e Hidrologia, Av. Alem. 925, Bahia Blanca (Argentinien)

Ullmann, Prof. Dr. Elsa, D-8000 München 71, Sambergerstraße 6

Ulmann, Prof. Dr. M., Institut für Ernährung, DDR-1505 Potsdam-Rehbrücke

Unger, Prof. Dr. Klaus, Zintl-Institut für Anorganische und Physikalische Chemie der THD, D-6100 Darmstadt, Hochschulstraße 4

Vavruch, Doz. Dr. Istvan, Ciba-Geigy Photochemie AG Forschungszentrum Marly, CH-1701 Fribourg

Vitzthum, Dr. Otto, D-2800 Bremen 1, Hagstraße

Walter, Dr. G., D-6374 Steinbach, Hessenring 75

Walther, Dipl.-Chem. Horst, D-7890 Waldshut-Eschbach, Panoramaweg 24

Wannow, Dr. Hans Andreas, D-7813 Staufen i. Br., Tunselweg 28

Weber, Dr. Eva, D-4200 Oberhausen-Holten, Hölzstraße 5

Weiss, Prof. Dr. Armin, D-8000 München 2, Meiserstraße 1

Weiss, Dr. Willy, D-5400 Koblenz, Roonstraße 8

Welfers, Dr. Egi, D-6231 Niederhofheim, Kirchstraße 2

Wenning, Dr. Heinrich, D-5170 Jülich-Barmen, Auf dem Berg 8

Wiedemann, Dr. Erwin, Heubenstraße 5, CH-4125 Riehen

Wiegel, Dr. Ernst, D-3300 Braunschweig, Bortfelder Stieg 7

Wijnen, Dr. M. D., Philips'Gloeilampenfabrieken, Bibliotheekcentraale, Eindhoven (Holland)

Wild, Dr. Hellmuth, DDR-7027 Leipzig, Wasserturmstraße 72

Wirth, Dr. Hans, D-6368 Bad Vilbel, Eifelweg 7

Wittich, Erich K. H., 8033 Planegg, Postfach 161

Wolf, Dr. Friedrich, DDR-7031 Leipzig, Karl-Heine-Straße 4b

Wolfram, Prof. Dr. E., Puskin-u. 11/13, Budapest VIII (Ungarn)

Zahn, Prof. Dr. Helmut, D-5100 Aachen, Siegelallee 19

Zeil, Prof. Dr. Werner, D-7406 Mössingen b. Tübingen, Aiblestraße 10

Zichy, Erno L., 19 The Holdings, Hatfield, Herts. AL9 5HH (England)

Zocher, Prof. Dr. Hans, Laboratorio da Producão Mineral, Avenida Pasteur 404, Rio de Janeiro (Brasilien)

Korporative Mitglieder

Akzo-Chemie GmbH, D-5160 Düren, Postfach 164

Arbeitsgemeinschaft für Getreideforschung, D-4930 Detmold, Am Schützenberg 9

BASF, Badische Anilin- und Soda-Fabrik AG, Hauptlaboratorium, D-6700 Ludwigshafen, Postfach

Bayer AG, D-5090 Leverkusen-Bayerwerk, Postfach

P. Beiersdorf & Co. AG, D-2000 Hamburg 20, Unnastraße 48

Bibliothek der Chemischen Institute der Technischen Universität, D-1000 Berlin 12, Straße des 17. Juni 135

Bibliothek der Leuna-Werke, Chemiewerke Walter Ulbricht, DDR-422 Leuna

Bibliothek der Rheinisch- Westfälischen Technischen Hochschule, D-5100 Aachen, Wüllnerstraße

Bibliothek der Technischen Universität, D-3000 Hannover, Am Welfengraben 1

Bibliothek der Universität Fridericiana, D-7500 Karlsruhe, Kaiserstraße 12

Bundesanstalt für Materialprüfung, D-1000 Berlin 33, Unter den Eichen 87

Ceresit-Werke GmbH, D-4750 Unna, Friedrich-Ebert-Straße 32

Chemische Fabrik von Heyden GmbH, D-8000 München 19, Volkardstr. 83

Chemische Fabrik Kalk GmbH, D-5000 Köln-Kalk, Kalker Hauptstraße 22

Chemische Fabrik Stockhausen & Cie., D-4150 Krefeld, Bäkerpfad 25

Chemische Werke Hüls AG, D-4370 Marl, Postfach

Chemisches Institut der Humboldt-Universität, DDR-104 Berlin, Hessische Straße 1/2

Chemisches Staatsinstitut, D-2000 Hamburg 36, Jungiusstraße 7

Chemstrand Research Center, Inc., Library, Durham, N.C. (USA)

Consortium für elektrochemische Industrie GmbH, D-8000 München 25, Zielstattstraße 20

Continental Gummi-Werke AG, D-3000 Hannover 1, Continentalhaus

Dalli-Werke Mäurer & Wirtz, D-5190 Stolberg, Postfach

DECHEMA, Deutsche Gesellschaft für chemisches Apparatewesen e.V., D-6000 Frankfurt 1, Rheingau-Allee 25, Postfach 7746

DEGUSSA, D-6000 Frankfurt 1, Postfach 3993

Deutsche Gesellschaft für Lackforschung e.V., D-6300 Gießen, Postfach

Deutsche Vakuumapparate Dreyer & Holland-Merten GmbH, DDR-47 Sangerhausen, Postfach

Deutsches Kunststoffinstitut, D-6100 Darmstadt, Schloßgartenstraße 6R

Dow Corning GmbH, D-8000 München 50, Pelkovenstraße 152

Dunlop AG, D-6450 Hanau, Postfach 129

Dynamit Nobel AG, D-5210 Troisdorf, Postfach

Emser Werke AG, CH-7013 Domat-Ems GB

Enka Glanzstoff GmbH, D-5600 Wuppertal 1, Postfach

Erz- und Kohleflotation GmbH, D-4630 Bochum 5, Postfach 397

Farbwerke Hoechst AG, D-6230 Frankfurt 80, Postfach

Fraunhofer-Institut für Silikatforschung, D-8700 Würzburg, Neunerplatz 2

Carl Freudenberg, Lederfabrik, D-6940 Weinheim, Postfach 189

Geologische Landesanstalt der Deutschen Demokratischen Republik, DDR-104 Berlin, Invalidenstraße 44

Gmelin-Institut, D-6000 Frankfurt 90, Varrentrappstraße 42, Postfach 13369

Henkel & Cie. GmbH, D-4000 Düsseldorf 1, Henkelstraße 67

Hoffmann-La Roche AG, D-7887 Grenzach

Institut für angewandte Mikroskopie, Photographie und Kinematographie der Fraunhofer-Gesellschaft e.V., D-7500 Karlsruhe-Waldstadt, Breslauer Straße 48

Institut für physikalische Chemie und Kolloidchemie der Universität Köln, D-5000 Köln, Severinswall 34

Kali-Chemie AG, D-3000 Hannover 1, Hans-Böckler-Allee 20

Kunststoffe und Kautschuk Institut T.N.O., Schoenmakerstraat 97, Postbus 71, Delft (Holland)

Dr. Madaus & Co., D-5000 Köln 91, Postfach 932001

E. Merck, D-6100 Darmstadt 2, Postfach 4119

Meßgerätewerk Lauda Dr. R. Wobser KG, D-6970 Lauda, Postfach 140

Osram GmbH, D-8000 München 90, Hellabrunner Straße 1

Röhm GmbH, Chemische Fabrik, D-6100 Darmstadt, Postfach 4166

Sichel-Werke GmbH, D-3000 Hannover-Linden, Postfach

Société de la Viscose Suisse, CH-6020 Emmenbrücke

Süddeutsche Chemiefaser AG, D-8420 Kelheim, Postfach

Süddeutsche Kalkstickstoff-Werke AG, D-8223 Trostberg, Postfach

VEB Schimmel, VVB Organisch-chemische Industrie, DDR-7154 Miltitz

Carl Schleicher & Schüll, Pachtbetrieb der Büttenpapierfabrik Hahnemühle GmbH, D-3352 Einbeck, Postfach

Verlag Theodor Steinkopff, DDR-8053 Dresden, Loschwitzer Straße 32, Postfach 20

Výzkumný Ustav Cukrovarnický, Modrany, Masarykova 76, Praha (ČSSR)

Wacker-Chemie GmbH, D-8000 München 22, Prinzregentenstraße 22

Wintershall AG, D-3500 Kassel, August-Rosterg-Haus

Zinkweiß-Forschungsgesellschaft mbH, D-4200 Oberhausen, Schwartzstraße 72, Postfach 622

PROGRESS IN COLLOID AND POLYMER SCIENCE

Fortschrittsberichte über Kolloide und Polymere
Supplements to "Colloid and Polymer Science" · Continuation of „Kolloid-Beihefte"

Vol. 57   1975

Bericht über die 26. Hauptversammlung der Kolloid-Gesellschaft e.V. vom 19.–21. September 1973 in Marburg/Lahn

Von A. Weiss (München)

Begrüßungsabend

Am Abend des 18. September 1973 versammelten sich die bereits in Marburg eingetroffenen Tagungsteilnehmer zu einem Begrüßungsabend im Stadthallen-Restaurant, nachdem zuvor Vorstand und Vorstandsrat im Kurhotel Ortenberg zu einer turnusmäßigen Sitzung zusammengetroffen waren.

1. Sitzungstag

am Mittwoch, dem 19. September 1973, im Hörsaalgebäude des Fachbereichs Chemie der Universität Marburg auf den Lahnbergen.

Beginn: 9.15 Uhr.
Vorsitzender: Herr *F. H. Müller.*
Tagungsteilnehmer: rd. 180 Personen.

Herr *F. Horst Müller* eröffnete die Versammlung als Gastgeber und Tagungsleiter mit folgenden Worten:

Meine Damen und Herren

Ich heiße Sie zur 26. Wissenschaftlichen Hauptversammlung im Namen der Kolloid-Gesellschaft herzlich willkommen. Wir freuen uns ganz besonders, daß diesmal die Tagung in Marburg stattfindet.

Wir sind sicher, daß wir auch diesmal Interessantes hören und anregende Diskussionen haben. Ich darf schon hier im voraus allen Herren Vortragenden, die uns an diesen zweieinhalb Tagen in Übersichtsvorträgen aus ihren Erfahrungen und in Spezialreferaten von ihren Forschungsergebnissen berichten werden, begrüßen.

Unser Gruß gilt ebenso unseren Teilnehmern und Gästen, die in alter Verbundenheit aus nah und fern zu uns gekommen sind. Wir freuen uns hierüber. Wir freuen uns auch besonders über unsere Gäste aus dem Ausland: aus Frankreich, England, den Niederlanden,

Norwegen, Österreich, Schweiz und den USA. Leider haben wir nicht gewußt, daß Einladungen nach den Ostländern, z.B. nach Ungarn, sehr frühzeitig erfolgen müssen, um die Tagungsbesuche einplanen zu können. So war es leider für unseren Freund, Herrn *Wolfram* aus Budapest, diesmal nicht möglich, seine Teilnahme hier zu verifizieren.

Unsere Gesellschaft wurde 1922 von *Wolfgang Ostwald* gemeinsam mit einigen Fachkollegen in Leipzig gegründet. Wir feiern also mit dieser Tagung zugleich das 50jährige Bestehen dieser Gesellschaft – mit einem Jahr Verspätung wegen des zweijährigen Tagungsturnus.

Es ist in diesem Kreis nicht notwendig zu wiederholen, was man unter Kolloid-Wissenschaft versteht. Wie sehr die Kolloid-Wissenschaft mit ihrer umfangreichen Themenstellung, die über viele Disziplinen hinweggreift, auch heute noch bzw. gerade heute wieder aktuell ist, habe ich zusammen mit dem Vorsitzenden unserer Gesellschaft, Herrn *Armin Weiß*, in ein paar Worten zu Beginn des Jahres und damit zu Beginn des 250. Bandes der Kolloid-Zeitschrift & Zeitschrift für Polymere, der Zeitschrift unserer Gesellschaft, dargelegt.

Charakteristisch für unsere Wissenschaft ist es, daß sie die Dinge unter vielen Aspekten sieht und daß sie über Einzeldisziplinen hinweggreift. Daher kommt es auch, daß sich bei unseren Tagungen stets ein Kreis Wissenschaftler aus den unterschiedlichsten Richtungen trifft. Chemiker und Physiker, Biologen, Pharmazeuten und Mediziner, sie alle finden sich zusammen, um miteinander zu sprechen. Das ist heute mehr denn je notwendig, denn diese übergreifenden Diskussionen findet man auf den meisten Tagungen – vor allem auf den nicht sehr großen Tagungen – heute selten oder kaum. Gerade in kleineren Kreisen werden Themen meist sehr spezialisiert behandelt. Diese überdisziplinäre Zusammenarbeit ist eines der Ziele, die die Kolloid-Gesellschaft verfolgt.

Die Themen der beiden vorangegangenen Tagungen betrafen: Grenzflächenverhalten und Stabilität von Kolloid-Systemen. Das ist der eine Hauptaspekt der Kolloid-Wissenschaft: die Rolle der Grenzfläche und der besonderen Wirkungen, die bei hoher Zerteilung von Materie eine Rolle spielen. Die beiden vorgenannten Punkte betrafen damit vornehmlich diese eine Seite des Gebietes.

Unser Thema ist diesmal der anderen Seite gewidmet, es heißt: Strukturen, hier insbesondere Strukturen von Polymer-Systemen. Wir wollen das Thema im weitesten Sinne aufgegriffen sehen. Unter polymerer Materie versteht man bekanntlich solche aus großen, meist extrem großen Molekülen von organischem Bau. Wir schließen jedoch die anorganischen „Polymere" ein. Wir interessieren uns ferner für die Gestalt des einzelnen Makromoleküls und für die Zusammenlagerung dieser Moleküle, für die Ordnungszustände, die auftreten und möglich sind. Und wir wollen ferner einschließen, daß diese Moleküle Einfluß nehmen auf die Struktur der Matrix, in die sie – einzeln als Moleküle oder als Aggregate – eingebettet sind, das heißt, auf die Struktur z. B. der Lösungs- bzw. Quellmittel in den Systemen.

Damit, das erkennen Sie auch aus den entsprechenden Themen der Plenarvorträge, reicht das Gebiet von biologischen Strukturen bis zu denen, die auf dem Polymergebiet, der Kunststoffe und auch anorganischer Strukturen gefunden werden. Sie reichen von der Betrachtung fester Zustände bis zu der von Gelen und sogar Lösungen.

Das Gebiet, das existierende Wissen hierüber, ist natürlich viel zu umfangreich, um in einer so kurzen Tagung wie der unseren abgehandelt zu werden. Wir haben versucht, in den fünf Plenarvorträgen jeweils von Kennern des Gebietes in die Problematik einführen zu lassen. In den anschließenden Referaten werden dann einige der neuesten Erkenntnisse zu den Teilbereichen zur Diskussion gestellt. Uns kommt es darauf an, mit diesen Vorträgen hier – wie es stets mit Tagungen der Gesellschaft beabsichtigt ist – Anregungen zu weiterem Nachdenken zu geben.

Das diesmalige Thema ist übrigens besonders eng mit Marburg verbunden und deshalb freut es uns Marburger, Sie hier zu haben. Als Abschluß der Tagung können wir einen kleinen Einblick geben in eine Forschungsstätte, die dem Bereich Polymere im allgemeinen Sinne zugehört und die in den letzten Jahren hier ein neues, großzügig ausgestattetes Heim erhalten hat.

Vornehmste Aufgabe der Kolloid-Gesellschaft ist, wie ich schon mehrmals sagte, die Förderung der Kolloid-Wissenschaft. *Eine* Möglichkeit ist die Abhaltung von Tagungen. Eine *andere* Möglichkeit besteht in der Verleihung von Preisen für Forschungen auf dem Gebiet. Diese Verleihung vorzunehmen, ist die Obliegenheit des Vorsitzenden der Kolloid-Gesellschaft, und so darf ich jetzt das Wort an Herrn *Weiss* weitergeben.

Herr *Armin Weiss* begrüßte die Versammlung als Vorsitzender der Kolloid-Gesellschaft mit folgenden Worten:

Sehr geehrte Damen und Herren

Bei der Kolloid-Gesellschaft ist es schon zum Brauch geworden, anläßlich ihrer Hauptversammlungen besonders verdiente Wissenschaftler auszuzeichnen. Vorstand und Vorstandsrat haben dieses Mal beschlossen, den *Ostwald-Preis* an Herrn Prof. Dr. *Günther Rehage* zu verleihen. Professor *Rehage* ist Direktor des Institutes für Physikalische Chemie an der Technischen Universität Clausthal-Zellerfeld und wohl allen Teilnehmern an dieser Tagung durch seine Arbeiten bestens bekannt.

Herr *Rehage* ist am 4. April 1920 in Wuppertal geboren. Er hat sich 1960 an der Technischen Hochschule Aachen habilitiert, wurde 1961 zum Diätendozent, 1966 zum apl. Professor ernannt und im gleichen Jahr auf den ordentlichen Lehrstuhl für Physikalische Chemie in Clausthal berufen.

Das Lebenswerk von Herrn *Rehage* ist der *physikalischen Chemie makromolekularer Stoffe* gewidmet. Von ihm stammt der zusammenfassende Artikel über die Quellung im Kolloidchemischen Taschenbuch und zahlreiche Aufsätze in Fachzeitschriften zu Quellungsphänomenen und zur Thermodynamik von Mischphasen. Besonders hervorzuheben sind die Arbeiten über hochmolekulare Netzwerke und

Entmischungserscheinungen in makromolekularen Systemen.

In den Arbeiten von Prof. *Rehage* findet sich eine *besonders geglückte Synthese von makromolekularer Chemie und Kolloidchemie.* Die Ergebnisse haben in angrenzende Gebiete ausgestrahlt und eine Reihe von Schülern zu eigenständigen Arbeiten inspiriert.

Lieber Herr *Rehage,* ich darf Ihnen nun den Preis überreichen. Die Urkunde lautet:

„Die Kolloid-Gesellschaft verleiht durch ihren Vorstand anläßlich ihrer 26. wissenschaftlichen Hauptversammlung in Marburg Herrn Prof. Dr. *Günther Rehage,* Clausthal, den *Wolfgang-Ostwald-Preis 1973* bestehend aus einer Medaille und einem Geldpreis in Höhe von DM 1000,—.
Die Verleihung geschieht in Anerkennung und Würdigung der hervorragenden Arbeiten *Günther Rehages* zur physikalischen Chemie der Hochpolymeren, zur Thermodynamik von Mischphasen und über Quellungs- und Entquellungsphänomene."

Herzlichen Glückwunsch!

Die Kolloid-Gesellschaft betrachtet es als ein besonderes Anliegen, durch die Verleihung des *Zsigmondy-Stipendiums* jüngere vielversprechende Wissenschaftler auf dem Gebiet der Kolloid- und Polymerforschung zu ermutigen und zu besonders erfolgreichen Arbeiten zu beglückwünschen. In diesem Sinne haben Vorstand und Vorstandsrat beschlossen, das *Zsigmondy*-Stipendium 1973 an Herrn Dr. *Werner Borchard* zu verleihen.

Herr Dr. *Borchard* ist am 1. 12. 1935 in Rheydt geboren. Er hat von 1956–1962 an der Technischen Hochschule Aachen Chemie studiert und seine Diplom- und Doktorarbeit unter der Anleitung von Herrn Prof. *Rehage* ausgeführt. Nach der Promotion folgte er seinem Lehrer an die Technische Universität Clausthal, wo er seit 1966 Oberassistent am Physikalisch-chemischen Institut ist. Er steht kurz vor der Habilitation.

Die Arbeitsrichtungen von Herrn *Borchard* sind sehr stark durch seinen Lehrer *Rehage* geprägt. Ein großer Teil der Arbeiten, die nun genannt werden, hätten deshalb auch vorhin in der Laudatio für Herrn *Rehage* aufgeführt werden müssen. In der Diplomarbeit untersuchte Herr *Borchard* die thermodynamischen Eigenschaften von Gelen aus hauptvalenzmäßig vernetzten Polymeren. Im Rahmen der Doktorarbeit wurde der Quellungsdruck an hochmolekularen Netzwerken durch-

geführt. Dazu wurden besonders empfindliche Apparaturen entwickelt. Die Ergebnisse sind nicht nur für die Chemie und Physik der Hochpolymeren, sondern auch im biologischen Bereich wichtig. So hat Herr *Borchard* in mehreren Arbeiten zusammen mit dem Botaniker *K. Kreeb* über die Biophysik des Wasserhaushaltes in Pflanzenzellen berichtet.

Wichtige Arbeiten betreffen Assoziationserscheinungen in hochmolekularen Lösungen und Gelen. Im Zusammenhang damit wurden Entmischungserscheinungen in makromolekularen Vielkomponentensystemen und Eigenschaften nebenvalenzmäßig verknüpfter Polymersysteme untersucht. Dabei konnte die Struktur der Assoziate und der Nebenvalenzhaftstellen in den untersuchten Systemen aufgeklärt werden.

Im Zusammenhang mit der Habilitationsarbeit wurden über Streulicht- und Ultrazentrifugenmessungen Quellungs- und Entquellungserscheinungen bei vernetzten Polymeren behandelt und die Frage der Mikrostruktur der Gele angeschnitten. Zusammen mit Herrn *Rehage* hat er in der Monographie von *R. N. Harward* „The Physics of Glassy Polymers" über die Thermodynamik des Glaszustandes berichtet.

Herr Dr. *Borchard,* ich darf Ihnen nun den Preis überreichen. Die Urkunde lautet:

„Die Kolloid-Gesellschaft verleiht durch ihren Vorstand anläßlich ihrer 26. wissenschaftlichen Hauptversammlung in Marburg Herrn Dr. *W. Borchard,* Clausthal, in Anerkennung seiner wissenschaftlichen Arbeiten über thermodynamische Eigenschaften von Gelen, Quellungsdruck und Assoziationserscheinungen in Gelen und Entmischungserscheinungen in makromolekularen Vielkomponentensystemen das *Richard-Zsigmondy-Stipendium 1973* in Höhe von DM 2.000,— und verbindet damit die Hoffnung, daß das gewährte Stipendium nicht nur der Anerkennung dieser Leistungen, sondern darüber hinaus auch als Ansporn dienen möge, weiterhin in den einschlägigen Arbeitsgebieten wissenschaftlich tätig zu sein."

Herzlichen Glückwunsch!

Nach dieser Ehrung habe ich nun die schmerzliche Pflicht, das *Ableben mehrerer Mitglieder* bekanntzugeben. Während der letzten beiden Jahre sind verstorben:

Doz. Dr. Dr. *Hans Gohr,* Eiserberg über Euskirchen
Prof. Dr. *Karl Friedrich Jahr,* Berlin
Prof. Dr. *Kisou Kanamaru,* Tokyo
Prof. Dr. *H. P. Kaufmann,* Münster i.W.
Dr. *Rudolf Köhler,* Düsseldorf (früher Schriftführer und langjähriges Vorstands- und Vorstandsratsmitglied unserer Gesellschaft)

Dr. *Ferdinand Josef Lauer*, Poppenhausen
Prof. Dr. *A. Lissner*, Freiberg, i. Sa.
Prof. Dr. *Erich Manegold*, Höxter i. W.
Dr. *Harry Quitmann*, Eltville
Dr. *Adolf Rössler*, Ludwigshafen
Dipl.-Chem. *Karl Ruppenthal*, Staufen i. Br.
Prof. Dr. *Theodor Sabalitschka*, Berlin
Dr. *Karl Schultze*, Sprötze
Prof. Dr. *M. von Stackelberg*, Bonn
Prof. Dr. *Wladimir Wawrzyczek*, Olsztyn (Polen)

Die Gesellschaft wird ihrer stets dankbar gedenken.

Nach den Preisverleihungen und dem Totengedenken darf ich noch kurz über die *zukünftigen Aktivitäten der Kolloid-Gesellschaft* berichten. Im Herbst 1974 wird in Ettal die 4. Europäische Konferenz über „Chemistry of Interfaces" stattfinden. Hauptthema dieser Tagung sollen die modernen Methoden der Grenzflächenforschung sein. Dabei werden nur Übersichtvorträge gehalten werden, und es wird reichlich Zeit für ausgiebige Diskussionen zur Verfügung stehen. Interessenten bitte ich, sich direkt an mich zu wenden.

Von den Aktivitäten der *Arbeitsgemeinschaften*, die bei unserer letzten Hauptversammlung diskutiert wurden, zeugt bereits diese Tagung. Sie wurde von der Arbeitsgemeinschaft „*Polymere*" unter der Leitung von Herrn *Müller* und Herrn *Kanig* organisiert. Die Arbeitsgemeinschaft „*Ionenaustausch*" wird voraussichtlich im Laufe des nächsten Jahres mit einer Diskussionstagung in München ihre Tätigkeit aufnehmen. Für die weiteren Arbeitsgruppen werden in nächster Zeit eingehendere Vorschläge vorgelegt.

Die *nächste Hauptversammlung der Kolloid-Gesellschaft wird 1975 in Darmstadt stattfinden*. Dabei soll vor allem die industrielle Anwendung der Kolloidforschung zu Worte kommen.

Es ist mir ein besonderes Bedürfnis, den Organisatoren der diesjährigen Tagung, vor allem den Herrn *Müller* und *Kanig* und allen Marburger Mitarbeitern herzlich zu danken. Die mühsame Kleinarbeit, die mit der Organisation einer solchen Tagung zusammenhängt, ist nach außen kaum zu erkennen. Gerade das zeugt aber von der hervorragenden Arbeit, die unsere volle Anerkennung verdient. Ich darf nun das Wort wieder an Herrn *Müller* übergeben.

F. H. Müller, Marburg:

Damit gilt die Tagung als eröffnet, und ich darf das Wort unserem diesmaligen Preisträger des *Wolfgang-Ostwald*-Preises für sein Referat übergeben.

In der *Vormittagssitzung* wurden folgende Vorträge gehalten:

1. *G. Rehage*-Clausthal, Strukturen in Gelen und Lösungen.
2. *W. Borchard*-Clausthal, Über das Quellungsverhalten von Polystyrol mit verschiedener Netzwerkdichte in Cyclohexan.
3. *W. Funke*-Stuttgart, Polymernetzwerke aus reaktiven Mikrogelen als polyvalente Vernetzungsstellen.
4. *G. Lagaly*-München, Über die Bildung von Kinken in Schichtstrukturen.

In der *Nachmittagssitzung* wurden folgende Vorträge gehalten:

5. *M. Stohrer*-Stuttgart, Magnetische Relaxationsspektroskopie an einer Paraffin-Modellsubstanz (gequollenes Schichtsilikat)
6. *J. Schlegel*-Aachen, Selbstdiffusion von kleinen Molekülen in Polymerlösungen.
7. *H. Klippert*-Marburg, Einflüsse der Initiatorsubstituenten bei der mit salzhaltigen Phosphoryliden initiierten Polyinsertionsreaktion auf die Struktur der Polymeren.
8. *W. Schaaffs*-Berlin, Rhythmische Strukturen monomerer und polymerer Systeme in rotierenden Diffusionsstrecken.
9. *J. Klein*-Braunschweig, Rheologische Untersuchungen zur Struktur makromolekularer Lösungen.
10. *Ch. Ebert*-Marburg, Spektropolarimetrische Untersuchungen über den Einfluß von Elektrolyten auf die Konformation von Poly-alpha-aminosäuren.

Am *Abend* fand in der *Aula der Alten Universität* ein Sonderkonzert des Marburger Studio mit Werken von *Johann Christian Bach, Hans Werner Henze, Luciano Berio, Carl Stamitz, Aribert Reimann, Friedrich Kuhlau* und *Frank Michael* statt. Es musizierten *Sigrid Eppinger* (Flöte), *Frank Michael* (Flöte, Altflöte in G), *Horst Pusch* (Viola) und *Regine Zimmermann* (Violoncello).

2. Sitzungstag

am Donnerstag, dem 20. September 1973, im Hörsaalgebäude des Fachbereichs Chemie der Universität Marburg auf den Lahnbergen.

Beginn: 9.15 Uhr.
Vorsitzender: Herr *G. Kanig*.
Tagungsteilnehmer: rd. 150 Personen.

In der *Vormittagssitzung* wurden folgende Vorträge gehalten:

11. *G. Ebert*-Marburg, Höhere Organisation und Überstrukturen.
12. *P. Kassenbeck*-Karlsruhe, Denaturierung keratinischer Proteine unter Einwirkung von Hitze.
13. *M. Kübel*-Frankfurt, Elektrische Messungen an sphärischen bimolekularen Lipidmembranen.
14. *E. K. H. Wittich*-Planegg, Kernmagnetische und kalorische Untersuchungen über die Wechselwirkung wäßriger Lösungen mit Cotton-Cellulose.
15. *E. W. Fischer*-Mainz, Strukturen partiell kristalliner Systeme.

Ordentliche Mitgliederversammlung

Tagungsort: Hörsaalgebäude des Fachbereichs Chemie der Universität Marburg auf den Lahnbergen.

Beginn: 14.30 Uhr — *Ende:* 15.30 Uhr.
Zahl der anwesenden Mitglieder: 38
Versammlungsleiter: Herr *A. Weiss.*

Tagesordnung:

1. Rechenschaftsbericht des Vorstandes.
2. Entlastung und Neuwahl des Vorstandes.
3. Verschiedenes und Ausblick.

Zum Protokollführer wird Herr *Steinkopff* bestellt.

Der Vorsitzende stellt fest, daß die Mitgliederversammlung entsprechend § 8 der Satzung ordnungsgemäß und rechtzeitig einberufen wurde und sich keine Einwände gegen die Tagesordnung ergeben haben.

Der Vorsitzende erstattet sodann gemäß Punkt 1 TO den Rechenschaftsbericht über die Arbeit der Gesellschaft in den beiden abgelaufenen Jahren seit der letzten Mitgliederversammlung in München am 14. Oktober 1971. Im Berichtszeitraum tagten Vorstand und Vorstandsrat insgesamt dreimal:

1. am 21. März 1972 in Darmstadt
2. am 4. Januar 1973 in Darmstadt
3. am 18. September 1973 in Marburg.

Gegenstand der Beratungen war die Verleihung des *Ostwald*-Preises und des *Zsigmondy*-Stipendiums, die Gestaltung der 26. Hauptversammlung in Marburg und die Diskussion von Möglichkeiten, die Arbeit der Gesellschaft durch die Bildung von Arbeitsgemeinschaften zu intensivieren.

Der *Bericht der Geschäftsstelle* wurde entsprechend einem Beschluß der Mitgliederversammlung vom 9. Oktober 1969 unter dem 1. September 1973 schriftlich erstattet und rechtzeitig vor Tagungsbeginn allen Mitgliedern schriftlich zugestellt. Kasse-, Bank- und Postscheckbücher wurden am 18. September 1973 von den Herrn Prof. Dr. *H. Erbring* (Köln) und Prof. Dr. *W. Noll* (Opladen) geprüft und in Ordnung befunden. Nachstehend kurz die wichtigsten Zahlen aus dem Bericht:

Mitgliederstand per 15. 9. 1973: 316 (gegenüber 336 in 1971). Von den *Mitteilungen der Kolloid-Gesellschaft* erschienen im Berichtszeitraum 3 Folgen mit insgesamt 24 Seiten.

Aktiva und Passiva der Gesellschaft schließen mit einem Saldo von DM 32.498,91 (gegenüber DM 27.074,49 in 1971). Das *Gesellschaftsvermögen* bezifferte sich per 1. 9. 1973 auf DM 25.018,91 (gegenüber DM 21.274,49 in 1971). Der *Vermögenszuwachs* betrug DM 3.744,42 (gegenüber DM 4.144,18 in 1971). Hinsichtlich *Aufwand und Ertrag* ergeben sich DM 18.032,45 an Aufwendungen gegenüber Erträgen in Höhe von DM 21.776,87.

Zu Punkt 2 TO wurde auf Antrag aus der Versammlung dem gesamten Vorstand einstimmig Entlastung erteilt. Anschließend wurde der bisherige Vorstand in unveränderter Zusammensetzung auf zwei weitere Jahre wiedergewählt.

Vorsitzender: Prof. Dr. *A. Weiss*
(München)
stellv. Vorsitzende: Prof. Dr. *H. Lange*
(Düsseldorf)

J. Steinkopff (Darmstadt)
für die Geschäftsführung.

Der *Vorstandsrat* wurde anschließend vom Vorstand in corpore wiederberufen.

Zu Punkt 3 TO wurde über den gegenwärtigen Stand bei der Bildung der geplanten Arbeitsgemeinschaften berichtet. Die nächste wissenschaftliche Hauptversammlung der Kolloid-Gesellschaft soll 1975 in Darmstadt stattfinden.

Der Vorstand wurde gebeten zu prüfen, wie weit der Vorstandsrat durch spätere Zuberufungen ergänzt werden könne bzw. wie weit man auf die künftige Mitwirkung bisher inaktiver Vorstandsmitglieder künftig verzichten solle.

In der anschließenden *Nachmittagssitzung* wurden folgende Vorträge gehalten:

16. *J. H. Kallweit*-Osnabrück, Zum Problem der Auflichtmikroskopie an partiell-kristallinen Hochpolymeren.
17. *G. Kanig*-Ludwigshafen, Neue elektronenmikroskopische Untersuchungen über die Morphologie von Polyäthylenen.
18. *W. Ruland*-Marburg, Strukturen nichtkristalliner Systeme.
19. *K. Holland-Moritz*-Köln, Raman- und infrarotspektroskopische Untersuchungen an amorphen und teilkristallinen Poly-alpha-olefinen: Polyocten-1 und Polydecen-1.

Für den *Abend* hatte die Kolloid-Gesellschaft alle Teilnehmer und ihre Damen zu einem *gemeinsamen Abendessen* im Stadthallen-Restaurant Marburg eingeladen.

3. Sitzungstag

am Freitag, dem 21. September 1973, im Hörsaalgebäude des Fachbereichs Chemie der Universität Marburg auf den Lahnbergen.

Beginn: 9.15 Uhr.
Vorsitzender: Herr *A. Weiss.*
Tagungsteilnehmer: rd. 100 Personen.

In der *Vormittagssitzung* wurden folgende Vorträge gehalten:

20. *G. Preissing*-Stuttgart, Kernmagnetische [1]H-Relaxationsspektroskopie an Polyäthylenglykolen.
21. *M. G. Northolt*-Arnhem, Some observations on transitions in aliphatic polyamides.
22. *K. Wangermann*-Mainz, Bestimmung des beweglichen Anteils von Polyamiden mit Hilfe der magnetischen Kernresonanz.
23. *G. Kämpf*-Uerdingen, Geordnete Strukturen in ein- und mehrphasigen amorphen Hochpolymeren.
24. *G. Riess*-Mulhouse, Strukturen heterogener Polymer-Strukturen.
25. *J. H. Wendorff*-Mainz, Untersuchungen zur Struktur von Polymeren aus mesomorphen Monomeren.
26. *H. W. Kohlschütter*-Darmstadt, Hysterese der Ad- und Desorption an Stoffen mit variablen Hohlraumstrukturen.

Der Vorsitzende der Kolloid-Gesellschaft schließt gegen 13 Uhr diese letzte Sitzung mit einem nochmaligem Dank an alle Vortragenden, Tagungsteilnehmer und alle an der Vorbereitung und Durchführung dieser Tagung Beteiligten.

Anschließend war Möglichkeit zur *Besichtigung des neuen Instituts für Polymere* (mit Grill-Party, organisiert von den Institutsmitarbeitern) gegeben, von der viele Tagungsteilnehmer dankbar Gebrauch machten.

Progr. Colloid & Polymer Sci. **57**, 7–38 (1975)

1.

Aus dem Physikalisch-Chemischen Institut der Technischen Universität Clausthal

Strukturen in Lösungen und Gelen*)

Von G. Rehage

Mit 33 Abbildungen und 1 Tabelle

(Eingegangen am 20. Juni 1974)

1. Einleitung

Das Thema ist weit gespannt und eine Beschränkung geboten. Wir wollen uns daher im folgenden vornehmlich mit Mischphasen befassen, bei denen eine Komponente ein synthetisches Polymeres darstellt. Die strukturellen Phänomene bei Biopolymeren werden in einem weiteren Vortrag behandelt. Auf Strukturfragen bei niedrigmolekularen Systemen wird nur eingegangen, wenn sie zum Verständnis der Ordnungszustände in hochmolekularen Mischphasen beitragen oder wenn sie für eine systematische Erfassung aller Strukturgegebenheiten erforderlich sind. Bekannte, zum festen Bestand der Wissenschaft gehörende Erscheinungen werden nicht eingehend diskutiert. Hinweise hierauf dienen in erster Linie dazu, den Überblick zu vervollständigen und das Bild von den Polymerstrukturen in Lösungen und Gelen abzurunden. Ziel dieser Untersuchung soll es sein, eine – wenn auch unvollständige – Übersicht zu gewinnen, neuere Ergebnisse zu präsentieren und zur Diskussion zu stellen und Zusammenhänge oder Gemeinsamkeiten bei unterschiedlichen Erscheinungen aufzuzeigen.

Substanzen, die wir heute als synthetische Polymere bezeichnen, sind schon seit über 100 Jahren bekannt. So berichtete *Simon* bereits 1839 über die Umwandlung von Styrol in eine gelartige Masse (1). Die Schmieren, Harze und Gele galten aber als unerwünschte Begleiterscheinungen und wurden, da sie nicht kristallisierten, jahrzehntelang nicht besonders beachtet. Man stellte zwar fest, daß derartige Substanzen kolloide Körper sind, war sich aber über die Bindungsverhältnisse nicht im klaren. Zunächst fand *Naegelis* Mizellbegriff Anwendung: *Naegeli* erkannte, daß Stärkekörner und Cellulosefasern aus länglichen, submikroskopischen Gebilden zusammengesetzt sind, die er „Mizellen" nannte (2). Aufgrund von rönt-

genographischen Untersuchungen entdeckte man später, daß eine Mizelle im Festkörper ein mehr oder weniger gittermäßig geordnetes Gebilde war (3). Heute ist die Mizelle im Festkörper dem kristallinen Bereich gleichzusetzen, so daß wir hier den Mizellbegriff nicht mehr benötigen. Beim Mizellbegriff hielt man im allgemeinen an der Existenz kleiner Moleküle fest, die im Mizellverband durch Nebenvalenzkräfte verschiedener Art aneinander gebunden sein sollten. Die Klärung der Bindungsverhältnisse brachte *Staudinger* durch die Einführung des Makromolekularbegriffs. Demnach bestehen Polymersubstanzen aus Riesenmolekülen, die sich aus hauptvalenzmäßig miteinander verknüpften niedrigmolekularen Grundbausteinen zusammensetzen (4). Es dauerte jedoch fast 10 Jahre (1920–1930), bis sich *Staudingers* Hypothese von der kovalenten Struktur der Polymeren aufgrund des Beweismaterials endgültig durchgesetzt hatte. Es war in erster Linie das Konzept des Makromoleküls, das zu einem Verständnis der charakteristischen Eigenschaften der Polymersubstanzen führte und die stürmische Entwicklung von Chemie, Physik und Technologie der Hochpolymeren veranlaßte.

Fragen der Ordnungszustände in Teilchen kolloidaler Dimensionen haben die Kolloidchemie von Anfang an beschäftigt. In der makromolekularen Chemie hat man sich naturgemäß zunächst mit Größe, Gestalt, Aufbau und den damit verknüpften Eigenschaften der Makromoleküle befaßt. Nachdem die Grobstruktur der Polymerenteilchen im gelösten und festen Zustand weitgehend aufgeklärt war (Knäuelgestalt, kristalline Bereiche usw.), untersucht man in den letzten Jahren in zunehmendem Maße die Feinstruktur polymerer Substanzen (Anordnung der Grundbausteine im Makromolekül, Strukturen in amorphen Phasen usw.).

Viele Probleme sind durchaus nicht neu und wurden schon in der älteren Kolloidchemie behandelt (3). Auch bei Polymeren gibt es schon zu einem früheren Zeitpunkt Hinweise auf Ordnungserscheinungen (6, 7). Daß eine genauere und tiefergehende Erforschung der Strukturen neuerdings ein beherrschendes Thema der makromolekularen Chemie geworden ist, beruht zum großen Teil auf

---

*) Erweiterte Fassung des Vortrags.

neuen Meßmethoden und einer verfeinerten Meßtechnik, vor allem auf spektroskopischem Gebiet im weitesten Sinne.

Das Vortragsthema beinhaltet Strukturen in Mischphasen zwischen dem reinen Lösungsmittel (LM) und dem reinen Polymeren im kristallinen, gummiartigen und glasigen Zustand. In hochverdünnten Lösungen läßt sich die Struktur des einzelnen Makromoleküls erforschen. Reale Lösungen können außer Einzelmolekülen Assoziate oder Solvate aufweisen. In schlechten Lösungsmitteln können kurzlebige Molekülaggregate als Vorstufe einer makroskopischen Entmischung vorhanden sein. Assoziate sind z. B. als Mizellen bekannt. Zunehmende Ordnung führt zum Erscheinungsbild der kristallinen Flüssigkeiten.

In verschiedener Weise können dreidimensionale Netz- oder Gerüststrukturen gebildet werden, die in Lösungsmitteln aufquellen. Die Vernetzungsstellen können aus Haupt- oder Nebenvalenzbindungen bestehen. Letztere sind bei Konzentrations- oder Temperaturänderung lösbar. Bei der Vernetzung durch kristalline Bereiche sind die Netzstellen selbst geordnet. Zunehmende Wechselwirkung zwischen Molekülen oder Molekülteilchen führt zu geordneteren Strukturen. Das ungeordnete Fadenmolekül in hochmolekularer Lösung stellt den Grenzzustand höchster Unordnung dar; der Einkristall, in dem sich das Fehlstellengleichgewicht eingestellt hat, den Zustand höchster Ordnung. Abnehmende Temperatur sowie zunehmende Konzentration der gelösten Polymersubstanz führen im allgemeinen zu höheren Ordnungszuständen bzw. größerer räumlicher Ausdehnung von geordneten Strukturen.

2. Strukturen des einzelnen Makromoleküls

Freie Makromoleküle, d. h. Makromoleküle ohne Wechselwirkung mit der Umgebung können nicht existieren, da die Gasphase ausgeschlossen ist. Isolierte Makromoleküle, das sind solche, die miteinander nicht wechselwirken, lassen sich in hochverdünnten Lösungen untersuchen. Stets aber tritt Wechselwirkung mit den Lösungsmittelmolekülen auf.

Staudinger vertrat lange Zeit die Ansicht, daß Makromoleküle in Lösung die Form dünner, elastischer Stäbe einnehmen. Hierzu führte ihn die Beobachtung, daß Polymermoleküle schon bei geringer Konzentration die Viskosität von Lösungsmitteln (LM) in starkem Maße

erhöhen (8, 9). *W. Kuhn* wendete als erster die Methoden der statistischen Mechanik auf Polymerprobleme an. Mit Hilfe des Segmentmodells berechnete er nach der Irrflugstatistik 1934 in einer klassischen Arbeit die mittlere Größe und Gestalt von langen Kettenmolekülen (10). *E. Guth* und *H. Mark* stellten ähnliche Überlegungen an, die sie in demselben Jahr veröffentlichten (11). Nach den Berechnungen nehmen Makromoleküle in Lösung die Gestalt eines lockeren Knäuels an, das etwa die Form eines Ellipsoids besitzt. Für die ungestörte Valenzwinkelkette mit behinderter Drehbarkeit läßt sich die Beziehung

$$\overline{h_0^2} = s \cdot A_m^2 \qquad [1]$$

ableiten. $\overline{h_0^2}$ ist das Quadrat des mittleren Fadenendenabstandes, A_m die Länge des statistischen Vorzugselements und s die Zahl der statistischen Vorzugselemente (12). Für die Länge der völlig ausgestreckten Kette (Konturlänge L_K) gilt: $L_K = s \cdot A_m$. Somit ist

$$\overline{h_0^2} = A_m \cdot L_k . \qquad [2]$$

Je größer A_m ist, um so steifer ist die Kette. A_m ist daher ein Maß für die Flexibilität eines Kettenmoleküls.

Diese Betrachtungen beziehen sich auf das ideale statistische Knäuel, das als unendlich dünne Kette angenommen wird. Kettenmoleküle besitzen jedoch eine endliche Dicke. Bei der Statistik des realen Knäuels muß daher berücksichtigt werden, daß der Raum, den ein Kettenstück einnimmt, nicht gleichzeitig durch ein anderes Kettenstück desselben oder eines anderen Kettenmoleküls besetzt werden kann. Dieser Effekt des ausgeschlossenen Volumens führt zu einer Aufweitung des Knäuels. Das mit Abstoßungskräften verknüpfte ausgeschlossene Volumen kann durch Anziehungskräfte, die zu zusätzlichen Kontaktpunkten führen, so vermindert werden, daß die Abmessungen des realen statistischen Knäuels gerade denen des idealen statistischen Knäuels entsprechen. Man spricht dann von den ungestörten Dimensionen des Knäuels; es gilt Gl. [1]. Sie werden erreicht in einem schlechten Lösungsmittel (positive Mischungswärme) bei derjenigen Temperatur, bei der der 2. Virialkoeffizient des osmotischen Drucks verschwindet. Diese Temperatur bezeichnet man nach *Flory* als Θ-Temperatur (13). Die Θ-Temperatur entspricht der kritischen Entmischungstemperatur bei unendlich hohem Molekulargewicht des Polymerisats. In einem guten Lösungsmittel überwiegt allgemein der Effekt des ausgeschlossenen Volumens, d. h. die Dimensionen des Kettenmoleküls sind größer als die des ungestörten Knäuels. Auch in einem schlechten Lösungsmittel kann eine Aufweitung des Knäuels erfolgen, wenn das LM bei Temperaturänderung besser wird. Man kann diesem Umstand durch die Einführung eines mittleren Expansionsfaktors α Rechnung tragen. Für den mittleren Fadenendenabstand des realen Molekülknäuels gilt dann:

$$\sqrt{\overline{h^2}} = a \cdot \sqrt{\overline{h_0^2}} . \qquad [3]$$

h_0^2 ist das Quadrat des mittleren Fadenendenabstands des ungestörten Knäuels. Im allgemeinen ist $\alpha > 1$ und kann je nach Steifheit des Moleküls recht große Werte annehmen. Kleine Expansionsfaktoren weisen darauf hin, daß das Makromolekül über zahlreiche intramolekulare Kontakte zwischen Molekülteilen (intramolekulare Assoziate) verfügt. Mit abnehmendem α wird das Makromolekül kompakter.

Nach bestehenden Theorien ist die reduzierte spezifische Viskosität (Viskositätszahl) von hochmolekularen Lösungen um so größer, je größer bei gegebenem Molekulargewicht das Volumen des Knäuelmoleküls ist (14). Intramolekulare Kontakte müssen also die Viskositätszahl erniedrigen. In dieser Weise wurde von *Silberberg* und Mitarb. der Einfluß verschiedener Zusätze auf den Konzentrationsverlauf der Viskositätszahl wässriger, nichtionisierter Lösungen von Polymethacrylsäure (PMA), Polyacrylsäure (PAA) und Polyacrylamid (PAAm) gedeutet (15). Die Eigenassoziation im Makromolekül beruht auf der Ausbildung intramolekularer Wasserstoffbindungen oder auf hydrophober Wechselwirkung zwischen den Methylgruppen (15, 16). Viskositätsmessungen an PMA in Äthanol – Wasser-Mischungen machen plausibel, daß verschiedene Arten intramolekularer Assoziate im isolierten PMA-Knäuel vorkommen können (17). Langzeitbindungen zwischen Molekülteilen ein und desselben Kettenmoleküls führen zur Ausbildung von Ringen entlang der Hauptkette. Aus dem Viskositäts-Temperaturverhalten von radikalisch polymerisierten Polymethylmethacrylaten in Toluol schließen wir ebenfalls, daß intramolekulare Assoziate in den Molekülknäueln auftreten. Hier liegt die Annahme nahe, daß die Assoziate aus Stereokomplexen bestehen, die aus syndio- und isotaktischen Sequenzen desselben Makromoleküls gebildet werden (18, 19).

Das statistische Knäuel kann im Grenzfall eine sehr kompakte Struktur aufweisen, die durch intramolekulare chemische oder stärker ausgeprägte physikalische Bindungen (Wasserstoffbindungen, Ionenbindungen usw.) hervorgerufen wird. Derartige kompakte Strukturen wurden zunächst bei Eiweißen entdeckt; man spricht daher auch von globularen Proteinen (20). *Staudinger* verwendet im Sinne der Kolloidchemie allgemein den Begriff Sphärokolloide (21). Sie können aus einem einzigen Makromolekül, Zusammenlagerungen von Makromolekülen und Assoziaten von niedrigmolekularen Stoffen, z. B. bei Seifenmolekülen, bestehen. Kompakte, mehr oder weniger kugelförmige Strukturen sind leicht aus dem Viskositätsverhalten erkennbar: Sie befolgen näherungsweise das *Einstein*sche Gesetz für die

Viskosität von Kugeln im Kontinuum, nach dem die reduzierte spezifische Viskosität unabhängig vom Molekulargewicht ist.

Schon lange ist bekannt, daß sich bei kettenartiger Anordnung von Atomen im Kristallverband schraubenförmige Moleküle (Helices) ausbilden können (3). *Huggins* und andere Forscher schlugen bereits in den zwanziger Jahren für Selen und Tellur im Kristallgitter schraubenartige Gebilde vor (22). *Taylor* sowie *Huggins* gaben Anfang der vierziger Jahre für α-Keratin Helixstrukturen an. 1950 entdeckten *Pauling* und *Corey* aufgrund genauerer Röntgendaten die sogenannte „α-Helix" (23). Heute wissen wir, daß spiralförmige Anordnungen bei Biopolymeren und synthetischen Modellsubstanzen dieser Stoffe im kristallinen Zustand weit verbreitet sind. Auch viele der synthetischen Polymeren bilden Helixformen im Kristallverband aus (24). Es liegt daher nahe anzunehmen, daß Makromoleküle auch in Lösung unter gewissen Bedingungen Helices bilden. Entscheidend dafür ist die Wechselwirkung zwischen dem LM und den Polymerteilchen. Wenn die Helixkonformation aufrecht erhalten werden soll, dürfen die starken intramolekularen Bindungen, meist Wasserstoffbrücken, durch das LM nicht gesprengt werden. Bei Proteinen und Nucleinsäuren werden Helixstrukturen in Lösung angenommen (25). Besonders gut untersucht ist Poly-γ-benzyl-L-glutamat als Modell eines Biopolymeren (26). Bei stereoregulären synthetischen Polymeren sollen Helices in Lösung ebenfalls nachgewiesen worden sein (164). Eine Doppelhelix tritt bei der Desoxyribonucleinsäure (DNS) auf, eine Dreifachhelix beim Kollagen (27, 28, 29).

Eine kurze Helix genügender Steifheit verhält sich in Lösung wie ein Stäbchen konstanter Dicke. Sie entspricht in ihrem Verhalten dem *Staudinger*schen Modell des Makromoleküls als einer biegsamen Gerte. Eine lange Helix genügender Flexibilität kommt dem statistischen Knäuel nahe.

Wenn Leiterpolymere in Lösung gebracht werden können, bilden sich ebenfalls mehr oder weniger gestreckte Molekülformen aus. Dies ist z. B. der Fall bei cyclo-linearen Polyphenylsiloxanen (30). Defekte in der Leiterstruktur der doppelten Hauptkette führen zu größerer Flexibilität des Moleküls. Geringere Molekülgröße führt zu größerer Steifheit. Das ist häufig bei Oligomeren der Fall (31).

Isolierte Makromoleküle in Lösung können demnach verschiedene Strukturen aufweisen je nach Art, Anordnung und Bindung der Bausteine im Polymerteilchen und je nach der Wechselwirkung der Bausteine untereinander und mit den LM-Molekülen. Außer den in Lösung vorkommenden Grenzformen des starren Stäbchens und der kompakten Kugel wird man verschiedene Zwischenformen beobachten können. In den meisten Fällen wird das Makromolekül jedoch eine mehr oder weniger lockere Knäuelgestalt aufweisen. Es ist auch möglich, daß Teile eines Makromoleküls spiralförmig geordnet sind, während angrenzende Teile in demselben Molekül leicht bewegliche Fäden darstellen. Übergänge und Umwandlungen einer Molekülform in die andere können je nach LM, Temperatur, Druck und Konzentration stattfinden. Am wichtigsten ist die Helix-Coil-Umwandlung, die bei synthetischen Polypeptiden und Nucleinsäuren nach verschiedenen Methoden genauer untersucht wurde. *Ackermann* und *Rüterjans* haben beim Poly-γ-benzyl-L-glutamat in einem Gemisch von Dichloressigsäure und 1,2-Dichloräthan und bei einer wäßrigen DNS-Lösung die Umwandlungswärme direkt gemessen (32). Die Umwandlungen verlaufen „verschmiert" über einen Temperaturbereich von 10 bis 20°.

Die äußere Form, die Abmessungen und die Flexibilität des isolierten Makromoleküls (Makrostruktur) hängen außer vom Molekulargewicht weitgehend von den inneren Strukturparametern (Mikrostruktur) und der Wechselwirkung mit dem LM ab. Zur inneren Struktur gehören die Konstitution, die Konfiguration und die Mikrokonformation.

Mit der Konstitution hat man sich, historisch gesehen, zuerst beschäftigt. Sie gibt Auskunft über die Bindungsverhältnisse sowie die Anordnung und Verteilung (Sequenz) der Grundbausteine im Makromolekül. Hierzu gehören auch die Art, Zahl und Länge der Verzweigungen und die Art der Endgruppen. Konstitutionsisomere beziehen sich auf Verbindungen gleicher Summenformel, aber verschiedener Konstitution. Sie sind vollkommen verschiedene Substanzen, die u. U. auch unterschiedliche funktionelle Gruppen haben.

Unter der Konfiguration eines Moleküls definierter Konstitution versteht man die räumliche Anordnung der Atome oder Atomgruppen um seinen chiralen (händigen) oder starren Teil (34, 35). Jedes Molekül, das nicht mit seinem Spiegelbild zur Deckung gebracht werden kann, besitzt ein chirales Element, im einfachsten Fall ein chirales Zentrum. Ein starrer Teil ist z. B. eine Doppelbindung. Chiralität ist notwendig und hinreichend für das Auftreten optischer Aktivität. Asymmetrie ist dagegen nicht notwendig, sondern nur hinreichend. Man beschreibt die Konfigurationen durch geeignete Stereoformeln, die man z. B. mit Hilfe der Fischerprojektion in die Ebene überträgt.

Für hochmolekulare Substanzen ist die stereoregulierte Polymerisation von großer Bedeutung, die *Natta* unter Zuhilfenahme von *Ziegler*-Katalysatoren ab 1954 systematisch durchführte. Vorarbeiten für die Synthese derartiger Substanzen waren bereits von *Staudinger* (1932) und *Schildknecht* (1948) geleistet worden (38, 39). Bei der katalytischen Kopf-Schwanz-Polymerisation von

α-Olefinen R-CH = CH₂ können vier Typen von diastereomeren Polymeren entstehen[1]): ataktische, isotaktische, syndiotaktische und Stereoblockpolymere. Ein Polymer wird nach *Natta* als isotaktisch bezeichnet, wenn der Ligand R in der Fischerprojektion immer auf der gleichen Seite steht; als syndiotaktisch, wenn er abwechselnd auf der einen oder anderen Seite steht.

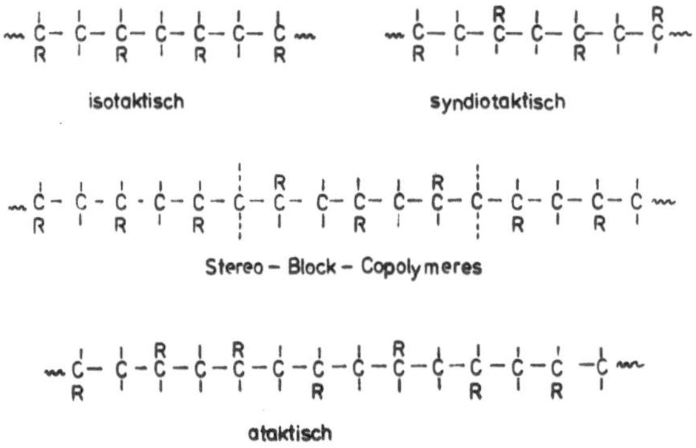

Abb. 1. Konfiguration von Vinylpolymeren in Fischerprojektion

Stereoblockpolymere enthalten isotaktische und syndiotaktische Sequenzen. Bei ataktischen Polymeren ist die Verteilung der Liganden R auf beiden Seiten der Polymerkette statistisch ungeordnet. Chirale und daher optische aktive Monomere führen immer zu optisch aktiven Polymeren. Die verschiedenen taktischen Polymeren unterscheiden sich zum Teil beträchtlich in ihren physikalischen Eigenschaften. So ist der Kristallisationsgrad im allgemeinen um so höher, je regelmäßiger die Polymeren aufgebaut sind.

Konstitution und Konfiguration des Polymermoleküls kann man auch in Anlehnung an Begriffsbildungen bei Proteinen als Primärstruktur bezeichnen. Sie beeinflußt die Sekundärstruktur, die die Gestalt und Form des einzelnen Kettenmoleküls betrifft (Knäuel, Helix, Faltblattstruktur usw.). Auch wenn die Primärstruktur keine chiralen Gruppen enthält, kann die Sekundärstruktur in Form einer Helix chiral und damit optisch aktiv sein. Rechts- und linksgängige Helices desselben Makromoleküls sind dann Enantiomere (optische Antipoden). Bei Biopolymeren unterscheidet man weiterhin noch höhere Strukturaggregate (Tertiär- und Quartärstruktur), die durch Primär- und Sekundärstruktur bedingt sind. Die bei synthetischen Polymeren übliche Unterscheidung zwischen konstitutiven, konfigurativen und konformativen Strukturen ist wegen der klareren Abgrenzung vorzuziehen.

Konstitution und Konfiguration geben Auskunft über den Aufbau eines Makromoleküls und die räumliche Anordnung der Molekülbausteine um sein chirales Molekülelement, sagen aber noch nichts aus über die gegenseitige

---

[1]) Diastereomere sind Stereomere, die nicht in der Beziehung von Bild zu Spiegelbild stehen.

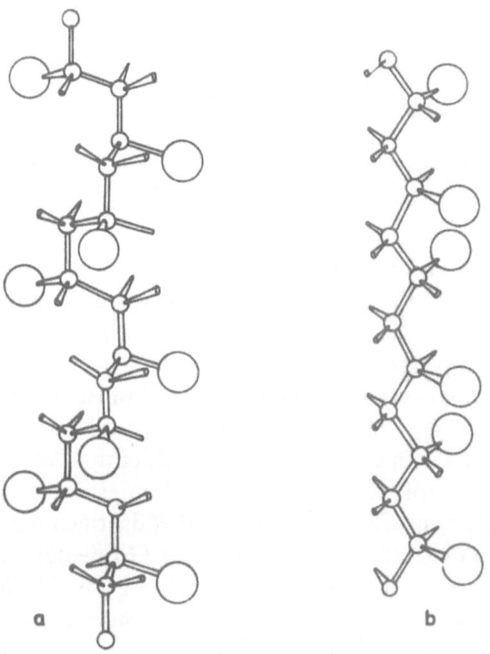

Abb. 2. Raumstruktur von isotaktischen (a) und syndiotaktischen (b) Vinylpolymeren

räumliche Lage der Substituenten um eine Einfachbindung. Da bei einer Drehung um eine Einfachbindung
nicht alle Lagen der Substituenten dieselbe Energie aufweisen, müssen Rotations- bzw. Konformationsisomere
existieren. Wegen der intramolekularen Potentialbarrieren
ist eine freie Rotation nicht möglich. Die Erscheinung der
Rotationsisomerie bei Hochpolymeren wurde eingehend
untersucht von *Volkenshtein, Ptitsyn, Flory* u. a. (40, 41,
42). Die besondere Geometrie eines Moleküls, d. h. die
Beschreibung der Anordnung der Atome mit Hilfe von
Bindungslängen, Bindungswinkeln und Winkeln zwischen
Symmetrieebenen (Diederwinkel) bei gegebener Konstitution und Konfiguration bezeichnet man als Konformation. In den meisten Fällen haben die Moleküle mehrere
Konformationen. Konformationsisomere lassen sich wegen der geringen Energieunterschiede im allgemeinen
nicht trennen. Ihr Nachweis gelingt jedoch oft mit Hilfe
der NMR-Spektroskopie.

In den letzten Jahren befaßt man sich in zunehmendem Maße mit der theoretischen Erfassung und experimentellen Bestimmung der Konfiguration und Konformation, da diese die
Feinstruktur kennzeichnenden Größen und der
chemische Aufbau (Konstitution) die äußere
Form und Gestalt der einzelnen Makromoleküle
und damit die physikalischen Eigenschaften bestimmen.

3. Strukturen in Lösungen

In diesem Abschnitt sollen Strukturen in
Lösungen behandelt werden, die nicht nur das

einzelne Makromolekül betreffen, aber noch
nicht zu einem durchgehenden Netzwerk führen.

Allgemeine Betrachtungen

Jede Abweichung von den Gesetzen der athermischen
Lösung führt bereits zu einem geordneteren Zustand, der
sich in Mischungsenthalpie und Mischungsentropie aus-
drückt. Die Mischungsenthalpie kann proportional der
überschüssigen Wechselwirkungsenergie $\triangle w$ angesetzt
werden, die durch folgende Beziehung gegeben ist:

$$\triangle w = 2w_{12} - w_{11} - w_{22}; \; w_{ij}, w_{ii} < 0. \qquad [4\,a]$$

Hierin sind w_{ii} und w_{ij} die mittleren molekularen Wech-
selwirkungsenergien zwischen gleichen bzw. ungleichen
Teilchen in einer flüssigen binären Mischung. Im athermischen System ist

$$\triangle w = 0. \qquad [4\,b]$$

Die Kräfteverhältnisse sind demnach hier ausgeglichen.
Für gute LM gilt

$$\triangle w < 0. \qquad [4\,c]$$

und für schlechte LM

$$\triangle w > 0. \qquad [4\,d]$$

In guten LM sind aufgrund dessen Kontakte zwischen ungleichen Molekülen und in schlechten LM Kontakte zwischen gleichen Molekülen bevorzugt (43). In guten LM
besteht daher eine Solvatationstendenz und in schlechten
LM eine Assoziationstendenz. Die Assoziationstendenz
kann über die Ausbildung von Assoziaten zur makroskopischen Entmischung in zwei flüssige Phasen führen
(44). Von der Solvatationstendenz kann es über Solvate
zwischen den LM-Molekülen und denjenigen des gelösten Stoffes zur Ausbildung von Bindungen mehr physikalischer und schließlich auch chemischer Natur kommen.

Assoziation

Unter einer Assoziation ganz allgemein verstehen wir die Zusammenlagerung von Molekülen oder Molekülteilen derselben Species,
wobei über die Art und zeitliche Dauer der Bindungen zunächst keine Aussage gemacht wird[2]).

Bei großen flexiblen Molekülen können sich
Kontakte zwischen Teilen ein und desselben
Moleküls ausbilden (intramolekulare Assoziation). Darauf wurde bereits im vorigen Abschnitt eingegangen. Dies führt für Makromole-

---

[2]) Über die bei Hochpolymeren auftretenden Asso-
ziationstypen und ihre Beziehungen zu den physikalischen Eigenschaften hat *F. H. Müller* bereits in einem
zusammenfassenden Artikel vor 30 Jahren berichtet (45).

küle in schlechten Lösungsmitteln zu kleineren Molekülabmessungen und somit zu kleineren Viskositätszahlen als in guten. Mit steigender Temperatur wird die Assoziationstendenz im allgemeinen geringer. Das äußert sich in einer Zunahme des Knäueldurchmessers und führt somit zu einer Vergrößerung der Viskositätszahl, wie es auch in schlechten LM bei Temperaturerhöhung häufig beobachtet wird (46).

Legen sich zwei oder mehr verschiedene Moleküle derselben Art zusammen, so spricht man von intermolekularer Assoziation. Bei Hochpolymeren in Lösung gilt das meist nur für Molekülteile.

Bei einer Assoziation im engeren Sinne stellen sich in „vernünftigen" Zeiten Assoziationsgleichgewichte ein; man spricht auch von reversibler Assoziation. Im Gegensatz dazu pflegt man häufig von irreversibler Assoziation (Aggregation) zu sprechen, wenn eine Gleichgewichtseinstellung in größeren Zeiträumen nicht feststellbar ist (47). Bei der sogenannten irreversiblen Assoziation handelt es sich aber meistens um Vorstufen der Kristallisation (hochgeordnete Bezirke, Kristallembryonen). Unterhalb der Liquiduskurve, die bei hochmolekularen Systemen mit eutektischem Punkt ganz zur Seite des reinen LM verschoben ist, befindet man sich im heterogenen Zustandsgebiet (vgl. Abb. 3). Prinzipiell muß sich daher ein Gleich-

aus diesen Betrachtungen, daß die Einteilung in reversible und irreversible Assoziation mit Vorsicht angewendet werden muß. Bei Polymerlösungen sind alle Zwischenzustände möglich, angefangen von definierten Gleichgewichtsassoziaten über Molekülverbände kolloidalen Ausmaßes bis zur beginnenden Kristallisation in Lösung, wo der Übergang vom homogenen zum heterogenen Zustandsgebiet erfolgt. Da eine Phasentrennung (flüssig-flüssig Entmischung, Kristallisation in Lösung) nicht abrupt erfolgt, sondern vorbereitet wird, müssen Assoziationserscheinungen vornehmlich in der Umgebung von Mischungslücken und Löslichkeitskurven erwartet werden. Schlechte LM und Makromoleküle mit hohem Ordnungsgrad (kristallisationsfähige Sequenzen) begünstigen demnach die Assoziation. Neben der Größe der Assoziate spielt der Zeitfaktor eine große Rolle. Er entscheidet, ob sich echte Gleichgewichte in vernünftigen Zeiten ausbilden oder nicht. Neben kurzlebigen, flüchtigen Kontakten gibt es langlebige Zusammenlagerungen von Molekülen bis zur Ausbildung von Molekülverbindungen.

Bei Makromolekülen mit unregelmäßiger Struktur und schwachen Wechselwirkungen tritt im allgemeinen keine Assoziation auf. Dies ist z. B. der Fall beim ataktischen Polystyrol (PS), wie aus Tab. 1 ersichtlich ist.

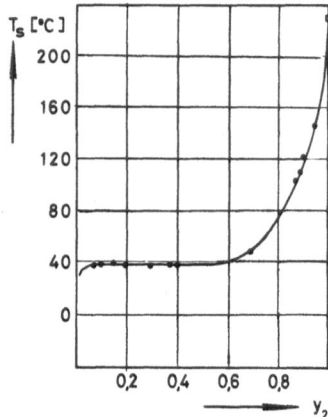

Abb. 3. Liquiduskurve des Systems Gelatine–Wasser nach DSC-Messungen. y_2 = Massenbruch der Gelatine (134)

gewicht zwischen der hochverdünnten Lösung und dem Polymerkristall ausbilden. Wegen des komplizierten Baus hochmolekularer Stoffe sind die Gleichgewichte jedoch oft aus kinetischen Gründen gehemmt. Man erkennt aber

Tab. 1. Osmotisch bestimmte Molmasse von Polystyrol in verschiedenen Lösungsmitteln bei mehreren Temperaturen in den Konzentrationsmaßen c_2, x^*_2 und φ_2 · c_2 = Molkonzentration, x^*_2 = Grundmolenbruch und φ_2 = Volumenbruch des Polymeren (48)

LM	$\dfrac{\vartheta}{{}^{\circ}C}$	(c_2) $\dfrac{M_n}{g \cdot mol^{-1}} \cdot 10^5$	(x^*_2) $\dfrac{M_n}{g \cdot mol^{-1}} \cdot 10^5$	(φ_2) $\dfrac{M_n}{g \cdot mol^{-1}} \cdot 10^5$
Äthyl-	5	1,23	1,25	1,24
benzol	25	1,23	1,25	1,19
	45	1,23	1,25	1,15
Styrol	5	1,28	1,27	1,22
	25	1,28	1,27	1,18
	45	1,28	1,27	1,13
Cyclo-	28	1,22	1,22	1,22
hexan	30	1,22	1,22	1,22
	32	1,22	1,22	1,22
	34,2	1,25	1,25	1,24
	40	1,28	1,28	1,30
Mittelwerte :		1,25	1,25	1,21
mittlere relative Fehler :		±0,008	±0,007	±0,011

In der Tabelle sind osmotisch bestimmte M_n-Werte ein und desselben Präparates für verschiedene LM und Temperaturen angegeben. Die Extrapolation auf unendliche Verdünnung wurde bei verschiedenen Konzentrationsmaßen: Molkonzentration des Gelösten, Grundmolenbruch und Volumenbruch, vorgenommen (48). Die M_n-Werte zeigen keine Abhängigkeit von den verschiedenen Parametern.

Eine Assoziation *„im engeren Sinne"*, d. h. eine Ausbildung von Assoziationsgleichgewichten, haben *Elias* und *Lys* bei Polyäthylenglykolen in benzolischen Lösungen gefunden (49). Auch bei „amorphen" Polypropylenen vorwiegend syndiotaktischer Struktur wird echte Assoziation beobachtet und keine „Aggregation" wie bei isotaktischen Polypropylenen (50, 51).

Die Bildung von Assoziationsgleichgewichten scheint bei synthetischen Polymeren relativ selten vorzukommen. Eine Assoziation im weiteren Sinne, gewöhnlich als Vorstufe der Kristallisation, ist dagegen weiter verbreitet, als vor wenigen Jahren noch angenommen wurde, obwohl schon zahlreiche Hinweise in der Literatur existierten (52, 53). Interessant ist, daß nichtkristallisierende Polymere Assoziationserscheinungen aufweisen können, selbst wenn stärkere Wechselwirkungen wie Wasserstoffbrückenbindungen fehlen. So fanden wir bei osmotischen Untersuchungen an ataktischem Polymethylmethacrylat (PMMA) eine scheinbare Abhängigkeit des Molekulargewichts von der Temperatur bei den LM Toluol und Tetrachlorkohlenstoff (54, 18, 19). Die Probe war röntgenamorph.

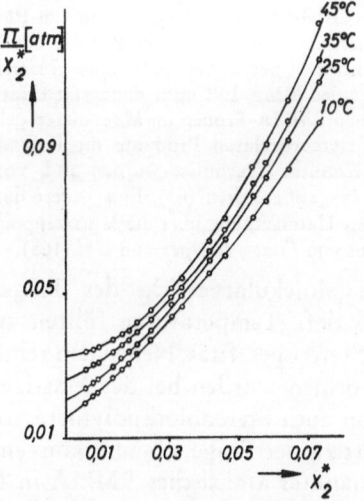

Abb. 4. Reduzierter osmotischer Druck Π/x^*_2 in Abhängigkeit vom Grundmolenbruch des Polymerisats x^*_2 bei verschiedenen Temperaturen. System: konventionelles (ataktisches) PMMA-Toluol (19)

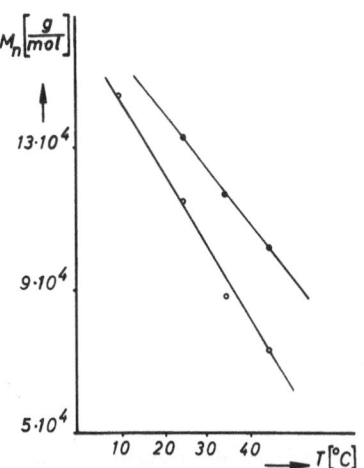

Abb. 5. Osmotisch bestimmter Zahlenmittelwert M_n des scheinbaren Molekulargewichts von konventionellem PMMA in Toluol (O) und CCl₄ (●) in Abhängigkeit von der Temperatur (19)

Die scheinbare Abnahme des Molekulargewichts mit steigender Temperatur ist leicht verständlich, weil sich der Assoziationsgrad im allgemeinen bei Temperaturzunahme verringert. Im entassoziierenden LM Chloroform wurde dagegen keine Temperaturabhängigkeit des Molekulargewichtes beobachtet (55). Bei Molekulargewichtsbestimmungen sollte man daher immer prüfen, ob eine Abhängigkeit von der Temperatur oder gar vom LM besteht.

Auffallende Assoziationserscheinungen treten bei Lösungen auf, die Gemische aus syndiotaktischem und isotaktischem PMMA enthalten (56, 58). Bei viskosimetrischen Untersuchungen fanden wir bei den taktischen Gemischen im Konzentrationsbereich von 0,5–1 g · dl⁻¹ eine starke Erhöhung der reduzierten spezifischen Viskosität gegenüber derjenigen von Lösungen der reinen taktischen Komponenten. Dies zeigt Abb. 6, in der η_{sp}/c gegen den syndiotaktischen Triadenanteil aufgetragen ist.

Das ausgeprägte Maximum in η_{sp}/c wird mit steigender Temperatur immer flacher und liegt unabhängig von der Temperatur aufgrund eigener NMR-Messungen bei einem Triadenverhältnis von 1:1, einem Massenverhältnis von 1,6 syn/1 iso entsprechend (18, 19).

Auf jeden Fall handelt es sich bei diesen ausgeprägten Assoziationserscheinungen um die Ausbildung von Stereokomplexen zwischen iso- und syndiotaktischen Sequenzen verschiedener Moleküle. Bei Temperaturen über 90 °C werden auch für die taktischen Gemische in Toluol

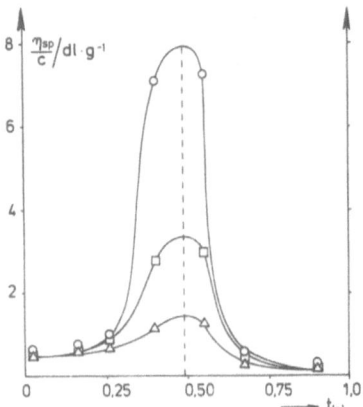

Abb. 6. Abhängigkeit der reduzierten spezifischen Viskosität η_{sp}/c für Lösungen von Mischungen aus iso- und syndiotaktischem PMMA in Toluol in Abhängigkeit vom syndiotaktischen Triadenbruch $t_{(s)}$ bei konstanter LM-Konzentration. $t_{(s)}$ gibt den Anteil der syndiotaktischen Triaden von der Gesamtmasse der Triaden in der Mischung wieder. 30 °C (O), 55 °C (□) und 75 °C (△) (18)

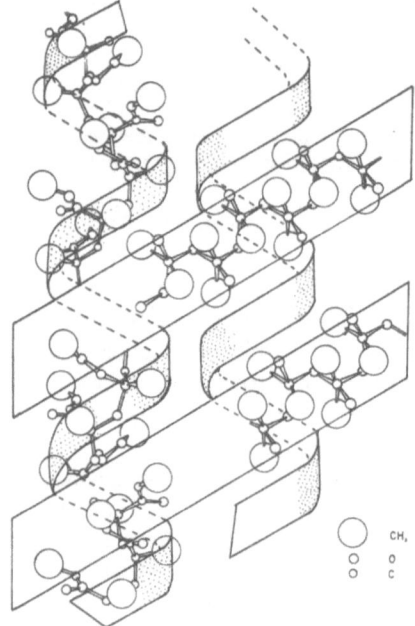

Abb. 7. Modell des Stereokomplexes aus syndiotaktischem und isotaktischem PMMA (nach *Liquori* und Mitarbeitern (57)). Die syndiotaktischen Moleküle sind in den Mulden parallel angeordneter Helices der isotaktischen Moleküle angeordnet

reduzierte spezifische Viskositäten gemessen, die gegenüber denen der Lösungen mit reinem stereoregulärem PMMA nicht erhöht sind. Aus Röntgenweitwinkelmessungen an getrockneten Proben geht hervor, daß die Stereoassoziation auf Mikrokristallitbildung beruht (57). Die Kristallite sind so klein, daß die Lösungen homogen erscheinen und die Kristallite in Lösung röntgenographisch kaum nachweisbar sind. Durch Polarisationsmikroskopie (Sphärolithbildung) und DSC-Messungen konnten wir an zur Trockne eingedampft verdünnten Lösungen ebenfalls einwandfrei eine Kristallisation nachweisen, wobei es sich wahrscheinlich um Mischkristalle aus den beiden taktischen Formen des PMMA handelt.

Liquori und Mitarb. haben aus Röntgenbeugungsmessungen das in Abb. 7 wiedergegebene Strukturmodell des Stereokomplexes entworfen.

Das Modell soll für das stöchiometrische Verhältnis 2 syn/1 iso in polaren LM gelten, wobei vorausgesetzt ist, daß beide Proben rein taktisch sind (57). Letzteres ist in Wirklichkeit sicher nicht der Fall. *Spěváček* und *Schneider* geben aufgrund von NMR-Messungen für den assoziierten Stereokomplex das Verhältnis der Monomereinheiten in syndiotaktischen und isotaktischen Sequenzen mit 1,5 syn/1 iso an (61). Für die Bildung des Stereokomplexes muß die Länge der syndiotaktischen Sequenz mindestens 10 Monomereinheiten in aromatischen Lösungsmitteln betragen. In Chloroform wurde keine Stereokomplexbildung gefunden. Dies entspricht unserer früher gemachten Beobachtung, daß in Chloroform Molekulargewichtsbestimmungen von PMMA möglich sind (55). Interessant ist, daß nach den hochauflösenden NMR-Spektren auch im rein isotaktischen Material Assoziation

angenommen werden muß (61). Entscheidend für die Assoziation beim PMMA ist aber das Prinzip der Komplementarität, nach dem iso- und syndiotaktische Sequenzen Stereokomplexe in geeigneten LM bilden. In diesem Zusammenhang sind auch die Ergebnisse von *Challa* und Mitarb. zu deuten, wonach bei der radikalischen Polymerisation von MMA in Dimethylformamid (DMF) bei Anwesenheit von iso-PMMA ein Polymerisat mit vornehmlich syndiotaktischen Sequenzen gebildet wird. Entsprechend entsteht bei der Vorgabe von syn-PMMA bei der Polymerisation in Lösung ein PMMA mit überwiegend isotaktischen Sequenzen (62). Eine „Matrizenpolymerisation" des MMA soll auch dann stattfinden, wenn die taktischen PMMA-Proben im Monomeren gelöst sind, wobei die stereoregulären Produkte die Polymerisation initiieren. Ähnliche Ergebnisse wurden auch von *Miyamoto* und *Inagaki* erhalten (63). Eine neuere detaillierte und kritische Untersuchung über die Matrizenpolymerisation stammt von *Fitzer, Klesper* und *Uhl* (165).

Hohes Molekulargewicht des Trägermaterials und tiefe Temperaturen führen zu einer höheren Stereospezifität. Neben den reinen taktischen Formen wurden bei der Matrizenpolymerisation auch Stereoblockpolymere erhalten. Dies führt zu der Frage, ob auch konventionelles, sogenanntes ataktisches PMMA in Lösung Assoziationserscheinungen aufweisen kann. Wir sind dieser Frage nachgegangen und fanden, daß die reduzierte spezifische Viskosität radikalisch hergestellter PMMA-Proben in Toluol bei vorgegebener Konzentration (c = 0,5 – 2,0 g · dl⁻¹) mit steigender Temperatur zunächst zunahm, ein Maximum durchlief und dann wieder abfiel (Abb. 8).

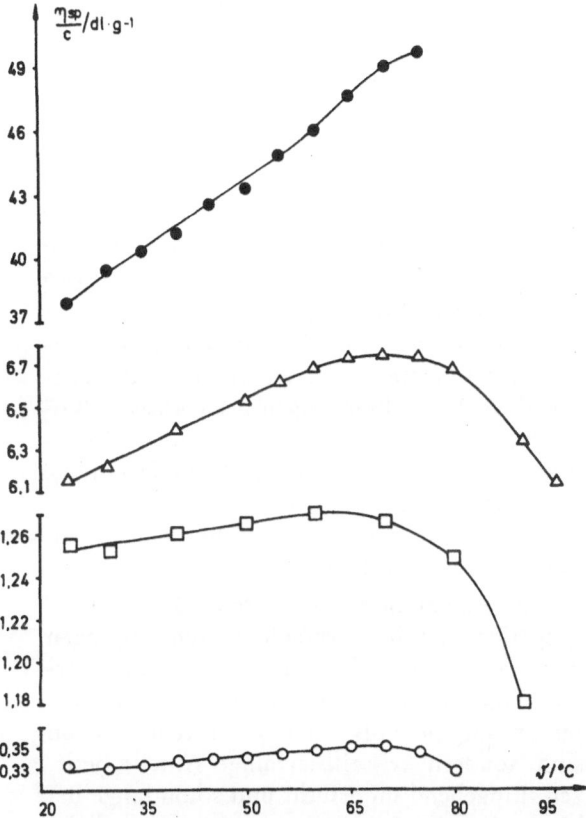

Abb. 8. Temperaturabhängigkeit der reduzierten spezifischen Viskosität η_{sp}/c von konventionellem PMMA in Toluol für Proben verschiedenen Molekulargewichts M_v · (M_v = viskosimetrischer Mittelwert). 320 000 (●), 220 000 (△), 150 000 (□), 110 000 (○). c = 0,5 bis 2 g · dl⁻¹ PMMA

Der Anstieg bei tieferen Temperaturen dürfte auf Lösung von Kontakten innerhalb der Molekülknäuel beruhen (Zunahme des hydrodynamischen Volumens durch Entassoziation). Im Bereich der Maxima sind alle Assoziatbindungen gelöst, und die Durchspülbarkeit der Knäuel und damit die Flexibilität der Ketten wachsen mit steigender Temperatur stark an, wodurch der Abfall der reduzierten spezifischen Viskosität verursacht wird. Die Temperaturen der Maxima liegen im Bereich der „Schmelzpunkte" der Stereokomplexe von verdünnten Lösungen aus iso- und syndiotaktischen PMMA-Gemischen (18). Bei der ataktischen Probe mit dem höchsten Molekulargewicht ist die Viskosität in

Toluol wesentlich größer, als der Erwartung entspricht. Außerdem werden geringfügige Zeitabhängigkeiten beobachtet. Die Befunde legen die Annahme nahe, daß sich auch im konventionell hergestellten PMMA Stereokomplexe bilden können. Große Molekulargewichte und Sequenzlängen sowie eine ausgewogene Verteilung zwischen iso- und syndiotaktischen Sequenzen begünstigen die Bildung von Stereoassoziaten. Die Polymerisationsbedingungen sind demnach dafür verantwortlich, ob das radikalisch hergestellte PMMA zur Assoziation neigt oder nicht. Es ist daher auch durchaus möglich, daß konventionelle PMMA-Proben in keinem LM Assoziationserscheinungen zeigen. Außerdem braucht bei den aufgrund der inneren Struktur zur Assoziation neigenden Proben nicht in allen Lösungsmitteln Assoziation aufzutreten. In Chloroform ergeben sich keine Hinweise für Assoziation, wie bereits erwähnt wurde. Die Übergänge von den rein taktischen PMMA-Proben über die Stereoblockpolymeren zu den konventionellen „ataktischen" Substanzen sind fließend, so daß die Stereokomplexbildung mehr oder weniger ausgeprägt ist. Zahl und Größe der Stereokomplexe sind bei radikalisch hergestellten PMMA-Proben im allgemeinen so gering, daß sich kein räumliches Netzwerk ausbilden kann und eine Gelierung damit unterbleibt. Durch dielektrische Messungen an Lösungen von iso-, syndio- und ataktischem PMMA konnten wir die aus viskosimetrischen Untersuchungen abgeleiteten Erkenntnisse über die Assoziation des PMMA erhärten (65).

Fox hat ebenfalls bei Viskositätsmessungen an Lösungen von konventionellen PMMA-Fraktionen in Toluol einen Anstieg der Grenzviskositätszahl [η] mit steigender Temperatur gefunden (66). Da die höchste Meßtemperatur 60 °C betrug, konnte ein Abfall von [η] nicht beobachtet werden. *Kawai* und *Ueyama* entdeckten bei entsprechenden Messungen in Aceton nach anfänglichem Anstieg ein Maximum in [η] bei ca. 30 °C (67). Die Autoren machten aufgrund der *Flory-Fox*-Theorie (68) plausibel, daß der Effekt in schlechten Lösungsmitteln erwartet werden muß. Die Temperatur des Maximums der Grenzviskositätszahl soll um so höher liegen, je schlechter das LM, je flexibler die Polymerketten und je größer das MG ist. Eine intermolekulare Assoziation kann hierbei keine Rolle spielen, da die Temperaturabhängigkeit der Grenzviskositätszahl (unendliche Verdünnung!) und nicht die der reduzierten spez. Viskosität bei vorgegebener Konzentration beobachtet wird. *Dondos* und *Benoit* fanden bei viskosimetrischen und Brechungsindexmessungen an ataktischem PMMA in Dioxan und Aceton ebenfalls Anomalien bei 30 °, die sie auf eine Konformationsänderung des Makromoleküls, begleitet durch eine Solvatationsänderung, zurückführen (69).

Verschiedentlich sind in der Literatur bereits Hinweise auf Assoziationserscheinungen in Lösungen von konventionellem PMMA gegeben worden. *Moore* ermittelte aus viskosimetrischen Daten im schlechten LM N-Amyl-Methylketon eine scheinbare Abnahme des Molekulargewichts mit steigender Temperatur, die er auf Assoziation des PMMA zurückführte (70). *Peterlin* und Mitarb. erklärten ein rheopexes Verhalten bei sehr viskosen Lösungen von hochmolekularem PMMA durch Ausbildung eines Netzwerkes mit „physikalischen Verknüpfungspunkten". Sie vermuteten bereits, daß die Netzpunkte ähnlicher Natur sein können wie die in Lösungen aus Mischungen von iso- und syndiotaktischem PMMA (71). *Quadrat* und Mitarb. untersuchten die Rheopexie von PMMA in niedrigviskosen schlechten Lösungsmitteln und deuteten sie in ähnlicher Weise durch Ausbildung von physikalischen Bindungen bei der Orientierung der Molekülknäuel während des Fließens (72). Daß in schlechten Lösungsmitteln verstärkte Assoziationsneigung besteht, ist aus Gl. [4 d] leicht ersichtlich. Nach unserer Ansicht ist die Assoziation bei potentiell kristallisierbaren Polymeren als Vorstufe der Kristallisation zu verstehen. In zunächst nicht assoziierten hochmolekularen Lösungen können sich durch Parallelisierung von Kettenteilen und „Einschnappen" von iso- und syndiotaktischen Sequenzen infolge einer Scherung Assoziate bilden. Dies ist vergleichbar mit der durch Fließen hervorgerufenen Kristallisation von Polymerlösungen (73) und der dehnungsinduzierten Kristallisation beim Kautschuk. Dabei möchten wir vermuten, daß sich mit zunehmender Schergeschwindigkeit zwischen den Molekülen Stereokomplexe bilden

können, bis schließlich bei zu hohen Schubspannungen wieder Zerstörung der Komplexe eintritt.

Die Assoziation beim PMMA wurde eingehend behandelt, weil wir in diesem Falle die reinen taktischen Formen, Stereoblockpolymere und ataktisches Material herstellen können und die Erscheinung der Stereokomplexe neue Aspekte hinsichtlich der Assoziationserscheinungen bei Polymersubstanzen ergeben.

Eine Stereokomplexbildung wurde von *Yoshida* und Mitarb. auch bei Mischungen von Poly-γ-methyl-L-glutamat und Poly-γ-methyl-D-glutamat in DMF gefunden (64). Aus den optischen Antipoden entsteht dabei ein optisch inaktives Material.

Die stereospezifische Assoziation bei synthetischen Polymeren ist vergleichbar mit den spezifischen Wechselwirkungen bei wichtigen Biopolymeren, z. B. der Bildung von Enzym-Coenzym- und Antigen-Antikörper-Komplexen (74). Die Spezifizität beruht darauf, daß sich beide Komponenten in gewissem Sinne komplementär zueinander verhalten.

Eine Assoziation *„im weiteren Sinne"* (Aggregation) ist in hochmolekularen Lösungen weit verbreitet und in gewissen Temperatur- und Konzentrationsbereichen immer zu erwarten, wenn die Polymeren nicht rein amorph sind, sondern kristallisierfähige Anteile besitzen. Eingehend untersucht und schon lange bekannt sind die Assoziationserscheinungen beim konventionell hergestellten Polyvinylchlorid (PVC) (52, 75). Hier erfolgt die Verknüpfung der Moleküle wahrscheinlich über gefaltete Kettenteile, die sich zu Mikrokriställchen ordnen.

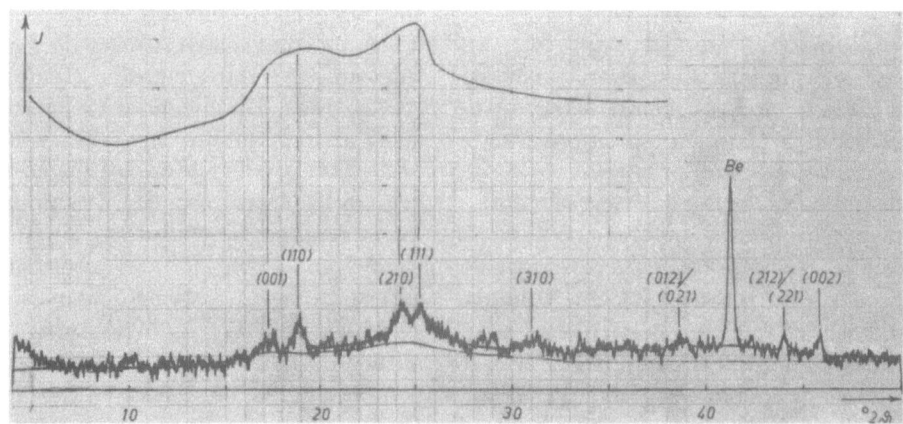

Abb. 9. Vergleich der Röntgenbeugungsdiagramme von konventionellem (ataktischem) PVC (obere Kurve) und syndiotaktischem PVC (untere Kurve) (76). J = Intensität; 2 ϑ = Streuwinkel. Die Diagramme wurden bei 25 °C mit CuKα_1-Strahlung aufgenommen. Die Strahlung wurde durch einen gebogenen Quarzkristall monochromatisiert

An Lösungen läßt sich die sehr schwach ausge-
bildete Kristallisation des ataktischen PVC
nicht leicht direkt nachweisen. Durch Ver-
gleiche der Röntgenbeugungsbilder von ataktischem mit syndiotaktischem PVC konnten
wir jedoch zeigen, daß die beiden „amorphen"
Buckel des ataktischen Materials bei den Beu-
gungswinkeln liegen, bei denen die relativ
stärksten Interferenzen des syndiotaktischen
PVC auftreten (76).

Die Assoziate (Aggregate) bestehen also aus
kleinen, stark gestörten Mikrokristalliten, die
aus syndiotaktischen Sequenzen aufgebaut sind.
Eine scheinbare Temperaturabhängigkeit des
MG wird auch beim PVC in hinreichend schlechten LM beobachtet (70).

Es ist nicht möglich, auf die sehr umfangreiche Literatur über die Lösungseigenschaften des PVC hier einzugehen. Nur einige neuere Arbeiten, die sich speziell mit den
Assoziationserscheinungen beim PVC befassen, seien
zitiert (77, 78). Weitere wichtige synthetische Polymere,
die in Lösungen typisches Assoziationsverhalten aufweisen, sind Polyacrylnitril (79), Polyvinylalkohol (80, 81)
und Cellulosederivate, z. B. Cellulosenitrat (82, 83) und
Celluloseacetat (84, 85).

Mizellen, Assoziationskolloide

Mizellen setzen sich meist aus kleineren organischen Molekülen zusammen, die, in ein flüssiges Medium gebracht, thermodynamisch stabile
Assoziate kolloidalen Ausmaßes bilden. Für
den Begriff Mizelle verwendet man auch die
Bezeichnung „Assoziationskolloid" (86). Die
mizellbildenden Moleküle bestehen stets aus
einem lyophoben und einem lyophilen Anteil.
Die bekanntesten und wichtigsten dieser Substanzen sind die Seifen und Emulgatoren, die
in Wasser Assoziate von ca. 20–100 Molekülen
bilden. Der hydrophobe Molekülteil ist gewöhnlich ein langkettiger Alkylrest, der hydrophile Teil eine ionisierbare, polare, polarisier-
bare oder zur Bildung von Wasserstoffbrücken
geeignete Atomgruppe. In Wasser legen sich die
Paraffinreste aufgrund hydrophober Wechselwirkung zusammen, während die hydrophilen
Gruppen ins umgebende Wasser ragen. Für die
Struktur dieser Assoziate nimmt man meist
kugel- oder zylinderförmige Aggregate an. Ein
direkter Nachweis gelang kürzlich durch elektronenmikroskopische Untersuchungen nach der
Methode der Gefrierätzung (166).

Verschiedene Strukturvorschläge für Seifenaggregate
in wäßriger Lösung sind in Abb. 10 angegeben. Weitere

Strukturvorschläge für Mizellen wurden von *Elias* und
Mitarb. für β-D-n-Octylglucosid und die hochmolekulare
Substanz Nonylphenol-(polyäthylenglykol)äther (NP 80)
aufgrund von Viskositätsmessungen gemacht (87). Aus
den Viskositätsmessungen und Hugginskonstanten wurden die Kugelradien der Assoziate berechnet.

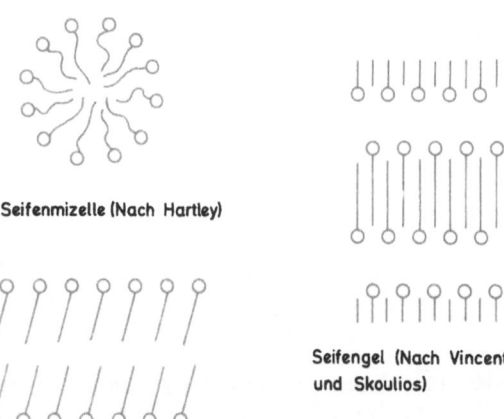

Seifenmizelle (Nach Hartley)

Seifengel (Nach Vincent und Skoulios)

Seifenlamelle (Nach McBain)

Abb. 10. Vorschläge für die Struktur von Seifenmizellen
[vgl. *A. Skoulios* (88)]

Für die steifen Octylglucosidmoleküle wird eine
„Duplexmizelle" aus alternierend angeordneten Seifen-
molekülen mit einem wäßrigen Kern vorgeschlagen
(Abb. 11).

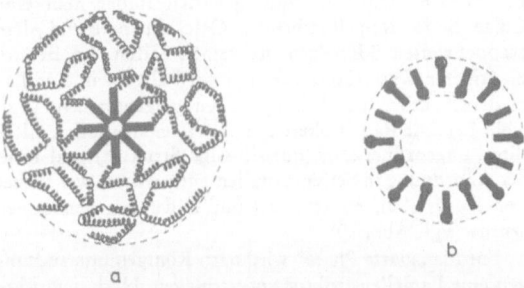

Abb. 11. Mizellenmodelle nach *Watterson*, *Lässer* und
Elias (87). a) Nonylphenol-(polyäthylenglykol)äther, b)
β-D-n-Octylglucosid

Für den Aufbau einer Seifenmizelle des NP 80 nehmen
die Autoren bei den Polyäthylenoxidresten die Konformation einer gebrochenen Helix an. Das gesamte Assoziat
hat also die Gestalt eines lockeren, kugelförmigen Knäuels, wobei sich die hydrophoben Nonylphenolgruppen in
der Mitte des Knäuels konzentrieren.

Von *Skoulios* wurde ein schematisches Phasendiagramm für ein Wasser-Seife-System angegeben (88)
(Abb. 12).

Man hat im wesentlichen drei Gebiete zu unterscheiden: Bei hohen Temperaturen (über der oberen ausgezogenen Kurve) befindet sich das Gebiet der mizellaren
Lösung. Diese Phase ist flüssig, in Ruhelage optisch isotrop und besitzt keine gut entwickelte periodische Struk-

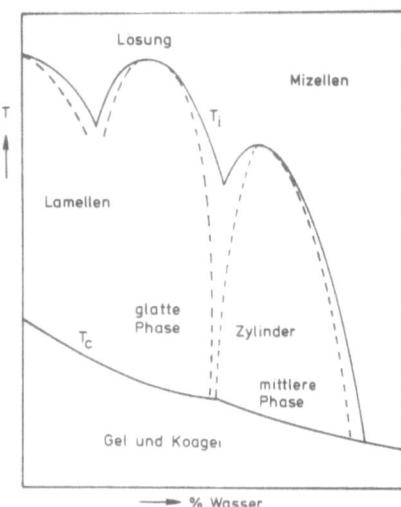

Abb. 12. Schematisches Phasendiagramm des Systems Seife-Wasser [nach *Skoulios* (88)]

tur. Im mittleren Temperaturbereich (zwischen den beiden ausgezogenen Kurven) findet man Phasen, die größtenteils doppelbrechend sind und gut definierte Strukturen aufweisen. Bei tiefen Temperaturen (unter der unteren ausgezogenen Kurve) existiert das Zustandsgebiet des Gels und Koagels. Die gelösten Mizellen haben im allgemeinen die von *Hartley* 1936 vorausgesagte sphärische Struktur (89) (Abb. 10). Das Innere ist ausgefüllt von Paraffinketten im ungeordneten Zustand (quasiflüssig). Im mittleren Temperaturgebiet sind die Phasen viskos. Bei extrem niedrigen Wassergehalten findet man eine ganze Serie doppelbrechender Gele, entsprechend dem etappenweisen Schmelzen der reinen Seifen. Im Bereich niedrigerer Wasserkonzentration wird allgemein eine Lamellenstruktur der Seifenmizellen angenommen (vgl. Abb. 12). Die Paraffinketten in den Lamellen sollen allerdings ungeordnet sein (quasiflüssige Struktur) und nicht der Anordnung in Seifenkristallen entsprechen, wie früher von *Stauff* (90), *McBain* (91) und anderen angenommen wurde (vgl. Abb. 10).

Für die „glatte Phase" wird nach Röntgenuntersuchungen eine Lamellenstruktur vorgeschlagen. Nach dem Modell von *Skoulios* und Mitarb. soll es sich um eine regelmäßige Schichtung von Blättern handeln, die abwechselnd von Seifenmolekülen und vom Wasser gebildet werden. Die hydrophoben Molekülteile sind ungeordnet; die hydrophilen Gruppen befinden sich in der wässrigen Schicht.

Die mittlere Phase soll nach Röntgenkleinwinkelmessungen aus Zylindern unbestimmter Länge bestehen, die ein zweidimensionales hexagonales Gitter bilden. Die Zylinder bestehen aus den Seifenmolekülen, wobei sich die hydrophilen Gruppen an der Oberfläche der Zylinder befinden. Die Zylinder sind durch das Wasser des Systems getrennt. Zwischen der glatten und mittleren Phase bestehen noch weitere Phasen mit geringeren Existenzbereichen, worauf hier nicht weiter eingegangen werden kann.

Im unteren Zustandsbereich liegt das System als durchscheinendes Gel oder als opakes Koagel vor. Röntgenbeugungsuntersuchungen deuten auf eine Lamellenstruktur hin. Von *Vincent* und *Skoulios* wurde das in Abb. 10

angegebene Modell für die Struktur des Seifengels vorgeschlagen (92). Danach sind die Seifenmoleküle parallel zueinander angeordnet und stehen senkrecht zur Lamellenebene. Zwischen den Lamellen befindet sich Wasser. Die polaren Gruppen ragen alternierend in die wäßrige Schicht hinein. Nach diesem Modell sind die Paraffinketten im Gel kristallin. Bei T_c schmelzen die Paraffinketten. Bei T_i bricht die periodische Anordnung zusammen, und es bildet sich die „mizellare" Lösung.

Außer bei Seifen findet man Assoziationskolloide noch bei einer Reihe von organischen Farbstoffen, z. B. Kongorot, und Verbindungen anderer Art, z. B. Lecithin und Novocain (93).

Charakteristisch für alle Assoziationskolloide ist, daß die Einzelmoleküle im thermodynamischen Gleichgewicht stehen mit den Assoziaten (86). Es handelt sich also um eine Assoziation im engeren Sinne, auch reversible Assoziation genannt. Gemäß der Beziehung

$$n \cdot M \rightleftharpoons (M)_n,$$

wobei M der Einzelbaustein, $(M)_n$ das Assoziat und n die Zahl der Teilchen ist, liegen nur zwei Teilchenarten vor. Diesen Fall bezeichnet *Elias* als geschlossene Assoziation im Gegensatz zum konsekutiven Prozeß der offenen Assoziation (51).

Kristalline Flüssigkeiten

Bekanntlich versteht man darunter hochgeordnete Assoziationszustände in Schmelzen und konzentrierten Lösungen, die man je nach Molekülanordnung in smektische, nematische und cholesterische Mesophasen einteilt. In den letzten Jahren haben Untersuchungen zur Chemie, Physik und Physikalischen Chemie der Flüssigkristalle wieder sehr an Interesse gewonnen (94, 95). Die Moleküle von Verbindungen, die kristallin-flüssige (mesomorphe) Zustandsformen ausbilden, sind meist lang und ziemlich starr. Sie haben eine große Polarisierbarkeit entlang der Molekülachse und sind oft stark anisotrop. Dies führt in den Mesophasen zu einer hohen Molekülorientierung über größere Bereiche und somit zu Anisotropieerscheinungen. Mesomorphe Zustandsformen werden auch bei Lösungen von stäbchenförmigen Makromolekülen beobachtet (tactoidale Lösungen).

Kristallin-flüssige Mischphasen zeigen ungewöhnliche Zustandsdiagramme. In Abb. 13 ist als Beispiel das Phasendiagramm des binären Systems Poly-γ-benzyl-α, L-

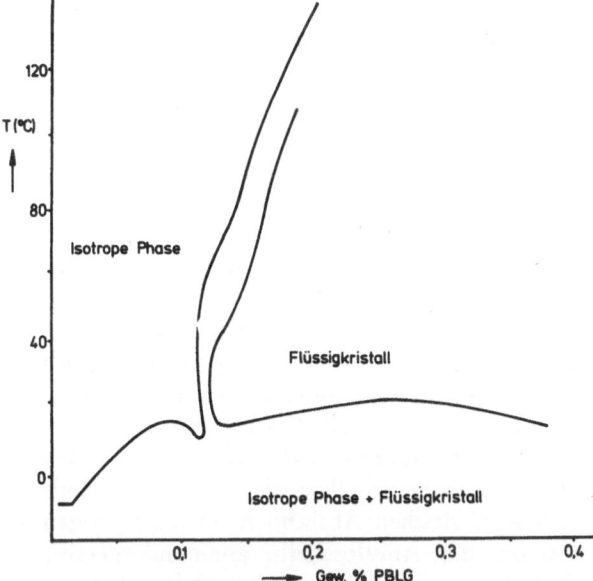

Abb. 13. Phasendiagramm des Systems Poly-γ-benzyl-α, L-glutamat(PBLG)-Dimethylformamid. $M_u \approx 310\,000$. Die Phasengleichgewichte wurden durch NMR-Messungen, Polarisationsmikroskopie und hydrodynamische Messungen ermittelt [nach *Wee* und *Miller* (96)]

glutamat/Dimethylformamid angegeben (96). Das nicht ionische helixbildende Polymere PBLG bildet flüssige Kristalle. Das Phasendiagramm gleicht sehr demjenigen, das von *Flory* für ein binäres System, bestehend aus dem LM und starren, stäbchenförmigen Polymerteilchen, aufgrund der Gittertheorie berechnet worden ist (97). Danach liegen isotrope und anisotrope Phasen bei athermischer Mischung sehr nahe beieinander. Die Phasentrennung ist primär eine Konsequenz der Teilchenasymmetrie und weniger der energetischen Wechselwirkung. Bei bereits schwach positiver Wechselwirkungsenergie verbreitert sich die Mischungslücke nach Aussage der Theorie stark. Es ist ferner möglich, daß sich die flüssig-kristalline Phase in einem engen Temperaturintervall noch einmal aufspaltet, so daß zwei Phasengleichgewichte in verschiedenen Konzentrationsbereichen nebeneinander bestehen. Im einen Falle koexistieren isotrope und flüssig-kristalline Phasen und im anderen Falle zwei flüssig-kristalline Phasen höherer Konzentrationen miteinander. Flexible Seitenketten am starren Stäbchen beeinflussen die Lage der Phasengleichgewichte (167). Die Mischungslücken unterscheiden sich beim Vorhandensein flüssiger Kristalle so stark vom Normalfall isotroper Mischphasen, daß man aus dem Entmischungsverhalten Rückschlüsse auf Steifheit und Form der gelösten Teilchen ziehen kann.

Solvatation

Unter der Solvatation verstehen wir eine irgendwie geartete Zusammenlagerung von Molekülen des LM und denen des gelösten Stoffes, wobei die Bindungsverhältnisse von Fall zu Fall verschiedener Natur sein können. Solvatation tritt nur in guten Lösungsmitteln auf. Für die überschüssige Wechselwirkungsenergie gilt Gl. [4 c]: $\triangle w < 0$. Solvatationserscheinungen sind sicherlich weit verbreitet; es ist jedoch wenig Quantitatives bei hochmolekularen Lösungen bekannt. Am besten untersucht ist der Fall der Bindung von Wasser (Hydratation), vornehmlich an Biopolymere. Viele natürliche und synthetische Polymere, z. B. Gelatine, Cellulose, Nylon usw. binden geringe Wassermengen sehr stark, so daß sie nur unter großen Schwierigkeiten und meist bei Zerstörung der Struktur vollständig getrocknet werden können. Man spricht daher in der Kolloidchemie von freiem und gebundenem Wasser. Die speziellen Eigenschaften des Wassers als LM beruhen auf der besonderen Struktur und der Fähigkeit der H_2O-Moleküle, Wasserstoffbrückenbindungen auszubilden. Die Bindung der Wassermoleküle ist streng auf spezifische Gruppen der Makromoleküle lokalisiert. Mit steigender Temperatur wird meist die Solvatation zurückgedrängt und damit die Löslichkeit erniedrigt. So findet man bei Wasser-Polymer-Systemen verschiedentlich Mischungslücken mit unterem kritischen Punkt, z. B. in wäßrigen Lösungen von PVA verschiedenen Acetatgehalts (80, 98; vgl. Abb. 14) und Methylcellulose (169). *Meyer* und *van der Wyk* vertreten die Auffassung, daß im stark exothermen System Triacetylcellulose – Tetrachloräthan starke Solvatbildung vorkommt. Auch Naturcellulose soll in Aceton und Cyclohexanon Solvate bilden (99).

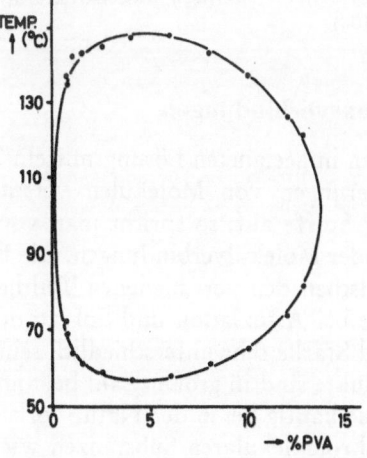

Abb. 14. Mischungslücke im System Polyvinylalkohol (PVA)-Wasser. $M_n = 140\,000$; Acetatgehalt 6,8 %/o (80)

Nach Ansicht dieser Autoren können auch Solvate von Assoziaten bzw. Mizellen auftreten, im Bereich der Makromoleküle vornehmlich bei Proteinen und Cellulosederivaten (99). Genauer untersucht wurde in jüngster Zeit die Hydratation des Fibrinogens (100). Nach Röntgenkleinwinkelmessungen, viskosimetrischen und elektronenoptischen Untersuchungen sind die Fibrinogenmoleküle wurstförmig und haben aufgrund der ungewöhnlich hohen Hydratation von ca. 5 g H_2O/g Fibrinogen ein großes Volumen. Es ist daher möglich, daß die stark gequollene Struktur des Fibrinogens eine beträchtliche Flexibilität aufweist.

Flüssiges Wasser enthält nach *Bernal* und *Fowler* lockere Molekülassoziate mit eisähnlicher Struktur (101).

Bringt man unpolare organische Verbindungen, z. B. aliphatische Kohlenwasserstoffe, in Wasser ein, so kann sich die Struktur stark ändern. Dies ist aus thermodynamischen Daten leicht erkennbar: Eine geringe Löslichkeit ist wider Erwarten mit einer negativen (exothermen) Mischungswärme verknüpft. Wegen der geringen Löslichkeit muß dann die Exzeßentropie stark negativ sein. Aus diesem Befund schlossen *Frank* und *Evans*, daß die freiwerdende Wärme durch Stabilisierung einer eisähnlichen Struktur in der Nachbarschaft des gelösten Stoffes erzeugt wird (102). Die entstehenden „Eisberge" stellen Gebiete quasikristalliner Ordnung dar und führen daher zu einer Entropieabnahme. Um die Zahl der Wassermoleküle in der unmittelbaren Umgebung der Moleküle des gelösten Stoffes möglichst gering zu halten, müssen sich letztere zusammenlagern. Diese treibende Kraft in Richtung einer Assoziation der Moleküle des unpolaren gelösten Stoffes wird nach *Kauzmann* „hydrophobe Bindung" genannt (103). Die Auflösung unpolarer Kohlenwasserstoffe in Wasser führt gewöhnlich jedoch zu einer Volumenkontraktion, die nicht im Einklang steht mit dem Gefrieren des Wassers zu eisähnlichen Strukturen. Dies kann so erklärt werden, daß die Moleküle des gelösten Stoffes in der eisartigen Wasserstruktur leicht Platz finden (104).

Additionsverbindungen

Treten in geeigneten Lösungsmitteln Zusammenlagerungen von Molekülen verschiedener gelöster Stoffe auf, so spricht man von Additions- oder Molekülverbindungen. Die Bindungen zwischen den verschiedenen Teilchen können wie bei Assoziation und Solvatation nach Art und Stärke sehr unterschiedlich sein. Polymeraddukte sind in großer Zahl bekannt. Man findet sie häufig bei in der Natur vorkommenden makromolekularen Substanzen wie Cellulose und Stärke sowie bei synthetischen Polymeren mit charakteristischen funktionellen Gruppen, z. B. Polyacrylsäure, Polymethacrylsäure, Polyvinylalkohol usw. Weit verbreitet sind Komplexverbindungen mit Metallionen. Interessant dabei ist, daß das Metallbindungsvermögen ein und desselben Polymeren stark von Konfiguration (iso- oder syndiotaktische Form) und Makro-Konformation (Helix- oder Knäuelgestalt) abhängt (74). Wohlbekannt sind auch Verbindungen zwischen organischen Farbstoffen und Kettenmolekülen (105). Auch hierbei ist von Bedeutung, ob die Polymerkette als Helix oder Knäuel in Lösung vorliegt. Auch für den eingehend untersuchten blauen Jod-Stärke-Komplex spielt die helixartige Konformation der Makromoleküle eine große Rolle. Man nimmt heute allgemein an, daß die Jodatome in gleichen Abständen im kanalartigen Inneren der Amylosehelix aneinandergereiht sind. Dieses Modell einer Kanaleinschlußverbindung wurde bereits von *Freudenberg* 1939 vorgeschlagen. Neuere Untersuchungen aufgrund von ORD- und CD-Messungen sprechen für das Modell der „gebrochenen" Helix, wonach längere steife helicale Molekülteile durch kürzere geknäuelte Segmente unterbrochen sind. Aber auch das Modell einer wurmartigen helicalen Kette, deren Flexibilität mit wachsendem MG zunimmt, wird diskutiert (107, 108). Jod bildet auch mit anderen Polymeren stark gefärbte Komplexe. So ist der blaue PVA-Jodkomplex schon 1927 beschrieben worden (109, 110). Neuerdings sind je nach Taktizität, MG, Verzweigungsgrad und restlichem Acetatgehalt Farben von tiefblau bis gelb beobachtet worden (107). Auch hier nimmt man an, daß helicale Kettenteile lineare Polyjodketten aufnehmen. Diese Struktur kann durch Zufügen von Borsäure stabilisiert werden.

Die wenigen angeführten Beispiele mögen zeigen, daß die Ausbildung von Polymeraddukten in starkem Maße von der Struktur der gelösten Makromoleküle abhängt. Wegen weiterer Einzelheiten bezüglich der Addukte, Komplexe und Chelate bei synthetischen und natürlichen Makromolekülen sei auf eine in jüngster Zeit von *R. C. Schulz* gegebene Übersicht verwiesen (107).

4. Strukturen in Gelen

Allgemeine Betrachtungen

Räumlich vernetzte makromolekulare Systeme bilden bei der Flüssigkeitsaufnahme unter Quellung Gele, die über eine mehr oder weniger ausgeprägte Formbeständigkeit, Steifheit und Elastizität verfügen. In einem Gel ist die Mikro-*Brown*sche Beweglichkeit, d. h. die Beweglichkeit der Grundmoleküle der Polymerketten, frei. Die Makro-*Brown*sche Beweglichkeit, das Abgleiten der Kettenmoleküle voneinander, wird dagegen durch die Vernetzung unterbunden. Die Mikro-*Brown*sche Beweglichkeit macht den „Flüssigkeits"-Charakter einer Substanz aus. Ein Gel ist daher als eine *elastische Flüssigkeit* aufzufassen im Gegensatz zur normalen, viskosen Flüssigkeit (80, 111, 112). Im allgemeinen besitzt eine hochmolekulare fluide Mischphase elastische und viskose Anteile. Das Verhältnis beider Anteile zueinander wird durch die innere Struktur der Mischphase bestimmt.

Bei Gelen aus organischen Makromolekülen kann die dreidimensionale Vernetzung haupt- oder nebenvalenzmäßig erfolgen. Das klassische Beispiel für eine *hauptvalenzmäßige* Verknüpfung synthetischer Polymermoleküle ist die zuerst von *Staudinger* und *Husemann* beschriebene chemische Vernetzung von Polystyrol durch p-Divinylbenzolbrücken (113). Chemisch vernetzte Polymersysteme bilden *irreversible* Gele, d. h. eine Gel-Sol-Umwandlung kann ohne chemische Reaktion, also Änderung der Konstitution, nicht erfolgen.

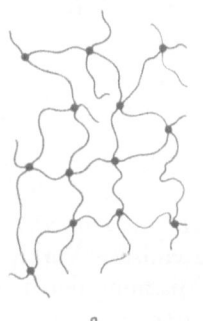 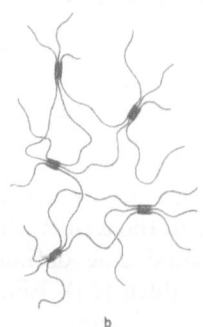 

a   b   c

Abb. 15. Makromolekulare Netzwerkstrukturen (schematisch): a) Hauptvalenzmäßige (chemische) Vernetzung. b) Nebenvalenzmäßige (physikalische) Vernetzung durch Assoziate oder Mikrokristallite. c) Vernetzung durch Verschlaufungen.

Eine *nebenvalenzmäßige* Verknüpfung der Makromoleküle kann durch Komplexbildung oder kristalline Bereiche bewirkt werden. Diese physikalisch vernetzten Systeme bilden bei Flüssigkeitsaufnahme *reversible* bzw. thermoreversible Gele, d. h. sie können bei Konzentrationsabnahme oder Temperaturerhöhung in den viskos-flüssigen Zustand des Sols überführt werden. Beim Übergang vom Gel- in den Solzustand fallen die Elastizitätsmodul stark ab. Die Übergangstemperatur bezeichnet man als Gel- oder Fließtemperatur. Die Kurve, die den Konzentrationsverlauf der Geltemperatur beschreibt, wird Gelkurve genannt.

Außer haupt- und nebenvalenzmäßiger Verknüpfung von Polymerketten können auch durch mechanische Verschlaufungen, vor allen Dingen bei sehr großen Molekülen und langen Seitenketten, Vernetzungsstellen gebildet werden. In komplizierteren Systemen können die chemischen, physikalischen und mechanischen Netzpunkte gemeinsam vorkommen.

Chemische Bindungen und kristalline Bereiche bilden permanente Verknüpfungsstellen.

Temporäre Netzpunkte sind bei kurzlebigen Assoziaten (114) und Verhakungen der Fadenmoleküle möglich (115–118). Die physikalischen Eigenschaften der Gele hängen dann stark von der Beanspruchungszeit ab. Eine Kurzzeitbeanspruchung erhöht im allgemeinen den elastischen gegenüber dem viskosen Anteil.

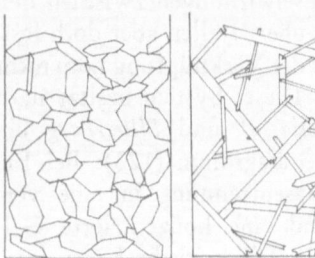 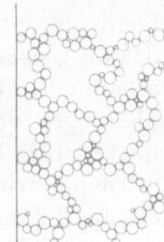

Abb. 16. Schematische Darstellung der Gerüste im thixotrop versteiften Gel bei verschiedener Gestalt der festen Teilchen [nach *U. Hofmann* (119)]
a) Kartenhaus aus Plättchen (Bentonit, Kaolin, Graphit)
b) Gerüst aus Leisten (Halloysit)
c) Lockere Kugelpackung (Ruß, Gummigutt)

Gele aus anorganischen Substanzen bestehen aus Gelgerüsten (119), die sich z. B. aus kleinen kristallinen Plättchen, Leisten oder lockeren Kugelpackungen zusammensetzen (vgl. Abb. 16).

Nebenvalenzmäßige Vernetzung

Immer dann, wenn Assoziation bei Polymeren auftritt, kann bei genügender Dichte der Assoziate eine nebenvalenzmäßige Verknüpfung der Makromoleküle und damit eine Gelierung erwartet werden. Die Natur der Assoziate bestimmt damit die Natur der Netzstellen.

„Punktförmige" physikalische Vernetzungsstellen, die durch *einfache Komplexe* bzw. *Assoziate* gebildet werden, scheinen gegenüber Haftstellen aus Mikrokristalliten seltener vorzukommen. *Haas, Chiklis* und *Moreau* schließen bei ihren Untersuchungen über die thermoreversible Gelierung von Polyacrylglycinamid in Wasser aus den gemessenen außergewöhnlich kleinen molaren Gelierungsenthalpien auf Vernetzungsstellen, die wegen ihrer geringen räumlichen Ausdehnung nicht kristalliner Natur sein können (121). Die molare Netzbildungsenthalpie beträgt nur etwa ¹/₁₀ der bei wässriger Gelatine gemessenen Werte. Nach Angaben der Autoren sind auch für Gele von verschiedenen Cellulosederivaten sowie Äthylacrylat – Acrylsäure – Copolymeren aus ähnlichen Erwägungen nicht kristalline Vernetzungspunkte anzunehmen. *Silberberg* und *Mijnlieff* vermuten aufgrund ihrer Untersuchungen über die Gelierung von Polymethacrylsäure in Wasser, daß die Vernetzungsstellen auf Wasserstoffbrückenbindungen zwischen den Carboxylgruppen oder hydrophoben Wechselwirkungen zwischen den Methylgruppen beruhen, stellen aber doch fest, daß die genaue Art der Verknüpfung noch nicht bekannt ist (122). Dieses System besitzt nach Messungen von *Eliassaf* und *Silberberg* ein interessantes Phasendiagramm (123): Bei Erwärmung tritt Phasentrennung in eine verdünnte Lösung und eine konzentrierte Gelphase ein (Abb. 17). Die kritische Konzentration stimmt etwa mit den Konzentrationen überein, bei denen im homogenen Zustandsgebiet unterhalb der Mischungslücke der Sol-Gel-Übergang erfolgt.

Es wurde bereits erwähnt, daß die helicalen Homopolypeptide von γ-Methyl-D- und L-

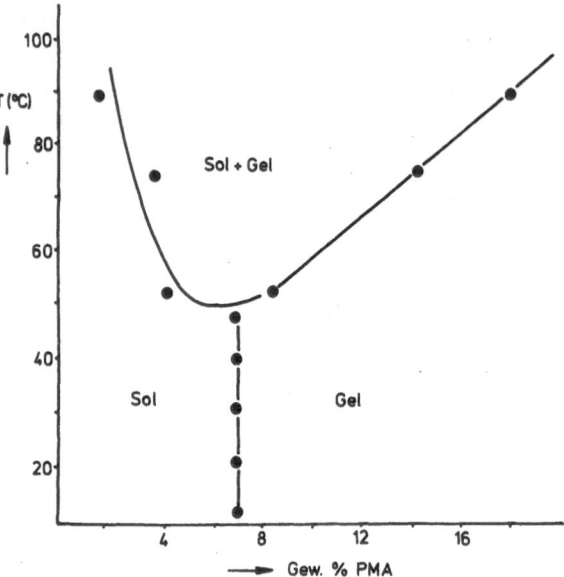

Abb. 17. Phasendiagramm im System Polymethacrylsäure (PMA)-Wasser [nach *Eliassaf* und *Silberberg* (123)]

glutamat nach einer Mitteilung von *Yoshida* und Mitarbeitern in Chloroform und Dimethylformamid eine definierte racemische Verbindung bilden (64). Eine 1 : 1-Mischung der beiden enantiomeren Formen in denselben Lösungsmitteln führt zur sofortigen Gelierung, begleitet von leichter Phasentrennung. Die racemische Verbindung zwischen den makromolekularen optischen Antipoden bildet offenbar die Verknüpfungsstellen im Gelnetzwerk.

Auch aus Lösungen von iso- und syndiotaktischem PMMA entstehen beim Zusammengeben schlagartig hochelastische transparente Gele, deren Vernetzungspunkte die weiter oben beschriebenen Stereokomplexe sind (60, 124). Die Komplexe zwischen den iso- und syndiotaktischen Sequenzen der Makromoleküle sind je nach Temperatur, Konzentration und Versuchsdurchführung (Zeitprogramm) mehr oder weniger ausgedehnt. Es gibt demnach alle Übergänge zwischen Assoziaten, die aus wenigen Sequenzen bestehen, und Mikrokristalliten, die Mischkristallen aus iso- und syndiotaktischem PMMA entsprechen. Die Assoziate stellen Vorstufen der Kristallisation dar, so daß die Stereokomplexe ihrem Wesen nach kristallin sind. Der Kristallisationsgrad der stereospezifischen PMMA-Proben ist allerdings so gering, daß die Gele optisch klar sind und makroskopisch als homogene Körper betrachtet werden können. Der partiell kristalline Charakter dieser Gele

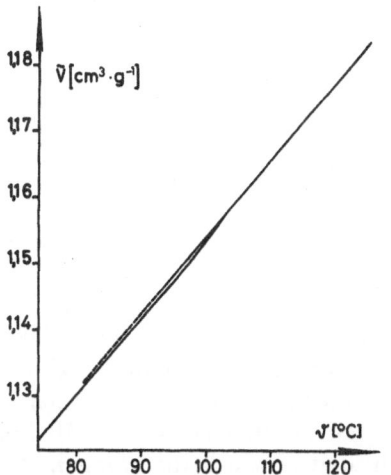

Abb. 13. Temperaturabhängigkeit des spezifischen Volumens $\widetilde{V}$ für iso/synd.-PMMA in o-Xylol. Gesamtkonzentration $c = 22,4$ g · dl^{-1} stereoreguläres PMMA. Massenverhältnis von iso- zu syndiotaktischem PMMA etwa 4 : 5; einem Triadenverhältnis von 1 : 1 entsprechend (124)

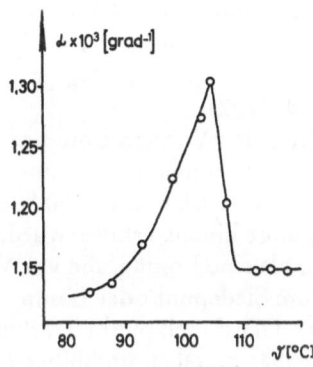

Abb. 19. Temperaturabhängigkeit des Ausdehnungskoeffizienten (Differentialkurve der $\widetilde{V}$ (ϑ)-Kurve in Abb. 18)

kommt deutlich in den Abbn. 18 und 19 zum Ausdruck, in denen der Temperaturverlauf des spezifischen Volumens $\widetilde{V}$ und des Ausdehnungskoeffizienten α einer Lösung mit einer Bruttokonzentration von 22,4 Gew.-% stereoregulärem PMMA in o-Xylol wiedergegeben ist (59). Die Bruttokonzentration wurde durch Mischen von Lösungen der beiden reinen stereospezifischen Formen hergestellt, wobei das Triadenverhältnis von syndio- zu isotaktischem PMMA etwa 1 : 1 betrug (124). Die Flüssigkeitsgerade wurde abkühlend, die Gelkurve nach 48stündiger Wartezeit bei tieferen Temperaturen aufheizend gemessen. Der Gelschmelzpunkt liegt bei ca. 105 °C. Eingehend wurde von uns in

jüngster Zeit der Gelierungsvorgang im System stereoreguläres PMMA-o-Xylol mit Hilfe eines Schwingungsviskosimeters in Abhängigkeit von Temperatur, Konzentration, Frequenz, Gelierungszeit und Vorgeschichte untersucht (124, 125). In Abb. 20 ist der Speichermodul G' als Funktion der Zeit aufgetragen, wobei die Temperatur schrittweise erniedrigt wurde. Man sieht, daß G' und damit die Zahl der elastisch effektiven Netzketten mit wachsender Zeit und abnehmender Temperatur zunimmt. Die konstanten Endwerte werden um so schneller erreicht, je niedriger die Temperatur ist. Die zeitlich konstanten Endwerte des Speichermoduls G' und des Verlustmoduls G'' sowie die Werte G''/G' sind in Abb. 21 als Funktion der Temperatur für ein 12,6 %iges stereoreguläres PMMA-Gel aufgetragen.

Man entnimmt der Abbildung, daß die Gelierung bei etwa 92 °C mit einem steilen Anstieg von G' und G'' beginnt. G' nimmt in einem engen Temperaturbereich um fast 8 Dekaden zu und erreicht bei Zimmertemperatur einen Wert von 10^6 dyn.cm^{-2}. Dabei ist der Verlustanteil an der Deformation mit ca. 6 % sehr niedrig. Diese Werte entsprechen in ihrer Größenordnung denen von hauptvalenzmäßig vernetzten Gelen, woraus zu schließen ist, daß die Verknüpfungspunkte dieser hochelastischen Gele recht klein sind. Der Temperaturverlauf von G' entspricht aber nicht der statistischen Theorie der Gummielastizität, wonach der Speichermodul proportional der absoluten Temperatur sein muß. Das liegt darin begründet, daß die Zahl der elastisch wirksamen Netz-

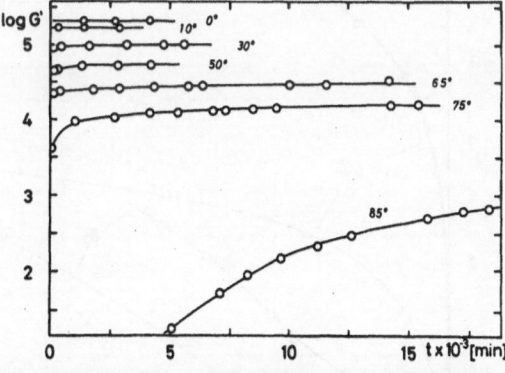

Abb. 20. log G' (G' = Speichermodul) als Funktion der Zeit t für iso/synd. PMMA in o-Xylol bei verschiedenen Temperaturen. Gesamtkonzentration $c_2 = 5,6$ g · dl^{-1} stereoreguläres PMMA. Verhältnis der iso- und syndiotaktischen Triaden 1 : 1. G' in dyn · cm^{-2}. Die Temperatur wurde schrittweise erniedrigt (125)

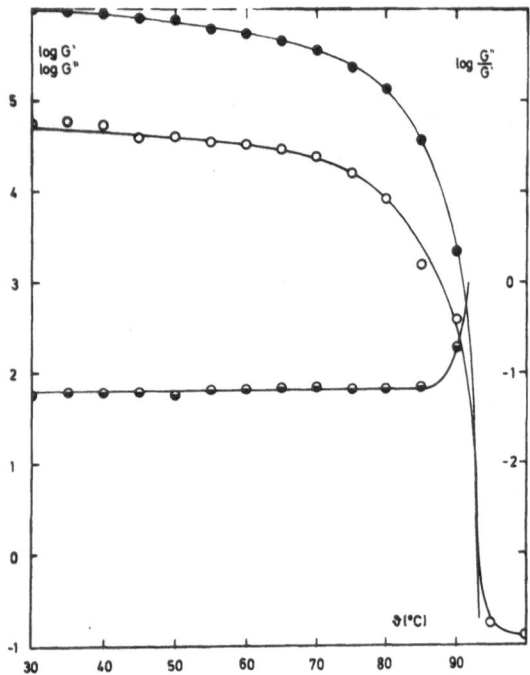

Abb. 21. log G' und log G'' (G'' = Verlustmodul) sowie log G''/G' für iso/synd.-PMMA in o-Xylol als Funktion der Temperatur ϑ (zeitlich konstante Endwerte, siehe Text). c_2 = 12,6 g · dl^{-1}. Triadenverhältnis 1 : 1. G' und G'' in dyn · cm^{-2} G' (●); G'' (O); G''/G' (◐)

ketten bei Temperaturerniedrigung zunimmt. In der bekannten Beziehung[3])

$$G = vkT, \qquad\qquad [5]$$

---

³) Bei kleinen Frequenzen und hohem elastischen Anteil bei der Deformation kann man näherungsweise den dynamischen Speichermodul dem statischen Schubmodul gleichsetzen.

in der G den Schubmodul, v die Zahl der effektiven Netzbögen pro Volumeneinheit und k die *Boltzmann*konstante bedeuten, ist die Netzbogendichte v eine mit abnehmender Temperatur wachsende Funktion. Dies kann so erklärt werden, daß mit fallender Temperatur weitere Kristallisation erfolgt. Je niedriger die Temperatur ist, um so geringer sind die für die Kristallisation erforderlichen Mindestlängen der iso- und syndiotaktischen Sequenzen. Die Berechnung der Temperaturabhängigkeit der Mindestsequenzlängen konnte kürzlich durchgeführt werden (125). Dazu wurden die Sequenzlängenverteilungen aus NMR-Spektren ermittelt, und es wurde die *Flory*sche Copolymerisationstheorie der Rechnung zugrundegelegt (126). Der so berechnete Temperaturverlauf des Speichermoduls stimmte sehr gut mit den Meßwerten überein.

Bei der zusätzlichen Kristallisation werden vornehmlich noch nicht vernetzte Polymermoleküle an bereits bestehende Mikrokristallite angelagert. Die Bildung neuer Kristallkeime mit sinkender Temperatur ist dagegen weniger wahrscheinlich (127).

Den Einfluß der Vorgeschichte auf den Gelierungsprozeß erkennt man gut aus Abb. 22. Eine Lösung, die vorher etwa 30 ° über den Gelschmelzpunkt hinaus erhitzt wurde, geliert viel schneller als eine Lösung, die vor Versuchsbeginn bis zum Siedepunkt der Lösung (ca. 50 ° oberhalb des Gelschmelzpunkts) erhitzt worden ist. Offenbar bestehen im Solbereich in unmittelbarer Nachbarschaft der Gelkurve Keime (Kristallembryonen), die sich erst bei höheren

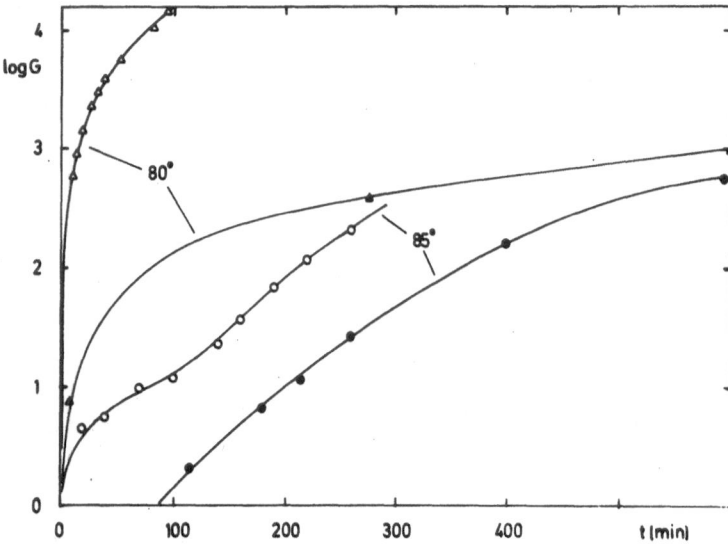

Abb. 22. Zeitabhängigkeit von log G' für zwei Temperaturen und jeweils unterschiedliche Vorgeschichte (124). Gleiches System wie in Abb. 21. Ausgefüllte Symbole: Abkühlung vom Siedepunkt der Lösung (145 °C) auf die Gelierungstemperaturen 85 und 80 °C. Leere Symbole: Abkühlung von 120 °C auf 85 und 80 °C

Temperaturen auflösen. An diesen Kristallembryonen, die vermutlich mit den Assoziaten in Lösungen von ataktischem PMMA vergleichbar sind, können sich während der Gelierung bei tieferen Temperaturen relativ leicht kristallisierfähige Sequenzen der beiden stereospezifischen PMMA-Formen anlagern.

Während sich die aus Stereokomplexen des PMMA bestehenden Kristallite in etwa 10 %-iger Lösung bereits bei ziemlich hohen Temperaturen (ca. 100 °C) bilden, erfolgt die Kristallisation der reinen stereospezifischen Komponenten in den entsprechenden Lösungen bei wesentlich tieferen Temperaturen (ca. –30 °C).

Die bisher nur beim PMMA genauer untersuchte Stereokomplexbildung ist also eine sehr auffallende Erscheinung, die u. U. einen Zugang zum Verständnis der sehr spezifischen Komplexbildungen bei Biopolymeren liefern kann.

Eine *Assoziation im weiteren Sinne*, die ja auf dem partiell-kristallinen Charakter der hochmolekularen Komponente beruht, führt bei hinreichend tiefen Temperaturen und nicht zu kleinen Konzentrationen immer zu einer Gelierung. Ein hochelastisches Gel bedingt ein flexibles, weitmaschiges und weitgehend perfektes Netzwerk. Der Kristallisationsgrad des Polymeren darf daher nicht zu groß sein. Bei Lösungen aus linearem Polyäthylen, dessen amorpher Anteil sehr gering ist, kann sich unterhalb der Löslichkeitskurve u. U. kein partiell-kristallines dreidimensionales Netzwerk ausbilden. Es scheiden sich dann Polyäthylenkristalle ab, die im Gleichgewicht mit der verdünnten Lösung stehen. Ein solches System ist eindeutig heterogen. Bestehen die Vernetzungspunkte aus Komplexen, die nur wenige kristallisierfähige Sequenzen enthalten, so bildet sich ein Gel, das makroskopisch gesehen homogen ist (z. B. verdünnte Gelatine-Wasser-Systeme, Stereokomplex-Netzwerke in verdünnten PMMA-Mischphasen). Zwischen den beiden Grenzfällen gibt es alle Übergänge. Mit zunehmender räumlicher Ausdehnung der (kristallinen) Vernetzungsbereiche werden die Gele trübe. Auch die Konsistenz ändert sich bei höheren Kristallanteilen. So besitzen Gele aus Polyvinylfluorid (Kristallisationsgrad ca. 86 %) und γ-Butyrolacton geringe mechanische Festigkeiten, sind wenig elastisch und von krümeliger Konsistenz (128).

Bei (quasi)-binären Systemen mit einer partiell-kristallinen hochmolekularen Komponente gibt es stets eine *Löslichkeitskurve* (Liquiduskurve), wie bereits in Abb. 3 am System Gelatine-Wasser gezeigt wurde (134)[4]. Abkühlend gemessen gibt sie die Temperatur beginnender Kristallisation in Abhängigkeit von der Konzentration bei vorgegebenem Druck an und entspricht einem Ast eines eutektischen Zustandsdiagramms, wobei die eutektische Zusammensetzung weit zur Seite des reinen LM verschoben ist. Aufheizend gemessen gibt die Löslichkeitskurve die Temperatur verschwindender Kristallisation als Funktion der Zusammensetzung an. Eine Mischkristallbildung dürfte bei Systemen, die sich aus einer niedrigmolekularen und einer hochmolekularen Komponente zusammensetzen, wegen der unterschiedlichen Gitterkonstanten der reinen kristallinen Komponenten kaum vorkommen. Die Löslichkeitskurve ist ihrem Wesen nach eine Gleichgewichtskurve und letzthin unabhängig von Abkühl- oder Aufheizgeschwindigkeit. Allerdings lassen sich bei hochmolekularen Systemen die Gleichgewichte oft in vernünftigen Zeiten nicht erreichen, so daß in der Praxis durchaus eine Abhängigkeit von der thermischen Vorgeschichte sowie der Aufheiz- bzw. Abkühlgeschwindigkeit besteht. Die *Gelkurve* beschreibt, von höheren zu tieferen Temperaturen übergehend, die Temperatur beginnender Gelierung in Abhängigkeit von der Konzentration. Von tieferen zu höheren Temperaturen übergehend beschreibt die Gelkurve den Konzentrationsverlauf des Gelschmelzpunkts. Die Gelkurve liegt normalerweise unterhalb der Löslichkeitskurve[5], da zunächst bei Temperaturerniedrigung Mikrokristallite entstehen und sich erst bei weiterer Temperatursenkung die aus den kristallinen Knotenpunkten herausragenden Fadenmoleküle (amorpher Anteil) zu einem Netzwerk vereinigen. Der Verlauf der Gelkurve hängt stark von den Versuchsbedingungen ab, z. B. dem vorgegebenen Temperatur-Zeitprogramm. Löslichkeits-

---

[4] Die thermodynamische Behandlung der Zustandsdiagramme von Systemen mit einer hochmolekularen Komponente (Eutektische Diagramme, Mischkristallsysteme) stammt von *H. G. Kilian* (171).

[5] Es sind auch Fälle bekannt, bei denen eine Gelierung bei Erwärmung auftritt. Dies wurde z. B. berichtet von Cellulosenitrat in Äthanol (82), PVA in DMF (130) und Methylcellulose in Wasser (131).

und Gelkurven haben oft in einem mittleren Konzentrationsbereich einen nahezu horizontalen Verlauf, wie auch aus Abb. 3 ersichtlich ist. Der Gelschmelzpunkt eines binären Systems wird daher häufig als Konstante angesehen, z. B. bei wäßrigen Gelatinelösungen, obwohl eine – wenn manchmal auch geringe – Konzentrationsabhängigkeit bestehen muß. Der Verlauf der Löslichkeitskurve eines gelierenden binären Polymersystems ist für Gelatine in Wasser (134) und Polyäthylen in verschiedenen organischen Lösungsmitteln (172, 173) im ganzen Konzentrationsbereich bekannt (vgl. Abb. 3). Teilstücke von Löslichkeits- und Gelkurven sind auch an anderen Systemen gemessen worden, z. B. PVA in Wasser, Glycerin und verschiedenen zweiwertigen Alkoholen (80, 98, 170), PVC in Anisol und Dibenzyläther (129), PMMA in Toluol (125) sowie PVF in γ-Butyrolacton (128).

In Abb. 23 sind die Gelkurven von PVC-Proben (gleiches mittleres Molekulargewicht, aber unterschiedliche Taktizität) in Anisol und Dibenzyläther aufgetragen. Die

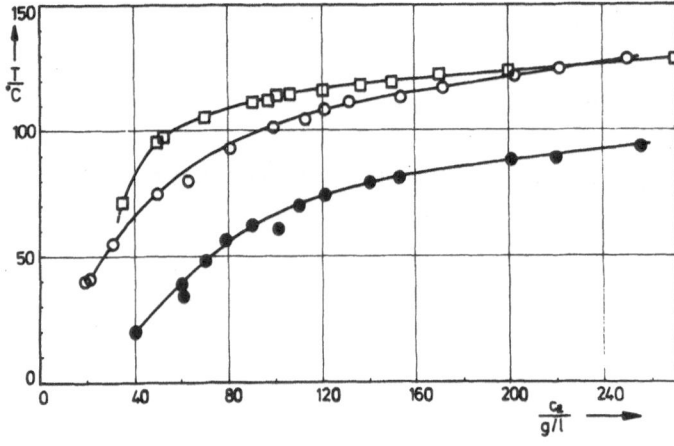

Abb. 23. Gelkurven von PVC gleichen Molekulargewichts und unterschiedlicher Taktizität in Anisol und Dibenzyläther.
○ PVC 1 – Anisol, ● PV2 – Anisol
□ PVC 2 – Dibenzyläther.
Die Molgewichte beider (in Substanz polymerisierter) Proben betrugen 65 000–70 000. PVC 1 und PVC 2 haben syndiotaktische Sequenzanteile von 0,6 bzw. 0,5 (dem ataktischen PVC entsprechend)

Gelkurve desselben Präparats liegt erwartungsgemäß beim schlechteren LM Dibenzyläther höher als beim besseren LM Anisol. Dies wurde analog hierzu auch bei gelierenden PVA-Lösungen gefunden (80) und entspricht früher angestellten thermodynamischen Überlegungen hinsichtlich des Einflusses der Güte eines LM auf den Verlauf der Löslichkeitskurve (43, 171). Außerdem zeigt Abb. 23, daß die Gelkurve bei gleichem Molekulargewicht des PVC um so höher verläuft, je größer der syndiotaktische Anteil ist. Das ist verständlich, weil beim PVC der Kristallisationsgrad mit steigendem syndiotaktischen Anteil zunimmt. Bei allen oben angegebenen gelierenden Systemen mit einem synthetischen Polymeren ist die Kristallisation nachgewiesen. Dies ist aus Abb. 24 gut ersichtlich, in der das Röntgenbeugungsdiagramm eines 40 %igen auf 20 °C abgeschreckten PVA-Glykol-Gels dargestellt ist. Trotz des Abschreckvorganges sind die Kristallinterferenzen noch gut zu erkennen. Bei sehr verdünnten Gelen ist wegen des geringen Kristallanteils und der Kleinheit der mikrokristallinen Vernetzungsstellen die Kristallisation oft direkt nicht nachweisbar, insbesondere ist die röntgenographische Methode im allgemeinen nicht empfindlich genug. Diese Gele sind dann auch häufig optisch klar und werden als homogene Körper angesehen. Dabei ist zu bedenken, daß die Kristallinterferenzen bei sehr kleinen und stark gestörten Kristalliten oft im sogenannten „amorphen Buckel" des Röntgenbildes „versteckt" sind, wie wir am Beispiel des PVC nachweisen konnten (76). *Murken* und *Trömel* fanden bei frisch gefälltem, feinverteiltem SnO_2 im Röntgendiagramm ebenfalls „Flüssigkeitsreflexe", d. h. sehr breite Beugungsmaxima, die sich aber eindeutig den stärksten Kristallreflexen der SnO_2-Diagramms zuordnen lassen und durch extrem geringe Kristallitgröße (ca. 20 Å) verursacht werden (132). Das röntgenamorphe Verhalten wird also nur durch die geringe Größe der Mikrokristallite vorgetäuscht. Bei Teilchengrößen von 20 Å und darunter kommt man in Bereiche, in denen die Begriffe „kristallin" und „amorph" nur noch bedingt anwendbar sind. Die Ordnung geht

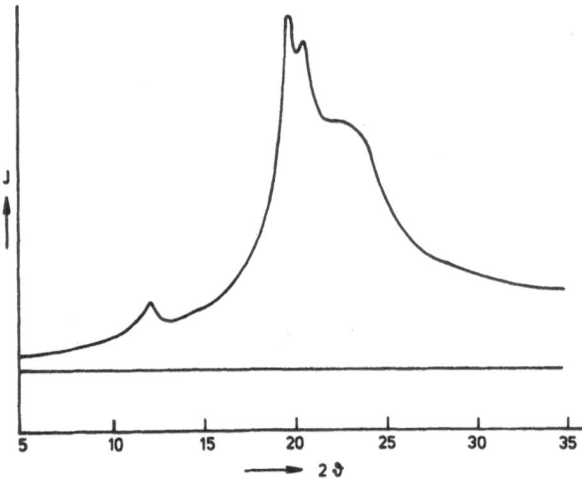

Abb. 24. Röntgenbeugungsdiagramm eines von 135 °C abgeschreckten 40 %igen Polyvinylalkohol/Glykol-Gels. Aufnahme bei 20 °C

dann nicht mehr sehr über eine Nahordnung hinaus. Es hängt etwas von der Betrachtungsweise ab, ob man eine solche Phase noch als heterogen oder schon als homogen ansehen will. *F. H. Müller* spricht von mikroheterogenen Gebilden (142). In diesem Zusammenhang muß auch die Feststellung von *Labudzinska* und *Ziabicki* gesehen werden, daß für die Gelierung bei den Systemen Polyacrylnitril (PAN) in DMF sowie PVA und Gelatine in Wasser die Kristallisation nur eine Begleiterscheinung darstellen soll und für den molekularen Mechanismus des „reinen" Gelierungsprozesses nicht spezifisch ist (133).

Im Zustandsgebiet des Gels findet bei den meisten Systemen in gewissen Konzentrationsbereichen eine Phasentrennung statt, wobei eine elastische Gelmischphase mit einer hochverdünnten Lösung koexistiert. Allerdings werden die echten Gleichgewichte wegen möglicher Nach- und Umkristallisation, eines verzögerten Ausscheidens der verdünnten Phase und allgemein aus Gründen einer „kinetischen Hinderung" in vernünftigen Zeiten oft nicht erreicht. Das Ausscheiden der hochverdünnten Lösung bezeichnet man bekanntlich als Synärese. Der Grund für die Phasentrennung liegt darin, daß das Gel wegen der räumlichen Netzstruktur nur eine begrenzte LM-Menge aufnehmen kann. Wir beobachteten bei fast allen von uns untersuchten nebenvalenzmäßig vernetzten Gelen (mit PVC, PVA, PMMA als hochmolekulare Komponente) ausgeprägte Synäreseerscheinungen (129, 80, 125, 127).

Bei Polymeren, die in Lösung eine *Helix-Coil-Umwandlung* aufweisen, liegt die Annahme nahe, daß zwischen dieser Molekülumwandlung und der Gelbildung ein Zusammenhang besteht. Bei Temperaturerniedrigung bilden sich aus den ungeordneten Molekülknäueln Helices, die sich in einem zweiten Schritt zu Kristalliten zusammenlagern können. Diese Möglichkeit wird bei wäßrigen Gelatinegelen diskutiert. Zum Beweis wird angeführt, daß die DSC-Thermogramme bei vorgegebener Aufheizgeschwindigkeit zwei endotherme Peaks aufweisen und daß die molaren Gelierungsenthalpien mindestens eine Zehnerpotenz größer sind als im Normalfall, z. B. bei der Bildung von PVC-Gelen (135, 136).

' Es wurde schon darauf hingewiesen, daß auch *Assoziationskolloide* (Seifen und eine Reihe von Farbstoffen) in gewissen Temperatur- und Konzentrationsbereichen Nebenvalenzgele bilden können (88, 137). Einen Vorschlag für die Molekülanordnung in einem Seifengel zeigt Abb. 10; er wurde bei der Besprechung der Mizellenstruktur (Abschnitt 3) näher erläutert. Bei Polymethinfarbstoffen wie Pinacyanolchlorid sollen sich in wäß-

riger Lösung nach Untersuchungen von *Scheibe* und Mitarb. die scheibenförmigen Moleküle blattweise wie in einem Kartenspiel aneinander lagern (138).

Polymeraddukte bilden in Lösung ebenfalls häufig mehr oder weniger elastische Gele. Das bekannteste Beispiel ist die Gelierung von PVA bei Gegenwart von Kongorot in wäßriger Lösung. Der Mechanismus der Netzwerkbildung ist noch nicht genau bekannt; man nimmt jedoch beim Gelierungsvorgang die Bildung einer geordneten Struktur des PVA-Moleküls an, die durch angelagertes Kongorot leichter erreicht und stabilisiert wird (139). Man kann sich das so vorstellen, daß die addierten starren Kongorotmoleküle helicale Kettenteile versteifen und damit die Sekundärstruktur festigen. Der Zusammenschluß von geordneten Teilen der PVA-Moleküle zu Mikrokristallen würde damit erleichtert und die Ausbildung von Vernetzungsstellen durch die Kettensteifung gefördert. Da Kongorot in wäßriger Lösung aber selbst ebenfalls assoziiert, ist es auch denkbar, daß sich Kongorotassoziate mit PVA-Molekülen zu einem Komplex zusammenschließen, der einen Netzpunkt bildet. Diese Hypothese ist ebenfalls diskutabel und m. E. bisher noch nicht geäußert worden. Eine neuere spektroskopische Untersuchung läßt auf starke Wechselwirkungen zwischen den Azogruppen im Kongorot mit den OH-Gruppen im PVA schließen (174).

Nebenvalenzgele mit ausgeprägten Ordnungsstrukturen des Gelgerüstes sind die von *H. Thiele* zuerst beschriebenen und eingehend untersuchten *ionotropen Gele* (140). Der Begriff Ionotropie bedeutet nach *Thiele* das Ordnen von Fadenmolekülen mit ionischen Gruppen (dissoziierte Polyelektrolyte) durch Ionendiffusion. Läßt man Metallionen, z. B. zweiwertiges Kupfer, in eine Natriumalginatlösung eindiffundieren, so entsteht ein Gel, dessen Netzbögen senkrecht zum Diffusionsstrom orientiert sind. Die Kupfergegenionen verknüpfen die Alginsäurefäden über die Carboxylgruppen. Die Ausrichtung der Kettenmoleküle läßt sich leicht am Auftreten einer Doppelbrechung nachweisen. Bei radialer Diffusion erhält man eine schalige Anordnung der Fadenmoleküle.

Das Eindiffundieren von Gegenionen in Lösungen von Polyionen hat die Ausbildung geordneter Netzwerke und Entquellungserscheinungen zur Folge (140, 141). Aufgrund dieser Vorgänge bilden sich in Diffusionsrichtung nacheinander folgende Strukturen aus: eine dichte Membran aus geordneten Fadenmolekülen; ein System gerader paralleler Kapillaren infolge gerichteter tropfiger Entmischung; größere Linsen durch Zusammenschluß der Tröpfchen; Vereinigung der Linsen zu Bändern von wäßriger Elektrolytlösung, die von Streifen des ionotropen Gels regelmäßig durchsetzt sind. Daran schließt sich die ursprüngliche verdünnte Lösung des Polyelektrolyten an. In Abb. 25 sind die aufeinanderfolgenden Stufen schematisch dargestellt. Die Abb. 26 und 27 zeigen in eindrucksvoller Weise ein Kapillarsystem aus Kupferalginat im Längsschnitt und in Aufsicht.

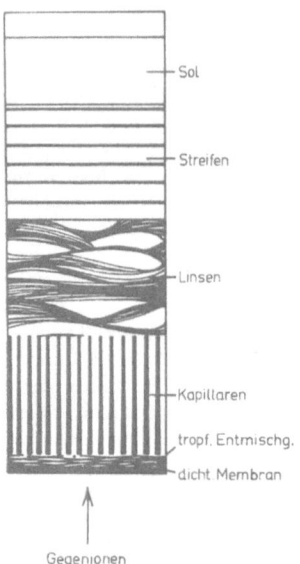

Abb. 25. Schematische Darstellung der Gelstrukturen bei der Diffusion von Gegenionen in Polyelektrolytlösungen. Erklärung siehe Text. [nach *H. Thiele:* „Histolyse und Histogenese", Akad. Verlagsges., Frankfurt/M. (140)]

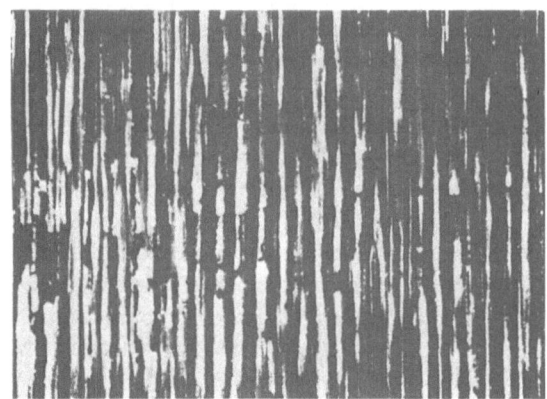

Abb. 26. Kapillargel aus Kupferalginat im Längsschnitt

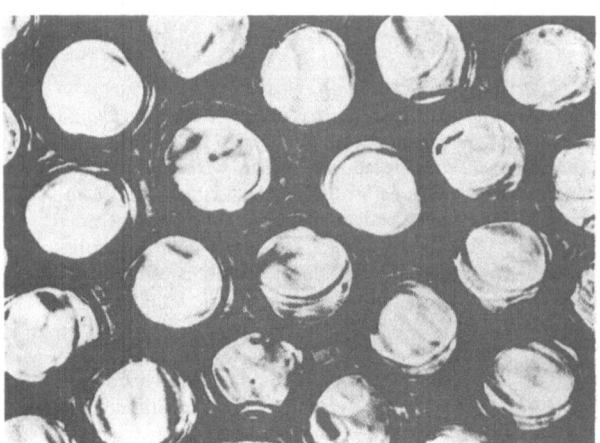

Abb. 27. Kapillargel aus Kupferalginat in Aufsicht

Derartige geordnete Strukturen treten in allen biologischen Geweben auf. Es handelt sich daher bei den geordneten Gelen offenbar um ein allgemeines Bauprinzip der Natur. Wir finden es verwirklicht bei natürlichen Membranen, Haut- und Knochenstrukturen, der Augenlinse und Aorta, bei Muscheln, Perlen und Zähnen.

Viele Nebenvalenzstrukturen können beim Einwirken geringer mechanischer Bewegung zerstört und beim Aufheben der Bewegung wieder hergestellt werden. Diese reversible Gel-Sol-Umwandlung unter dem Einfluß mechanischer Kräfte bezeichnet man in der Kolloidchemie als *Thixotropie* [6]). Voraussetzung für diese Erscheinung sind relativ kleine Verknüpfungsstellen mit schwachen und etwa gleichen Bindungsenergien (144). Bei ausgedehnten Vernetzungsbereichen und einem breiten „Spektrum der Bindungsstärken" ist die Thixotropie nicht sehr ausgeprägt. In solchen Fällen zerfällt das System bei Scherbeanspruchung unter Zerstörung der Knüpfstellen in größere Bruchstücke. Thixotropie wird vor allen Dingen bei anorganischen Gerüststrukturen, z. B. Bentonitsolen und -gelen, beobachtet, die nur durch schwache Kräfte zwischen den Haftstellen oder mechanische Verfilzungen zusammengehalten werden (119). Daß thixotrope Zustände auch bei hochmolekularen Systemen auftreten können, hat *F. H. Müller* schon früh erkannt und nachgewiesen (144). Auch die zur Thixotropie umgekehrte Erscheinung, nämlich die reversible Verfestigung eines Sols oder Gels bei Anwendung schwacher Schubkräfte, die sogenannte *Rheopexie* [7]), wird bei Polymermischphasen beobachtet (72, 122, 123, 145). Wenn auch die Ursachen dieser Erscheinung noch weitgehend ungeklärt sind, so ist doch die Hoffnung berechtigt, durch weitere Untersuchungen über die reversible Sol-Gel-Umwandlung unter Anwendung schwacher mechanischer Kräfte neue Informationen über Strukturen in Nebenvalenzgelen zu erhalten.

Hauptvalenzmäßige Vernetzung

Über den genaueren Aufbau der durch kovalente Bindungen verknüpften räumlichen Netzwerke ist nur wenig bekannt. Auf jeden Fall hat man es mit Netzkettenverteilungsfunktionen zu tun, die ebenso wie die Molekularge-

---

[6]) In der Rheologie bezeichnet man als Thixotropie die zeitliche Verminderung der Viskosität bei konstanter Schergeschwindigkeit (175). Für mechanisch induzierte Gel-Sol-Umwandlungen existiert kein entsprechender Begriff.

[7]) In der Rheologie versteht man unter Rheopexie die zeitliche Zunahme der Viskosität bei vorgegebener Schergeschwindigkeit. Nach Aufhebung der Scherbeanspruchung wird der alte Zustand wiederhergestellt. Thixotropie und Rheopexie werden nämlich durch reversibel erfolgende Strukturänderungen verursacht. Diese „rheologische" Begriffsbildung scheint sich allmählich durchzusetzen.

wichtsverteilung bei unvernetzten Polymeren je nach den Herstellungsbedingungen sehr verschieden ausfallen können. Mittlere Netzmaschenlänge, Netzbogenverteilung und Funktionalität sind die wichtigsten Größen zur Kennzeichnung eines durch chemische Bindungen vernetzten Systems. Freie Kettenenden lassen sich im allgemeinen nicht vermeiden.

Weitere Netzwerkunvollkommenheiten bestehen in Verschlaufungen der Netzketten zwischen den Knüpfstellen und in intramolekularer Vernetzung, die zur Ausbildung von Ringen an einem Kettenteil führt (146). Ein perfektes Netzwerk, d. i. ein räumliches makromolekulares Gebilde ohne freie Kettenenden, Verschlaufungen und intramolekulare Ringstrukturen, gibt es nicht und hat nur hypothetische Bedeutung. Zur Ermittlung der Zahl der elastisch wirksamen Netzbögen muß man die Zahl der chemischen Verknüpfungsstellen (diese allein ist schon schwer bestimmbar) und die Art und Zahl der Netzwerkdefekte kennen. Von *Allen* und Mitarbeitern sind kürzlich Modellnetzwerke aus modifiziertem PS hergestellt worden, bei denen sich die Zahl der Vernetzungspunkte genau bestimmen ließ und deren Topologie in kontrollierter Weise geändert werden konnte (147). Die Netzwerke wurden in einem inerten LM bei verschiedenen Konzentrationen hergestellt. Ein wesentliches Ergebnis dieser Untersuchung ist, daß der Beitrag der physikalischen Verschlaufungen (entanglements) zum Modul des Netzwerks quadratisch mit der Polymerkonzentration wächst. Ferner konnten Netzwerke hergestellt werden, die frei von geschlossenen Schlaufen an den Primärketten waren.

In den letzten Jahren wurden von uns photoelastische Messungen an verschiedenen chemisch vernetzten Gelen durchgeführt mit dem Ziel, Aussagen über die Nahstruktur von Polymeren zu gewinnen. Es wurden folgende Substanzen untersucht: cis-1,4-Polybutadien (BR) und Styrol-Butadien-Copolymerisat (SBR) (148, 149); trans-1,5-Polypentenamer (TPR) (150, 151); PS und PMMA (152). Als Quellungsmittel wurde (außer im Falle des Polystyrols) CCl$_4$ wegen seines isotropen Verhaltens gewählt; als Vernetzer diente Dicumylperoxid (DCP) für BR und SBR sowie Äthylenglykoldimethacrylat (ÄGDM) für PS und PMMA. Beim PS verursachte CCl$_4$ eine Trübung; daher wurden Chlorbenzol und Chloroform als Quellungsmittel benutzt. Gemessen wurde die Doppelbrechung Δn als Funktion der Temperatur und der spannungsoptische Koeffizient $C \equiv \frac{\Delta n}{\sigma}$ in Abhängigkeit vom Quellungsgrad. Hierbei ist σ die Spannung, d. h. die rücktreibende Kraft pro Querschnitt der verformten Probe.

Nach der statistischen Theorie der Gummielastizität gilt für den Fall der einachsigen Deformation:[8]

$$\sigma = v\,k\,T\,(\lambda^2 - \lambda^{-1}).\qquad[6]$$

Hierin ist $\lambda \equiv l/l_0$ die relative Verformung, wobei l die Länge der verformten Probe und l_0 die Ausgangslänge ist (153, 154). Für einfache Dehnung ist $\lambda > 1$. Eine Deformation ist im allgemeinen mit einer Doppelbrechung verbunden.

Unter der Voraussetzung einer affinen Deformation und der Gültigkeit der *Lorentz-Lorenz*-Gleichung wurde von *Kuhn* und *Grün* für eine einachsige Deformation folgende Gleichung abgeleitet (155):

$$\Delta n = n_1 - n_2 = \frac{2\pi}{45}\,\frac{(\bar{n}^2 + 2)^2}{\bar{n}}\cdot v\cdot\Delta\alpha\cdot(\lambda^2-\lambda^{-1})\;[7]$$

Die Doppelbrechung Δn ist die Differenz der Brechungsindices in Deformationsrichtung und senkrecht dazu, $\bar{n} = \frac{n_1 + 2n_2}{3}$ der mittlere Brechungsindex und $\Delta\alpha$ die Differenz der Hauptpolarisierbarkeiten des statistischen Fadenelements in Richtung des Elements und senkrecht dazu.

Die Doppelbrechung ist also nach Gl. [7] im wesentlichen das Produkt zweier Faktoren, nämlich eines Anisotropiefaktors $\Delta\alpha$ und eines für die Orientierung maßgebenden Faktors $(\lambda^2 - \lambda^{-1})$.

Für den spannungsoptischen Koeffizienten C folgt aus den Gl. [6] und [7]:

$$C = \frac{\Delta n}{\sigma} = \frac{2\pi}{45\,kT}\,\frac{(\bar{n}^2 + 2)^2}{\bar{n}}\cdot\Delta\alpha\qquad[8]$$

Die Proportionalität zwischen Δn und σ wurde vor Veröffentlichung der *Kuhn-Grün*-Theorie bereits von *F. H. Müller* gezeigt (156). Derselbe Autor hat auch die ersten Untersuchungen über die Doppelbrechung von ge-

---

[8]) Der Einfachheit halber wurde der immer noch umstrittene Dilatationsfaktor $\overline{r^2}/\overline{r_0} = 1$ gesetzt. $\overline{r^2}$ ist der quadratische Mittelwert des End-zu-End-Abstandes der Ketten im Netzwerk; $\overline{r_0}$ dieselbe Größe der freien, unvernetzten Ketten.

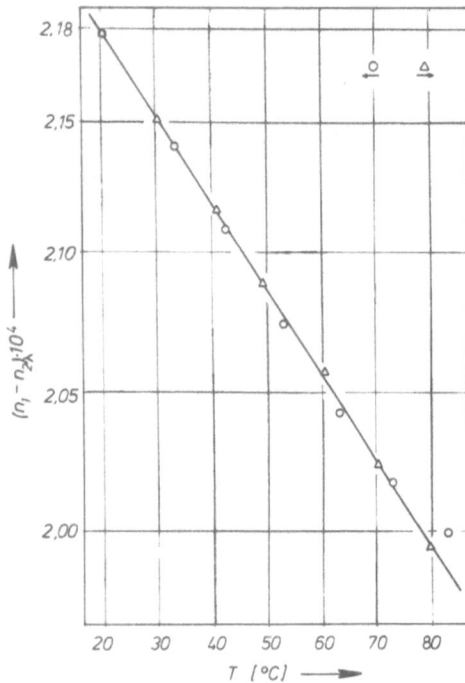

Abb. 28. Temperaturabhängigkeit der Doppelbrechung $(n_1 - n_2)$ λ = const. bei konktanter Dehnung von 1 %ig vernetztem trans-1,5-Polypentenamer (TPR). λ = 2,8 %. Vernetzer: Dicumylperoxid (150)

In den zugrundeliegenden statistischen Theorien werden nur die Eigenschaften der einzelnen Polymerketten in Betracht gezogen, ohne daß die energetische Wechselwirkung mit den Nachbarketten und deren Raumbedarf berücksichtigt werden. Unter diesen Einschränkungen folgt aus Gl. [7], daß die Doppelbrechung Δn bei konstanter Verformung nur schwach von der Temperatur abhängt und daß der spannungsoptische Koeffizient C unabhängig von der Verformung ist. Bei den im trockenen Zustand gemessenen Elastomeren BR, SBR und TPR fanden wir jedoch eine starke Abnahme von (Δn) $_{\lambda = const.}$ mit steigender Temperatur. Dies ist in Abb. 28 am Beispiel des TPR dargestellt (150, 151). Bei gequollenen Elastomeren, also im Gelzustand, wurde dagegen nur eine geringe Temperaturabhängigkeit der Doppelbrechung bei vorgegebener Verformung gefunden, z. B. beim System TPR (vernetzt) – CCl_4 (150, 151). Diese Befunde legen den Schluß nahe, daß in amorphen Polymeren eine Nahordnung besteht, die bei einer bestimmten Verformung zu einer größeren Doppelbrechung führt, als wenn die Molekülketten völlig regellos wären. Die Abnahme von Δn mit T bedeutet, daß die Nahordnung mit steigender Temperatur zurückgeht. Infolgedessen findet man auch im hochgequollenen Gel keine Temperaturabhängigkeit der Doppelbrechung mehr. Für diesen Deutungsversuch spricht, daß der spannungsoptische Koeffizient mit steigendem Quellungsgrad zunächst abnimmt und bei höheren Quellungsgraden einen konstanten Wert erreicht, obwohl er nach Gl. [8] unabhängig

dehnten Polystyrolen und ihre Relaxation ausgeführt (156). *F. H. Müller* hat schließlich schon 1941 eine Theorie der Doppelbrechung entwickelt, die unabhängig von der Annahme chemischer Vernetzungsstellen ist. Die von ihm abgeleitete Beziehung für die Orientierungsdoppelbrechung gilt daher allgemein und ist nicht auf den gummielastischen Zustand beschränkt. *Müllers* Theorie läßt sich für den Fall kleiner Dehnungen in die *Kuhn-Grün*-Theorie für vernetzte Systeme überführen (156, 157).

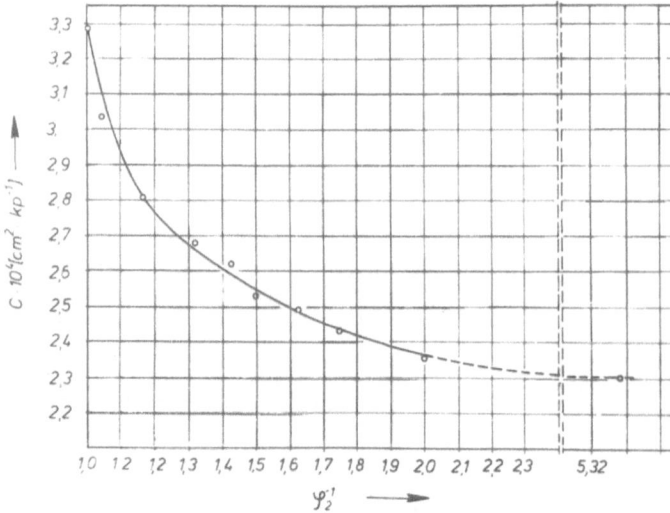

Abb. 29. Spannungsoptischer Koeffizient C von vernetztem, gequollenem TPR in CCl_4 als Funktion des Volumenquellungsgrades φ_2^{-1} (φ_2 = Volumenbruch des TPR) bei 50 °C und einer Kraft von 180 p (150)

von der Deformation und somit vom Quellungsgrad sein sollte.

Ein Beispiel für dieses Verhalten zeigt Abb. 29, in der der spannungsoptische Koeffizient C für ein vernetztes mit CCl_4 gequollenes TPR-Gel als Funktion des Volumenquellungsgrades dargestellt ist (150, 151). *Ishikawa* und *Nagai* kamen bei ihren Untersuchungen über den spannungsoptischen Koeffizienten von gequollenen und ungequollenen Netzwerken aus cis- und trans-1,4-Polybutadien und cis- und trans-1,4-Polyisopren zu ähnlichen Ergebnissen und Schlußfolgerungen (158). *Gent* und *Kuan* fanden bei Messungen des spannungsoptischen Koeffizienten von vernetzten trockenen und gequollenen Polymeren (PE, PS, cis- und trans-Polyisopren) im gummielastischen Zustand eine starke Abhängigkeit von der Art des Quellungsmittels: Lange gestreckte LM-Moleküle ergaben größere und kleinere symmetrische LM-Moleküle geringerer Werte der optischen Anisotropie im Vergleich zum LM-freien Polymeren (159). Dieser Lösungsmitteleffekt wird ebenfalls auf eine Nahordnung in Medien mit molekularer Asymmetrie zurückgeführt. Im PS scheint dagegen aufgrund der sperrigen Phenylseitengruppen keine Nahordnung aufzutreten. Eine neuere Untersuchung von *Flory* und Mitarb. über das spannungsoptische Verhalten von ungequollenen und gequollenen Netzwerken aus Polymethylen (PM) und Polydimethylsiloxan bestätigt im großen und ganzen die Auffassung, daß große Werte der optischen Anisotropie im ungequollenen Zustand auf Wechselwirkungen zwischen den Ketten beruhen. Bei Zugabe eines optisch isotropen Quellungsmittels verringern sich die Wechselwirkungen (160). Der Temperaturkoeffizient des optischen Konfigurationsparameters $\Delta\alpha$ stimmt im Falle des PM in Dekalin mit Berechnungen nach der Theorie der rotationsisomeren Zustände überein. Das *Kuhn*sche Segmentmodell kann hier also durch das verfeinerte Modell der realen Kette mit Berücksichtigung der rotationsisomeren Zustände ersetzt werden.

Alle bisher erhaltenen Ergebnisse sprechen dafür, daß in den meisten amorphen Polymeren eine – im einzelnen noch wenig bekannte – Nahordnung besteht, die im Gelzustand bei genügend großen Quellungsgraden verschwindet.

Auch der C_2-Term der bekannten zweiparametrigen *Mooney-Rivlin*-Gleichung für das Spannungs-Dehnungsverhalten von Elastomeren geht mit wachsendem Quellungsgrad zurück, so daß nur der C_1-Term, der der statistischen Theorie der Gummielastizität entspricht, übrigbleibt. Es liegt daher die Vermutung nahe, daß das Verschwinden des C_2-Terms bei hohen Quellungsgraden mit dem Verschwinden der Nahordnung des Polymeren zu tun hat. Auf dieser Basis hat *Schwarz* eine theoretische Erklärung des C_2-Terms durch das Zusammenspiel von Nahordnung und Kettenlängenverteilung gegeben (148, 149, 161).

Überlagerung von haupt- und nebenvalenzmäßiger Vernetzung

Bei assoziierten Polymeren kann sich der chemischen Vernetzung eine physikalische Vernetzung durch Komplexe oder Mikrokristallite in bestimmten Temperatur- und Konzentrationsbereichen überlagern. Diese zusätzlichen Vernetzungsstellen können je nach Art und Aufbau temporär oder permanent sein. Bei ataktischen PMMA-Gelen (Vernetzer: Glykoldimethacrylat) fanden wir bei aromatischen Lösungsmitteln Abweichungen von dem für gummielastische Körper allgemein geltenden linearen Temperaturverlauf der rücktreibenden Kraft bei konstanter Verformung: In allen Fällen trat bei etwa 30 °C ein Knick auf, wobei die Kurven unterhalb der Knicktemperaturen mit geringerer Steigung verliefen (114, 149). Das bedeutet nach Gl. [6] eine Zunahme der elastisch wirksamen Netzketten pro Volumeneinheit. Dieser Befund läßt sich verstehen, wenn man

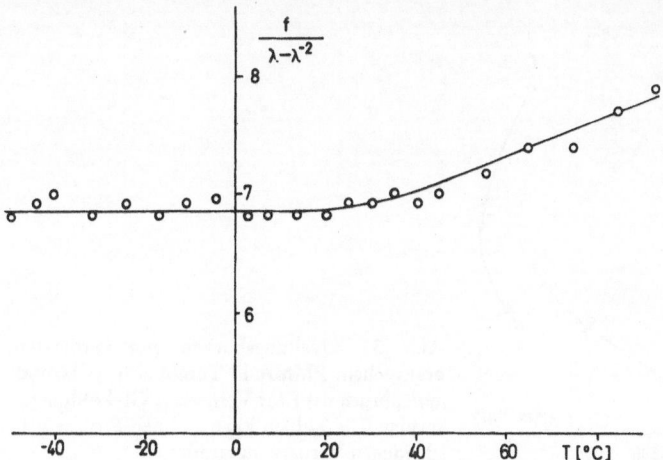

Abb. 30. Reduzierte Kraft $f/(\lambda-\lambda^{-2})$ als Funktion der Temperatur für ein Gel aus vernetztem ataktischem PMMA und Chlorbenzol. Quellungsgrad $\varphi_2^{-1} \approx 5$. Mittlere Verformung $\lambda \approx 7\%$. Vernetzer: Glykoldimethacrylat (114)

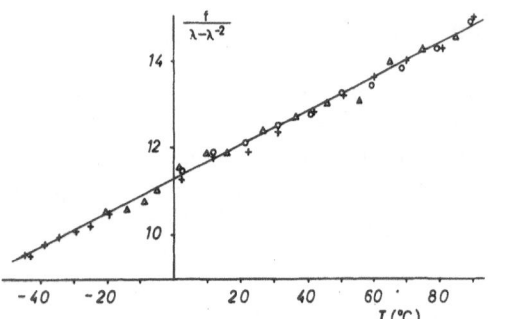

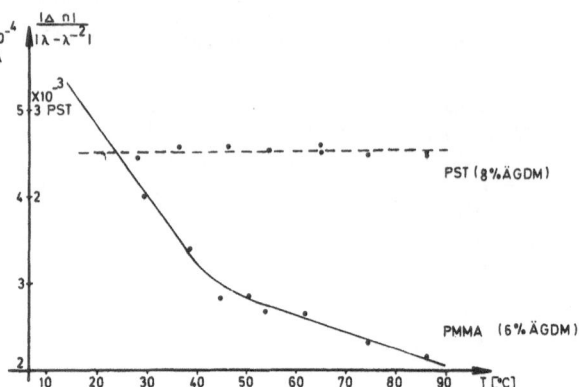

Abb. 31. Reduzierte Kraft $f/(\lambda - \lambda^{-2})$ als Funktion der Temperatur für ein Gel aus vernetztem ataktischem Polystyrol und Chlorbenzol; Quellungsgrad $\varphi_2{}^{-1} \approx 10$. Mittlere Verformung $\lambda \approx 8\,^0/o$ (114)

Abb. 32. Temperaturabhängigkeit des Betrages der reduzierten Doppelbrechung $|\varDelta n|/|\lambda - \lambda^{-2}|$ von vernetztem ataktischem PMMA und PS in Chlorbenzol (152). Vernetzer: Glykoldimethacrylat (ÄGDM). Quellungsgrad $\varphi_2{}^{-1} \approx 2{,}5$ für beide Proben

davon ausgeht, daß Mischungen von iso- und syndiotaktischem PMMA in Lösung Stereokomplexe miteinander bilden. Weiter oben wurde dargelegt, daß wir auch beim sogenannten ataktischen PMMA, das ja ebenfalls aus taktischen Sequenzen vorwiegend syndiotaktischer Art besteht, wegen der Assoziationserscheinungen eine Stereokomplexbildung in kleinen Bereichen annehmen können. Die Sequenzen müssen natürlich lang genug sein, was relativ selten zutreffen mag. Wir vermuten, daß derartige, relativ langlebige intermolekulare Assoziate bei PMMA-Gelen zusätzliche Vernetzungsstellen bilden und somit den Modul erhöhen. Bei thermoelastischen Messungen an PMMA-Gelen mit Chloroform als Quellungsmittel treten keine Knickpunkte auf (162). In Abb. 30 ist die reduzierte Kraft $f(\lambda - \lambda^{-2})$ als Funktion der Temperatur für ein PMMA-Chlorbenzol-Gel aufgetragen. Zum Vergleich ist in Abb. 31 der Normalfall am Beispiel eines PS-Chlorbenzol-Gels dargestellt. Analog dazu zeigt sich auch im Temperaturverlauf der auf konstante Verformung bezogenen Doppelbre-

chung bei einem PMMA-Chlorbenzol-Gel ein Knick, während bei einem PS-Chlorbenzol-Gel der Knick ausbleibt, wie aus Abb. 32 ersichtlich ist.

Auch die Quellungskurven von vernetztem PMMA weisen in einer Reihe von Quellungsmitteln Knickpunkte auf, wobei ein Vorzeichenwechsel in der Steigung der Quellungskurven erfolgt und die Sättigungskonzentrationen zu tieferen Temperaturen hin stark abnehmen. Dieses Verhalten, in Abb. 33 am Beispiel von PMMA-Toluol-Gelen dargestellt, entspricht einer Zunahme des Vernetzungsgrades durch zusätzliche physikalische Haftstellen (Stereokomplexe) (163, 19). Auch hier werden beim Chloroform keine derartigen Effekte beobachtet, so daß für dieses Quellungsmittel im gemessenen Temperatur- und Konzentrationsbereich zusätzliche physikalische Vernetzungsstellen ausgeschlossen werden können.

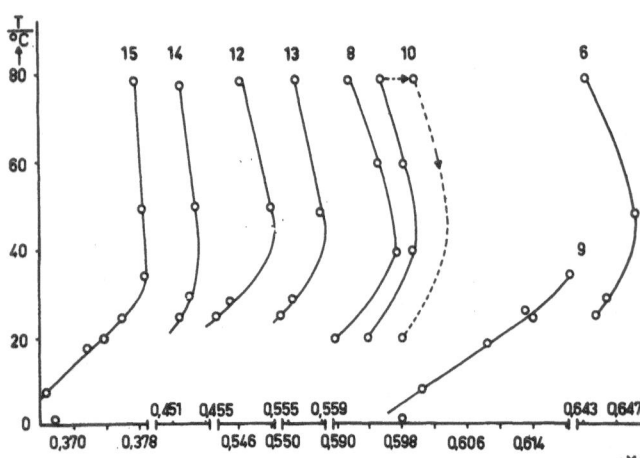

Abb. 33. Quellungskurven von vernetztem ataktischem PMMA in Tuluol. x^{*}_1 = Grundmolenbruch des LM; Vernetzer: Glykoldimethacrylat. Die Zahlen kennzeichnen Proben verschiedenen Vernetzungsgrades.

Auf jeden Fall muß vor einer Anwendung der statistischen Theorie der Gummielastizität auf chemisch vernetzte Systeme geprüft werden, ob eine zusätzliche physikalische Vernetzung auftreten kann. Ebenso ist bei einer Anwendung der statistischen Theorie hochmolekularer Lösungen Vorsicht geboten, wenn sich Assoziate, insbesondere Mikrokristallite, bilden können.

Bei der Untersuchung der in Lösungen und Gelen aus synthetischen Polymeren und Biopolymeren auftretenden Strukturen sind wir trotz einer stürmischen Entwicklung in den letzten Jahren noch nicht sehr weit über die Anfänge hinausgekommen. Mit zunehmender Kenntnis vom Feinbau der Makromoleküle wird die Aufklärung der Strukturen noch zu bisher verborgenen Einblicken in physikalisch-chemische Zusammenhänge, vor allem auf biologischem Gebiet, führen. Aber auch für die technische Anwendung sind derartige Untersuchungen jetzt schon von großer Bedeutung.

Von den in diesem Übersichtsreferat wiedergegebenen Ergebnissen wurden aus meinem Arbeitskreis von folgenden ehemaligen und jetzigen Mitarbeitern Beiträge geliefert: Dr. *W. Borchard*, Dr. *H. Halboth*, Dr. *G. Kalawrytinos*, Dr. *H. Palmen*, Dr. *M. Pyrlik*, Dr. *E. E. Schäfer*, Dr. *J. Schwarz*, Dr. *M. Unbehend*; Dipl.-Chem. *G. Gebhard*, Dipl.-Chem. *B. Mohadjer*, Dipl.-Chem. *C. Schultz*, Dipl.-Chem. *E.-P. Uerpmann*, Dipl.-Chem. *G. Wagner*; cand. chem. *K. Bergmann* und cand. chem. *H.-J. Kock*. Allen genannten Herren möchte ich für ihre wertvolle Mitarbeit herzlich danken. Herrn Dr. *W. Wefers* und Frau *U. Tews* danke ich für ihre Hilfe bei der Zusammenstellung der Literatur, der Anfertigung der Niederschrift und der Besorgung der Korrekturen.

Der Deutschen Forschungsgemeinschaft, dem Fonds der Chemischen Industrie und der *Max-Buchner*-Forschungsstiftung der DECHEMA möchte ich für die großzügige Unterstützung unserer Arbeiten meinen herzlichen Dank aussprechen.

Den Firmen Bayer AG, BASF AG, Farbwerke Hoechst AG, Chemische Werke Hüls AG, Dynamit-Nobel AG, Röhm GmbH und Wacker-Chemie GmbH danke ich für die Bereitstellung von Chemikalien.

Den Verlagen danke ich für die Erlaubnis der Wiedergabe der folgenden Abbildungen: Abb. 7, 10, 12, 13, 17, 25, 26, 27.

Zusammenfassung

Es wird ein Überblick über die in Lösungen und Gelen auftretenden Strukturen gegeben, wobei vornehmlich Systeme mit synthetischen Polymeren behandelt werden.

Zunächst werden die Strukturen des einzelnen Makromoleküls in Lösungen erörtert. Chemische Zusammensetzung, Art, Anordnung und Bindungen der Bausteine bestimmen die Konstitution, Konfiguration und Konformation des Polymerteilchens. Diese inneren Strukturpara-

meter und die Wechselwirkung mit dem Lösungsmittel sind für die äußere Form, die Abmessungen und die Flexibilität des isolierten Makromoleküls verantwortlich. Zwischen den Grenzformen der kompakten Kugel und des starren Stäbchens werden alle möglichen Zwischenzustände beobachtet. Die wichtigsten Strukturformen in Lösung sind das statistische Knäuelmolekül und die Helix.

Bei Lösungen spielen insbesondere Assoziationserscheinungen eine große Rolle. Die intramolekulare Assoziation beeinflußt die Makrostruktur des isolierten Polymerteilchens. Bei der intermolekularen Assoziation muß man zwischen der Assoziation im engeren Sinne (Ausbildung von Gleichgewichten) und der Assoziation im weiteren Sinne, die gewöhnlich auf Kristallisation beruht, unterscheiden. Auffallende Assoziationserscheinungen treten bei Lösungen auf, die Gemische aus iso- und syndiotaktischem Polymethylmethacrylat enthalten: Es bilden sich Stereokomplexe aus iso- und syndiotaktischen Sequenzen. Auch im konventionell hergestellten (ataktischen) PMMA können vermutlich Stereokomplexe entstehen.

Auf die Eigenschaften von Assoziationskolloiden und kristallinen Flüssigkeiten wird kurz eingegangen. Bei Assoziationskolloiden (Seifen und gewisse organische Farbstoffe) stehen die Einzelmoleküle im thermodynamischen Gleichgewicht mit den Assoziaten (Mizellen). Die Eigenschaften der kristallinen Flüssigkeiten werden durch hochgeordnete Assoziationszustände bestimmt. Typische Phasendiagramme für Wasser-Seife-Systeme und kristallin-flüssige Mischphasen werden diskutiert.

Eine Solvatation tritt nur in guten Lösungsmitteln auf. Wegen der Sonderstellung des Wassers als Lösungsmittel ist die Hydratation der wichtigste Fall einer Solvatbildung. Die Struktur des Wassers und die Fähigkeit der Wassermoleküle zur Betätigung von Wasserstoffbrückenbindungen und Veranlassung von hydrophoben Wechselwirkungen bei bestimmten organischen Verbindungen bestimmen Art und Ausmaß der Hydratation.

Polymeraddukte sind weit verbreitet und kommen häufig in der Natur vor. Die Struktur von Komplexen aus Polymeren mit Metallionen, Farbstoffen und Jod wird erörtert.

Gele aus organischen Makromolekülen bestehen aus haupt- oder nebenvalenzmäßig verknüpften Netzwerken.

Immer, wenn Assoziation in Polymerlösungen auftritt, kann bei einer hinreichend großen Assoziatdichte eine nebenvalenzmäßige Vernetzung der Makromoleküle und damit eine Gelierung der Mischphase erfolgen. Die Art der Assoziate bestimmt die Struktur der Vernetzungsstellen; sie können aus einfachen Komplexen oder aus Mikrokristalliten bestehen. Dabei sind alle Übergänge möglich. Beispiele für vernetzende Komplexe sind racemische Verbindungen von D- und L-Polypeptiden und Stereokomplexe aus iso- und syndiotaktischen Homopolymeren. Nebenvalenzgele mit Vernetzungsstellen geringer räumlicher Ausdehnung sind hochelastisch und mit Hauptvalenzgelen vergleichbar. Beim stereoregulären PMMA-Gel nimmt der Speichermodul bei der Sol-Gel-Übergangstemperatur fast sprunghaft um ca. 8 Dekaden zu. Er steigt aber entgegen den Aussagen der statistischen Theorie der Gummielastizität bei weiterer Temperaturerniedrigung an. Der Grund liegt darin, daß sich noch nicht vernetzte Polymermoleküle bei Temperaturabnahme an die Stereokomplexe – die als Mikrokristal-

lite angesehen werden müssen – anlagern und die Netzbogendichte erhöhen.

Alle partiell kristallinen Polymeren bilden in geeigneten Lösungsmitteln mehr oder weniger elastische Gele,
deren Eigenschaften von der Vorgeschichte abhängen.
Derartige Systeme besitzen stets eine Löslichkeitskurve,
die den einen Ast eines eutektischen Zustandsdiagramms
darstellt. Die Gelkurve, die den Konzentrationsverlauf
der Sol-Gel-Umwandlung beschreibt, verläuft unterhalb
der Löslichkeitskurve. Ihre Lage hängt stark von der
Versuchsführung ab. Im Zustandsgebiet des Gels findet
häufig eine Phasentrennung in eine Gelmischphase und
eine hochverdünnte Lösung statt (Synärese). Die Vernetzung über kristalline Bereiche kann mit einer Helix-
Coil-Umwandlung verbunden sein.

Assoziationskolloide und Polymeraddukte können in
gewissen Temperatur- und Konzentrationsbereichen ebenfalls Nebenvalenzgele bilden.

Ionotrope Gele sind Nebenvalenzgele mit ausgeprägten
Ordnungsstrukturen des Gelgerüsts, die durch Ionendiffusion in Polyelektrolytlösungen entstehen. Sie sind
brauchbare Modelle für biologische Strukturen.

Nebenvalenzgele zeigen häufig die Erscheinungen der
Thixotropie und Rheopexie.

Über die detaillierte Struktur der Hauptvalenznetz-
werke ist wenig bekannt. Zu ihrer Charakterisierung müssen mittlere Netzbogenlänge und Netzbogenlängenver-
teilung, die Funktionalität der Vernetzungsstellen, die
Zahl der freien Kettenenden und Verschlaufungen sowie
die intra- und intermolekularen Ringstrukturen bekannt sein.

Aus photoelastischen Untersuchungen an chemisch vernetzten Systemen im trockenen und gequollenen Zustand
kann man schließen, daß amorphe Polymere in der Regel
Nahordnungserscheinungen aufweisen. Die Nahordnung
nimmt mit steigender Temperatur und wachsendem Quellungsgrad ab.

Thermoelastische Messungen an chemisch vernetzten
Polymeren bestätigen im allgemeinen die statistische
Theorie der Gummielastizität, nach der die rücktreibende
Kraft bei konstanter Verformung linear mit der absoluten Temperatur ansteigt. Gele aus vernetztem ataktischem PMMA mit aromatischen Quellungsmitteln zeigen
jedoch ein anomales Verhalten: Die Geraden: rücktreibende Kraft gegen Temperatur weisen bei etwa 30 °C
einen Knick auf, derart, daß sich bei tieferen Temperaturen erhöhte Modulwerte errechnen. Dies wird als eine
Überlagerung des Hauptvalenznetzwerks durch ein Ne-
benvalenznetzwerk gedeutet, wobei die Vernetzungsstellen vermutlich Stereokomplexe zwischen iso- und syndiotaktischen Sequenzen verschiedener ataktischer PMMA-
Moleküle sind. Eine Bestätigung erfährt diese Erklärung
durch den Befund, daß die Quellungskurven von vernetztem ataktischem PMMA bei etwa 30 °C ebenfalls
einen Knick aufweisen. Unterhalb dieser Temperatur verlaufen die Quellungskurven so, daß eine größere Vernetzungsdichte angenommen werden muß als oberhalb.
In dem durch chemische Bindungen verknüpften Netzwerk müssen also bei tieferen Temperaturen physikalische Vernetzungsstellen entstehen. Bei PMMA-Gelen mit
Chloroform wurden keine Anomalien gefunden.

Summary

A survey is given on structures in solutions and gels,
mainly in those of synthetic polymers.

At first the structures of isolated macromolecules in
solutions are discussed. Constitution, configuration and
conformation of a polymer particle are determined by
chemical composition and by nature, position and bonding of the structural units. These internal structural parameters and the interactions with the solvent are responsible for the shape, dimensions and flexibility of an isolated macromolecule. Between the extreme shapes of com-
pact spheres and rods all possible intermediate states can
be observed. The main structures in solutions are the
statistical coil and the helix.

In solutions association phenomena are of great im-
portance. The intramolecular association influences the
macrostructure of the isolated polymer particles. Regard-
ing the intermolecular association differentiation must be
made between association in the strict sense (formation
of association equilibria) and that in a more general
way mainly caused by crystallization. Remarkable association phenomena are found in solutions containing mix-
tures of isotactic and syndiotactic poly(methyl methacrylate): stereocomplex formation of isotactic and syndiotactic sequences takes place. In conventional polymerized (atactic) PMMA stereocomplex formation seems
to occur too in a small extent.

Some remarks are made upon association colloids and
liquid crystals. In association colloids (soaps and certain
organic dyes) single molecules are in thermodynamic
equilibrium with the associated molecules (micelles). The
properties of liquid crystals are determined by highly
ordered states of association. Typical phase diagrams
of water-soap systems and liquid crystal solutions are
discussed.

Solvation occurs only in good solvents. Caused by
the exceptional position of water as solvent hydration in
aqueous solutions is the most important case of solvation. Nature and scope of hydration are determined by
the structure of water and by the possibility of water
molecules to form hydrogen bonds and to cause hydrophobic interactions in certain organic compounds.

Polymer addition compounds are wide-spread and
often found in the nature. The structure of complexes of
polymers with metal ions, dyes and iodine is discussed.

Gels of organic macromolecules consist of networks
crosslinked by chemical or physical bonds.

Always, if association is observed in polymer solutions physical crosslinking and gel formation may occur
if the density of associated molecules is high enough.
The type of associations determines the structure of crosslinks: Simple complexes or micro-crystallites at all intermediate states are possible. Examples for crosslinking
complexes are racemic compounds of D- and L-poly-
peptides and stereocomplexes of isotactic and syndiotactic homopolymers. Gels crosslinked physically (secondary valence gels) with very small junction zones are highly
elastic and comparable with gels crosslinked by chemical
bonds (primary valence gels). In the case of a stereo-
regular PMMA gel the storage modulus increases rapidly
about 8 decades at sol-gel transition temperature. But at
decreasing temperature the storage modulus increases
furthermore in contradiction to the statistical theory of

rubber elasticity for a constant network density. The reason is that at decreasing temperature still uncrosslinked polymer molecules add to the stereocomplexes – which can be regarded as microcrystallites – and raise the chain density in the network.

In suitable solvents all partial crystalline polymers form less or more elastic gels with properties changing with the prehistory. Systems of this sort have always a solubility curve, which can be regarded as one part of the solubility curve in an eutectic phase diagram. The gel curve describing the concentration dependence of sol-gel transition is situated below the solubility curve and is closely related to the kind of measurements. In the gel region often phase separation occurs into a gel phase and a highly dilute solution (syneresis). Crosslinking by microcrystallites can be connected with helix-coil transition.

Association colloids and polymer addition compounds can also form secondary valence networks in certain concentration- and temperature ranges.

Ionotopic gels are secondary valence networks with strongly marked ordered structures resulting from ion diffusion into polyelectrolyte solutions. They are useful models for biological structures.

Secondary valence gels often exhibit thixotropy or rheopexy.

The knowledge of the detailed structure of main valence networks is only poor. For characterization the mean chain length and the distribution of chains in the network, the functionality of crosslinks, the number of free chain ends and entanglements and the structure of intra- and intermolecular loops must be known.

Photoelastic measurements on dry and swollen chemically crosslinked systems lead to the conclusion that amorphous polymers normally show a short range order. This short range order decreases with increasing temperature and increasing degree of swelling.

The results of thermoelastic measurements concerning chemically crosslinked polymers correspond on the whole to the statistical theory of rubber elasticity which postulates a linear increase of the retractive force with the absolute temperature at constant deformation. Gels of crosslinked atactic PMMA with aromatic swelling media show an abnormal behaviour. The straight lines of retractive force versus temperature have a bend at 30 °C in such a way that a higher modulus is calculated at lower temperatures. This fact can be explained by superposition of the main valence network with a secondary valence network presumably crosslinked by stereocomplexes between isotactic and syndiotactic sequences of different atactic PMMA molecules. This explanation is confirmed by the fact that the swelling curves of crosslinked atactic PMMA also show a bend at a certain temperature. From the course of the swelling curves a higher crosslinking density must be assumed below this temperature than above. In the chemically bound network physical crosslinks must be formed additionally at lower temperatures. These anomalies have not been found in PMMA-gels with chloroform.

Literatur

1) *Simon, E.*, Ann. **309**, 120 (1899).

2) *Naegeli, C. von*, Mizellartheorie. Neue Ausgabe Ostwalds Klassiker, Bd. **227** (Leipzig 1928).

3) *Meyer, K. H.* und *H. Mark*, Makromolekulare Chemie, 2. Aufl. (Leipzig 1950).

4) *Staudinger, H.*, Chem. Berichte **53**, 1073 (1920).

5) *Stauff, J.*, Kolloidchemie (Berlin – Göttingen – Heidelberg, 1960).

6) *Müller, F. H.*, Kolloid-Z. **96**, 326 (1941); *Franz, E., F. H. Müller* und *E. Schiebold*, Kolloid-Z. **108**, 233 (1944); *Müller, F. H.*, in: *Houwink, R.:* Chemie und Technologie der Kunststoffe, Bd. I, 3. Aufl., 6. Kap.: Löslichkeit, Quellung, Weichmachung, Permeation.

7) *Stuart, H. A.*, Die Physik der Hochpolymeren, 3. Bd. § 3. Ordnung in Lösungen und Schmelzen von Fadenmolekülen. (Berlin–Göttingen–Heidelberg, 1955).

8) *Staudinger, H.*, Die hochmolekularen organischen Verbindungen. (Berlin – Göttingen – Heidelberg, 1932).

9) *Staudinger, H.*, Organische Kolloidchemie. (Braunschweig, 1941).

10) *Kuhn, W.*, Kolloid-Z. **68**, 2 (1934).

11) *Guth, E.* und *H. Mark*, Monatsh. Chem. **65**, 93 (1934).

12) *Elias, H. G.*, Makromoleküle. (Basel – Heidelberg, 1971).

13) *Flory, P. J.*, Principles of Polymer Chemistry. (Ithaca und London, 1953).

14) vgl. Zitat 13, S. 611.

15) *Eliassaf, J.* und *A. Silberberg*, J. Polymer Sci. **41** 33 (1959).

16) *Anufrieva, E. V., T. M. Birshtein, T. N. Nekrasova, O. B. Ptitsyn* u. *T. V. Sheveleva*, J. Polymer Sci. C **16**, 3519 (1968).

17) *Priel, Z.* und *A. Silberberg*, J. Polymer Sci. A-2, **8**, 689, 705, 713 (1970).

18) *Borchard, W., M. Pyrlik* und *G. Rehage*, Makromol. Chem. **145**, 169 (1971).

19) *Borchard, W., G. Kalawrytinos, B. Mohadjer, M. Pyrlik* und *G. Rehage*, Angew. Makromol. Chem. **29/30**, 471 (1973).

20) vgl. Zitat 3), S. 649.

21) vgl. Zitat 9), S. 47.

22) *Huggins, M. L.*, Brit. Polym. J. **4**, 465 (1972).

23) *Pauling, L.* und *R. B. Corey*, J. Amer. Chem. Soc. **72**, 5349 (1950); Proc. natn. Acad. Sci. **37**, 241, 261 (1951).

24) *Birshtein, T. M.* und *O. B. Ptitsyn*, Conformations of Macromolecules, (New York – London – Sydney 1966).

25) *Katchalsky, E.* und *I. Z. Steinberg*, Ann. Rev. of Phys. Chem. **12**, 433 (1961).

26) *Doty, P., A. M. Holtzer, J. H. Bradburg* und *E. R. Blout*, J. Amer. Chem. Soc. **76**, 4493 (1954); *Doty, P., J. H. Bradburg* und *A. M. Holtzer*, J. Amer. Chem. Soc. **78**, 947 (1956).

27) *Kobayashi, M., K. Tsumura* und *H. Tadokoro*, J. Polymer Sci. A-2 **6**, 1495 (1968).

28) *Reiß, C.* und *H. Benoit*, J. Polymer Sci. C **16**, 3079 (1968).

29) *Helms, J. B.* und *G. Challa*, J. Polymer Sci. A-2 **10**, 1447 (1972).

30) *Tsvetkov, V. N., K. A. Andrianov, G. I. Okhrimenko* und *M. G. Vitovskaya*, European Polymer J. **7**, 1215 (1971).

31) *Ziegler, I. L. Freund, H. Benoit* und *W. Kern*, Makromol. Chem. **37**, 217 (1960); *Claesson, S., W. Kern, P. H. Norberg* und *W. Heitz*, Makromol. Chem. **87**, 1 (1965).

32) *Ackermann, Th.* und *H. Rüterjans*, Ber. Bunsenges. **68**, 850 (1964).

33) vgl. Zitat 12, S. 28 ff.

34) *Mislow, K.*, Einführung in die Stereochemie, (Weinheim/Bergstr., 1967).

35) *Bähr, W.* und *H. Theobald*, Organische Stereochemie, (Berlin – Heidelberg – New York, 1973).

36) *Ziegler, K.*, Angew. Chem. **76**, 545 (1964).

37) *Natta, G.*, Angew. Chemie **68**, 393 (1956); **76**, 553 (1964); *Farina, M., M. Peraldo* und *G. Natta*, Angew. Chem. **77**, 149 (1965).

38) *Staudinger, H.*, Organische Kolloidchemie, (Braunschweig, 1941).

39) *Schildknecht, C. E., S. T. Groß, H. R. Davidson, J. M. Lambert* und *A. O. Zoss*, Ind. Engng. **40**, 2104 (1948).

40) *Volkenshtein M. V.*, Configurational Statistics of Polymer Chains, (New York 1963).

41) *Birshtein, T. M.* und *O. B. Ptitsyn*, Conformations of Macromolecules, (New York 1966).

42) *Flory, P. J.*, Statistical Mechanics of Chain Molecules, (New York 1969).

43) *Rehage, G.*, Z. Elektrochem., Ber. Bunsenges. phys. Chem. **59**, 78 (1955).

44) *Rehage, G.*, Z. Naturforschg. **10a**, 301 (1955).

45) *Müller, F. H.*, Kolloid-Z. **108**, 66 (1944).

46) *Jenckel, E.* und *G. Rehage*, Makromol. Chem. **6**, 243 (1951).

47) vgl. Zitat 12), S. 200.

48) *Palmen, H.*, Dissertation, Aachen, (1965); *Rehage, G.* und *H. Palmen, D. Möller* und *W. Wefers*, IUPAC-Symposium, Vortrag A1.1, Toronto (1968).

49) *Elias, H.-G.* und *Hj. Lys*, Makromol. Chem. **92**, 1 (1966); **96**, 64 (1966).

50) *Elias, H.-G.* und *Hj. Dietschy*, Makromol. Chem. **105**, 102 (1967).

51) *Elias, H.-G.*, Association of Synthetic Polymers. Lecture at the Midland Macromolecular Meeting on „Order in Polymer Solutions", August 20–24 (1973).

52) *Doty, P. M., H. Wagner* und *S. Singer*, J. Phys. Colloid Chem. **51**, 32 (1947).

53) *Doty, P. M.* und *E. Mishuck*, J. Amer. Chem. Soc. **69**, 1631 (1947).

54) *Kalawrytinos, G.*, Diplomarbeit, Aachen (1964).

55) *Wagner, G.*, Diplomarbeit, Clausthal (1969).

56) *Watanabe, W. H., Ch. F. Ryan, P. C. Fleischer Jr.* und *B. S. Garret*, J. Phys. Chem. **65**, 896 (1961).

57) *Liquori, A. M., G. Anzuino, V. M. Goiro, M. D'Alagni, P. de Santis* und *M. Savino*, Nature **206**, 358 (1965).

58) *Liu, H. Z.* und *K. J. Liu*, Macromolecules **1**, 157 (1968).

59) *Uerpmann, E.-P.*, Diplomarbeit, Clausthal, (1971).

60) *Ryan, Ch. F.* und *P. C. Fleischer* Jr., J. Phys. Chem. **69**, 3384 (1965).

61) *Spěváček, J.* und *B. Schneider*, Makromol. Chem., im Druck; J. Polymer Sci., Polymer Letters Ed., im Druck; 12th IUPAC-Microsymposium on Macromolecules, Prag, August 1973, Abstract D 3.*)

* Ich danke den Autoren für die Überlassung der Manuskripte vor Erscheinen der Veröffentlichungen.

62) *Buter, R., Y. Y. Tan* und *G. Challa*, J. Polymer Sci. A-1 **10**, 1031 (1972); Polymer Chem. Ed. Vol. **11**, 989; 1003 (1973); Vol. **11**, 1013 (1973);

63) *Miyamoto, T.* und *H. Inagaki*; Polymer J. **1**, 46 (1970).

64) *Yoshida, T., S. Sakurai, T. Okuda* und *Y. Takagi*, J. Amer. Chem. Soc. **84**, 3590 (1962).

65) *Mohadjer, B.*, Diplomarbeit, Clausthal (1970).

66) *Fox, T. G.*, Polymer **3**, 111 (1962).

67) *Kawai, T.* und *T. Ueyama*, J. Appl. Polymer Sci. III **8**, 227 (1960).

68) *Flory, P. J.* und *T. G. Fox, Jr.*, J. Amer. Chem. Soc. **73**, 1904 (1951).

69) *Dondos, A.* und *H. Benoit*, C. R. Acad. Sci. Paris, Serie C, **271**, 1055 (1970).

70) *Moore, W. R.*, in: *E. Jenkins*, Progress Polymer Science, Vol. 1, S. 1 (Oxford 1967).

71) *Peterlin, A.* und *D. T. Turner*, J. Polymer Sci. B **3**, 517 (1965); *Peterlin, A., D. T. Turner* und *W. Philippoff*, Kolloid-Z. u. Z. Polymere **204**, 21 (1965).

72) *Quadrat, O., M. Bohdanecký* und *P. Munk*, J. Polymer Sci. C **16**, 95 (1967); *Quadrat, O.* und *M. Bohdanecký*, J. Polymer Sci. A-2 **5**, 1309 (1967); *Quadrat, O.*, Collection Czechoslov. Chem. Commun. **36**, 2042 (1971); **37**, 980 (1972).

73) *Pennings, A. J.*, J. Polymer Sci. C **16**, 1799 (1967).

74) *Morawetz, H.*, Macromolecules in Solution. S. 367 ff. (New York, London, Sidney, 1965).

75) *Hengstenberg, J.* und *E. Schuch*, Makromol. Chem. **74**, 55 (1964).

76) *Rehage, G.* und *H. Halboth*, Makromol. Chem. **119**, 235 (1968).

77) *Kratochvil, P., M. Bohdanecký, K. Solc,* und *M. Kolinsky*, J. Polymer Sci. C **23**, 9 (1968).

78) *Franz, J., E. Schröder* und *K. Thinius*, Plaste und Kautschuk **18**, 180 (1971).

79) *Beevers, R. B.* in: Macromolecular Reviews, Vol 3, S. 113: Polyacrylonitrile and its Copolymers, (New York, London, Sidney, Toronto 1968).

80) *Rehage, G.*, Kunststoffe **53**, 605 (1963).

81) *Klenina, O. V., V. J. Klenin* und *S. Ya. Frenkel*, J. Polymer Sci. USSR **12**, 1448 (1970).

82) *Newman, S., W. R. Krigbaum* und *D. K. Carpenter*, J. Phys. Chem. **60**, 648 (1956).

83) *Panov, V. P., R. G. Zubanakov* und *R. A. Walakhov*, J. Polymer Sci. USSR A **12**, 1738 (1970).

84) *Zaspinok, G. S., N. N. Zhegalova, B. V. Vasil'co* und *O. G. Tarakanov*, J. Polymer Sci. USSR A **11**, 2468 (1969).

85) *Buntjakov, A. S.* und *V. M. Averyanova*, J. Polymer Sci. C **38**, 109 (1972).

86) *Kruyt, H. R.*, Colloid Sci. II, Reversible Systems, S. 15, 681 ff. (New York – Amsterdam – London – Brüssel 1949); vgl. auch Zitat 5, S. 534 ff.

87) *J. G. Watterson, H. R. Lässer* und *H.-G. Elias*, Kolloid-Z. u. Z. Polymere **249**, 1136 (1971); **250**, 46 (1972); **250**, 58 (1972); **250**, 64 (1972).

88) *Skoulios, A.*, Advanc. Colloid Interface Sci. **1**, 79 (1967).

89) *Hartley, G. S.* Aqueous Solutions of Paraffin-Chain Salts, (Paris 1936); *Hartley, G. S.*, Solutions of Soap-like Substances, Prog. Chem. Fats Lipids, (London 1955).

90) *Stauff, J.*, Kolloid-Z. **89**, 224 (1939).

91) *McBain, J. W.* und *O. A. Hoffmann,* J. Phys. Colloid Chem. **59**, 39 (1949); *J. W. McBain,* Colloid Sci. (New York 1950).

92) *Vincent, J. M.* und *A. Skoulios,* Acta Chryst, **20**, 447 (1966).

93) Zitat 5, S. 563.

94) Diskussionstagung der Deutschen Bunsengesellschaft: Physikalisch-chemische Aspekte flüssiger Kristalle, Königstein i. T., März 1974.

95) *Houton, S. van,* Physical Aspects of Displays, Vortrag auf der 2. Allgemeinen Konferenz der Europäischen Physikalischen Gesellschaft, Wiesbaden 1972.

96) *Wee, E. L.* und *W. G. Miller,* J. Phys. Chem. **75**, 1446 (1971).

97) *Flory, P. J.,* Proc. Roy. Soc. Ser. A, **234**, 60 (1956); **234**, 73 (1956).

98) *Unbehend, M.,* Diss. Aachen (1961; vgl. auch Zitat 80.

99) Zitat 3, S. 782.

100) *Lederer, K., R. Hammel* und *J. Schurz,* Vortrag auf dem Makromol. Kolloquium in Freiburg, 1974.

101) *Bernal, J. D.* und *R. H. Fowler,* J. Chem. Phys. **1**, 515 (1933).

102) *Frank, H. S.* und *M. J. Evans,* J. Chem. Phys. **13**, 507 (1945).

103) *Kauzmann, W.,* Adv. Protein Chem. **14**, 1 (1959).

104) *Nemethy, G.* und *H. A. Scheraga,* J. Chem. Phys. **36**, 3382 (1962).

105) *Trisnadi, J. A., H. M. Bössler* und *R. C. Schulz,* Colloid and Polymer Sci. **252**, (1974) im Druck (früher Kolloid-Z. Z. Polymere).

106) *Freudenberg, K., E. Schaaf, G. Dumpert* und *T. Ploetz,* Naturwiss. **27**, 850 (1939).

107) *Schulz, R. C.,* Addition Compounds and Complexes with Polymers and Models, Vortrag auf dem 13. Mikrosymposium über Makromoleküle in Prag, August 1973; Pure and Applied Chem. 1974 (im Druck).

108) *Pfannenmüller, B., H. Mayerhöfer* und *R. C. Schulz,* Biopolymers **10**, 243 (1971).

109) *Staudinger, H., K. Frey* und *W. Starke,* Chem. Ber. **60**, 1782 (1927).

110) *Herrmann, W. O.* und *W. Haehnel,* Chem. Ber. **60**, 1658 (1927).

111) *Rehage, G.,* Verh. Kolloid-Ges. **18**, 47 (Darmstadt 1958).

112) *Rehage, G.,* in: *A. Kuhn,* Kolloidchemisches Taschenbuch S. 505 ff.: Quellung (Leipzig, 1960).

113) *Staudinger, H.* und *E. Husemann,* Ber. Dtsch. chem. Ges. **68**, 1618 (1935); *Staudinger, H.* und *W. Heuer,* ebenda **67**, 1164 (1934).

114) *Schwarz, J.* und *G. Rehage,* Kolloid-Z. u. Z. Polymere **251**, 689 (1973).

115) *Bueche, F.,* Physical Properties of Polymers S. 66 ff. (New York 1962)

116) *Graessley, W. W.,* J. Chem. Phys. **43**, 2696 (1965).

117) *Schurz, J.,* Kolloid-Z. u. Z. Polymere **227**, 72 (1968).

118) *Hofmann, M.,* Makromol. Chem. **174**, 167 (1973).

119) *Hofmann, U.,* Kolloid-Z. **125**, 86 (1952).

120) *Weiß, A.* und *R. Frank,* Kolloid-Z. **176**, 102 (1961).

121) *Haas, H. C., C. K. Chiklis* und *R. D. Moreau,* J. Polymer Sci. A-1 **8**, 1131 (1970).

122) *Silberberg, A.* und *P. F. Mijnlieff,* J. Polymer Sci. A-2 **8**, 1089 (1970).

123) *Eliassaf, J.* und *A. Silberberg,* Polymer **3**, 555 (1962).

124) *Pyrlik, M., W. Borchard, G. Rehage* und *E.-P. Uerpmann,* Angew. Makromol. Chem. **36**, 133 (1974).

125) *Pyrlik, M.,* Dissertation, Clausthal (1974).

126) *Flory, P. J.,* Trans. Farad. Soc. **51**, 848 (1955).

127) *Pyrlik, M.* und *G. Rehage,* Rheol. Acta (im Druck).

128) *Halboth, H.* und *G. Rehage,* Angew. Makromol. Chem. (1974), im Druck.

129) *Schultz, C.,* Diplomarbeit, Clausthal (1974).

130) *Jones, G.,* J. Appl. Polymer Sci. **6**, 15 (1962).

131) *Heymann, E.,* Trans. Farad. Soc. **31**, 846 (1935).

132) *Trömel, M.,* persönliche Mitteilung; *Murken, G.* und *M. Trömel,* Z. anorg. allgem. Chem. **397**, 117 (1973).

133) *Labudzinska, A., A. Wasiak* und *A. Ziabicki,* J. Polymer Sci. C **16**, 2835 (1967); *Labudzinska, A.* und *A. Ziabicki,* Kolloid-Z. u. Z. Polymere **243**, 21 (1971).

134) *Bergmann, K.,* Diplomarbeit, Clausthal (1974).

135) *Haas, H. C., M. J. Manning* und *M. H. Mach,* J. Polymer Sci. A-1 **8**, 1725 (1970); *Haas, H. C., M. J. Manning* und *S. A. Hollander,* Analytical Calorimetry Vol. 2, (New York, 1970).

136) *Gardi, A., Hs. Nitschmann* und *K. Rieder,* Chimia **27**, 116 (1973).

137) Zitat 5, S. 563.

138) *Scheibe, G., L. Kandler und E. Ecker,* Naturwiss. **25**, 75 (1937); *Scheibe, G.,* Kolloid-Z. **82**, 1 (1938).

139) *Beltman, H.* und *J. Lyklema,* Farad. Disc. **57** "Gels and Gelling Processes", Norwich (1974).

140) *Thiele, H.,* Naturwiss. **34**, 123 (1947); Z. Naturforsch. **3 b**, 7 (1948); *Thiele, H.,* Histolyse und Histogenese (Frankfurt/M. 1967).

141) *Purz, H. J.,* J. Polymer Sci. C **38**, 405 (1972).

142) *Müller, F. H.,* Kolloid-Z. **95**, 139 (1941); **103**, 143 (1943).

143) Zitat 86, S. 509.

144) *Müller, F. H.,* Kolloid-Z. **112**, 1 (1949).

145) *Savins, J. G.,* Rheol. Acta **7**, 87 (1968).

146) *Flory, P. J.,* Chem. Rev. **35**, 51 (1944).

147) *Walsh, D. J., G. Allen* und *G. Ballard,* Polymer (1974) (im Druck); *Allen, G., P. A. Holmes* und *D. J. Walsh,* Farad. Disc. **57**, Gels and Gelling Processes, Norwich (1974).

148) *Schwarz, J.,* Ber. Bunsenges. phys. Chem. **74**, 847 (1970).

149) *Rehage, G., E. E. Schäfer* und *J. Schwarz,* Angew. Makromol. Chem. **16/17**, 231 (1971).

150) *Gebhard, G.,* Diplomarbeit, Clausthal (1971).

151) *Gebhard, G., G. Rehage* und *J. Schwarz,* Colloid and Polymer Sci. (1974) (in Vorb.).

152) *Kock, H.-J.,* Diplomarbeit, Clausthal (1974).

153) *Treloar, L. R. G.,* The Physics of Rubber Elasticity, 2. Aufl. (Oxford 1958); Rep. Prog. Phys. **36**, 755 (1973).

154) Zitat 13), S. 464 ff.

155) *Kuhn, W.* und *H. Grün,* Kolloid-Z. **101**, 248 (1942)

156) *Müller, F. H.*, Kolloid. Z. **95**, 138, 306 (1941); **96**, 326 (1941).

157) *Stein, R. S.*, in: *H. A. Stuart*, Die Physik der Hochpolymeren, 4. Bd., S. 110 ff. (Berlin-Göttingen-Heidelberg 1956).

158) *T. Ishikawa* und *K. Nagai*, J. Polymer Sci. A-2 **7**, 1123 (1969); Polymer J. **1**, 116 (1970).

159) *Gent, A. N.*, Macromolecules **2**, 262 (1969); *Gent, A. N.* und *T. H. Kuan*, J. Polymer Sci. A-2 **9**, 927 (1971).

160) *Liberman, M. H., Y. Abe* und *P. J. Flory*, Macromolecules **5**, 550 (1972).

161) *Schwarz, J.*, Kolloid-Z. u. Z. Polymere **251**, 215 (1973).

162) *Schwarz, J.*, Dissertation, Clausthal (1967).

163) *Schwarz, J., W. Borchard* und *G. Rehage*, Kolloid-Z. u. Z. Polymere **244**, 193 (1971).

164) *Kirste, R.* und *W. Wunderlich*, Makromol. Chem. **73**, 240 (1964).

165) *Fitzer, I., E. Klesper* und *R. Uhl*, 12. IUPAC-Mikrosymposium über Makromoleküle, Prag, August 1973, D 4.

166) *Schmitt-Fumian, W. W.*, Vortrag vor dem DECHEMA-Arbeitsausschuß „Polyreaktionen", Februar 1974, Frankfurt/M.

167) *Miller, W. G.*, 12. IUPAC-Mikrosymposium über Makromoleküle, Prag, August 1973, IV.

168) *Schmitt-Fumian, W. W.*, und *L. Bachmann*, Vortrag auf dem XXIV. IUPAC-Kongreß für Reine und Angewandte Chemie, Hamburg, September 1973.

169) Zitat 74), S. 72.

170) *Halboth, H.* und *G. Rehage*, Angew. Makromol. Chem. (1974) (im Druck).

171) *Kilian, H. G.*, Makromol. Chem. **116**, 219 (1968).

172) *Richards, R. B.*, Trans. Farad. Soc. **42**, 10 (1946).

173) *Kilian, H. G.*, persönliche Mitteilung, Veröffentlichung demnächst; vgl. auch *Kilian, H. G.* und *F. Stracke*, Vortrag vor dem DECHEMA-Arbeitsausschuß „Polyreaktionen", Februar 1974, Frankfurt/M.

174) *Mikul'skii, G. F., I. G. Dubina, L. I. Khomutov* und *Ye. P. Korchagina*, Polymer Sci. U.S.S.R. **12**, 53 (1970).

175) *Klein, E.*, Chemiker-Zeitung – Chemische Apparatur **88**, 299 (1965).

Anschrift des Verfassers:

Prof. Dr. *G. Rehage*
Physikalisch-Chemisches Institut
der Technischen Universität Clausthal
3392 Clausthal-Zellerfeld
Adolf-Römer-Straße 2 A

Progr. Colloid & Polymer Sci. **57**, 39—47 (1975)

2.

Aus dem Physikalisch-Chemischen Institut der Technischen Universität Clausthal

Über das Quellungsverhalten von Polystyrol verschiedener Netzwerkdichte in Cyclohexan

Von W. Borchard

Mit 5 Abbildungen und 2 Tabellen

(Eingegangen am 30. November 1973)

1. Allgemeine Betrachtungen

Die Flüssigkeitsaufnahme von hauptvalenzmäßig vernetzten Polymeren führt im allgemeinen zum Quellungsgleichgewicht, bei dem eine gequollene Mischphase (Gel) mit dem reinen Lösungsmittel (LM) koexistiert (1–5). Für dieses isotherm-isobare heterogene Gleichgewicht lautet die thermodynamische Gleichgewichtsbedingung:

$$\Delta \mu_1 = \mu_1 - \mu_{01} = \left(\frac{\partial \Delta G_Q}{\partial n_1}\right)_{T,P} = 0. \qquad [1]$$

Hierin bedeuten ΔG_Q die Änderung der freien Enthalpie bei der Quellung, μ_1 das chemische Potential des LM in der Gelphase, μ_{01} das chemische Potential des reinen LM, n_1 die Molzahl des LM, T die absolute Temperatur und P den Druck. Beim Ausschluß äußerer Felder stellt sich nach Gl. [1] in einem System bei vorgegebenen Werten der intensiven Größen T und P eine Sättigungskonzentration des LM in der Gelphase ein. Die Temperaturabhängigkeit der Sättigungskonzentration wird durch die Quellungskurve beschrieben, deren Steigung man aus der Gl. [1] erhält (2, 3):

$$\left(\frac{\partial T}{\partial x_1^*}\right)_P = \frac{T\left(\frac{\partial \mu_1}{\partial x_1^*}\right)_{T,P}}{\Delta H_{1S}}. \qquad [2]$$

Hierin ist x_1^* der Grundmolenbruch des LM, den man mit Gl. [3] berechnen kann.

$$x_1^* = \left(\frac{m_1}{M_1}\right)\bigg/\left(\frac{m_1}{M_1} + \frac{m_2}{M_0}\right) \qquad [3]$$

m_1 ist die Masse der LM, m_2 die Masse des Polymeren, M_1 die Molmasse des LM und M_0 die Molmasse eines Grundbausteins des Polymeren. ΔH_{1S} in Gl. [2] ist gegeben durch die Differenz

der partiellen molaren Enthalpie des LM im Gel bei der Sättigung, H_1, und der molaren Enthalpie des reinen LM, H_{01}, und wird letzte Verdünnungswärme genannt; dies ist die differentielle Verdünnungswärme bei der Sättigung (3). Aufgrund der Stabilitätsbedingung, Gl. [4], die für stabile und metastabile Phasen gilt, wird das Vorzeichen

$$\left(\frac{\partial \mu_1}{\partial x_1^*}\right)_{T,P} > 0 \qquad [4]$$

der Steigung der Quellungskurve durch das Vorzeichen der letzten Verdünnungswärme bestimmt (s. Gl. [2]). Für $\Delta H_{1S} > 0$ nimmt mit steigender Temperatur die Lösungsmittelkonzentration im Gel zu, für $\Delta H_{1S} < 0$ nimmt sie ab. Im athermischen Fall, d. h. wenn $\Delta H_{1S} = 0$ gilt, ist das Quellungsgleichgewicht von der Temperatur unabhängig. Dieser Zusammenhang zwischen dem Vorzeichen der letzten Verdünnungswärme und dem Vorzeichen der Steigung der Quellungskurve gilt nur bei der Wahl eines temperaturunabhängigen Konzentrationsmaßes, wie z. B. des Grundmolenbruchs x_1^* oder des Massenbruchs y_1. Wählen wir als Konzentrationsvariable den Volumenbruch φ_1 oder den Volumenquellungsgrad $q = \varphi_2^{-1}$, so kann dieser Zusammenhang allgemein nicht mehr erwartet werden (6).

Man kennt nun verschiedene Methoden, die thermodynamischen Eigenschaften von Gelen zu bestimmen:

1. Quellungsmessungen (2, 4–7),
2. Entquellungsmessungen (4, 8, 9),
3. Quellungsdruckmessungen (10–13),
4. Bestimmung des thermoelastischen Verhaltens (9, 12, 14–17).

Die sogenannte Entquellungsmethode wurde von *Boyer* vorgeschlagen (8). Sie beruht auf der

Bestimmung des Quellungsgleichgewichts zwischen einer Lösung ($''$) und einem Gel ($'$), wobei gilt:

$$\mu_1' = \mu_1''. \qquad [5]$$

Das chemische Potential des LM in der Lösung μ_1'' kann über bekannte Verfahren wie z. B. Bestimmung des osmotischen Drucks oder Dampfdrucks ermittelt werden. Die Entquellungsmethode kann nur angewendet werden, wenn die lösliche Polymerkomponente der Lösung nicht in das Netzwerk eindringt.

Die experimentell aufwendigere Methode 3 erfordert die Bestimmung des Quellungsdrucks π_Q im isotropen Verformungszustand (10–13). Bei Vernachlässigung der Kompressibilität des LM ist der Zusammenhang des Quellungsdrucks mit der Änderung des chemischen Potentials $\Delta\mu_1$ durch die Beziehung [6] gegeben (2, 3)

$$-\pi_Q V_1 = \Delta\mu_1. \qquad [6]$$

V_1 ist das partielle Molvolumen des LM, das bei Vernachlässigung kleiner Volumenänderungen beim Quellen häufig dem Molvolumen des LM V_{01} gleichgesetzt werden kann.

Die Bestimmung des thermoelastischen Verhaltens beruht auf der Messung der Elastizitätsmoduln bei verschiedenen Temperaturen. Daraus erhält man Auskunft über einen Teil der Änderung der freien Enthalpie bei der Quellung, der auf den elastischen Eigenschaften der gequollenen Netzwerke beruht (14).

Die zuverlässigsten Ergebnisse der thermodynamischen Funktionen erhält man bei der Anwendung mehrerer Methoden.

2. Ergebnisse der statistischen Theorie

Die Ansätze aus der statistischen Thermodynamik zur Beschreibung der freien Mischungsenthalpie einer binären vernetzten Mischphase stützten sich bisher auf die getrennte Berechnung von drei additiven Anteilen, nämlich (18–20)

$$\Delta G_{\mathrm{Mi}} + \Delta G_{\mathrm{Vern}} + \Delta G_{\mathrm{El}} = \Delta G_Q. \qquad [7]$$

ΔG_{Mi} ist die Änderung der freien Enthalpie, die beim Mischen von LM und Polymerisat mit unendlich hohem Molekulargewicht auftritt. Die Änderung ΔG_{Vern} berücksichtigt die Änderung der freien Enthalpie bei der Vernetzung der freien Enden zu einem Netzwerk. ΔG_{El} beruht auf Änderungen von End-zu-Endabständen der

im Netzwerk verknüpften Ketten, die bei einer Änderung der äußeren Dimension mitverformt werden.

Bei Gültigkeit der wesentlichen Annahmen, daß die Anzahl der Konformationen einer Kette als Funktion des End-zu-Endabstandes einer *Gauß*-Verteilung folgt und daß mit der Konformationsänderung bei der Deformation nur eine Entropieänderung stattfindet, wird das thermodynamische Verhalten bei der Quellung durch die Parameter f, v, φ_2^0 und χ bestimmt. Die Größe f gibt an, wie viele Ketten an einer Verknüpfungsstelle zusammentreffen. Es gilt z. B. bei einem tetrafunktionellen Vernetzer, wie z. B. dem Glykoldimethacrylat, $f = 4$. Die Vernetzungsdichte v gibt die Zahl der Netzbögen in Molen und φ_2^0 einen Bezugsvolumenbruch des Polymeren an, bei dem $\Delta G_{\mathrm{El}} = 0$ ist. Bisher ist bei Vernetzung in Substanz φ_2^0 häufig gleich dem Wert $\varphi_2^0 = 1$ gesetzt worden. Diese Annahme trifft sicherlich nicht zu, wenn ein Polymerisat größere lösliche Anteile aufweist, die in einem Polymeren wie ein Lösungsmittel wirken können. χ ist der *Huggins-Flory*-Wechselwirkungsparameter, der die Abweichung eines Gels vom ideal-athermischen Bezugszustand beschreibt. Er ist abhängig von Druck, Temperatur und der Konzentration (21). Bei geringer Vernetzungsdichte findet man experimentell eine gute Übereinstimmung mit dem χ-Parameter von löslichen Systemen nicht zu niedrigen Molekulargewichts, wie man aufgrund der Theorie erwarten sollte.

In einer kürzlich publizierten Theorie gelang es *Dusek*, einen geschlossenen Ausdruck für die beiden Ausdrücke $\Delta G_{\mathrm{Mi}} + \Delta G_{\mathrm{Vern}}$ nach der quasichemischen Methode abzuleiten (22). Dabei werden die Uneinheitlichkeit der Molekulargewichte des Polymeren vor der Vernetzung und auch die Uneinheitlichkeit der Zahl der Verknüpfungsstellen pro Polymerkette berücksichtigt. Der elastische Anteil der freien Enthalpie wird additiv wie bei den vorangestellten Theorien ergänzt. Läßt man die Koordinationszahl des Gitters $z \to \infty$ gehen, so lautet die Formel für das chemische Potential des LM im Fall gleicher Kettenlängen, wenn als Konzentrationsmaß der Volumenbruch gewählt wird:

$$\frac{\Delta\mu_1}{RT} = \ln\varphi_1 + \varphi_2 + \chi\,\varphi_2^2$$
$$+ v\left[\varphi_2^{1/3}\,\varphi_2^{0\,2/3} - \frac{\varphi_2}{2}f(\gamma)\right]. \qquad [8]$$

Hierin ist $f(\gamma)$ eine Funktion der Netzwerkstruktur, γ ist der sogenannte Vernetzungsindex, der angibt, wieviel Vernetzungspunkte pro Primärkette vorhanden sind; es gilt: $1,33 \geq f(\gamma) \geq 1,0$. Ferner ist χ eine Funktion der quasichemischen Gleichgewichtskonstante (und damit der Temperatur), der Konzentration und der Netzwerkdichte. Der Term mit ν als Faktor ist der Ausdruck für den elastischen Anteil des chemischen Potentials. Formal erhält man die aus den Theorien der Gummielastizität von *James* und *Guth* (23), *Flory* (19) bzw. *Hermans* (30) bekannten Ausdrücke für die Entropieänderung bei der Volumenänderung, wenn man $f(\gamma) = 0, f(\gamma) = 1$ bzw. $f(\gamma) = 2$ setzt.

Bei der Prüfung der Gültigkeit der Gleichungen aus den verschiedenen statistischen Theorien begegnet man prinzipiell der Schwierigkeit, ob das zu untersuchende System die Voraussetzungen, die nicht immer nachprüfbar sind, erfüllt. In einer früheren Arbeit wurde gezeigt, daß die Quellung von Polystyrolgelen relativ geringer Netzwerkdichte in Cylohexan am besten mit der Theorie von *Dusek* beschrieben wird (24).

3. Das System Polystyrol–Cyclohexan

Unvernetztes Polystyrol (PST) bildet mit Cyclohexan ein System mit einer Mischungslücke. Sieht man einmal von den Schwierigkeiten ab, die aufgrund der molekularen Uneinheitlichkeit des Polymeren auftreten, so kann wegen der zahlreichen Ergebnisse, die von diesem System vorliegen, am ehesten erwartet werden, daß der Einfluß der Vernetzungsdichte auf den Wechselwirkungsparameter untersucht werden kann (25–32). Auch das Quellungsverhalten zeigt einige Besonderheiten, die an der schematischen Abb. 1 erläutert werden sollen. Es ist bekannt, daß der kritische Punkt (K. P.) in entmischenden Systemen aus LM und Polymeren zu niedrigen Polymerisatkonzentrationen φ_2 verschoben ist und mit steigendem Polymerisationsgrad für $r \to \infty$ schließlich gegen den Wert $\varphi_2 = 0$ strebt (33). In Abb. 1 sind die Binodalkurven ① und ② und die zugehörigen gestrichelt gezeichneten Spinodalkurven schematisch für das System PST–Cyclohexan eingezeichnet. Die strichpunktierte Kurve zwischen den kritischen Punkten bei T_1 und T_2 skizziert die oben beschriebene Verschiebung der Koordinaten der kritischen Punkte mit zunehmendem Molekulargewicht. Die zur Bino-

dale ② gehörige Spinodale stellt die Grenze des homogenen Gebiets für ein Polymeres mit unendlich hohem Molekulargewicht dar. Die Quellungskurve ③ in Abb. 1 liegt außerhalb dieses Gebietes. Ausgehend von den statistischen Theorien kann man zeigen, daß unter der Voraussetzung eines positiven Netzwerkterms in Gl. [8] die Quellungskurve außerhalb des Konzentrationsgebietes einer Mischungslücke verläuft. Aus Gründen der besseren Übersichtlichkeit wurden die zu verschiedenen Gleichgewichtstypen zählenden Kurven in ein Diagramm eingezeichnet.

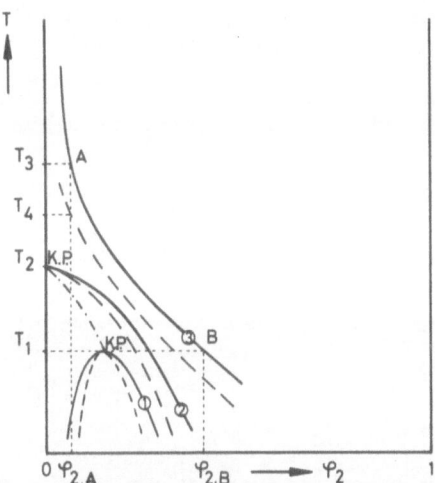

Abb. 1. Schematische Darstellung zweier Mischungslücken im System Polystyrol–Cyclohexan. Binodalkurve ① für niedrigmolekulares PST, Binodalkurve ② für PST mit unendlich hohem Molekulargewicht. Stabilitätsgrenzen gestrichelt, Verschiebung der kritischen Punkte strichpunktiert, Quellungskurve ③ für vernetztes PST in Cyclohexan, T = Temperatur, φ_2 = Volumenbruch des Polymeren

Beim System PST–Cyclohexan beobachtet man eine interessante Erscheinung, die man mit Mikrosynärese bezeichnet. Kühlt man ein Gel mit der Konzentration $\varphi_{2,A}$, ausgehend von der Temperatur T_3, rasch auf die Temperatur T_1 ab, so beobachtet man eine spontane Trübung durch Ausscheiden von LM in neue Phasen innerhalb des Gels. Dieser Vorgang sollte nach der *Gibbs*schen Betrachtung – also ohne Berücksichtigung von Oberflächenphänomenen – im metastabilen Gebiet zwischen den Temperaturen T_3 und T_4, in jedem Fall jedoch beim Durchschreiten der Stabilitätsgrenzkurve, auftreten. Das System wird bei diesem Experiment spontan heterogen und gleicht über Diffusion das

überschüssige LM aus, bis die Gleichgewichts-
konzentration $\varphi_{2,B}$, die zum Punkt B gehört,
erreicht ist. Dieses Phänomen tritt nur bei gering vernetzten Polymerproben auf und ist in
den Abb. 2a und b in photographischen Aufnahmen veranschaulicht.

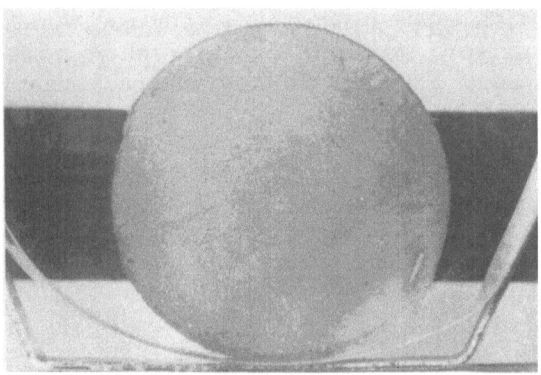

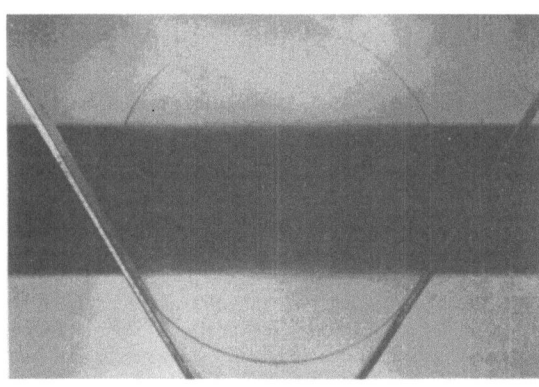

Abb. 2. Photographische Aufnahmen: a) eines durch
Mikrosynärese trüb gewordenen PST-Cyclohexangels,
vernetzt mit 0,05% Glykoldimethacrylat (GDM) und
b) eines klar bleibenden PST-Cyclohexangels, vernetzt
mit 3,27% GDM auf schwarzem und weißem Hinter-
grund

Wenn man feststellen sollte, daß die Trübung
bei der Stabilitätsgrenze auftritt, dann hätte
man zumindest in diesem System eine weitere
Bedingungsgleichung (Gl. [9]), mit der die oben
angeführten Beziehungen

$$\left(\frac{\partial \mu_1}{\partial x_1^*}\right)_{T,P} = 0 \qquad [9]$$

aus der statistischen Theorie prüfbar sind.

4. Eine neue Quellungsdruckmethode

Bisher sind verschiedene Apparaturen entwickelt worden, um den Quellungsdruck von
Gelen zu bestimmen (10–13). Die besondere
Schwierigkeit besteht bei allen Meßverfahren
in der Realisierung isotroper Spannungszu-
stände. Die genauesten Meßergebnisse sind zu
erwarten, wenn das Volumen des Gels bei verschiedenen Temperaturen und Drücken konstant gehalten werden kann.

Die Drücke wurden über Zentrifugalfelder
erzeugt. Die Proben (P) wurden in besonders
geformte Ultrazentrifugenzellen eingesetzt. In
einem Fall hatte die Probe die Form eines
Prismenstumpfes und ruhte auf einer Sintermetallplatte (S_i), wie es im Querschnitt in
Abb. 3 dargestellt ist. Das Deformationsverhalten dieser Probe soll hier nicht näher behandelt werden, weil diese Probenanordnung
für das System PST–Cyclohexan ungünstig
ist.

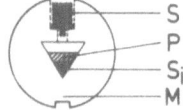 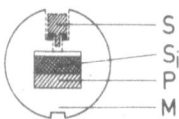

Abb. 3. Querschnitt von Mittelsektorstücken von Zellen
der analytischen Ultrazentrifuge zur Bestimmung von
Sedimentationsgleichgewicht (links) und Quellungsgleichgewicht (rechts). P = Gelprobe, S = Lösungsmit-
telfüllschraube mit Dichtungspackung, S_i = Sintermetallplatte, M = Mittelstück

Im anderen Fall wurden, wie aus Abb. 3 ersichtlich ist, quaderförmige Gele in Mittelstücken
mit rechteckigem Zellenquerschnitt eingesetzt,
wobei die Probe mit einer beweglichen Sintermetallplatte aus V4A-Stahl in Kontakt war.
Durch die Zentrifugalkraft wurde die sehr
genau eingepaßte Sintermetallplatte auf das
Gel gepreßt. Bei ca. 10000 U/min traten bereits
Drücke von ca. 10 atm auf. Die Verschiebung
der Sintermetallplatte und die dadurch vorüber-
gehend auftretenden Konzentrationsgradienten
konnten mit der Schlierenoptik gemessen werden. Eine hohe Genauigkeit der Maße des
Mittelsektorstücks wurde durch die Anwendung des Elektroerosionsverfahrens erzielt. Die
Sintermetallplatten wurden möglichst genau
eingepaßt. Dadurch konnten ein seitliches Her-
ausquetschen der Proben und ein Verkanten der
Platten vermieden werden. Die Gleichgewichts-

drücke wurden folgendermaßen bei einer gewählten Drehzahl der Zentrifuge ermittelt. Ausgehend z. B. von niedrigeren Drehzahlen (Drücken) wurde die einmal gewählte Drehzahl eingestellt und die Konzentrationsänderung bis zum Gleichgewicht abgewartet. Dies dauerte bei den ca. 2 mm dicken Proben ungefähr 3 bis 4 Tage. Nach Erreichen des Gleichgewichts wurde eine weitere vorgewählte Drehzahl (Druck) eingestellt, die über der ersten lag. Nach Abwarten der Gleichgewichtsverschiebung bei dieser Drehzahl wurde wiederum die erste Drehzahl vorgegeben und die Gleichgewichtseinstellung nun von der Seite des höheren Druckes abgewartet. Auf diese Weise werden die Gleichgewichte von zwei Seiten her erreicht.

Normalerweise sollte man erwarten, daß ein Gel im Zentrifugalfeld einen Konzentrationsgradienten ausbildet (34, 35). Jedoch ist im System PST–Cyclohexan der Ausdruck $(1 - \tilde{V}_2 \varrho_{01})$ so klein, daß bei den niedrigen Drehzahlen kein Konzentrationsgradient im Gleichgewicht beobachtet werden konnte. $\tilde{V}_2$ ist das partielle spezifische Volumen des Polymeren, ϱ_{01} ist die Dichte des LM. Daher wurde die Konzentration in der Gelphase allein aus der Verschiebung der Sintermetallplatte und dem bekannten Quellungsgrad beim Einsetzen des Gels in die Zelle berechnet. Etwaiges Eindringen des Gels in die poröse gesinterte Metallplatte konnte bei genügend hoher Vernetzungsdichte der Gele vernachlässigt werden. Dies wurde experimentell geprüft, indem die Verschiebung der Sintermetallplatte bei schnellem Hochlauf auf verschiedene Drehzahlen gemessen wurde. Bei der Berechnung der Druckspannungen, die von der Seite der Sintermetallplatte auf die Gelprobe wirkten, mußte der Abstand des Schwerpunktes der Sintermetallplatte vom Rotationszentrum in einer besonderen Meßeinrichtung ermittelt werden. Ferner mußte der Auftrieb der porösen Platte bei den verschiedenen Temperaturen berücksichtigt werden.

5. Meßergebnisse und Diskussion

Die hier mitgeteilten Ergebnisse wurden an einer Polystyrolprobe erzielt, die mit 3,27% Glykoldimethacrylat und 0,438% Benzoylperoxid in Substanz copolymerisiert wurde. Die Polymerisation erfolgte jeweils 2 Tage bei 50, 60, 80, 100 und 120 °C, um möglichst vollständigen Umsatz zu erzielen. Die glasklaren Poly-

merisate wurde mechanisch unter Wasserkühlung auf Quadermaß gebracht und in hochgereinigtem Cyclohexan oberhalb der Glastemperatur bei 120 °C rißfrei angequollen. Die nicht isotrop quellenden Gele mußten verworfen werden. Das Cyclohexan wurde zur Entfernung aromatischer Verunreinigungen mit Nitriersäure behandelt, anschließend über Calciumchlorid und Natrium getrocknet und rektifiziert. Zur Entfernung löslicher Anteile wurde das Gel 4 Monate im reinen LM, das häufig erneuert wurde, extrahiert. Der extrahierbare Anteil betrug 3%. Nachdem die Quellungskurve gravimetrisch bestimmt worden war, wurden die Gele bei 25 °C mit einer besonderen Schneidevorrichtung den Abmessungen des Mittelstücks genau angepaßt. Dann wurden die Gleichgewichtsdruckspannungen σ bei verschiedenen Temperaturen in der Ultrazentrifuge AUZ 9100 der Firma Heraeus-Christ bestimmt. Die Ergebnisse sind in Abb. 4 für verschiedene Tem-

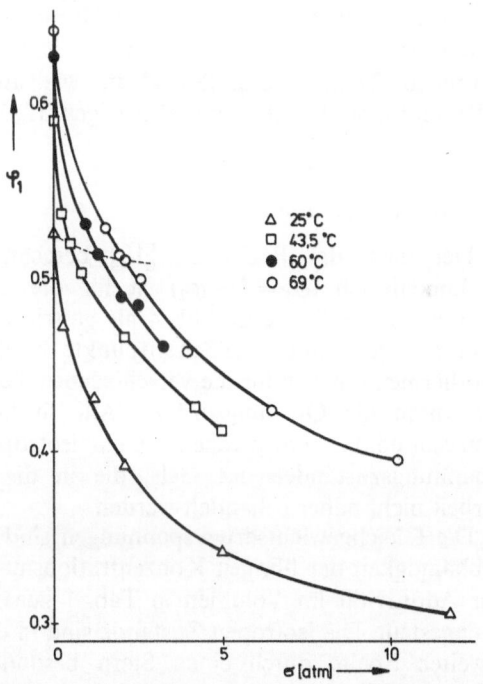

Abb. 4. Volumenbruch des LM φ_1 in Abhängigkeit der Gleichgewichtsdruckspannung für verschiedene Temperaturen. Gelisochore gestrichelt

peraturen graphisch aufgetragen. Die Werte auf der Ordinate, also für $\sigma = 0$, entsprechen den Volumenbrüchen φ_1 im Quellungsgleichgewicht. Man erkennt deutlich, daß die Gleichgewichtsdruckspannung σ mit steigender Polymerkonzentration ständig zunimmt. Aufgrund des Verlaufs der Quellungskurven von PST–Cyclo-hexangelen, die mit steigender Temperatur auf-quellen, ist für höhere Temperaturen relativ zu einer beliebigen Bezugstemperatur (hier 25 °C) ein Gleichgewichtsdruck erforderlich, um das Volumen des Gels konstant zu halten. Dieser Gleichgewichtsdruck bei konstanten Abmes-sungen des Gels ist der gesuchte Quellungs-druck π_Q. Der dem konstanten Volumen des Gels entsprechende Volumenbruch φ_2 kann unter der Annahme der Volumenadditivität nach Gl. [10] berechnet werden.

$$\varphi_2(T) = \varphi_2(T_0) \frac{\varrho_{02}(T_0)}{\varrho_{02}(T)}. \qquad [10]$$

Hierin sind $\varphi_2(T)$ und $\varphi_2(T_0)$ die Volumen-brüche des Polymeren bei der Temperatur T und der Bezugstemperatur T_0, bei der das Gel in die Zelle eingesetzt wurde, und $\varrho_{02}(T)$ bzw. $\varrho_{02}(T_0)$ die Dichten des Polymeren im Zustand des inneren Gleichgewichts bei den entsprechen-den Temperaturen. Die Dichten erhält man mit genügender Genauigkeit aus der für PST er-mittelten Temperaturabhängigkeit, wie auch Messungen der Dichte von Gelen zeigen (12, 24).

$$\varrho_{02}^{-1} = \tilde{V}_{02} = 0{,}9161 + 5{,}49 \cdot 10^{-4}\,\vartheta. \qquad [11]$$

ϑ ist die Temperatur in °C.

Der nach der Beziehung [10] berechnete Volumenbruch ($\varphi_1 = 1 - \varphi_2$) ist für die ent-sprechenden σ-Werte in Abb. 4 als gestrichelte Kurve eingezeichnet. Die Schnittpunkte mit den Isothermen ergeben für die verschiedenen Tem-peraturen die Quellungsdrücke. Alle übrigen Kurvenpunkte entsprechen nicht-isotropen Spannungszuständen des Gels, die in dieser Arbeit nicht näher behandelt werden.

Die Gleichgewichtsdruckspannungen sind in Abhängigkeit der übrigen Konzentrationsmaße für Additivität im Volumen in Tab. 1 zusam-mengestellt. Die isotropen Zustände sind in der zweiten Spalte durch einen Stern besonders hervorgehoben.

Die Beziehung zwischen dem Volumenbruch φ_2 und dem Massenbruch y_2 des Polymeren lautet:

$$y_2^{-1} = 1 + \varrho_{01}\varrho_{02}^{-1}(\varphi_2^{-1} - 1). \qquad [12]$$

Für die Berechnung des Grundmolenbruchs x_2^* aus dem Massenbruch gilt:

$$x_2^{*-1} = 1 + (1 - y_2)\, y_2^{-1} M_0 M_1^{-1}. \qquad [13]$$

Tab. 1

T [°C]	σ [atm]	φ_2	y_2	x_2^*
25	* 0	0,4744	0,5630	0,5098
	0,29	0,5271	0,6140	0,5623
	1,19	0,5693	0,6535	0,6036
	2,11	0,6075	0,6883	0,6407
	4,99	0,6598	0,7346	0,6908
	11,76	0,6942	0,7642	0,7235
43,5	* 0	0,4100	0,5005	0,4472
	0,25	0,4631	0,5544	0,5011
	* 0,49	0,4808	0,5718	0,5188
	0,85	0,4974	0,5880	0,5354
	2,12	0,5342	0,6232	0,5718
	4,23	0,5737	0,6599	0,6104
	4,96	0,5870	0,6721	0,6236
60	* 0	0,3729	0,4640	0,4114
	0,98	0,4686	0,5621	0,5090
	* 1,39	0,4865	0,5797	0,5269
	2,00	0,5108	0,6032	0,5510
	2,54	0,5160	0,6081	0,5561
	3,35	0,5405	0,6313	0,5803
69	* 0	0,3577	0,4490	0,3969
	1,55	0,4716	0,5663	0,5133
	1,93	0,4873	0,5817	0,5289
	* 2,12	0,4896	0,5839	0,5312
	2,63	0,5015	0,5955	0,5431
	3,95	0,5426	0,6344	0,5835
	6,48	0,5760	0,6653	0,6161
	10,21	0,6048	0,6913	0,6439

Hierin ist ϱ_{01} die Dichte des reinen LM, ϱ_{02} er-hält man aus Gl. [11]. Die Werte für das Quel-lungsgleichgewicht ($\sigma = 0$) sind der Quellungs-kurve $T(y_2)$ entnommen, sie haben eine Ge-nauigkeit von $\pm 4 \cdot 10^{-4}$. Alle übrigen Ziffern in der 4. Dezimale sind nur Rechenwerte mit der gleichen Genauigkeit. Die Streuwerte in der Druckangabe infolge von Drehzahlschwankun-gen liegen unterhalb von 0,4% des angegebenen Druckwertes.

Mit Hilfe der Gl. [6] läßt sich die Differenz des chemischen Potentials $\Delta\mu_1$ berechnen. Die Werte sind für die verschiedenen Temperaturen in Tab. 2 aufgeführt, wobei der Quellungsdruck-wert der Abb. 4 entnommen wurde. Mit den be-kannten thermodynamischen Beziehungen

$$\Delta S_1 = -\frac{\partial(\Delta\mu_1)_P}{\partial T} \qquad [14]$$

und

$$\Delta H_1 = \Delta\mu_1 + T\Delta S_1 \qquad [15]$$

wurden die differentielle Verdünnungsentropie ΔS_1 und die differentielle Verdünnungswärme ΔH_1 berechnet.

Tab. 2. Thermodynamische Funktionen bei der Konzentration $x_2^* \approx 0,51$

T [°C]	$\Delta\mu_1$ [cal mol^{-1}]	ΔS_1 [cal mol^{-1} grad^{-1}]	ΔH_1 [cal mol^{-1}]
25	0	$0,49 \cdot 10^{-1}$	14,5
43,5	$-1,29$	$1,03 \cdot 10^{-1}$	31,2
60	$-3,63$	$1,91 \cdot 10^{-1}$	60,0
69	$-5,81$	$2,25 \cdot 10^{-1}$	71,0

ΔS_1 wurde graphisch aus der Auftragung $\Delta\mu_1 = \Delta\mu_1(T)$ ermittelt. Kennt man den Konzentrationsverlauf von H_1, so läßt sich hieraus die partielle grundmolare Enthalpie des Polymeren und damit auch die mittlere grundmolare oder integrale Quellungswärme bestimmen (3).

Der Vergleich der Meßwerte mit den Meßergebnissen anderer Autoren zeigt, daß die tabellierten Werte im Streubereich der verschiedenen Meßmethoden liegen (4).

Wie oben schon erwähnt, gilt für die Steigung der gemessenen Quellungskurven von PST–Cyclohexangelen $(\partial T/\partial x_1^*)_P > 0$, wie es auch für die ΔH_1-Werte in Tab. 2 aufgrund der Gl. [2] und [4] erwartet wird. Mit Hilfe der Gln. [6], [14] und [15] erhält man die Beziehung [16]

$$\Delta H_1 = \Delta\mu_1 + T\,\frac{\partial(\pi_Q V_1)_P}{\partial T}. \qquad [16]$$

Hieraus folgt für $\Delta\mu_1 = 0$ und $\pi_Q = 0$, d.h. für einen Punkt auf der Quellungskurve

$$\Delta H_1 = T V_1 \left(\frac{\partial\pi_Q}{\partial T}\right)_P. \qquad [16a]$$

Für $V_1 \approx V_{01} > 0$ folgt aus Gl. [16a], daß unter dieser für viele Systeme gültigen Voraussetzung ΔH_1 und $(\partial\pi_Q/\partial T)_P$ die gleichen Vorzeichen aufweisen müssen. Dieser Zusammenhang ist schematisch in Abb. 5 für verschiedene Quellungskurven noch einmal veranschaulicht. Für die Quellungskurve ① ist im Punkte C die Steigung $(\partial T/\partial x_1^*)_P$ positiv. Will man bei einer Temperaturänderung von T_B nach T_A die Konzentration des Gels $x_{2,A,C}^*$ beibehalten, so muß wegen $\Delta H_1 > 0$ und damit $(\partial\pi_Q/\partial T)_P > 0$ ein Quellungsdruck mit steigender Temperatur ausgeübt werden. Umgekehrt müßte bei einer Temperaturerniedrigung von T_A auf T_B vom Punkte D aus ein negativer Quellungsdruck, also eine Zugspannung auf das Gel ausgeübt werden, wenn bei dieser Änderung die Konzen-

tration $x_{2,D}^*$ konstant bleiben soll. Für den athermischen Fall, der durch die Quellungskurve ② dargestellt ist, verschwinden ΔH_1 und damit auch $(\partial\pi_Q/\partial T)_P$. Ähnliche Überlegungen

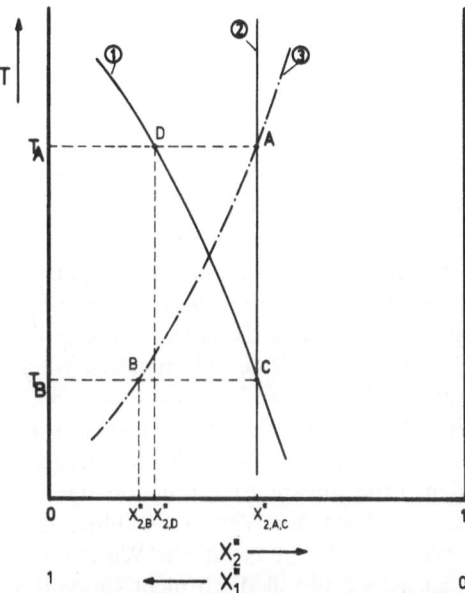

Abb. 5. Schematische Darstellung von Quellungskurven, ① positive differentielle Verdünnungswärme ΔH_1, ② $\Delta H_1 = 0$ und ③ $\Delta H_1 < 0$. T = Temperatur, x_1^* = Grundmolenbruch des Polymeren

gelten für die Quellungskurve ③, bei der $(\partial T/\partial x_1^*)_P$ negativ ist. Wählt man als Ausgangspunkt für die Temperatur T_A den Punkt A auf der Quellungskurve ③, so gilt für konstante Konzentration wegen $\Delta H_1 < 0$, daß ein Quellungsdruck bei Temperaturerniedrigung erforderlich ist. Dieser Zusammenhang ist unter den angeführten Voraussetzungen immer gültig, wenn die Netzwerkstruktur (Vernetzungsdichte) bei den betrachteten Temperaturänderungen erhalten bleibt.

Die Auswertung der Meßergebnisse nach den statistischen Theorien lieferte unter Annahme des Ansatzes für die χ-Funktion

$$\chi = \alpha_0 + \frac{\beta_0}{T} + \left(\alpha_1 + \frac{\beta_1}{T}\right)\varphi_2 + \alpha_2\varphi_2^2 \qquad [17]$$

mit den Quellungsdruckwerten keine brauchbaren Ergebnisse nach dem *Gauß*schen Algorithmus wegen zu kleiner Diagonalelemente nach der Überführung in die Dreiecksmatrix (24). Eine Auswertung der Quellungskurven allein führt zu Werten von q_0, die für eine Vernetzung in Substanz stark vom Wert $q_0 = 1$ abweichen.

Zu dem gleichen Ergebnis gelangt man, wenn die Anwendbarkeit der Gl. [8] für $\varphi_2^0 = 1$ graphisch überprüft wird. Führt man die Ausdrücke

$$A \equiv - \left[\ln \varphi_1 + \varphi_2 + \frac{\sigma V_{01}}{RT} \right] / \left[\varphi_2^{1/3} - \frac{\varphi_2}{2} f(\gamma) \right]$$

bzw.

$$B \equiv \varphi_2^2 / \left[\varphi_2^{1/3} - \frac{\varphi_2}{2} f(\gamma) \right]$$

als Abkürzung ein, so sollte die Funktion $A = f(B)$ für isotrope Verformungszustände bei konstanten Temperaturen Kurven ergeben, deren Ordinatenabschnitt für $B = 0$ die Vernetzungsdichte v liefert. Aus der Steigung der Tangente der Kurve, die zugleich die Ordinate im Punkte v schneidet, erhält man den Wechselwirkungsparameter $\tilde{\chi}$. Es erwies sich, daß die Meßergebnisse für alle oben erwähnten Theorien annähernd durch Geraden wiedergegeben wurden. Eine lineare Extrapolation der Funktionswerte A auf den Wert $B = 0$ führte für alle $f(\gamma)$-Werte zu leicht negativen Werten von v. Dies ist jedoch physikalisch nicht sinnvoll. Daher wird angenommen, daß bei einem Vernetzergehalt von ca. 3% eine Netzwerkstruktur vorliegt, die nur durch einen vom Wert $\varphi_2^0 = 1$ abweichenden Bezugsvolumenbruch beschreibbar ist. Insbesondere bei den leichter vernetzten Gelen wurden lösliche Anteile von ca. 50% gefunden. Nimmt man an, daß diese löslichen Anteile vornehmlich gegen Ende der Polymerisation entstehen, so wird der Bezugsvolumenbruch, bei dem $\Delta G_{EI} = 0$ ist, Werte $\varphi_2^0 < 1$ annehmen. Ein Rechenprogramm zur Ermittlung der optimal angepaßten Werte für $f(\gamma)$ und φ_2^0 ist zur Zeit in Vorbereitung. Daher kann an dieser Stelle noch nicht entschieden werden, ob bereits bei einem 3%igen Vernetzergehalt eventuell wesentliche Voraussetzungen der statistischen Theorie nicht erfüllt sind.

Herrn Prof. Dr. *G. Rehage* danke ich für anregende Diskussionen, Herrn Dipl.-Chem. *G. Roßkopf* für die Programmierung des Lösungsverfahrens zur Bestimmung der Parameter aus den statistischen Theorien.

Zusammenfassung

Es wird eine neue Methode zur Bestimmung von Quellungsdrücken von Gelen in einer analytischen Ultrazentrifuge mitgeteilt, wobei neben isotropen auch anisotrope Deformationszustände erhalten werden. Wie an einem mit 3%Glykoldimethacrylat vernetzten Polystyrol-Cyclohexangel gezeigt wird, erhält man zuverlässige thermodynamische Eigenschaften in einem größeren Temperaturbereich. Es wird ein Zusammenhang zwischen dem Vorzeichen der Steigung der Quellungskurve und der Temperaturabhängigkeit des Quellungsdrucks bei der Sättigungskonzentration aufgezeigt.

Summary

A new method for determinating swelling pressures of gels by means of an analytical ultracentrifuge is presented, where isotropic and anisotropic states of deformation are obtained. As demonstrated for a gel of polystyrene crosslinked by 3% glycoldimethacrylate swollen in cyclohexane reliable thermodynamic properties are obtained in a large temperature range. A relation between the sign of the slope of the swelling curve and the dependence of the swelling pressure on temperature at the maximum degree of swelling is derived.

Literatur

1) *Riecke, E.*, Wied. Ann. **53**, 564 (1894).
2) *Breitenbach, J. W.* und *H. P. Frank*, Mh. Chemie **79**, 531 (1948).
3) *Rehage, G.*, Kolloid-Z. u. Z. Polymere **194**, 16 (1964).
4) *Rehage, G.*, Kolloid-Z. u. Z. Polymere **196**, 97 (1964).
5) *Borchard, W.*, Diplomarbeit (Aachen 1962).
6) *Schwarz, J., W. Borchard* und *G. Rehage*, Kolloid-Z. u. Z. Polymere **244**, 193 (1971).
7) *Rijke, A. M.* und *W. Prins*, J. Polymer Sci. **59**, 171 (1962).
8) *Boyer, R. F.*, J. Chem. Phys. **13**, 363 (1945).
9) *van Dam, J.*, Dissertation (Delft 1967).
10) *Posnjak, E.* und *H. Freundlich*, Kolloid-Beih. **3**, 417 (1912).
11) *Prins, W.* und *A. J. Pennings*, J. Polymer Sci. **49**, 507 (1961).
12) *Borchard, W.*, Dissertation (Aachen 1966).
13) *van de Kraats, E. J.*, Dissertation (Delft 1967).
14) *Flory, P. J.*, Principles of Polymer Chemistry, Cornell, S. 492 (Ithaca, N.Y., 1953).
15) *Schwarz, J.*, Dissertation (Clausthal 1967).
16) *Schwarz, J.* und *G. Rehage*, Kolloid-Z. u. Z. Polymere **218**, 60 (1967).
17) *Rehage, G., E. E. Schäfer* und *J. Schwarz*, Die Angew. Makromol. Chem. **16**, 231 (1971).
18) *Staverman, A. J.*, in: *S. Flügge* (Hrsg.), Handbuch der Physik XIII, 399 (1962).
19) *Flory, P. J.*, J. Chem. Phys. **18**, 108 (1950).
20) *Hermans, J. J.*, J. Polymer Sci. **59**, 191 (1962).
21) *Huggins, M. L.*, J. Phys. Chem. **46**, 151 (1942).
22) *Dusek, K.*, J. Polymer Sci. C **39**, 83 (1972).
23) *James, H. M.* und *E. Guth*, J. Chem. Phys. **11**, 455 (1943).
24) *Borchard, W.*, vorgetragen auf dem 12. Mikrosymposium über Makromoleküle, Prag 1973, erscheint demnächst im J. Polymer Sci.
25) *Rehage, G., D. Moeller* und *O. Ernst*, Makromol. Chem. **88**, 232 (1965).
26) *Koningsveld, R.* und *A. R. Shultz*, J. Polymer Sci. **A-2, 8**, 1261 (1970).

27) *Palmen, H. J.*, Dissertation (Aachen 1965).

28) *Scholte, Th. G.*, Europ. Polymer J. **6**, 1063 (1970).

29) *Borchard, W.* und *G. Rehage*, Advanc. Chem. Soc. **99**, 42 (1971).

30) *Borchard, W.*, Ber. Bunsenges. phys. Chem. **76**, 224 (1972).

31) *Scholte, Th. G.*, J. Polymer Sci. **A-2**, **8**, 841 (1970).

32) *Rietveld, B. J.*, *Th. G. Scholte* und *J. P. L. Pijpers*, Brit. Polym. J. **4**, 109 (1972).

33) *Tompa, H.*, Polymer Solutions (London 1956).

34) *McBain, J. W.* und *R. F. Stuewer*, Kolloid-Z. **74**, 10 (1936).

35) *Svedberg, T.*, Die Ultrazentrifuge, S. 26 (Dresden-Leipzig 1940).

Anschrift des Verfassers:

Dr. *W. Borchard*
Physikal.-Chem. Institut
der Techn. Universität Clausthal
3392 Clausthal-Zellerfeld

Diskussion:

G. Kanig (Ludwigshafen/Rhein):

Der Anteil an löslichen Polymeren nach der Herstellung des Netzwerkes kann auf eine nicht-statistische Verteilung der Vernetzungsstellen hinweisen. Wie weit können Abweichungen von den Formeln von Flory und Dušek darauf zurückgeführt werden?

W. Borchard (Clausthal-Zellerfeld):

Der relativ hohe Anteil an löslichem Polymerisat ist auf die geringe Vernetzungsdichte zurückzuführen. Wir erhielten noch durchgehende Netzwerke, jedoch mit hohem löslichen Anteil, obwohl die nach *Flory* (Principles of Polymer Chemistry, Cornell University Press, 1953, Kap. 11) abgeschätzte minimale Vernetzungsdichte weit unterschritten war. Nicht-statistische Verteilungen der Vernetzungsstellen treten nachweisbar beim System Styrol–Glykoldimethacrylat durch Copolymerisation bei Temperatur unterhalb von 60°C auf.

J. Tomka (Fribourg/Schweiz)

Was ist der Grund für die Verwendung von porösen Deckscheiben bei der Zentrifugation der Gele?

Bei Assoziationsgelen hat *P. Johnson* (J. Phot. Sci. **19**, pp. 49–54, 1971) keine Konzentrationsabhängigkeit mit der Entfernung vom Rotationszentrum gefunden.

W. Borchard (Clausthal-Zellerfeld):

Man erhält nur dann eine Deformation von Gelen im Zentrifugalfeld, wenn der für die Volumenkraft entscheidende Ausdruck $(1 - \bar{V}i\varrho)$ genügend groß ist, wobei $\bar{V}i$ das partielle spezifische Volumen der sedimentierenden oder flotierenden Komponente und ϱ die Dichte der Lösung bedeuten. In dem vorliegenden System ist dieser Ausdruck zu klein, um bei relativ niedrigen Drehzahlen (ca. 40000 U/min) noch große Kräfte zu erzielen.

Tet Soei Ng (Hanau):

Die gefundenen Kurven χ als Funktion von X_2 können nicht durch die quadratische Beziehung $\chi = \chi_0 + \chi_2\varphi_2 + \chi_2\varphi_2^2$ angenähert werden? Was ist der Grad der Abweichung? Bis $X_2^* \sim 0{,}3$–$0{,}4$ ist die gefundene Be-

ziehung linear, nur durch einige Meßpunkte oberhalb 0,4 liegen die Kurven nach oben. Sind diese letzten Meßpunkte mit Fehlern behaftet?

W. Borchard (Clausthal-Zellerfeld)

Die Konzentrationsabhängigkeit des Wechselwirkungsparameters $\varkappa$ (x_2^*), die der Abb. 5 aus (24) entnommen ist, läßt sich im Konzentrationsbereich $0 < x_2^* < 0{,}3$ durch eine quadratische Funktion beschrieben. Für Werte $x_2^* > 0{,}3$ steigende $\varkappa$-Werte wesentlich stärker als durch die quadratische Funktion beschrieben an. Die Gele, auf die diese $\varkappa$-Werte zurückzuführen sind, wurden mit einem wesentlich höheren Vernetzergehalt hergestellt. Wir führen daher den außerhalb der experimentellen Fehlergrenze liegenden Anstieg auf den Einfluß der Vernetzungsdichte zurück, wie von *Dušek* (J. Polymer Sci. C 39, 83/1972) vorausgesagt.

H. G. Kilian (Ulm/Donau):

1. Ich darf noch einmal nach der Größe und Richtung der Änderung der χ-Parameter fragen, die durch Vernetzung gegenüber der unvernetzten Lösung bedingt sind.

2. Ich wäre für eine genaue Schilderung dankbar, wie Sie die Stabilitätsgrenze eines gequollenen Systems ermitteln wollen.

W. Borchard (Clausthal-Zellerfeld):

Nach *Dušek* (loc. cit.) ist der χ-Parameter von vernetzten Systemen $\varkappa_{\text{lösl.}}$. Die relative Differenz $(\varkappa_{\text{ver.}} - \varkappa_{\text{lösl.}})/\varkappa_{\text{lösl.}}$ hängt ab von der Koordinationszahl des Quasigitters, dem Polymerisationsgrad der Primärmoleküle und nimmt mit steigender Vernetzungsdichte zu.

Vorausgesetzt, daß die Grenzflächenphänomene keine Rolle spielen, läßt sich die Stabilitätsgrenze aus gemessenen thermodynamischen Daten auf $(\delta\mu_1/\delta X_1^*)_{T,P} = 0$ extrapolieren oder aus bekannten statistischen Theorien berechnen. Bei einer exakten Behandlung müßte man die Grenzflächenterme berücksichtigen, z.B. wie dies bereits für die Berechnung von Schmelzpunkten kleiner Kriställchen in Netzwerken durchgeführt wurde.

Progr. Colloid & Polymer Sci. **57**, 48—53 (1975)

3.

Aus dem 2. Institut für Technische Chemie, Universität Stuttgart

Polymernetzwerke aus reaktiven Mikrogelen als multifunktionelle Vernetzungsstellen

Von W. Funke, W. Beer und U. Seitz

Mit 4 Abbildungen und 3 Tabellen

(Eingegangen am 22. November 1973)

1. Einleitung

Die meisten vernetzten Polymeren besitzen keine homogene Struktur, sondern weisen Überstrukturen auf, die zu einem charakteristischen, häufig elektronenmikroskopisch erkennbaren morphologischen Aufbau führen (1, 2). Für die Ausbildung inhomogener Netzwerkstrukturen gibt es eine Reihe von Ursachen, die in der folgenden Tabelle zusammengefaßt sind.

Tab. 1. Ursachen für nichthomogene Netzwerke

1. Nichtreagierte funktionelle Gruppen
2. Netzwerkfehler durch Kettenenden, Verschlingungen, intramolekulare Ringschlüsse
3. Vorordnung der Moleküle im nichtvernetzten Zustand
4. Verdünnungseffekte (inter- und intramolekulare Verknüpfung)
5. Unterschiedliche Reaktivität der Monomeren (ungleichmäßige Verteilung der Vernetzungsstellen)
6. Entmischungseffekte infolge sterischer Hinderung (Diffusionsbehinderung)
7. Phasentrennung (Makro- und Mikrosynärese)

Bei früheren Arbeiten über die Struktur vernetzter Polyesterharze ergab sich, daß der bei der vernetzenden Copolymerisation erreichbare Endumsatz durch die Polymerisationsbedingungen am Anfang und nur durch diese festgelegt ist (3). Dieses Ergebnis wurde durch Behinderung der Translationsdiffusion infolge Festlegung der Makroradikale an dem Netzwerk erklärt. Die Copolymerisation setzt sich nach dem bei sehr niedrigem Umsatz eintretenden Gelpunkt von bestimmten, räumlich fixierten Zentren aus fort, so daß schließlich eine Struktur aus dichter vernetzten Bereichen in einer

weniger dicht vernetzten Matrix entsteht. Streulichtphotometrische Untersuchungen von *Bettelheim* und *Gallagher* (4) und spätere Ergebnisse von *Demmler* (5) haben diese Deutung bestätigt. Die Tatsache, daß die meisten Polymernetzwerke eine inhomogene Struktur, d. h. eine ungleichmäßige Verteilung der Vernetzungsstellen aufweisen, macht eine Beziehung zwischen der effektiven Vernetzungsdichte, die man aufgrund der Theorie der Kautschukelastizität und der thermodynamischen Theorie der Gleichgewichtsquellung ermitteln kann, und der chemischen Vernetzungsdichte fragwürdig, da hierzu eine homogene Struktur vorausgesetzt werden muß. Wird dieser Umstand nicht berücksichtigt, dann haben solche Beziehungen letztlich nur qualitativen Charakter. Es war daher das Ziel der vorliegenden Arbeit, inhomogene Netzwerke mit definierter Struktur durch eine stufenweise Synthese herzustellen, ehe die Erweiterung der bestehenden Theorien für die Berechnung solcher Fälle in Betracht gezogen werden kann.

2. Herstellung und Charakterisierung von Mikrogelen

Polyfunktionelle Vinylmonomere lassen sich zu dreidimensional verknüpften Netzwerken umsetzen, die anhängende Doppelbindungen enthalten, die bei der Polymerisation u. a. aus sterischen Gründen nicht reagieren können. Wenn die Reaktion in disperser Phase durchgeführt wird, z. B. in Emulsion, dann bleiben die Dimensionen der entstehenden Netzwerke auf kolloidale Größenordnungen beschränkt. Es entstehen sog. Mikrogele, das sind kugelförmige

Teilchen mit einem Durchmesser von einigen hundert Å (Abb. 1). Die Divinylbenzol-Mikrogele, die zu den nachfolgend beschriebenen Versuchen verwendet wurden, sind nach einem bereits beschriebenen Standardverfahren herge-

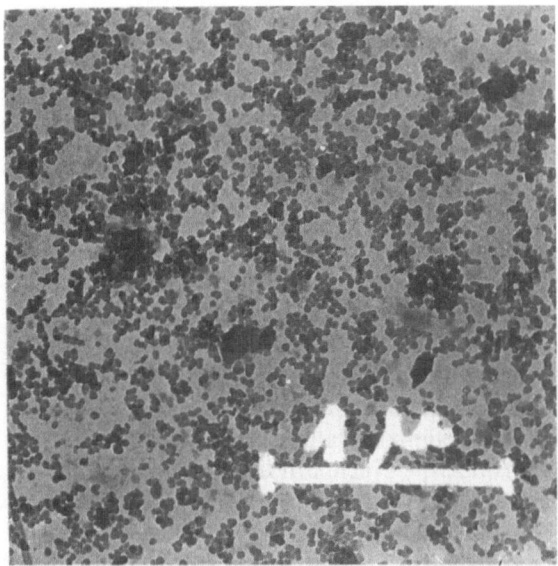

Abb. 1. Elektronenmikroskopische Aufnahme einer Mikrogelprobe (mittlerer Partikeldurchmesser $\bar{d} = 229\,\text{Å}$)

stellt worden (6, 7). Lediglich die Aufarbeitung der Polymerisationsansätze wurde gegenüber früher modifiziert, da sich in der Zwischenzeit herausgestellt hatte, daß die verwendete Methode bei Mikrogelen aus reinem p-Divinylbenzol ($= p$DVB) nicht zur quantitativen Abtrennung des restlichen Monomeren geeignet ist.

Die Emulsionspolymerisationsansätze wurden mit Methanol unter Zusatz von Inhibitor abgebrochen und bei $-30\,°\text{C}$ zentrifugiert. Anschließend wurden die Mikrogele fünfmal mit Methanol aufgerührt und anschließend wieder abzentrifugiert. Das Kriterium für das quantitative Auswaschen des Restmonomeren war das Ausbleiben einer Trübung beim Versetzen der Waschflüssigkeit mit Wasser (das pDVB müßte ausfallen!). Die so gereinigten Produkte wurden mit Cyclohexan aus dem Zentrifugiergefäß ausgewaschen und bei $-40\,°\text{C}$ gefriergetrocknet, um eine Agglomeration der Partikel zu verhindern. Nach der Sublimation der Lösungsmittel wurden die Mikrogele über Nacht bei $0\,°\text{C}$ und 10^{-5} torr vollends von Lösungsmittelresten befreit. Die erhaltenen Produkte sind sehr leichte, „mehlartig" aussehende weiße Pulver.

Die am Netzwerk anhängenden Doppelbindungen wurden infrarot-spektroskopisch und durch eine Reihe von Additionsreaktionen bestimmt. So wurde z. B. an die Divinylbenzol-Mikrogele (aus p-Divinylbenzol, technischem Divinylbenzol (einem Isomerengemisch) sowie Copolymeren aus Divinylbenzol/Styrol) Quecksilber-(II)-acetat und radioaktiv markiertes Butyllithium addiert. Die Mikrogele aus Äthylenglykoldimethacrylat wurden außerdem mit Pyrrolidin und Dodecylmercaptan umgesetzt (8). Für ein und dasselbe Mikrogel ergaben sich mit den oben genannten Methoden zum Teil stark voneinander abweichende Doppelbindungsgehalte. Die gefundenen Unterschiede lassen sich aufgrund der unterschiedlichen Größe der Reagenzien, also deren unterschiedlicher Diffusionsbehinderung innerhalb der Mikrogelteilchen erklären. Der Endumsatz lag je nach Mikrogelstruktur zwischen 10 und 60% Doppelbindungen (100% entsprechen einer anhängenden Doppelbindung pro Monomereinheit, d. h. einer linearen Verknüpfung der Divinyleinheiten).

Die Zeit-Umsatz-Kurven (Abb. 2) der Doppelbindungsbestimmungen zeigen deutlich zwei Bereiche. Einen sehr steil ansteigenden Ast, der dann nach 1 Std. Reaktionszeit zum Teil abrupt in eine immer flacher verlaufende Kurve übergeht. Der charakteristische Knick in den Zeit-Umsatz-Kurven wird dadurch erklärt, daß zunächst eine rasche Reaktion mit den an der Ober-

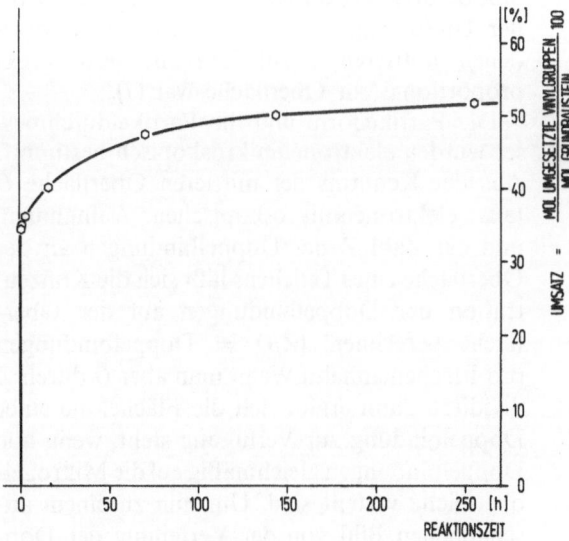

Abb. 2. Zeit-Umsatz-Kurve einer Doppelbindungsbestimmung mit Quecksilber(II)acetat nach *Das* (10)

Tab. 2. Abstände zwischen benachbarten Doppelbindungen auf der Oberfläche einiger Mikrogelproben in Abhängigkeit von der Zusammensetzung

	Versuchsprodukt			
	S	B	D	L
Monomeres	p-DVB	techn. DVB	techn. DVB	1 p-DBV/9 St
Mittlerer Partikeldurchmesser in Å (bez. auf das mittl. Partikelvolumen)	96	195	265	449
Chemisch erfaßte DB nach 1 Std. in % (bez. auf den Mikrogel-Grundbaustein)	20	2,06	1,46	0,21
Reagenz	$HgAc_2$	Bu–Li	Bu–Li	Bu–Li
DB/100 Å^2	1,59	0,36	0,39	0,09
Abstände zwischen benachbarten DB in Å	8,5	18,3	17,2	34,4

fläche der Teilchen sitzenden Doppelbindungen stattfindet, der dann eine langsamere (diffusionskontrollierte) Reaktion weiter innen liegender Doppelbindungen folgt. Aufgrund der abrupten Änderung des Verlaufs der Zeit-Umsatz-Kurven wurden die nach einer Stunde erfaßten Doppelbindungen der Oberfläche zugeordnet, wobei vorausgesetzt wurde, daß eventuelle Anlagerungsreaktionen weiter innen in den Mikrogel-Teilchen zu diesem Zeitpunkt noch zu vernachlässigen sind. Für diese Interpretation der Zeit-Umsatz-Kurven ist wichtig, daß die verwendeten Reagenzien sich mit den jeweiligen niedermolekularen Analogen (also z. B. mit Styrol, MMA) bereits nach kurzer Zeit (10–20 min) quantitativ umsetzen. Als Hinweis für die Richtigkeit dieser Annahme kann zudem die Tatsache betrachtet werden, daß der relative Umsatz nach einer Stunde (Umsatz nach einer Stunde dividiert durch den Gesamtumsatz) bei der Umsetzung von Mikrogelen mit verschiedenen mittleren Partikeldurchmessern direkt proportional zur Oberfläche war (7).

Die Partikelform und die Partikeldurchmesser wurden elektronenmikroskopisch bestimmt. Aus der Kenntnis der mittleren Oberfläche $\bar{O}$ (aus elektronenmikroskopischen Aufnahmen) und der Zahl $\bar{Z}$ der Doppelbindungen an der Oberfläche eines Teilchens läßt sich die Konzentration der Doppelbindungen auf der Oberfläche berechnen. ($\bar{Z}/\bar{O}$ = Doppelbindungen pro Flächeneinheit.) Wenn man aber $\bar{O}$ durch $\bar{Z}$ dividiert, dann ergibt sich die Fläche, die einer Doppelbindung zur Verfügung steht, wenn alle Doppelbindungen gleichmäßig auf die Mikrogeloberfläche verteilt sind. Um nun zu einem anschaulichen Bild von der Verteilung der Doppelbindungen auf der Mikrogeloberfläche zu gelangen, wurde folgendes Modell entworfen:

Angenommen, man verteilt die Fläche, die jeder Doppelbindung zur Verfügung steht (also $\bar{O}/\bar{Z}$) in Form von kleinen Sechsecken über die ganze Mikrogeloberfläche und denkt sich die Doppelbindungen in der Mitte der Sechsecke als Massepunkte, dann hat jede Doppelbindung sechs nächste Nachbarn im gleichen Abstand $\bar{e}$, der sich aus einfachen geometrischen Formeln berechnen läßt. Die für verschiedene Mikrogele so berechneten Abstände der Doppelbindungen an der Oberfläche sind in Tab. 2 angegeben.

Wie erwartet, haben die Mikrogele aus reinem p-DVB die größte Zahl von Doppelbindungen an der Oberfläche; mit abnehmendem Gehalt an Divinyl-Einheiten im Ansatz (Verdünnung durch Äthylstyrol bzw. Styrol) nimmt auch der Gehalt an anhängenden Doppelbindungen an der Oberfläche der Mikrogele. ab.

3. Mikrogele als multifunktionelle Vernetzungszentren

Im Anschluß an die Charakterisierung der Mikrogele nach Größe und Doppelbindungsgehalt wurde versucht, Mikrogele als Vernetzungsstellen bei der Polymerisation von bifunktionellen Monomeren einzusetzen. Für den erfolgten Aufbau eines dreidimensionalen Netzwerks mit Hilfe der Mikrogele können folgende Kriterien angegeben werden:

a) die Abnahme des Gehalts an löslichen (extrahierbaren) Polymeren (bzw. Copolymeren) mit steigendem Gehalt an Mikrogel im Ansatz;

b) das veränderte Quellungsverhalten.

Es wurden zwei Systeme untersucht; die Copolymerisation von DVB-Mikrogel mit Styrol und die Copolymerisation von DVB-Mikrogel mit ungesättigten Polyesterharzen.

3.1. Copolymerisation von DVB-Mikrogel mit Styrol

Es wurden jeweils ca. 5 g Styrol mit wechselnden Mengen (zwischen 0 und 35 Gew.-%) Mikrogel versetzt; die Mischungen wurden 6 Std. mit Ultraschall behandelt. Dadurch wurde die Vernetzungsreaktion initiiert und gleichzeitig eine gute Verteilung der Mikrogelpartikel erreicht. Anschließend wurde 24 Std. auf 120° erhitzt.

Die so erhaltenen Polymeren wurden jeweils 8 Tage mit Benzol im Soxhlet extrahiert. Die Ergebnisse der Extraktionsversuche zeigt Abb. 3. Wie man sieht, geht der Gehalt an extrahierbarem Polystyrol bei etwa 40 Gew.-% Mikrogel im Ansatz auf nahezu 0 zurück.

Ein weiterer Hinweis auf den erfolgten Aufbau eines dreidimensionalen Netzwerks ist das veränderte Quellungsverhalten der Polymeren. Bei Quellungsversuchen [die auch mit Polymeren durchgeführt wurden, die durch Copolymerisation von Mikrogel-Gel-Gemischen aus Äthylenglykoldimethacrylat und Styrol hergestellt worden waren (8)] zeigte sich, daß die Polymeren nicht völlig zerfielen, sondern nur Risse bekamen oder in größere Bruchstücke zerbrachen. Da die Dimensionen der bei der Quellung erhaltenen

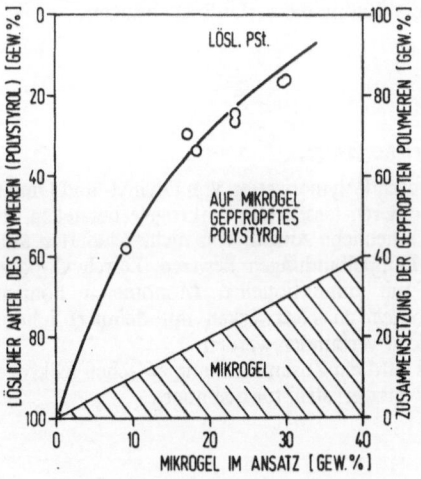

Abb. 3. Extraktion von Styrol/DVB-Mikrogel-Copolymeren

kleinsten Polymer-Bruchstücke aber etwa 10^5 mal größer waren als die der eingesetzten Mikrogele, ist sicher, daß die einzelnen Partikel durch Netzketten miteinander verbunden sind.

3.2. Copolymerisation von DVB-Mikrogel mit ungesättigtem Polyester und Styrol

Bei diesen Versuchen wurden Mikrogele in einer Mischung eines ungesättigten Polyesters (aus Maleinsäure/Butandiol) mit Styrol dispergiert und in Ansätzen von jeweils ca. 10 g zwischen zwei Edelstahlplatten bei 160° während 24 Std. thermisch gehärtet.

Die erhaltenen Polymeren wurden mit KOH/Benzylalkohol aufgeschlossen (9). Dabei wurden die Estergruppen des Polyesters verseift, und der nicht umgesetzte Anteil des Polyesters ging in Lösung. Der Rückstand wurde in heißem Wasser aufgenommen, wobei die ursprünglichen Copolymeren aus ungesättigtem Polyester und Styrol als Kaliumsalze gelöst wurden. Als in Wasser unlösliche Substanz blieben die mit Copolymerketten gepfropften Mikrogele zurück.

In Abb. 4 sind die Ergebnisse solcher Abbauversuche an Polyesterharzen gezeigt, die zusammen mit Mikrogel gehärtet wurden. Man sieht, daß mit steigendem Mikrogelgehalt im Ansatz die Menge des nicht umgesetzten Polyesters sowie der löslichen Copolymeren abnimmt; auch hier zeigt sich (wie bei der Pfropfung mit Styrol), daß ein Mikrogelgehalt von 30 bis 40% zur Folge hat, daß kein lösliches Copolymeres mehr abgetrennt werden kann.

In beiden Fällen (3.1 und 3.2) sind demnach alle Mikrogelpartikel durch hauptvalente Bindungen miteinander verbunden und in ein dreidimensionales Netzwerk eingebaut.

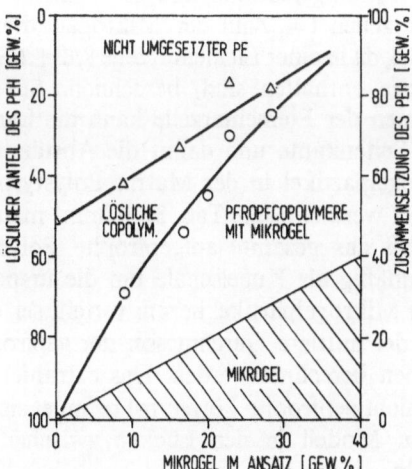

Abb. 4. Abbau von Polyesterharzen (aus ungesättigtem Polyester, Styrol und wechselnden Mengen DVB-Mikrogel)

Tab. 3. Abstände der Mikrogele in Styrol/DVB-Mikrogel-Copolymeren

	Versuchs-Nr.			
	1a	1b	2a	2b
Gewichtsbruch				
Mikrogel im Ansatz	0,309	0,324	0,173	0,171
Teilchendurchmesser *)				
vor der Pfropfung $= d_0$	229 Å	229 Å	229 Å	229 Å
nach der Pfropfung $= d$	319 Å	313 Å	365 Å	367 Å
Abstände der Mikrogele im Polystyrol				
a_0	205 Å	198 Å	298 Å	300 Å
b_0	78 Å	73 Å	143 Å	145 Å
Abstände der gepfropften Mikrogele				
a	115 Å	114 Å	162 Å	161 Å
b	<0 Å	<0 Å	7,7 Å	6,8 Å

*) d_0 = auf das mittlere Partikelvolumen bezogener Durchmesser (aus elektronenmikroskopischen Aufnahmen); d = berechnete Werte (das aufgepfropfte Polymere sei als Schale gleichmäßig auf die Partikel verteilt).

3.3. Berechnung des Abstandes der Mikrogele im Netzwerk

Für die bei der Copolymerisation von DVB-Mikrogelen mit Styrol erhaltenen vernetzten Polymeren (siehe 3.1) lassen sich unter bestimmten Voraussetzungen die Abstände der Mikrogele im Netzwerk berechnen. Dazu wird angenommen, daß die Mikrogelpartikel vor der Pfropfung in einer kubisch flächenzentrierten Anordnung vorliegen, daß die Mikrogele monodispers sind und daher alle Teilchen das gleiche Volumen besitzen. Die Größe einer Elementarzelle des kubisch flächenzentrierten Gitters läßt sich aus dem Gesamtvolumen des Ansatzes nach der Pfropfungsreaktion und der Zahl der Elementarzellen (= Zahl der Mikrogele dividiert durch 4, da in einer Elementarzelle 8/8 + 6/2 = 4 Teilchen enthalten sind) berechnen. Aus dem Volumen der Elementarzelle kann die Länge e einer Seitenkante und damit die Abstände der Mikrogelpartikel in der Matrix Polystyrol berechnet werden (siehe Tab. 3). Nimmt man nun an, daß das gesamte aufgepfropfte Polystyrol gleichmäßig als Kugelschale um die ursprünglichen Mikrogelpartikel herum verteilt sei, dann kann der mittlere Durchmesser der gepfropften Teilchen berechnet werden. Das extrahierbare, d. h. nicht gepfropfte Polystyrol befindet sich bei diesem Modell in den Lücken zwischen den Kugeln.

Führt man die gleiche Abstandsberechnung mit den gepfropften Mikrogelteilchen durch, dann ergibt sich (siehe V. 1 in Tab. 3), daß sich

die Einflußsphären benachbarter Teilchen bei höherer Mikrogelkonzentration bereits erheblich überschneiden, da ja schon $b = 0$ eine kubisch dichteste Kugelpackung bedeutet.

Auch diese Berechnungen zeigen, daß es nicht unrealistisch ist, davon auszugehen, daß die Mikrogelpartikel miteinander direkt über Polymerketten verbunden sind.

Wir danken der Deutschen Forschungsgemeinschaft sowie der Dr.-*Otto-Röhm*-Gedächtnisstiftung für die Unterstützung dieser Untersuchungen.

Zusammenfassung

Durch Polymerisation von Divinyl- und Dimethacrylmonomeren lassen sich Mikrogele herstellen, die noch eine erhebliche Anzahl von nicht reagierten anhängenden Doppelbindungen besitzen. Durch Copolymerisation mit bifunktionellen Monomeren können diese Mikrogele zu Netzwerken mit definiert inhomogener Struktur verbunden werden.

Es wird ein Zusammenhang zwischen Mikrogelgehalt und Netzwerkstruktur diskutiert.

Summary

Microgel particles with pendant vinyl groups have been prepared by polymerisation of divinyl and dimethacryl monomers. These microgels have been copolymerized with bifunctional monomers to obtain networks with a defined inhomogeneous structure.

A relationship between the microgel-content and the network structure is discussed.

Literatur

1) *Dusek, K.* und *W. Prins,* Fortschrittsberichte Hochpolymer-Forschung **6**, 1 (1969).

2) Structural and Mechanical Properties. Ed. by *A. J. Chompff* and *S. Newman* (1971).

3) *Funke, W.,* Kolloid-Z. u. Z. Polymere **197**, 71 (1964).

4) *Gallagher, L.* und *F. A. Bettelheim,* J. Polym. Sci. **58**, 697 (1962).

5) *Demmler, K.,* Farbe und Lack **75**, 1051 (1969).

6) *Kühnle, D.* und *W. Funke,* Makromol. Chem. **139**, 255 (1970).

7) *Kühnle, D.* und *W. Funke,* Makromol. Chem. **158**, 135 (1972).

8) *Beer, W.,* Dissertation Universität Stuttgart 1973.

9) *Funke, W., W. Gebhardt, H. Roth* und *K. Hamann,* Makromol. Chem. **28**, 17 (1958).

10) *Das, M. N.,* Analyt. Chem. **26**, 1086 (1954).

Anschrift der Verfasser:

W. Funke, W. Beer und *U. Seitz*
2. Institut für Technische Chemie der Universität
7000 Stuttgart-80
Pfaffenwaldring 55

Diskussion:

G. Rehage (Clausthal-Zellerfeld):

1. Kann man aus Ihren Versuchen den Schluß ziehen, daß eine Verordnung von Makromolekülen (Parallelisierung von Kettenteilen) im unvernetzten Zustand besteht?
2. Wie fügt sich die Erscheinung der „Popkornbildung" in das von Ihnen gegebene Bild ein? Wie entstehen Popkörner und was kann man heute über ihre Struktur aussagen?

W. Funke (Stuttgart):

Zu 1. Wir haben bei der Bildung von Mikrogelen bisher keine Anhaltspunkte für eine Vorordnung vor der Netzwerkbildung in Art einer Kettenparallelisierung gefunden.

Zu 2. Ein Unterschied zwischen Mikrogelen und Popcornpolymeren besteht insofern, als erstere in dispersem Zustand oder in stark verdünnter Lösung, letztere aber im allgemeinen in Substanz entstehen. Rein phänomenologisch könnte man Popcompolymeren als in makroskopische Dimensionen ausgewachsene Mikrogele bezeichnen, obwohl wahrscheinlich strukturelle Unterschiede vorhanden sind.

H. Hespe (Leverkusen):

Findet auch bei der Aushärtung von Epoxidharzen eine Vernetzung statt, die von Zentren ausgeht? Der Referent hält dies für ein sehr allgemeines Phänomen.

Bei DTA-Untersuchungen an einem Epoxidharz-System wurde eine kontinuierliche Erhöhung der Glastemperatur mit wachsendem Umsatz beobachtet. Bei keinem Umsatz treten zwei Glastemperaturen auf. Der einzige Hinweis auf eine schwache Inhomogenität war eine geringe Verbreiterung des Glasüberganges bei mittleren Umsätzen.

W. Funke (Stuttgart):

Arbeiten von *Erath* und *Robinson* (J. Polym. Sci., Pt. C, 3, 65, 1963) und von anderen Autoren ergaben Hinweise, daß auch bei Epoxidharzen das Vorliegen inhomogener Netzwerke in Betracht zu ziehen ist.

R. C. Schulz (Darmstadt):

1. Beziehen sich die gezeigten Umsatzkurven auf den Umsatz bei der Polymerisation oder auf den Umsatz bei der Reaktion mit den seitenständigen Doppelbindungen?
2. Vermutlich dürften die verschiedenen Reaktionen zur Bestimmung der Doppelbindungen je nach Größe der Reagenzien unterschiedliche Gehalte ergeben.

W. Funke (Stuttgart):

Zu 1. Die Umsatzkurven beziehen sich auf den Umsatz seitenständiger Doppelbindungen. Wir gehen davon aus, daß im Grenzfall eine seitenständige Doppelbindung/Grundeinheit vorliegen kann und setzen diesen Wert gleich 100%. Die Differenz zu den experimentell gefundenen Werten ergibt die vernetzenden und die noch freien, möglicherweise nicht zugänglichen, Doppelbindungen.

Zu 2. Die mit verschiedenen Reagenzien erhaltenen unterschiedlichen Endumsätze an Doppelbindungen weisen darauf hin, daß sterische Effekte dafür verantwortlich sein können.

G. Riess (Mulhouse/Frankreich):

Gibt es einen Zusammenhang zwischen der Oberfläche der Mikrogele und dem Pfropfungsgrad, wie man ihn z. B. bei SiO_2 oder Ruß vorfindet?

W. Funke (Stuttgart):

Wir haben bei Additionsreaktionen an anhängenden Doppelbindungen von Mikrogelen gefunden, daß sich der Umsatz der Oberfläche proportional verhält. Bei Pfropfungsreaktionen können wir bisher nur feststellen, daß nicht alle anhängenden Doppelbindungen reagieren.

Progr. Colloid & Polymer Sci. **57**, 54–60 (1975)

4.

Aus dem Institut für Anorganische Chemie der Universität München, 8 München 2, Meiserstraße 1

Über die Bildung von Kinken in Schichtstrukturen

Von G. Lagaly, S. Fitz und Armin Weiss

Mit 9 Abbildungen und 1 Tabelle

(Eingegangen am 17. Dezember 1973)

Einführung

Unter den Rotationsisomeren von Alkylketten, d. h. der Gesamtheit aller Molekülkonformationen, die durch das pseudo-dreizählige Rotationspotential um die —C—C-Bindungen gebildet werden können, scheint die Unterklasse der Kinkisomere eine besondere Bedeutung für kristalline, teilkristalline und parakristalline Festkörper langkettiger Alkylverbindungen und Polymerer zu haben. Kinkisomere (Abb. 1) enthalten + gauche (g) und − gauche ($\bar{g}$) Bindungen in solchen Kombinationen, daß eine möglichst gestreckte Form der Kette erhalten bleibt. Um dies zu erreichen, muß zwischen die g- und $\bar{g}$-Bindung eine ungerade Zahl von trans-Bindungen (t) eingeschoben werden.

Kinken wurden als Baufehler in Paraffinen und Polyäthylen postuliert (1, 2). Die Rotationsumwandlung der Paraffine wurde als Übergang von einem Zustand kleiner Kinkdichte in einen solchen mit hoher Kinkdichte beschrieben (3). Eine ähnliche Umwandlung wurde auch für den Schmelzvorgang diskutiert (4). Die experimentellen Grundlagen der thermodynamisch-statistischen Rechnungen sind mechanische und dielektrische Relaxationsdaten, Umwandlungsgrößen (Schmelzpunkt, Volumensprung, Enthalpie-Änderungen), Kompressibilität, Druckabhängigkeit des Schmelzpunktes, Ausdehnungskoeffizienten und spektroskopische Daten. *Hosemann* (2) schließt auch aus den parakristallinen Störungen im Polyäthylen auf das Auftreten von Kinken.

Ein direkter Nachweis von Kinken könnte über die charakteristische Verkürzung der Gesamtlänge der Alkylkette um $\delta_z = n \cdot 1,27$ Å ($n = 1, 2, 3 \ldots$ Abb. 1) erfolgen. Da in Paraffinen und Polyäthylen Kinken aber entweder nur als Einzeldefekte oder in statistisch verteilten Blöcken auftreten (vgl. Abb. 2), äußert sich diese Verkürzung nicht direkt in der Schichtdicke. Dagegen konnte an bimolekularen Filmen, die

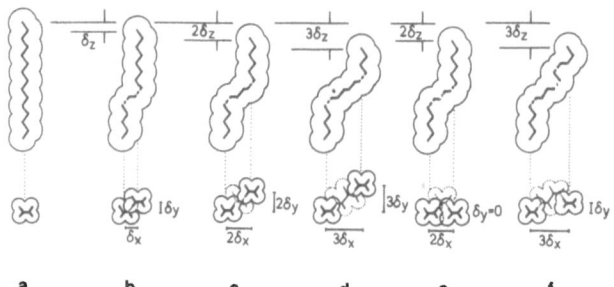

Abb. 1. Rotationsisomere der Alkylketten vom Kinktyp [-trans-Bindungen (t); … gauche-Bindungen (g, $\bar{g}$); $\delta_x = 1,78$ Å, $\delta_y = 1,27$ Å, $\delta_z = 1,27$ Å]
a) all trans-Alkylkette … $t\ t\ t\ t\ t\ t\ t\ t$
b) Alkylkette mit einer 2g1-Kinke … $t\ t\ g\ t\ \bar{g}\ t\ t\ t$
c) Alkylkette mit einer 2g2-Kinke … $t\ g\ t\ t\ t\ \bar{g}\ t$
d) Alkylkette mit einer 2g3-Kinke … $g\ t\ t\ t\ t\ t\ \bar{g}$
e) Alkylkette mit einer 3g2-Kinke … $t\ g\ t\ \bar{g}\ t\ g\ t$
f) Alkylkette mit einer 3g3-Kinke … $g\ t\ t\ t\ \bar{g}\ t\ g$ …

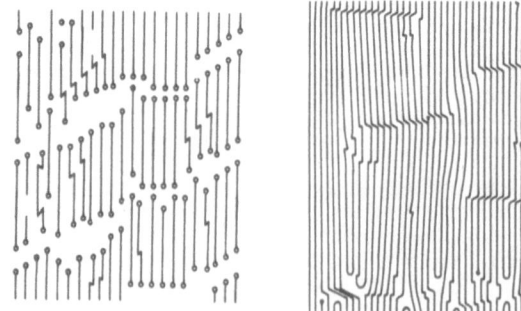

Abb. 2. Modelle für Polyäthylen [nach *Pechhold* (7) und *Fischer* (8)] mit Kinken als Einzeldefekte und Kinkblöcken

zwischen organophilen Silicatschichten ausgebildet waren, die Verkürzung der Alkylketten direkt nachgewiesen werden.

Das Modellsystem

Zu den Untersuchungen wurde das glimmerartige Schichtsilicat Beidellit verwendet. In den Kristallen des Beidellits (Durchmesser $<1\ \mu m$) liegen Silicatschichten $\{(Al, Mg)_{2-3}(OH, O)_2(Si, Al)_4O_{10}\}^{(x+y+z)-}$ parallel übereinander (Abb. 3). Sie sind etwa 9,5 Å dick und infolge des diadochen Ersatzes von Al^{3+} gegen Mg^{2+}, von OH^- gegen O^{2-} und von Si^{4+} gegen Al^{3+} negativ geladen. Die Ladungsdichte in Ladungen pro Formeleinheit $(= (x + y + z))$ wird als Schichtladung bezeichnet. Sie beträgt beim Beidellit 0,44. Zum elektrostatischen Valenzausgleich

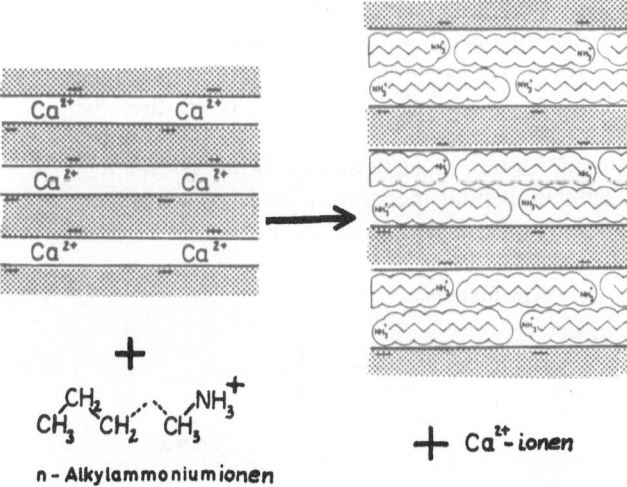

Abb. 3. Struktur des Ca-Beidellits und Austausch der Ca^{2+}-Zwischenschichtkationen gegen n-Alkylammoniumionen $C_nH_{2n+1}NH_3$

sind im natürlichen Beidellit pro Formeleinheit $0,44/2 = 0,22\ Ca^{2+}$-Ionen zwischen den Silicatschichten gebunden. Diese Ca^{2+}-Ionen sind austauschfähig. Wird der Beidellit mit einer wässerigen Lösung von n-Alkylammoniumsalzen $R—NH_3X\,(R = C_nH_{2n+1})$ behandelt, werden die Ca^{2+}-Ionen gegen die organischen Kationen $R—NH_3^+$ ausgetauscht (Abb. 3). Die n-Alkylammoniumionen ordnen sich dabei in charakteristischer Weise zwischen den Silicatschichten an (5). Werden die getrockneten Präparate mit primären n-Alkanolen $R'—OH$ (mit $R' = C_nH_{2n+1}$) versetzt, dann dringen die Alkanolmoleküle ebenfalls zwischen die Silicatschichten ein und ändern die Orientierung der

Alkylammoniumionen (Abb. 4). Es entsteht zwischen den Silicatschichten ein bimolekularer Film, in dem die Alkylketten der Alkanole und

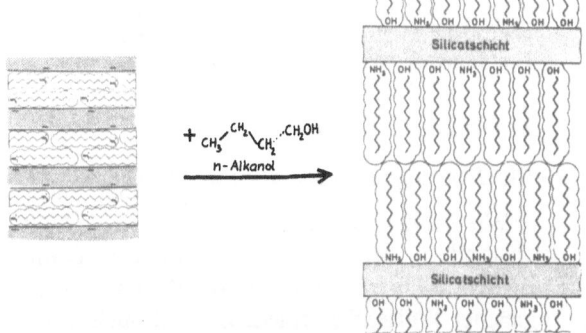

Abb. 4. Bildung bimolekularer Filme aus Alkylammoniumionen und Alkanolmolekülen bei der Einlagerung von Alkanol in Alkylammonium-Schichtsilicate

Kationen zueinander parallel und zu den Silicatschichten senkrecht gerichtet sind. Da in einem Beidellitkristall viele solcher Filme – durch die Silicatschicht getrennt – parallel übereinander liegen, kann ihre Dicke röntgenographisch leicht gemessen werden. Der aus den (001)-Interferenzen errechnete Schichtabstand $d_L = ld_{001}$ entspricht der Identitätsperiode ($=$ Dicke der Silicatschicht + Dicke des bimolekularen Films). Eine genaue Auswertung der Schichtabstände in Filmen mit $R = R' = n$-C_6H_{13}— bis n-$C_{18}H_{37}$— ergibt, daß bei Zimmertemperatur die Alkylketten die maximale Länge haben, d. h. in der alltrans-Konformation vorliegen. Änderungen in der Konformation der Alkylketten können sich daher in einer Verkürzung des Schichtabstandes bemerkbar machen. Solche Änderungen treten auf, wenn die Temperaturabhängigkeit des Schichtabstandes untersucht wird.

Experimentelles

Die Darstellung der n-Alkylammonium-Beidellite und ihrer Alkanolkomplexe ist bereits ausführlich beschrieben worden (5, 6). Die Messung der Temperaturabhängigkeit der Schichtabstände ist in (6) angegeben. Die Temperaturabhängigkeit der spezifischen Wärme wurde in einem adiabatischen Kalorimeter gemessen. Dieses bestand aus einem doppelwandigen zylindrischen Kupfergefäß und ebenfalls doppelwandigen Deckel, das mit einem Ultrathermostat auf $\pm 0,01\ °C$ thermostatisiert werden konnte. In dieses äußere Gefäß war ein Dewar ($\emptyset$ etwa 4,5 cm, Tiefe 10 cm) eingesetzt, der mit 150 ml Paraffinöl gefüllt wurde. Die Probe (z. B. 0,93 g = 2 mmol Tetradecylammoniumbeidellit und 1,93 g = 9 mmol Tetradecanol) war in einem Glaskölbchen enthalten, das vollständig in das Paraffinöl eingetaucht war und gleichzeitig als Rührer diente. Durch einen elektrischen Heizer wurde eine bestimmte Wärmemenge zugeführt und die Temperaturänderung durch einen Thermistor (Präzisionsthermistor 1 kΩ, Firma Knauer, Berlin) in einer *Wheatstone*schen Brücke mit einem Schreiber (Servogor S, Metrawatt) registriert. Die Empfindlichkeit des Kalorimeters war besser als 60 mJ/h.

Ergebnisse und Diskussion

Die Temperaturabhängigkeit der Schichtabstände

Wie Abb. 5 zeigt, ändern sich die Schichtabstände der Alkylammonium-n-Alkanol-Beidellite für alle untersuchten Kettenlängen in gleicher Weise. Sie erniedrigen sich nicht kontinuierlich, sondern nehmen in scharfen Stufen ab.

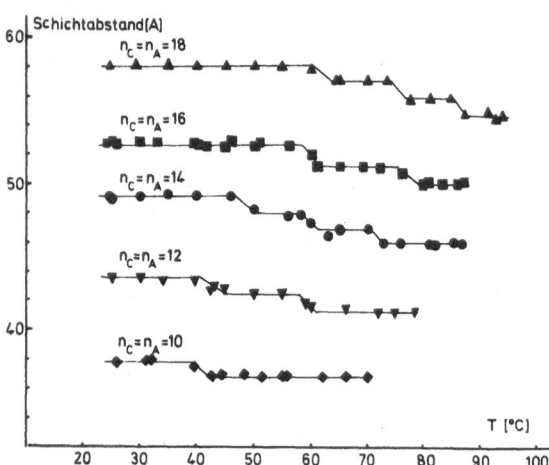

Abb. 5. Abnahme der Schichtabstände von Alkylammonium-Alkanol-Beidellit mit steigender Temperatur in Stufen von 1,0–1,3 Å. Zahl der C-Atome im Alkylammoniumion n_C = Zahl der C-Atome im Alkanolmolekül n_A = 10 (◆), 12 (▼), 14 (●), 16 (■), 18 (▲)

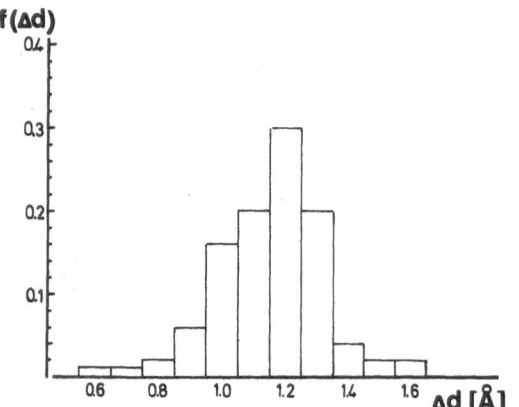

Abb. 6. Häufigkeit der Stufenhöhen zwischen 0,8 und 1,6 Å. Zahl der vermessenen Stufen: 50

Das gilt nicht nur für Systeme mit gleich langen Alkylketten im Alkylammoniumion und Alkanolmolekül, sondern auch dann, wenn diese Alkylketten unterschiedlich lang sind (6, 9). Unabhängig von den Kettenlängen liegt die Stufenhöhe zwischen 1,0 und 1,3 Å. Abb. 6 zeigt die Häufigkeit der Stufenhöhe zwischen 0,8 und 1,6 Å, ausgewertet wurden etwa 50 Stufen. Mehr als 80 % aller Stufen haben einen Wert zwischen 1,0 und 1,3 Å.

Kinkblockstrukturen

Da die stufenweise Abnahme im Schichtabstand 1,0–1,3 Å beträgt, ist es sehr wahrscheinlich, daß sie durch die Bildung von Kinken in den Alkylketten hervorgerufen wird. Im bimolekularen Film stehen im vereinfachten Modell jeweils zwei Alkylketten übereinander. Die erste Stufe im Schichtabstand würde durch eine 2g1-Kinke in einer dieser beiden Ketten hervorgerufen. Die weiteren Stufen könnten durch die Bildung zusätzlicher 2g1-Kinken oder durch die Umwandlung von 2g1-Kinken in Kinken höherer Ordnung erzeugt werden (Abb. 7). Aus den Schichtabstandsmessungen kann zwischen beiden Möglichkeiten nicht unterschieden werden.

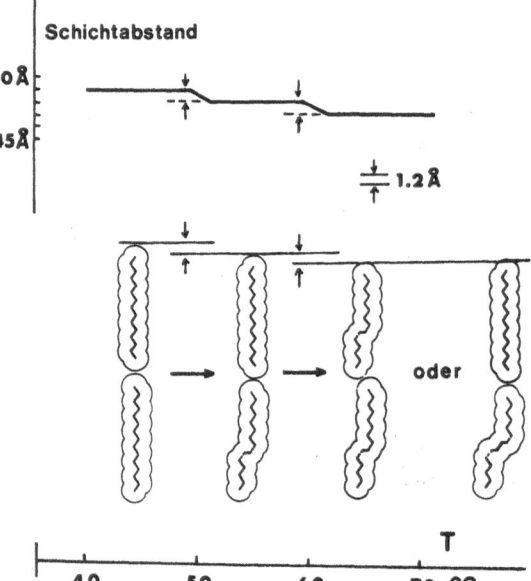

Abb. 7. Schematische Darstellung der Interpretation der stufenweisen Schichtabstandsänderung: die erste Stufe im Schichtabstand bei 50 °C entsteht durch den Einbau einer 2g1-Kinke in eine Kette; die zweite Stufe durch Einbau einer weiteren 2g1-Kinke oder durch Umwandlung einer 2g1-Kinke in eine Kinke zweiter Ordnung (z. B. 3g2, 2g2). In ähnlicher Weise wäre der dritte Sprung bei 72 °C zu interpretieren

Die (001)-Interferenzen bleiben auch mit steigender Anzahl von Stufen weitgehend integral, d. h. alle Schichtzwischenräume werden in gleicher Weise um jeweils 1,0–1,3 Å verkürzt. An den Umwandlungspunkten muß daher in jedem Kettenpaar die Anzahl der 2-gl-Kinken um 1 ansteigen. Eine statistische Verteilung auch nur einer Kinke in jedem Paar auf alle möglichen Positionen innerhalb des Kettenpaares würde zu einer ungünstigen Raumerfüllung und hohem Aktivierungsvolumen führen (Abb. 8 b). Die Ordnung der Kinken zu einem Kinkblock (Abb. 8 c) sollte daher bevorzugt sein. In einem

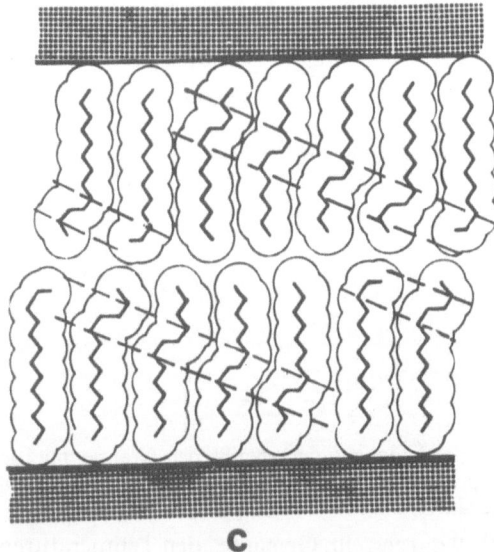

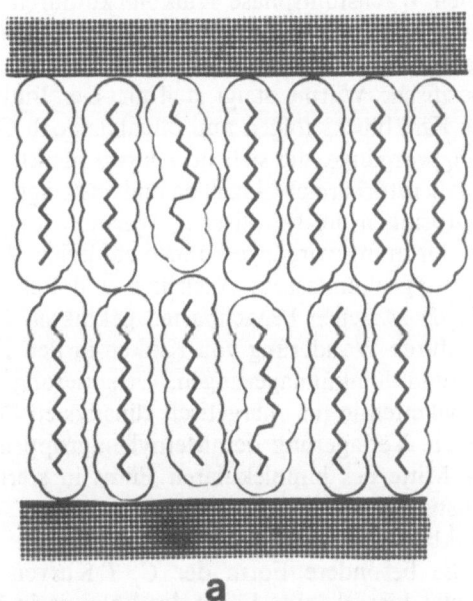

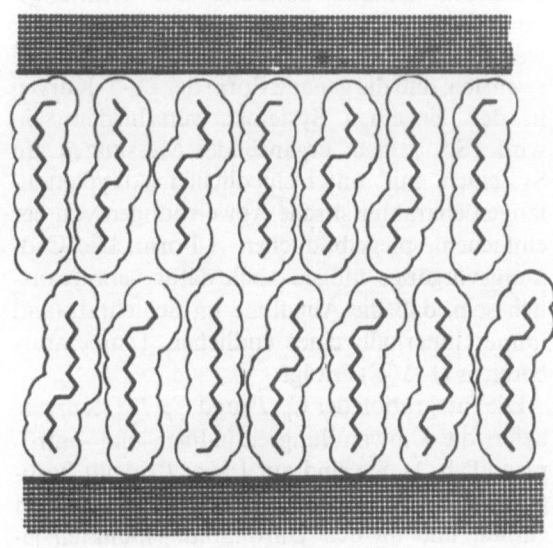

Abb. 8. Kinken in bimolekularen Filmen: a) Isolierte Kinken in statistischer Verteilung (Einzeldefekte); die Filmdicke wird durch die all-trans-Ketten bestimmt. b) Alle Alkylketten sind gekinkt; statistische Besetzung der möglichen Positionen innerhalb der Alkylketten. c) Ordnung der Kinken zum Kinkblock

solchen Kinkblock sind die Kinken benachbarter Ketten so geordnet, daß eine wesentlich dichtere Packung möglich wird. Die Versetzung durch die Kinken läuft schräg zu den Längsachsen der Ketten durch den Kinkblock. Dadurch haben die Kinkblöcke in Richtung der $\diagup C \diagdown _C \diagup C \diagdown$-Ebenen der Alkylketten nur eine begrenzte Ausdehnung, die mit der Alkylkettenlänge zunimmt. Die Blockgrenzen werden durch Alkylketten mit einer Kinke am polaren bzw. unpolaren Ende gebildet, an diesen Blockgrenzen ist die dichte Packung gestört.

Die Bildung der Kinken mit steigender Temperatur wird also nicht statistisch, sondern weitgehend kooperativ in Form geordneter Kinkblöcke erfolgen müssen. Die Kinken erscheinen hier nicht als Baufehler wie in den Polymeren, sondern als periodische Strukturelemente (9).

*Die Art der Phasenumwandlung
bei der Kinkblockbildung*

Im allgemeinen können aus der Änderung der spezifischen Wärme mit der Temperatur Aussagen über die Art von Phasenumwandlungen gemacht werden. Daher wurde am System Tetradecylammonium-Beidellit/Tetradecanol die spezifische Wärme in Abhängigkeit von der Temperatur gemessen. Die Ergebnisse sind in

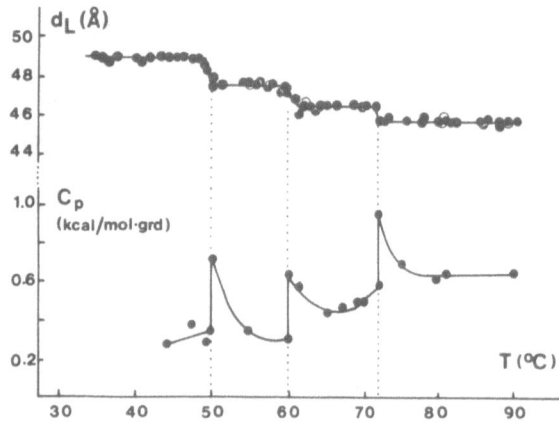

Abb. 9. Änderung der spezifischen Wärme mit der Temperatur beim Tetradecylammonium-Tetradecanol-Beidellit

Abb. 9 dargestellt. Genau bei den Temperaturen, bei denen der Schichtabstand sprunghaft abnimmt, treten in der C_p-T-Kurve Unstetigkeiten auf. Sie zeigen, daß die Änderung im Schichtabstand tatsächlich einer Phasenumwandlung entspricht. Der Charakter dieser Phasenumwandlung kann jedoch nicht ohne weiteres angegeben werden. Eine Deutung der Umwandlung würde möglicherweise erleichtert werden, wenn man nachweisen könnte, ob C_p im Maximum der Kurve einen endlichen Wert hat oder gegen unendlich geht, d. h. wie weit die latente Wärme am Umwandlungspunkt verschwindet. Experimentell ist ein solcher Nachweis schwer zu erbringen und kann mit der verwendeten Meßanordnung sicher nicht erfaßt werden.

Die Frage, wie weit eine latente Wärme auftritt, muß jedoch nicht so entscheidend sein wie die Form der C_p-T-Kurve. Von einem strukturellen Gesichtspunkt her möchte man die Umwandlungen als Phasenumwandlungen erster Ordnung bezeichnen, weil sich strukturell unterschiedliche Phasen (mit einer bestimmten Kinkblock-Struktur) ineinander umwandeln. Die C_p-T-Kurven haben aber nicht den dafür typischen Verlauf. Sie erinnern vielmehr an Λ-Übergänge, die bei Phasenumwandlungen höherer Ordnung auftreten können. Sie sind jedoch keine ausgesprochenen Λ-Umwandlungen, weil bei diesen die spezifische Wärme mit steigender Temperatur zunächst langsam ansteigt und dann steil abfällt, während es hier umgekehrt ist.

Die hier beobachtete charakteristische Kurvenform könnte mit der Kooperativität bei der Bildung der Kinkblöcke zusammenhängen. Die Bildung von Kinkblöcken wird wahrscheinlich durch Bildung einzelner isolierter Kinken in sehr geringer Konzentration eingeleitet (Abb. 8 a). Im Schichtabstand selbst macht sich dies nicht bemerkbar; unmittelbar vor jedem Sprung steigt aber die Halbwertsbreite erkennbar an. Ebenso könnte dadurch der leichte Anstieg der spezifischen Wärme mit der Temperatur hervorgerufen werden. Die Bildung isolierter Kinken ist energetisch erschwert. Dementsprechend sollte auch die Keimbildung für den neuen Ordnungszustand erschwert sein. Wenn diese jedoch einmal erfolgt ist, sollten in einer sehr raschen Wachstumsphase Kinkblöcke durch den ganzen Kristall hindurch ausgebildet werden. Dabei sinkt der Schichtabstand ab und die spezifische Wärme steigt steil an. Der Bildung des Kinkblocks folgen nun offenbar noch Ordnungsvorgänge, die sich über einen merklichen Temperaturbereich hinziehen und das langsamere Absinken der spezifischen Wärme bedingen. Die Ordnungsvorgänge können zahlreiche Umlagerungen umfassen: Ausheilen von Fehlpassungen zwischen benachbarten gekinkten Ketten durch Wanderung von Kinken in den Ketten und Kinkumlagerungen, Orientierung der Alkylketten in die energetisch günstigsten Positionen, Verlagerung der Methylendgruppen in der Mitte des bimolekularen Films in sterisch günstige Lagen, gegenseitige Anpassung der Kinkblöcke an den Blockgrenzen.

Die besondere Form der C_p-T-Kurven erscheint hier als eine Folge der kooperativ einsetzenden Kinkblockbildung, der Ordnungsvorgänge folgen, die sich über einen relativ weiten Temperaturbereich hinziehen. Es ist zu erwarten, daß die genaue Form der C_p-T-Kurven in den einzelnen Systemen verschieden sein wird. So zeigen ergänzende Messungen an Systemen mit unterschiedlichen Alkylkettenlängen charakteristische Abweichungen von der einfachen, spiegelbildlichen Λ-Form. Die Ordnungsvorgänge mögen auch dafür verantwortlich sein, daß die Abnahme im Schichtabstand immer innerhalb eines endlichen Temperaturbereichs (1–3 °C) erfolgt.

Die Integration der C_p-T- und C_p/T-T-Kurven liefert die Umwandlungsenthalpien und -entropien (Tab. 1). Sie sind auf 1 Mol Beidellit bezogen. Da 1 Mol Beidellit gerade zwei Alkylketten enthält und an den Umwandlungspunkten jeweils die Zahl der 2-g1-Kinken oder die Ordnung n von 2-gn-Kinken um 1 steigt, beziehen sich diese Werte auf die Bildung entweder einer 2g1-Kinke oder auf die Umwandlung einer 2gn-Kinke in eine 2g(n+1)-Kinke. Die Konstanz der Umwandlungsentropien an den drei Umwandlungspunkten könnte für die Bildung von zusätzlichen 2-g1-Kinken sprechen.

Tab. 1. Enthalpie- und Entropieänderungen bei der Bildung von Kinken in bimolekularen Filmen (*n*-Tetradecylammonium-*n*-Tetradecanol-Beidellit)

Temperatur (°C)	ΔH kcal/mol Beid.	(kJ/mol)	ΔS cal/grd mol Beid.	(J/grd mol)
50	0,73	(3,06)	2,3	(9,6)
60	0,72	(3,01)	2,3	(9,6)
72	0,68	(2,84)	2,3	(9,6)

Pechhold gibt für die Bildung einer Kinke in einer isolierten Alkylkette eine Energie von 1,26 kcal/mol (5,27 kJ/mol) an; im parallelen Kettenbündel ist diese Energie auf 0,96 kcal/mol (4,02 kJ/mol) erniedrigt. Der noch kleinere Wert in dem hier untersuchten System wird die Folge der etwas anderen Packungsdichte sein. In den bimolekularen Filmen kann die Packungsdichte bis auf 24 Å^2/Alkylkette gegenüber etwa 19 Å^2/Alkylkette in den Paraffinen und im kristallinen Polyäthylen gelockert sein. Bei der Bildung der Kinkblöcke muß daher die Packungsdichte nicht abnehmen, sondern kann sich sogar erhöhen und den für die Kinkenbildung notwendigen Energiebedarf erniedrigen.

Zusammenfassung

In bimolekularen Filmen aus *n*-Alkylammoniumionen und Alkanolmolekülen, die zwischen Silicatschichten ausgebildet waren, konnten Kinken direkt über die Verkürzung der Alkylketten nachgewiesen werden. Die Bildung der Kinken erfolgt hier kooperativ und führt zu weitgehend geordneten Kinkblockstrukturen. Sie ist mit einer charakteristischen Änderung der spezifischen Wärme verbunden, die annähernd einem spiegelbildlichen Λ gleicht. Diese Form des Λ-Übergangs könnte mit der Kooperativität der Kinkenbildung zusammenhängen.

Summary

A direct evidence for transition of all-trans-chains in kink isomers could be obtained from measurements of thickness of bimolecular films built up by alkylammonium ions and alkanol molecules between silicate layers. In these structures kinks are cooperatively formed and arranged in ordered assemblies (one- and two-dimensional kink blocks). The formation of the kink blocks produces discontinuities in the c_p-T-curves which are similar to Λ transitions but with characteristic deviations probably due to the cooperativity of the kink formation.

Literatur

1) *Blasenbrey, S.* und *W. Pechhold*, Ber. Bunsenges. Phys. Chem. **74**, 784 (1970). – *Pechhold, W.*, Kolloid-Z. u. Z. Polymere **228**, 1 (1968). – *Pechhold, W.* und *S. Blasenbrey*, Kolloid-Z. u. Z. Polymere **241**, 955 (1970).
2) *Hosemann, R.*, Ber. Bunsenges. Phys. Chem. **74**, 755 (1970).
3) *Blasenbrey, S.* und *W. Pechhold*, Rheolog. Acta **6**, 174 (1967).
4) *Pechhold, W.* und *S. Blasenbrey*, Kolloid-Z. u. Z. Polymere **216/17**. – *Pechhold, W., E. Liska* und *A. Baumgärtner*, Kolloid-Z. u. Z. Polymere **250**, 1017 (1972).
5) *Lagaly, G.* und *Armin Weiss*, Kolloid-Z. u. Z. Polymere **237**, 266 (1970); **243**, 48 (1971).
6) *Lagaly, G.* und *Armin Weiss*, Kolloid-Z. u. Z. Polymere **248**, 968 (1971); **248**, 979 (1971).
7) *Pechhold, W.*, Kolloid-Z. u. Z. Polymere **231**, 438 (1969).
8) *Fischer, E. W.*, Internat. Symposium on Macromolecules (Leiden 1970) (London 1971).
9) *Lagaly, G., St. Fitz* und *Armin Weiss*, Clays Clay Min. im Druck (1974).

Anschrift der Verfasser:

G. Lagaly, S. Fitz und *Armin Weiss*
Institut f. Anorgan. Chemie der Universität
8000 München 2, Meiserstr. 1

Diskussion:

G. Rehage (Clausthal-Zellerfeld):
1. Würden Sie Ihre Ergebnisse als einen *direkten* Nachweis der Existenz von Kinken ansehen, unabhängig von Modellvorstellungen?
2. Mit welchen Umwandlungen im thermodynamischen Sinn sind die Sprünge in der spezifischen Wärme verknüpft?

G. Lagaly (München):
Zu 1. Wir betrachten diese Ergebnisse als direkten Nachweis für Kinken. Wegen der besonderen Struktur dieser Systeme ist die Zahl anderer Deutungsmöglichkeiten der beobachteten Änderungen wesentlich kleiner als bei Polymeren.

Zu 2. Diese Frage erübrigt sich, da sie im Manuskript gegenüber dem Vortrag ausführlich diskutiert wird.

H. G. Kilian (Ulm/Donau):
Ich halte Ihre Systeme für ausgezeichnete Modelle, das Verhalten „gehemmter Gleichgewichte" zu studieren – und zwar sogar für Systeme *endlicher Ausdehnung*. Würden Sie nämlich z. B. n-Paraffine mit n = 10 und n = 18 mischen, so würde dieses binäre Mischsystem *eutektisch* kristallisieren. In Ihren Schichtsystemen wird diese „Entmischung" im festen Zustand unterbunden. Ich würde daher gern erfahren, ob in solchen Mischsystemen tatsächlich auch regelmäßige Kinkblockstrukturen existieren oder ob vielleicht im Bereich der Kettenenden eine höhere Fehlstellenkonzentration auftritt?

G. Lagaly (München):

Wenn in die n-Alkylammonium-Schichtsilicate Alkanole eingeführt werden mit kleinerer oder größerer Kettenlänge (n_A C-Atome) als im n-Alkylammoniumion (n_C C-Atome), bilden sich Strukturen aus (vgl. (6)), die in bestimmter Weise im Mittelbereich des Schichtzwischenraumes Fehlstellen aufweisen. So sind z. B. für $n_C = 12$ und $n_A = 16$ folgende Paare übereinander stehender Ketten vorhanden: 12 + 12, 12 + 16 und 16 + 16. Da etwa 0.61 Paare (16 + 16) und nur 0.34 Paare (12 + 16) und 0.05 Paare (12 + 12) vorhanden sind, wird der Schichtabstand durch die Paare (16 + 16) bestimmt und es verbleiben zwischen den beiden Alkylketten der zu kurzen Paare Leerstellen. Diese Strukturen sind aber stabil und bilden mit steigender Temperatur in gleicher Weise regelmäßige Kinkblockstrukturen aus. Die Umwandlungstemperaturen werden jedoch durch die Leerstellenkonzentration beeinflußt. Für eine ausführliche Diskussion s. Clays Clay Min. (1974, im Druck).

G. Kanig (Ludwigshafen/Rhein):

Die geometrische Anordnung der Kinken in den Schichten (verteilt oder geordnet) muß doch in der Quellenkonzentration zum Ausdruck kommen.

G. Lagaly (München):

Bei der statistischen Verteilung der Kinken (vgl. Fig. 8 b und c), ist die Packungsdichte kleiner als bei geordneter Verteilung und es können weniger Alkanolmoleküle in den Schichtzwischenraum aufgenommen werden, so daß die Alkanolkonzentration in Schichtzwischenraum bei statistischer Verteilung kleiner sein müßte. Allerdings läßt sich dieser Wert nicht sehr genau bestimmen; die in letzter Zeit wiederholten Messungen weisen aber doch darauf hin, daß bei der Bildung der Kinkblockstruktur keine merkliche Abnahme in der Alkanolkonzentration erfolgt.

Progr. Colloid & Polymer Sci. **57**, 61–68 (1975)

5.

Aus dem Physikalischen Institut der Universität Stuttgart

Magnetische Relaxationsspektroskopie an gequollenem Beidellit, einer Paraffin-Modellsubstanz

Von *M. Stohrer und F. Noack*

Mit 8 Abbildungen und 1 Tabelle

(Eingegangen am 27. Oktober 1973)

1. Zielsetzung

In den letzten Jahren wurde in mehreren Arbeiten von *Lagaly* und *Weiss* (1–4) im wesentlichen anhand röntgenographischer Messungen die Vorstellung entwickelt, wonach sich Schichteinlagerungsverbindungen als Modellsubstanzen für die Struktur und Strukturumwandlungen dünner Schichten langkettiger Moleküle eignen. Abb. 1 erläutert diese Annahme, die sich besonders auf weitgehende Parallelen bei in Funktion der Temperatur sprunghaften Änderungen sich entsprechender Gitterparameter (z. B. Schichtabstand und Langperiode) stützt, schematisch am Beispiel der temperaturabhängigen Ausrichtung von in Schichtsilicaten eingebauten Kettenmolekülen (linke Bildhälfte) im Vergleich mit dem Verhalten einer bimolekularen Lage aus Paraffinketten (rechte Bildhälfte): Im Tieftemperaturbereich, weitab von den Schmelzpunkten, wo weder an Paraffinen noch an den durch die Ketteneinlagerungen gequollenen Schichtsilicaten sprunghafte Strukturänderungen beobachtet wurden, ordnen sich die Paraffinmoleküle in ebenen Lamellen (5, 6), deren Oberflächen die CH_3-Endgruppen bilden, und in ähnlicher Weise denkt man sich unter anderem gleichlange Alkyl- und Alkoholketten in das Silicatgerüst eingebaut (3). Bei Temperaturerhöhung treten in beiden Fällen, jeweils oberhalb einer scharfen Umwandlungstemperatur T_u, plötzliche Struktursprünge auf, die in ungeradzahligen Paraffinen nach *Fischer* (7) durch Verformung der CH_3-Deckflächen, Lochbildungen sowie verschiedene Kettenbaufehler gekennzeichnet sind, hingegen in Schichtsilicaten nach *Lagaly* (4) auf die Entstehung von Jogbändern hinweisen. Weite-

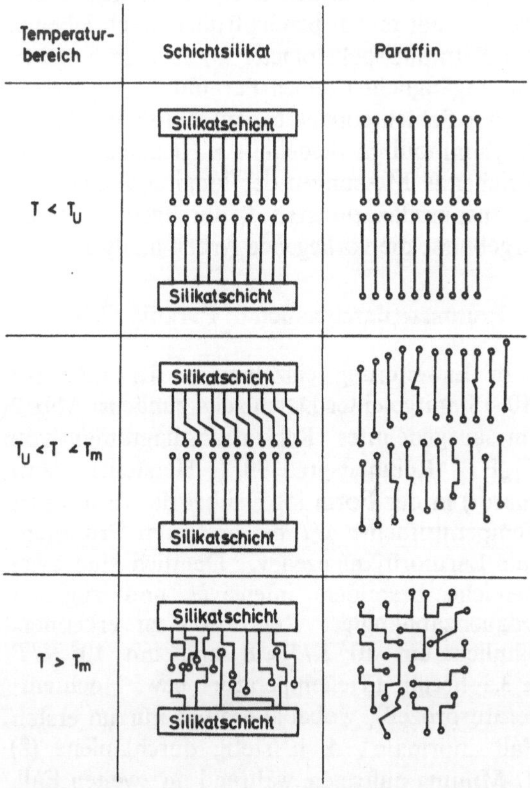

Abb. 1. Gegenüberstellung der Strukturmodelle von gequollenen Schichtsilicaten und ungeradzahligen Paraffinen in Abhängigkeit von der Temperatur T (Bedeutung von T_m und T_u siehe Text)

res Erhitzen über eine Temperatur T_m hinaus führt bei Paraffinen schließlich zum Übergang in die Schmelze, was man als Ausbildung von Molekülknäueln oder auch von Kinkbündeln mit geringer Nahordnung diskutiert; in den Einlagerungsverbindungen handelt es sich nach den bislang bekannten Meßergebnissen in die-

sem Bereich um einen Vorgang, der sowohl eine
Interpretation als Schmelzprozeß mit Ausbildung von Querschichtungen und Monolayern
wie auch eine Deutung durch kooperativen
Einbau mehrerer Kinken pro Kette zuläßt. Die
Silicatschichten ändern hierbei nur ihren Abstand.

Es bestehen also, trotz weitreichender Analogie zwischen Paraffinen und Modellsubstanz,
den zugrundegelegten röntgenographischen Befunden zufolge auch unverkennbare Unterschiede. Wir versuchten der Frage nachzugehen,
inwieweit sich diese Unterschiede anhand von
Kernresonanzexperimenten, die den dynamischen Aspekt der Gegenüberstellung ins Spiel
bringen (8), verstärken oder verwischen. Dazu
wurden mit einem bereits früher beschriebenen
NMR-Impulsspektrometer (9) an dem längsten
uns zugänglichen reinen Paraffin $C_{19}H_{40}$ sowie
an der Schichteinlagerungsverbindung *n*-Hexa-
decylammonium-Beidellit + *n*-Hexadecanol ver-
gleichende Messungen der longitudinalen Protonenspinrelaxationszeit T_1 durchgeführt, deren
Ergebnisse die vorliegende Arbeit analysiert.

2. Protonenspinrelaxation in Paraffin $C_{19}H_{40}$

In Erweiterung einzelner in der Literatur
(10–13) mitgeteilter Daten zeigt zunächst Abb. 2
ein ausgedehntes Relaxationsdiagramm von
$C_{19}H_{40}$ (Reinheitsgrad 99 %; Hersteller Schuchardt) in der Form $\log T_1$ über der reziproken
Temperaturachse $1/T$ bei mehreren Protonen-
spin-Larmorfrequenzen ν_p. Deutlich sind zwei
Bereiche besonders intensiver und zugleich
frequenzabhängiger Relaxation zu erkennen,
nämlich um $10^3 K/T \approx 8$ und um $10^3 K/T$
$\approx 3,5$ herum (Tieftemperatur- bzw. Hochtem-
peraturprozeß), wobei allerdings nur im ersten
Fall „normale", d. h. stetig durchlaufene (8)
T_1-Minima auftreten, während im zweiten Fall,
wie die Ausschnittvergrößerung Abb. 3 klar-
stellt, ein T_1-Sprung bei der Umwandlungstemperatur T_u das sich anbahnende entsprechende Verhalten überdeckt. Eine weitere Un-
stetigkeit der Relaxation liegt wie üblich beim
Schmelzpunkt T_m.

Aus Kernresonanzuntersuchungen an Paraffinen mit deuterierten Methylgruppen weiß man
seit einiger Zeit, daß die T_1-Tieftemperatur-
minima durch thermisch aktivierte Rotation der
CH_3-Propeller um ihre dreizählige Symmetrieachse entstehen (10, 13). Demgemäß gelang im

Bereich $10^3 K/T \geq 4,5$ die Beschreibung der
Meßpunkte anhand eines einfachen Methyl-
gruppen-Relaxationsmodells (14, Gl. 1) in Verbindung mit einem *Arrhenius*ansatz für die rotatorische Sprungfrequenz (14, Gl. 2) ohne Mühe
quantitativ (durchgezogene Kurven) und ergab
als optimierte Modellparameter eine Aktivierungsenergie $E_{CH_3} = 2,67$ kcal · mol^{-1} zusammen mit einem Frequenzfaktor $\tau_0 = 1,86 \cdot 10^{-13}$ s.
Bemerkenswert an der Qualität der Kurven-
anpassung im Bereich der CH_3-Relaxations-
senken ist das Ausbleiben von Hinweisen auf
Sprungfrequenzverteilungen, was die Vorstellung gleichartig angeordneter Methylendgruppen (vgl. Abb. 1) bestätigt und darüber hinaus
andeutet, daß benachbarte Propeller unkor-
reliert umlaufen.

Verwickelter liegen die Verhältnisse in
Schmelzpunktnähe ($T_m = 31,5$ °C), weil die unterhalb der Rotationsumwandlungstemperatur
($T_u = 21,4$ °C) zu beobachtende *Larmor*-Fre-
quenzabhängigkeit von T_1, die das Einsetzen
eines zweiten relaxationsaktiven Bewegungsmechanismus parallel zur CH_3-Rotation an-
kündigt, nicht durch die modellentscheidenden
Minima hindurch verfolgbar ist, sondern bei T_u
sprunghaft verschwindet. Das verhindert nach
den bekannten Regeln der magnetischen Relaxationsspektroskopie (8) eine eindeutige Auswertung der für diesen Temperaturbereich relevanten molekularen Vorgänge. Immerhin kann
man jedoch aus den Steigungen des $\log T_1(1/T)$-
Verlaufs beidseitig von T_u bzw. T_m mit einem
häufig benutzten pauschalen Relaxationsmodell
(15, Gl. VIII/105; 16, Gl. 1) die zugehörigen
Aktivierungsenergien ermitteln und das Resultat zur Vervollständigung der theoretischen
Kurvenzüge wie auch zu Spekulationen heranziehen:

Die unterhalb T_u entnehmbare Aktivierungs-
barriere $E_K = 11,8$ kcal · mol^{-1} (Frequenzfaktor $\tau_0 = 2,05 \cdot 10^{-18}$ s) spricht aufgrund des betroffenen Temperaturgebiets ähnlich wie in
Polyäthylen für die Möglichkeit der Protonen-
spinrelaxation durch Umlagerungen von Ket-
tenbaufehlern, beispielsweise Einzelkinken, wobei die maßgeblichen Sprungzeiten wegen der
vorherrschenden T_1-Dispersion länger als die
Larmor-Periode sein müssen. Gestützt wird
dieses Bild ganz wesentlich durch die Tatsache,
daß die in Abb. 2 anhand des Gesamtmodells
(14, Gl. 1 und 2; 16, Gl. 1) bis zum Umwandlungspunkt T_u erreichte Kurvenanpassung an

die Meßdaten auf vernünftige, temperaturabhängige Kinkenkonzentrationen (17, Gl. 25) von etwa 1 % führt (Abb. 4).

Im Intervall T_u bis T_m zeigt T_1 die frequenzunabhängige Hochtemperaturflanke eines Bewegungsprozesses mit nahezu gleicher Poten-

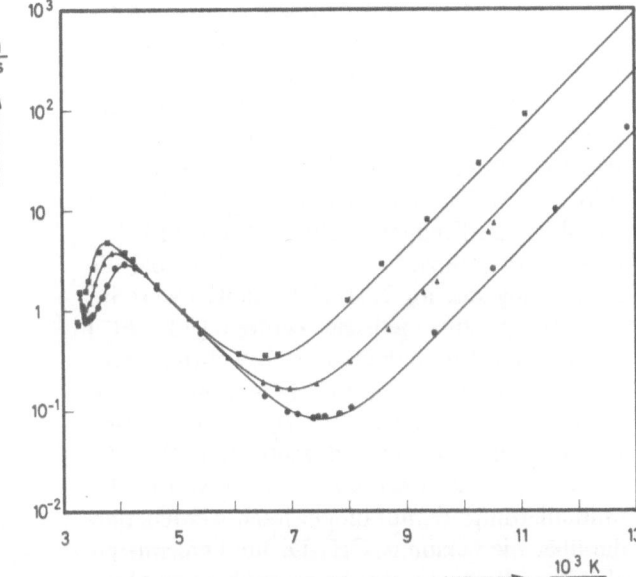

Abb. 2. $C_{19}H_{40}$: Temperaturabhängigkeit der longitudinalen Protonenspin-Relaxationszeit T_1 bei mehreren *Larmor*-Frequenzen (■ 86 MHz, ▲ 44 MHz, ● 22 MHz). Die ausgezogenen Kurven sind mit *Arrhenius*-Ansätzen für die mittleren Sprungzeiten angepaßt nach (14, Gl. 1) und (16, Gl. 1)

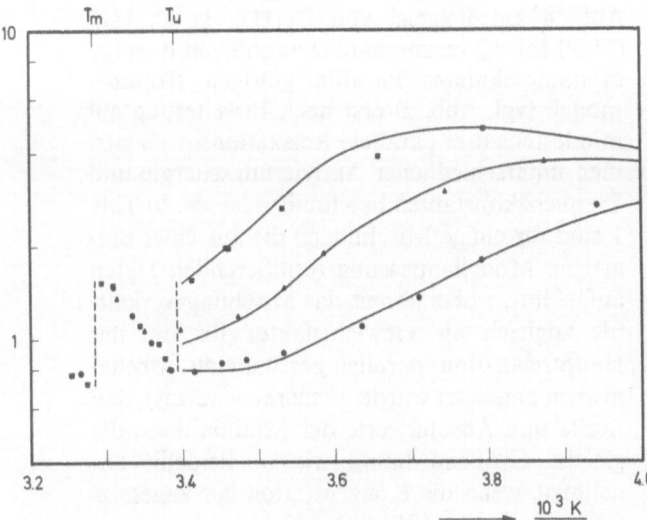

Abb. 3. $C_{19}H_{40}$: Ausschnitt aus Abb. 2 (T_m: Schmelztemperatur, T_u: Temperatur der Rotationsumwandlung)

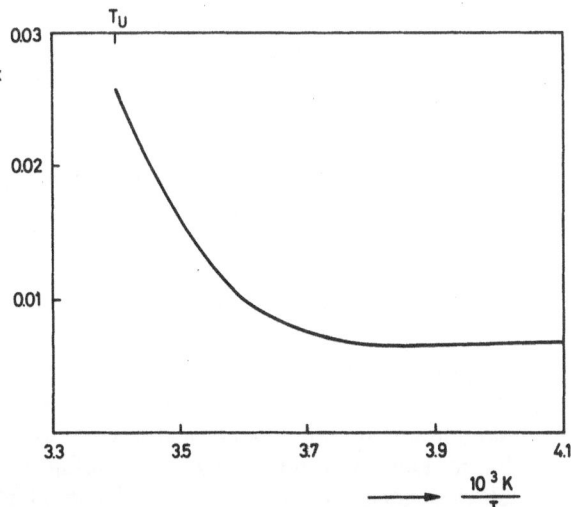

Abb. 4. $C_{19}H_{40}$: Temperaturabhängigkeit der Kinkenkonzentration p_K pro Mol-CH_2 im Bereich $T < T_u$. [Ergebnis der Kurvenanpassung in Abb. 3 nach (16, Gl. 1), siehe Text]

tialschwelle ($E_x = 11,5 \, kcal \cdot mol^{-1}$) wie zuvor, über dessen Natur uns genauere Vorstellungen fehlen; die in der Literatur (17–19) geäußerte Ansicht, in diesem Temperaturbereich könnten Kinkblockumlagerungen die Kernspinausrichtung bestimmen, scheint uns fraglich, weil die aus einer Hochtemperaturflanke abschätzbare maximale Sprungzeit stets klein gegenüber der *Larmor*-Periode ist, und sich demnach der gesuchte Prozeß durch im Vergleich zu Einzelkinken schnelle Umlagerungen auszeichnet.

3. Protonenspinrelaxation in gequollenem Beidellit

Gegenstück zu Abb. 2 und 3 sind Abb. 5 und 6 mit den an gequollenem Schichtsilicat n-Hexadecylammonium-Beidellit + n-Hexadecanol (molare Zusammensetzung 1:1,6) erzielten Ergebnissen. Für die zur Verfügung gestellten Proben haben wir Herrn Dr. *Lagaly* zu danken. Nur mühsam erkennt man beim Vergleich sich entsprechender Diagramme die wesentliche Parallele zu den eingangs im Fall Paraffin beschriebenen Verhältnissen, nämlich das Auftreten zweier Temperaturbereiche, in denen die Protonenspinrelaxationszeit T_1 von der *Larmor*-Frequenz abhängige Minima durchläuft ($10^3 \, K/T \approx 7,5$ bzw. $10^3 \, K/T \approx 4$); in anderen Punkten dagegen sind erhebliche Unterschiede offensichtlich:

a) Unterhalb einer „Sprungtemperatur" T_s existieren zwei völlig getrennte T_1-Kurvenscharen, weil die experimentell beobachtete magnetische Relaxationsfunktion nichtexponentiell abklingt und sich in zwei Phasen (A, B) mit unterschiedlich schnellen Zeitkonstanten T_{1A} bzw. T_{1B} zerlegen läßt. Die relative, auf das Gesamtsignal bezogene Amplitude der langsameren Komponente A, die bei Annäherung an T_s von durchschnittlich 0,8 auf 0,3 absinkt, ist im unteren Teil der Abb. 5 angegeben.

b) Die genaue Form der T_1-Kurven ist gegenüber dem Vergleichsobjekt Paraffin drastisch verändert. Unter anderem drückt sich das aus in der in keinem Temperaturbereich völlig verschwindenden Dispersion, in den flachen Tieftemperaturasymptoten und im Ausbleiben einer zweiten Sprungtemperatur (Meßunsicherheit $\pm 10\%$).

Resultat a) zusammen mit der bedeutsamen Feststellung, daß die einzige kernmagnetisch erkennbare T_1-Unstetigkeit genau dort auftritt, wo sich röntgenographisch der größte Sprung im Schichtabstand bemerkbar macht (4, Abb. 1), legen eine qualitative Interpretation nahe, wonach Phase A von den Protonen der im Schichtzwischenraum eingelagerten Kettenmoleküle herrühren dürfte, während der Ursprung der Phase B in Protonen von Molekülen an den Kristallitaußenflächen zu suchen ist. Dieses Bild, demzufolge nur die Phase A für einen direkten Vergleich mit der Paraffinstruktur in Frage kommt, erlaubt aufgrund der unterschiedlichen Ordnungszustände in beiden Bereichen zu beschreiben,

daß die Relaxationszeit in A länger als in B ist (16, Gl. 1; 20, Gl. 21),

daß nur die Relaxationsrate in A bei T_s einen Sprung macht, während T_{1B} im Rahmen der Meßgenauigkeit nahezu kontinuierlich verläuft,

daß der prozentuale Signalanteil von A bei höheren Temperaturen (durch Diffusion) abnimmt, und es findet eine hilfreiche Bestätigung in dem von *Lagaly* (1,22) abgeschätzten Konzentrationsverhältnis von Ketten in einer der beiden Konfigurationen. Anhand von Punkt b) wird im weiteren nur die hauptsächlich interessierende Phase A näher behandelt und skizziert, welches Konzept eine weitgehend quantitative Erklärung der T_{1A}-Meßergebnisse ermöglicht. Der nach längerem „Computerdialog" (8, 14) erreichten, in Abb. 7 wiedergegebenen Kurvenanpassung liegen drei Relaxationsmechanismen

zugrunde, nämlich Methylgruppenrotation, Spindiffusion und Kettenbeweglichkeit, die je nach Temperaturbereich dominieren.

Im Tieftemperaturbereich der Abb. 5 lassen die T_1-Minima wie zuvor die entsprechende Situation in Paraffin (Abb. 2) CH_3-Propellerbewegungen vermuten, allerdings nicht wie dort mit einheitlicher Sprungfrequenz bzw. Aktivierungsenergie, sondern wegen der weitaus flacheren Form mit einer Sprungzeitverteilung, was auf ungleiche molekulare Umgebungen hinweist. Unter der Annahme einer Log-*Gauß*-Verteilung (23) ergab die Modelloptimierung als mittlere Aktivierungsenergie $E_{CH_3} = 2{,}71$ kcal $\cdot$ mol^{-1}, als Frequenzfaktor $\tau_0 = 1{,}54 \cdot 10^{-13}$ s und als Breitenparameter $\alpha = 0{,}367$, wobei die Abflachung des $\log T_1 (1/T)$-Verlaufs rechts im Bild auf paramagnetische Zentren (z. B. Al$^-$) zurückgeführt und anhand des bewährten Spindiffusionsansatzes (15, Gl. IX/44) mit einem Spindiffusionskoeffizienten $D_s = 4 \cdot 10^{-13}$ cm^2 s^{-1} bei einer Zentrenkonzentration $N_s = 7{,}4 \cdot 10^{17}$ cm^{-3} in Rechnung gestellt wurde. Es muß allerdings darauf hingewiesen werden, daß die über die bekannte CH_3-Dichte berechneten absoluten Relaxationsraten gegenüber den Meßdaten um etwa 50% zurückblieben, was in Abb. 7 durch leichte vertikale Verschiebung der theoretischen Kurvenzüge unterdrückt ist.

Die Vorstellung von der Verformung der T_1-Minima durch nichtäquivalente CH_3-Gruppen konnte ausgebaut werden mit Hilfe ergänzender Messungen an Paraffinmischungen, die sich, wie Abb. 8 am Beispiel von $C_{21}H_{44}$ in $C_{19}H_{40}$ (11,6 Mol-%) veranschaulichen soll, mit dem für monomolekulares Paraffin gültigen Rotatormodell (vgl. Abb. 2) erst nach Erweiterung auf mindestens drei parallele Relaxationsmechanismen unterschiedlicher Aktivierungsenergie und Frequenzkonstanten beschreiben lassen. In Tab. 1 sind für einige Mischungen die aus einer derartigen Modellanpassung resultierenden Daten aufgeführt, wobei jeweils das Mischungsverhältnis zugleich als Gewichtsfaktor für die der Hauptrelaxation parallel geschalteten Mechanismen angesetzt wurde. Bemerkenswert ist, daß Breite und Absolutwerte der Minima dann die gleiche Größenordnung wie in Beidellit annehmen, wenn die Konzentration der zugesetzten Fremdketten 10% übersteigt.

Weniger eindeutig sind die Hochtemperaturminima in Abb. 5 bzw. 6 zu interpretieren. Aufgrund des betroffenen Temperaturbereichs um

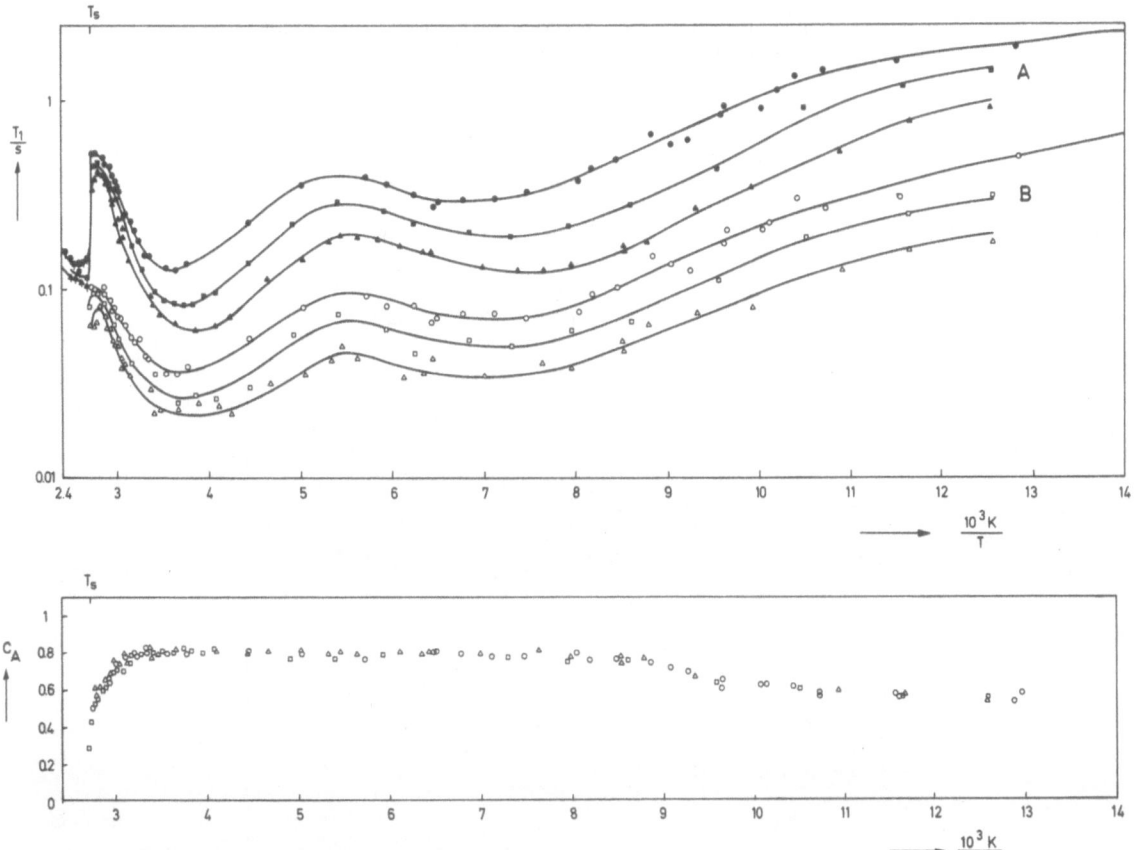

Abb. 5. Hexadecylammonium-Beidellit + *n*-Hexadeca-
nol. Oben: Temperaturabhängigkeit der longitudinalen
Protonenspin-Relaxationszeit T_1 bei mehreren *Larmor*-
Frequenzen ((●, ●, ○ 56 MHz; ■, ■, □ 36,9 MHz;
▲, ▲, △ 22 MHz. T_s: Temperatur des Sprungs im
Schichtabstand um 9,5 Å). Im Bereich $T > T_s$ ist die Relaxation einphasig, im Bereich $T < T_s$ existieren zwei
Phasen A, B. Unten: Temperaturabhängigkeit des relativen Anteils c_A der Phase A

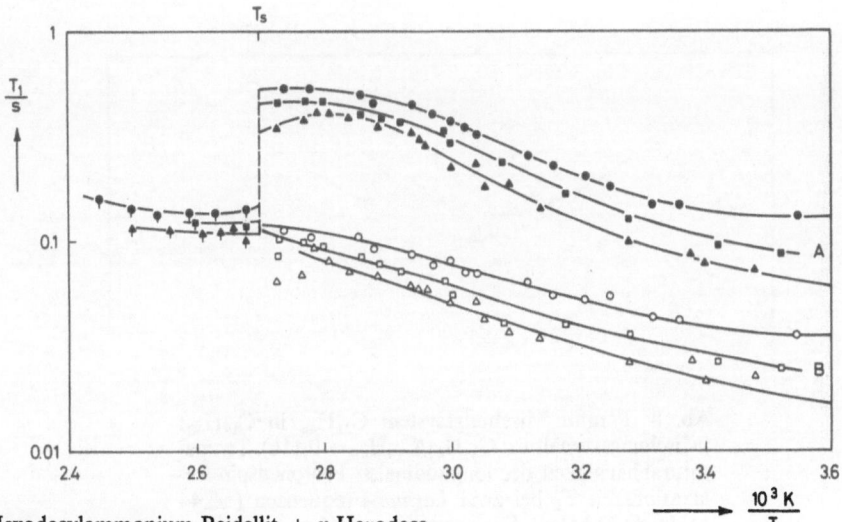

Abb. 6. Hexadecylammonium-Beidellit + *n*-Hexadeca-
nol: Ausschnitt aus Abb. 5

Tab. 1. Paraffin-Mischungssystem $C_{21}H_{44}$ in $C_{19}H_{40}$: Aktivierungsenergien E und Frequenzfaktoren τ_0 der CH_3-Gruppen bei verschiedenen Mischungsverhältnissen (Ergebnisse von Kurvenanpassungen, siehe Beispiel Abb. 8)

$\dfrac{C_{21}H_{44}}{C_{19}H_{40}}$	E_1 kcal · mol^{-1}	E_2 kcal · mol^{-1}	E_3 kcal · mol^{-1}	τ_0 10^{-13} s
0	2,67	–	–	1,9
0,026	2,53	3,08	1,89	2,7
0,0625	2,46	2,89	2,10	3,8
0,116	2,63	3,20	2,20	1,9
0,347	2,71	3,01	2,29	1,9

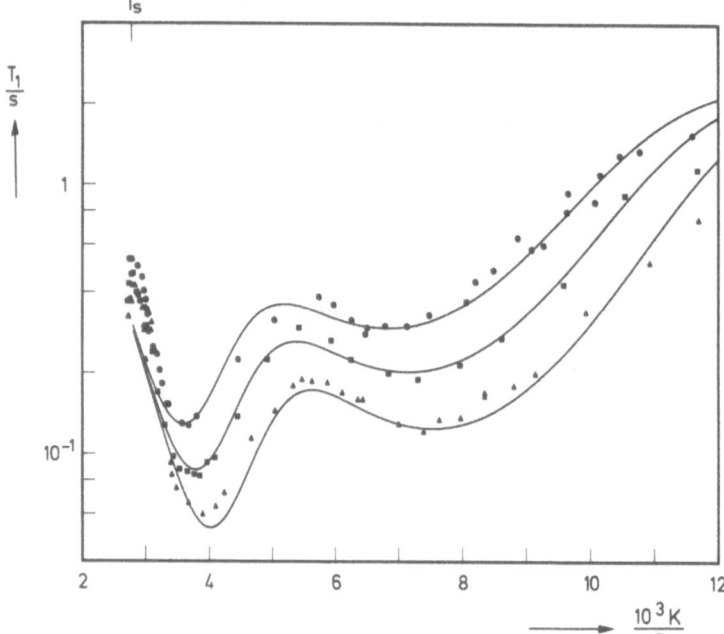

Abb. 7. Hexadecylammonium-Beidellit + n-Hexadecanol: Anpassung der Temperatur- und Frequenzabhängigkeit der longitudinalen Protonenspin-Relaxationszeit T_1 der Phase A aus Abb. 5. (Daten siehe Text)

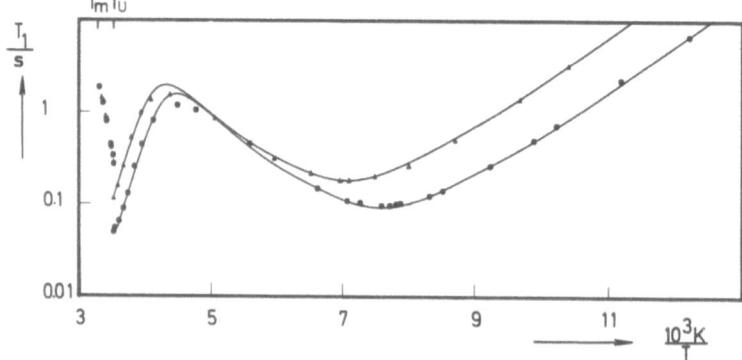

Ab. 8. Paraffin-Mischungssystem $C_{21}H_{44}$ in $C_{19}H_{40}$: (Mischungsverhältnis: $C_{21}H_{44}/C_{19}H_{40} = 0,116$). Temperaturabhängigkeit der longitudinalen Protonenspin-Relaxationszeit T_1 bei zwei *Larmor*-Frequenzen (▲ 44 MHz, ● 22 MHz). Die ausgezogenen Kurven sind angepaßt. (Parameter der Anpassung siehe Tab. 1 und Text)

0 °C herum sowie nicht zuletzt wegen der vergleichbaren Relaxatiońsraten in der Beidellitphase A und in konzentrierten Paraffinmischungen ordnen wir diese Minima Bewegungen der eingelagerten Kettenmoleküle zu (14, 16). In Frage kommen unter Beobachtung der T_1-Zeitskala Umlagerungen größerer Mengen von Einzelkinken oder kleinerer Kinkblöcke, aber auch Wanderungen von Leerstellen oder Torsionsfehlern (24, 25). Eine Interpretation der Meßpunkte mittels des *Haeberlen*schen Kinken-Relaxationsmodells (16, Gl. 2) führt in Verbindung mit einem *Arrhenius*-Gesetz auf die Aktivierungsenergie $E_K = 4{,}67$ kcal $\cdot$ mol^{-1} bei einem Frequenzfaktor $\tau_0 = 2{,}64 \cdot 10^{-13}$ s und einer Kinkenkonzentration $p_K = 16\%$. Ersichtlich (Abb. 7, linke Hälfte) werden die Messungen von diesem einfachen Modellansatz in unmittelbarer Nähe der Minima gut erfaßt; verbleibende Abweichungen im Bereich der Flanken sind allerdings ein deutlicher Hinweis, daß der wirkliche Relaxationsprozeß komplexer abläuft.

Auffallend an den Ergebnissen ist, daß die Aktivierungsschwelle des Hochtemperaturprozesses erheblich kleiner herauskommt als der entsprechende Wert für Polyäthylen (16). Seine Frequenzkonstante deutet auf eine nur schwache Korrelation der Kinkbewegungen hin. Daß er in Beidellit schon bei tieferen Temperaturen einsetzt als im Fall der untersuchten Paraffine, scheint aufgrund der um ca. 20% geringeren Packungsdichte (3) plausibel.

Bei einer Sprungtemperatur T_s (Abb. 6) beginnt die Kernspinrelaxation Eigenschaften einer Schmelze auszudrücken, was sich nicht nur in ähnlichen T_1-Werten wie in der Paraffinschmelze (Abb. 3) kund tut, sondern mehr noch in der Temperaturabhängigkeit des Kernsignalabfalls bzw. dessen zweitem Moment M_2 sichtbar wird. M_2 sinkt, wie ergänzende Messungen ergaben, mit steigender Temperatur bei Überschreiten von T_s nach zunächst stetig langsamem Abfall von etwa 20 G^2 im Tieftemperaturbereich auf 1 G^2, eine von flüssig-kristallinen Phasen (26) her bekannte Größenordnung. Demgegenüber beträgt das zweite Moment der Protonenresonanz in Paraffinen im starren Gitter etwa 28 G^2 und im Bereich der Rotatiońsumwandlung zwischen T_u und T_m immer noch 8 G^2 (27). Dieser Befund spricht für eine Zuordnung von T_s und T_m, d. h. man hat es in Beidellit unmittelbar mit einem „Quasiaufschmelzen" in eine Struktur endlicher Nahordnung zu tun. Eine

T_u entsprechende Umwandlungstemperatur existiert anhand unserer Kernresonanzexperimente nicht.

Demzufolge ist als wesentliche Schlußfolgerung festzuhalten, daß gequollenes Beidellit dynamisch bestenfalls unterhalb der Paraffin-Rotationsumwandlung eine geeignete Modellsubstanz für die Kettenbewegungen ungradzahliger Paraffine darstellt.

Wir danken unseren Kollegen, insbesondere Dr. *J. von Schütz*, für ihre Mitwirkung an dieser Arbeit und der Deutschen Forschungsgemeinschaft für die zur Verfügung gestellten Mittel.

Zusammenfassung

Es wird über Messungen der Frequenz- und Temperaturabhängigkeit der longitudinalen Protonenspinrelaxationszeit T_1 in einem gequollenen Schichtsilicat (*n*-Hexadecylammonium-Beidellit + *n*-Hexadecanol) sowie in ungradzahligen Paraffinen berichtet. Eine Gegenüberstellung der Ergebnisse zeigt, daß man in beiden Fällen Temperaturgebiete mit überwiegender Relaxation durch Methylgruppen oder durch Kettenbewegungen auflösen kann, wobei sich im einzelnen allerdings erhebliche Unterschiede ergeben. Eine Auswirkung der zahlreichen röntgenographisch bestimmten Struktursprünge (Langperiode, Schichtabstand) wird an Paraffinen bei zwei, an gequollenem Beidellit nur bei einer einzigen Temperatur beobachtet.

Summary

We report on measurements of the frequency and temperature dependence of the longitudinal proton spin relaxation time T_1 in an intercalation compound of mica-type layer silicate (*n*-alkylammonium-beidellit + *n*-hexadecanol) and in odd numbered alkanes. Comparison of the results shows that in both cases it is possible to distinguish temperature ranges with dominant relaxation by methyl groups or segmental motion, respectively, but a detailed evaluation exhibits significant differences. The influence of the numerous structural changes known from X-ray scattering (long spacing, basal spacing) is observed at two transition temperatures for the alkanes but only at a single temperature in beidellit.

Literatur

1) *Lagaly, G.* und *A. Weiss*, Kolloid-Z. u. Z. Polymere **237**, 364 (1970).
2) *Lagaly, G.* und *A. Weiss*, Kolloid-Z. u. Z. Polymere **238**, 485 (1970).
3) *Lagaly, G.* und *A. Weiss*, Kolloid-Z. u. Z. Polymere **248**, 968 (1971).
4) *Lagaly, G.* und *A. Weiss*, Kolloid-Z. u. Z. Polymere **248**, 979 (1971).
5) *Müller, A.*, Proc. Roy. Soc. **A 124**, 317 (1929).
6) *Manyukh, Y. V.*, J. Struct. Chem. (U.S.S.R.) **1**, 396 (1960).

7) *Fischer, E. W.,* J. Pure and Appl. Chem. **26**, 385 (1971).

8) *Noack, F.,* NMR-Basic Principles and Progress **3**, 84 (1971).

9) *Haeberlen, U.,* Z. angew. Physik **23**, 341 (1967).

10) *Anderson, J. E.* und *W. P. Slichter,* J. Phys. Chem. **69**, 3099 (1965).

11) *Woessner, D. E.,* et al., J. Magn. Res. **1**, 105 (1969).

12) *Douglass, D. C.* und *G. P. Jones,* J. Chem. Phys. **45**, 956 (1966).

13) *van Putte, K.,* J. Magn. Res. **2**, 216 (1970).

14) *Stohrer, M., F. Noack* und *J. von Schütz,* Kolloid-Z. u. Z. Polymere **241**, 937 (1970).

15) *Abragam, A.,* The Principles of Nuclear Magnetism (Oxford 1961).

16) *Haeberlen, U.,* Kolloid-Z. u. Z. Polymere **225**, 15 (1968).

17) *Blasenbrey, S.* und *W. Pechhold,* Rheol. Acta **6**, 174 (1967).

18) *Pechhold, W., W. Dollhopf* und *A. Engle,* Acustica **17**, 61 (1966).

19) *Stohrer, M.* und *G. Siegle,* Verh. DPG (VI) **4**, 396 (1969).

20) *Steijskal, E. O.* und *H. S. Gutowsky,* J. Chem. Phys. **28**, 388 (1958).

21) *Lagaly, G.* und *A. Weiss,* Kolloid-Z. u. Z. Polymere **237**, 266 (1970).

22) *Lagaly, G.* und *A. Weiss,* Kolloid-Z. u. Z. Polymere **243**, 48 (1971).

23) *Noack, F.* und *G. Preissing,* Z. Naturforschg. **24a**, 143 (1969).

24) *Pechhold, W.* und *S. Blasenbrey,* Kolloid-Z. u. Z. Polymere **241**, 955 (1970).

25) *Olf, G.* und *A. Peterlin,* J. Polymer Sci. (Part A-2) **8**, 753 (1970).

26) *Wise, R. A.,* et al., Phys. Rev. **A 7**, 1366 (1973).

27) *Andrew, E. R.,* J. Chem. Phys. **18**, 607 (1950).

Anschrift der Verfasser:

M. Stohrer und *F. Noack*
Physikalisches Institut der Universität
7000 Stuttgart 80, Pfaffenwaldring 57

Diskussion:

R. Kosfeld (Aachen):

1. Wurde die Aktivierungsenergie für die behinderte Rotation der CH_3-Gruppe im $C_{19}H_{40}$-Paraffin sowohl aus der Steigung der Hochtemperatur – als auch aus der Steigung der Tieftemperaturflanke der $T_1 = f(1/\vartheta)$-Kurve bestimmt?
2. Stimmt die so ermittelte Aktivierungsenergie mit derjenigen Aktivierungsenergie, die aus der Verschiebung des Minimums der T_1-Kurve als Funktion von $(1/\vartheta)$ überein, wenn frequenzabhängig gemessen wurde?
3. Ist unter den entsprechenden Voraussetzungen ΔF beim Beidellit bestimmt worden?
4. Welche Potentialformen werden für die behinderte Rotation der CH_3-Gruppen angenommen?

M. Stohrer (Stuttgart):

Zu 1. Die getrennte Auswertung der Hoch- bzw. Tieftemperaturflanken ergibt übereinstimmende Aktivierungsenergien, nämlich $E_{CH_3} = 2,7 \pm 0,05$ kcal · mol^{-1},

weil der T_1 $(1/\vartheta)$-Verlauf bezüglich des Minimums symmetrisch ist. Mit aus diesem Grund gelingt die Beschreibung der Tieftemperaturminima in Abb. 2 ohne Annahme einer Sprungzeitverteilung.

Zu 2. Aus der Frequenzabhängigkeit der Temperatur des T_1-Minimums folgt in guter Übereinstimmung mit der Flankenauswertung $E_{CH_3} = 2,7 \pm 0,1$ kcal · mol^{-1}. Diese Detailqualität ist weiter nicht verwunderlich, da die Gesamtkurvenanpassung nach Abb. 2 außerordentlich gut ist.

Zu 3. Die Form der Tieftemperaturminima in Beidellit ist anders als bei Paraffinen, weshalb für eine Kurvenanpassung ein erweitertes Bewegungsmodell, nämlich eine Sprungzeitverteilung, angesetzt werden muß. In diesem Fall führt die Bestimmung der Aktivierungsenergie aus den Flanken oder Verschiebungen der Minima gegenüber dem Gesamtkurvenfit zu unrichtigen Resultaten.

Zu 4. Quantitative Absolutrechnungen wurden in dieser Arbeit nicht durchgeführt, da es uns mehr auf die Gegenüberstellung Paraffin:Beidellit ankam. In ähnlichen Fällen hat sich jedoch früher das Modell eines *Buckinham*-Potentials gut bewährt.

Progr. Colloid & Polymer Sci. **57**, 69–79 (1975)

6.

Aus der Abteilung für Physikalische Chemie der Kunststoffe, RWTH Aachen

Selbstdiffusion von kleinen Molekülen in Polymerlösungen

Von J. Schlegel*) *und R. Kosfeld*

Mit 9 Abbildungen

(Eingegangen am 17. Dezember 1973)

1. Einleitung

Die Selbstdiffusion ist eine translatorische Bewegung, bei der sich die Moleküle relativ zu ihren nächsten Nachbarn rein statistisch fortbewegen. Dieser molekularkinetische Prozeß hängt von der gegenseitigen Wechselwirkung der Moleküle ab, die die Struktur des Systems bestimmt. Der charakteristische Parameter ist der Selbstdiffusionskoeffizient. Seine genaue Kenntnis als Funktion der Temperatur, des Drucks und der Konzentration der Komponenten und der Meßdauer erlaubt einen Einblick in die Struktur des untersuchten Systems. In einem früheren Beitrag (1) wurde u. a. die Konzentrationsabhängigkeit des Selbstdiffusionskoeffizienten vom Lösungsmittel in den Systemen Benzol-Polymethylmethacrylat und Azeton-Polymethylmethacrylat untersucht und mit Hilfe der Theorie des Freien Volumens in Anlehnung an *Fujita* (7) diskutiert.

In dieser Arbeit wird das Modell von *Cohen* und *Turnbull* (2) auf binäre makromolekulare Lösungen übertragen. Die experimentellen Ergebnisse werden anhand der theoretischen Beziehungen diskutiert.

2. Theorie des freien Volumens und der Selbstdiffusion

2.1. Der Selbstdiffusionskoeffizient in fluiden Einkomponentensystemen und in makromolekularen Lösungen

Cohen und *Turnbull* (2) betrachten die Selbstdiffusion in einer Flüssigkeit, die aus harten Kugeln besteht, deren potentielle Energie konstant ist und nur bei intermolekularem Kontakt sehr große Werte annimmt. In einer solchen

Flüssigkeit soll sich das zu betrachtende Molekül in einem Käfig, der durch die nächsten Nachbarmoleküle abgegrenzt wird, mit der Geschwindigkeit $\bar{u}$ bewegen. Das Volumen des Käfigs, vermindert durch das *Van-der-Waals*-Volumen des Moleküls, wird mit v bezeichnet. Nun liefert die Bewegung des Moleküls nur dann einen Beitrag zur Selbstdiffusion, wenn das Molekül einen Weg $a(v)$ in diesem Käfig fortschreitet, wobei v größer als ein kritisches Volumen v^* sein muß, so daß ein zweites Molekül in den Käfig hineinspringen kann, bevor das erste Molekül wieder auf seinen vorherigen Platz zurückgekehrt ist. Der Weg $a(v)$ soll mit dem Volumen v des Käfigs durch die Beziehung

$$a(v) = (6/\pi)^{1/3} \cdot v^{1/3} \qquad [1]$$

im Zusammenhang stehen.

Für den Selbstdiffusionskoeffizienten $D_s(v)$ des Moleküls im Käfig gilt:

$$D_s(v) = g\,a(v)\,\bar{u} \quad \text{für} \quad v \geqslant v^*$$
$$= 0 \qquad\qquad \text{für} \quad v < v^* \qquad [2]$$

g ist ein Geometriefaktor und hat im Falle des NMR-Experiments den Wert 1/3. Aufgrund von Fluktuationen des Freien Volumens $\bar{V}_f$ können die Käfige unterschiedliche Volumina v annehmen. Es wird dabei vorausgesetzt, daß die Verteilung des Freien Volumens auf die Käfige der einzelnen Moleküle gleichwahrscheinlich erfolgt. Als Freies Volumen wird hierbei definiert:

$$\bar{V}_f \equiv \bar{V}_M - \bar{V}_0, \qquad [3]$$

*) Vorgetragen von *J. Schlegel* auf der 26. Hauptversammlung der Kolloid-Gesellschaft e.V. vom 19. bis 21. September 1973 in Marburg.

wobei $\bar{V}_M$ das Molvolumen und $\bar{V}_0$ das *Van-der-Waals*-Volumen ist.

Cohen und *Turnbull* (2) berechnen für die Wahrscheinlichkeit, daß sich das herausgegriffene Molekül in einem Käfig mit dem Volumen zwischen v und $v + dv$ befindet:

$$p(v)\,dv = \frac{\gamma_2 L}{\bar{V}_f} \exp\left(-\frac{\gamma_2 v L}{\bar{V}_f}\right). \qquad [4]$$

L ist die *Loschmidt*sche Konstante und γ_2 eine Zahl zwischen 1/2 und 2. Sie beschreibt die Überlappung der Volumina v der Käfige, die jedem einzelnen der benachbarten Moleküle zugeordnet werden können. γ_2 wird von der Nahordnung in der Flüssigkeit beeinflußt. So gilt etwa $\gamma_2 \approx 1$ für den Fall, daß die benachbarten Moleküle sich ähnlich wie in einem kubisch flächenzentrierten Gitter anordnen.

Durch Integration über das gesamte in der Flüssigkeit vorhandene Käfigvolumen v ergibt sich der Selbstdiffusionskoeffizient D_s:

$$D_s = \int_0^\infty D(v)\,p(v)\,dv. \qquad [5]$$

Wird nun $v^* L = V^*$ gesetzt, so folgt aus den Gl. [1], [2], [4] und [5]:

$$D_s = g\,\bar{u}\,a^* \cdot \exp\left(-\frac{\gamma_2 \bar{V}^*}{\bar{V}_f}\right). \qquad [6]$$

Für $\bar{V}_f/(\gamma_2 \bar{V}^*) \ll 1$ ist a^* der *Van-der-Waals*-Durchmesser a. In diesem Fall ist Gl. [6] identisch mit der von *Cohen* und *Turnbull* (2) angegebenen Beziehung für den Selbstdiffusionskoeffizienten.

Ist $\bar{V}_f/(\gamma_2 \bar{V}^*) \lesssim 1/2$, so kann a^* durch die Beziehung

$$a^* = a\left[1 + \frac{1}{3}\frac{\bar{V}_f}{\gamma_2 \bar{V}^*} - \frac{2}{13}\left(\frac{\bar{V}_f}{\gamma_2 \bar{V}^*}\right)^2\right] \qquad [7]$$

angenähert werden. a^* kann als freie Weglänge des Moleküls interpretiert werden und erweist sich als Funktion des Freien Volumens. Es ist aber hervorzuheben, daß die Abhängigkeit des Selbstdiffusionskoeffizienten D_s vom Freien Volumen $\bar{V}_f$ vorwiegend durch die Exponentialfunktion $\exp(-\gamma_2 \bar{V}^*/\bar{V}_f)$ bestimmt wird.

Zwischen dem kritischen molaren Volumen $\bar{V}^*$ und dem *Van-der-Waals*-Volumen $\bar{V}_0$ besteht der Zusammenhang:

$$\bar{V}^* = \gamma_1 \cdot \bar{V}_0. \qquad [8]$$

γ_1 soll ein Maß für die Sperrigkeit (Geometrie) des Moleküls sein und die bevorzugte geometrische Form der Käfige charakterisieren. Damit sich ein kugelförmiges Teilchen bewegen kann, muß mindestens ein Zylinder vom Durchmesser a des Teilchens frei sein. Wird nun für das kritische Volumen angenommen, daß die freie Weglänge des Teilchens mindestens a ist, so ist

$$\bar{V}^* \geqslant L(\pi/4)\,a^2 \cdot a = (3/2)\,\bar{V}_0. \qquad [8a]$$

Für den Fall dichtester Kugelpackung folgt als untere Grenze für $\gamma_1 \approx 2$. Sind die Käfige bevorzugt kugelförmig, so folgt als obere Grenze $\bar{V}^* \approx L(\pi/6) \cdot [(2a)^3 - a^3] = 7 \cdot \bar{V}_0$ oder $\gamma_1 \approx 7$. Für das Produkt $\gamma_1 \cdot \gamma_2$ gilt demnach:

$$1 \lesssim \gamma_1 \cdot \gamma_2 \lesssim 7. \qquad [9]$$

Wird $\bar{V}_f$ durch $F\gamma_2 \bar{V}^* = F\gamma_1\gamma_2 \bar{V}_0$ ersetzt, so folgt aus Gl. [6]:

$$D_s = g\,\bar{u}\,a^* \cdot \exp\left(-\frac{1}{F}\right). \qquad [10]$$

F soll als das reduzierte Freie Volumen bezeichnet werden:

$$F = \frac{\bar{V}_f}{\gamma_1\gamma_2 \bar{V}_0}. \qquad [11]$$

Wird mit $f = \bar{V}_f/\bar{V}_M$ das relative Freie Volumen bezeichnet, so kann Gl. [11] in der Form

$$F = \frac{f \cdot \bar{V}_M}{\gamma_1\gamma_2 \bar{V}_0} \qquad [12]$$

geschrieben werden.

Die Gl. [10] wird nun zur Beschreibung des Selbstdiffusionskoeffizienten des Lösungsmittels, D_{LM}, in einer isotropen Polymerlösung oberhalb der Glastemperatur T_g benutzt. Jedes Lösungsmittelmolekül, das sich in einem durch Fluktuation des Freien Volumens $\bar{V}_f$ in der Lösung entstandenen Käfig der Mindestgröße $\bar{V}^*/L$ mit der Geschwindigkeit $\bar{u}$ bewegt, trägt nur dann zur Selbstdiffusion bei, wenn das nach einem Diffusionssprung freigewordene Loch durch ein anderes Lösungsmittelmolekül oder durch kooperativ sich bewegende Polymersegmente geschlossen wird, bevor das betrachtete Molekül zu seinem Ausgangsort zurückkehren kann. Das Freie Volumen ist nun $\bar{V}_f = \bar{V}_M = \bar{V}_0'$. Das mittlere molare Volumen ist durch $\bar{V}_M = V/(n_{LM} + n_{PM})$ gegeben, wobei V das Volumen der Lösung und n_{LM} bzw. n_{PM} die

Molmenge des Lösungsmittels bzw. des Polymeren sind. $\bar{V}_0'$ ist das zugehörige *Van-der-Waals*-Volumen. (Zu beachten ist, daß das *Van-der-Waals*-Volumen des Lösungsmittels in den Gl. [8], [11] und [12] durch $\bar{V}_0$ bezeichnet wird.) Für die freie Weglänge a^* des Lösungsmittelmoleküls folgt aus den Gl. [7], [8] und [11]:

$$a^* = a(1 + (1/3)\,F - (2/13)\,F^2), \qquad [13]$$

wobei a der *Van-der-Waals*-Durchmesser ist.

In früheren Arbeiten (1, 3–5) wurde eine zu Gl. [10] analoge Beziehung der Form

$$D_{LM} = T A_{LM} \exp\left(-\frac{B_{LM}}{f}\right), \qquad [14]$$

die auf *Doolittle* (6) und *Fujita* (7) zurückgeht, benutzt, worin T die absolute Temperatur ist.

Aufgrund der Untersuchungen von *Doolittle* (6) wurde A_{LM} und B_{LM} als konzentrations- und temperaturunabhängig angenommen. Diese Voraussetzung ist nur näherungsweise gültig. So entspricht B_{LM} dem Term $\gamma_1 \gamma_2\,\bar{V}_0/\bar{V}_M$. $\gamma_1 \gamma_2$ und $\bar{V}_M$ sind sowohl Funktionen der Konzentration als auch der Temperatur. Wie eingehendere Untersuchungen gezeigt haben, dürfte die Konzentrations- und Temperaturabhängigkeit des relativen Freien Volumens f dominierend sein.

Da sowohl in Gl. [10] als auch in Gl. [14] die Exponentialfunktion den Wert des Selbstdiffusionskoeffizienten wesentlich bestimmt, machen sich kleine Unterschiede in den vorexponentiellen Faktoren experimentell nicht bemerkbar. Wird etwa für $\bar{u}$ die Gasgeschwindigkeit für das Lösungsmittelmolekül angenommen, so erweist sich in Gl. [10] der vorexponentielle Faktor proportional zu $\sqrt{T}$. Die Freie Weglänge a^* ist entsprechend der Gl. [7] und [13] nur schwach von der Konzentration und der Temperatur abhängig, da aufgrund früherer Arbeiten (1, 3–5) für $\bar{V}_f/(\gamma_2\,\bar{V}^*) \lesssim 1/2$ angenommen werden kann.

2.2. Konzentrationsabhängigkeit des Selbstdiffusionskoeffizienten

Für das reduzierte Freie Volumen des Polymeren wird zur Beschreibung der Konzentrationsabhängigkeit des Selbstdiffusionskoeffizienten folgender linearer Ansatz gewählt (8):

$$F(\varphi_{LM}, T) = F(0, T) + B(T) \cdot \varphi_{LM}. \qquad [15]$$

Hierzu bedeuten $\varphi_{LM} = V_{LM}/(V_{LM} + V_{PM})$ der Volumenbruch des Lösungsmittels, $F(0, T)$ das reduzierte Freie Volumen des Polymeren bei verschwindender Lösungsmittelkonzentration und $B(T)$ eine konzentrationsunabhängige Konstante.

Für den Fall, daß $\gamma_1 \gamma_2\,\bar{V}_0/\bar{V}_M$ keine Funktion der Konzentration ist, entspricht Gl. [15] der von *Fujita* et al. (9, 10) benutzten Gleichung für das relative Freie Volumen:

$$f(\varphi_{LM}, T) = f(0, T) + \beta(T)\,\varphi_{LM}, \qquad [16]$$

wobei nach Gl. [12] $\beta(T) = B(T) \cdot \gamma_1 \gamma_2\,\bar{V}_0/\bar{V}_M$ ist.

Als Selbstdiffusionskoeffizienten des Lösungsmittels bei verschwindender Konzentration definieren wir:

$$D_0 \equiv g\,u\,a^*(0) \exp\left(-\frac{1}{F(0, T)}\right) \qquad [17]$$

mit

$$a^*(0) = a\left(1 + \frac{1}{3}\,F(0, T) - \frac{2}{13}\,F(0, T)^2\right). \qquad [18]$$

Ferner soll zur Abkürzung

$$C(\varphi_{LM}) = \frac{1 + (1/3)\,F(\varphi_{LM}, T) - (2/13)\,F(\varphi_{LM}, T)^2}{1 + (1/3)\,F(0, T) - (2/13)\,F(0, T)^2} \qquad [19]$$

eingeführt werden.

Aus den Gl. [10], [15] und [17] bis [19] folgt:

$$\begin{aligned}
D_{LM} &= C(\varphi_{LM}) \cdot D_0 \\
&\quad \cdot \exp\left\{-\left[\frac{1}{F(0, T) + B(T) \cdot \varphi_{LM}}\right.\right. \\
&\quad \left.\left. -\frac{1}{F(0, T)}\right]\right\}
\end{aligned} \qquad [20]$$

und mit $C(\varphi_{LM}) = C$ daraus schließlich:

$$\left(\ln \frac{D_{LM}}{C D_0}\right)^{-1} = F(0, T) + \frac{F(0, T)^2}{B(T)} \cdot \frac{1}{\varphi_{LM}}. \qquad [21]$$

Die Größe $\{\ln[D_{LM}/(C D_0)]\}^{-1}$ ist linear in $1/\varphi_{LM}$. Aus dem Abszissenabschnitt und der Steigung der Geraden können die Parameter $F(0, T)$ und $B(T)$ berechnet werden. Dazu muß D_0 iterativ so bestimmt werden, daß die konzentrationsabhängig gemessenen Selbstdiffusionskoeffizienten die Geradengleichung erfüllen.

Aus den Anpassungsparametern $F(0, T)$, $B(T)$ und D_0 lassen sich Aussagen über die untersuchten Polymerlösungen gewinnen. So kann etwa mit Hilfe der Gl. [17] und [18] aus den Größen D_0 und $F(0, T)$ der Durchmesser a des Lösungsmittelmoleküls berechnet werden. Nach Gl. [12] wird durch die Größe $F(0, T)$ das relative Freie Volumen des Polymeren bei verschwindender Lösungsmittelkonzentration bestimmt. Dazu muß aber $\gamma_1 \gamma_2 \bar{V}_0$ aus der Temperaturabhängigkeit des Selbstdiffusionskoeffizienten des reinen Lösungsmittels abgeschätzt werden.

2.3. Temperaturabhängigkeit des Selbstdiffusionskoeffizienten

Zur Beschreibung der Temperaturabhängigkeit der Selbstdiffusionskoeffizienten oberhalb der Glastemperatur T_g wird folgende Gleichung gewählt:

$$F(x, T) = A(x) [T - T_0(x)]. \tag{22}$$

x ist eine temperaturunabhängige Konzentrationsvariable. $T_0(x)$ ist eine Bezugstemperatur, die unterhalb der Glastemperatur $T_g(x)$ liegt. Wird nun $\gamma_1 \gamma_2 \bar{V}_0$ als temperaturunabhängig angenommen, so entspricht Gl. [22] dem Modell von *Cohen* und *Turnbull* (2). Demnach ist das Freie Volumen bei konstantem Druck und konstantem *Van-der-Waals*-Volumen der Ausdehnung proportional. Dann gilt (2):

$$\bar{V}_f = \langle \bar{V}_M \rangle \langle \alpha \rangle (T - T_0). \tag{23}$$

Aus den Gl. [11], [22] und [23] folgt in diesem Fall:

$$A(x) = \frac{\langle \alpha \rangle \langle \bar{V}_M \rangle}{\gamma_1 \gamma_2 \bar{V}_0}. \tag{24}$$

$\langle \bar{V}_M \rangle$ und $\langle \alpha \rangle$ sind Mittelwerte des molaren Volumens bzw. des Ausdehnungskoeffizienten oberhalb der Glastemperatur $T_g(x)$. Für den Fall, daß $\gamma_1 \gamma_2 \bar{V}_0 / \bar{V}_M$ im Vergleich zum relativen Freien Volumen f nur wenig von der Temperatur abhängt, folgt aus Gl. [12], daß Gl. [22] für $T > T_g$ näherungsweise dem von *Williams*, *Landel* und *Ferry* (11) gegebenen Zusammenhang:

$$f(T) = f(T_g) + \Delta\alpha(T - T_g) \tag{25}$$

entspricht. Hierin bedeuten $f(T_g)$ das relative Freie Volumen für T_g und $\Delta\alpha$ die Differenz der Ausdehnungskoeffizienten oberhalb und unterhalb T_g. Gl. [24] gibt den Zusammenhang zwischen $A(x)$ und $\Delta\alpha$ wieder, wenn nun $\Delta\alpha$ anstelle von $\langle \alpha \rangle$ eingesetzt wird.

Wird für die Geschwindigkeit u der Ausdruck $\bar{u} = \sqrt{3RT/M}$ eingesetzt und für

$$D_\infty = g\,a\,\sqrt{\frac{3R}{M}} \tag{26}$$

gewählt, ferner die Konstante

$$C'(T) = 1 + (1/3)\,F(x, T) - (2/13)\,F(x, T)^2 \tag{27}$$

festgesetzt, wobei R die Gaskonstante und M die Molmasse bedeuten, so folgt aus den Gl. [6] bis [8] und [11]:

$$D_{LM} = D_\infty\,C'(T) \cdot \sqrt{T} \cdot \exp\left(-\frac{1}{F}\right) \tag{28}$$

und mit Gl. [22] schließlich:

$$\ln \frac{D_{LM}}{C'(T)\sqrt{T}} = \ln D_\infty - \frac{1}{A} \cdot \frac{1}{T - T_0}. \tag{29}$$

Gl. [29] ist eine Geradengleichung mit dem Argument $1/(T - T_0)$ und beschreibt den Selbstdiffusionskoeffizienten D_{LM} als Funktion der Temperatur bei einer gegebenen Konzentration, wobei die Parameter D_∞, A und T_0 anzupassen sind.

Aus den Anpassungsparametern lassen sich, wie schon bei der Beschreibung der Konzentrationsabhängigkeit des Selbstdiffusionskoeffizienten, Aussagen über die untersuchten Polymerlösungen gewinnen. Nach Gl. [24] kann für das reine Lösungsmittel aus A die Größe $\gamma_1 \gamma_2 \bar{V}_0$ berechnet werden, sofern $\langle \alpha \rangle$ dem thermischen Ausdehnungskoeffizienten α gleichgesetzt wird. Weiterhin folgt aus den Gl. [3] und [23] für das *Van-der-Waals*-Volumen des reinen Lösungsmittels:

$$\bar{V}_0 = V_M(T) - \langle \bar{V}_M \rangle \alpha(T - T_0). \tag{30}$$

Mit $\bar{V}_0$ ist auch der *Van-der Waals*-Durchmesser im reinen Lösungsmittel bekannt. Durch Vergleich der berechneten Größen $\gamma_1 \gamma_2 \bar{V}_0$ nach Gl. [24] und $\bar{V}_0$ nach Gl. [30] ergibt sich für das reine Lösungsmittel eine Abschätzung des Produktes $\gamma_1 \gamma_2$:

$$\gamma_1 \gamma_2 = \frac{\langle \bar{V}_M \rangle\,\alpha/A}{\bar{V}_M(T) - \langle \bar{V}_M \rangle\,\alpha(T - T_0)}. \tag{31}$$

3. Meßergebnisse

3.1. Experimentelles

Die Messungen der Selbstdiffusionskoeffizienten von Azeton und Benzol in PMMA wurden mit Hilfe der Spinechotechnik bei einer Protonenresonanzfrequenz von 60 MHz unter Verwendung impulsförmiger Zeemanfeldgradienten alternierenden Vorzeichens durchgeführt.

Über die Meßmethode und die benutzte Apparatur wurde früher berichtet (1, 12). Zur Herstellung der Proben wurde unvernetztes PMMA[1]) mit einem Molekulargewicht von $M_w = 180\,000$ und der Uneinheitlichkeit $U = 1$ sowie Azeton p.a. und Benzol p.a. benutzt. Bei den Messungen muß berücksichtigt werden, daß PMMA ebenfalls Protonen enthält, die zum Spinecho beitragen können. In diesem Fall wird die translatorische Beweglichkeit der PMMA-Segmente durch die Messung mit erfaßt. Der Spinechoanteil der Polymerprotonen wird durch die Größe der transversalen Relaxationszeiten beeinflußt und gewinnt besonders bei hohen Temperaturen über 60 °C und im mittleren vermessenen Konzentrationsbereich an Bedeutung (8). Durch experimentelle Vorkehrungen und ein entsprechendes Auswerteverfahren bei der Gewinnung der Meßwerte wurde der Einfluß der Polymerenbeweglichkeit auf die Selbstdiffusionskoeffizienten der Lösungsmittel eliminiert (8). Die Reproduzierbarkeit der Messungen lag in der Regel bei ±3%. Lediglich die Meßwerte für die jeweils höchste PMMA-Konzentration wiesen Schwankungen bis zu ±5% auf. Der Grund liegt in der transversalen Relaxationszeit des Lösungsmittels, die bei hohen PMMA-Konzentrationen sehr stark abfällt. Als Folge davon wird das Signal-Rauschverhältnis des zur Messung benutzten Spinechos mit wachsender Konzentration schlechter und begrenzt die Meßbarkeit der Selbstdiffusionskoeffizienten mit zunehmender Polymerenkonzentration.

3.2. Temperaturabhängigkeit der Selbstdiffusionskoeffizienten

In den Abb. 1 und 2 sind in halblogarithmischer Auftragung die Selbstdiffusionskoeffizienten von Azeton bzw. Benzol in PMMA als Funktion der reziproken absoluten Temperatur dargestellt. Parameter ist der Grundmolenbruch des PMMA. Die durchgezogenen Kurven sind durch Anpassung von Gl. [29] an die Meßpunkte berechnet worden. Alle Punkte liegen innerhalb der Meßgenauigkeit auf den Kurven.

Zur Anpassung wurden zunächst für $C' = 1$ nach dem Verfahren der kleinsten Fehlerquadrate erste Näherungswerte für D_∞, A und T_0 bestimmt. Mit A und T_0 wurde aus den Gl. [22] und [27] $C'(T)$ berechnet. Mit diesem $C'(T)$ wurden dann zweite Näherungswerte für D_∞, A und T_0 gewonnen. Dieses Verfahren konvergierte nach wenigen Näherungsschritten. Es zeigte sich, daß sich durch die Berücksichtigung von $C'(T) \neq 1$ die Größe der Anpassungsparameter A und T_0 etwa im Bereich der abgeschätzten möglichen Fehler änderte. Eine Abschätzung für die möglichen Fehler wurde dadurch gewonnen, daß bei der Anpassung der

[1]) Fa. Röhm GmbH Chemische Fabrik, Darmstadt.

jeweils kleinste gemessene Selbstdiffusionskoeffizient um ±5% variiert wurde. Von diesen Werten ausgehend erfolgte die Berechnung der Fehler der Größen, die aus den Anpassungsparametern bestimmt werden.

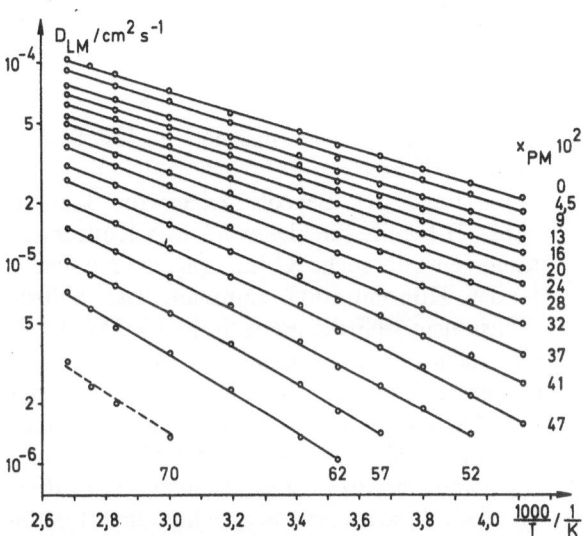

Abb. 1. Selbstdiffusionskoeffizient D_{LM} von Azeton als Funktion der reziproken Temperatur $1000/T$. Parameter ist der Grundmolenbruch x_{PM} von PMMA. Ausgezogene Kurven sind berechnet

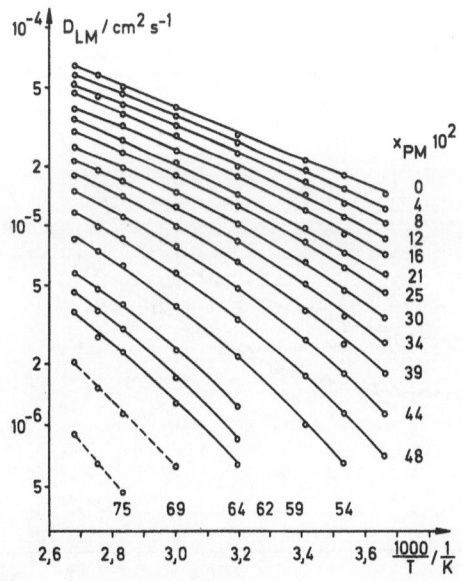

Abb. 2. Selbstdiffusionskoeffizient D_{LM} von Benzol als Funktion der reziproken Temperatur $1000/T$. Parameter ist der Grundmolenbruch x_{PM} von PMMA. Ausgezogene Kurven sind berechnet

Aus Abb. 1 ist ersichtlich, daß die Kurven für Azeton–PMMA nur bei den größten vermessenen PMMA-Konzentrationen eine schwache Krümmung aufweisen. Die Temperaturabhängigkeit des Selbstdiffusionskoeffizienten von Azeton kann daher in den vermessenen Temperatur- und Konzentrationsbereichen näherungsweise durch eine *Arrhenius*-Gleichung dargestellt werden:

$$\ln D_{\text{LM}} = \ln D^{\text{LM}}(\infty) - \Delta E/(RT). \qquad [32]$$

ΔE ist die Aktivierungsenergie des Selbstdiffusionsprozesses.

Im Falle des Benzols zeigen die Kurven (Abb. 2) bereits für kleine PMMA-Konzentrationen eine deutliche Krümmung, die mit wachsender Konzentration zunimmt. Der Selbstdiffusionsprozeß des Benzols in PMMA kann also nicht durch eine einheitliche Aktivierungsenergie beschrieben werden. Für die höheren PMMA-Konzentrationen wird lediglich im Temperaturbereich von ca. 40–100 °C ein näherungsweise linearer Zusammenhang, wie durch Gl. [32] beschrieben, beobachtet und hierfür eine Aktivierungsenergie berechnet.

Die Aktivierungsenergien des Selbstdiffusionsprozesses von Azeton und Benzol sind in Abb. 3 als Funktion des Grundmolenbruchs von PMMA eingezeichnet. Es ist dieser Abbildung zu entnehmen, daß die Aktivierungsenergien für Benzol und Azeton im Anfangskonzentrationsbereich etwa der Aktivierungsenergie der reinen Lösungsmittel entsprechen.

Für Benzol steigt die Aktivierungsenergie mit der PMMA-Konzentration deutlich stärker an als für Azeton. Dieses Verhalten kann folgendermaßen gedeutet werden: Im Anfangskonzentrationsbereich wird der Selbstdiffusionsprozeß im wesentlichen durch Wechselwirkungen zwischen den Lösungsmittelmolekülen bestimmt. Für höhere PMMA-Konzentrationen gewinnt die Wechselwirkung zwischen Lösungsmittelmolekülen und PMMA-Segmenten zunehmend an Bedeutung. Ist nun die Beweglichkeit der Polymersegmente im Vergleich zur Beweglichkeit der Lösungsmittelmoleküle gering, so hat dies eine Behinderung der Selbstdiffusion der kleinen Moleküle zur Folge. Dieser Vorgang macht sich in einer Erhöhung der Aktivierungsenergie des Selbstdiffusionsprozesses der kleinen Moleküle bemerkbar. Im System Benzol–PMMA ist demnach die Lösungsmittel-Polymer-Wechselwirkung bei gleichem Grundmolenbruch höher als im System Azeton–PMMA. Einen Hinweis in diese Richtung scheint auch die Lage der *Flory*schen Theta-Temperatur zu geben (13). *Fox* (14) gibt für Benzol–PMMA eine Theta-Temperatur von $\theta \approx 50\,\text{K}$ und für Azeton–PMMA eine solche von $\theta \approx 218\,\text{K}$ an.

3.3. Konzentrationsabhängigkeit des Selbstdiffusionskoeffizienten

In den Abb. 4 und 5 sind die Selbstdiffusionskoeffizienten von Azeton bzw. Benzol als Funktion des Grundmolenbruchs des PMMA eingezeichnet. Parameter ist die Temperatur. Die durchgezogenen Kurven sind durch Anpassung von Gl. [21] an die Meßpunkte berechnet worden. Die Verfahrensweise, auch bei der Fehlerabschätzung, war analog zur Anpassung der Temperaturabhängigkeit (s. Gl. [29]) für den Selbstdiffusionskoeffizienten. Die Meßwerte werden innerhalb ihrer Genauigkeit durch die berechneten Kurven gut beschrieben. Nur bei hohen Temperaturen ab 60 °C werden im Anfangskonzentrationsbereich kleine systematische Abweichungen beobachtet.

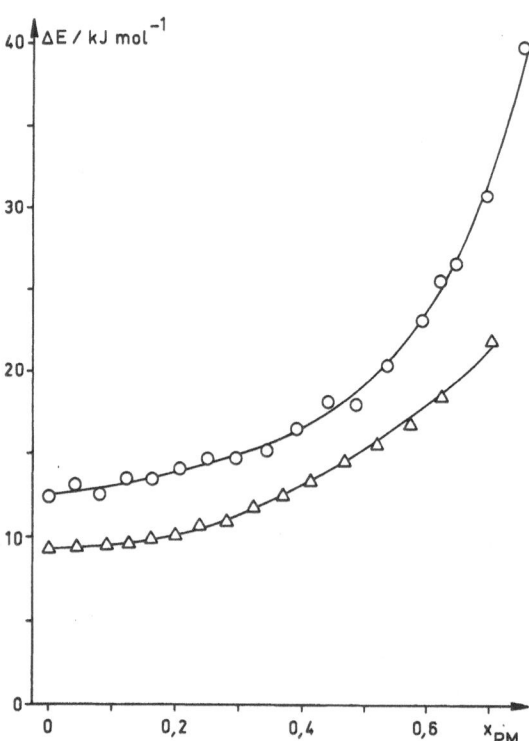

Abb. 3. Aktivierungsenergie des Selbstdiffusionsprozesses kleiner Moleküle in PMMA-Lösungen als Funktion des Grundmolenbruchs x_{PM} von PMMA. ($\triangle$) Azeton–PMMA, ($\bigcirc$) Benzol–PMMA

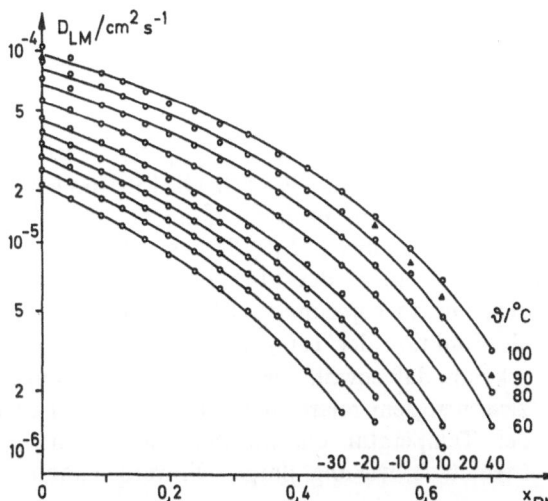

Abb. 4. Selbstdiffusionskoeffizient D_{LM} von Azeton als Funktion des Grundmolenbruchs x_{PM} von PMMA, Parameter ist die Temperatur. Ausgezogene Kurven sind berechnet.

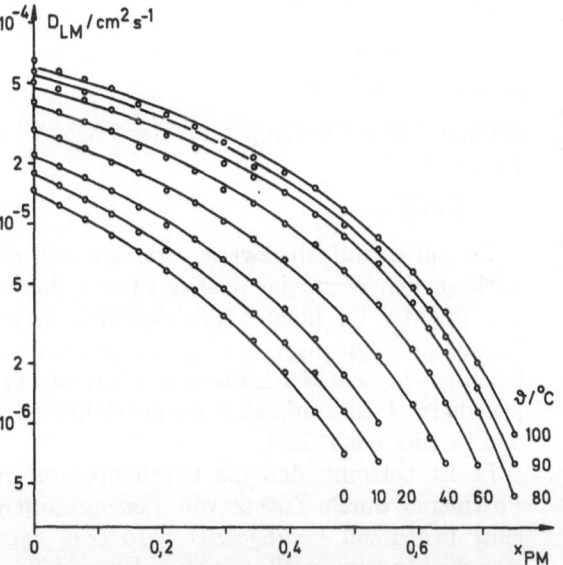

Abb. 5. Selbstdiffusionskoeffizient D_{LM} von Benzol als Funktion des Grundmolenbruchs x_{PM} von PMMA. Parameter ist die Temperatur. Ausgezogene Kurven sind berechnet

Für kleine Konzentrationen wird für beide Lösungsmittel näherungsweise folgender linearer Zusammenhang beobachtet:

$$\ln D_{LM} = \ln D_{s0} - B_x \cdot x_{PM}. \qquad [33]$$

x_{PM} ist der Grundmolenbruch des PMMA, und B_x gibt ein Maß an für den exponentiellen Abfall des Selbstdiffusionskoeffizienten des Lösungsmittels bei Vergrößerung der Konzentration an PMMA.

Diese Beziehung ist in dem Konzentrationsbereich anwendbar, in welchem nach Abb. 3 die Wechselwirkung zwischen den Lösungsmittelmolekülen untereinander dominierend die Aktivierungsenergie des Selbstdiffusionsprozesses bestimmt. Im System Azeton–PMMA gilt Gl. [33] näherungsweise für $x_{PM} \lesssim 0{,}16$ bei $-30\,°C$. Mit wachsender Temperatur wird der Konzentrationsbereich bis zu $x_{PM} \lesssim 0{,}36$ für $100\,°C$ ausgedehnt. Im System Benzol–PMMA liegt der Gültigkeitsbereich von Gl. [33] zwischen $x_{PM} \lesssim 0{,}16$ bei $0\,°C$ und $x_{PM} \lesssim 0{,}25$ bei $100\,°C$.

In Abb. 6 ist für beide Lösungsmittel B_x als Funktion der Temperatur eingezeichnet. Die Fehlerangaben entsprechen einer geschätzten Unsicherheit von $\pm 5\%$ für B_x. Für höhere Temperaturen ($\vartheta \gtrsim 40\,°C$) ist für beide Systeme B_x annähernd gleich und temperaturunabhängig. Bei niedrigen Temperaturen ($\vartheta \lesssim 40\,°C$) erweist sich besonders für Benzol B_x als temperaturabhängig. Es wird der Selbstdiffusionskoeffizient des Benzols bei $0\,°C$ und $10\,°C$ deutlich stärker durch das PMMA beeinflußt als der des Azetons. Im Temperaturbereich $\vartheta \gtrsim 20\,°C$ ist die Abnahme der Selbstdiffusionskoeffizienten von Azeton und Benzol mit zunehmender Konzentration an PMMA nahezu gleich.

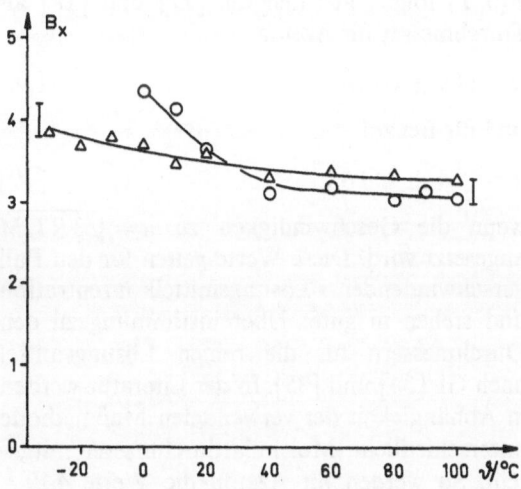

Abb. 6. B_x als Funktion der Temperatur. B_x beschreibt nach Gl. [33] die Konzentrationsabhängigkeit des Selbstdiffusionskoeffizienten des Lösungsmittels im Anfangskonzentrationsbereich von PMMA. Der Gültigkeitsbereich von Gl. [33] ist für Azeton–PMMA ($\triangle$) zwischen $x_{PM} \lesssim 0{,}16$ bei $-30\,°C$ und $x_{PM} \lesssim 0{,}36$ bei $100\,°C$ sowie für Benzol–PMMA ($\bigcirc$) zwischen $x_{PM} \lesssim 0{,}16$ bei $0\,°C$ und $x_{PM} \lesssim 0{,}25$ bei $100\,°C$

3.4. Diskussion der Anpassungsparameter

Nach Gl. [30] wird aus dem Anpassungs-parameter T_0 und dem thermischen Ausdeh-nungskoeffizienten das *Van-der-Waals*-Volumen des Lösungsmittelmoleküls und daraus der zu-gehörige Durchmesser a berechnet. Es ergibt sich für Azeton:

$$a = (4,9 \pm 0,2) \text{ Å} \qquad [34]$$

und für Benzol:

$$a = (5,7 \pm 0,2) \text{ Å} \qquad [35]$$

Aus den Gl. [24] und [31] folgt unabhängig von der Temperatur für Azeton:

$$\gamma_1 \gamma_2 \bar{V}_0 = (106 \pm 29) \text{ cm}^3 \text{ mol}^{-1} \qquad [36]$$

$$\gamma_1 \gamma_2 = 2,9 \pm 0,5$$

und für Benzol

$$\gamma_1 \gamma_2 \bar{V}_0 = (129 \pm 46) \text{ cm}^3 \text{ mol}^{-1} \qquad [37]$$

$$\gamma_1 \gamma_2 = 2,2 \pm 0,6.$$

Die angeführten Werte gelten zunächst für die *reinen* Lösungsmittel. Für die weitere Dis-kussion werden sie näherungsweise auch für die Lösungsmittelmoleküle in den PMMA-Lösun-gen angenommen.

Mit Hilfe der Anpassungsparameter D_0 und $F(0, T)$ folgen aus den Gl. [17] und [18] als Durchmesser für Azeton

$$a = (4,9 \pm 0,4) \text{ Å} \qquad [38]$$

und für Benzol

$$a = (5,4 \pm 0,5) \text{ Å}, \qquad [39]$$

wenn die Geschwindigkeit zu $u = \sqrt{3RT/M}$ angesetzt wird. Diese Werte gelten für den Fall verschwindender Lösungsmittelkonzentration und stehen in guter Übereinstimmung zu den Durchmessern für die reinen Lösungsmittel nach Gl. [34] und [35]. In der Literatur werden in Abhängigkeit der verwendeten Meßmethode unterschiedliche Molekulardurchmesser mitge-teilt. So werden für Azeton die Werte 4,19 Å (15), 4,29 Å (16, 17), 5,2 Å (18) und 6,8 Å (18) sowie für Benzol die Werte 5,27 Å (17, 18), 5,4 Å (19), 6,4 Å (18) und 7,45 Å (18) angegeben. Die jeweils beiden größten Werte sind gas-kinetische Durchmesser bei Raumtemperatur. Von diesen kann angenommen werden, daß sie in vielen Fällen zu groß sind (17). Wird dies be-rücksichtigt, besteht Übereinstimmung zwi-schen den Literaturwerten und den hier gefun-denen Moleküldurchmessern des Azetons und Benzols.

Wird im Falle verschwindender Lösungs-mittelkonzentration für $\gamma_1 \gamma_2 \bar{V}_0$ der Wert des reinen Lösungsmittels nach Gl. [36] und [37] eingesetzt, kann nach Gl. [12] aus dem An-passungsparameter $F(0, T)$ das relative Freie Volumen $f(0, T)$ des PMMA abgeschätzt wer-den. Die so berechneten Werte sind in Abb. 7 als Funktion der Temperatur dargestellt. Man erkennt, daß sowohl für Azeton als auch Benzol zwischen dem relativen Freien Volumen f und der Temperatur ein linearer Zusammenhang besteht, der wie folgt dargestellt werden kann:

$$f(0, T) = f(0, T_g) + \alpha_f (T - T_g). \qquad [40]$$

Für die Steigungen α_f des relativen Freien Volumens unterhalb der Glastemperatur T_g wird für Azeton

$$\alpha_f = (2,7 \pm 1,1) \cdot 10^{-4} \text{ K}^{-1} \qquad [41]$$

und für Benzol

$$\alpha_f = (4,1 \pm 1,8) \cdot 10^{-4} \text{ K}^{-1} \qquad [42]$$

gefunden. Die Glastemperatur des PMMA be-trägt (20, 21):

$$T_g = 378 \text{ K}. \qquad [43]$$

Es soll darauf hingewiesen werden, daß die vorliegenden Werte das relative Freie Volumen des PMMA im inneren Gleichgewicht ange-ben, da die Messungen der Selbstdiffusionskoef-fizienten in PMMA-Lösungen oberhalb der jeweiligen Glastemperatur durchgeführt wur-den [s. hier auch (22)].

Es ist bekannt, daß die Glastemperatur in Polymeren durch Zusatz von Lösungsmitteln ganz bedeutend herabgesetzt wird (23). Setzt man die Modellvorstellung von *Cohen* und *Turn-bull* (2) voraus, dann sollte α_f einen Wert zwi-schen den thermischen Ausdehnungskoeffizien-ten des PMMA oberhalb und unterhalb der Glastemperatur annehmen. Für PMMA im inneren Gleichgewicht folgt aus Messungen von *Hejboer* (24):

$$\alpha = 5,53 \cdot 10^{-4} \text{ K}^{-1}. \qquad [44]$$

Für PMMA im Glaszustand gilt (25):

$$\alpha = (2,1 \ldots 2,4) \cdot 10^{-4} \text{ K}^{-1}. \qquad [45]$$

Für die relativen Freien Volumina des PMMA bei T_g wird im System Azeton–PMMA:

$$f(0, T_g) = 0,090 \pm 0,032 \qquad [46]$$

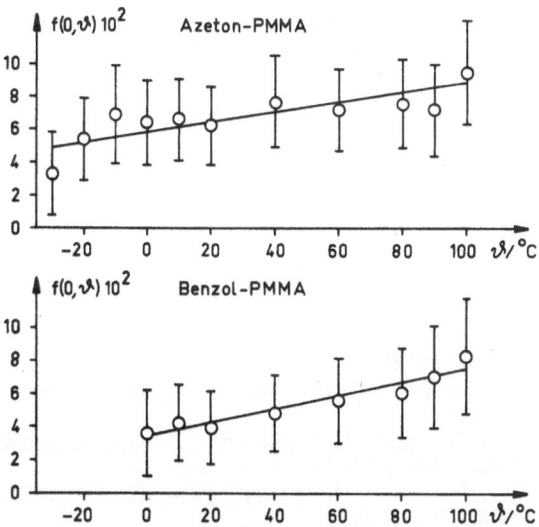

Abb. 7. Relatives Freies Volumen $f(0, \vartheta)$ des PMMA als Funktion der Temperatur ϑ bei Verwendung von Azeton bzw. Benzol als Lösungsmittel

und im System Benzol–PMMA

$$f(0, T_g) = 0,076 \pm 0,033 \qquad [47]$$

gefunden. Innerhalb der Fehlerabschätzung erweisen sich die Werte als gleich.

Wie in Abschnitt 2 diskutiert, lassen sich aus der Temperatur- und auch aus der Konzentrationsabhängigkeit der Selbstdiffusionskoeffizienten durch Anpassung an die Meßwerte die reduzierten Freien Volumina getrennt, jeweils als Funktion sowohl der Temperatur als auch der Konzentration, bestimmen. In den Abb. 8 und 9 sind einmal für reines Azeton und für eine Azeton–PMMA-Lösung ($x_{PM} = 0,41$) die Temperaturabhängigkeit des reduzierten Freien Volumens $F(\vartheta)$ und zum anderen die Konzentrationsabhängigkeit bei 10 und 40 °C für das System Azeton–PMMA, wie sie aus den verschiedenen Anpassungen nach Gl. [21] und [29] gewonnen wurden, gegenübergestellt. Dabei bezeichnen F_T die aus der Temperaturabhängigkeit mit Hilfe des Ansatzes Gl. (22) und F_x die

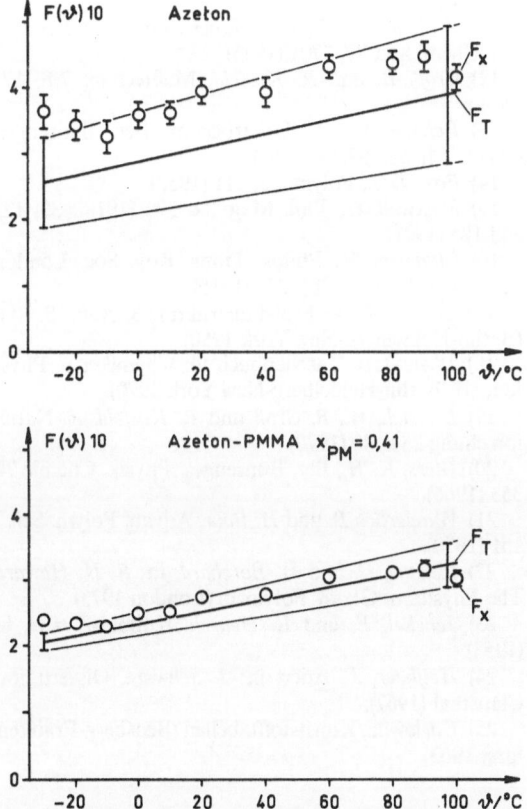

Abb. 8. Reduziertes Freies Volumen $F(\vartheta)$ im System Azeton–PMMA als Funktion der Temperatur ϑ. Es werden $F_T(-)$ aus den Gl. [22] und [29] und $F_x(o)$ aus den Gl. [15] und [21] durch Anpassung an die gemessenen Selbstdiffusionskoeffizienten berechnet

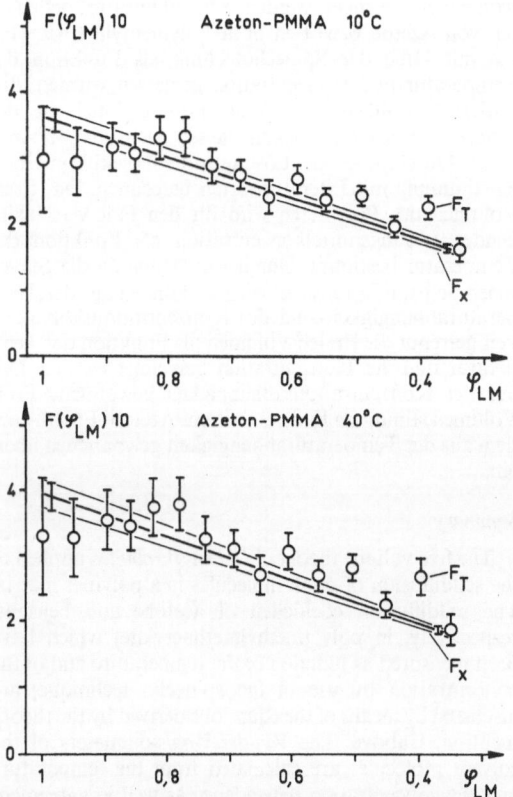

Abb. 9. Reduziertes Freies Volumen $F(\varphi_{LM})$ im System Azeton–PMMA als Funktion des Volumenbruchs φ_{LM} von Azeton. Es werden $F_T(o)$ aus den Gl. [22] und [29] und $F_x(-)$ aus den Gl. [15] und [21] durch Anpassung an die gemessenen Selbstdiffusionskoeffizienten berechnet

aus der Konzentrationsabhängigkeit mit Hilfe des Ansatzes Gl. [15] gewonnenen Werte. Es zeigt sich, daß im System Azeton–PMMA Übereinstimmung zwischen F_T und F_x besteht. Insbesondere wird nach Abb. 8 der in der Temperatur lineare Ansatz für F_T durch F_x als Funktion der Temperatur bestätigt. Auch der im Volumenbruch lineare Ansatz von F_x wird nach Abb. 9 näherungsweise durch F_T als Funktion des Volumenbruchs gerechtfertigt. Abschließend sei noch erwähnt, daß für das System Benzol–PMMA eine Gegenüberstellung zwischen F_T und F_x insbesondere in der Konzentrationsabhängigkeit größere Abweichungen zeigt (8).

Wir danken der Deutschen Forschungsgemeinschaft, Bad Godesberg, die durch großzügige Personal- und Sachmittel diese Arbeit unterstützt hat.

Zusammenfassung

Die Theorie des Freien Volumens von *Cohen-Turnbull* wird auf die Selbstdiffusion kleiner Moleküle in einer polymeren Matrix übertragen. Mit Hilfe der gewonnenen Formeln werden Selbstdiffusionskoeffizienten von Azeton bzw. Benzol in Polymethylmethacrylat, die mit Hilfe der Spinechotechnik als Funktion der Temperatur und Konzentration gemessen wurden, diskutiert. Sowohl aus der Temperatur- als auch aus der Konzentrationsabhängigkeit lassen sich die *Van-der-Waals*-Durchmesser der Lösungsmittelmoleküle in Übereinstimmung mit Literaturwerten berechnen. Das Freie Volumen des Polymeren wird für den Fall verschwindender Lösungsmittelkonzentration als Funktion der Temperatur bestimmt. Durch Anpassung an die gemessenen Selbstdiffusionskoeffizienten können aus der Temperaturabhängigkeit und der Konzentrationsabhängigkeit getrennt die Freien Volumen als Funktion der Temperatur und der Konzentration berechnet werden. Das aus der Konzentrationsabhängigkeit gewonnene Freie Volumen stimmt im Fall des Systems Azeton–PMMA mit dem aus der Temperaturabhängigkeit gewonnenen überein.

Summary

The free volume theory of *Cohen-Turnbull* is applied to the selfdiffusion of small molecules in a polymer matrix. The selfdiffusion coefficient of acetone and benzene, respectively, in poly (methylmethacrylate) which have been measured as function of the temperature and of the concentration by use of the spinecho technique, are discussed by means of the equations derived by the theory mentioned above. The *Van-der-Waals*-diameters of the solvent molecules are calculated from the temperature and the concentration dependence as well in agreement with values cited in the literature.

In the case of vanishing solvent concentration, the free volume of the polymer is determined as function of temperature. Fitting the discussed equations to the measured selfdiffusion coefficients the free volumes as function of temperature and of concentration can be calculated from the temperature and the concentration dependence as well. In the case of the system acetone–PMMA the free volume gained from the concentration dependence agrees with the values derived from the temperature dependence.

1) *Kosfeld, R.* und *J. Schlegel*, Angew. Makromol. Chemie **29/30**, 105 (1973).
2) *Cohen, M. H.* und *D. Turnbull*, J. Chem. Phys. **31**, 1164 (1959).
3) *Kosfeld, R.* und *K. Goffloo*, Kolloid-Z. u. Z. Polymere **247**, 801 (1971)
4) *Goffloo, K.* und *R. Kosfeld*, Makromol. Chemie (im Druck).
5) *Ödberg, L., K. Goffloo* und *J. Schlegel*, Chemica Scripta **4**, 107 (1973).
6) *Doolittle, A. K.*, J. Appl. Phys. **22**, 1471 (1951), ibid. **23**, 236 (1952).
7) *Fujita, H.*, in: *J. Crank* und *G. S. Park*, Diffusion in Polymers (London und New York 1968).
8) *Schlegel, J.*, Dissertation, Aachen (1974).
9) *Fujita, H., A. Kishimoto* und *K. Matsumoto*, Trans. Faraday Soc. **56**, 424 (1960).
10) *Fujita, H.* und *A. Kishimoto*, J. Chem. Phys. **34**, 393 (1961).
11) *Williams, M. L., R. F. Landel* und *J. D. Ferry*, J. Am. Chem. Soc. **77**, 3701 (1955).
12) *Groß, B.* und *R. Kosfeld*, Meßtechnik **7/8**, 171 (1969).
13) *Rehage, G.*, Z. Elektrochem. Ber. Bunsenges. Physik. Chemie **59**, 78 (1955).
14) *Fox, T. G.*, Polymer **3**, 111 (1962).
15) *Maxwell, C.*, Phil. Mag. **32**, 390 (1918); **35**, 129 und 185 (1921).
16) *Chapman, S.*, Philos. Trans. Roy. Soc. London **A 211**, 433 (1911); **A 216**, 276 (1915).
17) *Stuart, H. A.*, Molekülstruktur. 3. Aufl., S. 81 ff. (Berlin-Heidelberg-New York 1950).
18) *D'Ans-Lax*, Taschenbuch für Chemiker u. Physiker, III (Berlin-Heidelberg-New York 1970).
19) *Dietrich, W., B. Groß* und *R. Kosfeld*, Z. Naturforschung **25 a**, 40 (1970).
20) *Illers, K. H.*, Ber. Bunsenges. Physik. Chemie **70**, 353 (1966).
21) *Wunderlich B.* und *H. Baur*, Advan. Polym. Sci. **7**, 151 (1970).
22) *Rehage, G.* und *W. Borchard*, in: *R. N. Haward*, The Physics of Glassy Polymers (London 1973).
23) *Jenckel, E.* und *R. Heusch*, Kolloid-Z. **139**, 89 (1953).
24) *Heijboer, J.*, zitiert in: *J. Schwarz*, Dissertation, Clausthal (1967).
25) *Carlowitz*, Kunststofftabellen (Bensberg-Frankenforst 1963).

Anschrift der Verfasser:

Prof. Dr. *R. Kosfeld* und Dipl.Phys. *J. Schlegel*
Abteilung für Physikalische Chemie der Kunststoffe
der RWTH Aachen
51 Aachen, Templergraben 59

Diskussion:

G. Rehage (Clausthal-Zellerfeld):

1. In einer binären Mischphase gibt es einen (wechselseitigen) Diffusionskoeffizienten, aber zwei Beweglichkeiten: diejenige des Lösungsmittels und die des Polymerisats. Der Konzentrationsverlauf der Beweglichkeiten entspricht qualitativ demjenigen der Selbstdiffusionskoeffizienten. Sind die Werte untereinander verglichen worden?

2. Warum stimmt beim System Aceton-PMMA das aus der Konzentrationsabhängigkeit gewonnene freie Volumen mit dem aus der Temperaturabhängigkeit gewonnenen überein und beim System Benzol-PMMA nicht?

J. Schlegel (Aachen):

Zu 1. Ein Vergleich der Selbstdiffusionskoeffizienten mit den Beweglichkeiten wurde bisher nicht durchgeführt.

Die Selbstdiffusionskoeffizienten der Lösungsmittel und des PMMA sind miteinander verglichen worden. Die Selbstdiffusionskoeffizienten des PMMA sind für einen Grundmolenbruch an PMMA von $x_{PM} \approx 0,05$ etwa zwei Größenordnungen kleiner als die Selbstdiffusionskoeffizienten des Acetons und des Benzols. Im System Aceton-PMMA liegen die Selbstdiffusionskoeffizienten des PMMA bei gleichen Konzentrationen deutlich höher als im System Benzol-PMMA. Die Selbstdiffusionskoeffizienten des PMMA nehmen bedeutend stärker mit wachsender Konzentration an PMMA ab als dies für die Selbstdiffusionskoeffizienten des Acetons oder des Benzols der Fall ist.

Zu 2. Die Beobachtung, daß das beim System Benzol-PMMA aus der Konzentrationsabhängigkeit gewonnene freie Volumen mit dem aus der Temperaturabhängigkeit bestimmten freien Volumen nur in grober Näherung übereinstimmt, wird auf die starke Wechselwirkung zwischen Benzol und PMMA zurückgeführt. Die Aktivierungsenergien der Selbstdiffusionskoeffizienten als Funktion der Konzentration an PMMA weisen nach Abb. 2 aus, daß sich die Wechselwirkung des Benzols mit dem PMMA stärker mit der Konzentration ändert als beim Aceton.

Da nun das freie Volumen einerseits aus der Temperaturabhängigkeit der Lösungsmittel-Selbstdiffusionskoeffizienten bei konstanter Konzentration und andererseits aus der Konzentrationsabhängigkeit bei konstanter Temperatur gewonnen wird, wirkt sich eine starke Konzentrationsabhängigkeit der Lösungsmittel-Polymer-Wechselwirkung in einer Differenz zwischen den auf verschiedene Weise berechneten freien Volumina aus. Und dies ist eben für Benzol-PMMA in weit größerem Maße der Fall als für Aceton-PMMA.

H. G. Kilian (Ulm/Donau):

Können Sie die „iso-free-volume"-Regel bei der quasistatischen Glastemperatur bestätigen?

J. Schlegel (Aachen):

Die „iso-free-volume"-Regel besagt, daß das freie Volumen bei Erreichen der Glastemperatur unter einen bestimmten charakteristischen Wert absinkt. (s. h. *T. G. Fox* and *P. J. Flory*, J. Appl. Phys. 21, 581, 1950). Da hier die Selbstdiffusionskoeffizienten in den Polymerlösungen weit oberhalb der Glastemperatur gemessen werden, läßt sich keine Aussage über die Gültigkeit der „iso-free-volume"-Regel für die Polymerlösungen bei verschiedenen Konzentrationen machen. Es erweisen sich aber die freien Volumina des PMMA für verschwindende Konzentration an Aceton und an Benzol bei der Glastemperatur innerhalb der Fehlergrenzen als gleich (s. Gl. [46] und [47]).

Diese Beobachtung könnte als Bestätigung der „iso-free-volume"-Regel angesehen werden.

Progr. Colloid & Polymer Sci. **57**, 80–84 (1975)

7.

Aus dem Bereich Polymere im Fachbereich 14 der Universität Marburg
und dem Organisch-Chemischen Institut der Universität Mainz

Einflüsse der Initiatorsubstituenten bei der mit salzhaltigen Yliden initierten Polyinsertionsreaktion auf die Struktur der Polymeren

Von H. Klippert und H. Ringsdorf

Mit 3 Tabellen

(Eingegangen am 4. Februar 1974)

Es wird über Substituenteneinflüsse bei Polyinsertionsreaktionen berichtet, und zwar bei einem besonderen Typ von anionischen Polyinsertionsreaktionen, nämlich der Einlagerung von Monomeren in ein Polybetainsystem. In diesem Fall können die Initiatorsubstituenten nicht nur die Start-, sondern auch die Wachstumsreaktion beeinflussen.

Polybetainsystem:

$$Start: \quad :R_3N + M \longrightarrow R_3N^{\oplus}\text{-}M^{\ominus}$$

$$Wachstum: \sim M^{\ominus}...R_3N^{\oplus}\text{-}M^{\ominus}...R_3N^{\oplus}\sim \longrightarrow ...R_3N^{\oplus}M_n\text{-}M^{\ominus}...$$
$$+ n M \nearrow$$

Zur Untersuchung der Substituenteneinflüsse benötigt man ein Startersystem mit einer hohen Initiatorfähigkeit, dessen sterische und polare Eigenschaften darüber hinaus in weitem Rahmen variierbar sein müssen. Diese Bedingungen werden von der Stoffklasse der Ylide in hervorragender Weise erfüllt (1).

Es wurden unterschiedliche Ylidtypen, verschieden substituierte Phosphorane und Arsenane, auf ihre Initiatorfähigkeit gegenüber polaren Monomeren untersucht. Die experimentellen Ergebnisse sind in Tab. 1 schematisch zusammengefaßt.

Deutliche Differenzierungen in der Initiatorfähigkeit der einzelnen Ylidtypen treten klar hervor. Die salzhaltigen Phosphorane und Arsenane initiieren als einzige die Polymerisation von Methylmethacrylat (MMA). Die salzfreien silyl- und unsubstituierten Phosphorane gleichen in ihrem Initiierungsverhalten den salzhaltigen Schwefel- und Stickstoffyliden, sie initiieren nur die Polymerisation der ungesättigten Nitrile. Die weniger basischen Acylylide vermögen nur das äußerst reaktive α-Cyanacrylat zu polymerisieren.

Bei der weiteren Untersuchung stellte sich heraus, daß man auch dem Mechanismus nach zwischen der Initiierung mit salzhaltigen und salzfreien Yliden unterscheiden muß.

Tab. 1. Initiatorfähigkeit unterschiedlicher Ylidtypen. Monomer = 10 % in Toluol, Initiator = 3 mol %, $T = -70\,°C$, $t = 120$ min

$[(CH_3)_3N^{\oplus}\text{—}CH_2\text{—}Li]\,J^{\ominus}$	−	−	−	+	+	+
$[(C_6H_5)_3P^{\oplus}\text{—}CH_2\text{—}Li]\,J^{\ominus}$	−	−	+	+	+	+
$[(C_6H_5)_3As^{\oplus}\text{—}CH_2\text{—}Li]\,J^{\ominus}$	−	−	+	+	+	+
$[(CH_3)_2S^{\oplus}\text{—}CH_2\text{—}Li]\,J^{\ominus}$	−	−	−	+	+	+
$(C_6H_5)_3P^{\oplus}\text{—}^{\ominus}CH_2$	—	—	−	+	+	+
$(C_6H_5)_3P^{\oplus}\text{—}^{\ominus}CH\text{—}Si(CH_3)_3$	−	−	−	(+)	+	+
$(C_6H_5)_3P^{\oplus}\text{—}^{\ominus}CH\text{—}C_6H_5$	−	−	−	−	+	+
$(C_6H_5)_3P^{\oplus}\text{—}^{\ominus}CH\text{—}CO\text{—}CH_3$	−	−	−	−	−	+
$(C_6H_5)_3P^{\oplus}\text{—}^{\ominus}CH\text{—}CO_2C_2H_5$	−	−	−	−	−	+

\+ Polymerisation, (+) Spuren von Polymethacrylnitril, − keine Polymerisation

Liegt bei der Initiierung mit den salzfreien Yliden zweifelsohne eine Insertionsreaktion vor, die zum Aufbau von Makrozwitterionen führt, ist dies von vornherein nicht im gleichen Maß für die Initiierung mit den salzhaltigen Yliden zu erwarten. Da die salzhaltigen Ylide mit einem sp^3-hybridisierten Ylidkohlenstoffatom, also mit einer gerichteten Kohlenstoff-Lithium-Bindung vorliegen (2), könnten Start- und Wachstumsreaktion weitgehend im Sinne einer normalen mit Alkyllithium initiierten Polymerisation verlaufen:

$$X^{\ominus}R_3P^{\oplus}—CH_2—Li + nM \rightarrow$$
$$R_3P^{\oplus}—CH_2—LiX^{\ominus} + (n+1)M—X^{\ominus}R_3P^{\oplus} \quad [1]$$
$$X^{\ominus}R_3P^{\oplus}—CH_2(—M)_{n-1}M^{\ominus}Li^{\oplus}.$$

Die experimentellen Ergebnisse zeigen jedoch, daß Einflüsse der Initiatorsubstituenten auf die Polyreaktion diskutiert werden müssen. Zur Erklärung soll folgendes Formelschema der im Wachstumsschritt der Polyreaktion vorliegenden Ionen herangezogen werden.

$$\overset{\leftarrow E_d \rightarrow}{X^- \dots R_3P \sim \sim \quad C^- \dots Li^+ \dots X^- \dots R_3P^+ \sim}$$
$$E_a \quad E_b \quad E_c \quad [2]$$

Betrachtet man im Detail die Wechselwirkungen zwischen den Ionen, so können die folgenden entgegengesetzt geladener Ionen diskutiert werden:

1. Die Wechselwirkung zwischen wachsendem Carbanion und niedermolekularem Gegenion $Li^{\oplus}$ (E_a);

2. die Wechselwirkung zwischen Lithium- und Halogenidion (E_b);

3. die Wechselwirkung zwischen Phosphonium- und Halogenidion (E_c) und

4. die Wechselwirkung zwischen Carbanion und Phosphoniumion (E_d).

Eine Abschätzung der Größe der einzelnen Ionenwechselwirkungen nach dem Konzept der „harten und weichen Säuren und Basen" von *Pearson* (3) ergibt eine hohe Wechselwirkung zwischen dem Carbanion und dem $Li^{\oplus}$-Gegenion, die beide als „hart" anzusehen sind; das gleiche gilt für die beiden „weichen" Gruppen $X^{\ominus}$ und $R_3P^{\oplus}$—. Die Wechselwirkungen zwischen Carbanion und Phosphoniumion sollten ebenso wie die zwischen $Li^{\oplus}$ und $X^{\ominus}$ relativ klein sein.

Diese Wechselbeziehungen können zusätzlich durch mehrere Faktoren beeinflußt werden. Die Einführung großer sterisch sehr anspruchsvoller Substituenten führt infolge einer durch Abschirmung geringeren Wechselwirkungsenergie E_c zu einer Erhöhung von E_b. Ähnliche Auswirkungen sind bei einer Variation des Halogenidions und des Alkaliions zu erwarten.

Die genannten Wechselwirkungen mit Hilfe von kinetischen Messungen nachzuweisen, ist nicht eindeutig gelungen, da bei dem Polymerisationssystem keine momentane Startreaktion vorliegt, Start- und Wachstumsreaktion aber mit den angewandten Methoden nicht zu unterscheiden waren.

Wesentlich aufschlußreicher war die Untersuchung der Stereoregularität der entstehenden Polymerisate. In Tab. 2 sind die Ergebnisse, die bei der Polymerisation von Polymethylmethacrylat (PMMA) in Dimethoxyäthan (DME) mit salzhaltigen Phosphoranen als Initiatoren, erhalten wurden zusammengefaßt und mit den entsprechenden Werten, die mit dem Initiator Butyllithium unter identischen Bedingungen erhalten wurden, verglichen.

Tab. 2. Taktizitätsanteile*) und Sequenzlängenverteilungen der in Dimethoxyäthan polymerisierten Polymethylmethacrylate

Initiator	X_{ii}	X_{is}	X_{ss}	L_i	L_s	L_s/L_i
$(C_4H_9)_3P^{\oplus}—CH_2Li \, Br^{\ominus}$	0,01	0,17	0,82	1,1	10,7	9,8
$(C_6H_{11})_3P^{\oplus}—CH_2Li \, Br^{\ominus}$	0,01	0,20	0,79	1,1	8,9	8,1
$(C_6H_5)_3P^{\oplus}—CH_2Li \, Br^{\ominus}$	0,02	0,14	0,84	1,3	13,0	10,0
$(C_4H_9)_3P^{\oplus}—CH_2Li \, J^{\ominus}$	0,06	0,12	0,78	2,0	14,8	7,4
$(C_6H_{11})_3P^{\oplus}—CH_2Li \, J^{\ominus}$	0,02	0,14	0,84	1,3	13,0	10,0
$(C_6H_5)_3P^{\oplus}—CH_2Li \, J^{\ominus}$	0,01	0,19	0,81	1,1	9,5	8,6
C_4H_9Li	0,07	0,24	0,69	1,6	6,8	4,3

*) NMR-spektroskopische Bestimmung durch Auswertung der Flächeninhalte der α-Methylprotonen des Polymeren mit JEOL-Spektrometer „Minimar" 60 MHz in $o—C_6H_4Cl_2$ bei 150 °C.

Da in dem polaren Lösungsmittel Dimethoxy-äthan die Ylide eine höhere Stereoregulierung als Butyllithium bewirken, muß bei den Yliden die Differenz zwischen den Aktivierungsenergien für die syndio- und isotaktische Verknüpfung größer sein. Als Ursache nehmen wir Wechsel-wirkungen zwischen den positiven Phospho-niumendgruppen und dem wachsenden Carb-anion an, die ein sterisch anspruchsvolleres Ionenpaar entstehen lassen. Diese Wechsel-wirkungen machen den charakteristischen Un-terschied der Ylidinitiierung gegenüber der Butyllithiuminitiierung aus. Da schon in Di-methoxyäthan ein Insertionsmechanismus an-genommen wurde, waren für die Ylidinitiierung im unpolaren Toluol wesentlich stärkere Ein-flüsse der Endgruppen auf das Reaktionsgesche-hen zu erwarten. Die Ergebnisse, die bei den Polyreaktionen in Toluol erhalten wurden, sind in Tab. 3 zusammengefaßt:

LiJ-haltigen Methylenphosphoranen initiierten Polymeren. Die Sequenzlängenverhältnisse L_i/L_s ergeben sich zu 0,47, 5,4, 9,0 und 9,0. Daraus folgt, daß bei der Ylidinitiierung in Toluol ein deutlicher Einfluß der Initiatorsubstituenten auf den Polymerisationsverlauf zu finden ist. Die letz-ten drei ergaben das erwartet isotaktische Pro-dukt, jedoch ist die Sequenzlängenverteilung, zumindest bei den letzten beiden, deutlich höher isotaktisch als bei der Initiierung mit Butyl-lithium (Spalte 13). Wie in Dimethoxyäthan ist dieser erhöhte Ordnungsgrad durch eine Poly-merisation in einem Polybetainsystem bedingt. Prinzipiell verschieden davon ist das mit dem Cyclohexylylid (Spalte 2) erzielte Verhältnis von 0,47. Berücksichtigt man das diskutierte Formel-schema und die Rolle, die das $Li^\oplus$-Ion bei der Stereoregulierung von Polymethylmethacrylat zukommt (4), muß man annehmen, daß bei dem Cyclohexylylid das $Li^\oplus$-Ion vom Jodidion daran

Tab. 3. Taktizitäten und Sequenzlängenverteilung der ylidinitiierten Polymethylmethacrylate in Toluol Ylide [$R_3P^\oplus$—$C(Li)R'R''$] $Hal^\ominus$

Spalte	Typ				X_{ii}	X_{is}	X_{ss}	L_i	L_s	L_i/L_s
	R	R'	R''	Hal						
1	C_6H_{11}	H	H	Br^-	0,18	0,27	0,55	2,3	5,7	0,40
2	C_6H_{11}	H	H	J^-	0,18	0,28	0,54	2,4	5,7	0,42
3	C_3H_7	CH_3	CH_3	J^-	0,15	0,30	0,55	2,0	4,7	0,43
4	C_4H_9	CH_3	CH_3	J^-	0,11	0,31	0,58	1,7	4,6	0,37
5	C_4H_9	C_2H_5	H	J^-	0,71	0,17	0,12	9,3	2,4	3,9
6	i-C_3H_7	C_2H_5	H	J^-	0,72	0,18	0,10	8,2	1,8	4,5
7	C_6H_5	C_2H_5	H	J^-	0,72	0,20	0,08	8,2	1,8	4,5
8	C_6H_5	H	H	J^-	0,75	0,17	0,07	9,9	1,9	5,2
9	C_4H_9	H	H	Br^-	0,82	0,10	0,08	17,4	2,6	6,7
10	C_6H_5	H	H	Br^-	0,79	0,17	0,04	10,2	1,4	7,2
11	i-C_3H_7	H	H	J^-	0,84	0,12	0,04	15,0	1,7	8,9
12	n-C_4H_9	H	H	J^-	0,83	0,14	0,03	12,9	1,4	9,0
13	n-Butyllithium				0,69	0,20	0,11	7,9	2,1	3,8

Wenn das anfangs diskutierte Formelschema

$$\sim \overset{|}{C}^- \ldots Li^\oplus \ldots X^\ominus \ldots R_3P^\oplus \sim$$

die vorliegenden Wechselwirkungen am Reak-tionsort richtig wiedergibt, sollte man zwei Ein-flüsse auf die Taktizität und die Sequenzlängen-verteilung erwarten.

1. Einfluß der Phosphorsubstituenten R.
2. Einfluß der Halogenidionen X.

Zur Diskussion des Einflusses der *Phosphor-substituenten* werden zunächst Einflüsse ande-rer Faktoren ausgeschlossen. In den Spalten 2, 8, 11 und 12 der Tab. 3 stehen die Werte der mit den

gehindert wird, das ankommende Monomere in sterisch genau definierter Weise auszurichten. Wie man an Kalottenmodellen zeigen kann, ver-hindern die sperrigen Cyclohexylkerne eine la-dungsmäßige Absättigung des Halogenids durch die Phosphoniumgruppe, bedingt durch die Ver-größerung des Phosphor-Halogenidabstands, wodurch die Wechselwirkung zwischen Halo-genid und $Li^\oplus$ beträchtlich erhöht wird. Im Falle des Triphenylphosphoniumylids haben die Phe-nylkerne einen kleinen, aber doch deutlich meß-baren Einfluß, während die sterisch anspruchs-loseren Trialkylylide die größte in diesem Polybetainsystem erreichbare Stereoregulierung bewirken.

Um diese Vorstellung vom Reaktionsverlauf zu erhärten, wurde auch der vierte Phosphorsubstituent variiert. Im ersten Beispiel bestand dieser aus der einfach substituierten —CH_2—-Gruppe. Setzt man äthylsubstituierte Ylide als Initiatoren ein, so liegt L_i/L_s mit 3,9 bis 4,5 (Tab. 3, Spalte 5–7) deutlich niedriger als bei den mit unsubstituierten Yliden erhaltenen Werten. Die experimentellen Werte bestätigen die bisher vertretene Vorstellung, daß die stereoregulierende Wirkung des $Li^{\oplus}$-Ions über die sterische Abschirmung am Phosphoratom beeinflußt wird.

Noch deutlicher wird der Einfluß, wenn man am Ylidcarbanion doppelt substituierte Ylide einsetzt. Die mit diesen Initiatoren erhaltenen Polymere weisen jetzt eine heterotaktische Struktur auf. Das $Li^{\oplus}$-Ion hat seine stereoregulierende Wirkung eingebüßt. Die Einflüsse der als Endgruppe eingebauten Initiatoren auf die Wachstumsreaktion der ylidinitiierten Polyreaktion sind eindeutig nachweisbar.

Zu einer Diskussion des *Halogenideinflusses* an dieser Stelle reicht das Material wegen experimenteller Schwierigkeiten bei der Initiierung mit LiCl-haltigen Yliden nicht aus.

Zum Schluß soll über eine weitere Beobachtung berichtet werden, die den angenommenen Reaktionsmechanismus stützt. So fiel z. B. bei der Initiierung mit den Yliden, die in Toluol heterotaktische Polymere ergaben, auf, daß die vorliegende zehnprozentige Monomerlösung sehr schnell durchzupolymerisieren schien. Es bildete sich zunächst eine gelartige Masse, die nach wenigen Minuten in eine feste klare Polymerlösung überging. Diese feste Lösung löste sich nicht in Chloroform, Toluol oder Benzol. Auch eine Quellung trat nicht ein. Gegen das

Vorliegen normal vernetzter und damit unlöslicher Produkte spricht jedoch die Tatsache, daß sie sich in feuchtem HBr-haltigen THF bei gelinder Erwärmung auflösten. Das nach Ausfällen aus Methanol erhaltene Polymethylmethacrylat erwies sich als niedermolekular. Diese Ergebnisse deuten auf ein über Ionenbindungen zusammengehaltenes, d. h. ionogen vernetztes System hin, wie es auch bei den salzfreien Yliden auftritt (1). Bei den salzhaltigen Yliden ist in die polymerkettenverknüpfende Ionenbindung noch ein Ionenpaar, nämlich Lithiumhalogenid eingelagert. Aus einem Polybetainsystem kann ein solch ionogen vernetztes System nur gebildet werden, wenn alle Ionenpaare untereinander relativ starke, gleichgroße Wechselwirkungen zeigen. Dadurch verliert das $Li^{\oplus}$-Ion seine stereoregulierende Wirkung, was durch die Taktizitätsmessungen bestätigt wird, da in den Systemen, die zu ionogenen Netzwerken neigen, heterotaktische Polymere gebildet werden.

Zusammenfassung

Die Polymerisation von Methylmethacrylat wurde anionisch mit salzhaltigen Phosphoranen (Ylide) $[R_3P^{\oplus}-CR'R''Li]X^{\ominus}$ (R = Alkyl, Phenyl; R' = R'' = H, Alkyl; X = Br, J) initiiert. Dabei entstehen durch den Einbau des Initiators als Endgruppe polymerisierende Zwitterionen. Anhand der Taktizität des entstehenden Polymethylmethacrylats konnte gezeigt werden, daß die Substituenten der endständigen Phosphoniumgruppe in unpolaren und in polaren Lösungsmitteln einen deutlichen Einfluß auf die Stereoregulierung der Wachstumsreaktion haben. Aufgrund dieser Beobachtung wird auf die Existenz eines Polybetainsystems geschlossen, das in polaren und unpolaren Lösungsmitteln vorliegt und das von den wachsenden Makrozwitterionen gebildet wird. Die Polyreaktion verläuft demzufolge als Insertion des Monomeren in von Phosphoniumendgruppen und polymerisierenden Carbanionen gebildete Ionenpaare, die im Fall der Initiierung mit salzhaltigen Phosphoranen noch zusätzlich ein Alkalihalogenid enthalten können.

Summary

The anionic polymerization of methyl methacrylate was initiated with salt-complexed phosphoranes (ylids) $[R_3P^{\oplus}-CR'R''Li]X^{\ominus}$ (R = alkyl, phenyl; R' = R'' = H, alkyl; X = Br, J). By the initiation step of this reaction polymerizing zwitterions are formed. The substituents of the phosphoranes, incorporated as endgroup in the polymer, have a strong influence on the stereoregulation of the growth-reaction, as was shown by tacticity measurements. This influence is valid in polar and in non-polar solvents. Based on this finding we suggest the existence of a polybetainic system, formed by the polymerizing macrozwitterions. The polymerization proceeds by an insertion of the monomer into the ion-pairs, composed of the phosphonium endgroups and the growing carbanions. In the special case of initiating with salt-complexed phosphoranes an alkali halogenide can be an additional component of the ion-pair.

Literatur

1) *Klippert, H.* und *H. Ringsdorf*, Makromol. Chem. **153**, 289 (1972). – *Klippert, H.*, Dissertation (Marburg 1972).

2) *Schmidbaur, H.* und *W. Tronich*, Chem. Ber. **101**, 3556 (1968).

3) *Pearson, R. G.*, J. Amer. Chem. Soc. **85**, 3533 (1963).

4) *Swarc, M.*, Carbanions, Living Polymers and Electron-Transfer-Processes (New York 1968).

Anschrift der Verfasser:

H. Klippert
Bereich Polymere im Fachbereich 14
Universität Marburg
3550 Marburg/Lahn, Lahnberge Gebäude H

H. Ringsdorf
Institut für Organische Chemie der Universität Mainz
6500 Mainz, Johann-Joachim-Becher-Weg 18–20

Diskussion:

G. Riess (Mulhouse/Frankreich):

Kann Isopren oder Butadien durch die von Ihnen beschriebenen Ylide polymerisiert werden?

H. Klippert (Marburg/Lahn):

Wir haben nicht versucht, Butadien oder Isopren mit Yliden zu initiieren. Wir glauben auch nicht, daß dies möglich ist, da Styrol und das etwas polarere 2-Vinylpyridin unter keinen Bedingungen von den von uns verwendeten Yliden polymerisiert werden konnten.

R. C. Schultz (Darmstadt):

1. Nehmen Sie bei Ihrem Reaktionsmechanismus auch Übertragungsreaktionen an?
2. Haben Sie phosphorhaltige Endgruppen gefunden? Können Sie die Anzahl pro Makromolekül angeben?

H. Klippert (Marburg/Lahn):

1. Wir nehmen bei unseren Reaktionsmechanismen keine Übertragungsreaktionen an, da diese bei der anionischen Polymerisation von Methylmethacrylat unterhalb von —60 °C nicht mehr vorkommen. Wir führten unsere Polymerisationsreaktion alle bei —78 °C (Methanol/Trockeneis-Gemisch) durch.

2. Der von uns aufgestellte Mechanismus der Ylidinitiierung bedingt den Einbau eines Ylids als Phosphoniumendgruppe in das Polymere. Wir haben IR- und UV-spektroskopisch und durch Pyrolysereaktionen im Massenspektrometer das Vorliegen von Phosphoniumgruppen im Polymeren qualitativ nachgewiesen, wobei wir bei der Reinigung der Polymeren durch Umfällen einmal Benzol als Lösungsmittel benutzen, in dem niedermolekulare Phosphoniumsalze unlöslich sind und nur solche Fällungsmittel verwandten, in denen niedermolekulare Phosphoniumsalze löslich bleiben. Wir sind deshalb sicher, daß die Phosphoniumgruppe an das Polymer gebunden vorliegt.

Darüber hinaus fanden wir beim Abbau im Massenspektrometer ein Bruchstück, das aus einer mit einem Monomerrest verbundenen Phosphoniumgruppe bestand. Durch Elementaranalyse und osmometrische Molekulargewichtsbestimmungen der ylidinitierten Polymeren ließ sich weiter zeigen, daß der gefundene Phosphorgehalt dem Einbau eines Ylids als Phosphoniumendgruppe in das Polymere entspricht. Wir sehen deshalb den von uns aufgestellten Mechanismus der Ylidinitiierung als den richtigen an.

Progr. Colloid & Polymer Sci. **57**, 85–93 (1975)

8.

Aus der Technischen Universität Berlin, Fachbereich Physik

Rhythmische Strukturen monomerer und polymerer Systeme in rotierenden Diffusionsstrecken

Von W. Schaaffs

Mit 10 Abbildungen und 1 Tabelle

(Eingegangen am 19. September 1973)

1. Der Konzentrationszoneneffekt

Frühere Untersuchungen des Verfassers über die von *R. Liesegang* entdeckten und in Gelen sich abspielenden rhythmischen chemischen Reaktionen hatten ergeben, daß sie sich in einfacher Weise durch die *de Broglie*sche Materiewellengleichung beschreiben lassen (1). Für die Erörterung der dabei auftretenden Probleme und Einwände (2) spielt es eine Rolle, daß die Wellenlänge in der Materiewellengleichung nur die Beschreibung einer submikroskopischen statistischen Verteilung von Molekülen widerspiegeln soll. Diese statistische Verteilung sollte nur dann makroskopisch sichtbar werden, wenn sie mit einem aus labilen Zuständen bestehenden Indikator gekoppelt war. Ein solcher Indikator war bei den *Liesegang*schen Ringen die Übersättigung und anschließende Ausfällung eines chemischen Reaktionsproduktes. In mehreren an die Arbeit (2) anschließenden Publikationen wurde nun gezeigt, daß auch der Umschlag laminarer Strömungen in Wirbelbewegungen ein solcher Indikator ist. Die Diskussion der theoretischen Vorstellungen und ihre experimentelle Prüfung findet sich in (3–5).

Die zuletzt genannten Erscheinungen wurden vom Verfasser unter dem Begriff „Konzentrationszoneneffekt" zusammengefaßt. Dabei ging es um die Umwandlung eines monotonen durch Diffusion hergestellten Konzentrationsgefälles in ein stufenförmiges bzw. in eine rhythmische Aufeinanderfolge von Konzentrationsänderungen. In (5) ist eine Übersicht über die verschiedensten Methoden der *thermischen* Erzeugung des Effekts mit Hilfe von Wärmeleitung und Reibung, in elektrischen und magnetischen Feldern, durch elektrische Ströme, durch Licht, elektrische Wellen und Schallwellen gegeben worden.

In der vorliegenden Arbeit soll nun experimentell gezeigt werden, daß dieser bislang rein thermisch erzeugte Konzentrationszoneneffekt auch auf andere Weise erzeugt werden kann, z. B. mit Hilfe von Zentrifugalfeldern. Nachstehend werden neben die neuen auf diese Weise erzeugten Bilder des Konzentrationszoneneffekts zum Vergleich solche gesetzt, die mit der thermischen Methode des Wärmewindes aufgenommen wurden. Die letztere Methodik war bislang nur in der Publikation (4) kurz beschrieben worden. Da in der Natur unzählige Diffusionsprozesse ablaufen, bei denen der Effekt wirksam werden kann, kommt dieser Methode insofern mehr Bedeutung als anderen zu.

Früher hat man in zahlreichen kolloidchemischen und biologischen Arbeiten die *Liesegang*schen Ringe als Modell für rhythmisch ablaufende biologische Vorgänge benutzt. Der Konzentrationszoneneffekt scheint dafür aber geeigneter zu sein, weil er den wirklichen Verhältnissen, die durch Sonnenlicht, Winde und Temperaturwechsel geprägt werden, Rechnung trägt und weil er bei beliebigen Diffusionsprozessen realisierbar ist.

Die Beziehungen zwischen den nachfolgend beschriebenen rhythmischen Strukturen und den in diesem Tagungsheft behandelten Strukturen von Polymersystemen sind folgende: Die mikroskopischen Organisationsformen, die in Überstrukturen, in partiell kristallinen und nichtkristallinen Gruppierungen, und in heterogenen amorphen Systemen gefunden werden, treten in *makroskopisch homogenen* Polymersystemen auf. Beim Konzentrationszoneneffekt handelt es sich dagegen um makroskopisch *nicht* homogene Ausgangssysteme, die danach eine makroskopisch sichtbare rhythmische Struktur annehmen. Innerhalb dieser makroskopischen Struktur können die Konzentrationszonen aber die genannten mikroskopischen Organisationsformen annehmen. Das kann zu länger andauernden Konzentrationszonen und bei geeigneten Umweltbedingungen zu bleibenden makroskopischen Strukturen führen. Es sei nur angedeutet, daß es nicht unwahrscheinlich ist, daß auch die mikroskopischen Strukturen von Polymersystemen sich als Konzentrationszonen in mikroskopisch kleinen Bereichen verstehen lassen.

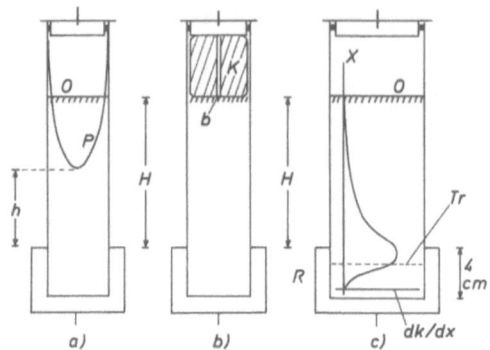

Abb. 2. Die Diffusionsröhre. a) Bei Betrieb mit freier Oberfläche *O* und Rotationsparaboloid *P*; b) bei Betrieb mit künstlich eben gehaltener Oberfläche; c) der für die Versuche ausgenutzte Bereich *H* kleiner Konzentrationsgradienten

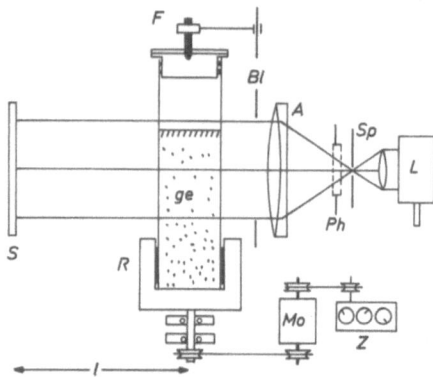

Abb. 1. Anordnung zur Erzeugung des Konzentrationszoneneffekts mit Hilfe rotierender Diffusionsstrecken. *L* Richtleuchte für Halogen-Glühlampen (Spindler & Hoyer), *Sp* horizontaler Spalt, *Ph* Photoverschluß mit Irisblende, *Bl* Blende schmaler als der Durchmesser von *Gl*, *A* Achromat größerer Öffnung, *S* Beobachtungsschirm bzw. Photokassette, *Mo* Motor mit Rotor *R* und Zählwerk *Z*

2. Versuchsanordnungen

Abb. 1 zeigt die Versuchsanordnung. Die Diffusionsstrecke befindet sich in der Glasröhre Gl. Als Glasröhren bewährten sich dünnwandige Röhren von 15 cm Länge, 2 cm lichter Weite und flachem Boden. Sie dienen im Handel als Gläser für den Verkauf von Kapern in Essig. Die Glasröhre Gl ist am unteren Ende in einen in Kugellagern laufenden und als Hohlzylinder mit einer Tiefe von 4 cm ausgebildeten Rotor *R* eingebettet. Sie ist am oberen Ende mit einem durchbohrten Kunststoffstopfen mit zentraler Führung *F* abgeschlossen. Der Rotor *R* wurde von einem nur mit etwa 6 V betriebenen kleinen 12-V-Gleichstrommotor mit Tourenzähler *Z* angetrieben.

Die Diffusionsstrecken in Gl hatten zweierlei Gestalt. Bei der einen nach Abb. 2a nahm ihre freie Oberfläche *O* die Form eines Rotationsparaboloides *P* mit der Scheitelhöhe *h* an. Bei der anderen Form nach Abb. 2b wurde die Oberfläche durch einen Korkstopfen *K* künstlich

eben gehalten. Die zentrale Bohrung *b* soll beim Einsetzen von *K* das Entweichen von Luftblasen ermöglichen.

Die Diffusion in Gl beginnt mit der Überschichtung zweier mischbarer Flüssigkeiten. Bei den meisten Versuchsstrecken lag gemäß Abb. 2c die anfängliche Trennungslinie *Tr* innerhalb von *R*. Der Konzentrationsgradient *dk/dx* hat dann später einen Verlauf, wie ihn die Skizze qualitativ angibt. Ausführliche mit der *Philpot-Svensson*schen Methodik ausgeführte, aber noch nicht publizierte Untersuchungen haben ergeben, daß Konzentrationszonenbildungen immer von Bereichen kleiner Gradienten ausgehen und von dort zu denen größerer fortschreiten. Der sichtbare Teil der eigentlichen Versuchsstrecke *H* war etwa 7 cm lang; der in *R* befindliche unsichtbare und unwichtige Teil war 4 cm lang.

Wie schon erwähnt, sollen die mit dieser Apparatur nach Abb. 1 und 2 in Zentrifugalfeldern erhaltenen Bilder des Konzentrationszoneneffekts mit solchen verglichen werden, die nach der thermischen Methode der warmen Winde gewonnen werden. Zu diesem Zweck verbleiben die Glasröhren Gl mit den Diffusionsstrecken in den nun ruhig stehenden Rotoren *R* der Abb. 1, doch wird ihnen senkrecht zur Achse der Glasröhre in breiter Front ein Wärmestrom zugeführt. Das zeigt Abb. 3. Als Wind- und Wärmequelle diente ein sogenannter Heizfächer, mit dem verschiedene Wärmegrade und Windstärken eingestellt werden können.

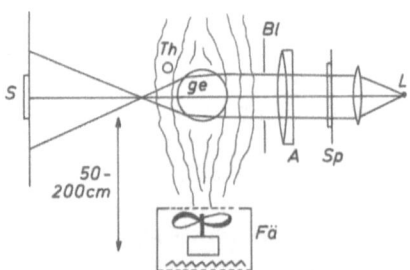

Abb. 3. Thermische Erzeugung des Effekts mit Hilfe temperierter Winde, die von einem Heizfächer *Fä* erzeugt werden. *Th* ist ein Thermometer.

3. Der Umschlag laminarer Strömungen in Wirbelbewegungen

Es ist in früheren Arbeiten (3, 4, 6) dargestellt worden, wie sich ebene Konzentrationsprofile einer monotonen Diffusionsstrecke bei einer äußerlichen Erwärmung dadurch in schüsselförmige verwandeln, daß die wandnahen Schichten durch die Erwärmung eine laminare Dilatation erfahren. Dadurch erhalten die von unten nach oben abnehmenden Geschwindigkeiten der diffundierenden Moleküle an der Wand zusätzliche Geschwindigkeiten derart, daß auf einer längeren Strecke die Geschwindigkeiten auf

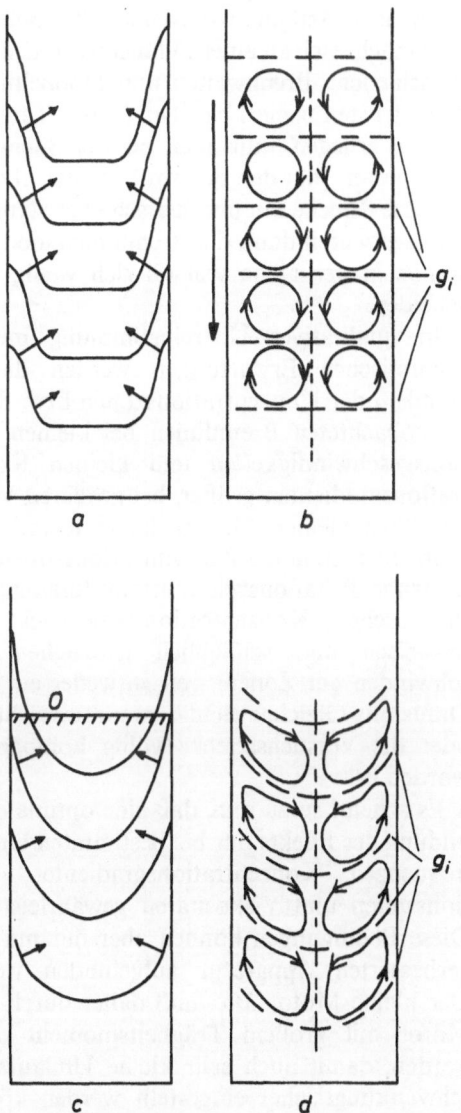

a   b

c   d

Abb. 4. Strömungsprofile. a) und b) thermischer durch Windströmungen erzeugter Effekt; c) und d) durch Zentrifugalkräfte erzeugter Effekt.

einen Wert v hin homogenisiert werden und unter Zuhilfenahme gewisser Arbeitshypothesen die Materiewellengleichung anwendbar sein soll. Die Abstände der rhythmisch aufeinanderfolgenden Konzentrationszonen sollen dann durch $a = 2.10^{-3}/M \cdot v$ beschreibbar sein. Darin ist M das Molekulargewicht. Strömungsmechanisch gesprochen ergeben sich Konzentrationsprofile mit einer in Abb. 4a um das Hundertfache vergrößerten Form. Die Folge sind die durch Pfeile angedeuteten Querdiffusionen, die sich im Sinne der *Prandtl*schen Theorie als „Rauhigkeiten" auswirken und die laminaren Dilatationsströmungen in Wirbel verwandeln. Das Ergebnis ist das sehr stark schematisierte Bild der Abb. 4b. Die Wirbel schreiten von kleinen Gradienten her von oben nach unten im Sinne des dicken Pfeiles fort und bauen die Grenzschichten g_i auf. Diese stellen die Stufenkanten des jetzt treppenförmigen Konzentrationsgefälles bzw. die Zentren der Konzentrationszonen dar. Da die Wirbel jeweils Material aus Gebieten größerer Dichte in solche geringerer Dichte transportieren, kann dieser Transport erst nach längerer Zeit durch Rückdiffusion wieder rückgängig gemacht werden.

Qualitativ ähnliche Konzentrationsprofile wie in Abb. 4a zeigt nun gemäß Abb. 4c eine rotierende Diffusionsstrecke, nur sehr viel ausgeprägter und in Gestalt von Paraboloiden. Die Folgen sind auch hier die durch Pfeile angedeuteten Querdiffusionen, die dann auch nach Abb. 4d Wirbel zur Folge haben. Zwischen den Wirbeln bilden sich wieder die stabilen Grenzschichten g_i, die aber parabolisch gestaltet sind. Deshalb ist es während der Rotation der Diffusionsstrecke unmöglich, die Bildung der Konzentrationszonen optisch zu verfolgen. Erst nach Beendigung der Rotation werden die Grenzflächen g_i eben und ergeben ausmeßbare optische Brennlinien.

Im Falle der Anordnung nach Abb. 2b ist die Entstehung der Wirbel und die Bildung der Konzentrationszonen nicht so unmittelbar anschaulich. Auf Flüssigkeitsteilchen der Masse m wirkt bekanntlich eine Zentrifugalkraft $4\pi^2 mr/t$, wenn t die Umlaufzeit ist, und r ihre Entfernung von der Drehachse. Angesichts der freien Verschiebbarkeit der Flüssigkeitsteilchen formt sich diese Kraft in einen von unten nach oben zunehmenden Druck an der Innenwandung der Glasröhre um. Dieser Druck hat eine Strömung zur Folge, die sich dann aus den gleichen Gründen wie beim thermischen Konzentrationszoneneffekt in rhythmisch aufeinanderfolgende Wirbel auflöst.

Das für die Entstehung des rotatorischen Konzentrationszoneneffekts maßgebliche Grenzflächenprofil ist in Abb. 5 noch einmal skizziert

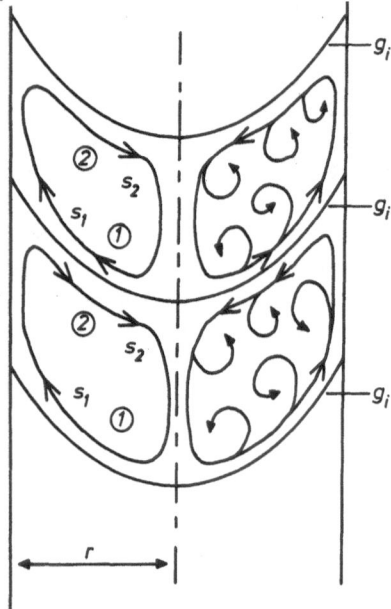

Abb. 5. Skizze der Wirbel, der Hemmung ihrer Ausbildung und der Entstehung von Partialwirbeln

worden. Die im Laufe der Rotation sich ausbildenden geschlossenen Wirbel transportieren schwereren Stoff von den Gebieten ① in die Gebiete ② und leichteren Stoff von ② nach ①. Gegenüber dem thermischen Konzentrationszoneneffekt besteht aber ein wichtiger Unterschied. Die auf die diffundierenden Partikel der Masse m ausgeübten Zentrifugalkräfte wachsen mit dem Radius r von der Drehachse. Ihre Beweglichkeit wird mithin längs der Strecken s_1 erhöht und längs der Strecken s_2 gehemmt. Diese Erhöhung und Hemmung wird sich um so stärker auswirken, je größer die Masse m dieser Teilchen ist, also je hochpolymerer die diffundierende Substanz ist. Mit steigendem Molekulargewicht, aber wohl auch mit steigender Viskosität wird daher die Tendenz zur Aufspaltung der großen eigentlichen Wirbel in Partialwirbel steigen, so daß bei Beendigung der Rotation auf der Platte S zunächst eine große Anzahl von Schlieren erscheint. Diese werden erst allmählich verschwinden, bis die stabilen Grenzflächen g_i bzw. die Brennlinien der Konzentrationszonen allein übrig bleiben.

Die Abb. 5. soll nur eine sehr grobe Skizze eines sich in Wirklichkeit räumlich abspielenden und aus verschiedenen Gründen noch komplizierteren Wirbelvorgangs sein. Wie kompliziert und zeitabhängig gestaltet diese Wirbel sind, haben wir mit Hilfe von Kinematographie für den Spezialfall ermittelt, daß die Erwärmung von einem zentral in der Diffusionsstrecke liegenden elektrisch geheizten Draht ausging. Eine Publikation liegt aber noch nicht vor.

4. Optische Bedingungen und Aufnahmetechnik

Die Konzentrationszonen sind im optischen Sinne Zylinderlinsen mit sehr schlechten Linseneigenschaften wie sphärische Aberration, Nicht-Aplanasie, Astigmatismus und Chromatismus. Das macht sich an einer Diffusionsstrecke durch verschiedene Brennweiten und Doppellinigkeit am stärksten bemerkbar. Um keinen Täuschungen zu erliegen, muß man bei der Suche nach dem besten Bild den Schirm S immer über eine größere Strecke hin und her schieben. Nur allzu oft divergieren dann die Brennlinien, deren Abstände in der Nähe von Gl sich wenig unterscheiden.

In qualitativer Übereinstimmung mit den theoretischen Erwartungen werden die Abstände a der Konzentrationszonen bzw. der auf S beobachteten Brennlinien bei kleinen Rotationsgeschwindigkeiten und kleinen Konzentrationsgradienten größer, bei größeren Werten derselben kleiner. Eine zu kurze Rotationszeit führt nicht zu guten Konzentrationszonen. Eine zu lange Rotationszeit führt in Analogie zum thermischen Konzentrationszoneneffekt zum teilweisen und schließlich gänzlichen Verschwinden der Zonen, weil entweder ein neuer Diffusions-Gleichgewichtszustand erreicht wird oder die Versuchsstrecke völlig homogen geworden ist.

Es scheint so zu sein, daß eine optimale Ausbildung des Effekts nur bei bestimmten Umlauffrequenzen, Konzentrationsgradienten, Rotationszeiten und Viskositäten gewährleistet ist. Diese Bedingungen können aber nur mit einer verbesserten Apparatur aufgefunden werden. Der kleine Motor *Mo* muß daher durch einen Motor mit großem Trägheitsmoment ersetzt werden, damit auch sehr kleine Umlaufzahlen schwankungssicher eingestellt werden können. Zur Zeit ließen sich konstante Umdrehungszahlen nur zwischen etwa 400–1000 Umdrehungen in der Minute einstellen.

Tab. 1. Meßdaten für Abb. 6–10

Abb.	Diffusionsstrecke	Meth.	L/D	ΔT [°C]	Z [U/Min.]	τ [Min.]	t [Min.]	l [cm]
6a	$CuSO_4$ ges. Lösung	P	7,2/2,9	–	580	8	15.	96
b	—H_2O	P	7,7/2,9	–	820	12	5.	4
c		E	7,7/2,9	–	630	16	2.	35
d		E	8,2/2,7	–	770	13	6.	105
6e	$FeCl_3$ ges. Lösung	W	7,5/3,4	8	–	13	2.	11
f	—H_2O	E	7,5/3,4	–	810	12	17,5.	5
g		E	7,5/3,4	–	810	12	8,5.	9
h		E	7,5/3,4	–	810	12	10,5.	61
7	$CHCl_3$—C_6H_6	E	6,4/5,1	–	610	16	8.	84
8a	Glycol–H_2O	W	8,7/2,5	6	–	3	6.	58
b		E	6,0/5,0	–	390	15	2,5.	27
c		W + E	6,0/5,0	16	480	12	14.	28
8d	Polyglycol 400	W	9,5/1,2	10	–	31	7.	98
e	—H_2O	E	9,5/1,2	–	430	12	2,5.	36
f		E	9,5/1,2	–	430	12	7.	94
9a	Polyglycol 1000	W	10,5/1,0	6	–	17	0.	49
b	($k_g = 30\%$)	E	8,3/3,2	–	360	14	0,5.	23
c	—H_2O	E	8,3/3,2	–	360	14	17.	38
9d	Polyglycol 4000	W	8,3/3,0	20	–	18	3.	60
e	($k_g = 30\%$)	E	10,4/1,1	–	380	13	0,8.	24
f	—H_2O	E	10,4/1,1	–	380	13	22.	93
9g	Polyglycol 20000	W	10,2/1,0	7	–	22	3.	57
h	($k_g = 16,6\%$)	E	10,2/1,0	–	360	14	0,5	34
i	—H_2O	E	10,2/1,0	–	360	14	66.	102
10a	Polystyrol ($5 \cdot 10^5$)	W	6,0/4,5	8	–	15	40.	29
b	($k_g = 11\%$)	P	8,1/3,0	–	980	10	2,5.	29
c	—$CH_3COC_2H_5$	P	8,1/3,0	–	980	10	35.	79

In Tab. 1 sind alle Meßdaten der Aufnahmen in den Abb. 6–10 zusammengestellt worden. Die Erzeugungsmethode ist durch ein *W* bei Wärmewind, durch *P* bei Rotation mit Paraboloidoberfläche, durch *E* bei Rotation mit ebener Oberfläche bezeichnet worden. Die Größe L/D gibt das anfängliche Verhältnis der Länge L der Lösungsmittelstrecke in cm zur Länge D der den diffundierenden Stoff enthaltenden Strecke in cm an. Um ΔT steigt die Temperatur bei der Methode W in τ Minuten an. Z ist die Zahl der Umdrehungen der Glasröhre Gl pro Minute. t gibt die Zeitdauer entweder für die Rotation oder für die Erwärmung an. l ist die Entfernung zwischen der Glasröhre Gl und der Photoplatte S. Die untere Begrenzung aller Aufnahmen ist mit dem Rand des Rotors R identisch. Das Zeichen ● soll die Realität einer Konzentrationszone bezeichnen.

5. Rhythmische Strukturen monomerer Systeme

Abb. 6 zeigt den rotatorischen Konzentrationszoneneffekt für Diffusionsstrecken von Kupfersulfat und Eisenchlorid. Die Aufnahmen 6 a–d beziehen sich auf Kupfersulfat. In Abb. 6a und b hatte die Oberfläche der Flüssigkeit die Form des Paraboloids. In Abb. 6c und d war sie erzwungenermaßen eben. Abb. 6c zeigt Zonen mit optischen Doppellinien. In Abb. 6d liegen sieben Zonen vor, doch werden die Brennlinien der oberen Zonen erst in großer Entfernung l scharf.

Die Aufnahmen 6e–h beziehen sich auf Eisenchlorid. Aufnahme 6e wurde mit der thermischen Methode des warmen Windes gemacht. Die Aufnahmen 6f, g, h gehören zusammen und sollen zeigen, wie der Effekt bei verschiedenen Abständen l aussieht. Abb. 6f ist eine Art Kontaktkopie der Diffusionsstrecke in Gl und zeigt, daß die Konzentrationszonen optische Linsen von etwa 2–3 mm Dicke sind. Abb. 6g läßt erkennen, in welchem Abstand l die Brennweiten dieser Linsen einigermaßen gleich groß sind. Stellt man aber gemäß Abb. 6g auf die oberste Linie ein, so verschiebt sich das Aussehen der übrigen

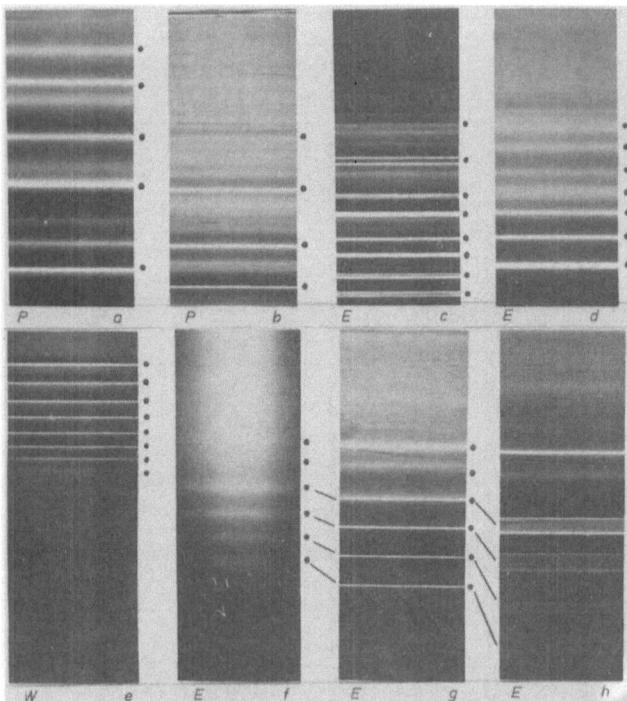

Abb. 6. Rhythmische Strukturen in Diffusionsstrecken von Kupfersulfat und Eisenchlorid in Wasser

beträchtlich. Es wird nicht nur breiter, sondern es macht sich auch die Brechung des ganzen Systems sehr stark bemerkbar. So oder ähnlich wie in diesen Aufnahmen 6f, h, g sehen die Aufnahmen des Konzentrationszoneneffekts bei verschiedenen Abständen *l* immer aus. Normalerweise stellt man aber die Aufnahme immer auf den Fall *g* ein.

In Abb. 7 sieht man ein schönes Bild des Effekts bei der Rotation einer Diffusionsstrecke von Chloroform in Benzol. In diesem Falle sind keine scharfen Brennlinien zu erwarten. Weil die optischen Brechungsindices von Chloroform und

Benzol sich stark unterscheiden, macht sich der Chromatismus der optischen Linsen der Konzentrationszonen bemerkbar. Die einzelnen Linien haben daher im Original eine scharfe rote untere Kante, sind in der Mitte gelblich, und verschwimmen nach oben hin grün-bläulich. Es sei noch einmal darauf hingewiesen, daß diese Brennlinien den Stufenkanten bei der Umwandlung des ursprünglich monotonen Konzentrationsgefälles entsprechen.

6. Rhythmische Strukturen in polymeren Glycol-Systemen

Abb. 8 und 9 zeigen Bilder aus den Versuchsreihen mit monomerem Glycol und seinen polymeren Derivaten. Die jeweils links stehenden Aufnahmen 8a, d und 9a, d, g sind mit der thermischen Methode des Wärmewindes nach Abb. 3 gemacht worden. Daß bei Glycol in Abb. 8a die Gleichmäßigkeit der Rhythmen gestört ist, und zwar bei der achten Linie von unten her gerechnet, kommt öfters vor. Meistens erscheint dann eine benachbarte Linie verstärkt oder tritt als Doppellinie auf. Abb. 8b zeigt eine schöne Rotationsaufnahme. Die oberste Linie gehört aber nicht im eigentlichen Sinne zum

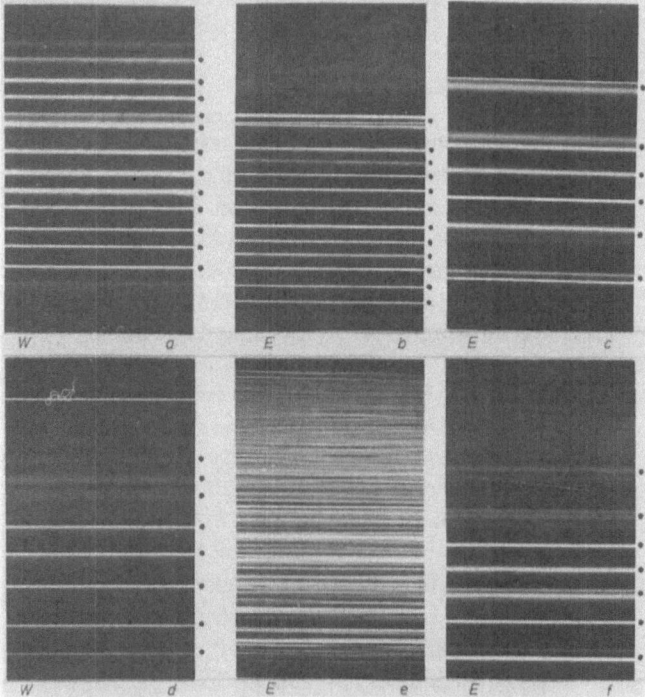

Abb. 8. Rhythmische Strukturen in wäßrigen Diffusionsstrecken von monomerem Glycol und von Polyglycol 400

Abb. 7. Rhythmische Struktur einer Diffusionsstrecke von Chloroform in Benzol

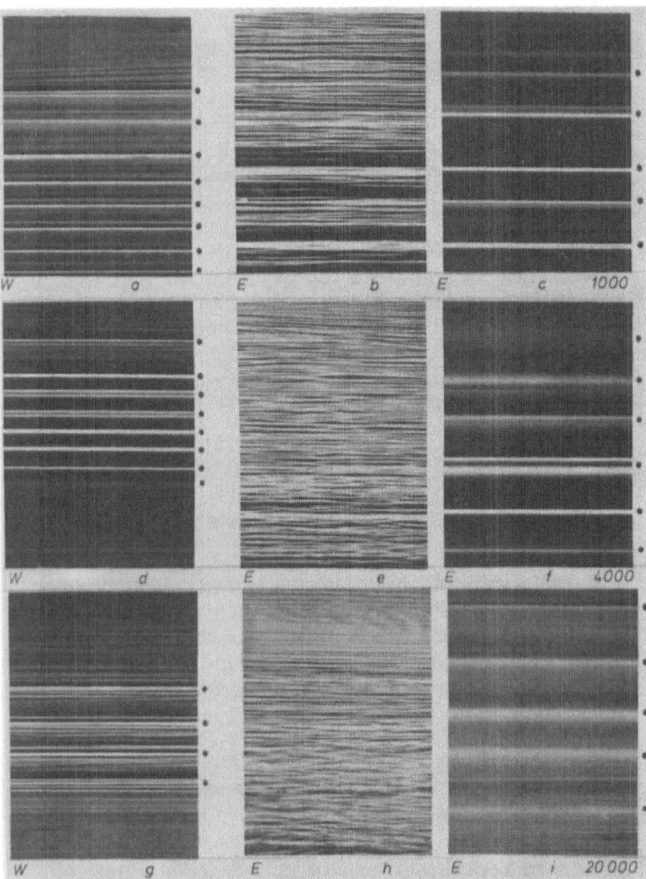

Abb. 9. Rhythmische Strukturen in wäßrigen Diffusionsstrecken von Polyglycolen des Molekulargewichts 1000, 4000, 20000

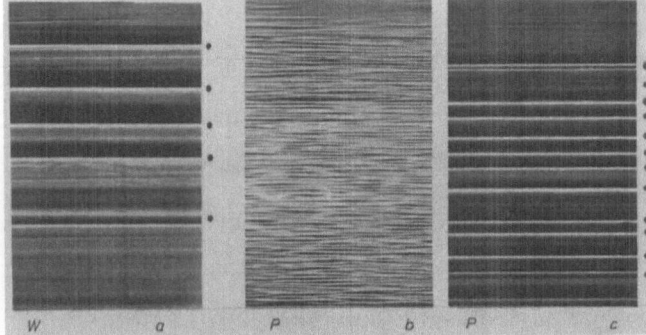

Abb. 10. Rhythmische Strukturen in einer Diffusionsstrecke von Polystyrol des Molekulargewichts 500000 in Methyläthylketon

Bild. Abb. 8c ist das Ergebnis eines Versuchs, einmal thermische und rotatorische Erzeugung von Konzentrationszonen gleichzeitig wirken zu lassen. Warum die Aufnahme so seltsam symmetrisch ist, kann nicht angegeben werden.

Abb. 8d, e, f zeigt Aufnahmen, die an Polyglycol des Molekulargewichts 400 gemacht

wurden. Abb. 8e läßt erkennen, daß kurze Zeit nach der Beendigung der Rotation sich die stabilen Konzentrationszonen noch kaum aus den durch Partialwirbel verursachten Schlieren herausgeschält haben. Fünf Minuten später ist das aber der Fall, doch dauert diese Zeit bei den höhermolekularen Glycolen der folgenden Aufnahmen viel länger.

Aus den Bildern der Abb. 9 kann man schon entnehmen, daß es mit steigendem Molekulargewicht schwieriger wird, optisch klare und von Partialwirbeln störungsfreie Aufnahmen zu erhalten. Die Abb. 9a, b, c beziehen sich auf Polyglycol des Molekulargewichts 1000, die Abb. 9d, e, f auf solches mit 4000. In Abb. 9e ist nach Beendigung der Rotation ein Rhythmus kaum erkennbar, aber 21 Min. später ist er deutlich herausgekommen. Die letzte Bildgruppe bezieht sich auf Polyglycol des Molekulargewichts 20000. Wieder wird deutlich, daß man geduldig abwarten muß, bis sich der rotatorische Konzentrationszoneneffekt klar herausgeschält hat.

7. Rhythmische Strukturen in Polystyrol-lösungen

Abb. 10 zeigt Versuchsergebnisse an den wäßrigen Lösungen eines Polystyrols des Molekulargewichts $5 \cdot 10^5$ (Präparat 168 N der BASF). Abb. 10a wurde wieder im Wärmewind aufgenommen. Beim Rotationsversuch ist $2^1/_2$ Min. nach Beendigung keine Struktur zu erkennen. Aber eine halbe Stunde später zeigt Abb. 10c eine klare rhythmische Struktur. Nur bei der fünften Zone, von unten gerechnet, liegt wieder eine Störung der oben schon besprochenen Art vor. Die Linie müßte etwas höher liegen, dafür hat aber die benachbarte obere Linie eine größere Intensität.

Mehrere Versuche, mit Hilfe von Rotationen an Diffusionsstrecken von Polyvinylacetat (M $= 5 \cdot 10^5$) in Benzol und von Polyacrylamid (M $= 5,5 \cdot 10^6$) in Wasser rhythmische Strukturen zu erzeugen, sind bislang gescheitert. Sie sollen wieder aufgenommen werden, wenn eine verbesserte Apparatur mit sehr geringer Umdrehungsgeschwindigkeit zur Verfügung steht.

8. Konzentrationszoneneffekt und *Taylor*-Wirbel

In früheren Publikationen wurde für das Ergebnis des Umschlags laminarer Strömungen der Begriff „Turbulenz" gebraucht, und zwar im Anschluß an bekannte Arbeiten über den Umschlag laminarer Strömungen in turbulente.

Schon in der Diskussion zu einem Vortrag des Verfassers auf der Tagung in Bad Oeynhausen 1967 wurde von den Herren *Brückner* und *v. Eichborn* darauf hingewiesen, daß der Ausdruck Turbulenzen zu Mißverständnissen führen könne. Entsprechend einem Vorschlag von Strömungs-Fachleuten auf einem Int. Kolloquium wurden daher in dieser Arbeit die Begriffe „Wirbel" und „Wirbelströmung" gebraucht. Es handelt sich tatsächlich um Gebilde, die sich in wohldefinierter Form ruhig und symmetrisch entwickeln.

Eine naheliegende Frage ist die, in welchem Verhältnis die Wirbel des Konzentrationszoneneffekts zu den *Taylor*schen Wirbeln stehen (7, 8). Eine Verwandtschaft liegt in der Hinsicht vor, daß in beiden Fällen Grenzschichten g_i zwischen abwechselnd links und rechts drehenden Wirbeln aufgebaut werden. Keine Verwandtschaft scheint zwischen dem thermischen Effekt und den *Taylor*-Wirbeln zu bestehen. Ein wesentlicher Unterschied liegt darin, daß sich der Konzentrationszoneneffekt auf Diffusionsstrecken bezieht, beliebig kleine *Reynolds*sche Zahlen erfordert und eine große Zeitkonstante hat, während sich die *Taylor*-Wirbel in homogenen Substanzen mit vergleichsweise hohen *Reynolds*schen Zahlen ausbilden und nach dem Ausschalten sofort verschwinden. Die gestellte Frage läßt sich erst dann besser beantworten, wenn Messungen des rotatorischen Effekts bei sehr langsamen Geschwindigkeiten vorliegen und wenn ein Konzentrationszoneneffekt auch in homogenen Flüssigkeiten nachgewiesen werden kann. Das ist kurz nach dem Abschluß dieser Arbeit gelungen.

Praktische Bedeutung kann der rotatorische Konzentrationszoneneffekt für die Rheologie gewinnen, wo Messungen mit Rotationsviskosimetern eine große Rolle spielen. Sollten in diesen Geräten als Folge der Zentrifugalkräfte Separationen und Wärmegefälle auftreten, so wird Energie für die Wirbelbildung verbraucht. Das müßte einen zeitabhängigen Einfluß auf die Messungen der Scherviskositäten haben.

Zusammenfassung

Führt man einem durch Diffusion hergestellten monotonen Konzentrationsgefälle durch temperierte Windströmungen Wärme zu, so verwandelt es sich zeitweise in eine rhythmische Aufeinanderfolge von Konzentrationszonen. Der gleiche Effekt kann aber auch dadurch erhalten werden, daß man eine Diffusionsstrecke in Rotation versetzt und einige Zeit Zentrifugalkräfte wirken läßt. Auch in diesem Falle bilden sich rhythmisch aufeinanderfolgende Zonen aus, die nach Beendigung der Rotation stundenlang bestehen bleiben können.

Es werden eine Reihe von Aufnahmen des rotatorischen Effekts gezeigt und mit solchen verglichen, die durch temperierte Windströmungen erzeugt wurden. Die untersuchten Systeme bestanden aus wäßrigen Lösungen von Kupfersulfat und Eisenchlorid, aus dem System Chloroform–Benzol, aus wäßrigen Lösungen von Glycol und Polyglycolen der Molekulargewichte 400, 1000, 4000 und 20000, sowie aus einer Diffusionsstrecke von Polystyrol des Molekulargewichts 500000 in Methyläthylketon.

Summary

Rhythmical structures of monomers and polymers in diffusion rotating systems

If you warm with heated air current a monotonic concentration gradient made by diffusion, it is transformed for some times in a rhythm of so called „concentration zones". The same effect can be made by rotating the diffusion system being under the effect of the centrifugal force for some times. Then the rhythmical following zones are growing too, being fixed for some hours after the end of rotating.

Some pictures of the concentration zones effect made by rotation are showed and compared with those made by the heated air current. The researched diffusion systems are copper sulfate and ferric chloride in water, chloroform in benzene, glycol and polyglycole of the molecular weight 400, 1000, 4000 and 20000 in water, and polystyrene of the molecular weight 500000 in methylethylketone.

Literatur

1) *Schaaffs, W.*, Kolloid-Z. u. Z. Polymere **128**, 92 (1952); **133**, 65 (1953); **137**, 12 (1954); **161**, 115 (1958).
2) *Schaaffs, W.*, Kolloid-Z. u. Z. Polymere **199**, 145 (1964).
3) *Schaaffs, W.*, Kolloid-Z. u. Z. Polymere **212**, 146 (1966).
4) *Schaaffs, W.*, Kolloid-Z. u. Z. Polymere **227**, 131 (1968).
5) *Schaaffs, W.* und *L. Haun*, Z. Angew. Physik **28**, 373 (1970).
6) *Schaaffs, W.* und *L. Haun*, Acustica **20**, 348 (1968).
7) *Taylor, G. I.*, Phil. Trans. A **223**, 289 (1923). – Proc. Roy. Soc. A **151**, 494 (1935); **157**, 546, 565 (1936).
8) *Schlichting, H.*, Grenzschichttheorie, 5. Aufl., S. 491 f (Karlsruhe 1965).

Anschrift des Verfassers:

Prof. Dr. *W. Schaaffs*
1 Berlin 13, Im Heidewinkel 3

Diskussion:

W. Mächtle (Ludwigshafen):

Könnten Sie sich vorstellen, daß in einer analytischen Ultrazentrifuge, die zur Analyse von Lösungen von Makromolekülen eingesetzt wird, der von Ihnen beschriebene Effekt – Ausbildung rhythmischer Diffusionsstrecken – ebenfalls auftreten und damit eventuell sehr stören kann?

W. Schaaffs (Berlin):

Um in einer homogenen Mischung Trennungen hervorzurufen, werden in der Ultrazentrifuge durch hohe Umdrehungsgeschwindigkeiten sehr starke Zentrifugalfelder erzeugt. In den beschriebenen Versuchen liegen dagegen nichthomogene Flüssigkeiten in Gestalt monotoner Diffusionsstrecken vor; sie werden bei kleinen Umdrehungsgeschwindigkeiten schwachen Zentrifugalfeldern ausgesetzt. Die dabei erzeugten Strukturen (Konzentrationszonen) verschwinden aber, wenn man zu hohen Umdrehungsgeschwindigkeiten übergeht. Es tritt eine Homogenisierung ein. Es ist daher unwahrscheinlich, daß der beschriebene Effekt bei analytischen Arbeiten mit der Ultrazentrifuge als Störungsquelle in Erscheinung tritt. Es ist aber möglich, daß der beschriebene Effekt sich störend oder verfälschend auf Messungen mit gewöhnlichen Rotationsviskosimetern auswirkt, falls sich die Folge der Rotation Konzentrationsgefälle und Temperaturgefälle ausbilden sollten.

Progr. Colloid & Polymer Sci. **57**, 94—99 (1975)

9.

Aus dem Institut für Technische Chemie der Technischen Universität München

Rheologische Untersuchungen zur Struktur makromolekularer Lösungen

*Von J. Klein und H.-G. Schäfer**)*

Mit 6 Abbildungen

(Eingegangen am 28. Oktober 1973)

1. Einleitung

Makromolekulare Lösungen können hinsichtlich ihrer Struktur in verdünnte und konzentrierte Lösungen unterschieden werden. Im Bereich der verdünnten Lösung stellt die Bestimmung von Größe und Form des einzelnen Makromoleküls die zentrale Frage dar, zu deren Beantwortung neben rheologischen Methoden eine Vielzahl anderer Meßverfahren zur Verfügung steht.

Das wesentliche Problem der konzentrierten Lösung ist nicht mehr die Gestalt des Einzelmoleküls, sondern vielmehr die Art und Weise, in der die Makromoleküle untereinander in Wechselwirkung treten. Rheologische Messungen zum viskosen und elastischen Verhalten können gerade zu dieser Fragestellung wichtige Informationen geben, die auf anderen Wegen nicht zu erhalten sind.

In der Diskussion des Nicht-*Newton*schen Fließverhaltens von konzentrierten Polymerlösungen ist der Begriff des „entanglement" von entscheidender Bedeutung. Wenn auch nicht immer eine Festlegung zum molekularen Mechanismus erfolgt, so wird in der Regel – nach *Bueche* (1–3) – eine mechanische Verhakung der Molekülketten angenommen (4, 5). Voraussetzung für die Gültigkeit dieses Modells ist eine weitgehende gegenseitige Durchdringung der Knäuelmoleküle. Dieses Konzept ist jedoch nicht unbestritten. So wird von einigen Autoren die Auffassung vertreten, daß die einzelnen Makromoleküle nur in ihren äußeren Zonen in Wechselwirkung treten (6–9). Die intermolekulare Wechselwirkung wäre dann durch Nebenvalenzkräfte bedingt, wie dies auch aus eigenen Messungen zur Temperaturabhängigkeit der Viskosität abgeleitet wurde (10).

Im Sinne der Prüfung dieser Modellvorstellung war es notwendig, das rheologische Verhalten von solchen Lösungen vergleichend zu untersuchen, in denen eine systematische Variation der Stärke der Nebenvalenzbindungen möglich war. Nichtionische und ionische Polyacrylamide, über deren Viskositätsverhalten in konzentrierter Lösung bisher noch wenig bekannt ist (11), scheinen dafür als Modellsubstanzen besonders geeignet.

2. Experimentelles

2.1. Substanzen

Als Polymere kamen technische Produkte zum Einsatz, die unter der Bezeichnung „Praestol" (Fa. Stockhausen & Co., Krefeld[1])) geführt werden.

„Praestol 2800" ist ein chemisch einheitliches Polyacrylamid, während im „Praestol 2936" ein Teil der Amid-Seitengruppen verseift vorliegt. Aus der Bestimmung des Na-Gehalts ergibt sich ein Carboxylgruppengehalt von 26% unter der Annahme, daß – wie nach alkalischer Verseifung zu erwarten – sämtliche Carboxylgruppen in der Salzform vorliegen (12).

Die mittleren Molgewichte werden seitens der Herstellerfirma mit $\bar{M} < 3 \cdot 10^6$ bzw. $\bar{M} < 10 \cdot 10^6$ angegeben, wobei diese Werte angesichts der sicherlich breiten Molgewichtsverteilungen nur grobe Anhaltswerte darstellen.

Wasser, Formamid und Glykol erwiesen sich – unter einer Vielzahl untersuchter Substanzen – allein als Lösungsmittel für beide Polymertypen geeignet. Für die vorliegenden Untersuchungen ist es von Vorteil, daß diese drei Substanzen neben einer breiten Variation der Viskosität (η_{20}: 1,002; 3,76; 19,9 [cP]) zweifellos auch unterschiedliches Löslichkeitsvermögen besitzen.

*) Aus der Dissertation von *Hans-Georg Schäfer*, Untersuchungen zum rheologischen Verhalten viskoelastischer Polyacrylamid-Lösungen. TU München 1971.

[1]) Der Firma Stockhausen & Co. danken wir für die freundlicherweise überlassenen Polymerproben.

Die konzentrierten Lösungen wurden vor der Messung für ca. 6 Monate, teilweise durch Rühren, homogenisiert; sie waren dabei in der Regel opaleszent. In den anschließenden drei bis vier Monaten erwiesen sich die Messungen als gut reproduzierbar.

2.2. Meßtechnik

Ziel der Messungen war die Erfassung eines möglichst weiten Bereiches der Schubspannung bzw. des Geschwindigkeitsgefälles. Dazu standen einerseits ein *Weißenberg*-Rheogoniometer, Modell R 17, andererseits ein Hochdruckkapillarvisiometer eigener Konstruktion zur Verfügung.

Über experimentelle Details bezüglich des Aufbaues der Geräte und der Meßverfahren ist berichtet worden (10, 13, 14). Beide Meßverfahren ergaben im Überlappungsbereich – nach den notwendigen Korrekturen – übereinstimmende Ergebnisse.

2.3. Ergebnisse

Das gesamte Versuchsprogramm umfaßte die Bestimmung des Schubspannungs- und Normalspannungsverlaufes in Abhängigkeit vom Schergefälle sowie die Erfassung von Kapillaraustrittseffekten (Strangaufweitung).

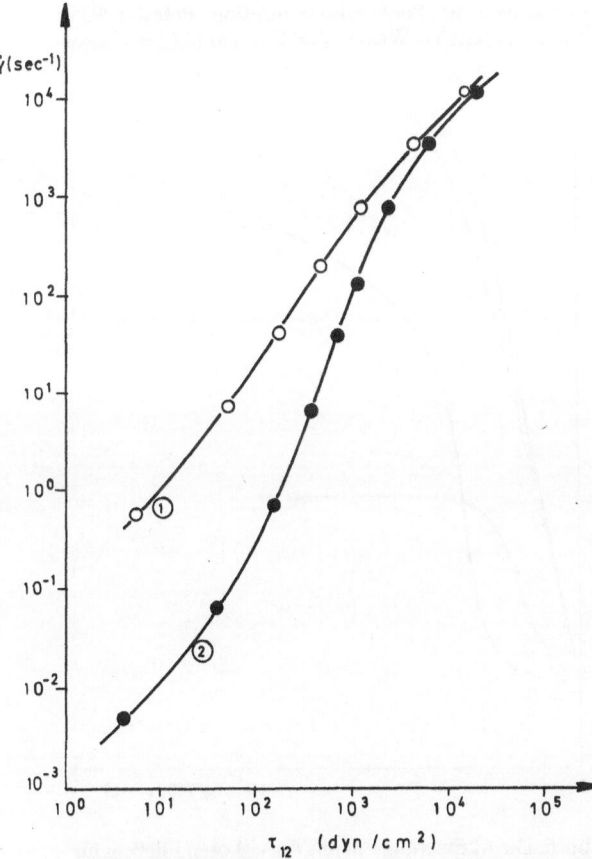

Abb. 1. Fließkurven der Lösungen des Praestol 2800 = 1 und Praestol 2935 = 2. c_P = 2%, Temp. = 40 °C, Lösungsmittel = Glykol

Im Rahmen dieser Arbeit soll nur die Geschwindigkeitsgradient- / Schubspannungsfunktion in Betracht gezogen werden. Diese Fließkurven zeigen den typischen S-förmigen Verlauf, wobei sich der Übergang in die *Newton*schen Endbereiche in der Regel deutlich abzeichnete, trotz des weiten Bereiches im Schergefälle von $\dot{\gamma} = 10^{-3}$ bis $10^5\,\text{s}^{-1}$ und in der

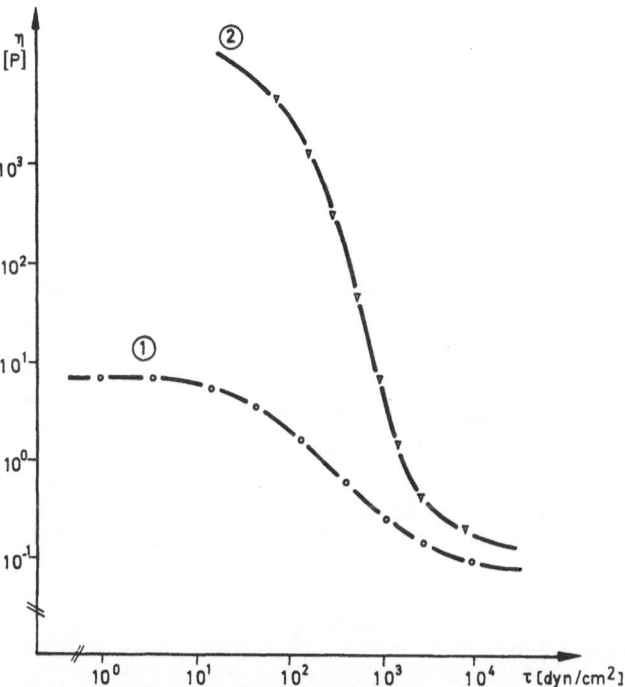

Abb. 2. Lösungsviscosität in Abhängigkeit von der Schubspannung bei Variation der Polymerstruktur. 1 = Praestol 2800, 2 = Praestol 2935; c_P = 2%, Temp. = 20 °C, Lösungsmittel = Wasser

Schubspannung von $\tau = 10^0$ bis 10^5 dyn/cm² aber nicht immer erreicht wurde.

Abb. 1 zeigt an einem Beispiel die Form und Lage der Fließkurven im $\log\dot{\gamma}/\log\tau$-Diagramm. Zur besseren Veranschaulichung des Viskositätsverhaltens sollen die Ergebnisse im folgenden jedoch in der Form $\log\eta/\log\tau$ dargestellt werden.

Die unterschiedliche Polymerstruktur äußert sich im Fließverhalten der Lösungen – bei vergleichbarer Konzentration und gleichem Lösungsmittel – nach Abb. 2 vor allem im unteren Schubspannungsbereich, während sich im Übergang zu sehr hohen Schubspannungen die Viskositätswerte weitgehend nähern.

Für ein gegebenes Polymer führt die Variation des Lösungsmittels nach Abb. 3 zu einer

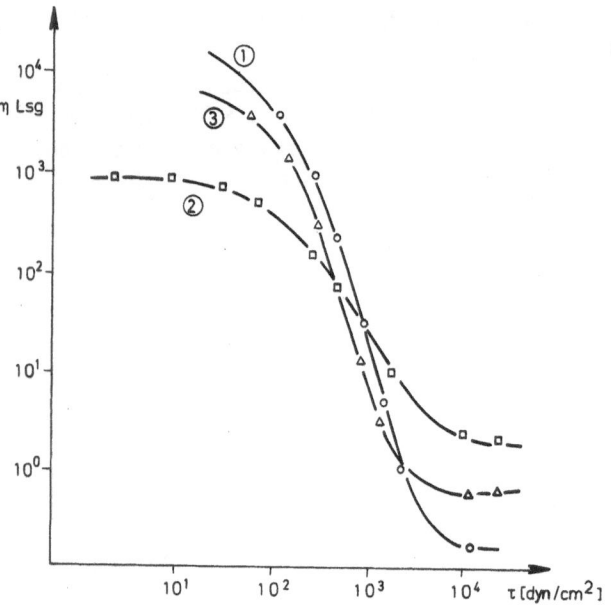

Abb. 3. Lösungsviskosität in Abhängigkeit von der Schubspannung bei Variation des Lösungsmittels für Praestol 2935. $c_P = 2\%$, Temp. = 20 °C; 1 = Wasser, 2 = Glykol, 3 = Formamid

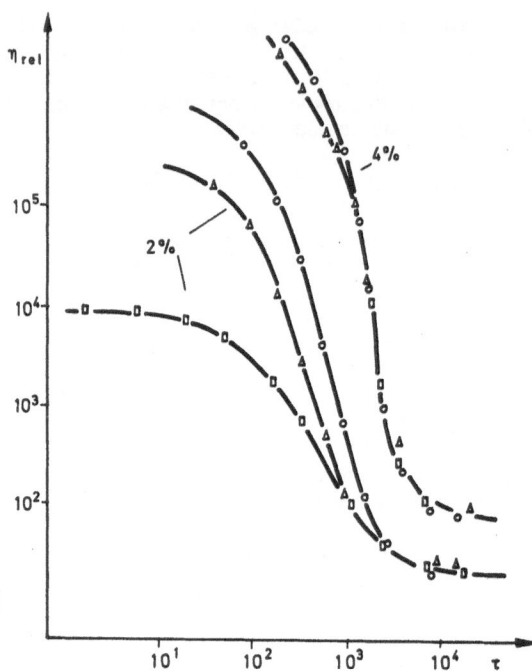

Abb. 5. Relative Viskosität in Abhängigkeit von der Schubspannung bei Variation des Lösungsmittels und unterschiedlicher Polymerkonzentration. Praestol 2935, Temp. = 20 °C; ○ = Wasser, △ = Formamid, □ = Glykol

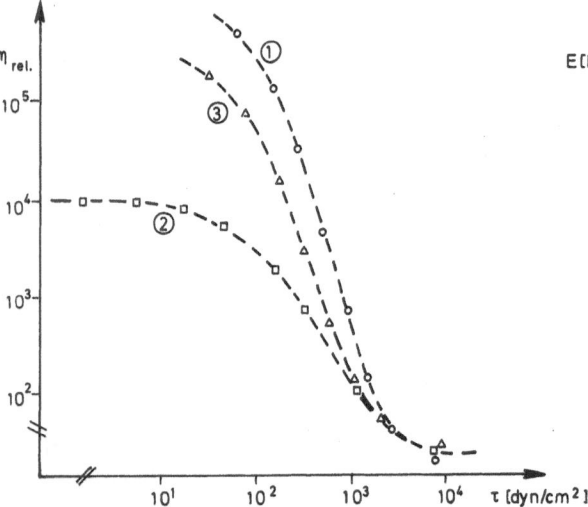

Abb. 4. Relative Viskosität in Abhängigkeit von der Schubspannung bei Variation des Lösungsmittels für Praestol 2935. $c_P = 2\%$, Temp. 20 °C; 1 = Wasser, 2 = Glykol, 3 = Formamid

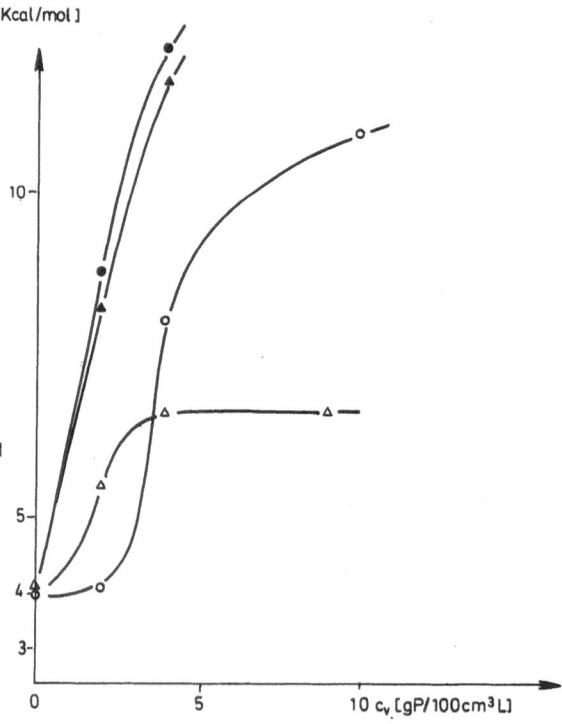

Abb. 6. Die Aktivierungsenergie des viskosen Fließens für Polyacrylamidlösungen. ○ = Praestil 2800, H_2O; △ = Praestol 2800, Formamid; ● = Praestol 2935, H_2O; ▲ = Praestol 2935, Formamid

Überschneidung der Fließkurven, wenn die Viskosität der Lösung als Funktion der Schubspannung betrachtet wird. Bei Bildung der η_{rel}-Werte ergibt sich jedoch ein klares Bild (Abb. 4) mit stark unterschiedlichen Niveaus der Anfangsviskositäten, während die Fließkurven im oberen *Newton*schen Bereich im Rahmen der

Fehlerbreite zusammenlaufen. Die unterschiedlichen Endwerte der Kurven in Abb. 3 resultieren also aus den unterschiedlichen Grund-
viskositäten der Lösungsmittel.

Mit Zunahme der Polymerkonzentration der
Lösungen nimmt die Viskosität in der bekannten Weise stark zu. Hervorzuheben ist, daß sich
nach Abb. 5 der Einfluß der unterschiedlichen
Lösungsmittel mit zunehmender Konzentration
immer weniger bemerkbar macht.

Die Temperaturabhängigkeit der Fließkurven
wurde im Bereich von $\vartheta = 5$–70 °C gemessen.
Für die Viskositätswerte im Grenzbereich kleiner Schubspannungen ergibt sich aus der Steigung einer Auftragung von $\log \eta$ gegen $1/T$
formal eine Aktivierungsenergie des viskosen
Fließens, deren Werte in Abb. 6 dargestellt sind.

3. Diskussion

3.1. Systemzusammensetzung

Im Hinblick auf die Entscheidung zugunsten
einer molekularen Modellvorstellung zum Fließverhalten der Polymerlösungen ist die Art der
Systemvariation entscheidend.

a) Bei weitgehender Ähnlichkeit der Kettenlänge der makromolekularen Komponente bedingt die verschiedene Natur der Seitengruppen
eine stark unterschiedliche Fähigkeit zur Ausbildung von Nebenvalenzbindungen zwischen
den Polymeren. Bezeichnen wir im folgenden
das Polymere mit P, symbolisieren die Kontakte
Polymer/Polymer durch (PP) und geben den
Amid- und Carboxyl-Seitengruppen die Indizes 1
bzw. 2, so nimmt die Stärke der Wechselwirkung
sicherlich in der Reihenfole

$$P_1 P_1 < P_1 P_2 < P_2 P_2$$

zu.

b) Aus Messungen zum Grenzviskositätsverhalten der hier untersuchten beiden Polymeren in verdünnten Lösungen kann andererseits geschlossen werden, daß die Polymer/
Lösungsmittel-Wechselwirkungen mit den Lösungsmitteln Wasser = L_1, Glykol = L_2 und
Formamid = L_3 in der Reihenfolge

$$PL_1 > PL_2 > PL_3$$

abnimmt. Diese Wechselwirkung ist für eine
unterschiedliche Knäuelexpansion der Einzelmoleküle maßgebend. Beim partiell verseiften
Polyacrylamid sind darüberhinaus noch Ladungseffekte zu berücksichtigen.

c) Die drei Lösungsmittel unterscheiden sich
sicherlich auch in der Fähigkeit, eine „Ver-
brückung" zwischen den Polymersegmenten
durch Ausbildung von Polymer/Lösungsmittel/
Polymerkontakten herzustellen, wobei von einer
Reihenfolge

$$PL_1 P > PL_3 P > PL_2 P$$

ausgegangen wird.

d) Wird der Reibungskoeffizient der Lö-
sungsmittel durch die Kontakte Lösungsmittel/
Lösungsmittel charakterisiert, so ergibt sich die
Reihenfolge

$$L_1 L_1 < L_3 L_3 < L_2 L_2 .$$

3.2. Das Modell der energetisch bedingten
Netzwerkstruktur

Betrachten wir zunächst den Bereich der hohen Viskosität bei kleinster Scherdeformation,
so zeigt ein Überblick über die Fließkurven in
den Abb. 2, 4 und 5, daß eine eindeutige Korrelation zwischen dem Viskositätsniveau und
den Wechselwirkungskräften nach a) und c) besteht.

Beim Vergleich der Fließkurven des verseiften und unverseiften Polymeren im gleichen
Lösungsmittel in Abb. 2 wird dies vor allem hinsichtlich der Bedeutung der Kontakte $P_2 P_2$ demonstriert.

Der Lösungsmitteleinfluß für ein gegebenes
Polymer, wie er in Abb. 4 veranschaulicht wird,
kann demgegenüber vorwiegend auf die unterschiedliche Fähigkeit zur Brückenbildung zwischen den Polymerketten nach c) zurückgeführt
werden. Es ist darüberhinaus verständlich, daß
dieser Einfluß nach Abb. 5 mit zunehmender
Polymerkonzentration zurückgedrängt wird, da
dann die sicherlich stärkeren direkten Polymer-
kontakte $P_2 P_2$ dominierend sind.

Insgesamt führen die erwähnten Kontakte
zwischen den Polymerketten zur Ausbildung
eines fluktuierenden Netzwerkes, wobei die
Stärke dieses Netzwerkes – und damit die
Viskosität der Lösung bei geringer Scherdeformation – von der Zahl und der Energie der
Nebenvalenzbindungen bestimmt wird.

Diese Interpretation wird auch durch die
Befunde zur Temperaturabhängigkeit der Viskosität nach Abb. 6 gestützt. Danach ist die
Aktivierungsenergie des viskosen Fließens gerade in den Systemen besonders hoch, in denen

die $P_2 P_2$-Kontakte mit ihrer hohen Wechselwirkungsenergie dominieren.

Mit zunehmender Scherdeformation findet ein stetiger Abbau des Netzwerkes durch Verminderung der Zahl der Nebenvalenzbindungen zwischen verschiedenen Polymerketten statt. Bei den höchsten erreichbaren Schubspannungen wird schließlich ein Zustand des Systems erreicht, in dem die intermolekularen Polymer/Polymerkontakte nach a) und c) nicht mehr in Erscheinung treten. Dieser Bereich ist also durch das Fließen der isolierten Makromoleküle in dem niedermolekularen Lösungsmittel gekennzeichnet. Während der Gehalt an Polymeren – und zwar unabhängig von dessen chemischer Natur – die Viskositätserhöhung gegenüber dem Lösungsmittel bedingt, ist das Verhältnis der Viskositäten bei gegebener Polymerkonzentration in erster Linie durch die Viskosität des jeweiligen Lösungsmittels, d. h. die Wechselwirkungen nach d), bedingt. Damit ist allerdings die Frage offen, wieweit die unabhängig fließenden Makromoleküle im Scherfeld eine Aufknäuelung und Orientierung erfahren. Weitere Messungen, vor allem in wäßriger Lösung unter Fremdelektrolytzusatz, sollen darüber Aufschluß geben.

3.3. Das Modell der mechanisch bedingten Verhakungsstruktur

Die vorliegenden experimentellen Ergebnisse sind aber auch daraufhin zu prüfen, ob sie wirklich eine signifikante Unterscheidung der Modellvorstellungen erlauben und nicht auch im Sinne des Modells der mechanischen Verhakung interpretierbar sind. Da der Grenzbereich der hohen Schubspannung keine Unterscheidung hinsichtlich des Modells der intermolekularen Wechselwirkungen gestattet, können nur die Ergebnisse im Grenzbereich niedriger Schubspannungen herangezogen werden.

Entscheidend für die Ausbildung mechanischer Verhakungen ist die Größe und Form des Fadenmoleküls. Wie auch durch die weitgehende Annäherung der Fließkurven in Abb. 2 im Grenzbereich hoher Schubspannung belegt wird, sind die Unterschiede im Molekulargewicht der beiden Polymertypen für das Fließverhalten nur von untergeordneter Bedeutung. Man kann also von Molekülen praktisch gleicher Kettenlänge, mit allerdings unterschiedlichem Knäuelungsgrad ausgehen. Für diesen Knäuelungsgrad ist die Polymer/Lösungsmittel-

wechselwirkung nach b) maßgebend, bei den partiell ionischen Polymeren werden auch Ladungseffekte eine Rolle spielen.

Hinsichtlich der Lösungsmittelvariation für einen Polymertyp steht die Reihenfolge der Lösungsviskosität der konzentrierten Systeme [Wasser > Formamid > Glykol (s. Abb. 3)] allerdings nicht im Einklang mit der Reihenfolge der Knäueldurchmesser des Einzelmoleküls (Wasser > Glykol > Formamid) (12) und damit im Widerspruch zu einem „geometrischen" Wechselwirkungsmodell.

Der Polyelektrolytcharakter des partiell verseiften Polymeren wird sicherlich zu einer Knäuelexpansion im Vergleich zum Polyacrylamid führen. Wie auch Messungen zum Grenzviskositätsverhalten in verdünnter Lösung zeigen, sind die Unterschiede nicht so gravierend, daß daraufhin ein Viskositätsunterschied im konzentrierten System um den Faktor 10^3 resultieren sollte. Darüberhinaus wären die starken Unterschiede im Viskositäts-Temperaturverhalten der beiden Polymertypen auf rein geometrischer Basis nicht verständlich.

3.4. Schlußbemerkung

Zusammenfassend ergibt sich für die hier untersuchten Systeme eine eindeutige Entscheidung zugunsten des Modells der energetisch bedingten intermolekularen Vernetzung durch Nebenvalenzbindungen zwischen den gelösten Makromolekülen, die sich nicht notwendigerweise gegenseitig durchdringen müssen. Diese Aussage besitzt im Augenblick allerdings nur qualitativen Charakter. Quantitative Aussagen setzen die Herstellung und Charakterisierung wesentlich definierterer Polymerproben – unter systematischer Variation der Molekülgrößen und Molekülstruktur – sowie weitere unabhängige Information zur Systembeschreibung, etwa durch Leitfähigkeitsmessungen, voraus. Derartige Untersuchungen sind in Angriff genommen.

Die vorliegende Arbeit wurde aus Mitteln der DFG gefördert, wofür auch an dieser Stelle gedankt sei.

Zusammenfassung

Im Rahmen der Modellvorstellungen zur Interpretation des nicht-*Newton*schen Fließverhaltens von konzentrierten Polymer-Lösungen ist die Frage nach der Natur der intermolekularen Wechselwirkung („entanglement") noch nicht allgemein beantwortet.

Untersuchungen, die mit ionischen und nicht-ionischen Polyacrylamiden in verschiedenen Lösungsmitteln

(Wasser, Glykol, Formamid) im weiten Bereich von Schubspannung und Geschwindigkeitsgefälle durchgeführt wurden, weisen darauf hin, daß nicht mechanische Verhakung, sondern Nebenvalenzwechselwirkungen den entscheidenden Beitrag zur Strukturbildung liefern.

Summary

Non-*Newtonian* flow behaviour of polymer solutions is generally interpreted in terms of the „entanglement"-concept. The physical meaning of this model, however, is still a point of discussion.

In the present investigation solutions of ionic and non-ionic polyacrylamid in different solvents (water, glycole, formamide) have been studied, covering a wide range of shear stress and shear gradient. It is concluded, that the main contribution to intermolecular network formation results from energetic interaction through secondary bonding and not from mechanical entanglement.

Literatur

1) *Bueche, F.*, J. Chem. Physics **20**, 1959 (1952).
2) *Bueche, F.*, J. appl. Physics **24**, 423 (1953).
3) *Bueche, F.*, J. Chem. Physics **25**, 599 (1956).
4) *Berry, G. C.* und *T. G. Fox*, Fortschr. d. Hochpolymerforschung **5**, 297 (1968).
5) *Hoffmann, M.*, Makromol. Chem. **153**, 99 (1972).
6) *Maron, S. H. N. Nakajima* und *I. M. Krieger*, J. Polym. Sci. **37**, 1 (1959).
7) *Maron, S. H.*, J. Polym. Sci. **38**, 329 (1959).
8) *Maron, S. H.* und *T. T. Chin*, J. Polym. Sci. **A1**, 2651 (1963).
9) *Vollmert, B.* und *H. Stutz*, Angew. Makromol. Chem. **3**, 182 (1968).
10) *Klein, J.* und *R. Woernle*, Kolloid-Z. u. Z. Polymere **237**, 209 (1970).
11) *Bruce, C.* und *W. H. Schwarz*, J. Polym. Sci. **A7**, 909 (1969).
12) *Heitzmann, W.*, Diplomarbeit TU Braunschweig 1973.
13) *Brenschede, E.*, und *J. Klein*, Rheol. Acta **8**, 71 (1969).
14) *Brenschede, E.*, und *J. Klein*, Rheol. Acta **9**, 130 (1970).

Anschrift der Verfasser:

Prof. Dr. rer. nat. *Joachim Klein*
Direktor des Institutes für Chemische Technologie der Technischen Universität Braunschweig
33 Braunschweig, Hans-Sommer-Str. 10

Dr. rer. nat. *Hanns-Georg Schäfer*
2105 Seevetal 8, Elbring 31

Diskussion:

H. G. Kilian (Ulm/Donau):

Es würde mich interessieren, ob in allen ihren Beispielen Verträglichkeit auch in den anisotropen strömenden Systemen sichergestellt ist, denn durch eine teilweise Entmischung könnte die Unabhängigkeit vom Wechselwirkungsparameter bei hohen Schergeschwindigkeiten in gewisser Weise verständlich sein.

J. Klein (Braunschweig):

Über Entmischungseffekt bei hohem Schergefälle ist teilweise berichtet worden, vor allem bei Strömung von Mehrphasensystemen.

Die Polyacryllösungen zeigen beim Kapillaraustritt auch bei sehr hohen Schergefällen keine Trübung, woraus wir die Berechtigung ableiten, von homogenen Systemen zu sprechen.

H. Breuer (Ludwigshafen/Rhein):

Können Sie etwas zur Scherstabilität der gelösten Polymeren anführen?

J. Klein (Braunschweig):

Bei sehr hohem Schergefälle ist ein Molekulargewichtsabbau im Hochdruckkapillarviskosimeter nicht auszuschließen.

Wir wissen jedoch aus früheren Untersuchungen an Polymerlösungen mit vergleichbar hohem Molekulargewicht, daß die Abbaueffekte bei einmaligem Kapillardurchschritt die Viskositätswerte nicht merklich verfälschen.

W. Funke (Stuttgart):

Kann man bei den von Ihnen untersuchten Polymeren ausschließen, daß sich die nebenvalenten Wechselwirkungen nicht strukturspezifische Verschlingungseffekte bei der Abhängigkeit der Viskosität von der Schubspannung überlagern, die mit steigender Schergeschwindigkeit monoton abnehmen?

J. Klein (Braunschweig):

Verschlingungseffekte sind mit unseren Messungen nicht grundsätzlich auszuschließen. Ich sehe nur keinen Ansatz dazu, daß sie in dem Maße strukturspezifisch sein sollten, wie es die hohen Viskositätsunterschiede – vor allem z. B. bei alleinigem Austausch des Lösungsmittels – fordern.

G. Rehage (Clausthal-Zellerfeld):

1. Aus unseren rheologischen Untersuchungen an hochmolekularen Lösungen müssen wir ebenfalls schließen, daß Nebenvalenzwechselwirkungen den wesentlichen Beitrag zur Strukturbildung liefern. Es handelt sich dabei um Assoziation (Gleichgewichte) oder Aggregation (keine Gleichgewichte; gewöhnlich kleine partiellkristalline Gebilde). In gewissen Temperatur- und Konzentrationsbereichen tritt dabei Vernetzung und somit Gelierung auf. Bei PMMA-Gelen bestehen die Verknüpfungsstellen aus mikrokristallinen Bereichen mit Stereokomplexen; bei PVC-Gelen aus Kristalliten mit vorwiegend syndiotaktischen Sequenzen. Was kann man hierzu bei Polyacrylamid-LM-Systemen aussagen?
2. Bei den Polyacrylamidlösungen treten neben viskosen sicherlich auch elastische Anteile auf. Sind Speichermodul G' und Verlustmodul G" an diesen Systemen gemessen worden?

J. Klein (Braunschweig):

1. Untersuchungen über die Stereostruktur der Polyacrylamide und ihrer Copolymeren sind uns nicht bekannt. Ich sehe daher im Moment auch keine Möglichkeit, die Existenz mikrokristalliner Bereiche zu diskutieren.
2. Die Polyacrylamid-Lösungen zeigen in hohem Maße elastische Anteile. Dies wird durch Messungen der Normalspannung (im Weißenberg-Rheogoniometer) sowie durch Kapillaraustrittseffekte (Strangaufweitung) belegt.

Die Kapillarlängeneffekte im Hochdruckkapillarviskosimeter weisen auf stärkere elastische Anteile hin, als sie etwa im System Polyisobutylen/Toluol beobachtet wurden.

Progr. Colloid & Polymer Sci. **57**, 100–105 (1975)

10.

Aus dem Bereich Polymere der Philipps-Universität, Marburg a. d. Lahn

Spektralpolarimetrische Untersuchungen über den Einfluß von Elektrolyten auf die Konformation von Poly-α-Aminosäuren

Von Ch. Ebert und G. Ebert

Mit 7 Abbildungen

(Eingegangen am 20. Februar 1974)

Die Löslichkeit und die Stabilität der Konformation von Polypeptiden und Proteinen wird durch Zugabe von Elektrolyten zur Lösung entscheidend beeinflußt.

Solche Salzeffekte sind seit langem bekannt und werden u. a. auch in der Proteinchemie angewandt.

So kennt man z. B. – entsprechend der *Hoffmeister*schen Reihe – einsalzende Effekte z. B. der Bromide, Jodide, Perchlorate und Rhodanide, aussalzende Effekte, die durch Sulfate wie $(NH_4)_2SO_4$ hervorgerufen werden, und den Schutz von Proteinen vor irreversibler Denaturierung durch Phosphate.

Die Anwendung solcher Salzeffekte auf das Verhalten von Proteinen geschieht aber im allgemeinen empirisch, systematische Untersuchungen fehlen weitgehend. Um den Einfluß gelöster Ionen auf die zwischenmolekularen Wechselwirkungen und damit auf die Konformation von Proteinen zu untersuchen, ist es erfolgversprechender, statt nativer Proteine als Modellsubstanzen Poly-α-aminosäuren mit einer einzigen Art von Seitenketten zu betrachten, da man hier nicht die Vielzahl der Wechselwirkungen zwischen den Ionen und den unterschiedlichen Seitengruppen vorliegen hat.

Bei der Betrachtung von Elektrolyteffekten kann man folgende verschiedene Ursachen annehmen:

1. Es kann sich um elektrostatische Wechselwirkungen von Ionen mit ionogenen Seitengruppen handeln;

2. können Wechselwirkungen mit polaren Seitengruppen auftreten;

3. können hydrophobe Wechselwirkungen beeinflußt werden;

4. können nicht nur Wechselwirkungen mit den Seitengruppen, sondern auch mit den Carbonamidgruppen des Peptidgerüsts auftreten, wobei z. B. in konzentrierten Elektrolytlösungen Wasserstoffbrückenbindungen zwischen den Peptidbindungen aufgehoben werden können.

Für Aussagen über die Konformation und Konformationsänderung von Polypeptiden und Proteinen in Lösung sind optische Methoden ganz besonders geeignet.

Wir haben für unsere Untersuchungen an der basischen Poly-α-aminosäure Poly-L-lysin (MG $\approx 100\,000$) und Poly-L-ornithin (MG $\approx 80\,000$ und $\approx 120\,000$) sowohl die Änderung der spezifischen Drehung $[\alpha]_\lambda^T$ bei der Konformationsänderung als auch des Circulardichroismus angewandt.

$$
\begin{array}{l}
\text{C}=\text{O} \\
|\\
\text{HC}-\text{CH}_2-\text{CH}_2-\text{CH}_2-\text{CH}_2-\text{NH}_2 \\
|\\
\text{NH} \\
\end{array}\Big]_n
$$

Poly-L-lysin

$$
\begin{array}{l}
\text{C}=\text{O} \\
|\\
\text{HC}-\text{CH}_2-\text{CH}_2-\text{CH}_2-\text{NH}_2 \\
|\\
\text{NH} \\
\end{array}\Big]_n
$$

Poly-L-ornithin

Poly-lysin und Poly-ornithin zeigen in dem pH-Bereich zwischen 0 und ~ 10 keine geordnete

Struktur, sondern liegen in einer relativ gestreckten nichtperiodischen Konformation vor, da die endständigen Aminogruppen protoniert sind und die positiv geladenen Seitengruppen aufgrund ihrer elektrostatischen Abstoßung die Ausbildung einer α-Helix verhindern.

Beim pK-Wert der ε- bzw. δ-Aminogruppe werden die Seitengruppen deprotoniert, womit die Voraussetzung für die Ausbildung der α-Helix gegeben ist.

Dementsprechend erhält man bei Poly-L-lysin von pH 10 das typische CD-Spektrum der α-Helix, das beim Übergang zu niedrigeren pH-Werten immer mehr in das eines Proteins mit nichtperiodischer Konformation übergeht, d. h. der intensive $n \rightarrow \pi^*$-Übergang des freien Elektronenpaares am Stickstoff verschwindet ebenso wie die Aufspaltung des $\pi \rightarrow \pi^*$-Überganges in zwei Banden bei 204 und 195 nm (1).

An den wäßrigen Lösungen dieser beiden basischen Poly-α-aminosäuren haben wir den Einfluß von Perchlorat- und Sulfationen auf die Konformation untersucht.

Perchlorate sind im allgemeinen als stark denaturierende Agenzien bekannt, d. h. sie verringern die Stabilität der geordneten Konformation von Proteinen, während Sulfate dieselbe erhöhen.

Die Lösungen beider Ionenarten sind außerdem hinreichend UV-durchlässig, so daß CD-Spektren auch noch unterhalb von 220 nm aufgenommen werden konnten.

Wie schon in einer früheren Arbeit berichtet wurde (2), ergaben die circulardichroitischen Untersuchungen, daß im gesamten pH-Bereich bei Poly-L-lysin die α-Helix durch das Perchlorat stabilisiert wird (Abb. 1 und 2). Dies ist ebenfalls – wenn auch in geringerem Umfang – bei Poly-L-ornithin der Fall.

Der pH-induzierte Helix-Knäuel-Übergang wird durch das Perchlorat also aufgehoben. Im Gegensatz zu der im allgemeinen auftretenden destabilisierenden Wirkung des Perchlorats bei Proteinen wird in diesem Fall der basischen Poly-α-aminosäuren die Helix stabilisiert.

Mit steigender Temperatur nimmt – wie zu erwarten – der Helixanteil ab, und wir können einen temperaturinduzierten Helix-Knäuel-Übergang durchführen.

Da, wie aus dem *Ramachandran*-Diagramm hervorgeht (3), eine Peptidkette aus L-Aminosäuren nicht in der Lage ist, ein statistisches Knäuel zu bilden, verbleibt auch nach dem voll-

ständigen Abbau der Helix ein endlicher Circulardichroismus. Dieser Effekt dürfte um so stärker sein, je länger bzw. je sperriger die Seitenkette ist.

Der stabilisierende Einfluß des Perchlorats auf die α-Helix ist für das Poly-L-ornithin, entsprechend seiner geringeren Neigung zur Helixbildung (4), wesentlich geringer als für das Poly-L-lysin, dessen helicale Struktur in einem wesentlich größeren Temperatur- und ClO_4^--Konzentrationsbereich stabilisiert wird (vgl. Abb. 1 und 2).

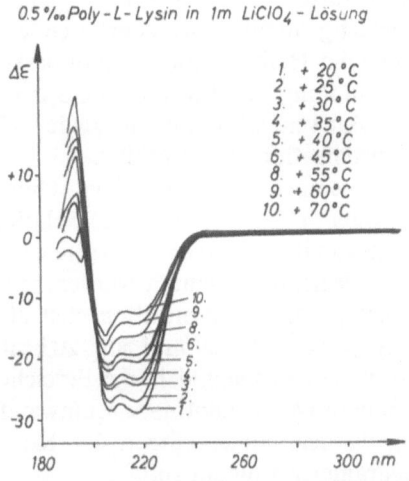

Abb. 1. CD-Spektren von Poly-L-lysin (MG 100000) in 1 m LiClO₄-Lösung (pH 7) als $f(T)$. Konzentration: 0,5 g Poly-L-lysin/l; Schichtdicke: 1 mm

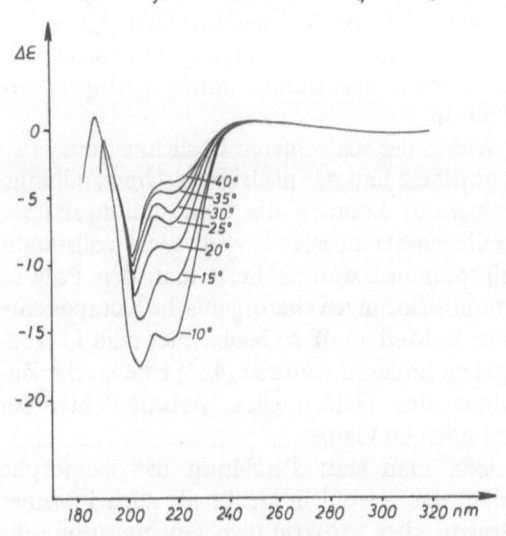

Abb. 2. CD-Spektren von Poly-L-ornithin (MG 120000) in 1 m LiClO₄-Lösung (pH 7) als $f(T)$. Konzentration: 0,5 g Poly-L-ornithin/l; Schichtdicke: 1 mm

Wir haben den temperaturinduzierten Helix-Knäuel-Übergang auch anhand der spezifischen Drehung verfolgt. Dabei konnten wir feststellen, daß die Umwandlungskurven nicht nur bei Poly-L-lysin, sondern auch entsprechend bei Poly-L-ornithin mit steigender ClO_4^--Konzentration immer flacher werden, und die Umwandlungstemperatur gleichzeitig zu höheren Temperaturen hin verschoben wird.

So liegt z. B. beim Poly-L-lysin in 3 m ClO_4^--Lösung (pH 7) noch bei 60 °C eine α-Helix vor, während in 0,1 m ClO_4^--Lösung die Umwandlungstemperatur schon bei ~ 10 °C liegt (2).

Gleichzeitig nimmt mit zunehmender Stabilisierung der Helixstruktur die Kooperativität der Umwandlung ab, d. h. die Breite der Umwandlungskurven wird mit steigender ClO_4^--Ionenkonzentration immer größer.

Ebenso nehmen die scheinbaren Umwandlungswärmen ΔH_{vH}, die aus den polarimetrischen Umwandlungskurven mit Hilfe der *van't Hoff*schen Beziehung ermittelt wurden, mit steigender ClO_4^--Ionenkonzentration steil ab (bei Poly-L-lysin von 40 kcal/mol auf 20 kcal/mol in 0,1 bzw. 2 m Lösung), d. h. die Bereiche, die eine kooperative Konformationsumwandlung erleiden, werden immer kürzer, der Kooperativitätsparameter σ nimmt zu.

Die geringere Stufenhöhe der Umwandlungskurven bei hohen Perchloratkonzentrationen spricht dafür, daß hier der Ordnungsgrad wesentlich weniger abnimmt als in Lösungen niedriger ClO_4^--Konzentration. Das folgt auch daraus, daß die Temperaturabhängigkeit der Intensität des $n \rightarrow \pi^*$-Überganges mit steigender Perchloratkonzentration immer geringer wird (Abb. 3).

Wegen der schlechteren Löslichkeit des Poly-L-ornithins und der niedrigeren Umwandlungstemperatur konnten die Umwandlungskurven im Gegensatz zu Poly-L-lysin nicht vollständig aufgenommen werden. Setzt man den Poly-L-ornithin-Lösungen eine organische Komponente zu (z. B. Methanol), so beobachtet man in Analogie zu anderen Autoren (4, 5) eine starke Zunahme des Helixanteiles. Arbeiten hierüber sind noch im Gange.

Setzt man statt Perchlorat das isomorphe Sulfat, das sowohl in Größe als auch in seiner tetraedrischen Struktur dem Perchloration sehr ähnlich ist, der Lösung beider Poly-α-aminosäuren zu, so beobachtet man im gesamten Konzentrations- und pH-Bereich keine Stabili-

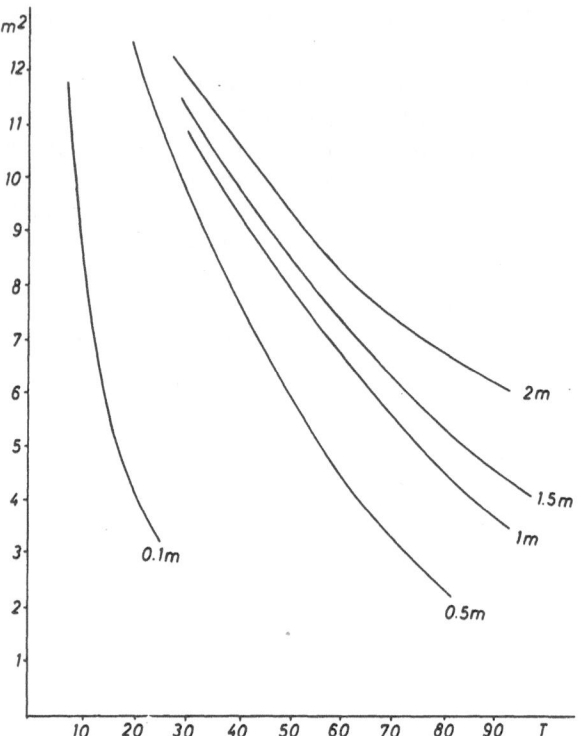

Abb. 3. Abhängigkeit der Intensität des $n \rightarrow \pi^*$-Überganges von der Temperatur bei verschiedenen $NaClO_4$-Konzentrationen. Als Maß für die Rotatorstärke des Überganges bei 222 nm ist die Fläche unter diesem Peak nach Zerlegung des CD-Spektrums in *Gauß*-Kurven angegeben. Die Zerlegung des Spektrums in die einzelnen Komponenten wurde mit Hilfe eines Du Pont-Kurvenanalysators 310 vorgenommen

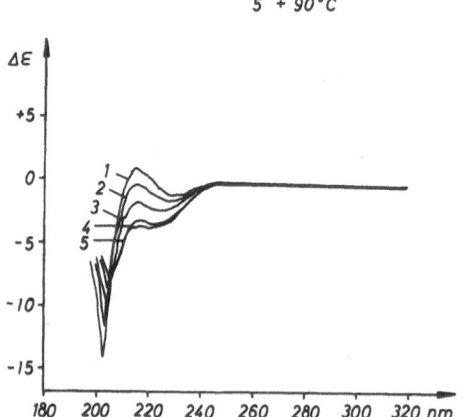

Abb. 4. CD-Spektren von Poly-L-lysin in 1 m $MgSO_4$-Lösung (pH 7) als $f(T)$. Konzentration: 0,5 g/l; Schichtdicke: 1 mm

sierung der geordneten Struktur (Abb. 4), im Unterschied zu den Beobachtungen z. B. von *v. Hippel* und *Wong* (6) und von *G. Ebert* et al. (7) an natürlichen Proteinen.

Bis zum pK-Wert der endständigen Aminogruppe liegt das Poly-L-lysin in Sulfatlösungen in nichtperiodischer Konformation vor und geht oberhalb von pH 10, ebenso wie ohne Elektrolytzusatz, in die α-Helix über.

Versucht man eine molekulare Deutung der Stabilisierung der gesamten Konformation durch die Perchlorationen zu geben, so kann man voraussetzen, daß diese Beeinflussung nur über die Seitenketten erfolgt. Im pH-Bereich von 0 bis 10 sind die endständigen Aminogruppen protoniert, d. h. wir haben entlang der Helix positiv geladene Endgruppen vorliegen.

Das Perchlorat paßt nun aufgrund seiner Größe und negativen Ladung zwischen die protonierten Aminogruppen und kompensiert deren positive Ladung daher vollständig. An einem Modell an *Stuart*-Kalotten ist diese Struktur plausibel gemacht (Abb. 5).

Abb. 5. Modell des Polylysins aus Stuartkalotten (eine Identitätsperiode) mit Perchlorationen, die um die α-Helix eine Superhelix mit umgekehrtem Umlaufsinn bilden. Die dunklen tetraedrischen Kalotten stellen die Perchloratmoleküle dar.

Wir erhalten also auf diese Weise eine Art Superhelix aus Ionen, die um die eigentliche α-Helix herum aufgebaut wird. Es kommt also durch das Zusammenspiel von gelöster Poly-α-aminosäure und Ionen zu einer Art „Überstruktur".

Durch die starken Wechselwirkungen zwischen den Seitengruppen und dem Perchlorat

tritt der stabilisierende Faktor der intrachenaren Wasserstoffbrückenbindungen des Peptidgerüstes immer mehr zurück, d. h. die α-Helix wird hier weniger durch diese Wasserstoffbrücken fixiert, sondern mehr durch die ionogenen Wechselwirkungen der Seitengruppen mit dem Perchlorat.

Eine Stabilisierung der α-Struktur durch eine Superhelix, die durch Seitengruppen gebildet wird, haben auch *Hatano* et al. (8) an der Poly-(γ-N-carbobenzoxy-L-α, γ-diaminobuttersäure) formuliert. Die Poly-α, γ-diaminobuttersäure, das nächstniedrigere Homologe des Poly-L-ornithins, zeigt eine noch geringere Helixbildung als dieses (4). Werden die Seitenketten durch die CbO-Schutzgruppe zur Ausbildung von Wasserstoffbrücken befähigt, so bildet sich über diese eine Superhelix aus, die – ähnlich wie in unserem Fall über ionogene Wechselwirkungen – die geordnete Struktur stabilisiert.

Wir können aus dem dargestellten Modell heraus auch verstehen, daß bei zunehmender Perchloratkonzentration die Kooperativität des temperaturinduzierten Helix-Knäuel-Überganges abnimmt.

Die intrachenaren Wasserstoffbrückenbindungen werden bei Temperaturerhöhung zwar noch kooperativ aufgespalten, aber die Helix wird weiterhin durch die ionogenen Wechselwirkungen der Seitengruppen aufrechterhalten, die mit steigender Temperatur nichtkooperativ aufgehoben werden.

Bei niedrigen Perchloratkonzentrationen ist diese Superhelix offenbar noch nicht vollständig ausgebildet, und der Helix-Knäuel-Übergang erfolgt hier noch kooperativ; je kompletter diese „Überstruktur" aufgebaut wird, um so weniger wird der Helix-Knäuel-Übergang einer Phasenumwandlung 1. Ordnung nahe kommen.

Im Gegensatz zum Perchlorat ist das Sulfat aufgrund seiner doppelten Ladung nicht in der Lage, eine solche stabilisierende „Überstruktur" aufzubauen, da dann entlang der Helix eine negative Überschußladung vorliegen würde, die die gleiche destabilisierende Wirkung hat wie die protonierten endständigen Aminogruppen.

Die stabilisierende Wirkung der Perchlorationen auf die α-Helix ist von der Art der Kationen unabhängig. Messungen in $LiClO_4$, $NaClO_4$, $Mg(ClO_4)_2$ ergaben die gleichen Werte für die Umwandlungstemperatur T_n und die scheinbare *van't Hoff*sche Umwandlungswärme ΔH_{vH} (vgl. auch Abb. 1 und 6).

Ein spezifischer Einfluß des Lithiumions auf die Stabilität der Konformation, wie sie bei Poly-L-glutaminsäure und Poly-L-prolin beobachtet wurde (9–13), konnte nicht festgestellt werden.

Ebenso wirkt Guanidiniumperchlorat in gleicher Weise stabilisierend auf die α-Struktur, ohne daß ein destabilisierender Effekt des Guanidiniumions zu bemerken wäre.

Auffallend ist auch eine starke Zunahme der aus den CD-Spektren erhaltenen Δε-Werte bei der durch Perchlorat stabilisierten α-Helix gegenüber den Werten, die man bei Poly-L-lysin in alkalischer Lösung > pH 10 erhält (vgl. Abb. 6 und 7).

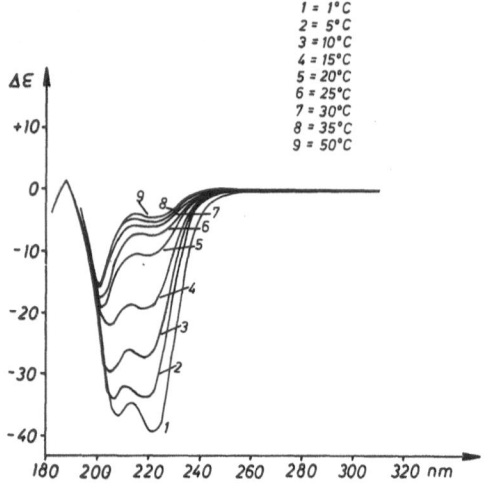

Abb. 6. CD-Spektren von Polylysin in 0,1 m NaClO$_4$-Lösung bei verschiedenen Temperaturen. Konzentration: 0,5 g Poly-L-lysin/l; Schichtdicke: 1 mm

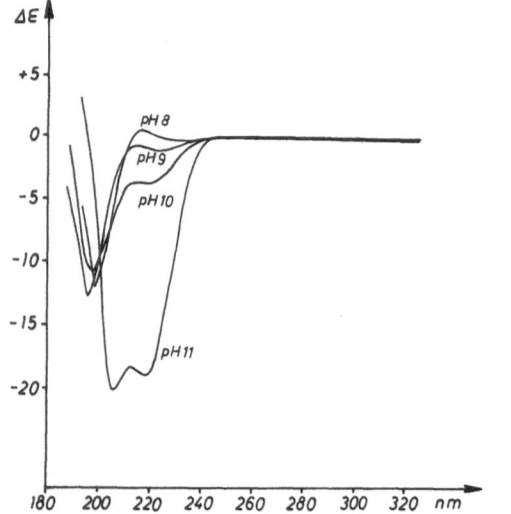

Abb. 7. CD-Spektren von Poly-L-lysin in Pufferlösungen verschiedener pH-Werte. Konzentration: 0,5 g/l; Schichtdicke: 1 mm

Die hier mitgeteilten Ergebnisse sind bei hinreichend hohen Molekulargewichten vom Polymerisationsgrad unabhängig. Die Messungen am Poly-L-ornithin vom MG 80 000 und 120 000 sind praktisch identisch.

Experimentelles

Zur Untersuchung diente Poly-L-lysin HBr (MG 100 000) der Fa. Serva und Poly-L-ornithin (MG 80 000 und 120 000) der Fa. New England nuclear (NEN). Alle anderen Substanzen waren analysenrein. Die CD-Spektren wurden mit einem automatischen Spektropolarimeter J20 der Fa. Jasco, Tokyo, in temperierbaren Küvetten von 0,1 cm Schichtdicke (Fa. Hellma) gemessen. Die Messungen der spezifischen Drehung erfolgte mit einem lichtelektrischen Polarimeter 140/MC der Fa. Perkin-Elmer. Die Temperierung erfolgte mit einem Thermostat der Fa. Lauda. Die Temperaturkonstanz betrug ±0,1 °C.

Wir danken der Deutschen Forschungsgemeinschaft für die Unterstützung dieser Arbeiten durch Personal- und Sachmittel, Herrn Prof. Dr. *G. Nemethy*, Paris, für anregende Diskussionen und Frl. *Ursula Roßleben* für ihre Mitarbeit.

Literatur

1) *Bovey, F. A.*, Polymer Conformation and Configuration, S. 104ff. (New York 1969).

2) *Ebert, Ch., G. Ebert* und *W. Werner*, Kolloid-Z. u. Z. Polymere **251**, 504 (1973).

3) *Ramachandran, G. N.* und *V. Sasisekharan*, Advances in Protein Chemistry **23** (1968).

4) *Grourke, M.* und *J. Gibbs*, Biopolymers **10**, 795 (1971).

5) *Liem, R. K. A., D. Poland* und *H. A. Scheraga*, J. Amer. Chem. Soc. **92: 19**, 5717 (1970).

6) *v. Hippel, P. H.* und *K. Y. Wong*, J. Biol. Chem. **240**, 3909 (1965).

7) *Ebert, G., Ch. Ebert* und *J. Wendorff*, Kolloid-Z. u. Z. Polymere **237**, 229 (1970).

8) *Hatano, M.* und *M. Joneyama*, J. Amer. Chem. Soc. **92: 5**, 1392 (1970).

9) *Mattice, W. L.* und *L. Mandelkern*, Biochemistry **5**, 2510 (1966).

10) *Mattice, W. L.* und *L. Mandelkern*, Macromolecules **3**, 199 (1970).

11) *Kurz, J.* und *W. F. Harrington*, J. Biol. **17**, 440 (1966).

12) *Barone, G., V. Crescenzi* und *F. Quadrifoglio*, Biopolymers **4**, 529 (1966).

13) *Tiffany, M. L.* und *S. Krimm*, Biopolymers **8**, 347 (1969).

Anschrift der Verfasser:

Dr. *Christa Ebert* und Prof. Dr. *G. Ebert* Bereich Polymere im Fachbereich 14, Universität Marburg 3550 Marburg/Lahn, Lahnberge Gebäude H

Diskussion:

Th. Nemetschek (Heidelberg):

Darf ich fragen, ob Sie zur Absicherung dieser Aussagen auch an eine Desaminierung der ε-Aminogruppen gedacht haben und ob Konfigurationsänderungen auszuschließen sind? In diesem Zusammenhang möchte ich auf eine Arbeit von *Yu. N. Chirgadze* et al., Biopolymers *11*, 2179 (1972) aufmerksam machen.

Ch. Ebert (Marburg/Lahn):

Eine Desaminierung der ε-Aminogruppe ist in unserem Fall, wie Aminosäureanalysen zeigen, auszuschließen. Ebenso sicher scheidet eine Änderung der Konfiguration aus. Dies geht vor allem aus der vollständigen Reversibilität unserer Helix-Knäuel-Umwandlungen hervor, so daß wir annehmen können, daß wir eine Stabilisierung der α-Helix über rein elektrostatische Kräfte vorliegen haben, die durch die Dissoziation der Ionenbeziehung $-NH_3^+ - - - ClO_4^-$ kontrolliert wird.

Progr. Colloid & Polymer Sci. **57**, 106–122 (1975)

11.

Aus dem Bereich Polymere der Philipps-Universität Marburg a. d. Lahn

Höhere Ordnung und Überstruktur biogener Makromoleküle

Von G. Ebert

Mit 22 Abbildungen

(Eingegangen am 4. März 1974)

Der Begriff Polymere umfaßt bekanntlich sowohl die biogenen Makromoleküle als auch die synthetischen Polymeren, die man im allgemeinen als Kunststoffe zu bezeichnen pflegt. Allerdings ist – vorzugsweise im deutschen Sprachgebiet – die Tendenz zu beobachten, das Wort Polymere als Synonym für Kunststoffe zu verwenden. Dies kommt wohl daher, daß die Erforschung der Biopolymeren nicht nur hinsichtlich ihrer Funktionen, sondern auch ihrer Struktur weitestgehend seitens der Biochemiker erfolgte und die als Polymerwissenschaftler bezeichneten Naturwissenschaftler sich mit diesem außerordentlich wichtigen Teilgebiet ihres Faches oft nur am Rande oder gar nicht befaßten. Eine gewisse Ausnahme bilden hier – aus welchem Grunde auch immer – die Polysaccharide und die Isoprenderivate.

Es ist daher nur eine natürliche Folge, daß auf vielen Polymer-Tagungen Fragen der Struktur so bedeutender biogener Makromoleküle wie der Proteine oder der Nucleinsäuren nur selten zur Sprache kommen. Diese ein wenig bedauerliche Trennung ist in den Vereinigten Staaten wesentlich weniger stark ausgeprägt, und in der modernen anglo-amerikanischen Polymer-Literatur findet man beide Teilgebiete in sehr viel ausgewogenerem Umfang behandelt. Außerdem zeichnet sich seit kurzem ab, daß beide Gebiete u. a. durch die Verwendung von synthetischen Polymeren als Träger für Enzyme oder die Entwicklung von polymeren Pharmaka einander näherkommen.

Die Kolloidik als eine, zahlreiche Disziplinen umfassende, übergeordnete Wissenschaft ist nun in besonderem Maße prädestiniert, beide Teilgebiete gemeinsam zu betrachten. Verdankt doch die Kolloidik ihren Namen einem aus dem biopolymeren Kollagen gewonnenen Produkt, und einige Zeitlang galten ja die gelartigen Substanzen – etwa des Protoplasmas – geradezu als die Urtypen des Ungeordneten, Amorphen, Undefinierten. Wie man heute aber weiß, handelt es sich hierbei ganz im Gegenteil um hochorganisierte Systeme, deren Molekeln außerordentlich gut hinsichtlich chemischer Zusammensetzung und räumlicher Struktur definiert sind.

Die für einen unbefangenen Beobachter merkwürdige Erscheinung, daß ein recht beträchtlicher Teil der Polymerwissenschaftler zu dem nicht unwichtigen Teilgebiet seines Faches, den Biopolymeren, ein wenig enges Verhältnis hat und diese häufig als etwas anderes, Fremdes betrachtet, hat sicherlich bestimmte Gründe. Tatsächlich bestehen ja auch gewisse charakteristische Unterschiede zwischen den biogenen Makromolekülen und den Kunststoffen im üblichen Sinn. Diese besitzen einmal aufgrund ihrer Herstellungsbedingungen durch Polymerisation und Polykondensation eine mehr oder weniger breite Molekulargewichtsverteilung, bestehen also im Grunde aus einer Vielzahl chemischer Individuen, während die natürlichen Makromoleküle, im allgemeinen jede Molekel derselben Spezies, völlig identisches Molekulargewicht und chemische Zusammensetzung haben.

Doch selbst wenn man z. B. in einer Probe ausschließlich Polyäthylenmoleküle gleichen Polymerisationsgrades und damit gleichen Molekulargewichtes in einer Lösung vorliegen hätte, so würden sich diese Moleküle alle durch ihre Konformation voneinander unterscheiden. Bei einem Polyäthylenmolekül des Polymerisationsgrades 500, also mit 1000 C–C-Bindungen, bestehen $3^{1000} = 10^{477}$ Konformationsmöglichkeiten. Das ist eine derart astronomisch große

Zahl, daß es extrem unwahrscheinlich ist, daß zwei Polymermoleküle dieses Polymerisationsgrades jemals dieselbe Konformation haben.

Dann liegen aber auch bei gleichem Molekulargewicht de facto so viele voneinander verschiedene molekulare Individuen vor, wie überhaupt in der Lösung vorhanden sind. Hinzu kommt, daß die Konformation jeder Einzelmolekel sich zeitlich laufend ändert, so daß die physikalischen Eigenschaften des Gesamtsystems den zeitlichen Mittelwert über ein sehr großes Kollektiv voneinander verschiedener Individuen darstellen und damit von der Statistik, nicht aber von einem die gesamte Spezies charakterisierenden molekularen Individuum bestimmt werden, da Individualität von Molekülen nicht nur identische chemische Zusammensetzung und identisches Molekulargewicht, sondern auch identische Konformation bedeutet.

Nun ist aber Individualität das Charakteristikum der Lebewesen. Nicht nur jede Gattung und Art weist ganz besondere, meist sehr detaillierte charakteristische Unterschiede gegenüber den anderen auf, sondern auch jedes Lebewesen einer Spezies unterscheidet sich von anderen derselben Spezies in einer außerordentlichen Vielzahl von Merkmalen. Da aber andererseits das irdische Leben an Polymere gebunden ist und jedes Lebewesen deshalb ein hochkompliziertes, außerordentlich sinnreiches System von Polymermolekülen darstellt – wenn das in diesem Zusammenhang auf eine so kurze Form gebracht werden darf –, müssen diese für Gattung, Art und Individuum charakteristischen Makromoleküle definiert individuellen Charakter haben, und man kann sagen, daß jedes lebende Individuum einen ein-eindeutigen Set von Biopolymermolekülen besitzt.

Bei allen Molekeln einer Spezies von Biopolymeren handelt es sich also um ganz definierte Individuen im Sinne der niedermolekularen Chemie. Dies ist auch deshalb notwendig, weil im allgemeinen jede biopolymere Spezies eine ganz spezielle Funktion zu erfüllen hat. Dieser hochspezifische Charakter geht oft bereits bei geringen Konformationsänderungen verloren, d. h. die Funktion eines Biopolymeren kann somit im allgemeinen nicht von mehreren verschiedenen Molekülen übernommen werden (cum grano salis) und wird deshalb – wie wir noch sehen werden – von der Natur z. B. zur Regelung von enzymatischen Reaktionen verwendet.

Während also Kunststoffe im allgemeinen eine passive Funktion als Werkstoffe zu erfüllen haben, sind die Biopolymeren im nativen Zustand aktiv an chemischen und physikalisch-chemischen Prozessen beteiligt.

Ihre Funktionen bestehen:

a) in der Informationsspeicherung und -übertragung: [Deoxyribonucleinsäure (DNS) und Ribonucleinsäure (RNS)];

b) in der Katalyse und Regulation von Stoffwechselvorgängen, wie es die Enzyme tun;

c) in der Bildung motiler Strukturen (z. B. Geißeln, Muskeln);

d) in der Bildung von Gerüstsubstanzen (Murein, Chitin, Kollagen, Keratin, Zellulose usw.);

e) in der Erkennung von Fremdstoffen und deren Abwehr (z. B. Antikörper);

f) in der Speicherung von Nährstoffen (Glykogen, Inulin, Stärke usw.).

Während also alle Molekeln einer biopolymeren Spezies, die aus mehreren verschiedenen Monomereinheiten aufgebaut sind, nicht nur jeweils dieselbe chemische Zusammensetzung, sondern auch dieselbe Sequenz der verschiedenen Monomeren aufweisen, d. h. die Primärstruktur bei jedem Molekül derselben Spezies identisch ist, so ist dies bei copolymeren Kunststoffen bekanntlich nicht der Fall. Hier ist die Primärstruktur von Molekül zu Molekül verschieden.

Von der Primärstruktur wird – wie man weiß – die Konformation des Moleküls bestimmt. Wenn die Grundbausteine wie die Aminosäuren der Proteine stereospezifisch einheitlich gebaut sind, können periodische schrauben- oder faltblattartige Sekundärstrukturen auftreten. Ob und welche periodischen Konformationen auftreten, wird durch die Art der Seitenkette R der Grundbausteine $-\text{[OC—CH—NH]}-$ gegeben.

$$R$$

Monomere mit bestimmten Seitenketten können zu Unterbrechungen dieser periodischen Konformation führen. So paßt nach den Untersuchungen von *Blout* an Poly-α-aminosäuren weder das Prolin noch die am β-C-Atom verzweigten Aminosäuren in die α-Helix. Ebensowenig neigen Aminosäuren mit Heteroatomen in β-Stellung zur Bildung von α-Helices (1–3). Es kann daher entweder zum Auftreten anderer periodischer Konformationen (β-Faltblatt, Prolinhelix) oder aber zum Auftreten nichtperiodischer Konformationen kommen. Auch wenn längere Abschnitte nichtperiodischer Konformationen in nativen Biopolymeren auftreten, so sind sie doch bei *jedem* Molekül *derselben Spezies* unter gleichen äußeren Bedingungen *identisch* und *zeitlich invariant*. Dies ist ein ganz wesentlicher Unterschied zu den Knäuelmolekülen von Kunststoffen oder auch von denaturierten biogenen Makromolekülen, und man sollte sich das stets vergegenwärtigen, da im Zu-

sammenhang mit diesen nichtperiodischen Konformationen oft von knäuelförmigen gesprochen wird und mit diesem Begriff die zeitliche Änderung der Konformation verbunden wird.

Die Unterbrechungen der periodischen Konformation – Helix oder Faltblatt – erlauben erst eine Faltung der Molekülkette zu dem, was man als räumliche Überstruktur der Einzelmolekel bezeichnen kann und die gewöhnlich Tertiärstruktur genannt wird. Als ein recht eindrucksvolles Beispiel hierfür ist die Konformation des Myoglobins wiedergegeben (Abb. 1).

Bedingt durch die identische Primärstruktur liegt bei den Proteinen bei jeder Molekel dasselbe Muster funktioneller zu zwischenmolekularen Wechselwirkungen befähigter Seitengruppen vor, und dies ist die Ursache, daß – da jede Molekel die thermodynamisch günstigste Form einnimmt – alle Molekeln einer Spezies dieselbe räumliche Überstruktur aufweisen.

Mit anderen Worten: Die Primärstruktur stellt die im Proteinmolekül enthaltene lineare Information aus dem genetischen Code dar, die durch sterische Faktoren und zwischenmolekulare Wechselwirkungen in die räumliche Überstruktur der Molekeln übersetzt wird (vgl. Abb. 2).

Anfinsen hat u. a. an der Ribonuclease A gezeigt, daß ein Proteinmolekül in Lösung spontan die native Konformation einnimmt. Er denaturierte sie zunächst mit Harnstoff, reduzierte die 4 S–S-Brücken zu SH und entfernte

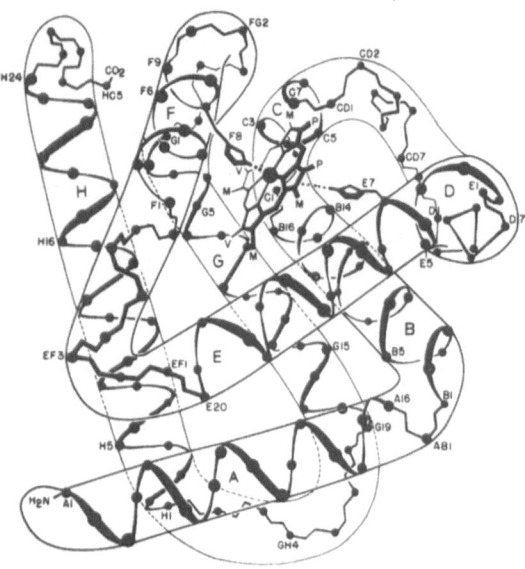

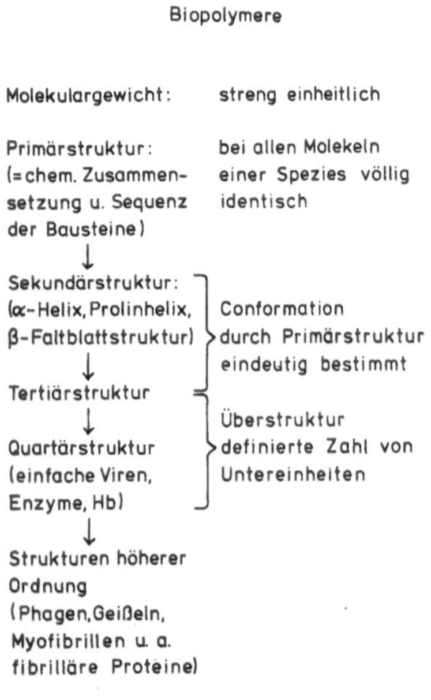

Abb. 1. Konformation des Myoglobins vom Pottwal nach *Dickerson*

Biopolymere

Molekulargewicht:	streng einheitlich
Primärstruktur: (= chem. Zusammensetzung u. Sequenz der Bausteine)	bei allen Molekeln einer Spezies völlig identisch
↓ Sekundärstruktur: (α-Helix, Prolinhelix, β-Faltblattstruktur) ↓ Tertiärstruktur ↓	Conformation durch Primärstruktur eindeutig bestimmt
Quartärstruktur (einfache Viren, Enzyme, Hb) ↓	Überstruktur definierte Zahl von Untereinheiten
Strukturen höherer Ordnung (Phagen, Geißeln, Myofibrillen u. a. fibrilläre Proteine)	

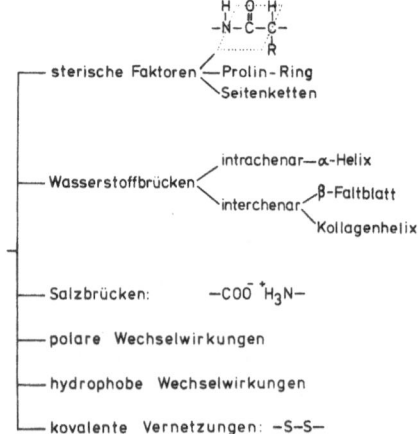

Abb. 2a. Zusammenfassung der bei Biopolymeren auftretenden Strukturen (der Ausdruck „Überstruktur" wird hier für die Tertiär- und Quartärstruktur verwendet)

Abb. 2b. Schematische Darstellung der zur Stabilisierung von Konformation bzw. Überstruktur und Strukturen höherer Ordnung beitragenden Faktoren

anschließend das Denaturierungsmittel usw. mittels Sephadex (4).

Die so gereinigte und – um das Auftreten interchenarer Vernetzungen zu vermeiden – sehr verdünnte Ribonuclease-Lösung reoxidierte er dann unter physiologischen Bedingungen und erhielt das native, biologisch aktive Molekül in sehr hoher Ausbeute zurück. Das heißt, nach dem Entfernen des Denaturierungsmittels ging das reduzierte geknäuelte Molekül in seine native Konformation über, so daß bei der Oxidation die S–S-Brücken an der „richtigen" Stelle geschlossen wurden.

Da bei den Kunststoffen diese Information in Gestalt einer für jede Molekel einer Spezies vollständig definierten charakteristischen Primärstruktur fehlt, vermögen sie auch nicht, solche ein-eindeutigen Überstrukturen auszubilden. Ihre Molekelgestalt ist in Lösung im allgemeinen der Irrflugstatistik unterworfen. Nur bei stereoregulären Kunststoffen tritt z. B. Helixbildung auf, niemals jedoch solche definierten Tertiärstrukturen, wie aus dem Fehlen des für jede Molekel identischen Musters zwischenmolekularer Wechselwirkungen bei identischem Molekulargewicht hervorgeht. In vielen Fällen können sich mehrere einzelne biogene Makromoleküle zu Quartärstrukturen und u. U. zu Gebilden noch höherer Ordnung zusammenlagern, wie es z. B. bei den fibrillären Proteinen – den Keratinen, dem Kollagen, den Myofibrillen usw. – zutrifft.

Infolge der definierten Muster zwischenmolekularer Wechselwirkungen an der Außenfläche der gefalteten Einzelkette, treten auch hier wieder eine jeweils bestimmte Anzahl von Molekeln zu Gebilden mit ganz bestimmter räumlicher Anordnung zusammen, wie wir noch sehen werden, und die als Strukturen höherer Ordnung ihre Funktion erfüllen.

In Abb. 2 sind noch einmal alle Faktoren zusammengestellt, die für die Ausbildung solcher definierter Überstrukturen in Betracht kommen.

Diese Überstrukturen sind die Voraussetzung, daß diese Biopolymeren ihre sehr vielseitigen Aufgaben – die man auf die oben bereits erwähnten Grundprinzipien zurückführen kann – im lebenden Organismus wahrnehmen können. Die Beziehung zwischen Überstruktur bzw. höherer Ordnung einerseits und Funktion andererseits konnte an den Enzymen in sehr eindrucksvoller Weise gezeigt werden. Als Beispiel

sei hier das Hühnereiweiß-Lysozym behandelt, dessen Primärstruktur von *Jollés* und Mitarb. (5) und dessen Konformation von *Phillips* et al. (6) aufgeklärt wurde. Sein Wirkungsmechanismus ist im Detail bekannt (6a). Die Lysozyme stellen eine in der Natur sehr verbreitete Gruppe von Enzymen dar, die die Aufgabe haben, die Zellwände von Bakterien aufzulösen, um diese zu vernichten. Genauer gesagt, sie greifen die sog. Stützmembran der Zellwand an, die ihrerseits ein einziges großes vernetztes Makromolekül darstellt, das aus copolymeren Polysaccharidringen aus N-Acetylglucosamin und N-Acetylmuraminsäure aufgebaut ist und die durch Peptidketten miteinander verknüpft sind (Abb. 3). Diese gerüstbildenden Biopolymeren vom Typ der Glykoproteine nennt man auch Mureine, und ihre chemische Zusammensetzung hängt von der Bakterienart ab.

Die Lysozym-Molekel ist nun auf die in der Abb. 4 dargestellten Weise so gefaltet, daß eine Furche entsteht, in die eine Folge von 6 Saccharid-Resten hineinpaßt und von denen jeder an ganz bestimmte Peptidreste gebunden wird (6).

Dabei wird – wie Abb. 5 zeigt – der Ring C über vier Wasserstoffbrückenbindungen festgehalten und der Ring D in eine solche Lage gebracht, daß in ihm eine Ringspannung erzeugt wird. Hierdurch wird die nachfolgende Spaltung zwischen Ring D und E erleichtert.

Die wichtigste Voraussetzung für diese Spaltung ist aber, daß diese beiden Saccharid-Einheiten in unmittelbare räumliche Nähe des Glutaminsäurerestes 35 und des Asparaginsäurerestes 52 – dem sog. „aktiven Zentrum" – gebracht werden, damit die Hydrolyse stattfinden kann. Wie aus Abb. 6 hervorgeht, wird das die beiden Glykosidringe D und E miteinander verknüpfende Sauerstoffatom durch den Glutaminsäurerest 35 protoniert. Die entstehende Oniumverbindung ist instabil und zerfällt, wobei die Bindung zwischen Ring D und dem protonierten Glykosidsauerstoffatom gelöst wird. Dies wird ermöglicht, weil die negativ geladene COO^--Seitengruppe des Asparaginsäurerestes 52 dem C-Atom 1 des Ringes D räumlich so nahe benachbart ist, daß es die Bildung des Carbonium-Ions ermöglicht, das anschließend mit einer vom Wasser gelieferten OH^--Gruppe zu einem elektrisch neutralen Saccharidrest reagiert. Die Carboxylatgruppe

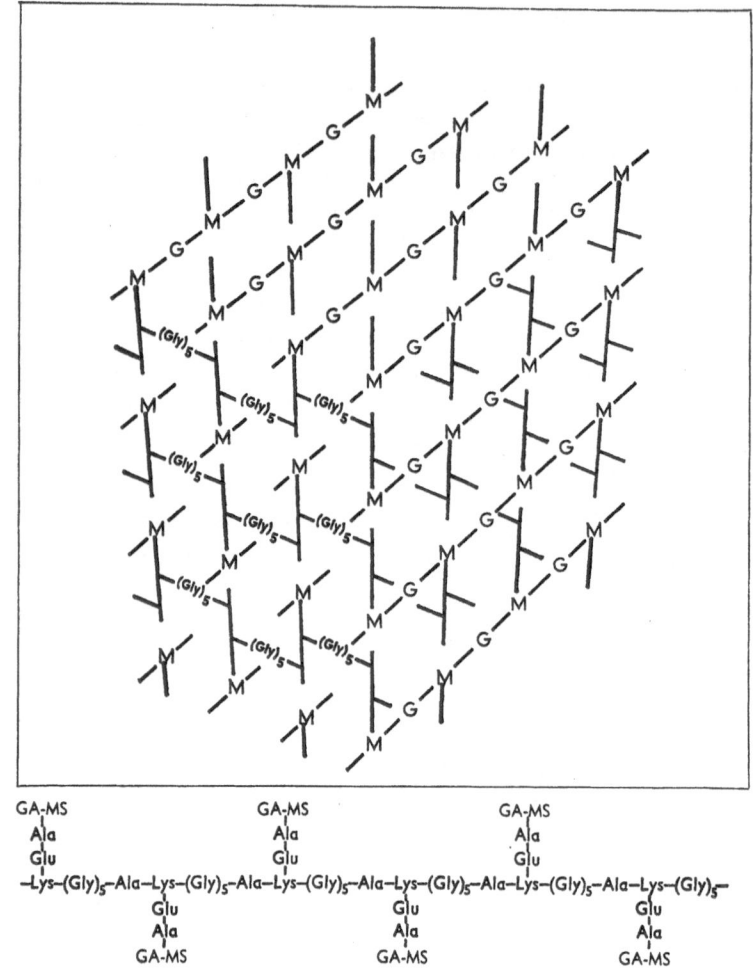

GA-MS   GA-MS   GA-MS
Ala   Ala   Ala
Glu   Glu   Glu
—Lys—(Gly)₅—Ala—Lys—(Gly)₅—Ala—Lys—(Gly)₅—Ala—Lys—(Gly)₅—Ala—Lys—(Gly)₅—Ala—Lys—(Gly)₅—
Glu   Glu   Glu
Ala   Ala   Ala
GA-MS   GA-MS   GA-MS

Abb. 3. Strukturmodell des Mureins von Staphylococcus aureus [nach *Pelzer* (18)]

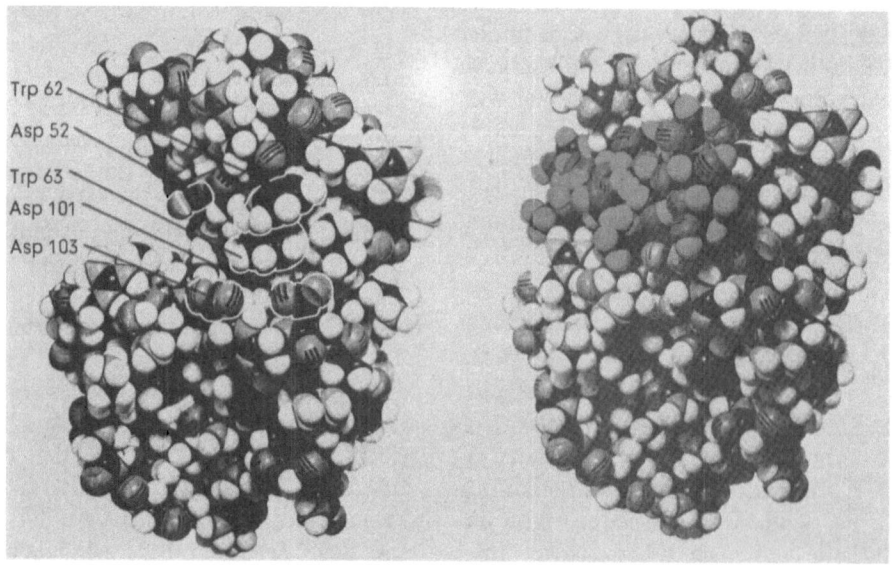

Abb. 4. Kalotten-Modell des Lysozyms nach *J. A. Rupley*. Darunter ist die Struktur eines durch Lysozym-Behandlung erhaltenen Spaltproduktes dargestellt. G GA N-acetylglucosamin, M MS N-acetylmuramin-säure (vgl. *Dickerson* und *Geis*, Struktur und Funktion der Proteine, S. 75, Weinheim 1971)

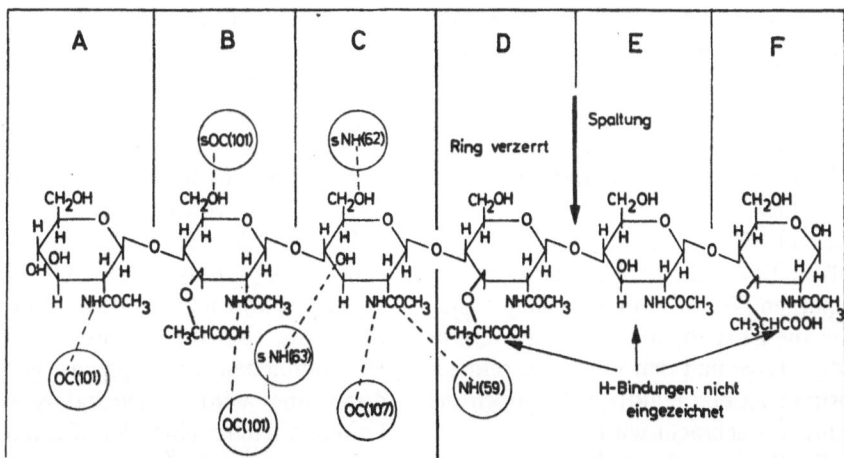

Abb. 5. Bindung der Hexasaccharid-Einheiten des Mureins an Lysozym. A, C, E: N-acetylglucosamin-Reste; B, D, F: N-acetylmuraminsäure-Reste. Links sind in den Kreisen die Nummern der Aminosäurereste der Lysozym-Molekel angegeben, an die die Saccharidreste gebunden sind, wobei die gestrichelten Linien die betreffenden Wasserstoffbrückenbindungen zwischen Enzym und Substrat symbolisieren (6a, 15)

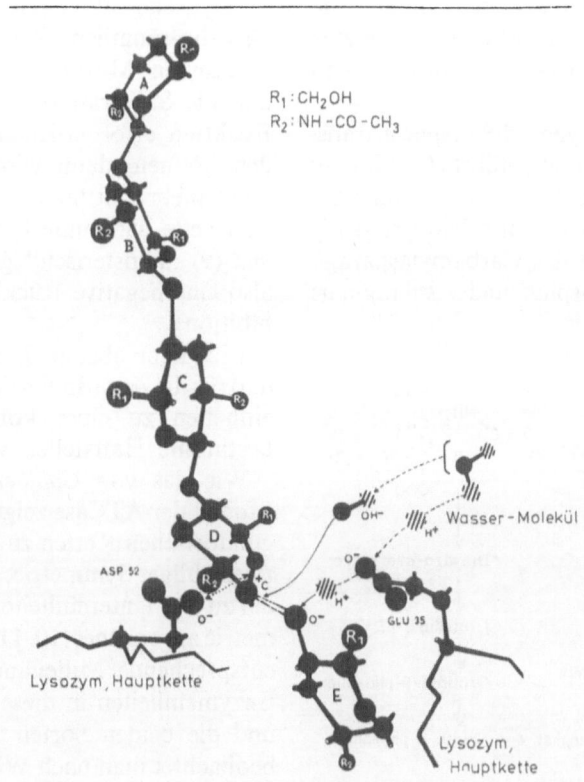

Abb. 6. Mechanismus der Glykosidspaltung zwischen dem Ring D (N-Acetylmuraminsäure) und Ring E (N-Acetylglucosamin): Die Carboxylseitengruppen des Glutaminsäure-Restes 35 protoniert das die beiden Ringe verknüpfende glykosidische O-Atom, wodurch dessen Bindung mit dem C-Atom 1 vom Ring D gelöst wird. Dies wird erleichtert, da das hierbei entstehende Carbonium-Ion durch die räumliche Nähe der negativ geladenen Seitengruppen des Asparaginsäure-Restes 52 stabilisiert wird. Wie in der Abbildung angedeutet, reagiert dieses Carbonium-Ion mit einer aus dem Wasser stammenden OH⁻-Gruppe, während der Glutaminsäurerest 35 das zugehörige Proton bildet und damit zur nächsten Spaltung bereit ist (6a, 15)

des Glutaminsäurerestes 35 wird durch das dabei freiwerdende Proton wieder in den Ausgangszustand überführt.

Nach erfolgter Spaltung verlassen die beiden Bruchstücke die Furche der Enzym-Molekel, so daß es für die nächste Spaltungsreaktion zur Verfügung steht.

Entscheidend für die enzymatische Wirkung ist also, daß die Enzymmolekel in einer dem Substrat angepaßten Weise räumlich angeordnet sind, so daß die zu spaltende Bindung jedesmal in die richtige Lage und den richtigen, sehr geringen Abstand zu den reaktiven Gruppen des aktiven Zentrums gebracht wird.

So wie die Bindung des Substrates an das Enzym über bestimmte Haftstellen erfolgt, so ist dies beim Zusammenlagern mehrerer Molekülketten zu Gebilden höherer Ordnung der Fall. Beispiele hierfür sind u. a. das Hämoglobin – der rote Blutfarbstoff –, aber auch zahlreiche Enzyme. Gerade auf diesem Gebiet sind hinsichtlich der Quartärstruktur in den letzten 10 Jahren sehr wesentliche Fortschritte erzielt worden.

Als ein Beispiel sei hier die Aspartattranscarbamylase (ATCase) angeführt (7). Dieses Enzym ist an der Synthese der Pyrimidinringe der Nucleinsäuren beteiligt und katalysiert die Bildung einer Vorstufe des Carbamylasparginats aus Carbamylphosphat und Asparginat:

Eine Enzymeinheit der ATCase besteht aus 2×6 Molekeln, d. h. jeweils 6 Molekel sind untereinander identisch. Die beiden voneinander verschiedenen Molekelarten haben nun verschiedene Aufgaben zu erfüllen:

Die einen katalysieren die o. a. Reaktionen, die anderen üben eine regulatorische Wirkung auf diese katalysierte Reaktion aus, und dieser regulatorische Effekt ist im Hinblick auf unsere Betrachtungen über die Beziehungen zwischen einer definierten molekularen Überstruktur und der Funktion von besonderem Interesse.

Wird nämlich das Endprodukt der Reaktionskette, das Cytidintriphosphat (CTP), nicht durch Folgereaktionen verbraucht und häuft es sich daher an, so wird es von den regulatorischen Untereinheiten des Enzyms gebunden. Hierdurch aber wird in den katalytisch wirkenden Untereinheiten eine Konformationsänderung induziert. Diese Änderung der molekularen Überstruktur führt dazu, daß die durch die ATCase katalysierte Reaktion nicht mehr stattfinden kann, was u. a. auch nach den am Lysozym gewonnenen Erkenntnissen über die Beziehung zwischen räumlicher Überstruktur und katalytischer Wirkung verständlich ist. Wenn also die räumliche Anordnung der katalytisch wirksamen Molekelketten verändert wird, so daß die Substratmolekeln nicht in der für die Reaktion erforderlichen Weise gebunden werden können, dann wird die Umsetzung eben nicht mehr stattfinden können, und die Reaktionskette wird unterbrochen. Dieser von *Monod* (9) „allosterisch" genannte Effekt bedingt also eine negative Rückkopplung (feedback inhibition).

Man kann aber an diesem Enzym auch zeigen, daß für die Anordnung der verschiedenen Untereinheiten zu einer kompletten Enzymeinheit bestimmte Haftstellen verantwortlich sind:

Wie das von *Cohlberg* (12) vorgeschlagene Modell der ATCase zeigt (Abb. 7), sind die 6 regulatorischen Ketten zu je 3 Untereinheiten mit zweizähliger Symmetrie, die 6 katalytischen Ketten zu je 2 Untereinheiten mit dreizähliger Symmetrie angeordnet (10, 11). Wenn man nun durch entsprechende Milieuänderung die kompletten Enzymeinheiten in diese Untereinheiten zerlegt und die beiden Sorten voneinander trennt, so beobachtet man nach Wiederherstellen der nativen Ausgangsbedingungen (pH, Ionenstärke, Temperatur) keine Neigung der gleichartigen Untereinheiten zur Assoziation zu größeren Einheiten.

Gibt man jedoch unter nativen Bedingungen die Lösungen der beiden Untereinheiten zusammen, so rekonstituieren sie sofort das komplette Enzym: ein typisches Beispiel dafür, was man

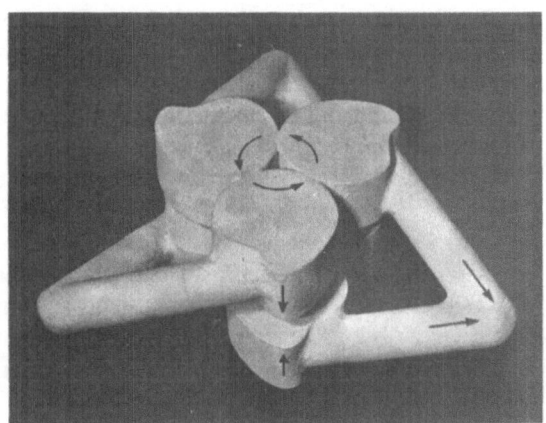

Abb. 7. Modell der Anordnung der Polypeptidketten der Aspartat-Transcarbamylase (ATCase) [nach *Cohlberg* et al. (7, 12)]. In der Mitte ist die obere der beiden katalytischen Untereinheiten zu erkennen, die aus drei, zu flachen scheibchenförmigen Gebilden angeordneten Ketten besteht. Je zwei katalytische Ketten werden durch eine regulatorische Untereinheit miteinander verbunden, die aus je zwei Molekülen bestehen. Die Pfeile weisen darauf hin, daß die katalytischen Ketten heterolog, die regulatorischen isolog assoziiert sind

unter Selbstorganisation oder self-assembly versteht; alle Informationen zur Bildung des geordneten Systems sind in den Einzelmolekeln enthalten. *Pigiet* (7, 12a) hat dies in recht einprägsamer Weise dargestellt (Abb. 8a–c).

Diese „Selbstorganisation" ist bereits seit einiger Zeit an noch wesentlich komplexeren Organisationsformen bekannt, nämlich den Tabakmosaik-Viren (TMV), zylinderförmigen Gebilden, die je aus 2130 identischen Protein-Untereinheiten vom Molekulargewicht 17530 mit je 158 Aminosäureresten bestehen und die die im Inneren befindliche schraubenförmig angeordnete Ribonucleinsäure-Molekel (Abb. 9) schützen (13, 14). Bei pH-Wert-Erhöhung entassoziieren die Proteinuntereinheiten, und die RNS wird – wie *Schramm* (13) zuerst beobachtete – frei. Stellt man – unter Wahrung bestimmter Vorsichtsmaßnahmen – die Ausgangsbedingungen wieder her, so wird das komplette Virus rekonstruiert.

Viren stehen bekanntlich zwischen der unbelebten Materie und den Lebewesen, da sie weder einen eigenen Stoffwechsel besitzen noch assimilieren oder dissimilieren können – u. a. aus Mangel an den entsprechenden Enzymen – noch sich aus sich selbst heraus vermehren können. Hierzu benötigen sie lebende Zellen, deren Stoffwechsel sie durch die mittels ihrer RNS

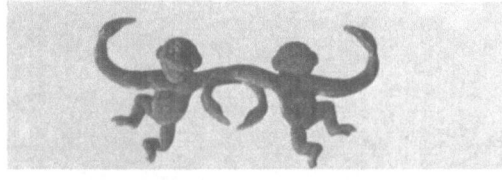

Abb. 8a. Symbolische Darstellung der Verknüpfung von regulatorischen und katalytischen Ketten zu den entsprechenden Untereinheiten von ATCase [nach *Pigiet* (7, 12a)]. Die beiden oberen kleineren, dunklen Affen symbolisieren die beiden zu einer Untereinheit mit einer zweizahligen Rotationsachse verknüpften regulatorischen Ketten. Die isologe Assoziation wird dadurch zum Ausdruck gebracht, daß beide linke Arme einander fassen. Die darunter befindlichen größeren hellen Affen symbolisieren je die katalytischen Ketten, die durch heterologe Assoziation – rechter und linker Arm stellen die Verbindung her – zu einer Einheit mit dreizahliger Symmetrieachse vereint sind

Abb. 8b. Symbolische Darstellung der Verknüpfung von regulatorischen und katalytischen Untereinheiten in nativer ATCase [nach *Pigiet* (7, 12a)]: Die homologe Verknüpfung zwischen beiden Untereinheiten wird dadurch wiedergegeben, daß jeweils der rechte Arm eines der kleineren Affen mit dem rechten eines der drei größeren verhakt ist

Abb. 8c. Symbolische Darstellung einer kompletten ATCase-Einheit [nach *Pigiet* (7, 12a)]

Der bereits gezeigte komplizierte Bau der Phagen ist erforderlich, weil die sehr widerstandsfähige Bakterienzellwand (18) einen besonderen Eindringungsmechanismus bedingt, wie Abb. 11 zeigt (17b).

Das genetische Material, die kettenförmige DNS, wird also regelrecht in das Bakterium injiziert. Diese Phagen-DNS enthält auch die Information an die Wirtszelle nach beendeter Phagensynthese, das bereits behandelte Enzym Lysozym zu bilden, das die Zellwand von innen her aufbricht, so daß die gebildeten Phagen wieder nach außen gelangen können.

Die Injektion des genetischen Materials in die Wirtszelle erfordert – wie aus Abb. 11 hervor-

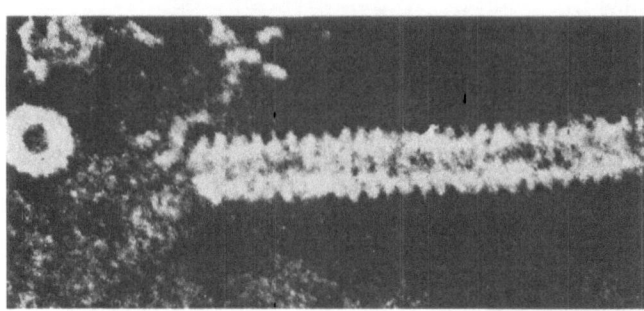

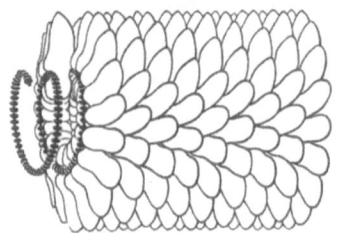

Abb. 9. Tabakmosaik-Virus nach (15); links: elektronenmikroskopische Aufnahme (Vergrößerung 770000fach) zweier TM-Viren von oben und seitlich, rechts: Modell

des aus 2130 Untereinheiten aufgebauten zylindrischen Virus mit der schraubenförmig angeordneten Ribonucleinsäure

oder auch DNS eingebrachte Information vollständig umfunktionieren: sie benutzen das Enzymsystem der Zelle, um ihre eigene RNS bzw. DNS zu replizieren und um ihr Protein aufzubauen.

Man hat nun an Viren, die Bakterien befallen, den Bakteriophagen, im Hinblick auf die Selbstorganisation solch höherer Ordnungsstrukturen eine recht eindrucksvolle Beobachtung gemacht.

Diese Phagen sind, wie in Abb. 9a und 9b gezeigt wird (15), bereits recht komplizierte Gebilde, wenn man berücksichtigt, daß es sich nicht um Lebewesen im eigentlichen Sinne handelt.

Man kann nun an den intakten Phagen die DNS durch Bestrahlung in Mutanten überführen, die nach Eindringen in ein Bakterium nur Kopf und Schwanzfiber, nicht aber den Schwanz erzeugen können. Eine andere Mutante vermag nur noch die Schwanzfibern zu bilden: mischt man beide miteinander, so vereinigen sich die Phagen-Fragmente zu kompletten intakten Phagen (16, 17, 17a) (Abb. 10).

geht – ein kontraktiles Strukturelement. Kontraktile Strukturelemente sind aber die Grundlage motiler Gewebe und Organe und damit für die Existenz nicht nur solcher niederen Organisationsformen der Materie, wie der Viren, sondern vor allem der höheren tierischen Lebewesen von essentieller Bedeutung. Elementare kontraktile Strukturen findet man bei den einzelligen Lebewesen als Geißeln, bei höheren Organismen z. B. in Form der Spermienschwänze und als Flimmerepithel der Atmungswege.

Geißelartige Organellen sind also entwicklungsgeschichtlich außerordentlich alt und für die Entwicklung des irdischen Lebens von sehr großer Bedeutung. Auch die am höchsten organisierten Lebewesen durchlaufen einmal das Geißelstadium, zumindest in Form des geißeltragenden Spermiums.

Diesem Urcharakter entsprechend weisen zumindest alle Geißeln von zellkernhaltigen Lebewesen (Eukaryonten) dasselbe Bauprinzip

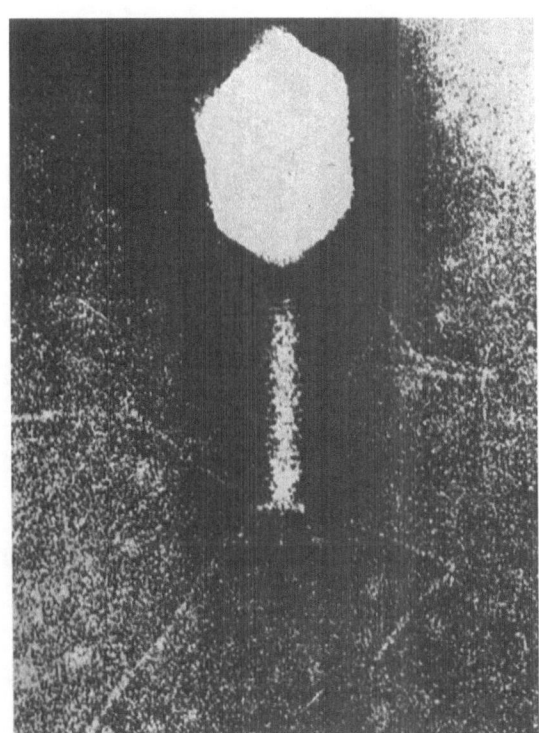

Abb. 9a. Elektronenmikroskopische Aufnahme eines Bakteriophagen T4 (290000fach vergrößert), von *P. Hofschneider*, Max-Planck-Institut für Biochemie (15)

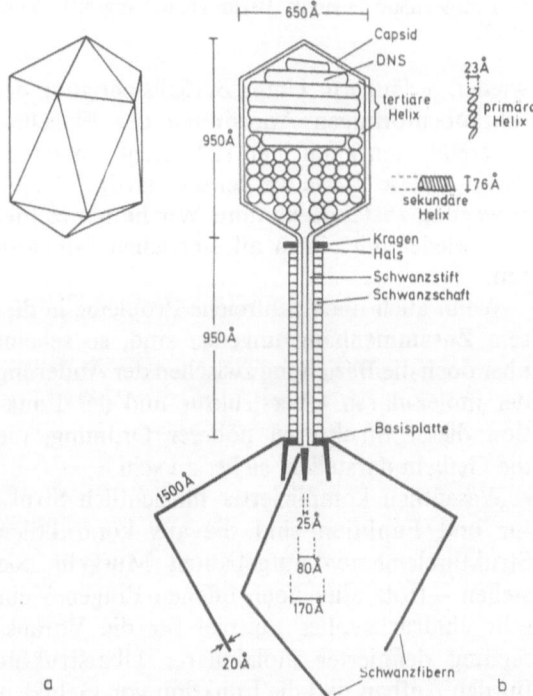

Abb. 9b. Schematische Darstellung eines Bakteriophagen T4 (15). Man beachte die hochgeordnete, dreifach helicale Überstruktur der Desoxyribonucleinsäure im Kopf des Phagen

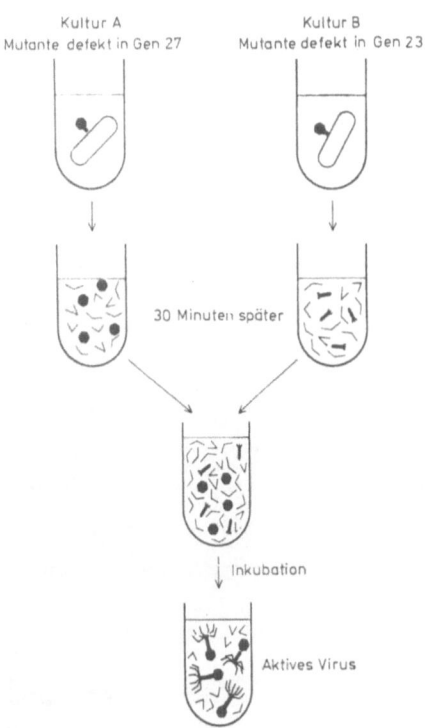

Abb. 10. Komplementationsexperiment an T4-Phagen: die eine Mutante (links) vermag außer dem Schwanz alle Teile des Virus zu synthetisieren, die andere (rechte) Mutante ist nicht in der Lage, den Phagenkopf zu synthetisieren. Nach Vermischen der Zellinhalte beider Bakterienkulturen entstehen aus den Phagen-Fragmenten völlig intakte Phagen [nach *P. Sunder-Plassmann*, Hippokrates **41**, 24 (1970), vgl. auch (15)]

auf. Querschnitte zeigen im Elektronenmikroskop eine charakteristische 9 + 2-Struktur (19, 19a), d. h. ein Kranz von 9 fibrillären Elementen umschließt 2 im Inneren angeordnete gleichartige Protofibrillen (Abb. 12). Jede dieser Protofibrillen besteht aus einer sehr großen Zahl globulär gebauter Untereinheiten, die durch zwischenmolekulare Wechselwirkungen miteinander verknüpft sind. Durch pH-Wert-Erhöhung oder -Erniedrigung zerfallen sie in diese globulären, aus jeweils einer Polypeptidkette bestehenden Untereinheiten: dem Flagellin (20, 21, 22, 23). Durch entsprechende Änderung des Milieus können diese wieder durch „self-assembly" zu der ursprünglichen Anordnung zusammentreten.

Für uns ist aber noch folgendes von Interesse: Die Flagellinuntereinheiten sind gegeneinander versetzt angeordnet, so daß sie um die Geißelachse verlaufende Helices bilden. Aus der Abb. 13 geht dieser schraubenartige Bau recht deutlich hervor. Nach *Asakura* (24) nimmt man

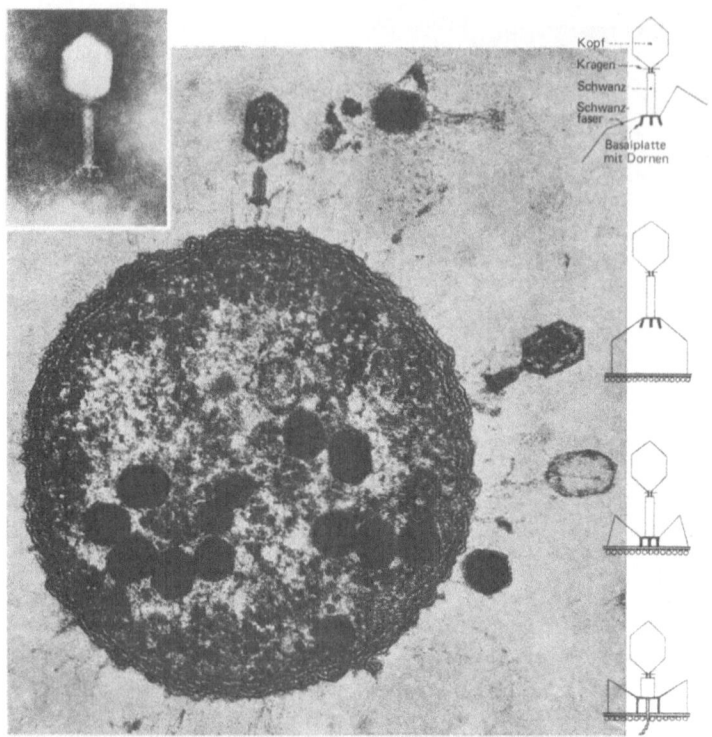

Abb. 11. Eindringungsmechanismus der Virus DNS in ein Bakterium: rechts: schematisch, links: Schnitt durch eine vom Phagen T2 infizierte Coli-Zelle mit außen anhaftenden Phagen. Rechts ein praktisch leerer Phagenkopf nach Injektion der DNS in die Zelle. Vergrößerung 130000fach. Im Inneren des Bakteriums sind 12 neugebildete, mit DNS gefüllte Phagenköpfe erkennbar (*L. Simon*, in: *C. Bresch* und *R. Hausmann*, Klassische und molekulare Genetik, Berlin-Heidelberg-New York 1972)

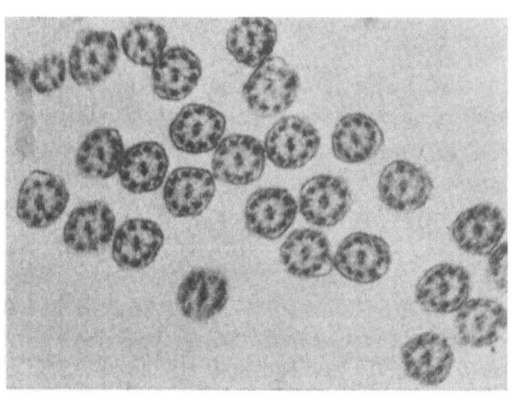

Abb. 12. Querschnitt durch Flimmerhaare [elektronenmikroskopische Aufnahme (19a), 20000fach vergrößert)

nun an, daß die Untereinheiten in zwei Konformationen auftreten können, von denen die eine gestreckter ist als die andere. Der Wechsel zwischen beiden wird sehr wahrscheinlich von der Geißelbasis her gesteuert (23), so daß von der Basis zur Spitze die einzelnen Protofibrillen sich wellenartig etwa verkürzen und anschließend wieder verlängern. Unter Berücksichtigung der schraubenförmigen Anordnung der Flagellinuntereinheiten kann man sich leicht vorstellen, daß auf diese Weise die peitschenartige Geißelbewegung zustande kommt. Wir hätten es hier also wieder mit einem allosterischen Effekt zu tun.

Wenn auch noch zahlreiche Probleme in diesem Zusammenhang ungelöst sind, so scheint aber doch die Beziehung zwischen der Änderung der molekularen Überstruktur und der Funktion dieser Strukturen höherer Ordnung, die die Geißeln darstellen, sicher zu sein.

Wesentlich komplizierter hinsichtlich Struktur und Funktion sind die aus kontraktilen Strukturelementen aufgebauten Muskeln. Sie stellen – trotz aller noch offenen Fragen – ein sehr eindrucksvolles Beispiel für die Voraussetzung definierter molekularer Überstruktur für den Aufbau und die Funktion von Gebilden höherer Ordnung dar. Am besten erforscht sind diese Zusammenhänge bisher bei der quergestreiften Skelett-Muskulatur. Die Zellen eines Muskels, die Muskelfasern (Abb. 14), erstrecken

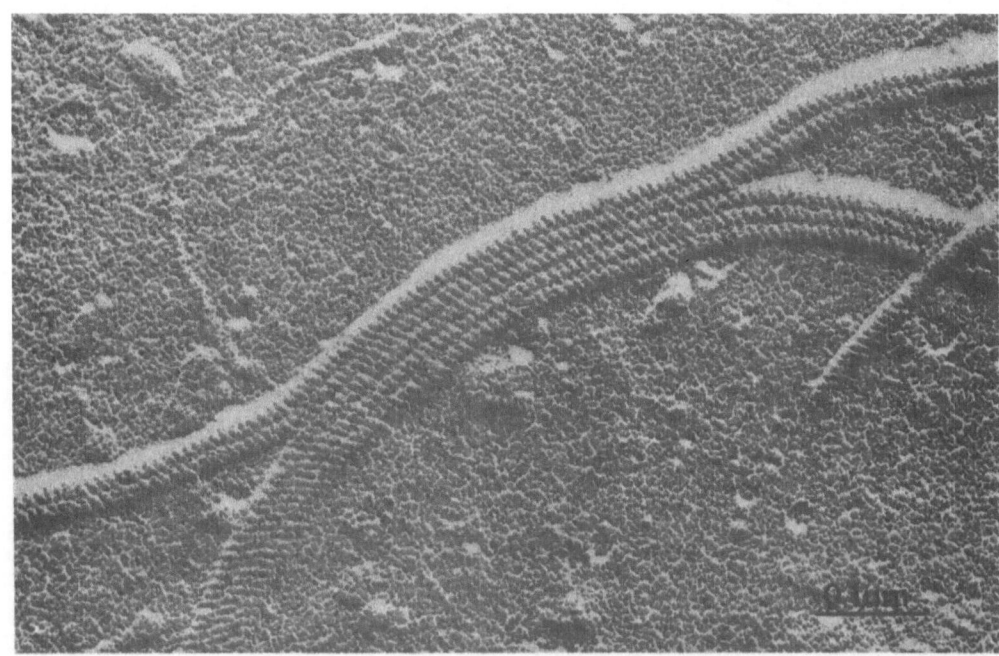

Abb. 13. Elektronenmikroskopische Aufnahme von Bakteriengeißeln (Pseudomonas rhodos), die deutlich schraubenartige Struktur zeigen [F. Mayer (23a)]

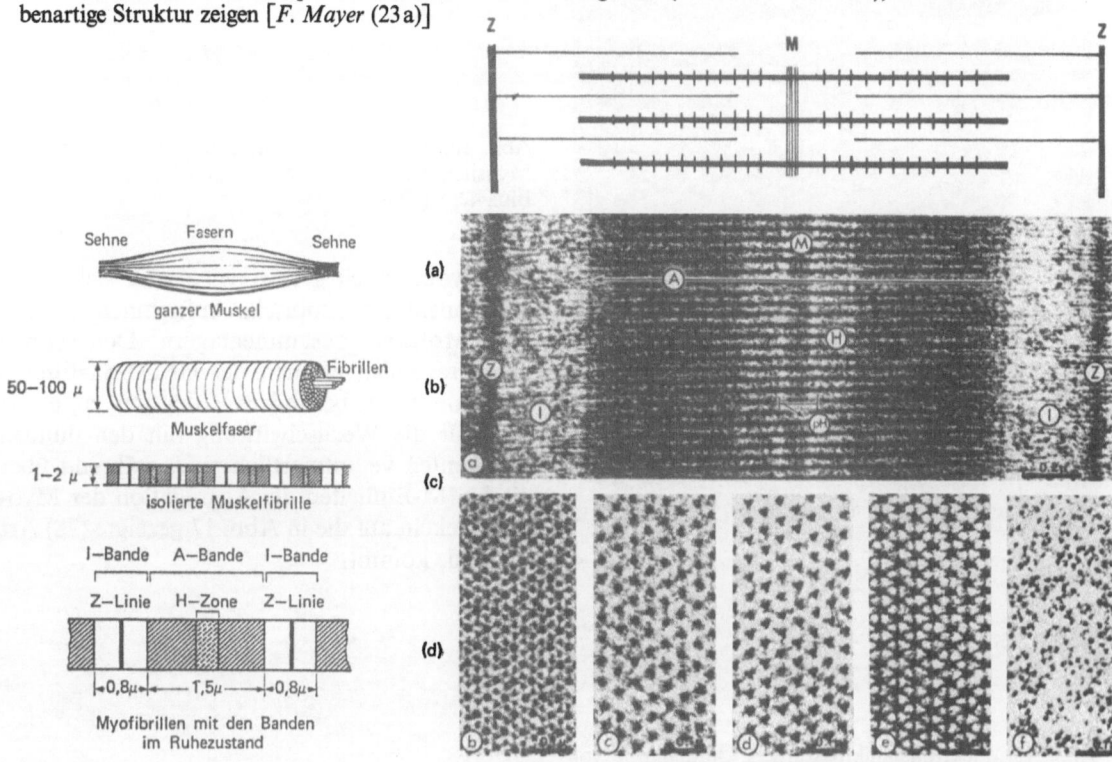

Abb. 14. Schematische Darstellung des Aufbaues eines Muskels (25, 25a, 25b)

Abb. 14a. Oben: Schematische Darstellung einer Wiederholungseinheit – des sog. Sarkomeren – einer Myofibrille [nach Pepe (26a), vgl. auch (27)]. Mitte: Elektronenmikroskopische Aufnahme eines Längsschnittes des Sarkomeren. Unten: Elektronenmikroskopische Aufnahme von Querschnitten durch die verschiedenen Zonen des Sarkomeren: b) A-Zone, c) H-Zone, d) Pseudo-H-Zone, e) M-Linie, f) I-Bande

sich nahezu über seine ganze Länge und enthalten als eigentliche kontraktile Elemente die Myofibrillen (s. Abb. 13) (25). Elektronenmikroskopische Aufnahmen von *Huxley* (26) ergaben, daß diese Myofibrillen eine Feinstruktur besitzen und – wie in Abb. 14a gezeigt – aus dicken Filamenten mit 100 Å Durchmesser und dünnen mit etwa 50 Å Durchmesser aufgebaut sind. Beide bestehen aus völlig voneinander verschiedenen Proteinen mit sehr charakteristischen Überstrukturen. Die dicken Filamente enthalten im wesentlichen das Myosin, das die Hauptmenge der Muskelproteine darstellt, und geringe Mengen des sog. C-Proteins.

Durch Behandeln mit Papain kann die Myosinmolekel in mehrere definierte Bruchstücke zerlegt werden (Abb. 15) (27), und zwar:
1. in das leichte – aufgrund seines Sedimentationsverhaltens in der Ultrazentrifuge – Meromyosin (LMM), vom MG 150000, das nach CD-Messungen nahezu ausschließlich helical gebaut ist (≥ 90%);
2. in das schwere (heavy) Meromyosin 1 (HMM-S1), mit globulärem Bau;
3. in das schwere Meromyosin 2 (HMM-S2).

Der Aufbau der Myosinmolekel aus diesen drei Teilen ist in Abb. 16 schematisch dargestellt

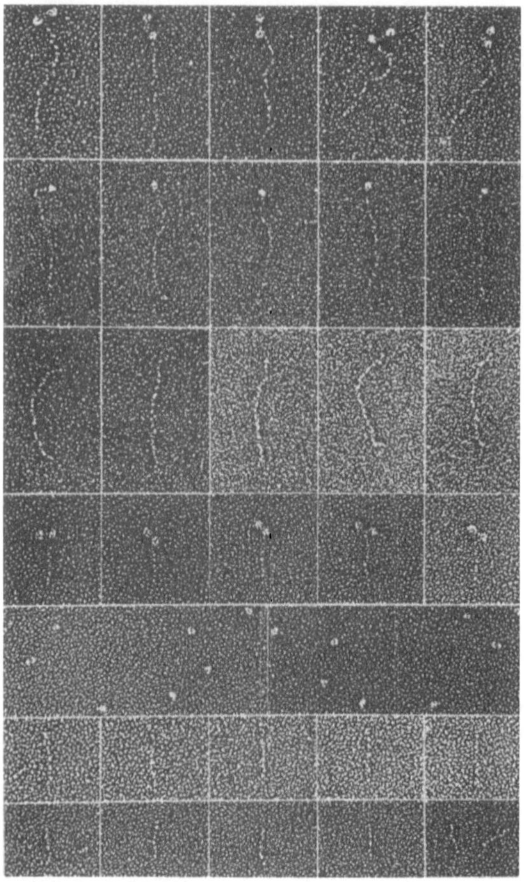

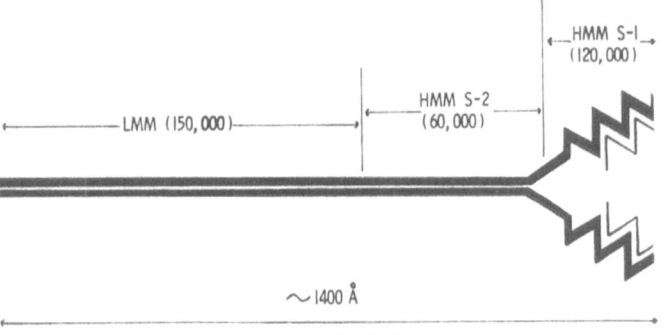

Abb. 16. Schematische Darstellung des Aufbaues der Myosinmolekeln [nach *S. Lowey* et al. (36)], J. Mol. Biol. **42**, 1 (1969)

(27), wobei auch gezeigt wird, daß sich – wie elektronenmikroskopische Aufnahmen zeigen – zwei Molekeln zusammenlagern. Den seitlich herausragenden Köpfen der HMM-S1-Einheiten kommt eine besondere Bedeutung zu, da sie u. a. für die Wechselwirkung mit den dünnen Filamenten verantwortlich sind, während über die LMM-Einheiten die Aggregation der Myosinmolekeln auf die in Abb. 17 gezeigte (28) Art zustande kommt.

Abb. 15. Elektronenmikroskopische Aufnahmen von Myosin-Molekeln vor (obere Reihe) und nach Trypsinbehandlung, wobei je nach den angewandten Bedingungen einzelne komplette Molekeln (2. Reihe von oben). längere stabförmige Fragmente (3. Reihe), globuläre HMM-S1-Einheiten mit einem stabförmigen (HMM-S2)-Teil, einzelne globuläre HMM-S1-Partikel und kürzere stabförmige Bruchstücke (HMM-S2) [nach *S. Lowey* (27)] erhalten werden

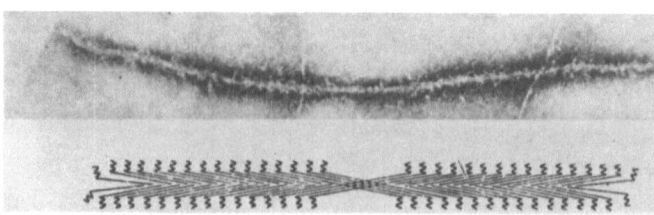

Abb. 17. Elektronenmikroskopische Aufnahme eines dicken Fragmentes und – darunter – schematische Darstellung der Anordnung der Molekülanordnung des Myosins [nach *Huxley* (28)].

Die dünnen Filamente bestehen aus dem F-Actin (F = fibrillär), das in elektrolytischer Lösung in Untereinheiten, das G-Actin (G = globulär), vom MG 45 000, zerfällt. Außerdem enthalten sie die Proteine Tropomyosin und Troponin.

Durch Zugabe von Elektrolyten tritt Rekonstitution des F-Actins ein, ähnlich wie es beim Flagellin beschrieben wurde. Die globulären Untereinheiten des F-Actins sind perlschnurartig aneinander gereiht und bilden jeweils eine Doppelschraube mit einer Identitätsperiode von 720 Å (29, 30). Nach *Ebashi* et al. sind die beiden anderen genannten Proteine auf die in Abb. 18

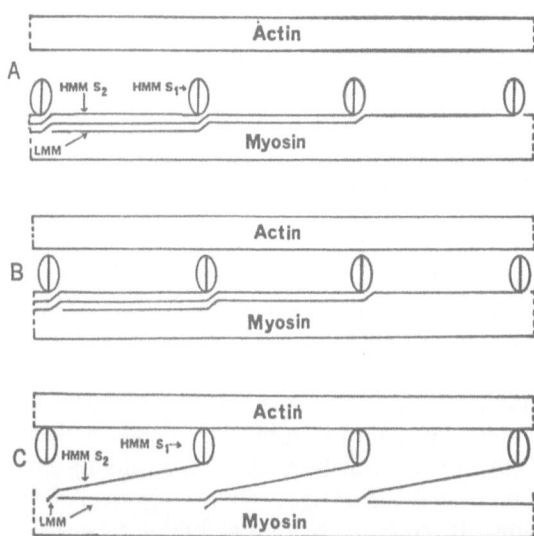

Abb. 19. Schematische Darstellung der Lage und der Verknüpfung von dicken und dünnen Filamenten im Ruhezustand und bei der Kontraktion [nach *Huxley* (37)]

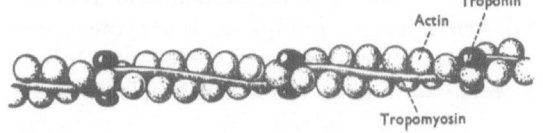

Abb. 18. Modell des dünnen Filamentes [nach *Ebashi* et al. (31)]

gezeigte Weise angeordnet (31): das Troponin in ca. 400 Å Abstand und das Tropomyosin in der durch die beiden F-Actin-Helices gebildeten Furche.

Anscheinend sind beide an einer, zur Muskelkontraktion erforderlichen Konformationsänderung der dünnen Filamente beteiligt und haben offensichtlich die Aufgabe, die Wechselwirkung zwischen Actin und Myosin zu regulieren.

Wie aus polarisations- und elektronenmikroskopischen Untersuchungen hervorgeht, gleiten bei der Kontraktion des Muskels die dünnen Filamente kammartig in die Zwischenräume zwischen den dicken Filamenten hinein (25, 28) (vgl. auch Abb. 14a, oben). Dies wird allem Anschein nach dadurch bewirkt, daß die an der Außenseite der dicken Filamente befindlichen HMM-S1 Köpfe über zwischenmolekulare Wechselwirkungen Brücken zu den dünnen Filamenten bilden (Abb. 19), wobei eine hinreichend große Kraft erzeugt wird, um Actin- und Myosin-Filamente gegeneinander zu verschieben, und die in ihrer Summierung über alle Sarkomeren der Zellen des Muskels zur Muskelkraft führen.

Bei der Entspannung des Muskels werden diese Wechselwirkungen zwischen den dicken und dünnen Filamenten aufgehoben, und diese gleiten dann wieder in ihre Ausgangslage zurück.

Der Vorgang der Muskelkontraktion ist noch wesentlich komplizierter, als in diesem Rahmen gezeigt werden konnte. Es ist aber auch nicht

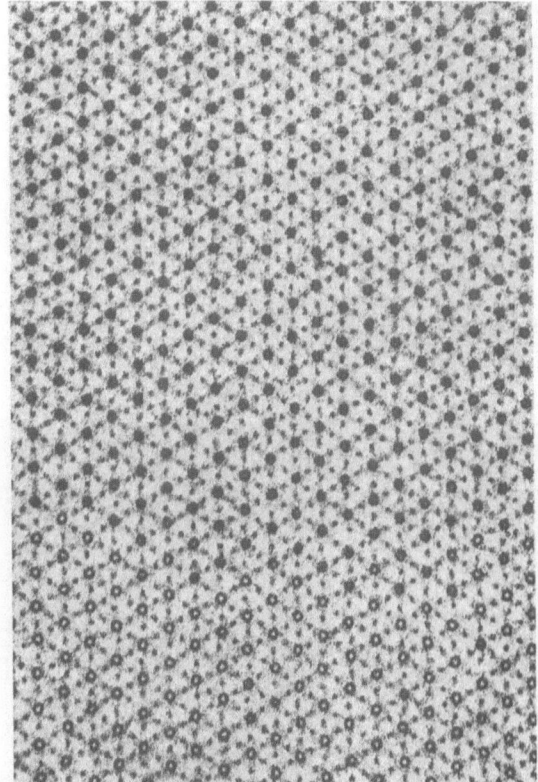

Abb. 20. Elektronenmikroskopische Aufnahme (Vergrößerung 160000fach) eines Querschnittes einer Flugmuskel-Myofibrille der Fleischfliege Phormia terraenovae. Jedes dicke (Myosin-)Filament ist von sechs dünnen (Actin-)Filamenten in hexagonaler Anordnung umgeben [nach *Beinbrech* (38)]

erforderlich, auf Details und die noch offenstehenden Fragen einzugehen, um zu erkennen, daß die Muskelkontraktion auf der Grundlage von in ganz bestimmter Weise angeordneten Makromolekülen mit definierter Überstruktur zustande kommt. Diesen hohen, einem Kristallgitter zunächst gleichen Ordnungsgrad der Myofibrillen zeigt in sehr überzeugender Weise eine von *Beinbrech* (38) stammende elektronenmikroskopische Aufnahme des Querschnitts einer Myofibrille eines Insekten-Flugmuskels: jedes dicke (Myosin-)Filament ist hexagonal von sechs dünnen (Actin-)Filamenten umgeben (Abb. 20).

Mit dieser Ordnung innerhalb einer Muskelzelle ist es aber nicht getan, da zur Bildung eines funktionsfähigen Organs eine sehr große Anzahl von Muskelzellen sich unter Bildung eines Gewebes zusammenlagern muß und damit zu Strukturen noch höherer Ordnung. Auch die

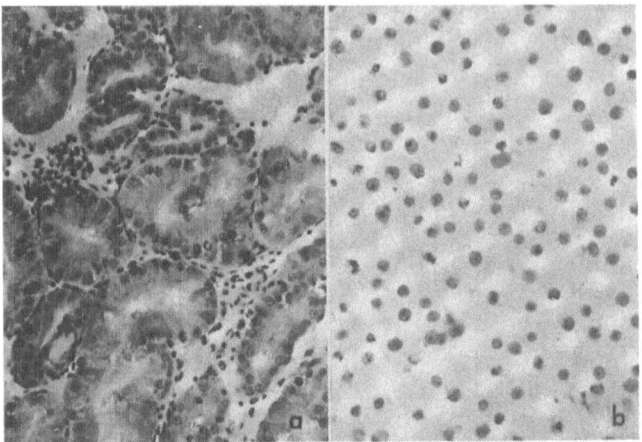

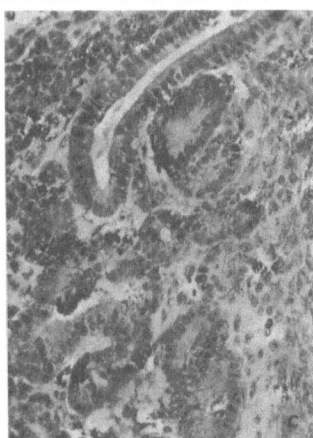

Abb. 21. Reaggregation dissoziierter Zellen von Küken-Nierengewebe (38, 41). Links oben: Nierengewebe vor der Dissoziation; rechts oben: dissoziierte Nierenzellen; rechts unten: aus dissoziierten Zellen zurückgebildete Nierengewebsstruktur

Zellen ein und desselben Gewebetyps vermögen sich gegenseitig selbst zu erkennen und können sich nach „Dissoziation" eines Gewebes in die Zellen durch Trypsinbehandlung unter bestimmten Bedingungen durch „self-assembly" wieder zu den ursprünglichen Gewebsstrukturen zusammenlagern, wobei offensichtlich an der Außenseite der Zellmembran befindliche Rezeptoren die entscheidende Rolle spielen (38–43).

So konnte bereits 1943 *Holtfreter* zeigen (39, 40), daß junge Amphibienembryonen in alkalischen Elektrolytlösungen in die Einzelzellen dissoziieren. Nach dem Wiederherstellen der physiologischen Bedingungen lagerten sie sich wieder zu Geweben zusammen und rekonstituierten mitunter komplette Embryonen. Zerlegt man z. B. embryonales Leber- und Nierengewebe von Küken in die Einzelzellen und vermischt diese miteinander (39, 41, 42), so ordnen sich anschließend Leber- und Nierenzellen zu voneinander getrennten Aggregaten an, die darüber hinaus die im ursprünglichen Organ vorhandenen Gewebsstrukturen rekonstituieren (Abb. 21).

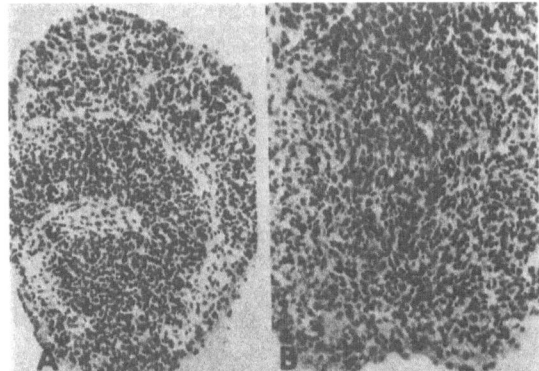

Abb. 22. Durch Rekonstitution von dissoziierten Einzelzellen gebildete charakteristische Zellaggregate des Kleinhirns, einer normalen Katze (links) und einer von der Taumler-Krankheit befallenen Katze (rechts) (42, 43)

Zusammenfassung

Biogene Makromoleküle unterscheiden sich in charakteristischer Weise von den synthetischen. Synthetische Polymere sind im allgemeinen Gemische von Molekülen verschiedenen Molekulargewichtes (Molekulargewichtsverteilung) und haben in Lösung nicht nur eine von Molekül zu Molekül verschiedene, sondern auch eine zeitlich variante Konformation. Bei Copolymeren sind die einzelnen Moleküle außerdem auch chemisch voneinander verschiedene Individuen. Die Moleküle nativer Biopolymerer ein und derselben Spezies sind hingegen stets Individuen mit definiertem einheitlichem Molekulargewicht und einheitlicher Primär-, Sekundär- und Tertiärstruktur.

Diese einheitliche und zeitlich invariante Konformation wird durch ein eindeutiges Muster zwischenmolekularer Wechselwirkungen bei der jeweiligen Spezies biogener Makromoleküle festgelegt.

Während synthetische Polymere im allgemeinen passive Funktionen z. B. als Werkstoffe erfüllen, haben biogene Makromoleküle u. a. aufgrund ihrer Fähigkeit ganz bestimmte definierte Strukturen auszubilden, aktive Funktionen, wie die der Informationsspeicherung und -übertragung, der Katalyse, der immunologischen Abwehr, der Ausbildung von Gerüstsubstanzen und der Bewegung. Funktionen, die vom einzelnen Makromolekül aufgrund einer bestimmten Konformation wahrgenommen werden, kennen wir bei der Steuerung biologischer Prozesse durch Enzyme oder der Informationsspeicherung bzw. -übertragung bei den Nucleinsäuren. Darüber hinaus haben Biopolymere infolge ihrer spezifischen Wechselwirkungen die Möglichkeit, sich zu Verbänden mit definierter Überstruktur bzw. höherer Ordnung zusammenzulagern, wie sie z. B. bei den gerüstbildenden Strukturen der Glykoproteine oder den fibrillären Proteinen, die teils als Gerüstsubstanzen, teils z. B. in den Geißeln oder im Muskel vorkommen.

Doch die Anordnung der verschiedenen Arten biogener Makromoleküle zu Strukturen höherer Ordnung führt schließlich nicht nur zu den an der Grenze zwischen Unbelebtem und Belebtem stehenden Viren, sondern zum Aufbau belebter Organismen.

Literatur

1) *Blout, E. R., C. de Lozé, S. M. Bloom* und *G. D. Fasman*, J. Amer. Chem. Soc. **82**, 3878 (1960).

2) *Blout, E. R.* in: *M. A. Stahmann* (Hrsg.), Poly-α-amino-acids, Polypeptides and Proteins, S. 275 (Madison 1962).

3) *Fasman, G. D.* in: *G. D. Fasman* (Hrsg.), Poly-α-amino-acids. Biological Macromolecules Series (New York 1967).

4) *Anfinsen, Ch. B.* und *E. Haber*, J. Biol. Chem. **236**, 1361 (1961).

5) *Jollés, J., J. Jauregmi-Adell, J. Bernier* und *P. Jollés*, Biochim. Biophys. Acta **78**, 668 (1963).

6) *Phillips, D. C.*, Proc. Natl. Acad. Sci. U.S. **57**, 484 (1967).

6a) *Dickerson, R. E.* und *J. Geis*, Struktur und Funktion der Proteine, S. 75 ff. (Weinheim 1971).

7) *Schachmann, H. K.*, in: *R. Jaenicke* und *E. Helmreich* (Hrsg.), Protein-Protein Interactions. 23. Colloquium der Gesellschaft für Biologische Chemie, 1972, Mosbach, S. 17 ff. (Berlin-Heidelberg-Berlin 1972).

8) *Gerhardt, J. C.* und *H. K. Schachmann*, Biochemistry **4**, 1034 (1965); **7**, 538 (1968).

9) *Monod, J., J. P. Changeux* und *F. Jakob*, J. Mol. Biol. **6**, 306 (1963).

10) *Wiley, D. C.* und *W. N. Lipscomb*, Nature **218**, 1119 (1968).

11) *Weber, K.*, Nature **218**, 1116 (1968).

12) *Cohlberg, J. A., V. P. Pigiet jr.* und *H. K. Schachmann*, Biochemistry **11**, 3396 (1972).

12a) *Pigiet jr., V. P.* und *Ph. D. Berkeley*, Thesis, University of California, 1971.

13) *Schramm, G.*, Naturwiss. **31**, 94 (1943).

14) *Butler, P. J. G.*, in: *R. Jaenicke* und *E. Helmreich* (Hrsg.), TMV-Protein Association and its Role in the Self-Assembly of the Virus in Protein-Protein Interactions. 23. Colloquium der Gesellschaft für Biolog. Chemie, 1972, Mosbach, S. 429 ff. (Berlin-Heidelberg-New York 1972).

15) *Lynen, F.*, Naturwiss. Rundschau **23**, 272 (1970).

16) *Wood, W. B., R. S. Edgar, J. King, A. Lielausis* und *M. Henninger*, Fed. Proc. **27**, 1160 (1968).

17) *Kellenberger, E.*, in: Polymerization in Biological Systems. Ciba Foundation Symposium 7 (new series), S. 189 ff. (Amsterdam 1972).

17a) *Sunder-Plassmann, P.*, Hippokrates **41**, 24 (1970).

17b) *Simon, L., C. Bresch* und *R. Hausmann*, Klassische und molekulare Genetik (Tafel 19) (Berlin-Heidelberg-New York 1972).

18) *Pelzer, H.*, Zellwandstruktur bei Bakterien. In: *Th. Wieland* und *G. Pfleiderer* (Hrsg.), Molekularbiologie, S. 215 ff. (Frankfurt 1967).

19) *Astbury, W. T., E. Beighton* und *C. Weibull*, Symposia Soc. Exptl. Biol. **9**, 306 (1955).

19a) *Watzka, M.*, Einige differenzierte Zelltypen im Tierreich. In: *H. Metzner* (Hrsg.), Die Zelle, Struktur und Funktion, S. 153 (Stuttgart 1971).

20) *Kerridge, P. R., W. Horn* und *A. M. Glauert*, J. Mol. Biol. **4**, 227 (1962).

21) *Abram, D.* und *H. Koffler*, J. Mol. Biol. **9**, 168 (1964).

22) *Drews, G.* und *P. Giesbrecht*, Die Bauelemente der Bakterien und Blaualgen. In: *H. Metzner* (Hrsg.), Die Zelle, Struktur und Funktion, S. 424 ff. (Stuttgart 1971).

23) *Bode, W.*, Angew. Chem. **85**, 731 (1973).

23a) *Mayer, F.*, Naturwiss. Rundschau **24**, 185 (1971).

24) *Asakura, S.*, Biophys. **1**, 99 (1970).

25) *Partmann, W.*, Kontraktile Strukturen. In: *Th. Wieland* und *G. Pfleiderer* (Hrsg.), Molekularbiologie, S. 185 ff. Umschau-Verlag (Frankfurt 1967).

25a) *Perry, S. V.*, Symposia Exptl. Biol. **9**, 203 (1955).

25b) *Hamm, R.*, Kolloidchemie des Fleisches, S. 15 (Berlin 1972).

26) *Huxley, H. E.*, Biochim. Biophys. Acta **12**, 387 (1953).

26a) *Pepe, F. A.*, in: *S. N. Timasheff* und *G. D. Fasman* (Ed.), Submits in Biological Systems, S. 323. Verlag Dekker (New York 1971).

27) *Lowey, S.*, Protein interactions in the myofibril. In: Polymerization in Biological Systems. Ciba Foundation Symposium 7 (new series), S. 217 ff. (Amsterdam 1972). – *Lowey, S.* und *S. Luck*, Biochemistry **8**, 3195 (1969).

28) *Huxley, H. E.*, Sci. Amer. **213**, 18 (1965).

29) *Hanson, J.* und *J. Lowy*, J. Mol. Biol. **6**, 46 (1963).

30) *Huxley, H. E.* und *W. Brown*, J. Mol. Biol. **30**, 383 (1967).

31) *Ebashi, S., M. Endo* und *J. Ohtsuki*, Q. Rev. Biophys. **2**, 351 (1969).

32) *Caspar, D. L. D., C. Cohen* und *W. Longley*, J. Mol. Biol. **41**, 87 (1969).

33) *Cohen, C., D. L. D. Caspar, D. A. D. Parry* und *R. M. Lucas*, Cold Spring Harbor Symp. Quant. Biol. **36**, 205 (1971).

34) *Higashi, S.* und *T. Ooi*, J. Mol. Biol. **34**, 699 (1968).

35) *Ebashi, S.* und *M. Endo*, Prog. Biophys. Mol. Biol. **18**, 123 (1968).

36) *Lowey, S., H. S. Slayter, A. G. Weeds* und *H. Baker*, J. Mol. Biol. **42**, 1 (1969).

37) *Huxley, H. E.*, Science **164**, 1356 (1969).

38) *Beinbrech, G.*, Cytobiologie **5**, 448 (1972); Naturwiss. Rundschau **26**, 1973 (Titelbild).

39) *Garber, B.*, Zelldissoziation und -aggregation in der Embryonalentwicklung. In: *H. Metzner* (Hrsg.), Die Zelle, Struktur und Funktion, 2. Auflage, S. 170ff. (Stuttgart 1971).

40) *Holtfreter, J.*, J. Exptl. Zool. **93**, 251 (1943).

41) *Moscona, A. A.*, Exptl. Cell Res. **3**, 535 (1952).

42) *Moscona, A. A.*, Sci. Amer. **200**, 132 (1959).

43) *Braun, V.*, Naturwiss. Rundschau **26**, 330 (1973).

44) *De Long, G. R.* und *R. L. Sidman*, Develop. Biol. **22**, 584 (1970).

Adresse des Verfassers:

Prof. Dr. *G. Ebert*,
Fachbereich Physikalische Chemie der Universität
3550 Marburg (L), Lahnberge, Gebäude H

Progr. Colloid & Polymer Sci. **57**, 123–132 (1975)

12.

Aus dem Institut für angewandte Mikroskopie, Photographie und Kinematographie der Fraunhofer Gesellschaft e.V.,
Karlsruhe-Waldstadt

Denaturierung keratinischer Proteine unter Einwirkung von Hitze

Von *P. Kassenbeck und A. Stay*

Mit 20 Abbildungen und 2 Schemata

(Eingegangen am 3. März 1974)

1. Einleitung

Die unter Hitzeeinwirkung bei Keratinfasern stattfindenden Strukturmodifikationen sind bereits von zahlreichen Autoren näher untersucht worden, wie aus dem Literaturverzeichnis hervorgeht (1–47). Das Interesse für dieses Forschungsthema ist nicht allein rein wissenschaftlicher Natur, weil Wolle und andere textile Keratinfasern im Verlauf ihrer industriellen Verarbeitung und auch im praktischen Einsatz Temperaturen ausgesetzt werden, die oft über 100 °C liegen (34). In den meisten Veröffentlichungen findet man jedoch ausschließlich Angaben über die unter Einwirkung von Hitze bewirkten Veränderungen der chemischen Konstitution der Wollproteine und der hiermit verbundenen Änderungen der mechanischen und chemischen Eigenschaften der Fasern. Nur wenige Autoren haben sich damit beschäftigt, festzustellen, welchen Einfluß thermische Behandlungen auf die morphologische Beschaffenheit der Fasern ausüben und wie die einzelnen Komponenten auf die Hitzeeinwirkung reagieren (30, 31). Um hier eine offensichtliche Lücke zu schließen und auch deshalb, weil wir bei der Trennung der Zellkomponenten in Äthylenglykol/PTS-Lösungen[1]) Temperaturen über 100 °C anwenden, haben wir die nachstehenden Untersuchungen durchgeführt, mit dem Ziel, einen Beitrag zur Kenntnis des thermischen Abbaues von Keratinfasern zu liefern. Im Verlauf dieser Arbeiten konnte eindeutig nachgewiesen werden, daß bei Fasern mit bilateraler Struktur der ortho-Cortex eine geringere Hitzebeständigkeit aufweist als der para-Cortex. Als Folge hiervon tritt bei der Hitzeeinwirkung stets eine

Umkehr der Faserkrümmung ein, die im ersten Stadium über eine Streckung der Fasern unter Verlust ihrer natürlichen Kräuselung führt.

Diese Befunde stehen im Widerspruch zu den Ergebnissen von *Horio, Kondo, Sekimoto* und *Funatsu* (30), welche dem ortho-Cortex eine größere Hitzebeständigkeit zuschreiben als dem para-Cortex. Hierzu ist folgendes zu bemerken: Die genannten Autoren haben die Wolle in verschlossenen Röhrchen erhitzt und konnten aus diesem Grund die Kinetik der bei der Hitzeeinwirkung auftretenden Strukturmodifikationen nicht verfolgen. Daß bereits vor der kritischen Temperatur von 150 °C eine Umkehr der Faserkrümmung stattfindet, ist ihnen deshalb sicherlich entgangen.

Da jedoch der ortho-Cortex normalerweise auf der äußeren, konvexen Seite der Faserkrümmung liegt, haben sich die Autoren durch diesen Umstand täuschen lassen und auch bei thermisch behandelten Fasern den ortho-Cortex der äußeren Seite der Faserkrümmung zugeordnet. Bereits *Elöd, Novotny* und *Zahn* (8) haben darauf hingewiesen, daß Keratinfasern bei Hitzeeinwirkung kontrahieren, besonders in Gegenwart von Wasserdampf. *Haly* und *Griffith* (37) haben ihrerseits festgestellt, daß der ortho-Cortex in konzentrierten LiBr-Lösungen stärker kontrahiert als der para-Cortex. Diese Befunde wurden in einer weiteren Arbeit von *Haly* bekräftigt (38). *Zahn* (11) hat ferner nachgewiesen, daß erst ab 150 °C eine beträchtliche Veränderung des Verhaltens der Wollproteine zu verzeichnen ist. Neuere Arbeiten (28, 42) haben diese Befunde weiter untermauert und gezeigt, daß zwischen 150 und 160 °C eine $\alpha \rightarrow \beta$-Transformation stattfindet, wobei die kristalline Struktur der α-Helix zerstört und in eine desorientierte β-Form umgewandelt wird. *Schütz*

---

[1]) *p*-Toluolsulfonsäure.

u. Mitarb. haben bei der Trockenerhitzung von
Wolle auf 200 °C eine Zunahme der Doppel-
brechung der Fasern beobachtet (31). Über das
Auftreten interner Vernetzungsreaktionen bei
der Erhitzung der Wolle wurde von *Asquith* und
Otterburn (41) zusammenfassend berichtet.

2. Kurzzeitige Einwirkung von Trockenhitze

Erhitzt man feine Schafwolle mit ausgeprägter
bilateraler Struktur kurzzeitig über der Flamme,
so bemerkt man innerhalb Bruchteilen von
Sekunden ein spontanes, spiralenförmiges Einringeln der Fasern, welches der eigentlichen
Pyrolyse bis zur totalen Verkohlung voraus-
geht (Abb. 1, 2).

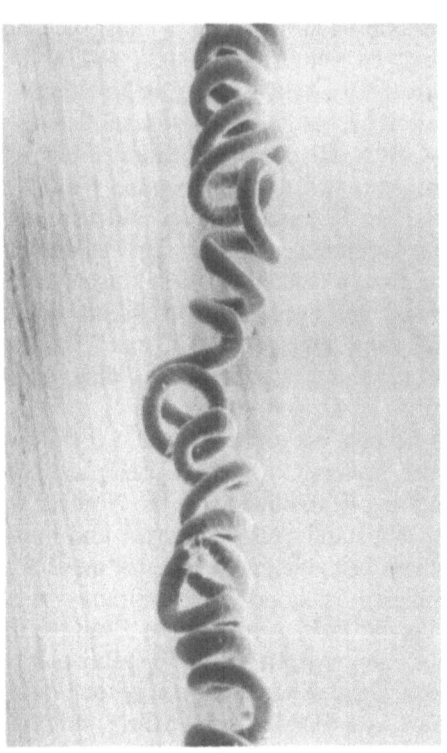

Abb. 1

Abb. 1 und 2. Kurzzeitige Einwirkung von Trockenhitze
auf Wolle und Nachweis der Umkehr der Faserkrümmung. Die Fasern wurden bis zur kritischen Einringelungstemperatur (240 °C) in Heißluft über der Flamme
erhitzt

Bricht man den Erhitzungsprozeß in diesem
Anfangsstadium ab, so zeigen licht- und elektronenmikroskopische Untersuchungen der
thermisch behandelten Fasern, daß die Einringelung auf eine axiale Schrumpfung oder
Kontraktion zurückzuführen ist, die in der
schwefelärmeren Fraktion des Faserstammes,
dem ortho-Cortex, stattfindet.

Dünnschnitte derart eingeringelter Fasern
veranschaulichen in eindeutiger Weise, daß der
dem ortho-Cortex zuzuordnende Bereich des

Faserstammes nach der Hitzeeinwirkung im
inneren konkaven Teil der Krümmung der
Faser liegt, während der para-Cortex den äußeren, konvexen Teil bildet. Die Abb. 3, 3a zeigen
in schematischer Darstellung die Lage der
Schnittebenen ($SE_{1, 2, 3}$) durch einen Faserring.
Entsprechende Phasenkontrast-Aufnahmen von
~ 1 μm dicken Serienschnitten sind in Abb. 4
und 5 wiedergegeben. Abb. 6 ist eine trans-
missions-elektronenmikroskopische Aufnahme
eines Ultradünnschnittes in der Schnittebene
SE_1. Aus den Schnitten dieser Faserringe,
die mit ammoniakalischer Silbernitrat-Lösung
(0,1 N, 4 °C, 48 Std.) kontrastiert wurden, ist
die schematisch in Abb. 3a wiedergegebene
Lage von ortho- und para-Cortex klar ersichtlich.

Bei den naturgekräuselten, nicht vorbehandelten Fasern liegen die Verhältnisse in topo-
graphischer Hinsicht genau umgekehrt; in diesem Fall nimmt der ortho-Cortex stets den
äußeren, konvexen Teil der Krümmung ein.

*Zu Beginn der thermischen Reaktion findet
demnach eine Umkehr der Faserkrümmung statt,
die durch die starke Kontraktion des ortho-Cortex
in axialer Richtung hervorgerufen wird.*

Aus dem Krümmungsradius der gebildeten
Spiralringe und dem Durchmesser der Fasern

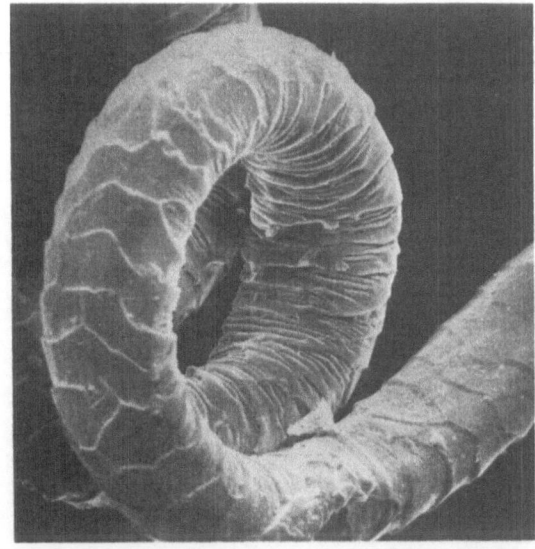

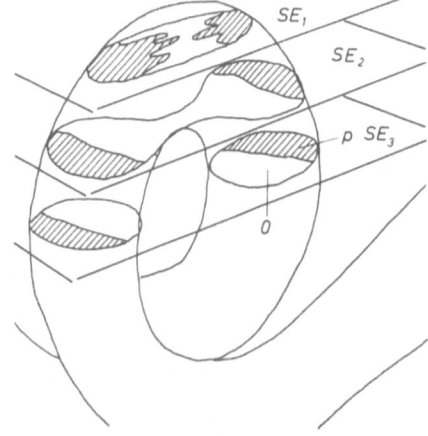

Abb. 3 und 3a.
REM-Aufnahme und Darstellung der Lage der Schnittebene $SE_{1,2,3}$ in den folgenden Abb. 4–6. o = ortho-Cortex, p = para-Cortex

läßt sich der jeweilige Grad der Kontraktion leicht errechnen. Als neutrale Zone muß man hierzu die innerhalb der Faser verlaufende Trennschicht zwischen ortho- und para-Cortex berücksichtigen. Der Kontraktionswert wird ermittelt aus

$$\frac{R - r}{R} \cdot 100 \, (\%),$$

wobei der Krümmungsradius R von der neutralen Zone und der Krümmungsradius r von der inneren, konkaven Fläche der Faser zum Zentrum gemessen wird. Für feine Wollfasern ergeben sich so Kontraktionswerte in der Größenordnung 40% für die kleinsten beobachteten Krümmungsradien.

An der Oberfläche der eingeringelten Fasern äußert sich die Kontraktion, im konkaven Teil der Krümmung, durch das Auftreten von Quer-

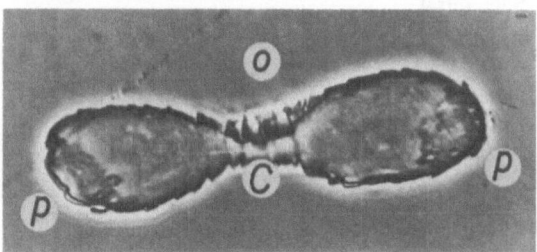

Abb. 5. o = ortho-Cortex, p = para-Cortex, C = Cuticula. Schnittlage SE_2

falten in der Cuticula (Abb. 7 und 8). Aus den elektronenmikroskopischen Untersuchungen ergibt sich, daß diese Querfalten durch die rein mechanische Stauchung der Cuticula im Verlauf des Kontraktionsprozesses gebildet werden. Die Cuticulazellen selbst kontrahieren bei der Hitzeeinwirkung nicht. Sie werden durch die axiale Schrumpfung des Faserstammes, an den sie durch interzellulare Zemente fest verkittet sind, faltenartig verformt. Stellenweise, da wo die Spannungen zu groß werden, reißt die Kittsubstanz, und die Cuticula trennt sich lokal vom Faserstamm. Dies geschieht generell in der apikalen Zone der Cuticulazellen, dort wo ihre Schichtdicke am größten ist (Abb. 9).

Das Gesamtbild der morphologischen Änderungen, die eine Wollfaser durch Trockenhitze erleidet, kann man an einer Einzelfaser leicht verfolgen, indem man diese an einem Ende abbrennt. In Richtung der Faserachse stellt sich ein Temperaturgradient ein, so daß von der schmelzperlenartig verformten und verkohlten

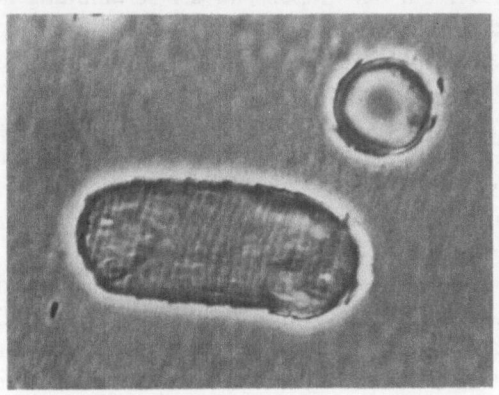

Abb. 4. Schnittlage SE_1 (Phasenkontrastaufnahme)

Brennstelle weg die Kinetik des Verbrennungs-
vorganges und der vorausgehenden Hitzeeinwirkung mikroskopisch verfolgt werden kann
(Abb. 10).

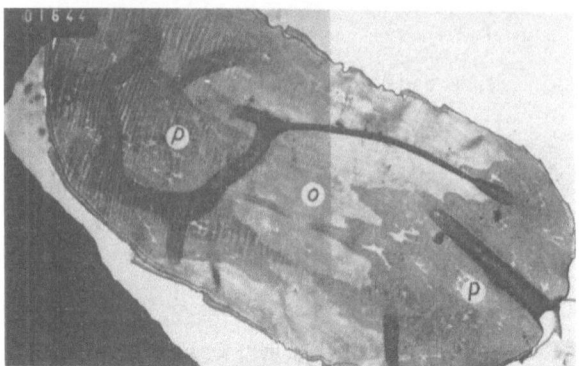

Abb. 6. Ultradünnschnitt (SE₁), Transmissionselektro-
nenmikroskopie. Kontrastierung mit ammoniakalischem
Silbernitrat

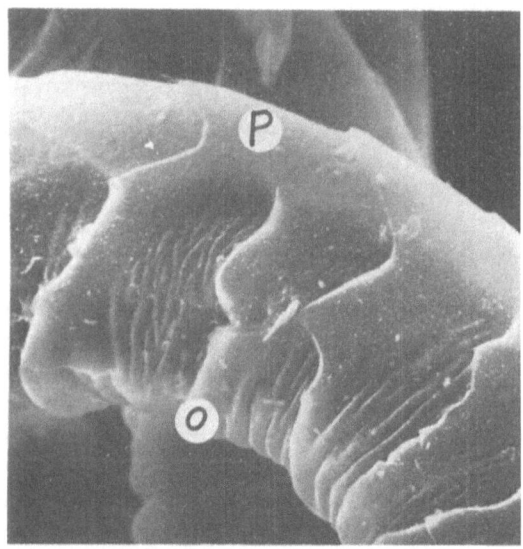

Abb. 7. Querfalten in der Cuticula. o = ortho-Cortex,
p = para-Cortex

Einer stark aufgeblähten, blasenhaltigen Zone
folgt ein gestreckter, jedoch axial geschrumpfter
Bereich, an den sich erst die bereits beschriebene
Einringelungszone anschließt. Der Einringelungszone selbst folgt der nichtgeschädigte Teil
der Faser. Der Übergang zwischen beiden letzt-
genannten Bereichen ist dadurch charakterisiert, daß die Doppelbrechung der Faser vom
Wert Null auf den für Wolle normalen Wert von
$8,3 \cdot 10^{-3}$ ansteigt. In dieser Übergangszone

kann man einen Unterschied in der Doppelbrechung zwischen ortho- und para-Cortex
feststellen, der die *größere Instabilität des ortho-
Cortex gegenüber dem thermischen Abbau* verdeutlicht (Abb. 11).

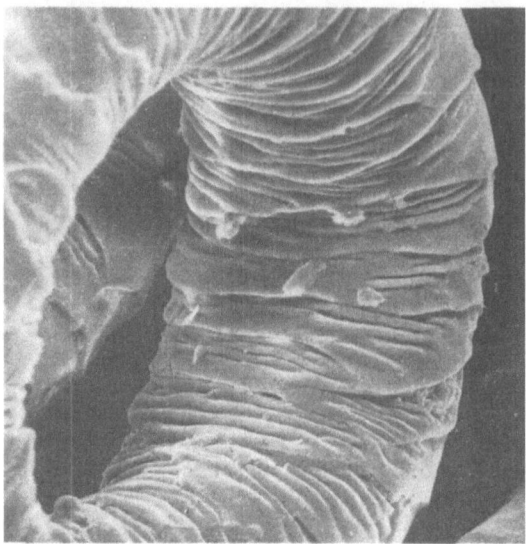

Abb. 8. Querfalten in der Cuticula

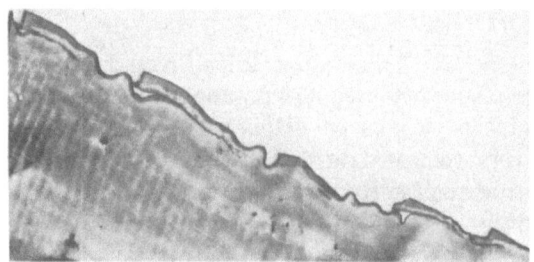

Abb. 9. Faltung der Cuticula (Ultradünnschnitt)

Der auf der Außenseite der Krümmung liegende para-Cortex zeigt hier eine, wenn auch
geschwächte, so doch deutlich erscheinende
Doppelbrechung.

Im ortho-Cortex hingegen (konkaver Teil der
Krümmung) ist keine Doppelbrechung sichtbar.
*Es ist demnach eine größere Wärmeenergie er-
forderlich, um den Kontraktionseffekt im para-
Cortex auszulösen.*

Die erst bei höherer Temperatur erfolgende
Kontraktion des para-Cortex bewirkt, daß die
Faserringe bei Zunahme der Temperatur ihre
starke Kräuselung verlieren und wiederum in
eine zwar geschrumpfte, aber gestreckte Form
übergeführt werden.

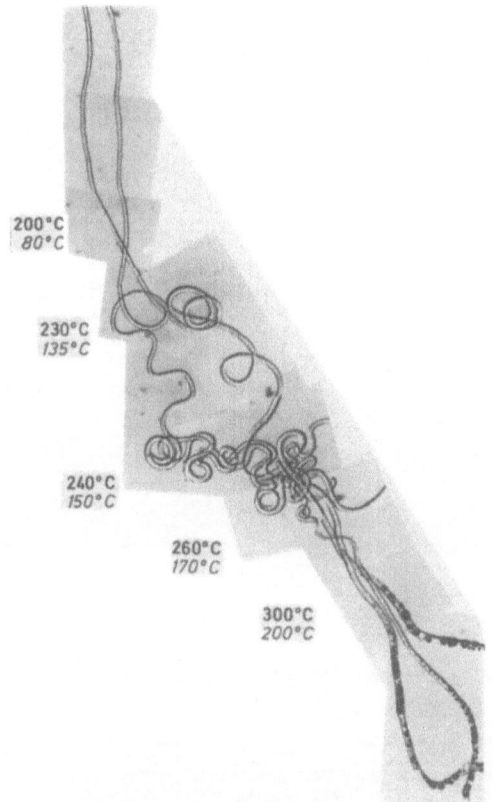

Abb. 10. Veränderung der Faserkrümmung durch Hitzeeinwirkung; kursive Zahlen = Erhitzung in Äthylglykol; gerade Zahlen = Erhitzung in Heißluft; Erhitzungsdauer < 1 sec

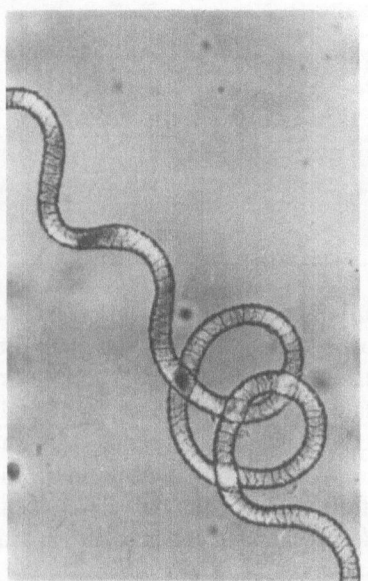

Abb. 11. 224:1 verbleibende Doppelbrechung in p-Cortex nach kurzzeitiger Erhitzung auf 150 °C

Zusammenfassend können die bei der Einwirkung von Trockenhitze sich bei Wollfasern mit bilateraler Struktur abspielenden Bewegungsvorgänge folgendermaßen gegliedert werden:

1. Ausgangsform; natürliche Kräuselung;
2. Streckung der Faser aus der natürlich gekräuselten Form in eine geradlinige (erste Stufe der Kontraktion des ortho-Cortex);
3. Umkehr der Faserkrümmung und starke Einringelung (zweite Stufe der Kontraktion des ortho-Cortex);
4. Rückkehr in eine gestreckte, geradlinige Form (Kontraktion des para-Cortex):

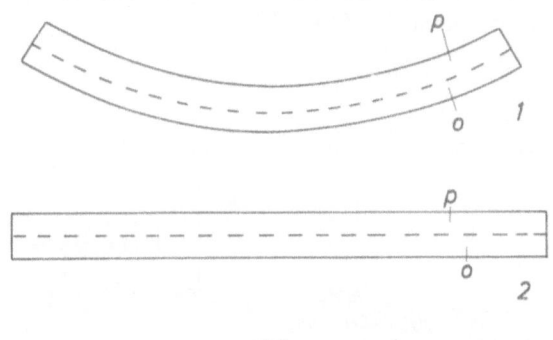

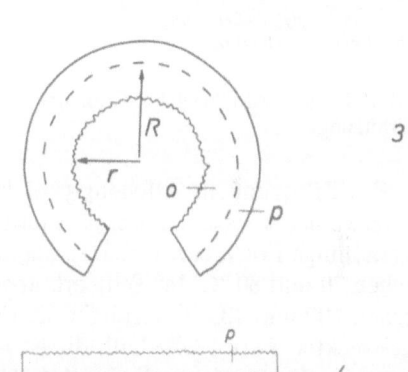

p = para-Cortex;
o = ortho-Cortex.
1. natürliche Kräuselung;
2. Streckung (Kontraktion des ortho-Cortex);
3. Einringelung (Kontraktion des ortho-Cortex);
4. Streckung (Kontraktion des para-Cortex).

3. Vergleich der Einwirkung von Heißluft- und Äthylenglykol-Erhitzung

Aus Untersuchungen am Heiztischmikroskop geht hervor, daß die kritische Temperatur, bei der die in Punkt 3 genannte Umkehr der Faserkrümmung stattfindet und die Fasern sich unter gleichzeitigem Verlust ihrer Doppelbrechung spiralenförmig einringeln, stark von den Erhitzungsbedingungen abhängt. Bei der hier untersuchten australischen Merinos-Wolle beträgt diese Temperatur bei offener Heißlufterhitzung 240 °C, bei Erhitzung in reinem Äthylenglykol hingegen nur 150 °C.

Die Kontraktionswerte und die Bewegungsabläufe im Verlauf der Erhitzung sind jedoch in beiden Fällen die gleichen.

Nimmt man als Maß für die durch die Temperatur bewirkte Krümmungsänderung den reziproken Wert des jeweiligen Krümmungsradius $1/R$, so läßt sich der Vorgang in graphischer Form darstellen (Abb. 12).

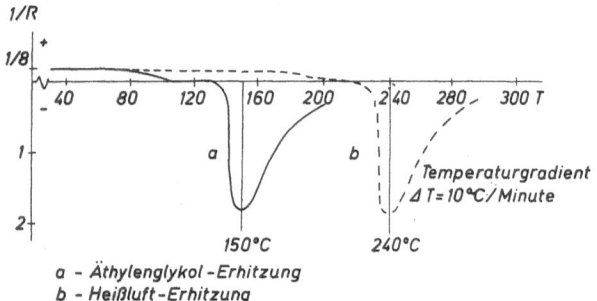

Abb. 12. a = Äthylenglykol-Erhitzung; b = Heißluft-Erhitzung

Bei Erhitzung in Äthylenglykol beginnt die Streckung der Faser aus der gekräuselten in eine geradlinige Form bereits bei Temperaturen zwischen 70 und 80 °C. Im Temperaturbereich zwischen 100 und 135 °C verbleibt die Faser in der gestreckten Form. Oberhalb dieser Temperatur geht die Einringelung, die bei 150 °C ihr Maximum erreicht, rasch vor sich. Bei Behandlung der Fasern in einem geschlossenen Röhrchen und gesättigter Wasserdampf-Atmosphäre liegt die kritische Einringelungstemperatur ebenfalls bei 150 °C, und die Fasern verhalten sich genauso wie bei der Erhitzung in Äthylenglykol. Bei Heißlufterhitzung ist die Kurve nach rechts gegen höhere Temperaturen verschoben. Die rasche Einringelung setzt bei 235 °C ein und erreicht, wie bereits angedeutet, ihr Maximum bei 240 °C. Diese Ergebnisse stehen in guter Übereinstimmung mit den in der Literatur veröffentlichten DTA-Messungen an Wollfasern (28, 42).

Das bei 235–240 °C auftretende endotherme Absorptionsmaximum entspricht einer Phasen-

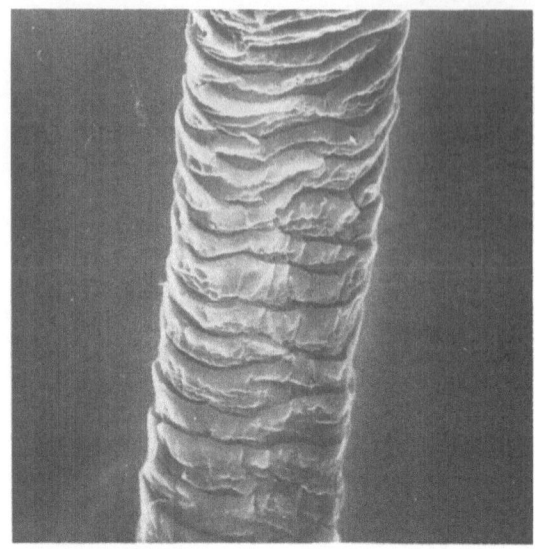

Abb. 13. Vgl. Text

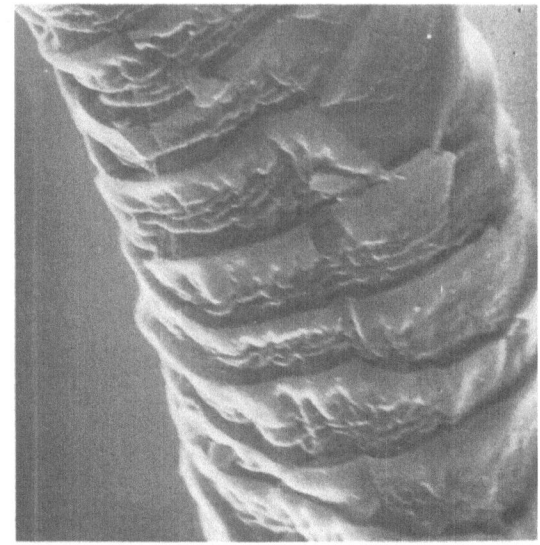

Abb. 14. Vgl. Text

umwandlung kristallin → amorph, die, nach den vorliegenden mikroskopischen Befunden, zunächst allein im weniger vernetzten und daher auch labileren ortho-Cortex stattfindet. Das zweite, weniger ausgeprägte Maximum bei 260 °C dürfte auf die Phasenumwandlung zurückzuführen sein, die bei dieser Temperatur im stärker vernetzten und stabileren para-Cortex vor sich geht.

Untersuchungen am Heiztischmikroskop veranschaulichen den Vorgang der temperaturbedingten Formänderung der Fasern.

Vergleicht man den Oberflächenzustand der einerseits mit Heißluft und andererseits in Äthylenglykol erhitzten Fasern, so ergeben sich Unterschiede in der Faltungsform der Cuticula. Bei der Heißlufterhitzung treten in der Cuticula nur Querfaltungen auf (Abb. 7 und 8), während bei der Erhitzung in Äthylenglykol die Cuticula sowohl Quer- als auch Längsfalten aufweist (Abb. 13 und 14).

Dieser Umstand erklärt sich dadurch, daß bei der trockenen Heißluft-Erhitzung lediglich Dämpfe und Gase aus der Faser entweichen können, die allenfalls bei starker und sehr kurzzeitiger Erhitzung zu Blasenbildungen führen (Abb. 10), während bei der Erhitzung in Äthylenglykol zusätzlich nichtvolatile Produkte des thermischen Abbaues aus der Faser extrahiert werden. Ähnlich wie bei einer alkalischen Behandlung führt der hierdurch bedingte höhere Substanzverlust zur Bildung von Längsfaltungen in der Cuticulaschicht. Bei gleichzeitiger Kontraktion und Extraktion überlagern sich beide Effekte.

Keratinfasern, die keine bilaterale Struktur des Faserstammes aufweisen, bilden bei der Hitzeeinwirkung keine Spiralringe, sondern unregelmäßige knäuelartige Formen. Ein Beispiel hierfür bietet Mohair, bei welchem die eben beschriebenen Unterschiede im Oberflächenzustand zwischen Heißluft- und Äthylenglykol-Erhitzung besonders deutlich zum Vorschein

kommen (Heißluft: Abb. 15 und 16, Äthylenglykol: Abb. 17 und 18).

Spaltet man thermisch vorbehandelte Fasern in ihrer Längsrichtung, so zeigen rasterelektronenmikroskopische Aufnahmen, daß die Fibrillen in den kontrahierten Zonen scharf senkrecht zu ihrer Achse abbrechen (Abb. 19 und 20). (Die thermisch superkontrahierten Fasern sind spröde und brüchig und müssen bei Präparatio-

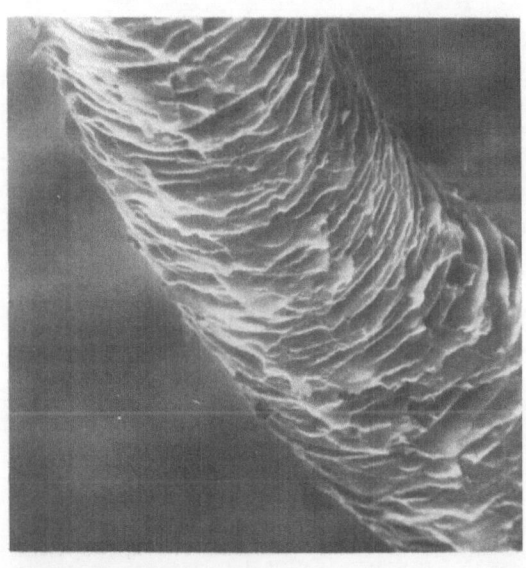

Abb. 16. Vgl. Text

Abb. 15. Vgl. Text

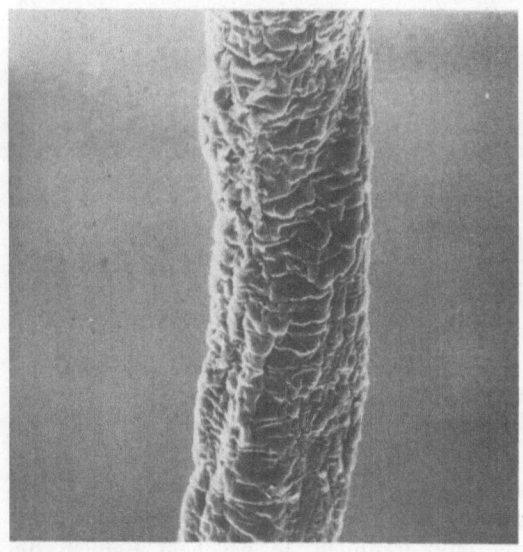

Abb. 17. Vgl. Text

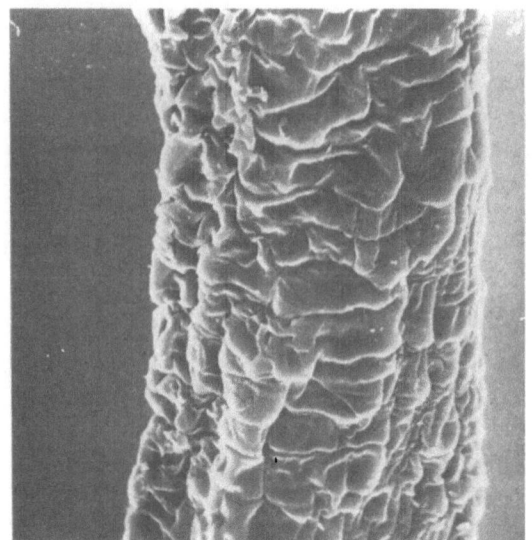

Abb. 18. Vgl. Text

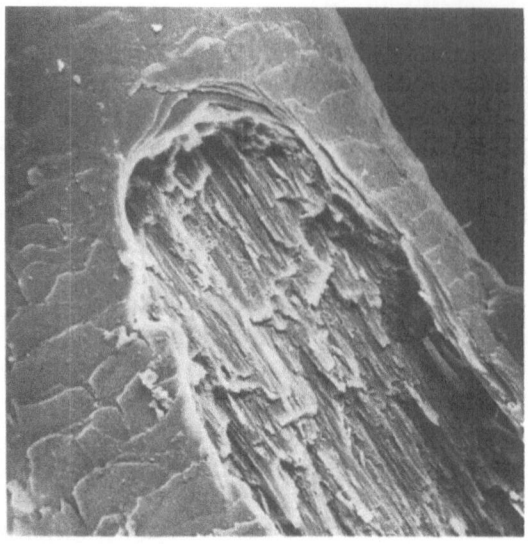

Abb. 20. Vgl. Text

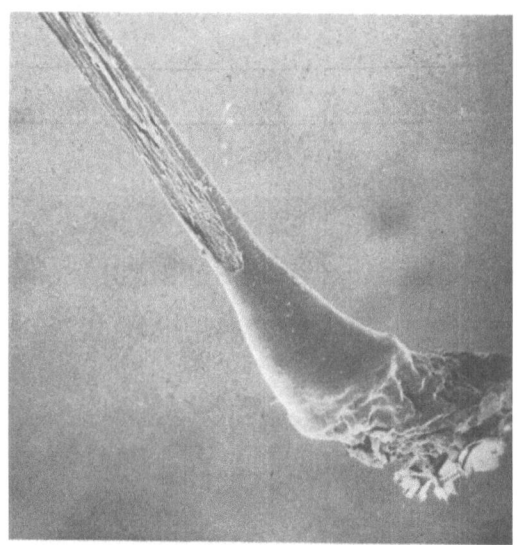

Abb. 19. Vgl. Text

nen für mikroskopische Zwecke mit Vorsicht manipuliert werden.) In den durch Spaltung freigelegten Fibrillen sind weder in der kontrahierten noch in der nichtkontrahierten Zone besondere Feinstrukturen zu erkennen.

Dies mag am zu geringen Auflösungsvermögen des Rasterelektronenmikroskops (ca. 200 Å) liegen.

Das gleiche gilt für Fasern, die im bereits gespaltenen Zustand der Hitzeeinwirkung ausgesetzt wurden. Lediglich die Faltung der Cuticula läßt erkennen, in welchem Bereich die Kontraktion stattgefunden hat.

Je dünner die Cuticulaschicht ist, desto feiner und zahlreicher sind die Querfalten. Diesen Unterschied merkt man deutlich am Vergleich zwischen Mohair und Menschenhaar.

4. Verhalten von Wolle bei Erhitzung in Äthylenglykol in Abhängigkeit der Behandlungsdauer

Im vorangehenden Abschnitt wurden diejenigen Vorgänge untersucht, die sich bei kurzzeitiger Erhitzung der Fasern abspielen, und es wurde gezeigt, daß irreversible Superkontraktionseffekte in Bruchteilen von Sekunden auftreten können, sobald die je nach den Erhitzungsbedingungen verschieden hohe kritische Temperatur erreicht ist. Bei langzeitiger Hitzeeinwirkung treten jedoch gleichartige Strukturmodifikationen bereits bei niedrigeren Temperaturen ein. Wir haben gesehen, daß die erste Reaktion auf die Hitzeeinwirkung in einer Streckung der Fasern beruht unter Verlust ihrer natürlichen Kräuselung. Bei der Erhitzung in Äthylenglykol beginnt dieser Vorgang bereits bei Temperaturen zwischen 70 und 80 °C. In einer weiteren Versuchsreihe haben wir australische Merinos-Wolle bei 121 °C in Äthylenglykol erhitzt und die Veränderung der Kräuselung mit der Dauer der Behandlung im Lichtmikroskop verfolgt.

Zu Beginn der Reaktion merkt man deutlich das Strecken der Fasern bis zu 20 min Behandlungsdauer. Im weiteren Verlauf der Erhitzung beginnt die Wolle wieder zu kräuseln und erreicht bereits nach 40 min einen Kräuselungs- zustand, der bis zu 120 min Behandlungsdauer sich nicht mehr verändert und weitaus markier- ter ist als der Kräuselungszustand der unbehan- delten Faser. Auch hier hat bereits eine Umkehr der Faserkrümmung stattgefunden. Es kommt jedoch bei dieser Temperatur auch bei längerer Erhitzung nicht zu einer spiralenförmigen Ein- ringelung der Fasern, die bereits nach 1 Std. Be- handlungsdauer sehr stark vergilbt sind. Bemer- kenswert ist, daß die Zugabe von 2 g/l *p*-Toluol- sulfonsäure zum Äthylenglykol genügt, um so- wohl das Vergilben als auch die Umkehr der Faserkrümmung und die mit ihr verbundene starke Kräuselung zu verhindern.

Auf die Kontraktion des ortho-Cortex be- zogen ergeben sich für die Kräuselung in reinem Äthylenglykol nach 40 min Behandlungsdauer, bei 121 °C, Kontraktionswerte in der Größen- ordnung von 7–8%, dies entspricht den Werten, die man für die erste Stufe der Superkontraktion bei Wolle einregistriert. Es ergibt sich ferner aus diesen Untersuchungen, daß Vergilbung und Superkontraktionseffekte keineswegs mitein- ander gekoppelt scheinen. Bei kurzzeitiger Heiß- lufterhitzung sind die bei 240 °C bis 40% kon- trahierten und stark eingeringelten Fasern nicht vergilbt. Eine Vergilbung beginnt erst in der darauffolgenden höher erhitzten Zone. Bei lang- zeitiger Erhitzung vergilben die Fasern bereits bei niedrigeren Temperaturen, ohne daß eine nennenswerte Kontraktion beobachtet werden kann.

Zusammenfassung und Schlußfolgerung

Aufgrund der für die Industrie besonders wichti- gen Frage nach dem Verhalten der Fasern bei ther- mischen Behandlungen wurde eine Studie über die bei Hitzeeinwirkungen stattfindenden Strukturumwandlun- gen durchgeführt. Gleichzeitig sollten diese Unter- suchungen ebenfalls darüber Aufschluß geben, inwiefern das von der Struktur abhängige thermische Verhalten Unterscheidungsmöglichkeiten zwischen den einzelnen Fasertypen bietet. Als sehr nutzbringend erwiesen sich hier kombinierte licht- und rasterelektronenmikrosko- pische Untersuchungen.

Es konnte gezeigt werden, daß bei Fasern mit bilate- raler Struktur die schwefelärmere Fraktion des Faser- stammes (ortho-Cortex) gegenüber Hitzeeinwirkungen instabiler ist als die schwefelreiche Fraktion (para- Cortex) und daß demnach eine Umkehr der Faserkrüm- mung stattfindet, die im ersten Stadium der Reaktion stets zu einer Vernichtung der natürlichen Kräuselung führt. Diese Erkenntnis dürfte für viele industrielle Ver- fahren, bei denen mit starken Hitzeeinwirkungen zu rechnen ist (Färben, Dekatieren, Dämpfen usw.), von besonderer Bedeutung sein.

Untersuchungen am Heiztischmikroskop und mittels Rasterelektronenmikroskopie zeigen, daß das thermische Verhalten der Fasern sowohl von ihrem Schwefelgehalt als auch von ihrer morphologischen Beschaffenheit weit- gehend abhängig ist.

Nach der Hitzeeinwirkung lassen sich aufgrund der Veränderungen in der Oberflächenbeschaffenheit der Fasern Aussagen in gewissen Fällen über den Grad der Schädigung und die Art der thermischen Behandlung treffen.

Danksagung

Der AIF und dem Forschungskuratorium Gesamt- textil danken wir an dieser Stelle für die finanzielle Unter- stützung dieser Arbeit.

Literatur

1) *Woodmansey, A.*, J. Soc. Dyers Col. **34**, 227 (1918).

2) *Raynes, J. L.*, J. Text. Inst. **18**, T 46 (1927).

3) *Schmidt, W. J.*, Z. Wiss. Biol. **B 15**, 188 (1932); zellf. mikroskop. Anatom.

4) *Marsh, M. C.*, J. Text. Inst. **26**, T 183 (1935).

5) *Stirm, K.* und *P. L. Rouette*, Melliand Textilber. **16**, 4 (1935).

6) *Speakman, J. B., C. A. Cooper* und *et Stott*, J. Text. Inst. **27**, T 183 (1936).

7) *Rutherford, H. A.* und *M. Harris*, J. Res. Nat. Bur. Stand. **23**, 597 (1939).

8) *Elöd, E., N. Nowotny* und *H. Zahn*, Nature **31**, 137 (1943).

9) *Lloyd, A. D.*, Nature **157**, 735 (1946).

10) *Mc Cleary, W. R.* und *G. L. Royer*, Text. Res. J. **19**, 457 (1949).

11) *Zahn, H.*, Melliand Textilber. **31**, 481 (1950).

12) *Van Overbèke, M.*, Bull. Inst. Text. France **30**, 273 (1952).

13) *Zahn, H.* und *F. Osterloh*, Makro. Mol. Chem. **16**, 183 (1955).

14) *Mazingue, G.* und *M. van Overbèke*, Ann. Sci. Text. Belges. March. 7 (1956).

15) *Mazingue, G.* und *M. van Overbèke*, Bull. Inst. Text. France. **59**, 23 (1956).

16) *Martin, J.* und *J. B. Speakman*, Chem. Ind. **27**, 955 (1957).

17) *Bell, J. W.* und *C. S. Whewell*, J. Text. Inst. **49**, 706 (1958).

18) *Zahn, H.* und *H. Kessler*, Text. Res. J. **28**, 357 (1958).

19) *Sattlow, G.* und *H. Kessler*, Text. Res. J. **28**, 359 (1958).

20) *Gianola, G., O. Meyer* und *R. Grillot*, Bull. Inst. Text. France. **79**, 47 (1959).

21) *Davelose, Cl., G. Mazingue* und *M. van Overbèke*, Bull. Inst. Text. France. **88**, 61 (1960).

22) *Bell, J. W., D. Clegg* und *C. S. Whewell*, J. Text. Inst. Trans. **51**, 1173 (1960).

23) *Leveau, M., M. Cailett* und *N. Demonmerot*, Bull. Inst. Text. France. **90**, 17 (1960).

24) *Ziegler, K.*, J. Text. Inst. Trans. **51**, 1210 (1960).

25) *Millet, J.* und *S. Deli*, Colloque «Structure de la Laine».

26) *Breuers, M.* und *R. Königs*, Spinner Weber, Textilvere. 322 (1962).

27) *Howitt, F. O.*, J. Text. Inst. Trans. **55**, 136 (1964).

28) *Menefee, E.* und *G. Yee*, Text. Res. J. **35**, 801 (1965).

29) *Jamowski, Z.* und *J. B. Speakman*, Cirtel. **II**, 120 (1965).

30) *Horio, M., T. Kondo, K. Sekimoto* und *M. Funatsu*, Cirtel. **II**, 144 (1965).

31) *Schutz, R. A., M. Weclanowicz* und *S. Hunzinger*, 3ᵉ, Cirtel, Paris, No. 68 (1965).

32) *Weclanowicz, M., M. T. Reitzer* und *R. A. Schutz*, 3ᵉ, Cirtel, Paris, No. 69 (1965).

33) *Orwell, R. L., A. Datyner* und *C. H. Nicholls*, J. Soc. Dyers Col. **82**, 441 (1966).

34) *Schefer, W.*, Textilveredlung **3**, 231 (1968).

35) *Crighton, J. S.* und *F. Happey*, Symposium on Fibrous Proteins, p. 409 (Australia 1967, Sydney 1968).

36) *Asquith, R. S., D. Chan* und *M. S. Otterburn*, J. Chromatog. **42**, 382 (1969).

37) *Haly, A. R.* und *Griffith*, Text. Res. J. **28**, 32 (1958).

38) *Haly, A. R.*, Text. Res. J. **33**, 233 (1963).

39) *Ruznák, I., L. Trézl, A. Bereck* und *G. Bidló*, Proceedings of the IV. International Wool Textile Research Conf. 1970, p. 175 (New York 1971).

40) *Green, D. B., F. Happey* und *B. M. Watson*, Pr. IV. Int. Wool Res. Conf. 1970, 237.

41) *Asquith, R. S.* und *M. S. Otterburn*, Pr. IV. Int. Wool Text. Res. Conf. 1970, 277.

42) *Dale Felix, W., M. A. Mc Dowall* und *H. Eyring*, Text. Res. J. **33**, 465 (1963).

43) *Bendit, E. G.*, Text. Res. J. **36**, 6, 580 (1966).

44) *Haly, A. R.* und *J. W. Snaith*, Text. Res. J. **37**, 10, 898 (1967).

45) *Cook, J. R.* und *J. Delmenico*, J. Text. Inst. **59**, 3, 157 (1968).

46) *Alter, H.* und *Kaari Kivimagi*, Text. Res. J. **39**, 6, 608 (1969).

47) *Haly, A. R.* und *J. W. Snaith*, Text. Res. J. **40**, 2, 142 (1970).

Anschrift der Verfasser:

P. Kassenbeck und *A. Stay*
Institut für angew. Mikroskopie, Photographie und Kinematographie der Fraunhofer-Gesellschaft e. V.
75 Karlsruhe-Waldstadt, Breslauer Str. 48

Progr. Colloid & Polymer Sci. **57**, 133–140 (1975)

13.

From the Max-Planck-Institut für Biophysik, 6 Frankfurt/Main

Electrical conductivity of some hydrophilic ions in spherical bimolecular lipid membranes

By M. Kübel*)

With 5 figures and 1 table

(Received October 8, 1973)

Introduction

The lipids of biological membranes (mostly phospholipids) consist of molecules with hydrophobic and hydrophilic ends. According to the *Danielli*-model (1), these go to make a bimolecular membrane (diameter 40–70 Å) in such a way that the hydrophilic ends point towards the aqueous outside solution, while, the hydrophobic ends build up a lipid inner phase. In the biological tissue these BLM (Biological Lipid Membranes) are the main transport barriers to ions and polar molecules (insoluble in lipids) while the membrane proteins modify the barrier selectively to special molecules.

Since the work of *Mueller* and *Rudin* (2), artificial BLM's can be formed and used for the separation of two aqueous solutions. These artificial membranes show many static properties of biological membranes (for example, with regard to their thickness and capacity) and their transport properties can be altered drastically by addition of biologically active substances [for instance antibiotics, "uncouplers" of oxidative phosphorylation, for more information see review articles (3)].

Thus far, mostly BLM's of planar geometry have been used, i.e. the membrane is formed across a planar hole in a wall separating two aqueous media ' and ". By painting a thick lipid lamella over the hole (using a small brush for instance), one starts with a thick membrane which undergoes a phase transition into the bimolecular structure, while the excess lipid bulk solution clusters in the form of a torus around the rim of the wall. The area of the membrane normally is about 1 mm² and the use of a bigger membrane reduces its stability. The technique

described here enables us to form highly stable spherical membranes of large area (in the form of a soap bubble), with an area up to several cm² and an infinitesimally small torus of bulk lipid. This system is particularly convenient when the compositions of the aqueous media on both sides of the membrane (interior and exterior of the bubble), have to be different.

The measurements described here are concerned with the influence of the ion concentrations on the membrane conductivity. We seek to compare the conductivities of the ionic pairs Na^+/Cl^- and H^+/OH^-.

I. Formation of spherical BLM

The principal technique is rather simple: two concentric capillaries are dipped into an electrolyte solution; the inner capillary contains an electrolyte, too, and the space between the capillaries is filled with a lipid solution. The mouth of the inner capillary can be clogged by releasing a droplet of lipid solution from the outer capillary. By pushing the electrolyte solution down the inner capillary, the droplet may be allowed to widen out to the desired size of the bubble. The size of the bubble may be measured by a cathetometer.

By illuminating the bubble with a parallel beam of light, one can observe the thinning of the membrane by looking at the interference colours of the reflected light (fig. 1a). Starting from the lowest point of the bubble, the point farthest from the capillary, these colours disappear suddenly and, if the background is dark, this part of the membrane shows up as a black patch (so-called "black membrane") (fig. 1b). The sharp border between the thick and the black (bimolecular) membrane structure moves up

*) New address: D-852 Erlangen, Lange Zeile 117a

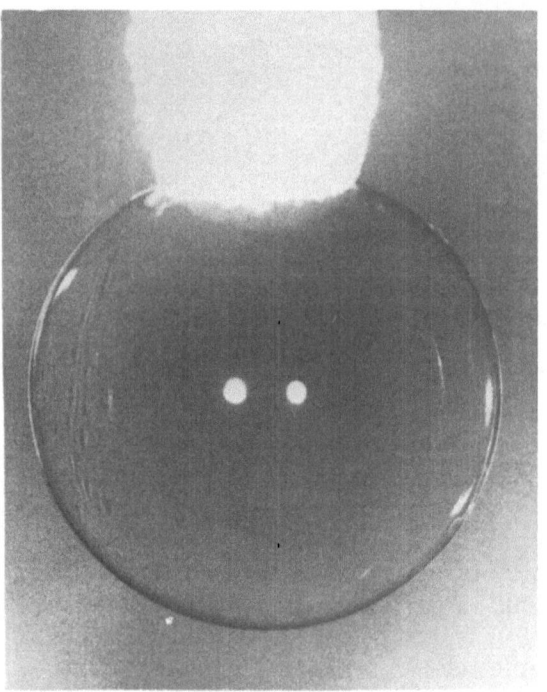

a

c

Fig. 1. Thinning of the membrane

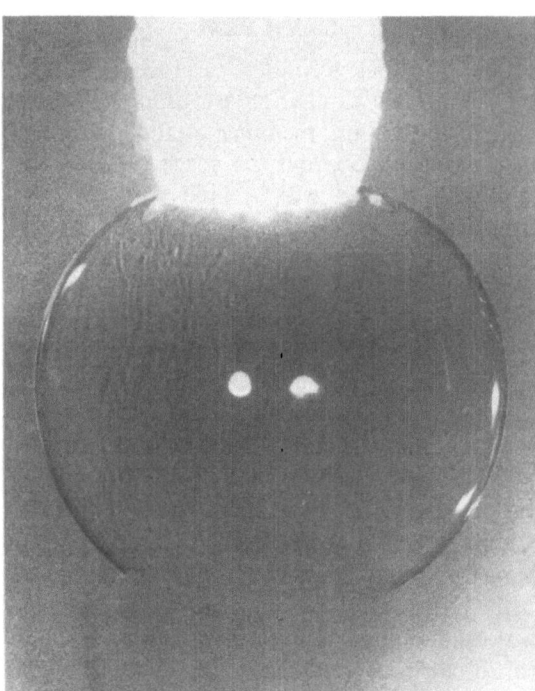

b

following the buoyancy of the lipid, and finally the membrane is invisible and shows only two slight reflection spots (fig. 1 c). The excess bulk lipid creeps up the capillary and forms only a very small torus at the rim of the capillary.

The setup is shown schematically in fig. 2. The glass arrangement consists of two concentric capillaries o and i at its lower edge. The lowest extremity of the capillary o is made of teflon in order to have good contact with the lipid. The upper extremities of the capillaries o and i lead to syringes through stop-cocks s (syringe E for the electrolyte I, syringe L for lipid solution, mounted in microdosage devices). Short pipes e for the electrodes are fused into the inner capillary and separated from electrolyte I by electrically conducting ceramic bridges. This arrangement is immersed in a lucite vessel containing electrolyte II, connected to a temperature bath W and a stirring system R.

The lipid solution used here is a mixture of n-octane and n-dodecane (1:1) saturated with oxidized cholesterol. To bring about oxidation of cholesterol, it is dissolved in hexane and held at its boiling point for 7 h under streaming oxygen. According to *Tien* (4) the resulting pro-

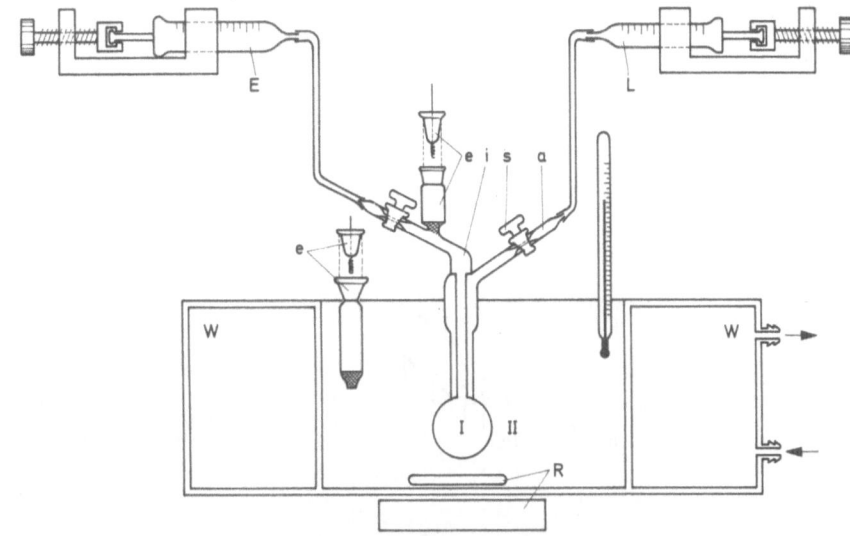

Fig. 2. Experimental setup

duct consists of hydrocholesterols, 7-ketócholesterol, 7-dehydrocholesterol and other oxidation products [1]).

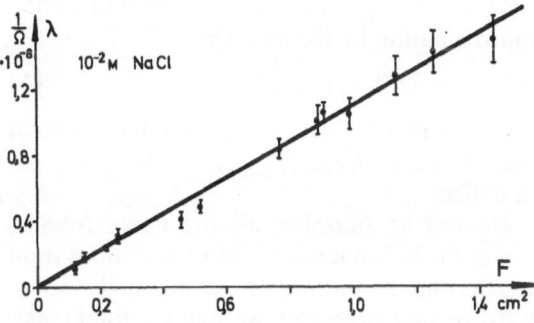

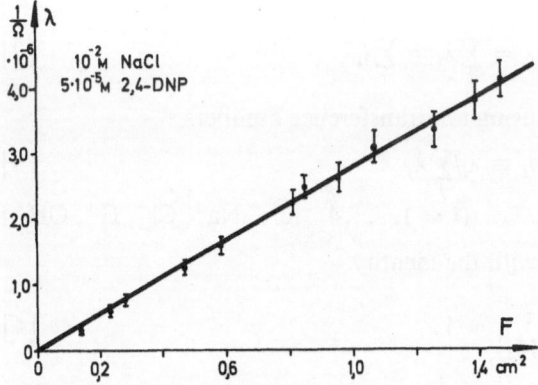

Fig. 3. Membrane conductivity versus membrane area

[1]) In a pilot project of this kind, a cheap and easy to handle lipid is the primary prerequisite. The choice of this heterogeneous substance was essentially motivated by this consideration.

Because of the high membrane resistance, the voltage drop in the electrolyte solution can be neglected and the bubble may be regarded as a flat membrane of the same area. Working with one single bubble, one can successively alter the area by sucking out the internal solution from the bubble. Thus one can prove the linearity between membrane conductivity and area. Fig. 3 depicts variation of membrane conductivity with area for high and low membrane resistance. The resistance is lowered by the addition of $5 \cdot 10^{-5}$ M 2,4-dinitrophenol (a substance well known in physiology as uncoupler of oxidative phosphorylation).

II. Experiments

We start with the observation that a concentration difference of the ions Na^+ and Cl^- in the outer phases is able to produce a potential difference across the membrane; on the other hand, the membrane resistance does not, within the limits of error, react to a change of the electrolyte concentrations as long as the solution is not too concentrated ($c_{NaCl} \lesssim 0{,}1$ M). Therefore we study the influence of all ions in the system i. e., Na^+Cl^- and H^+/OH^-.

The first series of experiments measures the membrane conductivity λ with respect to the area $[\Omega^{-1}/cm^2]$ as a function of pH, the ionic strength being fixed (fig. 4). In spite of the additional ionic species introduced by buffering, all measurements done with different buffers show

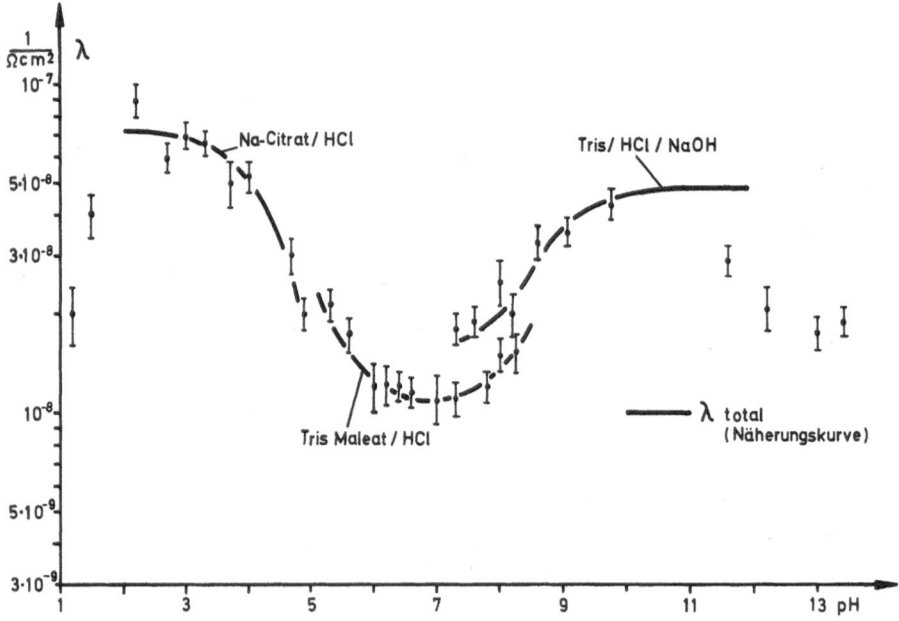

Fig. 4. pH-dependence of membrane conductivity

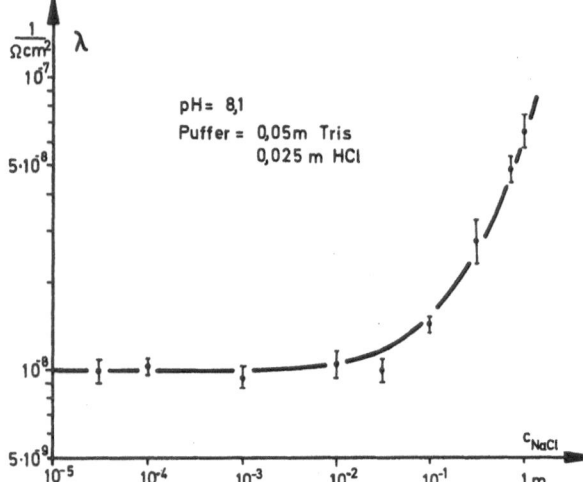

Fig. 5. c_{NaCl}-dependence of membrane conductivity

the same appearence: a conductivity minimum at pH $\approx$ 7, joined by a plateau on both sides and again a decrease at extreme values of pH.

Therefore we know that the pH probably has the dominating effect on the conductivity and we have to fix it if we want to study the influence of NaCl concentration. Indeed, the reproducibility is greatly improved if we use buffers and refer only to a single lipid preparation (measurements using different oxidized cholesterol samples may differ as much as by a factor of 3).

Fig. 5 shows the dependence of membrane conductivity λ on the concentration of NaCl

added to the buffer system. For different buffer systems the λ/c_{NaCl} plots are described to a good approximation by the formula

$$\lambda(c_{NaCl}) = \lambda_0^{(pH)} + S \cdot c_{NaCl} \qquad [1]$$

with different values of λ_0 (pH) for different buffers. $S \equiv (\partial\lambda/\partial c_{NaCl})_{c_{NaCl} \to 1}$ is the same for all buffers.

We restrict ourselves to the linear (ohmic) part of the I/V-plot and to small deviations from equilibrium. According to the thermodynamics of irreversible processes, we split the total membrane conductivity into ion conductivities λ_i

$$\lambda = \sum_i \lambda_i = \sum_i t_i \lambda \qquad [2]$$

using ion transference numbers

$$t_i \equiv \lambda_i / \sum_j \lambda_j \qquad [3]$$
$$(i = 1, \ldots, 4 \quad \text{for} \quad Na^+, Cl^-, H^+, OH^-)$$

with the identity

$$\sum_{i=1}^{4} t_i = 1. \qquad [4]$$

Introducing partial ionic conductivities (i. e., the change of membrane conductivity with a change of the ion concentration in the electrolyte $[cm/\Omega]$)

$$\Lambda_i = \frac{\partial\lambda}{\partial c_i} \qquad [5]$$

we write for S

$$S = \frac{\partial \lambda}{\partial c_{Na}} + \frac{\partial \lambda}{\partial c_{Cl}} = \Lambda_{Na} + \Lambda_{Cl}. \qquad [6]$$

Information about transference numbers may be obtained from electrical potentials produced by concentration differences in the outer phases in the case of zero electrical current. These membrane potentials $\Delta \varphi = \varphi' - \varphi''$ ($\Delta = ' - ''$) describes the difference of a value in the outer phases ' and ") are given by

$$-F \Delta \varphi = h_w \Delta \mu_{H_2O}$$
$$+ \sum_{k=1}^{4} \frac{t_k}{z_k} (\Delta \mu_k + z_k \Delta \mu_{Cl}) \qquad [7]$$

if we use Ag/AgCl-electrodes immersed directly in the phases ' and ". Here F is the *Faraday* number, z_i the sign of the univalent ionic charge, μ_i the chemical potential, and h_w stands for the coupling between the fluxes of ions and of water (5).

Using the *Gibbs-Duhem* equation and the dissociation equilibrium of water, we derive the equivalent relations

$$-F \Delta \varphi = (h_w - t_{OH}) \Delta \mu_{H_2O}$$
$$+ (t_H + t_{OH}) \Delta \mu_{HCl} + t_{Na} \Delta \mu_{NaCl} \qquad [7a]$$
$$-F \Delta \varphi = (h_w - t_{Na} - t_{OH}) \Delta \mu_{H_2O}$$
$$+ (t_{Na} + t_H + t_{OH}) \Delta \mu_{HCl} \qquad [7b]$$
$$+ t_{Na} \Delta \mu_{NaOH}$$
$$-F \Delta \varphi = (h_w + t_H) \Delta \mu_{H_2O}$$
$$+ (t_{Na} + t_H + t_{OH}) \Delta \mu_{NaCl} \qquad [7c]$$
$$- (t_H + t_{OH}) \Delta \mu_{NaOH}.$$

The terms $t_i \Delta \mu_{H_2O}$ are negligibly small and only the three parameters t_{Na}, $t_H + t_{OH}$ and h_w remain to be determined. Fixing the "working point" by the mean concentrations $\bar{c}_i = \frac{1}{2}(c_i' + c_i'')$, these parameters may be measured by the variation of the three forces $\Delta \mu$'s. This is done for different working points. The results show not only that h_w (coupling between water and ion penetration) can be neglected but also that the ratio

$$U = \frac{t_{Na}}{c_{Na}} \bigg/ \frac{t_{Cl}}{c_{Cl}}$$

for different working points remains constant to a good approximation.

III. Discussion

The aim is now to interpret fig. 3, the pH-dependence of conductivity. Since U is fairly constant, we make the assumption that the ion conductivities are proportional to the ion concentrations:

$$\lambda_{Na} = c_{Na} \Lambda_{Na}; \quad \lambda_{Cl} = c_{Cl} \Lambda_{Cl};$$
$$t_{Na} = \frac{c_{Na} \Lambda_{Na}}{\lambda}; \quad t_{Cl} = \frac{c_{Cl} \Lambda_{Cl}}{\lambda}. \qquad [8]$$

Therefore we have

$$U = \frac{\Lambda_{Na}}{\Lambda_{Cl}} \qquad [9]$$

and

$$\Lambda_{Na} = \frac{S \cdot U}{U + 1}; \quad \Lambda_{Cl} = \frac{S}{U + 1}. \qquad [10]$$

Now we neglect the influence of the buffer ions other than Na^+/Cl^- and H^+/OH^- (this is not rigorously true; nevertheless, it leads only to small variations of the resulting parameters when the ions ignored in the treatment have conductivities similar to that of Na^+/Cl^-). Using [8] and [10] we write for the total conductivity

$$\lambda_{total} = \lambda_{Na} + \lambda_{Cl} + \lambda_H + \lambda_{OH}$$
$$= \lambda_H + \lambda_{OH} + \frac{S}{U + 1} (U c_{Na} + c_{Cl}). \qquad [11]$$

Within the pH-range 3–11 the plot of fig. 3 is represented by an analytical formula (drawn line)

$$\lambda_H + \lambda_{OH} = \frac{A_+ c_H}{1 + B_+ c_H} + \frac{A_- c_{OH}}{1 + B_- c_{OH}}. \qquad [12]$$

For a special lipid preparation, the following values of parameters serve to fit the entire experimental data (the membrane potentials for different working points as well as the dependence of conductivity on pH and c_{NaCl} for different systems):

$$S = 5{,}7 \, 10^{-5} \, cm/\Omega, \quad U = 3{,}5$$
$$A_+ = 1{,}4 \quad cm/\Omega, \quad B_+ = 2{,}3 \, 10^7 \, cm^3$$
$$A_- = 5{,}4 \quad cm/\Omega, \quad B_- = 17{,}0 \, 10^7 \, cm^3$$

In order to discuss these results for the ion pair Na^+/Cl^-, we compare the partial ion conductivities $\Lambda_i^{(membrane)}$ of the membrane for c_{NaCl}

$= 0.1 \, M$ with the corresponding equivalent conductivities $\Lambda_i^{(\text{water})}$ of an aqueous layer of the same thickness d [2]). For the ion pair H^+/OH^-, A_+ and A_- could be treated as the ion conductivities at infinite dilution, while B_+ and B_- describe a saturation of the electrical current at higher concentrations ($c_i > 10^{-4} \, M$). Table 1 shows that the difference between the conductivities of the ion pairs is even more pronounced in BLM than in aqueous solutions. But the most striking feature is that the conductivities are many orders of magnitude below those in aqueous solutions.

Table 1

$\Lambda_i \, [\text{cm}/\Omega]$	BLM	Aqueous Layer ($d = 70 \, \text{Å}$)
Λ_{Na}	$4.4 \, 10^{-5}$	$0.8 \, 10^8$
Λ_{Cl}	$1.3 \, 10^{-5}$	$1.3 \, 10^8$
Λ_{H^+}	1.4	$7.0 \, 10^8$
Λ_{OH^-}	5.4	$4.0 \, 10^8$

To calculate membrane conductivities by means of the usual differential equations of *Nernst-Planck* and *Poisson*, one needs not only the exact value of membrane thickness but also those of the local parameters. Differences of the solubilities and the diffusion coefficients in BLM and in the aqueous medium cannot entirely account for the differences noticed above. On the other hand, the *Debye-Hückel* length in the lipid phase exceeds the membrane thickness by several orders of magnitude. This means that the ions in the membrane are correlated to ions in the surrounding aqueous phase by electrostatic forces. To take this into account, one can introduce an image charge in the electrolyte solution (dielectric constant $\varepsilon = 78$) correlated to an ion in the lipid membrane ($\varepsilon = 2$); when an ion moves into the lipid the energy needed to separate the ion from its image contributes an additional term in the *Nernst-Planck* eq. [6], [7]. From this and other effects we conclude that the penetration of the phase boundary between lipid and water by an ion is an irreversible process which could be a dominant effect in thin membranes.

---

2) $\Lambda_i^{(\text{membrane})} = \partial \lambda / \partial c_i$ still contains the membrane thickness d and the partition coefficient for the ion concentrations in lipid and water; the corresponding value $\Lambda_i^{(\text{water})}$ is given by $\varkappa_i/d$ where $\varkappa_i$ stands for the tabulated specific equivalent conductivities in aqueous solutions (8).

Summary

A technique is described to form bimolecular lipid membranes (BLM) of spherical geometry (like soap bubbles). The bubbles are made from a saturated solution of oxidized cholesterol in n-octane/n-dodecane (1 : 1) and bathed in electrolyte solutions (inside and outside). They are fixed at the end of a capillary which makes the interior accessible for electrical measurements.

The change of membrane conductivity is studied by changing the concentrations of the ionic species Na^+, Cl^-, H^+, and OH^- in the electrolytes. By measuring also the transference numbers it is possible to calculate the partial conductivities of the ions in question.

Zusammenfassung

Es wird eine Technik vorgestellt, bimolekulare Lipidmembranen sphärischer Gestalt herzustellen (einer Seifenblase ähnlich). Die Blasen bestehen aus einer gesättigten Lösung oxidierten Cholesterins in n-Oktan und n-Dodekan (1:1) und sind (innen und außen) von Elektrolytlösung umgeben. Sie sitzen am Ende einer Kapillare, über die das Blaseninnere für Messungen zugänglich ist.

Es wird die Änderung der Membranleitfähigkeit betrachtet, wenn die Konzentration der Ionen Na^+, Cl^-, H^+ und OH^- in den Außenphasen geändert wird. Bestimmt man ferner die Überführungszahlen dieser Ionen, so läßt sich die partielle Ionenleitfähigkeit der betreffenden Ionenart berechnen.

References

1) *Danielli, J. F.* and *H. Davson*, J. Cell Comp. Physiol. **5**, 495 (1935).

2) *Mueller, P., D. O. Rudin, H. T. Tien* and *W. C. Wescott*, Nature **194**, 979 (1962).

3) *Goldup, A., S. Ohki* and *J. F. Danielli*, Recent Progress in Surface Science **3**, 193 (1970). – *Thompson, T. E.* and *F. Henn*, in: *E. Racker* (Ed.), Membranes of Mitochondria and Chloroplasts, p. 1 (New York 1970). – *Finkelstein, A.*, Arch. Intern. Med. **129**, 229 (1972). – *Tien, H. T.*, in: Surface and Colloid Science, Vol. **4**, 361 (New York 1971).

4) *Tien, H. T., S. Carbone* and *E. A. Dawidowicz*, Nature **212**, 718 (1966).

5) *Sauer, F.*, in: Handbook of Physiology Section on Renal Physiology (Washington, D.C. [in press]).

6) *Neumcke, B.* and *P. Läuger*, J. Membr. Biol. **9**, 1161 (1969).

7) *Hall, J. E., C. A. Mead* and *G. Szabo*, J. Membr. Biol. **11**, 75 (1973).

8) *Robinson, R. A.* and *R. H. Stokes*, Electrolyte Solutions, 5. Ed. (London 1970).

Diskussion:

W. Borchard (Clausthal-Zellerfeld):

Welche Kriterien können Sie für die mechanische Stabilität der gekrümmten Membranflächen angeben? Spielen neben der Oberflächenspannung und dem erforderlichen Überdruck im Membraninneren auch Ladungen eine Rolle?

M. Kübel (Frankfurt/Main):

Der Membrangeometrie (Krümmungsradius bis 5 mm², Membrandicke 50–100 Å) stehen die kürzerreichweitigen elektrostatischen Kräfte gegenüber (*Debye-Hückel*-Länge in 0.1 *m* NaCl ≈ 10 Å). Bezüglich der Ladungen sollte die Membrankrümmung also keine Rolle spielen. Der Druck im Inneren der Blasen stellt sich von selbst ein, da dieses Volumen abgeschlossen ist.

Kritischer verhält sich die Oberflächenspannung. So ist es z. B. nicht möglich, einen Tropfen Lecithin, das in Dekan gelöst ist und woraus ebene BLM formbar sind, auch nur zu einer Blase (geschweige denn einer „schwarzen") auszuweiten, ohne daß der Tropfen in viele kleine Tröpfchen zerspringt. Diese Schwierigkeit tritt nicht auf, wenn man Lecithin in Chloroform/Methanol/Dekan löst, wodurch sich die Oberflächenspannung erniedrigt. Ferner beobachte ich an Membranen aus oxidiertem Cholesterin, daß bei einer Verschiebung des pH vom Sauren ins Alkalische die Oberflächenspannung der Filme abnimmt und die Lebensdauer der schwarzen Filme wächst. Geringere Oberflächenspannung bedeutet dabei gleichzeitig höhere Stabilität.

Bei der gegebenen Versuchsanordnung ist die Größe der Blasen nur dadurch begrenzt, daß große Blasen auf Grund ihres Auftriebes im Wasser vom Kapillarenmundstück nach oben abrutschen.

P. Schindler (Bern/Schweiz):

Auf Grund von Potentialmessungen nehmen Sie als Ursache für die pH-Abhängigkeit des Widerstandes eine H+/OH−-Selektivität an. Bestehen Ähnlichkeiten zu ionenspezifische Elektroden?

M. Kübel (Frankfurt/Main):

In diesem Falle ist die Selektivität noch nicht genügend ausgeprägt; gibt man aber der wäßrigen Lösung gewisse organische Stoffe zu, die als Carrier für spezielle Ionen wirken, so erhält man Membranselektivitäten, die höher liegen als bei den besten ionenspezifischen Elektroden. (Der Gedanke, ein solches Membransystem für Elektroden zu nutzen, ist auch bereits patentiert.) Geeignete Zugaben sind z. B. das Antibiotikum Valinomycin als K+-*Carrier* und der Entkoppler Dinitrophenol als H+-*Carrier.*

L. v. Szentpaly (Marburg/Lahn):

Hat die pH-Abhängigkeit der Membranleitfähigkeit bei Zugabe von z. B. Dinitrophenol (DNP) einen Einfluß auf die Nichtlinearität des Strom-Spannungsverlaufes?

M. Kübel (Frankfurt/Main):

Die referierten Untersuchungen beschränken sich auf den ohmschen Teil der Stromspannungskurven. Die Frage kann deswegen nicht quantitativ beantwortet werden. Ich möchte aber eine qualitative Bemerkung machen.

In Gegenwart von DNP zeigt die Kennlinie ein überproportionales Anwachsen des Stromes mit Spannungen > 40 mV. Das drastische Anwachsen der Leitfähigkeit bei DNP-Zugabe zeigt, daß es sich hierbei nur um eine Eigenschaft des DNP handelt, der Beitrag der Elektrolytionen kann vernachlässigt werden. Abb. 6 zeigt aber eine sehr ähnliche Kennlinie, auch in Abwesenheit von DNP, die von dem Elektrolyt selbst hervorgerufen wird.

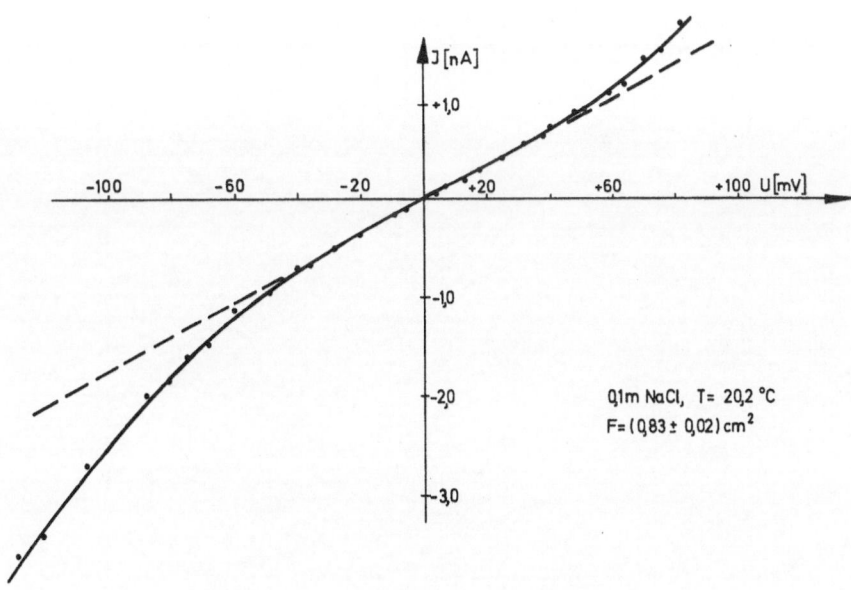

Abb. 6: Siehe Text von Diskussion

Der Nichtlinearität muß demnach eine physikalische Ursache zugrunde liegen, die unabhängig von der Art der Ionen ist.

An Hand der erwähnten Methode der Bildladungen konnten *Neumcke* und *Läuger* (6) zeigen, daß in Nähe der Phasengrenze Wasser/Lipid eine Barriere für den Ionentransport auftritt, welche die Nichtlinearität erklären kann.

Daß dabei eine Kontinuumstheorie auf molekulare Dimensionen etxrapoliert wird, wobei nach den adäquaten Randbedingungen der Differentialgleichungen zu fragen ist, erzeugt ein gewisses Unbehagen. Die numerischen Resultate sind auch deshalb zweifelhaft, weil die Methode der Bildladungen im Grenzfall ausgedehnter Lipidphasen zur *Born*schen Formel führen muß (*M. Born*, Z. Physik *1* (1920), 45); diese liefert für Alkaliionen (Radius ≈ 2 Å) in Wasser und Lipid die vollkommen unrealistische Konzentrationsverteilung $c_{Wasser}/c_{Lipid} \approx 10^{29}$. Möglicherweise ruft das Ion selbst eine Störung im Lipid hervor, so daß für das lokale ε ein höherer Wert einzusetzen wäre.

Man sollte daher nicht so viel Gewicht auf die numerische Übereinstimmung mit dem Experiment legen, sondern sich mit der Erkenntnis begnügen, daß durch diesen Mechanismus eine Barriere an den Phasengrenzen entstehen kann, die zu einer Nichtlinearität führt.

H. Erbring (Bensberg):

Ein besonders eindrucksvolles Beispiel einer biologischen Membran, bei der ebenfalls in klassischer Weise bekanntlich Molekülorientierung vorliegt, stellen die Membranen der Erythrozyten dar. Hier können selektive Ionendurchtritte – wie man weiß – in kritischen Fällen zur Hämolyse führen. Lassen die an Erythrozyten-Membranen beobachteten Erscheinungen Rückschlüsse zu auf die vom Vortragenden an bimolekularen Lipidmembranen erhaltenen Ergebnisse oder umgekehrt?

M. Kübel (Frankfurt/Main):

Zunächst beschäftigt sich diese Untersuchung nur mit Membranen aus oxidiertem Cholesterin. Für Lecithin/Cholesterin-(1:1)-Membranen fanden *Ohki* und *Goldup* (Nature *217* (1969), 458) eine unterschiedliche pH-Abhängigkeit der Leitfähigkeit. Die vielfältigen in Zellmembranen vorkommenden Lipide werden sich bezüglich dieser Eigenschaften also unterscheiden, aber ich bezweifle, ob dieser Unterschied von physiologischer Bedeutung ist. Zwar zeigen biologische und „schwarze" Membranen Ähnlichkeiten in Struktureigenschaften (z. B. Dicke, Kapazität), aber sie unterscheiden sich im Transportverhalten. So beträgt die Leitfähigkeit biologischer Membranen 10^{-2}—10^{-5}/Ohm cm² gegenüber 10^{-9}/Ohm cm² bei „schwarzen" Membranen. Untersucht man die Wirkung gewisser Substanzen wie DNP oder Valinomycin auf die Lipidregionen der Zellmembranen, so kann man auf Modelluntersuchungen an BLM zurückgreifen, aber bezüglich etwa eines osmotischen Schocks werden sich die intakten Zellmembranen anders verhalten als die künstlichen Lipidmembranen.

Progr. Colloid & Polymer Sci. **57**, 141–148 (1975)

14.

Aus dem Institut für Physikalische Chemie der Universität München, München

Eine kernmagnetische Absolut- und eine kalorimetrische Relativmessung der Accessibilität von Cellulose*

Von E. K.-H. Wittich

Mit 7 Abbildungen

(Eingegangen am 11. Juni 1974)

1. Einführung

Bei der Untersuchung von Benetzungsvorgängen und Substitutionsreaktionen an Cellulose interessiert oft die Frage:
Wieviel reaktive Zentren einer Cellulose sind in einem vorgegebenen Milieu unter den jeweiligen Reaktionsbedingungen für angebotene reaktive Molekeln erreichbar? Diese „milieuabhängige reaktive Zugänglichkeit" nennt man *Accessibilität*.

In dem wasserunlöslichen Polysaccharid Cellulose sind bekanntlich zahlreiche Glucoseanhydrideinheiten nach dem Cellobioseprinzip, also über eine glykosidische Bindung in β-Konfiguration, zu einem annähernd linearen Polymeren verknüpft (Abb. 1).

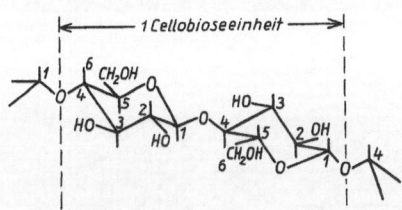

Abb. 1. Cellobioseeinheit

Ein Teil der in den Positionen 2, 3 und 6 befindlichen OH-Gruppen bildet inter- und intramolekulare Wasserstoffbrücken, die zu einer mikrokristallinen Struktur und zu einem fibrillaren Aufbau führen (1). Sieht man von Reaktionen ab, bei denen die glykosidische

Bindung aufgebrochen und damit die Cellulose abgebaut wird, so bleiben an einer chemisch reinen Cellulose als reaktive Zentren praktisch nur die nicht verbrückten OH-Gruppen übrig. Die OH-Protonen dieser nicht verbrückten Gruppen können leicht gegen Deuteronen ausgetauscht werden. Die pro Mol Glucoseanhydrid ausgetauschten Mole OH-Protonen — im folgenden als Austauschquote R bezeichnet — sind dann ein Maß für die Accessibilität. Nachstehend wird eine Methode vorgestellt, die aus einem kernmagnetisch gemessenen Protonenaustausch die Absolutmessung der Accessibilität unmittelbar in dem gegebenen, wässrigen Milieu als Funktion der Reaktionszeit ermöglicht. Die OH-Protonen der Cellulose werden dabei gegen Deuteronen einer Deuteriumoxidlösung ausgetauscht.

Bei der Reaktion

$$ROH + DOD \text{ (bzw. HOD)} \rightleftharpoons ROD + DOH \text{ (bzw. HOH)}$$

ändern sich gewisse physikalische Eigenschaften der Cellulose und des Deuteriumoxids, z.B. die Dichte und der Brechungsindex der Austauschlösung, sowie das Gewicht der deuterierten Cellulose; über diese Änderungen wurden wiederholt Accessibilitäten untersucht (z.B. 2, 3, 4). Für die Messung von relativen Accessibilitätsänderungen ist der Intensitätsvergleich der OH- und OD-Valenzschwingung (z.B. 5 und 6) besonders geeignet; bei der ultrarotspektroskopischen Absolutmessung von Accessibilitäten treten jedoch prinzipielle Schwierigkeiten auf (z.B. 5 S. 96/97 und 6 S. 159), die es erstrebenswert machen, weitere Untersuchungsmethoden zu

* Auszug aus der Dissertation „Kerngenetische und kalorische Untersuchungen über die Wechselwirkung wäßriger Lösungen mit Cellulose", Universität München, 1974.

benutzen bzw. zu entwickeln. So wurden u. a. aus Sorptionsmessungen (z. B. 7), aus der Expansion der Cellulose beim Benetzungsvorgang (z. B. 8), aus dem Wasserrückhaltvermögen beim Zentrifugieren (z. B. 9) und aus reversiblen chemischen Reaktionen (z. B. 10) Aussagen über die Accessibilität und Feinstruktur von Cellulosen gemacht.

Von den zahlreichen Publikationen über das System Wasser/Cellulose seien drei hervorgehoben, die in besonderer Weise die eigenen Untersuchungen ergänzen:

a) *T. F. Child* und *D. W. Jones* (11) bestimmten die Accessibilität durch Messung des Protonenaustausches unter Anwendung der kernmagnetischen Breitlinientechnik;

b) *R. A. Pittman* und *V. W. Tripp* (12) untersuchten ebenfalls unter Anwendung der Breitlinientechnik aus Intensitätsänderungen bei Wasserzugabe den Sorptionsvorgang im System Wasser/Cellulose;

c) *J. E. Carles* und *A. M. Scallan* (13) untersuchten unter Anwendung der hochauflösenden Kernresonanz in Cellulosegelen gebundenes Wasser; als Vergleichsstandard wurde eine mit Wasser gefüllte Glaskapillare in das Kernresonanzröhrchen eingeführt.

Es sei darauf hingewiesen, daß in den zitierten Arbeiten Intensitäten von Systemen unterschiedlicher Homogenität verglichen werden und daß die Frage offenbleibt, inwieweit am Ort der gemessenen Kerne die Suszeptibilitäten gleich sind. Soweit vergleichbare Cellulosen untersucht wurden, stimmen jedoch die Ergebnisse befriedigend mit den in dieser Arbeit gefundenen Werten überein. Des weiteren sei auf Untersuchungen der höheren Momente (z. B. 14 und 15), sowie auf kernmagnetische (16) und dielektrische (17) Relaxationszeitmessungen hingewiesen.

2. Experimentelle Methoden

Die Untersuchungen erfolgten an Cotton-Linters, die von der Firma Hercules Incorporated, Wilmington, Delaware, USA, überlassen worden waren. Nach Mitteilung des Herstellers handelt es sich dabei um eine gebleichte, handelsüblich gemahlene, zu etwa 99% reine α-Cellulose, die fast keine Carboxylgruppen enthält und sich durch engste Streuung der Kettenlängen auszeichnet (im folgenden mit Ce bezeichnet). Eine Mikroanalyse bestätigte die chemische Reinheit von Ce. Wie rasterelektronenmikroskopische Aufnahmen (Abb. 2) zeigten, enthält Ce praktisch keine zermah-

lenen Bestandteile, die durchschnittliche Faserlänge schwankt zwischen $2,5 \cdot 10^{-4}$ m und 10^{-3} m.

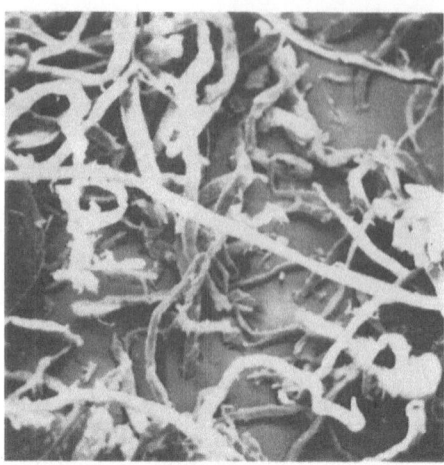

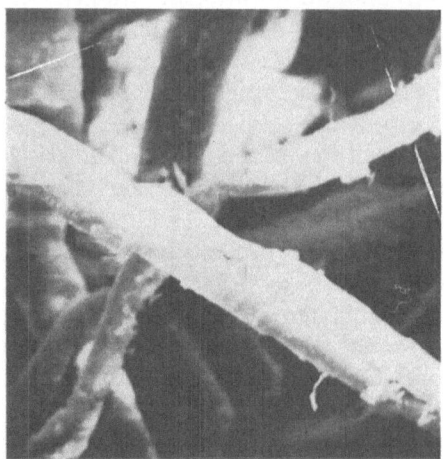

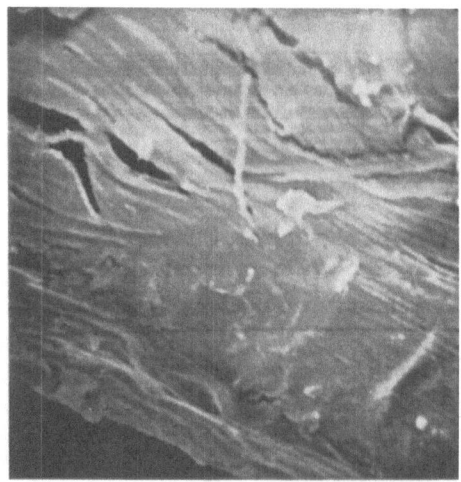

Abb. 2. Rasterelektronenmikroskopische Aufnahmen von Cotton-Linters, Vergrößerungen: a) $2 \cdot 10^2$, b) 10^3, c) 10^4

Nach der Methode von *B. Philipp* und *K.-J. Linow* (18) wurde der mittlere Polymerisationsgrad bestimmt: Die Molekelketten von Ce bestehen im Durchschnitt aus 2300 Glucoseanhydrideinheiten.

Die bei 104 °C über Phosphorpentoxid 2 h lang vorgetrocknete Ce wurde in einer Handschuhbox in handelsübliche Kernresonanzröhrchen (Länge 180 mm, lichter Durchmesser etwa 4 mm) gefüllt. In der Handschuhbox waren Phosphorpentoxid-Trockenmittel mit Feuchtigkeitsindikator und ein Luftumwälzer aufgestellt; kritische Arbeitsschritte erfolgten nur, falls das ausstehende Phosphorpentoxid über etwa 2 h keinerlei Farbänderungen zeigte.

In die Kernresonanzröhrchen wurden jeweils bis zu einer Höhe von 40 mm 100—110 mg Ce in möglichst gleichmäßiger Packungsdichte so eingefüllt, daß für die nachfolgende Injektion zum Einführen der Kanüle ein koaxialer Hohlraum mit einem Durchmesser von ca. 1 mm blieb. Die in die Kernresonanzröhrchen eingefüllte Ce wurde über 2,5 h bei ungefähr 104 °C unter einem Druck von 0,133—0,0133 N m^{-2} (10^{-3}—10^{-4} Torr) getrocknet.

Für den Isotopenaustausch war eine Austauschlösung gewählt worden, von der zu erwarten ist, daß die zugänglichen OH-Protonen von Ce bei einer angestrebten Meßgenauigkeit von 3 % quantitativ gegen Deuteronen ausgetauscht werden. Die Auswahl der Lösung erfolgte unter zwei Gesichtspunkten:

1. Sie sollte aus gängigen Reagenzien leicht herstellbar sein.

2. Für den Intensitätsvergleich der OH-Protonenresonanz sollte sie nur *ein* weiteres Protonsignal zeigen, das im Hinblick auf die Auswertung der Spektren von der OH-Protonenresonanz genügend weit entfernt ist und das andererseits beim Arbeiten mit einer Bandbreite von 500 Hz gemeinsam mit dem OH-Protonensignal registriert wird.

Es wurde Deuteriumoxid (Reinheitsgrad Uvasol, Deuterierungsgrad 99,7 Atom%) gewählt und als interner Standard 1 Mol% tertiäres Butanol bzw. für Vergleichsmessungen 0,5 Mol% Tetramethylharnstoff zugegeben. Von der Austauschlösung wurden jeweils 0,40 ml in die vakuumgetrocknete Ce in möglichst homogener Verteilung injiziert und weitere 0,60 ml zum Aufnehmen von Integralkurven in ein zweites Resonanzröhrchen gegeben. Unmittelbar nach der Injektion wurden die Kernresonanzröhrchen abgeschmolzen.

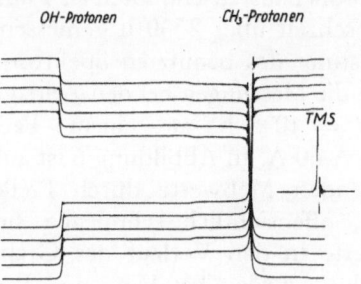

Abb. 3. Integralkurven des Systems Deuteriumoxid/ tertiäres Butanol

Abb. 3 zeigt Integralkurven von Deuteriumoxid, dem als interner Standard 0,995 Mol% tertiäres Butanol (Reinheitsgrad pro analysi) beigefügt sind. Eichmessungen hatten ergeben, daß das arithmetische Mittel der Meßwerte besonders nahe am Sollwert liegt, falls man die Spektren sowohl in Richtung steigender als auch in Richtung fallender Feldstärke aufnimmt. Alle Spektren wurden an einem Spektrometer Varian A—60 A selbst aufgenommen.

Abb. 4 zeigt drei Absorptionsspektren, die an einem Kernresonanzröhrchen 144 h nach der Injektion der Austauschlösung aufgenommen wurden. Bezogen auf die Formeleinheit von Ce—$C_6H_{10}O_5$ — liegen die Molverhältnisse

$$D_2O : Ce : TBA = 21,3 : 0,621 : 0,212$$
$$= 34,4 : 1 \quad : 0,342 \quad \text{vor}$$

(Für tertiäres Butanol wurde die Abkürzung TBA gewählt).

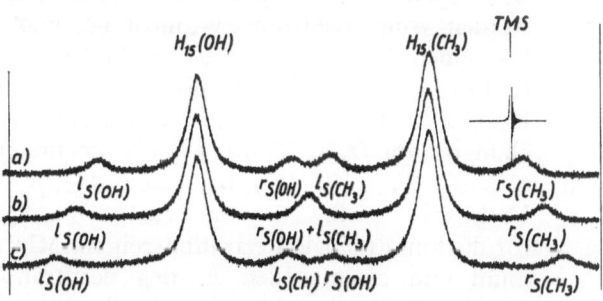

Abb. 4. Absorptionsspektren des Systems Deuteriumoxid/Cotton-Linters/tertiäres Butanol bei veränderter Spinnerfrequenz $f : f$ (a) $< f$ (b) $< f$ (c)

Der mit H_{15}(OH) bezeichnete Peak ist der Resonanz der OH-Protonen, der mit H_{15}(CH$_3$) bezeichnete der Resonanz der CH$_3$-Protonen zuzuordnen. Der Index 15 soll darauf hinweisen, daß an dem bis zu 40 mm mit Ce und Austauschlösung gefüllten Kernresonanzröhrchen das Spektrum an der Stelle 15 mm aufgenommen wurde. Bei den anfallenden Messungen wurden jeweils von den Kernresonanzröhrchen die Spektren an den Stellen 10, 15, 20, 25 und 30 mm aufgenommen und mit dem arithmetischen Mittel der fünf Einzelmessungen weitergearbeitet. Die drei Spektren der Abb. 4 unterscheiden sich durch die verschieden gewählten Spinnerfrequenzen f. Es gilt die Beziehung

f(a) $< f$(b) $< f$(c).

Offensichtlich handelt es sich bei den mit ^{l}S(OH), ^{r}S(OH), ^{l}S(CH$_3$) und ^{r}S(CH$_3$) bezeichneten Peaks um Seitenbanden. In Parallelversuchen war durch Variation des H_1-Feldes sichergestellt worden, daß bei dem für die Spektren der Abb. 4 gewählten H_1-Feld noch keine magnetische Sättigung vorliegt.

3. Auswertverfahren und Ergebnisse

In dem System Wasser/Cellulose bzw. Deuteriumoxid/Cellulose besitzen die Wasser-

bzw. Deuteriumoxidmolekeln bei einem Mischungsverhältnis von ungefähr 35 : 1 sehr unterschiedliche Beweglichkeit. Daraus folgt, daß die beobachteten Protonenresonanzen durch Superposition zahlreicher Resonanzkurven entstehen, die sich beträchtlich in der Linienbreite, vermutlich auch in der Linienform, aber nur wenig in der chemischen Verschiebung unterscheiden. Dann ist von vornherein zu erwarten, daß die Absorptionskurven nicht scharf, sondern gleitend in die Basis des Rauschuntergrundes einmünden. Hierin liegt die prinzipielle Schwierigkeit der in dieser Arbeit vorgestellten Methode. Die Spektren wurden bei einer Bandbreite von 500 Hz aufgenommen. Das bedeutet, die an C_2, C_3 und C_6 befindlichen OH-Protonen werden vom Spektrometer „nicht gesehen". Für einen Wassergehalt bis zu 25 Gew.% (H_2O : Ce $\approx$ 3 : 1) liegen über das System H_2O/Ce mehrere kernmagnetische Untersuchungen vor (z.B. 16, 12, 14, 15). So findet z.B. *T. F. Child* (16) bei einem H_2O/Ce-Verhältnis von 0,9 : 1 (ungefähr 10 Gew.%) für die longitudinale Relaxationszeit ein Minimum und einen steilen Anstieg der transversalen Relaxationszeit. Er schließt daraus, daß bei diesem Konzentrationsverhältnis alle Wassermolekeln direkt an Ce sorbiert sind und daß dabei schwache Wasserstoffbrückenbindungen zwischen den Glucoseringen durch stärkere zwischen den Wassermolekeln und Glucoseringen ersetzt werden. Diese „ersten Wassermolekeln" werden vom Spektrometer Varian A—60 A ebenfalls nicht erfaßt.

Bei Zimmertemperatur werden von Ce ungefähr 25 Gew.% Wasser aus der Dampfphase aufgenommen. Bei Vergrößerung des Wassergehaltes ist zu erwarten, daß neben den sorbierten Wassermolekeln und denjenigen, die im Bereich von Kapillarkräften zwischen den Cellulosefibrillen liegen, auch „freies Wasser" auftritt, dessen Protonenresonanz von dem benutzten Spektrometer in einem auswertbaren Signal registriert wird. Inwieweit mit dieser Vergrößerung des Wassergehaltes für die an Ce sorbierten Wassermolekeln eine Zunahme der freien Beweglichkeit einhergeht, bleibt als Frage offen. Die Absorptionsspektren wurden durchweg an Proben mit einem D_2O/Ce-Verhältnis von 34:1 bis 36:1 aufgenommen, d.h. der Cellulose wurde 11- bis 12-mal soviel D_2O angeboten, wie sie bei Zimmertemperatur aus der Dampfphase maximal aufzunehmen vermag.

Von den erhaltenen Absorptionskurven wird der obere Teil als gesichert angesehen; der darunter gelegene Flächenanteil heiße H, der unter den nur unsicher auswertbaren Flanken gelegene Flächenanteil sei ΔH. Die absoluten Werte von H und ΔH sind unbekannt, doch erscheint es wahrscheinlich, daß die Beziehung $H \gg \Delta H$ gilt. Die Menge des internen Standards war so gewählt, daß die Flächeninhalte „$H(OH) + \Delta H(OH)$" und „$H(CH_3) + \Delta H(CH_3)$" angenähert gleich sind. Dann sollte man erwarten, daß die unbekannten Flächeninhalte $\Delta H(OH)$ und $\Delta H(CH_3)$ ebenfalls näherungsweise übereinstimmen und daß sie deshalb bei der Quotientenbildung vernachlässigt werden dürfen:

$$\frac{H(OH) + \Delta H(OH)}{H(CH_3) + \Delta H(CH_3)} \approx \frac{H(OH)}{H(CH_3)}.$$

Die Zulässigkeit dieser Näherung wird durch ein indirektes Verfahren untersucht. Falls die Näherung zulässig ist, sollten die gefundenen Quotienten unabhängig sein von:

a) dem benutzten Spektrometer,

b) den in vernünftigen Grenzen variierten Spektrometereinstellungen,

c) dem Auswertverfahren der Spektren,

d) der an dem Röhrchen gewählten Meßstelle,

e) der experimentellen Vorgeschichte des herausgegriffenen Kernresonanzröhrchens,

f) dem Mengenverhältnis D_2O/Ce,

g) dem internen Standard.

Zu a):

An sechs Kernresonanzröhrchen wurden die Protonenaustauschquoten als Funktion der Austauschzeit über 2550 h gemessen. Wegen Überlastung des benutzten Spektrometers erfolgten die Messungen bei den Zeiten $t = 868$ h und $t = 1035$ h an einem Parallelgerät Varian A-60 A. In Abbildung 6 ist auf die entsprechenden Meßwerte durch Pfeile hingewiesen, offensichtlich schmiegen sich beide Meßwerte in den Verlauf des Graphen ein. Weiterhin wurden bei Vor- und Parallelversuchen zwei jeweils frisch zubereitete „Standardröhrchen" über ca. 300 h mit gemessen.

Innerhalb der Meßgenauigkeit von 3% stimmen die erhaltenen Austauschquoten überein. Es wird hieraus geschlossen, daß die gefundenen Meßwerte spektrometerunabhängig sind und daß insbesondere der zeitliche Verlauf der gemessenen Austauschquoten nicht durch den zeitlichen Gang irgendwelcher Spektrometerdaten verfälscht wird.

Zu b), c), d) :

Von den sechs für den Langzeitversuch verwendeten Kernresonanzröhrchen wurde nach 144 h Austauschzeit ein Röhrchen in zufälliger Weise herausgegriffen und an den Stellen 10, 15, 20, 25 und 30 mm die Austauschquoten bei drei verschiedenen Spinnerfrequenzen (Abb. 4) und zwei verschiedenen H_1-Feldern $H_1(a)$ und $H_1(b)$ aufgenommen; Abb. 5 zeigt die bei den H_1-Feldern $H_1(a)$ und $H_1(b)$ aufgenommenen Spektren. Wie der Flächenvergleich ergibt, liegt bei dem H_1-Feld $H_1(c)$ bereits magnetische Sättigung vor.

Die bei den sechs Spektrometereinstellungen an fünf verschiedenen Stellen des Kernresonanzröhrchens aufgenommenen Spektren wurden nach drei verschiedenen Verfahren ausgewertet: In den beiden ersten Fällen wurde von dem oberen, als gesichert anzusehenden Teil der Spektren graphisch bis zur

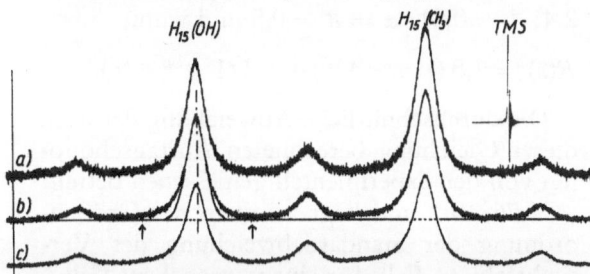

Abb. 5. Absorptionsspektren des Systems Deuteriumoxid/Cotton-Linters/tertiäres Butanol bei verändertem H_1-Feld: H_1 (a) < H_1 (b) < H_1 (c), in das Spektrum (b) wurde zum Vergleich eine Gausskurve eingezeichnet

Basis des Rauschuntergrundes extrapoliert, und zwar im Fall a) bis zu einer Abschneidefrequenz von 30 Hz, im Falle b) bis zu einer Abschneidefrequenz von 60 Hz; im dritten Fall wurden anstelle der Flächen die aus Peakhöhe und Halbwertsbreite gebildeten Produkte verglichen. Eine zweistufig-hierarchische Varianzanalyse ergab, daß die 90 Einzelwerte der gleichen statistischen Grundgesamtheit angehören. Die Standardabweichung des Versuchsfehlers beträgt $3,1 \cdot 10^{-2}$.

Zu e) :

1. Die an sechs Kernresonanzröhrchen gefundenen Mittelwerte besitzen Standardabweichungen, die im Durchschnitt etwas kleiner als die Standardabweichung des Versuchsfehlers sind.

2. Während des Langzeitversuches kondensierte über der feuchten Ce an den Innenwandungen der Röhrchen Austauschlösung zu kleinen Tröpfchen. Um zu untersuchen, ob durch diese Kondensation die Austauschlösung entmischt und damit die Messung verfälscht wird, wurden in drei Röhrchen durch einen geeignet angelegten Temperaturunterschied die kondensierten Tröpfchen in die feuchte Ce „zurückgezogen", während die drei anderen Röhrchen unbehandelt blieben. Wie ein sequentielles Testverfahren zeigte, besteht zwischen behandelten und nicht behandelten Röhrchen kein signifikanter Unterschied.

Zu f) und g) :

Um zu untersuchen, ob die gemessenen Protonenaustauschquoten von dem gewählten D_2O/Ce-Mischungsverhältnis bzw. von dem internen Standard unabhängig sind, wurden in Parallelversuchen die Austauschquoten bei den D_2O/Ce-Verhältnissen 30:1 und 40:1, bzw. bei Verwendung von 0,5 Mol% Tetramenthylharnstoff als internem Standard bestimmt. Die gefundenen Werte stimmen innerhalb der Meßgenauigkeit mit den Ergebnissen des Dauerversuches überein.

Es sei nun an einem Beispiel die Berechnung der Protonenaustauschquoten ausgezeigt:

Das Kernresonanzröhrchen, an dem das Absorptionsspektrum (b) der Abbildung 4 aufgenommen wurde, enthält c' = 100,7 mg Ce und 443,0 mg D_2O/TBA-Lösung, der TBA-Anteil beträgt b = 0,212 mMol. Aus den 10 Integralkurven bzw. aus den an 5 verschiedenen Stellen des Kernresonanzröhrchens aufgenommenen Absorptionsspektren findet man für die OH- und CH_3-Protonen folgende Intensitätsverhältnisse:

a) Für die D_2O/TBA-Lösung

$$J = \frac{H_J(OH)}{H_J(CH_3)} = 0,178;$$

b) für das System $D_2O/Ce/TBA$

$$A = \frac{H_A(OH)}{H_A(CH_3)} = 0{,}810.$$

Das injizierte D_2O enthält p mMol Restprotonen, die 100,7 mg Ce tauschen z mMol Protonen in die Lösung aus; dann gilt

$$A = \frac{z+p+b}{9\,b} = \frac{z}{9\,b} + J,$$

$$z = 9\,b\,(A{-}J).$$

Für die auf die Formeleinheit $C_6H_{10}O_5$ von Ce (Molekulargewicht M = 162,15) bezogene Protonenaustauschquote folgt:

$$R = \frac{9\,b\,(A{-}J)\,M}{c'}$$

$$R(t = 144 \text{ h}) = \frac{9 \cdot 0{,}212\,(0{,}810{-}0{,}178)\,162{,}15}{100{,}7}$$

$$= 1{,}94.$$

Es wurden somit von Ce nach 144 h Austauschzeit

$$\frac{1{,}94}{3{,}00} \cdot 100\% = 64{,}7\% \text{ der OH-Protonen in die}$$

Lösung ausgetauscht. *Child* und *Jones* z.B. fanden für Cotton-Linters vom Polymerisationsgrad 1950 nach 4 h Protonenaustausch eine Accessibilität von 50% und nach drei Tagen 59% (11).

In Abb. 6 sind die an sechs Kernresonanzröhrchen (jeweils an den Stellen 10, 15, 20, 25 und 30 mm bei Verwendung von TBA als internem Standard) über 2550 h gemessenen Protonenaustauschquoten wiedergegeben.

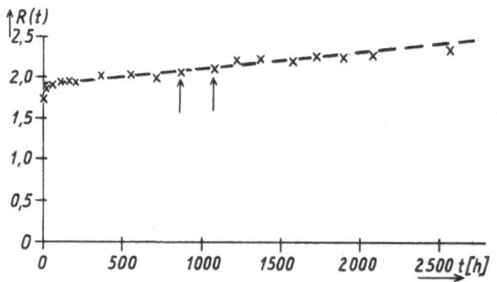

Abb. 6. Protonenaustauschquoten von Cotton-Linters als Funktion der Zeit; bei den Meßzeiten $t = 868$ h und $t = 1035$ h wurde das Spektrometer gewechselt, die entsprechenden Meßwerte sind mit „ ↑ " bezeichnet.

Der Verlauf des Graphen legt nahe, daß sich bei dem Protonenaustausch an Ce ein schneller und ein langsamer Austauschvorgang superponieren. Nimmt man an, daß beide Vorgänge sofort nach erfolgter Injektion beginnen und

daß für $t > 30$ h die Geschwindigkeit des weiteren Austausches näherungsweise konstant ist, erhält man für den schnellen Austausch durch lineare Extrapolation für $t \rightarrow 0$ den Schätzwert $R_s = 1{,}85$.

Da die chemische Reinheit von Ce hinreichend gesichert ist, darf man pro Formeleinheit Glucoseanhydrid drei potentiell austauschfähige OH-Protonen annehmen. Unter der Annahme, daß für $t \rightarrow \infty$ alle Protonen prinzipiell austauschbar seien, folgt für den langsamen Austauschvorgang der Schätzwert

$$R_1 = 3{,}00{-}1{,}85 = 1{,}15.$$

Außerdem wird angenommen, daß beide Vorgänge exponentiell abklingen. Es wird deshalb der Ansatz gemacht:

$$R(t) = R_s(t) + R_1(t)$$
$$R(t) = 1{,}8*(1{-}e^{-at^\alpha}) + 1{,}2*(1{-}e^{-bt^\beta}).$$

Dabei bedeutet z.B. $1{,}8\,e^{-at^\alpha}$ die auf die Formeleinheit von Ce bezogene Anzahl von OH-Protonen, die nach t h Austauschzeit noch für den schnellen Austausch vorhanden ist, bzw. $1{,}8\,(1{-}e^{-at^\alpha})$ entspricht der in t h über den schnellen Vorgang ausgetauschten Anzahl OH-Protonen. Aus den Meßwerten erhält man schließlich die Schätzwerte $a = 2{,}4$; $b = 0{,}01$; $\alpha = \beta = 0{,}5$ und damit

$$R(t) = 1{,}8\,(1{-}e^{-2{,}4\,\sqrt{t}}) + 1{,}2\,(1{-}e^{-0{,}01\,\sqrt{t}}).$$

Die durchschnittliche Abweichung der nach dieser Gleichung berechneten Austauschquoten von den experimentell gemessenen beträgt $\pm\,2{,}76 \cdot 10^{-2}$ und liegt somit in der Größenordnung der Standardabweichung des Versuchsfehlers. Falls für eine vorgegebene Cellulose hinreichende chemische Reinheit vorausgesetzt werden kann, so lassen sich aus dem über etwa 300 h gemessenen Protonenaustausch die Werte R_s, R_1, a, b, α und β leicht bestimmen und man kann aus der obigen Beziehung $R = R(t)$ den weiteren zeitlichen Verlauf des Umsatzes abschätzen.

Mit der entwickelten Methode wurde weiterhin der Protonenaustausch an einer oberflächenreichen, alkalisch gekochten Sulfatcellulose (im folgenden mit SuCe abgekürzt)

*) In Hinblick auf die vereinfachenden Annahmen erschien es angemessen, bei der Aufstellung der empirischen Beziehung für $R(t)$ nur zwei Ziffern zu berücksichtigen.

untersucht. In Abb. 7 sind die an drei Kernresonanzröhrchen über 1274 h gemessenen Protonenaustauschquoten durch den ausgezogenen Graphen dargestellt, der gestrichelte Graph gibt den Verlauf der Vergleichsmessung an zwei mit Ce gefüllten Röhrchen wieder. Die beiden R_s-Werte betragen angenähert

a) für Cotton-Linters 1,85,

b) für die Sulfatcellulose 2,55.

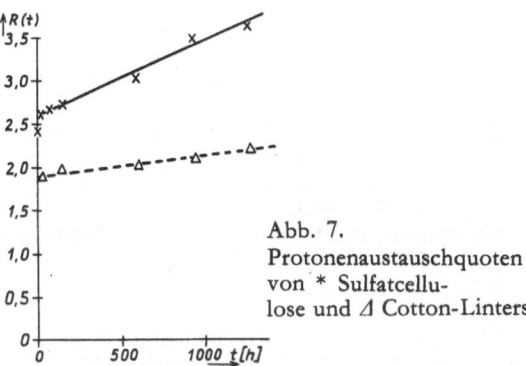

Abb. 7.
Protonenaustauschquoten von * Sulfatcellulose und Δ Cotton-Linters

Zur Ergänzung der kernmagnetischen Untersuchungen wurden an Ce und an SuCe die bei der Benetzung in wassrigen Lösungen auftretenden integralen Reaktionsenthalpien ΔH gemessen; diese sind negativ und betragen in reinem Wasser (gemessen in Joule pro Gramm Cellulose):

a) für Cotton-Linters 51 J g^{-1},

b) für die Sulfatcellulose 67 J g^{-1}.

Die bei dem Benetzungsvorgang gefundenen negativen Reaktionsenthalpien werden in Übereinstimmung mit den bereits erwähnten Befunden von *Child* (16) damit erklärt, daß bei der Sorption schwache Wasserstoffbrücken zwischen den Glucoseringen durch stärkere zwischen Wasser und Cellulose ersetzt werden. Für die Bildung von Wasserstoffbrücken kommen bei der Cellulose nur die an C_2, C_3 und C_6 befindlichen OH-Gruppen sowie der Acetal- und Glykosidsauerstoff in Betracht. Mit großer Wahrscheinlichkeit dürfte für verschiedene, chemisch reine Cellulosen in den zugänglichen Bereichen die Anzahl der OH-Gruppen zu der Anzahl der Acetal- und Glykosidsauerstoffatome verhältnisgleich sein. Dann ist aber zu erwarten, daß für diese Cellulosen auch die gemessenen Benetzungswärmen dem Anteil der austauschfähigen OH-Protonen proportional sind und daß somit die Quotienten

$$\frac{\text{kernmagnetisch gemessene Accessibilität}}{\text{kalorimetrisch gemessene Benutzungswärme}}$$

gleich sind. Ist also durch kernmagnetische *und* kalorimetrische Messungen an einer chemisch reinen Cellulose der Quotient einmal bestimmt, so kann für weitere, genügend reine Cellulosen die Accessibilität allein durch eine kalorimetrische Messung der Benetzungswärme ermittelt werden. Aus experimentellen Gründen wird man sich dabei auf die Erfassung des schnell zugänglichen Teils der reaktiven Zentren beschränken, d.h. auf die Messung der Benetzungswärme in den ersten Minuten des Benutzungsvorgangs. Aus den vorliegenden Messungen an Cotton-Linters folgt für den Quotienten

$$\frac{R_{sCe}}{\Delta H_{Ce}} = \frac{1,85}{51} = 0.036 \ \text{J}^{-1}\text{g}.$$

Mit diesem Wert erhält man für die Accessibilität der Sulfatcellulose den Näherungswert:

$$R_{sSuCe} \approx \frac{R_{sCe}}{\Delta H_{Ce}} \cdot \Delta H_{SuCe}$$
$$\approx 0.036 \cdot 67$$
$$\approx 2,41.$$

Der kernmagnetisch für die Sulfatcellulose bestimmte R_s-Wert beträgt 2,55. Trotz der relativ guten Übereinstimmung beider Werte ist zu beachten, daß die Sulfatcellulose einen unbekannten Anteil an Lignin und Hemicellulosen enthält. Die obigen Überlegungen setzen jedoch eine chemisch reine Cellulose voraus. Falls bei einer vorgelegten Cellulose der Grad der Verunreinigung unbekannt ist, erscheint daher bei der Bestimmung der Accessibilität eine kernmagnetische Vergleichsmessung angezeigt.

Anmerkung

Herrn Prof. Dr. *G.-M. Schwab* danke ich herzlich für die Förderung der Arbeit und wertvolle Diskussionen.

An dem Institut für Pharmazeutische Arzneimittellehre (Universität München) und an dem Institut für Anorganische Chemie (Universität München) war in entgegenkommender Weise die Mitbenutzung der Spektrometer Varian A-60 A gestattet worden; die rasterelektronenmikroskopischen Aufnahmen wurden im Institut für Allgemeine und Angewandte Geologie (Universität München) aufgenommen.

Herrn Dr. *D. Fengel*, Institut für Holzforschung und Holztechnik Universität München, danke ich für die Bestimmung des Polymerisationsgrades und Herrn *H. Schulz*, Institut für Organische Chemie Universität München, für die Durchführung der Mikroanalyse.

Zusammenfassung

Für Sorptionsvorgänge und Substitutionsreaktionen an Cellulose ist die Accessibilität von besonderem Interesse. Diese ist ein Maß für die Anzahl der reaktiven Zentren, die in einem gegebenen Milieu für reaktive Stoffe zugänglich sind.

Es wird eine Methode vorgestellt, die es unter Verwendung gängiger experimenteller Hilfsmittel ermöglicht, aus kernmagnetisch gemessenen Protonenaustauschquoten Sorptionsvorgänge und das Fortschreiten von Substitionsreaktionen unmittelbar in dem vorliegenden Milieu quantitativ zu verfolgen. Unter der Annahme, daß sich bei dem Protonenaustausch ein langsamer und ein schneller Vorgang superponieren, wird für eine chemisch reine Cellulose eine empirische Beziehung aufgestellt, mit der sich aus den über etwa 300 h gemessenen Austauschquoten der zeitliche Verlauf des weiteren Austausches abschätzen läßt.

Aus dem Vergleich der kernmagnetischen und kalorimetrischen Messungen ergibt sich eine Verhältniszahl, mit der die Accessibilität aus der kalorimetrisch gemessenen Benetzungswärme bestimmt werden kann.

Summary

For adsorption processes and substitution reactions at cellulose the accessibility is of special interest. This is a measure of the number of reactive centers, which are accessible for reactants in a given environment.

A method is introduced which makes it possible to measure quantitatively the sorption processes and to follow the substitution reactions by measuring the exchange of protons in the immediate surrounding. Only widely used laboratory equipment is needed. Assuming, that the proton exchange is a superposition of a slow and a fast process, for a chemically pure cellulose an empirical relationship can be evaluated. By measuring the exchange of protons over a period of 300 h one can estimate further proton exchange as a function of time.

Comparison of nuclearmagnetic and calorimetric measurements gives a proportionality factor, from which the accessibility can be determinated using the calorimetric measured heat of wetting.

Literatur

1) *Tønnesen, B. A.*, und *Ø. Ellefsen*, Cellulose and Cellulose Derivatives, Vol. V, Part IV, p. 265 (1971).

2) *Frilette, V. J., J. Hanle* und *H. Mark*, J. Amer. Chem. Soc., **70**, 1107 (1948).

3) *Mann, J.* und *H. J. Marrinan*, Trans. Faraday Soc., **52**, 487 (1956).

4) *Morrison, J. L.*, Nature, **185**, 160 (1960).

5) *Mann, J.*, Cellulose and Cellulose Derivatives, Vol. V, Part IV, 89 (1971).

6) *Dechant, J.*, Ultrarotspektroskopische Untersuchungen an Polymeren (Berlin, 1972).

7) *Jeffries, R.*, J. Appl. Polym. Sci., **8**, 1213 (1964).

8) *Neal, J. L.* und *D. A. I. Goring*, J. Polymer Sci., Part C, **28**, 103 (1969).

9) *Jayme, G.* und *E. Roffael*, Das Papier, **24**/10, 614 (1970).

10) *Cirino, V. O., A. L. Bullock* und *S. P. Rowland*, J. Polymer Sci., Part A–1, **7**, 1225 (1969).

11) *Child, T. F.* und *D. W. Jones*, Cellulose Chem. Technol., **7**, 525 (1973).

12) *Pittman, R. A.* und *V. W. Tripp*, Appl. Spectroscopy, **25**/2, 235 (1971).

13) *Carles, J. E.* und *A. M. Scallan*, J. Appl. Polym. Sci., **17**, 1855 (1973).

14) *Forslind, E.*, NMR Basic Principles and Progress, Vol. 4, p. 145 (Berlin-Heidelberg-New York 1971).

15) *Kimura, M., H. Hatakeyama, M. Usuda* und *J. Nakano*, J. Appl. Polym. Sci., **16**, 1749 (1972).

16) *Child, T. F.*, Polymer, **13**, 259 (1972).

17) *Mikhailov, G. P., A. J. Artyukhov* und *V. A. Shevelev*, Polymer Sci. U.S.S.R., (Engl. Übers.), **11**/3, 628 (1969).

18) *Philipp, B.* und *K.-J. Linow*, Zellstoff und Papier, **11**, 321 (1965).

Anschrift des Verfassers:

E. K.-H. Wittich
Institut für Physikalische Chemie der Universität
8000 München 2, Sophienstraße 11

Diskussion:

R. Kosfeld (Aachen):

1. Welche experimentellen Hinweise haben Sie dafür, daß gerade in Ihrem Beispiel die *Gauß*-Verteilung dominierend ist? Ist es nicht möglich, daß eine Überlagerung von vorwiegend *Lorentz*-Kurven vorliegt? Der breite Fuß deutet darauf hin.

2. Wie haben Sie die Minimierung der Seitenbanden vorgenommen und deren Einfluß bei der Integration der Kurven berücksichtigt.

3. (Nachträglich): Sind sie sicher, daß der über eine Meßzeit von 2 500 Stunden beobachtete schwache Anstieg in der Abhängigkeit: H-Austausch gegen die Zeit nicht gerätebedingt ist; reicht die Stabilität des A 60-NMR-Spektrometers aus, um die von Ihnen getroffene Aussage zu rechtfertigen?

E. K. H. Wittich (München):

Zu 1. Da bei dem Wasser/Cellulose-Mischungsverhältnis von rd. 35:1 die beobachteten Absorptionsspektren durch Superposition von Resonanzkurven entstehen, die sich in der Linienbreite, in der Linienform und in der chemischen Verschiebung unterscheiden, dürfte weder eine *Gauß*- noch eine *Lorentz*- noch eine spezielle *Voit*verteilung, sondern irgendeine unbekannte Mischverteilung vorliegen. Die in Abb. 5 eingezeichnete *Gauß*-kurve soll lediglich auf die untere Schranke der bei der Auswertung der Spektren willkürlich gewählten Abschneidefrequenz hinweisen. (Für die Auswertung der zahlreichen Standardspektren wurde eine Abschneidefrequenz von ± 50 Hz gewählt, die in Abb. 4 nachträglich durch Pfeil angedeutet ist).

Zu 2. Die Seitenbanden wurden durch Abgleich der Spinnerfrequenz und des YZ-Gradienten minimalisiert; von einem Eingriff am Inset wurde (an dem institutsfremden zur Mitbenutzung bereitgestellten Spektrometer) abgesehen. Da die unter den Seitenbanden der OH- und CH$_3$-Protonen gelegenen Flächeninhalte von vergleichbarer Größe sind, wurden sie bei der Auswertung vernachlässigt.

Zu 3. Vermutlich ist die gestellte Frage im Manuskript ausreichend beantwortet.

Progr. Colloid & Polymer Sci. **57**, 149–163 (1975)

15.

Aus dem Institut für Physikalische Chemie der Universität Mainz, II. Ordinariat

Strukturen partiell kristalliner Polymer-Systeme

Von E. W. Fischer

Mit 20 Abbildungen und 2 Tabellen

(Eingegangen am 9. März 1974)

1. Einleitung

In diesem Übersichtsvortrag soll über einige neuere Untersuchungen berichtet werden, die sich mit der Struktur partiell kristalliner synthetischer Hochpolymere befaßt haben und in unserem Institut durchgeführt worden sind. Die teilkristallinen Polymeren lassen sich bekanntlich durch einen „Kristallinitätsgrad" charakterisieren, der mit verschiedenen Methoden gemessen werden kann. Häufig stellt sich jedoch heraus, daß die Angabe dieser Größe nicht ausreicht, um das physikalische Verhalten der Polymerproben verstehen zu können. Als Beispiel ist in Abb. 1 der Speichermodul E' eines

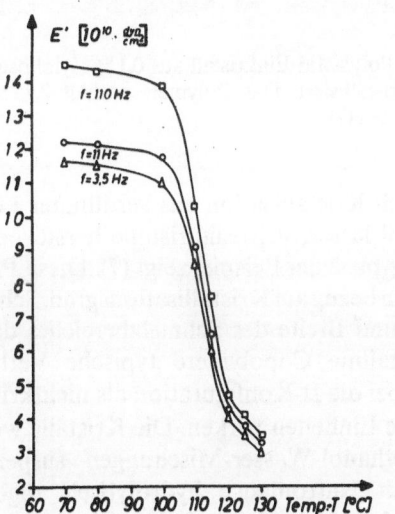

Abb. 1. Der bei 30 °C gemessene Speichermodul eines hochverstreckten linearen Polyäthylens in Abhängigkeit von der Temper-Temperatur (1)

hochverstreckten, linearen Polyäthylens in Abhängigkeit von der Temper-Temperatur aufgetragen (1). Obwohl beim Tempern die Dichte und damit auch der aus der Dichte berechnete Kristallinitätsgrad zunehmen, nimmt der E-Modul um nahezu eine Größenordnung ab. Darin äußert sich der auch aus vielen anderen Untersuchungen bekannte Effekt, daß neben dem Kristallinitätsgrad vor allem auch die *Struktur der fehlgeordneten Bereiche* einen großen Einfluß auf die physikalischen Eigenschaften der teilkristallinen Polymeren besitzen. Beim Tempern des verstreckten Polyäthylens entspannen sich die nichtkristallisierten Kettensequenzen, so daß der E-Modul absinkt. Die Struktur der sogenannten amorphen Bereiche, einige ihrer physikalischen Eigenschaften und der strukturelle Zusammenhang mit den angrenzenden Kristalliten stehen im Vordergrund der folgenden Betrachtungen.

Zunächst taucht die Frage auf, ob in den partiell kristallinen Polymeren tatsächlich Bereiche mit unterschiedlichen Ordnungszuständen vorhanden sind oder ob eine kontinuierliche Fehlstellenverteilung vorliegt, wie es z. B. bei manchen anorganischen Gläsern diskutiert wird. Durch Messungen integraler Größen, wie z. B. der Dichte ϱ oder der Enthalpie H, kann diese Frage nicht entschieden werden. Dagegen liefert die Röntgenkleinwinkelstreuung eine geeignete Methode, da in den meisten Fällen die Bereiche unterschiedlicher Ordnung gerade solche Abmessungen besitzen, daß die zugehörigen Röntgenstreuphänomene im Bereich kleiner Winkel zu beobachten sind. Bei der Auswertung der Kleinwinkelstreukurven ergibt sich in vielen Fällen, daß die teilkristallinen Polymeren in guter Näherung als Zwei-Phasen-Systeme aufgefaßt werden können. Wir werden auf diese Ergebnisse noch zu sprechen kommen.

Für die Charakterisierung der Struktur der fehlgeordneten Bereiche liegt folgende Einteilung nahe:

a) *Chemische Zusammensetzung.* Beim Kristallisieren von Copolymeren können Entmischungserscheinungen auftreten, durch die sich die Konzentration einer Komponente in den fehlgeordneten Bereichen erhöht.

b) *Nahordnung der Kettenpackung.* Diese Strukturmerkmale der fehlgeordneten Bereiche können mit Hilfe thermodynamischer Größen (z. B. spezifisches Volumen V_a, Enthalpie H_a, thermischer Ausdehnungskoeffizient α, Kompressibilität $\varkappa_a$ usw.) oder Röntgenstreumessungen erfaßt werden.

c) *Konfiguration der Kettensequenzen.* Zur vollständigen Strukturbeschreibung wären Kenntnisse über die Konfigurationen der einzelnen nichtkristallisierten Sequenzen notwendig.

Im folgenden soll an Hand einiger Beispiele diskutiert werden, mit welchen Methoden diese drei Gruppen von Problemen bearbeitet werden können.

2. Chemische Zusammensetzung der amorphen Bereiche in teilkristallinen Copolymeren

Im allgemeinen wird die chemische Zusammensetzung der nichtkristallisierten Copolymer-Sequenzen nicht mit der Bruttozusammensetzung des Copolymeren übereinstimmen. Die Verteilung der nichtkristallisierbaren Einheiten auf die amorphen und kristallinen Bereiche ist von großer Bedeutung für die Erklärung der physikalischen Eigenschaften solcher Systeme und für die theoretische Behandlung ihres Schmelz- und Kristallisationsverhaltens. Häufig wird dabei von der grundlegenden Annahme ausgegangen, daß alle nichtkristallisierbaren Einheiten aus den kristallinen Bereichen ausgeschlossen sind (2, 3). Andererseits zeigen die Ergebnisse der Röntgenweit- und Kleinwinkelstreuung, daß z. B. bei Äthylencopolymeren die Coeinheiten teilweise in den Kristall eingebaut werden (4, 5).

Die Entmischung während der Kristallisation kann mit Hilfe von Abbauuntersuchungen quantitativ ermittelt werden. Es ist bekannt, daß die fehlgeordneten zwischenkristallinen Bereiche bei geeigneter Versuchsführung eine größere Reaktivität als die Kristallite aufweisen können, so daß aus der Untersuchung der Abbauprodukte die chemische Zusammensetzung der amorphen Bereiche bestimmt werden kann. Diese Technik wurde bereits im Falle der Äthylencopolymeren angewandt (6), wobei sich jedoch erhebliche Schwierigkeiten in bezug auf die Konzen-

trationsbestimmung der Copolymereinheiten nach dem selektiven Abbau ergaben. Wir bearbeiteten dieses Problem anhand eines Copolymeren aus L(–)Lactid

$$\left[-\underset{\underset{H}{|}}{\overset{\overset{CH_3}{|}}{C}} - \overset{\overset{O}{\|}}{C} - O - \right]_n \qquad [1]$$

und racemischem DL-Lactid (7). Der große Vorteil dieses Systems besteht darin, daß die Zusammensetzung des Copolymeren vor und nach dem Abbau sehr einfach mit Hilfe des optischen Drehvermögens gemessen werden kann.

Abb. 2. Polylactid-Einkristall aus 0,1 % Xylollösung bei 60 °C kristallisiert. Das Polymere enthält 2,75 Mol-% *D*-Einheiten (7)

Durch Kristallisation aus verdünnter Lösung in Xylol lassen sich Einkristalle herstellen, von denen Abb. 2 ein Beispiel zeigt (7). Diese Proben zeigen in bezug auf Kristallisationsgrad, Schmelzpunkt und Breite des Schmelzbereiches das für teilkristalline Copolymere typische Verhalten (7), wobei die *D*-Konfiguration als nichtkristallisierbare Einheiten wirken. Die Kristalle wurden in Methanol-Wasser-Mischungen suspendiert und mit Natronlauge hydrolytisch abgebaut. Der Abbau kann durch die Änderung der elektrischen Leitfähigkeit verfolgt werden. In Abb. 3 ist eine Umsatzkurve dargestellt, die zwei Bereiche mit deutlich verschiedener Reaktionsgeschwindigkeit erkennen läßt. Zunächst werden nur die Esterbindungen in den amorphen Deckschichten der Kristalle hydrolysiert, erst nach längeren Zeiten wird auch das Kristallinnere angegriffen.

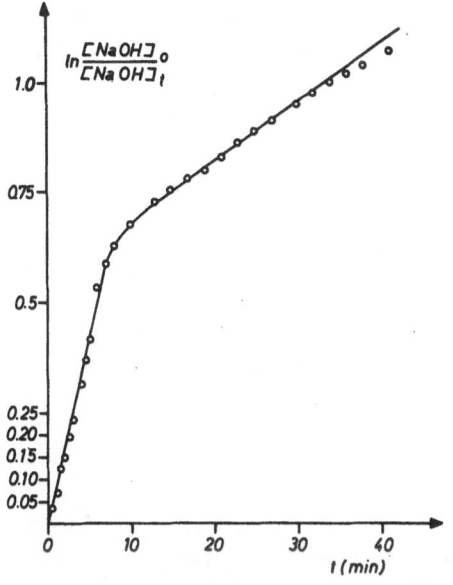

Diese Deutung der Abbaukurven kann mit Hilfe von GPC- und Röntgenkleinwinkelmessungen überprüft werden. Wenn die Hydrolyse nur in den Deckschichten der Kristalle erfolgt, so sollte die Molekulargewichtsverteilung nach dem Abbau durch die Dicke der Kristalle in Kettenrichtung gegeben sein. Dies ist tatsächlich der Fall, wie die GPC-Kurve in Abb. 4 zeigt. Das viskosimetrisch bestimmte Molekulargewicht lag vor dem Abbau bei etwa 80000, nach dem Abbau findet man drei Maxima, die nahezu mit der ein-, zwei- und dreifachen Länge einer kristallinen Sequenz übereinstimmen.

Auch die Röntgenkleinwinkelstreukurven zeigen, daß der Abbau selektiv an den Deckschichten erfolgt. In Abb. 5 ist die durch den Abbau bewirkte Verkürzung der Langperiode in Abhängigkeit von der Konzentration an *D*-Einheiten aufgetragen. Je höher die Konzentration an nichtkristallisierbaren Einheiten ist, um so größer ist der amorphe Anteil und die Abnahme der Langperiode.

Abb. 3. Abbaukurve für Polylactid-Einkristalle mit 2,75 % *D*-Einheiten (7)

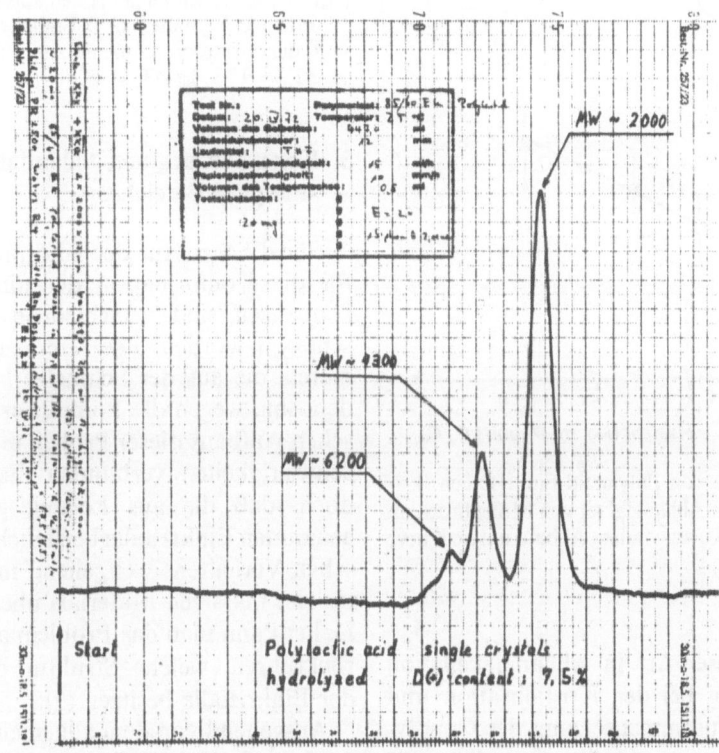

Abb. 4. GPC-Kurve zur Charakterisierung der Molekulargewichtsverteilung in den Einkristallen nach dem Abbau der amorphen Deckschichten

11*

Die nach dem Abbau der amorphen Deck-schichten im Kristall vorhandene Konzentration an D-Einheiten kann polarimetrisch bestimmt werden. Daraus läßt sich der Anteil

$$f = \frac{N_D, \text{amorph}}{N_D, \text{gesamt}} \qquad [2]$$

der D-Einheiten in den amorphen Bereichen berechnen. Als Beispiel für die Ergebnisse solcher Messungen ist in Abb. 6 die Abhängigkeit des Anteils f vom Molenbruch x_D für zwei verschiedene Unterkühlungen $\Delta T_u = T_m - T_c$ dargestellt (7). Daraus ergibt sich, daß ein beträchtlicher Anteil $(1 - f)$ der D-Einheiten in das Kristall-innere eingebaut wird.

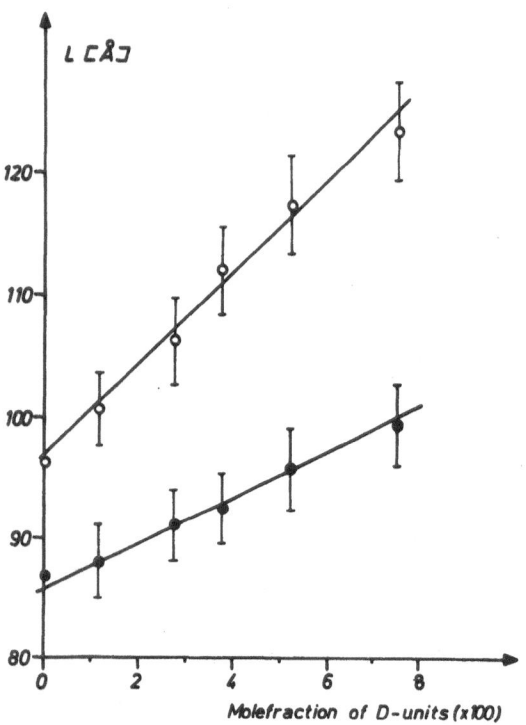

Abb. 5. Langperiode von Polylactid-Einkristallen, kristallisiert bei 60 °C, in Abhängigkeit von Molenbruch an D-Einheiten. Obere Kurve vor dem Abbau, untere Kurve nach dem Abbau (7)

Messungen dieser Art in Abhängigkeit von der Unterkühlung bei der Kristallisation und von der Brutto-Zusammensetzung des Copolymeren liefern eine zuverlässige Grundlage für eine Theorie der Kristallisation solcher Systeme. Man kann dazu auch noch eine andere Methode heranziehen. Wegen des großen Unterschiedes der kohärenten Streuquerschnitte

von Proton und Deuteron gegenüber Neutronenstrahlen kann man deuterierte Molekülgruppen mit Hilfe der elastischen Neutronenstreuung lokalisieren. Es sind daher bei uns Versuche im Gange, Copolymere mit deuterierten nichtkristallisierbaren Einheiten zu synthetisieren. Findet bei der Kristallisation eine Anreicherung dieser Einheiten in den zwischenkristallinen Grenzschichten statt, so läßt sich diese Entmischung mittels der Neutronenkleinwinkelstreuung, über die im folgenden noch berichtet wird, quantitativ verfolgen.

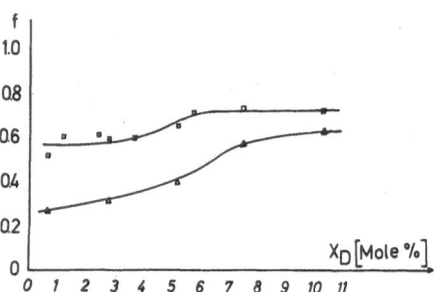

Abb. 6. Der Bruchteil der in den amorphen Bereichen der Einkristalle enthaltenen D-Einheiten in Abhängigkeit von der Bruttozusammensetzung des Polylactids (7). ▲ $\Delta T_u = 9\,°C$; ■ $\Delta T_u = 20\,°C$

3. Kettenpackung und Nahordnung in den amorphen Bereichen

Für die Struktur der amorphen Bereiche und für die Konformation der nichtkristallisierten Sequenzen sind verschiedene Modelle vorgeschlagen worden. Die Untersuchung an Polymeren, die aus der Schmelze kristallisiert wurden, sind wegen des komplizierten morphologischen Aufbaus dieser Proben mit beträchtlichen Schwierigkeiten verbunden. Es zeigte sich jedoch, daß die aus Lösung gewonnenen sogenannten Einkristalle bezüglich ihres physikalischen Verhaltens weitgehend mit den Kristalliten des massiven Materials übereinstimmen (8). Daher kann man das Problem auf die Frage zurückführen, welche Struktur die Deckflächen der Einkristalle besitzen (9).

Ausgehend von dem allgemein bekannten Befund, daß auch die sogenannten Einkristalle nicht vollständig kristallisiert sind, wurde schon vor längerer Zeit für den Fall des Polyäthylens nachgewiesen, daß die Deckflächen der Kristalle aus einer fehlgeordneten Schicht bestehen, deren Dichte ϱ_a mit derjenigen einer unterkühlten Polyäthylenschmelze übereinstimmt (10). Grundlage des Verfahrens war die Bestimmung des mittleren Schwankungsquadrates $\langle \eta^2 \rangle$ der Elektronendichtefluktuationen, das aus Absolutmessungen der gestreuten Intensität $J(s)$ durch Integration

$$\langle \eta^2 \rangle \sim \int J(s)\, s^2\, ds \qquad s = \frac{2 \sin \theta}{\lambda}$$

erhalten werden kann. Für eine Zweiphasenstruktur gilt andererseits

$$\langle \eta^2 \rangle = (\Delta\eta)^2\, w_c (1 - w_c), \qquad [4]$$

wobei w_c den Volumenkristallinitätsgrad und $\Delta\eta$ die Elektronendichtedifferenz zwischen den beiden Phasen bedeuten. Sind w_c und die Dichte ϱ_c des Kristallinneren aus anderen Messungen bekannt, so läßt sich damit die Dichte ϱ_a der Deckschichten aus den Kleinwinkelstreumessungen bestimmen.

Der Nachteil dieser Methode besteht darin, daß zur Bestimmung der beiden unbekannten Größen $\Delta\eta$ und w_c zwei verschiedene Meßverfahren angewandt werden müssen. Wie kürzlich jedoch von *G. R. Strobl* (11) gezeigt wurde, lassen sich für den Fall, daß die Röntgenkleinwinkelstreukurve mehrere diskrete Reflexe aufweist, beide Größen direkt aus der Analyse der Streukurven ermitteln. Dazu werden die integralen Intensitäten der Kleinwinkelreflexe herangezogen, aus denen man unmittelbar den Elektronendichtedefekt $\varkappa$ pro Flächeneinheit der Grenzschicht bestimmen kann. Im Falle eines Zweiphasensystems gilt dann (12)

$$\varkappa = L(1 - w_c)\, \Delta\eta, \qquad [5]$$

wobei L die Langperiode bedeutet. Aus Kombination mit Gl. [4] folgt

$$1 - w_c = \frac{\varkappa^2}{L^2 \langle \eta^2 \rangle + \varkappa^2} \qquad [6]$$

und

$$\Delta\eta = \frac{L^2 \langle \eta^2 \rangle + \varkappa^2}{L \cdot \varkappa}. \qquad [7]$$

Die mit Hilfe der beiden Methoden gemessenen Kenngrößen für ein lineares Polyäthylen, das bei 78 °C aus verdünnter Xylollösung kristallisiert worden war, sind in Tab. 1 zusammengestellt (12). Wie man sieht, ergibt sich eine ausgezeichnete Übereinstimmung zwischen der ge-

messenen Dichtedifferenz $\Delta\eta$ und der Differenz $(\eta_c - \eta_a)$ zwischen den Werten für die Elektronendichte des kristallinen und amorphen Polyäthylens (13, 14). Damit sind die Ergebnisse der älteren Messungen (10) voll bestätigt worden.

Tab. 1. Kenngrößen von Polyäthylen-Einkristallen, kristallisiert bei 80 °C aus Xylol (12)

Gemessene Größen	
Langperiode L (Å)	115
Dichte $\langle \varrho \rangle$ (g/cm^3)	0,968
Mittleres Schwankungsquadrat $\langle \eta^2 \rangle$ (Mol-El./cm^3)^2	$1{,}03 \cdot 10^{-3}$
Elektronendichtedefekt pro Flächeneinheit $\varkappa$ (El./Å)	1,1
Zweites Moment des Elektronendichtedefektes σ^2 (Å^2)	48,5
Berechnete Größen	
Kristallinität w_c aus $\langle \varrho \rangle$	0,795
Kristallinität w_c aus Gl. [6]	0,80
Elektronendichtedifferenz $\Delta\eta$ (Mol-El./cm^3) nach Gl. [7]	$8{,}1 \cdot 10^{-2}$
Entsprechend Dichtedifferenz $\Delta\varrho$ (g/cm^3)	0,142
Elektronendichtedifferenz $\Delta\eta$ zwischen kristallinem und amorphem Polyäthylen nach Literaturwerten (13, 14)	$8{,}0 \cdot 10^{-2}$

Neben der Dichte kann noch eine andere wichtige thermodynamische Größe zur Charakterisierung der Struktur der amorphen Bereiche herangezogen werden, nämlich der thermische Ausdehnungskoeffizient. Er kann ebenfalls mit Hilfe der Röntgenkleinwinkelstreuung gemessen werden. In einem Temperaturbereich, in dem sich der Kristallisationsgrad und die morphologische Struktur nicht ändern, erhält man für die Wurzel der relativen Reflexintensitäten (15):

$$\left(\frac{J(T)}{J(T_0)} \right)^{\frac{1}{2}} = 1 + \frac{\alpha_a - \alpha_c}{\Delta\varrho_0} (T - T_0). \qquad [8]$$

Hierbei bedeuten $\Delta\varrho_0$ die Dichtedifferenz bei der Bezugstemperatur T_0, α_a und α_c die Temperaturkoeffizienten der Dichte der amorphen und kristallinen Bereiche. In Abb. 7 sind die Ergebnisse der Messungen an Einkristallproben von verzweigten und unverzweigten Polyäthylenen wiedergegeben (16). Oberhalb einer bestimmten Grenztemperatur T^*, deren Bedeutung später noch diskutiert werden wird, nimmt die gestreute Intensität nach Gl. [8] zu. Aus der Steigung der

Geraden für $T > T^*$ kann man für die Differenz der Dichte-Temperaturkoeffizienten den Wert

$$\alpha_a - \alpha_c = 3,8 \cdot 10^{-4} \frac{\text{g}}{\text{cm}^3 \, ^\circ\text{C}}$$

entnehmen. Dieser Wert stimmt mit demjenigen überein, den man erhält, wenn für das Kristallinnere der Ausdehnungskoeffizient der Röntgendichte und für die Deckschicht der Ausdehnungskoeffizient der Schmelze (14) gesetzt wird.

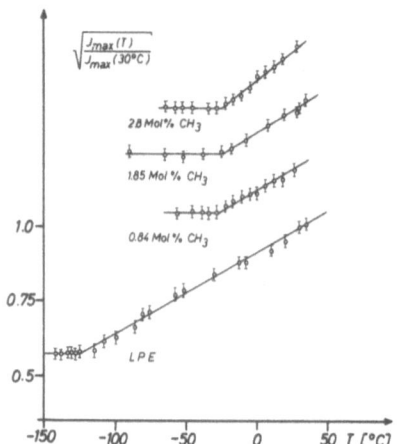

Abb. 7. Relative Intensitätsänderungen des Kleinwinkelreflexes in Abhängigkeit von der Temperatur. Gemessen wurde die Röntgenkleinwinkelstreuung an lösungskristallisierten Polyäthylenen mit verschiedenen Verzweigungsgraden (31).

Aus diesem Ergebnis folgt wiederum, daß die fehlgeordneten Deckschichten der Einkristalle im Falle des Polyäthylens die Eigenschaften einer unterkühlten Schmelze besitzen. Bezüglich der Enthalpie war diese Übereinstimmung bereits früher festgestellt worden (17).

Im Zusammenhang mit diesem Ergebnis taucht die Frage auf, ob zwischen der amorphen Deckschicht und dem Kristallinneren eine scharfe Grenzfläche besteht. Auch dazu lassen sich aus der Analyse der Röntgenkleinwinkelstreuung wichtige Informationen gewinnen. Als ersten Schritt kann man nach *G. R. Strobl* (11) das zweite Moment

$$\sigma^2 = \frac{1}{\varkappa} \int_{-\infty}^{+\infty} z^2 \, \Delta\eta(z) \, dz \qquad [9]$$

der Verteilung des Elektronendichtedefektes $\Delta\eta$ in den Deckschichten aus den gemessenen Strukturfaktoren der Kleinwinkelreflexe bestim-

men. Im Falle der in Tab. 1 beschriebenen Probe (12) ergab sich ein Wert von 48,5 Å². Für eine Rechteckverteilung der Elektronendichte berechnet sich σ^2 zu:

$$\sigma^2 = \tfrac{1}{3} \left[(1 - w_c) \, L/2 \right]^2 = 44 \, \text{Å}^2. \qquad [10]$$

Die geringe Abweichung kann auf Meßfehler zurückgeführt werden. Zum Vergleich sei erwähnt, daß eine gaußförmige Verteilung des Dichtedefektes in der Grenzschicht zu einem σ^2-Wert von 92 Å führen würde.

Auch eine Analyse des Auslaufs der Röntgenkleinwinkelstreukurve kann eine Abschätzung der Größe des Übergangsbereiches zwischen der amorphen Deckschicht und dem Kristallinneren liefern. Nach *Porod* (18) muß die Intensität beim Vorliegen einer scharfen Grenzfläche mit s^{-4}, bzw. in der verschmierten Kurve mit s^{-3}, abfallen:

$$J(s) = \frac{k}{4\pi^2 \, l_p \, s^3} \qquad [11]$$

(k = Invariante, l_p = Längenparameter).

Liegt ein endlicher Übergangsbereich der Elektronendichte vor, so kann die Breite dieses Überganges durch das zweite Moment σ_{sm}^2 der „smoothing"-Funktion charakterisiert werden, die den Dichtesprung an der Grenzfläche verschmiert (20, 21). Nach *Ruland* (21) ist in diesem Fall die Intensitätsfunktion Gl. [11] zu multiplizieren mit

$$D(s, \sigma) = (1 - 8\pi^2 \sigma_{sm}^2 s^2) \, \text{erfc} \, (2\pi \sigma_{sm} s)$$
$$+ 4 \sqrt{\pi} \, \sigma_{sm} s \exp \left\{ -4\pi^2 \sigma_{sm}^2 s^2 \right\}. \qquad [12]$$

Die Intensitätsbeziehung in Gl. [11] würde in einer $I s^3 - s$-Darstellung eine Horizontale ergeben. Wegen der Schwierigkeiten beim Abtrennen des Streuuntergrundes, der bei größeren Winkeln als konstant angenommen werden kann, trägt man besser $I s^3$ gegen s^3 auf (21). Man sollte dann ebenfalls eine Gerade erhalten, deren Neigung durch den Betrag der Untergrundintensität gegeben ist.

Aus den in Abb. 8 aufgetragenen Ergebnissen, die im wesentlichen mit den von *Perret* und *Ruland* (21) veröffentlichten Werten übereinstimmen, könnte man daher zunächst schließen, daß eine scharfe Grenzfläche zwischen den Phasen mit verschiedener Dichte vorliegt. Hierbei ist jedoch zu beachten, daß sich auch beim Vorhandensein eines endlichen Übergangsbereiches mit $\sigma \neq 0$ im $I s^3 - s^3$-Diagramm im

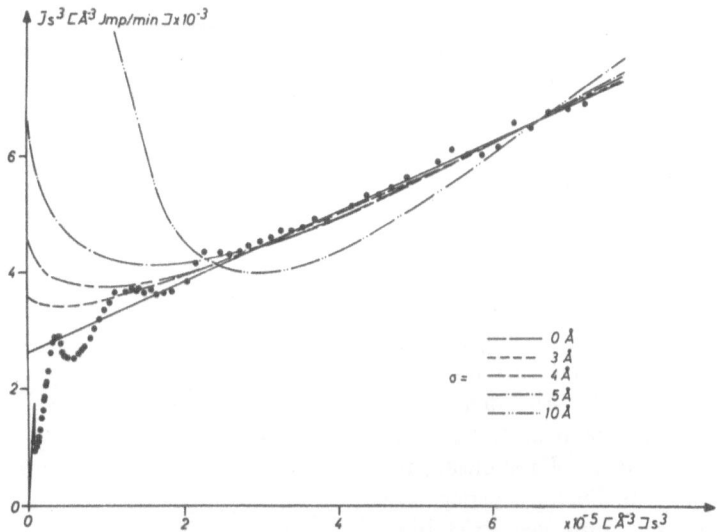

Abb. 8. $J s^3 - s^3$-Auftragung zur Ermittlung der Größe des Übergangsbereiches der Dichte bei Polyäthylen-Einkristallen. Die durchgezogenen Kurven wurden berechnet für verschiedene Übergangsmomente σ, die Punkte geben Meßwerte an. (19)

interessierenden Winkelbereich Geraden ergeben können. So sind z. B. in Abb. 8 die nach Gl. [12] berechneten Kurven für verschiedene Breiten der Übergangsbereiche ($\sigma = 0$; 3, 4, 5 und 10 Å) eingezeichnet worden. In bezug auf die Geradlinigkeit läßt sich für 0–5 Å nicht entscheiden, ob ein endlicher Übergangsbereich vorliegt oder nicht. Diese Information gewinnt man jedoch aus einer Abschätzung der Größe des Ordinatenabschnittes a in der $I s^3$-Auftragung, der durch

$$a = \frac{h}{4 \pi^2 l_p} \qquad [13]$$

gegeben ist, da die Funktion $D(s, \sigma)$ für kleine s gegen l geht. Andererseits läßt sich der Längenparameter l_p berechnen aus

$$l_p = 2 L w_c (1 - w_c), \qquad [14]$$

wenn man voraussetzt, daß eine lamellare Struktur mit ebenen Grenzflächen vorliegt.

Für die in Abb. 8 eingezeichneten Meßwerte erhält man die in Tab. 2 aufgeführten Werte des Längenparameters in Abhängigkeit von der Breite des Übergangsbereiches. Der nach Gl. [14] berechnete Wert beträgt 41,6 Å für die hier untersuchte Probe. Dieser Wert ist in guter Übereinstimmung mit dem aus dem Achsenabschnitt a gewonnenen Wert l_p, wenn man von

Tab. 2. Zur Auswertung des s^3-Abfalles bei einer Einkristallprobe. σ = angenommene Breite des Dichteübergangsbereiches; l_p = Längenparameter ermittelt aus den Meßwerten; S/S_0 = das zu l_p gehörende Verhältnis von innerer Oberfläche zu Oberfläche bei ebenen Kristallen; $\langle \alpha \rangle$ = aus S/S_0 berechneter mittlerer Neigungswinkel der „rauhen" Oberfläche

σ	l_p	S/S_0	$\langle \alpha \rangle$
0 Å	40,17 Å	1,03	13,7°
1 Å	39,19 Å	1,06	19,7°
3 Å	29,27 Å	1,42	45,3°
4 Å	23,12 Å	1,80	56,2°
5 Å	15,99 Å	2,60	67,4°
10 Å	1,09 Å	38,19	88,5°

$\sigma = 0$ ausgeht. Die in der Tab. 2 aufgeführten niedrigeren l_p-Werte können auch dann nicht erreicht werden, wenn man von $\sigma = 0$ ausgeht. Die in Tab. 2 aufgeführten niedrigen l_p-Werte für $\sigma \neq 0$ könnten auch dadurch zustande kommen, daß die in Gl. [14] enthaltene Annahme einer ebenen Oberfläche nicht zutrifft. Man kann dann aus l_p das Verhältnis der inneren Oberfläche S zur Oberfläche S_0 im ebenen Fall berechnen und daraus den mittleren Neigungswinkel $\langle \alpha \rangle$ der Oberflächennormalen gegenüber der Lamellennormalen abschätzen (21). Beide Werte sind in Tab. 2 aufgeführt. Es zeigt sich, daß höchstens noch der Wert $\sigma = 3$ Å zu einem vernünftigen Ergebnis führt.

Während für Einkristalle eine gute Übereinstimmung zwischen den experimentell bestimmten und den auf der Grundlage des Zweiphasenmodells errechneten Werten erzielt wird, ist dies
für verstreckte Polymere durchaus nicht der
Fall. In einer älteren Arbeit wurde gezeigt, daß
beim verstreckten Polyäthylen die beobachtete
Dichtefluktuation $\langle \eta^2 \rangle$ viel kleiner sein kann
als der berechnete Wert (22). Zu ähnlichen Resultaten gelangt man bei der Untersuchung der
Röntgenkleinwinkelstreuung an Polyäthylenterephthalat, das im orientierten Zustand durch
Tempern kristallisiert wurde. Aus den Streukurven in Abb. 9 ist zu erkennen, daß die gestreute Intensität mit steigender Kristallisationstemperatur zunimmt (23). Dieser Anstieg läßt
sich nicht durch die Zunahme des Kristallini-
tätsgrades erklären, vielmehr ist dafür die Änderung der Dichtedifferenz zwischen den kristallinen und amorphen Bereichen verantwortlich. Dies folgt sofort aus Abb. 10, in der das
Verhältnis zwischen der gemessenen und der
berechneten Dichtefluktuation in Abhängigkeit
von der Kristallisationstemperatur aufgetragen
ist. Die Größe $\langle \Delta \eta^2 \rangle_{cal}$ wurde dabei auf der
Grundlage des Zweiphasenmodells mit der in
der Literatur üblichen Dichtedifferenz $\varrho_c - \varrho_a$
$= 0,122 \, g/cm^3$ aus den gemessenen Dichtewerten nach Gl. [4] berechnet. In Abb. 10 sind auch
die am unverstreckten Polyäthylenterephthalat
erhaltenen Werte eingetragen. Wie schon frü-

her festgestellt wurde (24, 25), treten auch hier
Abweichungen von dem idealen Wert 1 auf,
die Variationsbreite ist jedoch wesentlich geringer.

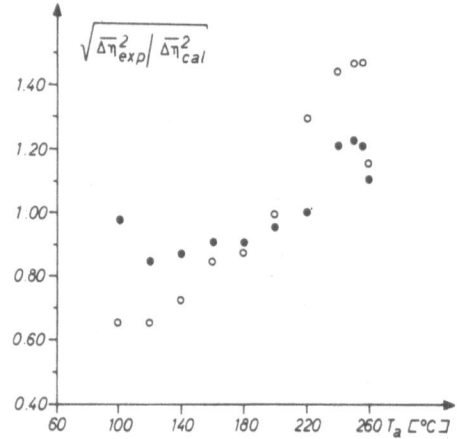

Abb. 10. Das Verhältnis der röntgenographisch gemesse-
nen Dichtefluktuation $\langle \eta^2 \rangle_{exp}$ zu dem auf der Grundlage
des Zweiphasenmodells berechneten Wert $\langle \eta^2 \rangle_{cal}$ in Abhängigkeit von der Kristallisationstemperatur T_a (23).
Verstrecktes (○) und unverstrecktes (●) Polyäthylenterephthalat.

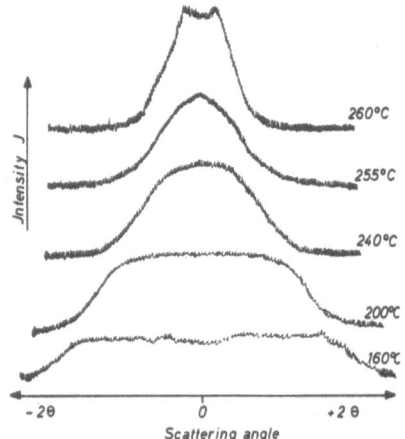

Abb. 11. Photometerkurven für die Intensitätsverteilung
entlang der Meridian-Schichtlinien in den Röntgenklein-
winkeldiagrammen von verstrecktem und bei verschiedenen Temperaturen getempertem Polyäthylenterephthalat (23).

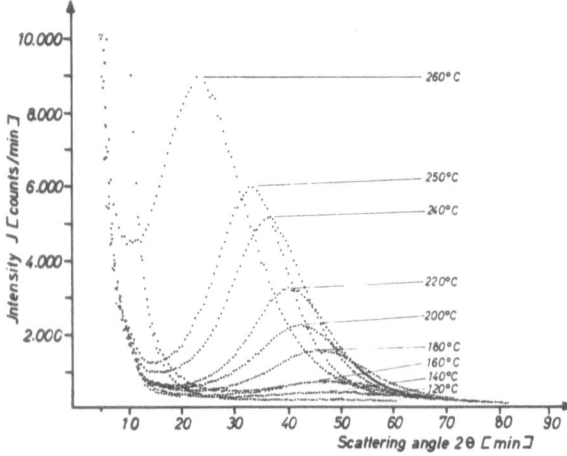

Abb. 9. Röntgenkleinwinkelstreukurven von Polyäthylenterephthalat, das im amorphen Zustand verstreckt
und anschließend bei den angegebenen Temperaturen
kristallisiert wurde (23).

Neben der Zunahme der Intensität des Lang-
periodenreflexes ist auch eine Änderung in der
Breite des Meridianreflexes zu beobachten. Die
Abb. 11 gibt Photometerkurven wieder, die
beim Photometrieren entlang der Meridian-

schichtlinien in den Kleinwinkeldiagrammen der verstreckten Polyäthylenterephthalatproben erhalten wurden. Mit zunehmender Kristallisationstemperatur T_a nimmt die Breite der Schichtlinien in Richtung senkrecht zur Faserachse ab; bei 260 °C läßt sich die Andeutung eines Vierpunktdiagrammes erkennen. Aus diesen Kurven ist entsprechend der von *Bonart* (28 a) entwickelten Streutheorie für orientierte, teilkristalline Polymere zu entnehmen, daß durch Kristallisationen bei höheren Temperatur eine bessere laterale Ordnung der Kolloidstruktur erreicht werden kann.

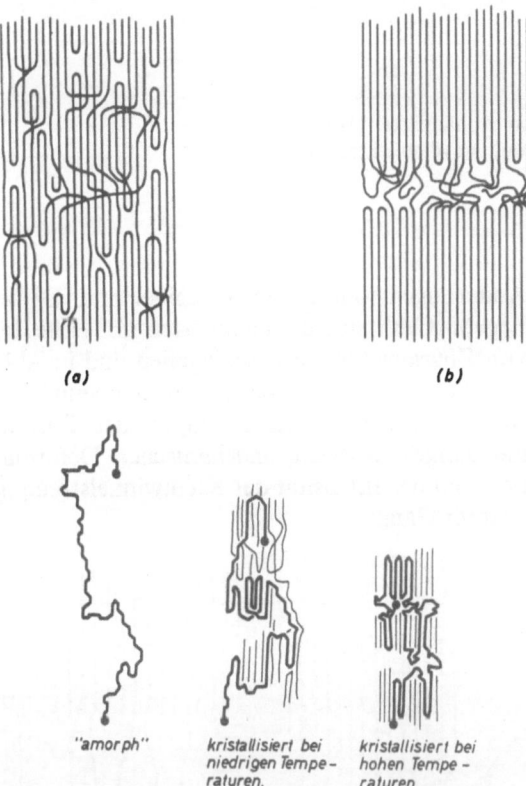

(a) (b)

"amorph"   kristallisiert bei niedrigen Temperaturen.   kristallisiert bei hohen Temperaturen.

Abb. 12. Strukturmodelle: oben: Änderung der Struktur eines verstreckten Polymeren durch Tempern (26); unten: schematische Darstellung der Konformation einer Einzelkette bei der Kristallisation im orientierten Zustand.

Die Vorgänge der Kristallisation im orientierten Zustand lassen sich in Anlehnung an das früher entwickelte Modell (26) für die Strukturänderungen beim Tempern verstreckter Polymerer beschreiben, vgl. Abb. 12a. Es wurde angenommen, daß beim Tempern der orientierten, teilkristallinen Polymeren eine Entmischung

der Fehlstellen in dem Sinne auftritt, daß sich größere Bereiche mit ungestörter Kristallordnung ausbilden, wobei durch die Erhöhung der Fehlstellenkonzentration in den „amorphen" Bereichen eine weitgehende Entspannung der nichtkristallisierten Sequenzen erfolgt. In ähnlicher Weise werden sich beim Kristallisieren des verstreckten Polyäthylenterephthalats bei niedrigen Temperaturen nur Kristalle ausbilden können, die noch viele Störstellen enthalten. Die nichtkristallisierten Kettensequenzen sind stark verspannt und stabilisieren die Störstellen im kristallinen Gefüge. Bei höheren Temperaturen können sich die Störstellen bevorzugt in Schichten quer zur Verstreckrichtung konzentrieren, es entstehen amorphe Bereiche mit weniger stark verspannten Kettensequenzen und mit losen Schlaufen. Die Kristallite zeichnen sich durch ein besser geordnetes Gitter aus und besitzen zusätzlich eine bessere gegenseitige laterale Ordnung. In Abb. 12 ist versucht worden, diese Vorgänge schematisch darzustellen.

Die aus den Strukturuntersuchungen gezogenen Schlüsse werden durch die Ergebnisse der mechanisch-dynamischen Messungen gestützt. Die Abb. 13 gibt die Temperaturabhängigkeit des Speichermoduls E' für verstrecktes Polyäthylenterephthalat wieder, das bei zwei verschiedenen Temperaturen getempert wurde (27). Deutlich ist der Einfluß der Kristallisationstemperatur auf die Temperaturlage der „Glasstufe" zu erkennen. Man sieht ferner, daß sich die Beträge $\Delta E'$ der Differenz zwischen relaxiertem und unrelaxiertem Speichermodul für verstrecktes und unverstrecktes Material stark voneinander unterscheiden. Hier wirkt sich die bei verstreckten Polymeren vorliegende Schichtstruktur quer zur Kettenrichtung aus.

Unsere Deutung steht im Gegensatz zu einem Strukturvorschlag von *R. Bonart* (28 b), bei dem angenommen wird, daß der Dichteunterschied zwischen den amorphen und kristallinen Bereichen des verstreckten Polyäthylenterephthalats durch unterschiedliche Neigung der Kettenmoleküle gegenüber der Faserachse zustande kommt. Beim Vorliegen einer solchen Struktur sollte man erwarten, daß beim Dehnen in Richtung der Faserachse eine Kompression der amorphen Bereiche eintritt und daß damit eine Abnahme der Dichtedifferenz $(\varrho_c - \varrho_a)$ bewirkt wird. Die Röntgenkleinwinkelmessungen (19) ergaben jedoch, vgl. Abb. 14, daß die Intensitäten beim Dehnen stark ansteigen, wobei die

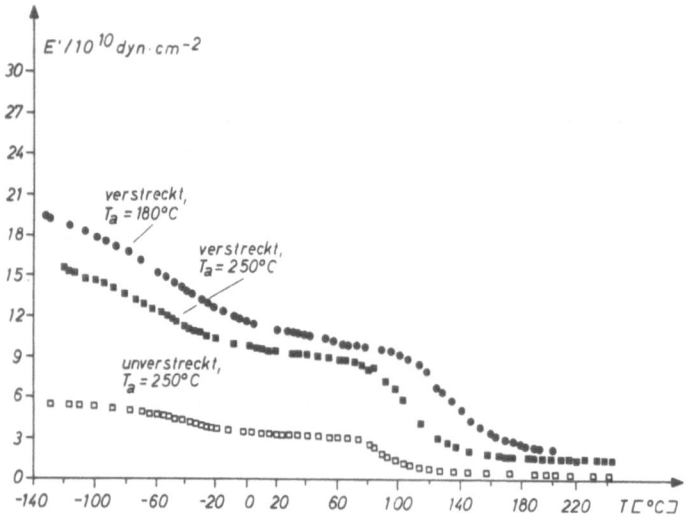

Abb. 13. Speichermodul E' in Abhängigkeit von der Temperatur für verstrecktes und unverstrecktes Polyäthylenterephthalat (27)

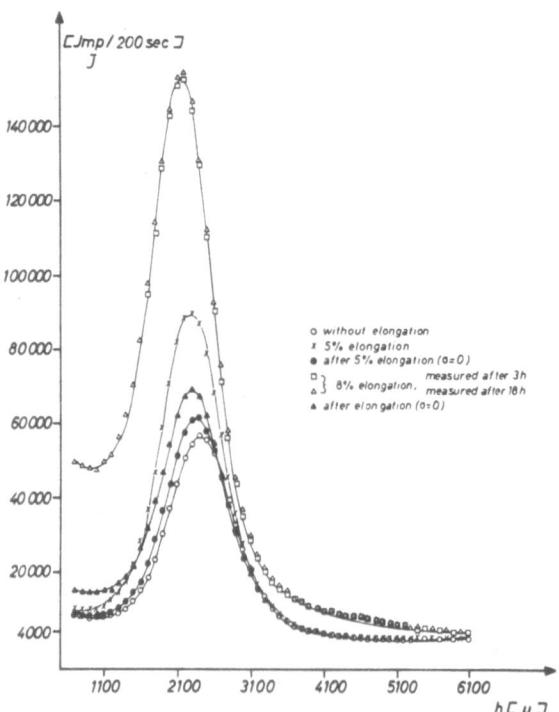

Abb. 14. Röntgenkleinwinkelstreukurven von Polyäthylenterephthalat bei verschiedenen Deformationen (19): ○ Ohne Dehnung, × 5% Dehnung in Richtung der Faserachse, □ 8% Dehnung, gemessen nach 3 Std., △ 8% Dehnung, gemessen nach 18 Std.; ● entlastete Probe nach 5% Dehnung, ▲ entlastete Probe nach 8% Dehnung

Änderungen weitgehend reversibel sind. Dieses Ergebnis läßt sich am einfachsten mit Hilfe des von *Zhurkow* (29) vorgeschlagenen und in Abb. 15 schematisch dargestellten Mechanismus verstehen. Weitere Untersuchungen des Zusammenhanges zwischen mechanischer Deformation und der Intensität der Kleinwinkelstreuung sind im Gange.

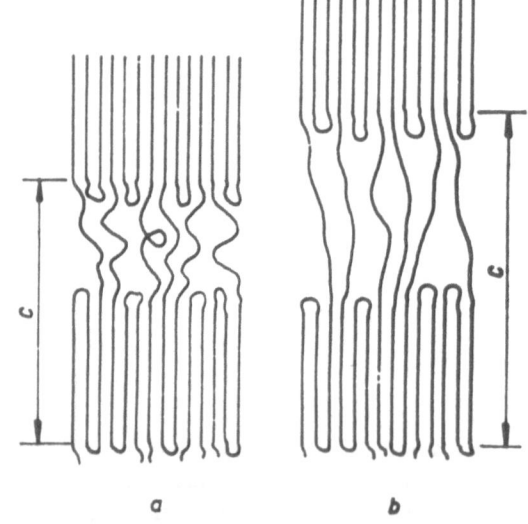

Abb. 15. Schematische Darstellung der durch Deformation verursachten Aufweitung der fehlgeordneten Bereiche in verstreckten Polymeren [nach *Zhurkov* et al. (29)]

4. Die Konformationen der Kettensequenzen in den nichtkristallinen Bereichen

Während sich die Fragen nach der Nahordnung und der Kettenpackung mit Hilfe der beschriebenen Röntgenstreumessungen befriedigend beantworten lassen, bereitet das Problem der Konformation der einzelnen Kettensequenzen in den nichtkristallinen Bereichen noch erhebliche Schwierigkeiten. Im wesentlichen sind dazu nur indirekte Aussagen möglich, die sich auf den Zusammenhang zwischen der Beweglichkeit der Molekülgruppen und der Struktur der nichtkristallinen Bereiche stützen.

Solche Zusammenhänge sind schon in Abb. 13 deutlich geworden. Offensichtlich hängt die Einfriertemperatur T_g des verstreckten Polyäthylenterephthalats von der Kristallisationstemperatur ab, wie es auch schon für das unverstreckte Polymere mit Hilfe der Breitlinien-Kernresonanz festgestellt wurde (30). Die in diesem Zusammenhang wichtige Frage, wie sich die speziellen, beim Verstrecken entstehenden Strukturen der nichtkristallinen Bereiche auf die Glastemperatur auswirken, lassen sich besonders vorteilhaft am Beispiel des Polyäthylens untersuchen.

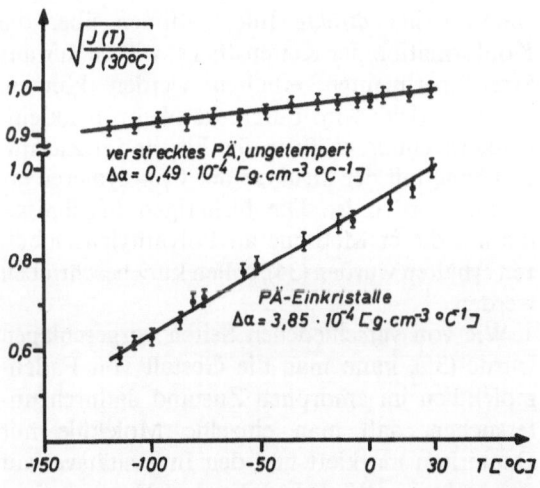

Abb. 16. Relative Änderung der Intensität des Kleinwinkelreflexes von verstrecktem, ungetempertem Polyäthylen und von Polyäthylen-Einkristallen in Abhängigkeit von der Temperatur (31)

Anhand der Abb. 7 und Gl. [8] war gezeigt worden, wie man mit Hilfe der Röntgenkleinwinkelstreuung den thermischen Ausdehnungskoeffizienten der nichtkristallinen Bereiche mes-

sen kann. Wendet man dieselbe Methode auf verstrecktes, ungetempertes Polyäthylen an (31), so stellt sich heraus, daß die Differenz $\Delta\alpha$ der Ausdehnungskoeffizienten in diesem Fall um nahezu eine Größenordnung kleiner ist, vgl. Abb. 16. Dieses Ergebnis legt die Annahme nahe, daß die Einfriertemperatur der fehlgeordneten Bereiche bei höheren Temperaturen liegt. Tatsächlich ergaben entsprechende Röntgenmessungen, daß in den Intensitäts-Temperaturkurven erst bei ca. 36 °C ein der Glastemperatur zuzuordnender Knick auftrat, der einen Sprung des Ausdehnungskoeffizienten von $2,1 \cdot 10^{-4}$ °C^{-1} entsprach (31).

Wie in einer früheren Arbeit gezeigt wurde (22), ändert sich die Struktur der nichtkristallinen Bereiche des verstreckten Polyäthylens durch Tempern bei Temperaturen oberhalb 100 °C und nähert sich der Struktur dieser Bereiche im unverstreckten Polymeren an. Entsprechend wurde gefunden, daß die Einfriertemperatur des verstreckten Polyäthylens mit steigender Temper-Temperatur abnimmt, vgl. Abb. 17. Diese großen Änderungen hängen offensichtlich damit zusammen, daß beim Tempern die stark verspannten Kettensequenzen relaxieren, vgl. auch Abb. 12a, und daß sich deswegen das freie Volumen in den nichtkristallinen Bereichen vergrößert. Obwohl eine theoretische Behandlung des Zusammenhanges zwischen Einfriertemperatur und Kettenverspannung noch nicht durchgeführt worden ist, zeigen die in Abb. 17 beschriebenen Messungen, daß dieser Zusammenhang wesentliche Informationen zur Struktur der fehlgeordneten Bereiche in den teilkristallinen Polymeren liefern könnte.

Nicht nur die Einfriertemperatur, sondern auch die Relaxationsstärke der in diesem Temperaturbereich auftretenden Relaxationserscheinungen hängen in starkem Maße von der Struktur der nichtkristallinen Bereiche ab. Dies zeigt die Abb. 18 am Beispiel des dielektrischen Verlustes ε'' von Polyäthylenoxid, das unter verschiedenen Bedingungen kristallisiert worden ist (32). Nach der Kristallisation dieses Polymeren ($\bar{M} = 4 \cdot 10^6$) aus der Schmelze findet man im Temperaturbereich bei ca. 220 °K ein gut ausgebildetes β-Maximum, das bei den aus Lösung hergestellten Kristallen nur noch andeutungsweise vorhanden ist. Dieses unterschiedliche Verhalten kann nicht auf den Kristallinitätsgrad zurückgeführt werden, da sich die aus den DSC-Schmelzkurven berechneten Kristallinitä-

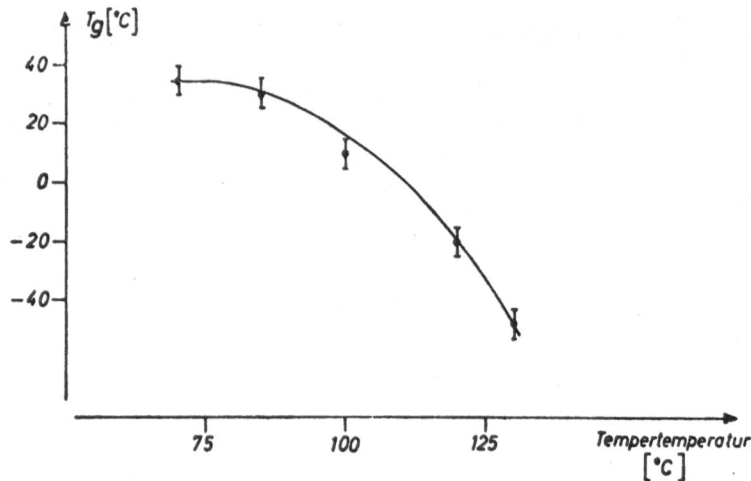

Abb. 17. Abhängigkeit der Einfriertemperatur der fehlgeordneten Bereiche des verstreckten Polyäthylens von
der Temper-Temperatur (31).

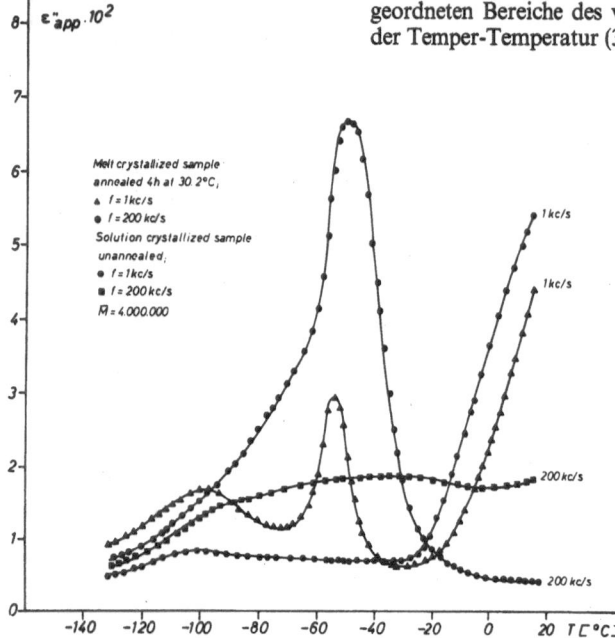

Abb. 18. Die Abhängigkeit des dielektrischen Verlustes
ε'' von der Temperatur für Polyäthylenoxid-Proben, die
aus Lösung oder aus der Schmelze kristallisiert worden
sind. Die Messungen wurden bei Frequenzen von 1 kHz
und 200 kHz durchgeführt (32).

ten nur geringfügig voneinander unterscheiden
(lösungskristallisiert $w_c = 0,74$, schmelzkristalli-
siert $w_c = 0,72$). Maßgebend ist vielmehr die
unterschiedliche Struktur der Deckflächen der
Kristallite. Ähnliche Ergebnisse wurden bereits
von *Ishida* (33) beschrieben, der daraus jedoch
unzutreffenderweise geschlossen hat, daß die
lösungskristallisierten Proben 100 %ig kristallisiert seien.

Dieses Beispiel zeigt, daß auch dielektrische
und mechanisch-dynamische Relaxationsmessungen im Prinzip geeignet sind, über die Konformationsmöglichkeiten der nichtkristallisierten Sequenzen Aussagen zu liefern. Allerdings
fehlen dazu noch geeignete Theorien, die den
Zusammenhang zwischen Struktur und Beweglichkeit im einzelnen herstellen. Wünschenswert
wären daher *direkte* Informationen über die
Konformation der Kettenstücke, wie sie nur aus
Streuexperimenten erhalten werden können.
Ein Weg dazu wird durch die Neutronenkleinwinkelstreuung eröffnet, die bereits im Zusammenhang mit der Struktur der Copolymeren erwähnt worden ist. Die bisherigen Ergebnisse,
die mit dieser Methode an Polyäthylenschmelzen erhalten wurden (34), sollen kurz beschrieben
werden.

Wie von verschiedenen Seiten vorgeschlagen
wurde (35), kann man die Gestalt von Fadenmolekülen im amorphen Zustand dadurch untersuchen, daß man einzelne Moleküle mit
Deuterium markiert und den Intensitätsverlauf
der in kleine Winkel gestreuten Neutronen in
Analogie zu den Licht- und Röntgenbeugungs-
versuchen an verdünnten Lösungen von Makromolekülen in niedermolekularen Lösungsmitteln
auswertet. Auch die Streuexperimente an nicht-
markierten Ketten in einer deuterierten Matrix
können in derselben Weise analysiert werden.
Unter der Voraussetzung, daß die Lösung von
deuterierten in nichtdeuterierten Kettenmolekülen (oder umgekehrt) genügend verdünnt ist,

um die Interferenzen zwischen Kettengliedern verschiedener Ketten vernachlässigen zu können, ist die gestreute Intensität proportional zu

$$J(\varkappa) = (a_D - a_H)^2 \left\langle |\sum_{jm} e^{i\varkappa \vec{r}} jm|^2 \right\rangle, \qquad [15]$$

wodurch der Streuvektor $\varkappa$ gegeben ist durch

$\varkappa = \dfrac{4\pi}{\lambda} \theta/2.\cdot \vec{r}_{jm}$ ist der Vektor zwischen dem

$j$ten und $m$ten Kettenglied, a_D und a_H sind die kohärenten Streulängen der deuterierten bzw. nichtdeuterierten Monomereinheiten. Für Polyäthylen gilt $a_D (CD_2) \simeq 2 \cdot 10^{-12}$ cm, $a_H (CH_2) \simeq 0{,}08 \cdot 10^{-12}$ cm, so daß ein genügend großer Kontrast vorhanden ist.

Die Methode der Neutronenkleinwinkelstreuung ist schon mehrfach auf amorphe Polymere angewandt worden (36). Wir untersuchten Lösungen von nichtdeuteriertem Polyäthylen mit Molekulargewichten von $\bar{M} = 81\,000$ und $\bar{M} = 1400$ in einer deuterierten Matrix (34)[1]. In

Abb. 19 ist eine Meßkurve für $\bar{M} = 81\,000$ wiedergegeben. Der gesamte interessierende Winkelbereich kann nur mit Hilfe verschiedener Wellenlängen λ der gestreuten Neutronen und mit verschiedenen Kameralängen, die in der Abbildung vermerkt sind, erfaßt werden.

Der mittlere Trägheitsradius $\langle s^2 \rangle^{\frac{1}{2}}$ der markierten Ketten läßt sich bekanntlich aus der Anfangssteigung in einer $J^{-1} - \varkappa^2$-Auftragung und aus dem Extrapolationswert $J(0)$ ermitteln (37). In den Abb. 20a–c sind solche Auftragungen für verschiedene Polyäthylenschmelzen wiedergegeben. Aus Abb. 20a läßt

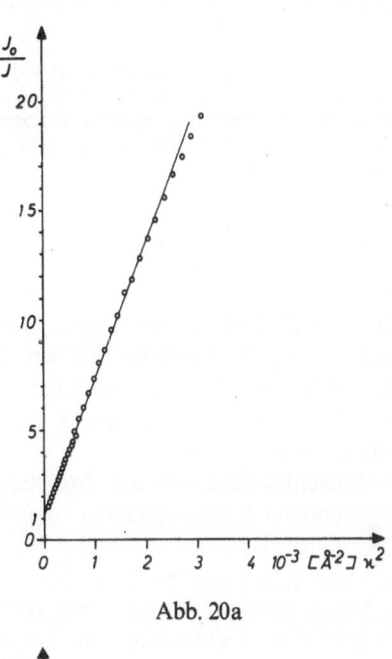

Abb. 20a

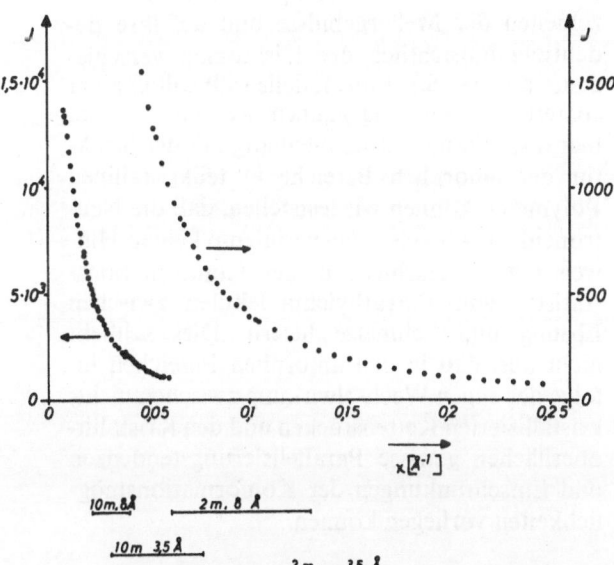

Abb. 19. Neutronenkleinwinkelstreuung an einer Polyäthylenschmelze (34). Mischung von 6% *H*-Polyäthylen in *D*-Polyäthylen. Angegeben sind die in den verschiedenen $\varkappa$-Bereichen verwendeten Kameralängen und Neutronenwellenlängen.

[1] Die ersten Versuche zur Kleinwinkelstreuung an Polyäthylenschmelzen wurden in Zusammenarbeit mit dem Institut für Festkörperforschung der Kernforschungsanlage Jülich durchgeführt. Den Herren Dr. *J. Schelten* und Prof. Dr. *H. Springer* danken wir für experimentelle Hilfe und für viele wertvolle Diskussionen.

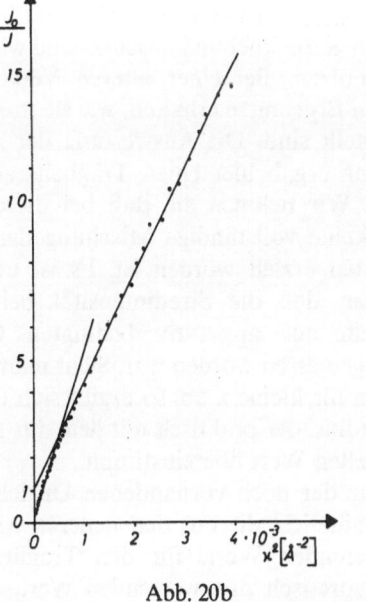

Abb. 20b

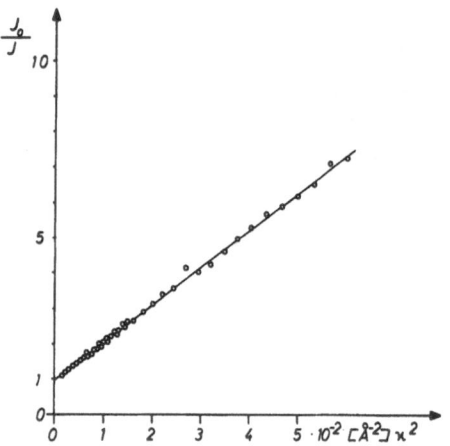

Abb. 20. $J^{-1} - \varkappa^2$-Auftragen der Neutronenkleinwinkelintensitäten (34). a) Mischung 6% H-Polyäthylen ($\bar{M}$ = 81000) in D-Polyäthylen; b) erste Meßserie, 4,8% H-Polyäthylen in D-Polyäthylen; c) n-Paraffin ($\bar{M}_n$ ≃ 1300, $\bar{M}_w/\bar{M}_n$ ≃ 1,02)

sich ein mittlerer Trägheitsradius von $\langle s^2 \rangle^{\frac{1}{2}}$ = 126 ± 2 Å-Einheiten mit Hilfe einer Ausgleichsrechnung bestimmen. Für ein Paraffingemisch mit Polymerisationsgraden zwischen 80 und 120 wurde ein Wert von $\langle s^2 \rangle^{\frac{1}{2}}$ = 17,8 Å gefunden, vgl. Abb. 20c.

Die Durchführung solcher Messungen bereitet erhebliche Schwierigkeiten, insbesondere auch bezüglich der Präparation der Proben. Bei unseren Versuchen wurden die D- und H-Ketten in der Weise miteinander gemischt, daß sie zunächst gelöst und dann aus der Lösung auskristallisiert wurden. Die erhaltenen Einkristalle wurden getrocknet und anschließend wieder aufgeschmolzen. Bei einer älteren Versuchsreihe wurden Ergebnisse erhalten, wie sie in Abb. 20b dargestellt sind. Die Auswertung der Anfangssteigung ergab hier einen Trägheitsradius von 350 Å. Wir nehmen an, daß bei dieser Probe noch keine vollständige Mischung der D- und H-Ketten erzielt worden ist. Es ist aber auch denkbar, daß die Streuintensität bei kleinen Winkeln aus apparativ bedingten Gründen falsch gemessen worden war. Sieht man von den Werten für kleine $\varkappa$ ab, so ergibt sich ein Trägheitsradius, der praktisch mit dem aus Abb. 20a ermittelten Wert übereinstimmt.

Trotz der noch vorhandenen Unsicherheiten ist es nützlich, die aus den neueren Meßserien resultierenden Werte für den Trägheitsradius mit theoretisch zu erwartenden Werten zu vergleichen. Nach *Flory* (38) hat das charakteristische Verhältnis

$$C_\infty = \frac{\langle r_0^2 \rangle}{n l^2} \qquad [16]$$

für lange Polymethylenketten den Wert $C_\infty \simeq 6,7$. Für die von uns untersuchten Molekulargewichte erhält man damit $\langle s^2 \rangle^{\frac{1}{2}}$ = 124 Å und 16 Å, in hinreichend guter Übereinstimmung mit den gemessenen Werten 126 Å und 17,8 Å. Obwohl durch weitere Messungen die Konzentrations- und Molekulargewichtsabhängigkeit sowie der Einfluß der Uneinheitlichkeit geklärt werden müssen, können wir aus den bisherigen Resultaten vorläufig den Schluß ziehen, daß die Trägheitsradien der Polyäthylenmoleküle in der Schmelze mit denen in der Lösung übereinstimmen. Berücksichtigt man, daß die bisher vorliegenden Untersuchungen am Polymethylmethacrylat und Polystyrol zum gleichen Ergebnis kommen (35), so scheint das von *Flory* (39) vorgeschlagene Knäuelmodell des amorphen Zustandes voll bestätigt zu sein. Auf Einzelheiten der Meßergebnisse und auf ihre Bedeutung hinsichtlich der Diskussion verschiedener anderer Strukturmodelle (40) soll in einer späteren Arbeit eingegangen werden. In dem hier diskutierten Zusammenhang mit der Struktur der amorphen Bereiche in teilkristallinen Polymeren können wir feststellen, daß die Neutronenkleinwinkelstreuexperimente keinen Hinweis auf Unterschiede in der Konformationsstatistik von Polyäthylenmolekülen zwischen Lösung und Schmelze liefern. Dies schließt nicht aus, daß in den amorphen Bereichen infolge der engen Wechselwirkung zwischen nichtkristallisierten Kettenstücken und den Kristallitoberflächen gewisse Parallelisierungstendenzen und Einschränkungen der Konformationsmöglichkeiten vorliegen können.

Die Arbeit wurde im Rahmen des Sonderforschungsbereiches 41 (Mainz/Darmstadt) durchgeführt, der Deutschen Forschungsgemeinschaft danken wir für die finanzielle Unterstützung. Insbesondere danke ich meinen Mitarbeitern, den Herren Dr. *Fakirov*, Dr. *Klein*, Dr. *Kloos*, Dr. *Lieser*, Dipl.-Phys. *Müller*, Dr. *Schmidt* und Dipl.-Phys. *Stahl*, die mir unveröffentlichte Ergebnisse zur Verfügung stellten.

Zusammenfassung

Die physikalischen Eigenschaften partiell-kristalliner Polymerer werden weitgehend von der Struktur der fehlgeordneten Bereiche beeinflußt. Deren Struktur kann charakterisiert werden durch a) chemische Zusammensetzung, b) Nahordnung, c) Konfiguration der nichtkristallinen Sequenzen.

Als Beispiel für die Untersuchung der chemischen Zusammensetzung der amorphen Bereiche in Copolymeren werden die Abbauversuche an D, L-Polylactid-Copolymeren beschrieben. Der Einbau der D-Einheiten in das L-Gitter hängt von der Unterkühlung ab. Der Grenzwert völliger Entmischung wird erst bei sehr großen Unterkühlungen erreicht.

Die Nahordnung in den fehlgeordneten Bereichen kann mit Hilfe der Röntgenkleinwinkelstreuung untersucht werden. Bei Polyäthylen-Einkristallen zeigt sich, daß die Dichte und der thermische Ausdehnungskoeffizient der sog. Faltungsflächen mit den Werten eines amorphen Polyäthylens übereinstimmen. Die Breite des Übergangsbereiches zwischen fehlgeordneter Deckschicht und Kristallinnerem ist maximal 3 Å. Die Struktur verstreckter Polymerer, wie z. B. des im orientierten Zustand kristallisierten Polyäthylenterephthalats, läßt sich dagegen nicht durch das konventionelle Zweiphasenmodell beschreiben.

Zur Konformation der nichtkristallisierten Kettensequenzen sind indirekte Aussagen aus Relaxationsmessungen und aus der Abhängigkeit der Einfriertemperatur von der Vorbehandlung möglich. Direkte Streuuntersuchungen zur Konformationsermittlung sind bisher nur im völlig amorphen Zustand mit Hilfe der Neutronenkleinwinkelmessungen durchgeführt worden. Die bisherigen Ergebnisse sprechen für das von *Flory* vorgeschlagene Knäuelmodell.

Literatur

1) *Fischer, E. W., H. Goddar* und *W. Pierczek*, J. Polym. Sci. **C32**, 149 (1971).

2) *Flory, P. J.*, Trans. Faraday Soc. **51**, 848 (1955).

3) *Kilian, H. G.*, Kolloid-Z. u. Z. Polymere **231**, 558 (1969).

4) *Fischer, E. W.* und *H. Hespe*, Kolloid-Z. u. Z. Polymere **231**, 558 (1969).

5) *Kortleve, G., C. A. F. Tuijnmann* und *C. G. Vonk*, J. Polym. Sci. **A2**, **10**, 123 (1972).

6) *Holdsworth, P. J.* and *A. Keller*, Makromol. Chem. **125**, 82 (1969). – *Kawai, T., K. Ujikara* und *H. Maeda*, Makromol. Chem. **132**, 87 (1970).

7) *Fischer, E. W., H. J. Sterzel* und *G. Wegner*, Kolloid-Z. u. Z. Polymere **251**, 980 (1973).

8) *Fischer, E. W.*, Kolloid-Z. u. Z. Polymere **231**, 458 (1969).

9) Vgl. dazu den Übersichtsartikel von *A. Keller*, Polymer Crystals, in: Rep. Progress Phys. **31**, 623 (1968).

10) *Fischer, E. W., H. Goddar* und *G. F. Schmidt*, J. Polym. Sci. **B5**, 619 (1967).

11) *Strobl, G. R.*, J. Appl. Crystallography **6**, 365 (1973).

12) *Strobl, G. R.* und *N. Müller*, J. Polym. Sci. **A2**, **11**, 1219 (1973).

13) *Swan, P. R.*, J. Polym. Sci. **56**, 403 (1962).

14) *Chiang, R.* and *P. J. Flory*, J. Amer. Chem. Soc. **83**, 2857 (1961).

15) *Fischer, E. W., F. Kloos* und *G. Lieser*, J. Polym. Sci. **B7**, 845 (1969).

16) Nach Messungen von *F. Kloos*, zitiert in: *E. W. Fischer*, Pure Appl. Chem. **26**, 385 (1971).

17) *Fischer, E. W.* und *G. Hinrichsen*, Kolloid-Z. u. Z. Polymere **247**, 858 (1971).

18) *Porod, G.*, Kolloid-Z. **124**, 83 (1951).

19) Nach Messungen von *N. Müller*, unveröffentlicht.

20) *Hosemann, R.* u. *S. N. Bagchi*, Direct Analysis of Diffraction by Matter, S. 6+5 (Amsterdam 1962).

21) *Perret, R.* und *W. Ruland*, Kolloid-Z. und Z. Polymere **247**, 83 (1971). – *Ruland, W. O.*, J. Appl. Cryst. **4**, 70 (1971).

22) *Fischer, E. W., H. Goddar* und *G. F. Schmidt*, J. Polym. Sci. **A2**, **7**, 37 (1969).

23) *Fakirov, S.* und *E. W. Fischer* (in Vorb.).

24) *Müller, E. H.*, private Mitt.

25) *Konrad, G.* und *H. G. Zachmann*, Kolloid-Z. u. Z. Polymere **247**, 851 (1971).

26) *Fischer, E. W.* und *H. Goddar*, J. Polym. Sci. **16**, 4405 (1969).

27) Nach Messungen von *Stahl*, unveröff.

28a) *Bonart, R.*, Kolloid-Z. u. Z. Polymere **211**, 14 (1966).

28b) *Bonart, R.*, Kolloid-Z. u. Z. Polymere **199**, 136 (1964).

29) *Zhurkov, S. N., A. Slutsker* und *A. A. Yastrebinskii*, Fiz. Tverd. Tela **7**, 447 (1965).

30) *Eichhoff, U.* und *H. G. Zachmann*, Ber. Bursenges. Physik. Chemie **74**, 919 (1970).

31) *Kloos, F.*, Dissertation (Mainz 1972).

32) *Klein, G.*, Dissertation (Mainz 1974).

33) *Ishida, Y.*, J. Polym. Sci. **A2**, 1835 (1969).

34) *Lieser, G., E. W. Fischer* und *K. Ibel* (in Vorb.).

35) *Kirste, R. G.*, Jahresberichte 1969, 1970 und 1971 des Sonderforschungsbereiches 41 (Mainz/Darmstadt). – *Wignall, G. D.*, ICI International Report PQR, G 19/70 (1970). – *Cotton, J. B., B. Farnoux, G. Jannink, J. Mons* und *C. Picot*, C. R. Heb. Sean Acad. Sci. (France) **275**, 175 (1972).

36) *Kirste, R. G., W. A. Kruse* und *J. Schelten*, Makromolekulare Chem. **162**, 299 (1972). – *Schelten, J., W. A. Kruse* und *R. G. Kirste*, Kolloid-Z. u. Z. Polymere **251**, 919 (1973). – *Benoit, H., D. Decker, J. S. Higgins, C. Picot, J. P. Cotton, B. Farnoux, G. Jannink* und *R. Ober*, Nature **245**, 13 (1973). – *Cotton, J. P., B. Farnoux, G. Jannink, C. Picot* und *G. C. Summerfield*, J. Polym. Sci. **C42**, 807 (1973).

37) *Debye, P.*, J. Phys. Chem. **51**, 18 (1947).

38) *Flory, P. J.*, Statistical Mechanics of Chain Molecules (New York 1969).

39) *Flory, P. J.*, J. Chem. Phys. **17**, 303 (1949).

40) *Pechhold, W., M. E. Hauber* und *E. Liska*, Kolloid-Z. u. Z. Polymere **251**, 818 (1973).

Anschrift des Verfassers:

E. W. Fischer
Institut für Physikalische Chemie, II. Ordinariat
6500 Mainz, Jakob-Welder-Weg 15

Progr. Colloid & Polymer Sci. **57**, 164–175 (1975)

16.

Aus der Fachhochschule Osnabrück, Fachbereich Werkstofftechnik, Osnabrück

Zum Problem der Auflichtmikroskopie an partiell-kristallinen Hochpolymeren

Von K. Behre und J.-H. Kallweit

Mit 26 Abbildungen

(Eingegangen am 18. Oktober 1973)

I. Einleitung

Die vorliegende Arbeit berichtet von Ergebnissen einiger Ingenieurarbeiten, die im Fachbereich Werkstofftechnik der Fachhochschule Osnabrück durchgeführt wurden. Als Namen sind zu nennen die Herren *Barke, Behre, Kienbaum, Kolde* und *Saal* (1–5).

Die in den fünfziger Jahren verstärkt einsetzenden Untersuchungen morphologischer Probleme an partiell-kristallinen Hochpolymeren bedienten sich für direkte Beobachtungen der Elektronenmikroskopie und der Durchlichtmikroskopie an Dünnschnitten, Folien und Dünnschicht-Schmelzen, z. B. (6–8). Auch die Methode der Auflichtmikroskopie und die der Einwirkung ätzender bzw. quellender Lösungen auf Polymerstrukturen wurde schon früh angewandt, z. B. von *Stuart* und *Veiel* (9, 10). Spätere Arbeiten benutzten letztgenannte Methoden, jedoch bevorzugt zur Untersuchung verschiedener Homogenisierungsprobleme bei Extrudaten, z. B. (11). Systematische Versuche, die Methoden metallographischer Strukturdarstellungen, also Schleifen, Polieren, Ätzen und anschließende Beobachtung in Auflichtmikroskopie sind selten bekannt geworden. Hier gebührt der Arbeit von *Kowatschewa* und *Semerdjiev* besondere Beachtung (12).

Arbeiten dieser Art nehmen eine Zwischenstellung zwischen naturwissenschaftlicher und anwendungstechnischer Fragestellung ein. Von der Größenordnung der sichtbar zu machenden Strukturen her betrachtet, kann die Auflichtmikroskopie nur als Ergänzung der Durchlichtmikroskopie angesehen werden. Als Vorteil dieser Methode kann erwartet werden:

1. Es können größere Probenflächen untersucht werden.

2. Übergangszonen zu umspritzten Metallteilen stören nicht.

3. Dieselben Strukturen können mit Hilfe von Kantenschliffen von verschiedenen Seiten betrachtet werden.

4. Wachstumsformen an Grenzflächen und die Wirkung von Ätzungen können besser an „bulk-material" beobachtet werden.

Nachteilig wird sich auswirken:

1. Teilkristalline Hochpolymere zeigen in größeren Schichtdicken ein Opazitätsverhalten, das

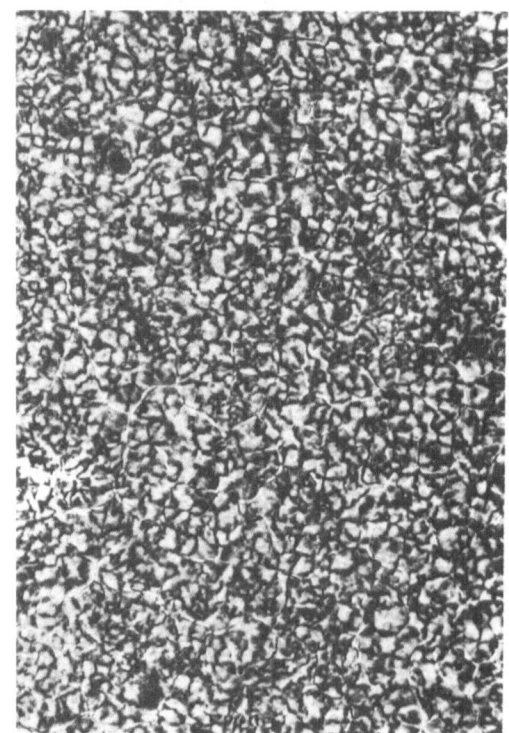

Abb. 1. ——— 2000 μ ———. Dünnschnittschmelze von PE Lupolen 1800 S, abgekühlt von 160 °C mit 4°/min, polarisiertes Durchlicht

Abb. 2. ——— 2000 µ ———. Gleicher Bildausschnitt wie Abb. 1, beobachtet in Auflicht, teil-polarisiert, Schräglichtbeobachtung

zur Kontrastminderung des Bildes durch Lichtstreuung führt.

2. Mechanische Bearbeitung der Oberflächen kann zu Rückwirkungen auf die Strukturen führen.

Die Gegenüberstellung des gleichen Ausschnittes einer Dünnschichtschmelze aus PE-Lupolen 1800-S, beobachtet in polarisiertem Durchlicht, Abb. 1, und in Auflichtmikroskopie, Schräglichtbeleuchtung zeigen, daß die Durchlichtmikroskopie mehr innere Strukturen sichtbar macht, die Auflichtmikroskopie dagegen die an den Oberflächen entstandenen Strukturen verdeutlicht (Abb. 2).

II. Beschreibung der Arbeitsmethode

a) Probenherstellung

Als Probenmaterial wurde PE, PP, PA, POM und PAN unterschiedlicher Dichte, Schmelzindizes und Monomerentypen untersucht. Es handelt sich ausschließlich um technisches Granulat. Probestäbe o. ä. erwiesen sich infolge der unbekannten thermischen und mechanischen Vorgeschichte als wenig geeignet. Die Probekörper für Polierversuche wurden an einer ein-

fachen Kniehebelpresse (Eigenbau Fa. Hagedorn) hergestellt. Zur Zeit wird daran gearbeitet, die notwendige Regelung von Maschine und Werkzeug weiter so zu verbessern, daß Proben mit streng reproduzierbarer thermischer und mechanischer Beanspruchung hergestellt werden können. Aus gleichem Granulat wurden Dünnschichtschmelzen zwischen Glasplatten oder mit frei abkühlender Oberfläche mit definiertem Temperaturprogramm hergestellt. Zur Aufheizung der Proben diente bevorzugt eine Koflerbank, die Proben wurden bis 20° über den Kristallschmelzpunkt erwärmt, 5 min getempert und mit einigen Grad/min abgekühlt. Da diese Proben immer Oberflächenstrukturen zeigten, dienten sie zur Kontrolle der Polier- und Ätzversuche an den Spritzgußkörpern und zu Vergleichen zwischen Durchlicht- und Auflichtmikroskopie.

b) Schleifen und Polieren

Die Oberflächenpolitur an den Spritzgußkörpern erfolgte in den Schritten:

a) Einschäumen der Proben in PUR-Hartschaum zu Führungskörpern, die in einem Mehrfachproben-Poliergerät aufgenommen werden können (Stellapol, Fa. Struers, Kopenhagen). Dieses Verfahren war ursprünglich für metallische Proben entwickelt worden, wenn thermische Belastung bei Duromereneinbettung oder die Schrumpfneigung von Gießharzeinbettungen vermieden werden sollten (1). In diesem Fall wurde auch die Gefahr vermieden, daß niedermolare Anteile des noch nicht ausgehärteten Harzes in die Probe eindiffundierten. Die Proben wurden auf den Boden eines verschließbaren Druckzylinders in der Form des Führungskörpers gelegt, die PUR-Mischung (Duromer RMS 103/1 der Fa. Elastogran) eingegeben und verschlossen. Entformung war nach 20′ bis 30′ möglich. Infolge der gegenüber der Harzmasse großen Werkzeugmasse wurde zu starke Temperaturerhöhung im Probenbereich sicher vermieden.

b) Der Grob- und Feinschliff erfolgte auf rotierenden Scheiben trocken auf in der Metallographie üblichen Naßschliffpapieren. Abdrehen der entformten Schleifkörper erwies sich als falsch, da die Drehstahlspitze trotz aller Vorsicht die Struktur bis in merkliche Tiefen zerstörte. Gleiches gilt für Schleifen und Polieren unter zu hohem Druck.

c) Die Politur erfolgte auf textilbelegten Scheiben mit Diamantpaste. (Diamantpaste B, fein, Fa. Struers.) Da diese beim Polieren aus einem *Tropf* mit einer Mischung organischer Lösungsmittel geschmeidig gehalten wird, handelte es sich bei einigen Proben nicht um einen rein mechanischen Poliervorgang, sondern um eine Art Ätzpolieren. Nach den bisherigen Erfahrungen werden die Oberflächen geschliffener und polierter Polymere immer amorphisiert. Erst Anätzen läßt Strukturen sichtbar werden. Es wurde damit begonnen, die Politur auf Textilscheiben zu ersetzen durch eine solche auf PUR-Schaumplatten. Dieses Verfahren wurde in der optischen Industrie bekannt. In das PUR werden Poliermittel eingeschäumt, bei der Politur mit Wasser werden Eisenoxyde oder Chromoxyd zugesetzt. Die Polituteffekte werden deutlich verbessert, im Fall der Hochpolymeren erfolgt jedoch ebenfalls Amorphisierung der Oberflächen. Polieren und Ätzen hat bei allen Poliertechniken bei vielen Probetypen alternierend wiederholt zu erfolgen.

c) Der Ätzprozeß

Die Ätzmittel dürfen naturgemäß keine Lösungen mit stark quellender Wirkung sein. Ätzungen erfolgen erst oberhalb Raumtemperatur genügend intensiv, die Ätztemperatur muß andererseits genügend unterhalb des Einfrierbereiches des jeweiligen Polymerentypes liegen. Kurze Ätzzeiten sind zu bevorzugen. Durch Kombination von Ätzmittel, Ätzzeit und Temperatur muß erreicht werden, daß kristalline Strukturen, amorphe Bereiche und innere Korngrenzen unterschiedlich angegriffen werden. Nach der Ätzung erfolgte Abspülung mit Wasser und Trocknen.

Nach der beschriebenen Methode wurde vielfach erfolgreich gearbeitet. Es soll aber trotzdem an dieser Stelle betont werden, daß strenge Reproduzierbarkeit an gleichen Proben noch nicht immer gewährleistet ist. Ursache ist zu starke Amorphisierung der Oberfläche, durch Kühlen sollen hier in Zukunft Verbesserungen versucht werden.

Kowatschewa und *Semerdjiev* (12) berichten von Arbeiten an einem bulgarischen PE (Ropoten $\varrho = 0,918$ g/cm^3, MI $= 5$–8). Aus einer großen Anzahl anorganischer Säuren und organischen Lösungsmitteln wurden optimale Ätzbedingungen ermittelt.

Es wurden Heptan, 65 °C, Ätzzeit 1–3 sec, Benzol 65 °C, Ätzzeit 3–6 sec und Xylol 70 °C, Ätzzeit 15–60 sec als besonders geeignet ermittelt.

Während bei PP und PA mit diesen Lösungen brauchbare Ergebnisse erzielt wurden, konnten an PE-Marken Hostalen, Lupolen und Vestolen verschiedener Dichte und M I Strukturbilder der angegebenen Qualität nicht sichtbar gemacht werden. Als bisher wirksamstes Ätzmittel wurde 50%-ige Ameisensäure, 60–70 °C, 15–25 sec. Ätzzeit, für obengenannte PE-Typen ermittelt. Auch PP und POM werden ohne merkliche Quelleffekte angegriffen.

Bei PAN waren die Strukturen submikroskopisch und trotz röntgenographischen Nachweises von Kristallinität lichtmikroskopisch nicht nachweisbar.

d) Optische Untersuchung

Die optischen Untersuchungen wurden am Zeiss Ultraphot II bei Schräglichtbeleuchtung mit und ohne Polarisation durchgeführt. Interferenz-Kontrast brachte keine Verbesserung. Beobachtung in begrenzten Schärfe-Tiefen-Bereichen waren teilweise trotz Kontrastminderung infolge Streulichtes möglich. In vereinzelten Fällen konnten Strukturen durch die amorphisierte Schicht hindurch erkannt werden.

III. Exemplarische Darstellung einiger Ergebnisse

Die unterschiedliche Wirkung der Ätzung auf verschiedene Polymere bei unterschiedlichen Wachstumsbedingungen sei an der Gegenüberstellung POM–PP aufgezeigt. POM Hostaform C 9010 wurde als Dünnschichtschmelze zwischen Glasplatten von 205 °C mit etwa 9°/min abgekühlt und anschließend mit 50%iger Ameisensäure von 55 °C unter Variation der Angriffszeit geätzt. Man beobachtet, ausgehend von ungeätztem Material Abb. 3, schichtweisen Abbau der kegelförmig aufgewachsenen Sphärolithe, der Angriff erfolgt von den Korngrenzen her, Abb. 4 und Abb. 5. Die innere, aus garbenförmigen Dendriten aufgewachsene Struktur wird sichtbar, Abb. 6 und 7. Der Abbau erfolgt bis zur völligen Zerstörung der Struktur, Ätzlöcher werden erzeugt, Abb. 8 und 9.

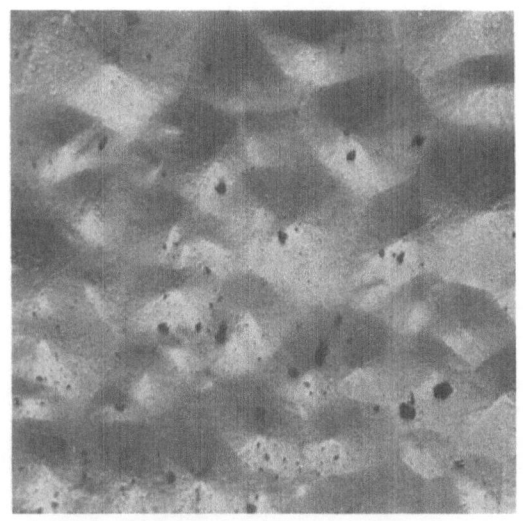

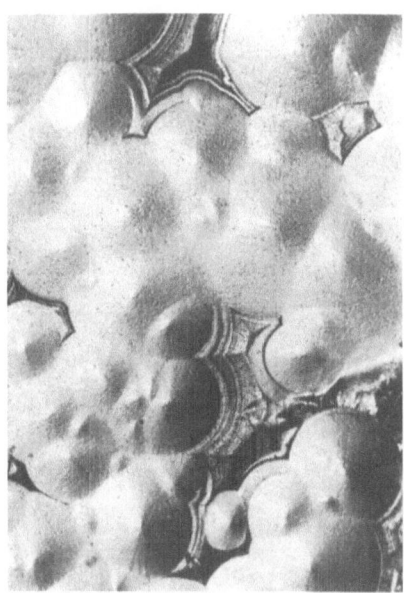

Abb. 3. ——— 100 μ ———. POM Hostaform C 90/0, abgekühlt zwischen Glasplatten von 205 °C mit 9°/min, ungeätzt

Abb. 5. ——— 100 μ ———. Wie Abb. 4, Ätzzeit 20 sec

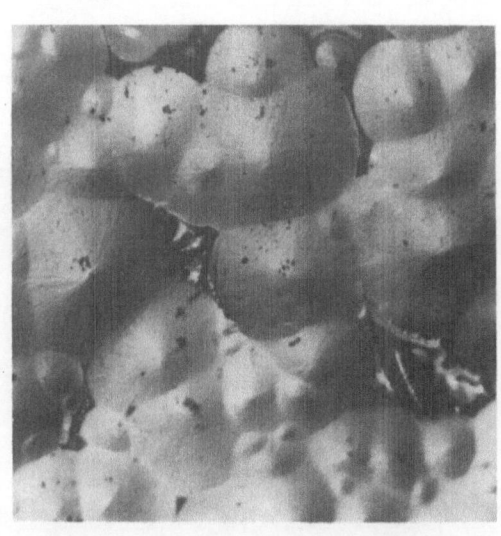

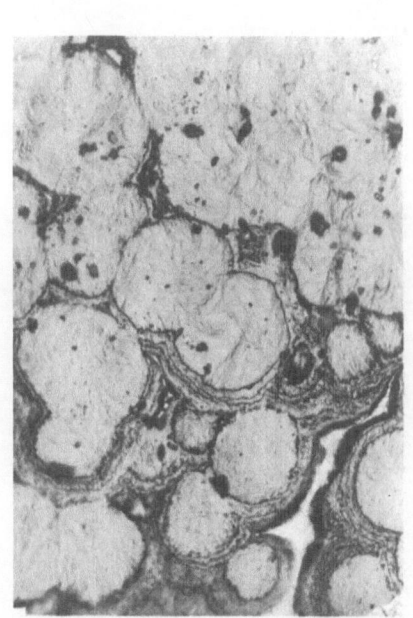

Abb. 4. ——— 100 μ ———. Wie Abb. 3. Geätzt in 50%iger Ameisensäure von 55 °C, Ätzzeit 10 sec

Abb. 6. ——— 100 μ ———. Wie Abb. 4, Ätzzeit 30 sec

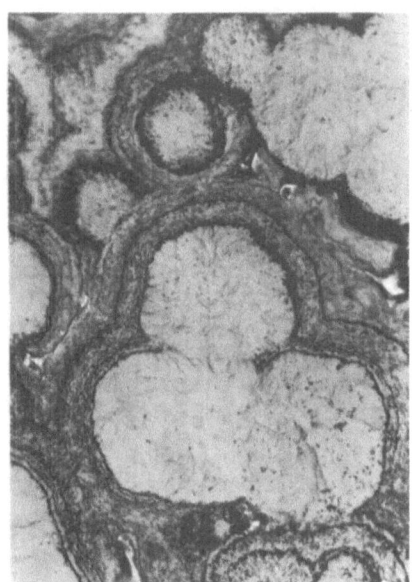

Abb. 7. ——— 100 μ ———. Wie Abb. 4, Ätzzeit 60 sec

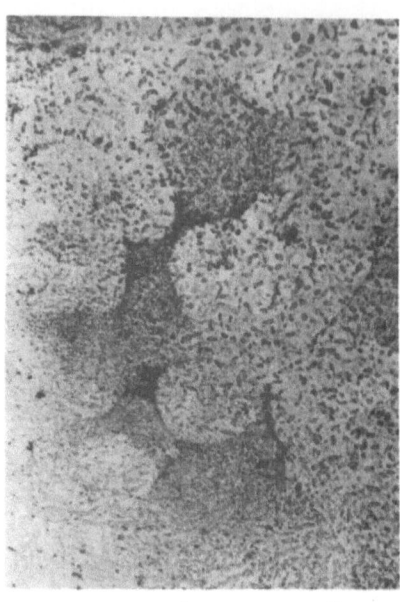

Abb. 9. ——— 100 μ ———. Wie Abb. 4, Ätzzeit 180 sec

Dagegen zeigt eine Spritzgußprobe aus PP-P 6500, C. W. Hüls nach Politur und Ätzen sofort großflächig den garbenförmigen Aufbau aus Dendriten, die teilweise ein, teilweise aber auch mehrere Zentren aufweisen. Abb. 10. Bei weiterer Ätzung, Abb. 11 und 12, wurden hier jedoch neue, innere Korngrenzen sichtbar. Die im Spritzgußwerkzeug aus der Schmelze gewachsenen Sphärolithe sind offensichtlich durch Zusammenwachsen kleinerer im Aufbauprinzip

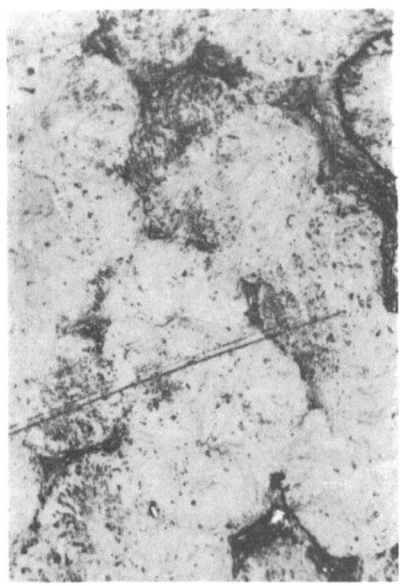

Abb. 8. ——— 100 μ ———. Wie Abb. 4, Ätzzeit 120 sec

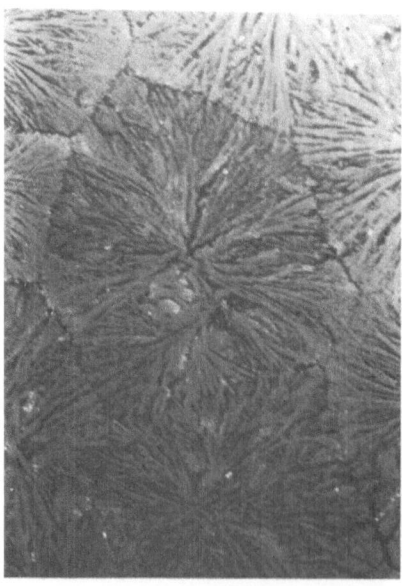

Abb. 10. ——— 100 μ ———. PP Hüls P 6500, gespritzt mit 185 °C, getempert bei 210 °C, abgekühlt mit 9°/min, geätzt in 50 %iger Ameisensäure von 55 °C, Ätzzeit 10 sec

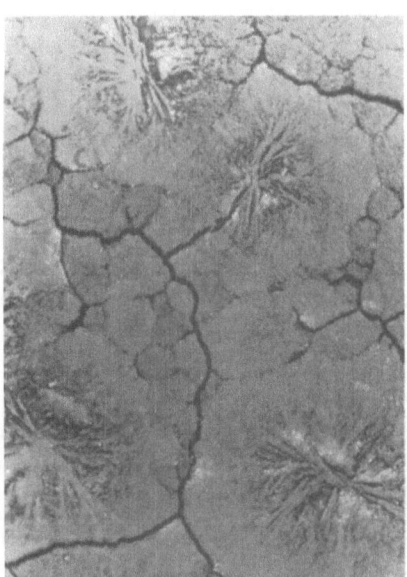

Abb. 11. ———— 100 μ ————. Wie Abb. 10, Ätzzeit 20 sec

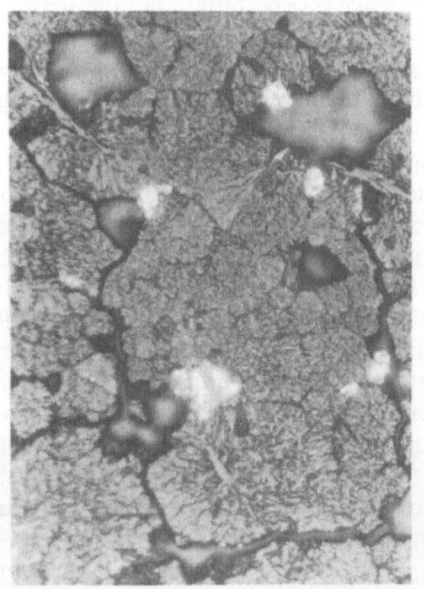

Abb. 12. ———— 100 μ ————. Wie Abb. 10, Ätzzeit 30 sec

gleicher Strukturen entstanden. Gestützt wird diese Aussage durch Beobachtungen an vielen Sphärolithen-Strukturen, daß Korngrenzen von den garbenförmigen Dendriten überwachsen werden können.

Aus diesen Beobachtungen an PP kann geschlossen werden, daß größere Sphärolithe nicht zwingend von einem einzigen Wachstumskeim her aufgewachsen sein müssen.

Die Problematik der Polier-Ätzmethodik möge Abb. 13 erhellen. POM Delrin 500 NC zeigt nach der Politur noch die schwer vermeidbaren Kratzer, die Struktur wird sichtbar, ist aber trotz Ätzung überdeckt geblieben.

Abb. 13. ———— 200 μ ————. POM Delrin 500 C, Probe poliert und geätzt mit 50 %iger Ameisensäure, Ätzzeit 20 sec. Beispiel für noch bestehende Schwierigkeiten, Ätzungen streng reproduzierbar bei gleichen Stofftypen durchzuführen. Siehe Abb. 3–9

IV. Wachstumsmechanismus von Sphärolithen

a) Wachstumsformen im Spritzwerkzeug

Bei den in der Kniehebelpresse gefertigten Proben war es unvermeidlich, daß ein Temperaturgefälle zur Werkzeugwand hin entstand. An keiner maschinell gefertigten Probe konnten Sphärolithe als echte kugelförmige Gebilde gefunden werden. Zur Überprüfung wurde bei einem PA Vestamid L 1600 eine 90°-Kante senkrecht und parallel zum Temperaturgefälle im Werkzeug anpoliert. Die bei Beobachtung senkrecht zum Temperaturgefälle erkennbaren „Sphärolithe" (Abb. 14) sind parallel dazu gesehen schichtförmige Strukturen (Abb. 15).

Aufgrund der Arbeiten der letzten Jahre (13) bis (19) ist bekannt, daß das Maximum der Keimbildungsgeschwindigkeit in Hochpolymeren bei niedrigeren Temperaturen liegt als das

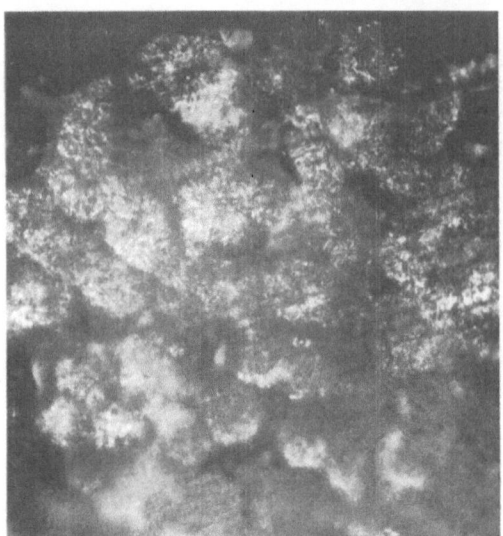

Abb. 14. ——— 100 μ ———. Probe aus PA Vestamid L 1600. Senkrecht zum Temperaturgefälle im Werkzeug beobachtet.

Abb. 15. ——— 100 μ ———. Die gleiche Struktur wie Abb. 14. Beobachtung mit Hilfe von Kantenpolitur von der Seite. (Parallel zum Temperaturgefälle im Werkzeug.) Die Sphärolithe erscheinen als Schichtstrukturen

Maximum der Kristall-Wachstumsgeschwindigkeiten. Die gefalteten Molekülketten wachsen bevorzugt senkrecht zur Faltung, die Temperaturverteilung in der Schmelze ist von dominierendem Einfluß. Unter diesen Annahmen ist verständlich, daß streng kugelförmige Strukturen in einem Werkzeug infolge der in Schnecke und Düse texturierten Schmelze und der inhomogenen Temperaturverteilung nach Einspritzen kaum entstehen können. Für den dominierenden Einfluß der Temperaturführung lassen sich für den Fall der Abkühlung im Werkzeug drei Standardfälle erkennen:

1. Totale Abschreckung der Schmelze in kaltem Werkzeug. Es entsteht nur Mikrogefüge.

2. Die Temperaturzonen im Werkzeug werden durch dessen Temperatur und die Fließvorgänge der eingespritzten Schmelze bestimmt. Die entstehende Morphologie spiegelt diesen Vorgang wider.

3. Im wärmeren Werkzeug können von der Wandung her Transkristalle in den Spritzkörper hineinwachsen, während im Inneren wenige Keime gepaart mit höherer Temperatur zum Wachstum größerer, aber nicht kugelsymmetrischer Strukturen führen.

Folien, die nach Austritt aus der Ringdüse nicht zu stark gekühlt werden, zeigen ein Verhalten entsprechend Fall 3. (6, 20).

b) Wachstumsformen bei langsamer Abkühlung von Schmelzen

Bei allen Beobachtungen wurden Aussagen von *Fischer* (21) bestätigt, daß die teilweise beträchtlichen Unterschiede in den Strukturbildern nicht so sehr in der chemischen Konstitution der Polymerentypen liegen, sondern bevorzugt in der thermischen und mechanischen Vorgeschichte der Schmelze (8). Aus diesem Grunde wurde geprüft, ob die Auflichtmikroskopie ergänzende Beiträge zum Problem der Entstehung der beobachteten Strukturen beitragen könnte. Es erschien auch im Fall langsam abkühlender dünner Schmelzschichten schwierig, als Regelfall anzunehmen, daß die später beobachteten relativ großen sphärolithischen Strukturen von einem einzigen Keim aus gewachsen wären. In diesem Fall hätte die Keimbildungsgeschwindigkeit sehr viel kleiner als die Keimwachstumsgeschwindigkeit sein müssen. Unterstützung der Kristallisierungsgeschwindigkeit durch Vortexturierung der Molekülketten in der Schmelze kann nicht unterstellt werden, da es sich um ein radialsymmetrisches Wachstum handelt. Bei helix-förmiger Tordierung der gefalteten Molekülketten müßten bei punktförmigen Keimen polarisationsoptisch helle und dunkle Zonen periodischer Brechungsindexänderungen zu sehen sein (22, 23). Es wurden derartige, völlig symmetrische Strukturen, die ein punktförmiges Zentrum aufweisen, bei Dünnschnittschmelzen von PE-Hostalen GF 5250 gefunden. Öfter jedoch wurde festgestellt, daß die tordierten Lamellen, wie es auch aus der Literatur bekannt ist (24), nur sektorweise aufwachsen.

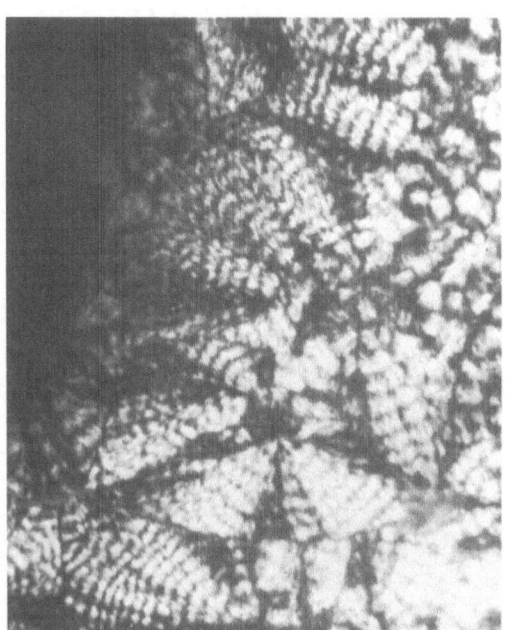

Abb. 16. ———— 80 μ ————. Wachstumsgrenze einer Schmelze aus PE Lupolen 6042 D. Polarisiertes Durchlicht. Aufheizung auf 180 °C der Schmelze zwischen Glas mit einer Koflerbank. Abkühlung etwa 5°/min. Die in polarisiertem Licht sichtbaren Zonen periodischer Änderungen des Brechungsindex sind sektorweise ausgebildet

Das dendritische Wachstum von Hochpolymeren muß nicht von zentralen Keimzonen ausgehen, wie folgende Beispiele zeigen:

a) Bei extrem langsamer Abkühlung einer mit Glas abgedeckten Schmelze von PE Lupolen 1800 S entstanden im Temperaturgefälle einer Koflerbank dendritische Wachstumsfronten, die unter dem Deckglas hervorwuchsen.

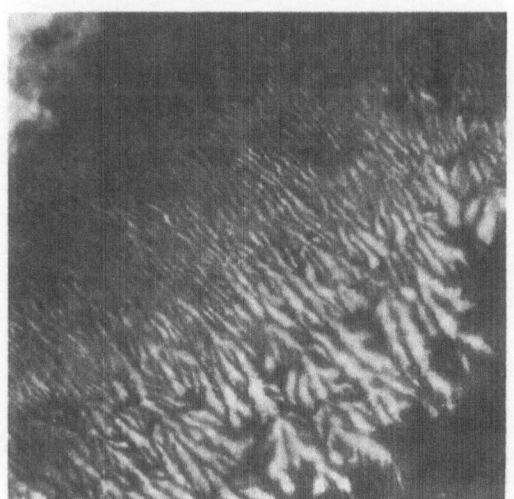

Abb. 17. ———— 100 μ ————. Dendritische Wachstumsfront bei einer extrem langsam abgekühlten Schmelze aus PE Lupolen 1800 S

b) Eine Schmelze von PP Hostalen N 1060 wurde auf einem Trägermaterial abgekühlt, das, wahrscheinlich durch Kratzer bedingt, fadenförmige Anordnungen von Wachstumskeimen enthielt. Es entstanden transkristalline Strukturen. Bei zunehmendem Wachstum bilden – siehe Abb. 18 – die Dendrite so viele Seitenverzweigungen, daß die Wachstumsfronten abgebogen werden. Die Vorzugsrichtung des Wachstums an den geordneten Keimen legt den Schluß nahe, daß radialsymmetrisches Wachstum eines Sphärolithen nicht durch einen Keim mit bevorzugter Wachstumsrichtung, wie es ein gefaltetes Kettenmolekül darstellt, entstanden sein kann.

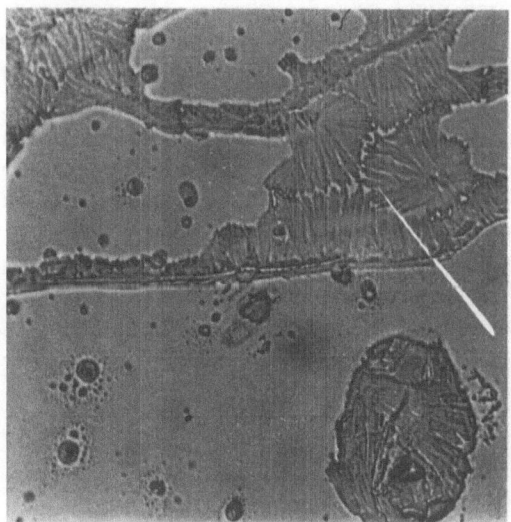

Abb. 18. ———— 50 μ ————. Transkristallisation aus einer Schmelze aus PP Hostalen N 1060

c) Wie am Beispiel der Abb. 3 gezeigt, können die Sphärolithe an freien Oberflächen kegelförmig aus der Oberfläche herauswachsen. Es muß daher neben dem Radialwachstum die Richtung senkrecht dazu ebenfalls eine Vorzugsrichtung des Wachstums sein. Sie ist jedoch weniger ausgeprägt als die des radialen Wachstums. Derartige Erscheinungen sind nicht auf Polymere beschränkt, Sie können auch an anorganischen Kristallen, wie z. B. an Markasit (Fundort Lengerich), beobachtet werden.

c) Keimwachstum in extrem dünnen Schmelzfilmen

Es wurde die Frage aufgeworfen, ob es statthaft sei, den vermuteten Wachstumsmechanismus, wie er in dünnen Schmelzfilmen beobachtet wurde, auf großvolumige Spritzgußproben zu übertragen. Aus der Literatur ist bekannt, daß die Sphärolith-Wachstumsrate von der Dicke des Schmelzfilms abhängt (25). Wegen der besseren Beobachtungsmöglichkeit und der Akzentuierung dickenabhängiger Wachstumseffekte gerade bei sehr dünnen Schichten wurden keilförmige Schichten unter einem Deckglas erschmolzen. Als Material diente leicht kristallinisierendes PA (Vestamid L 1600, Hüls). Nach Abkühlung der Schmelze mit etwa 4°/min wurde das Deckglas abgehoben. Keildicke und Keilwinkel wurden interferenz-holographisch vermessen. Bei Schichtdicken unter etwa 1,2 μ konnten lichtmikroskopisch auflösbare Strukturen nicht gefunden werden. Mit wachsender Dicke, etwa bis 2,5 μ, wurden einzelne, rautenförmige Kristalle beobachtet. Ihre Erkennbarkeit in Auflichtmikroskopie mit Schräglichtbeleuchtung war wesentlich besser als in Durchlicht, da die Rauten auf einer nicht auflösbaren Grundmasse mit annähernd gleicher Transparenz aufwuchsen (41).

Die Rauten zeigten in der Mitte oft punktförmige Verdickungen. Sie schienen auch Querstrukturen aufzuweisen, die jedoch lichtmikroskopisch an der Grenze des Auflösungsvermögens lagen. Es bestätigte sich hier ein Wachstumsmechanismus, wie er von *Keller* (15), *Keith* (26) und *Flory* (19, 27) postuliert wurde. Mit weiter zunehmender Schichtdicke zeigten sich Wachstumsformen, die auf Schmelzen großer Schichtdicke übertragbar sein können. Besonders in Abb. 20 ist deutlich erkennbar, daß

Abb. 20. ——— 20 μ ———. Wie Abb. 19, stärkere Vergrößerung

durch das Zusammentreffen von Wachstumsspitzen der rautenförmigen Kristalle spontan neue Keime gebildet werden. Diese wachsen, wie aus Abb. 21 ersichtlich, bevorzugt radial-

Abb. 19. ——— 30 μ ———. PA Vestamid L 1600 in dünner Schicht 1,2 μ < d < 2,5 μ, langsam abgekühlt. Auf einem nicht auflösbaren Untergrund sind kristalline Rauten aufgewachsen

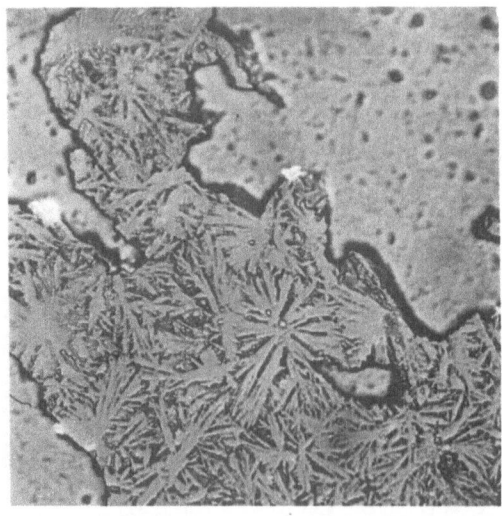

Abb. 21. ——— 50 μ ———. Wie Abb. 19, die Schichtdicke der Schmelze war 2,5 μ < d < 4,0 μ

symmetrisch weiter, der zentrale Bereich wächst jedoch ebenfalls, wenn auch langsamer auf. Als Arbeitshypothese sollen derartige aus rautenförmigen Einzelkristallen entstandene Wachstumszentren „Folgekeime" genannt sein. An die zeitlich am frühesten entstandenen Folgekeime werden bei weiterem Wachstum neue Rauten angelagert, die schließlich infolge von Verzweigungen in Dendrite übergehen. Es entstehen garbenförmig unterteilte Sphärolithe und Übergangsstrukturen zu Einzelgarben. Diese Strukturen können schließlich noch so zusammenwachsen, daß die an Schmelzen beobachteten Korngrenzen entstehen. Bei Ätzungen können die ursprünglichen Strukturen wieder freigelegt werden. Siehe Abb. 3–12.

Die Rauten, deren Zusammenschluß die Folgekeime ergaben, entstanden auf einem Untergrund, der mit den vorliegenden Methoden nicht auflösbar war. Dieser Untergrund und der Zwischenraum zwischen den garbenförmigen Dendriten muß jedoch weitgehend mit Materie erfüllt sein. Das Bild der Folgekeime steht nicht im Widerspruch zu den Arbeiten von *Keith* (26) über Primär- und Sekundärkristallisation. Es wurde gefunden, daß aus den größeren, durch Folgekeime entstandenen Strukturen heraus kleinere transkristalline Strukturen in die Grundmasse hineinwuchsen. Die Abb. 22 zeigt die

großen Strukturen, die infolge ihrer Größe in einer anderen Schärfeebene liegen als die in Abb. 23 gezeigten Transkristalle des gleichen Bildausschnittes.

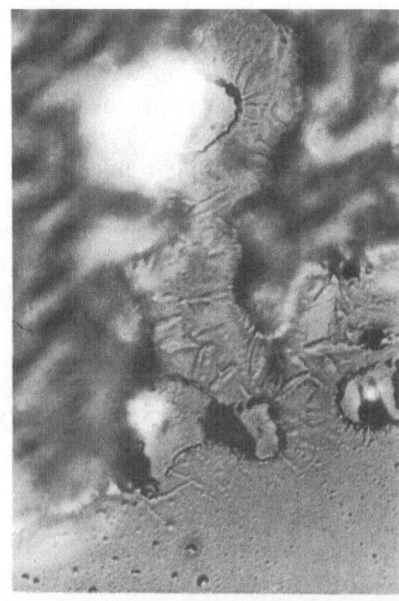

Abb. 23. ——— 30 μ ———. Gleicher Bildausschnitt wie Abb. 22, Schärfeebene auf Untergrund eingestellt

Abb. 24. ——— 200 μ ———. POM Hostaform C 9010. An die auf 215 °C erhitzte Schmelze war ein elektrisches Feld von etwa 2,5 kV angelegt worden und die Schmelze anschließend im Feld abgekühlt. Ausrichtung der Dendrite in Feldrichtung

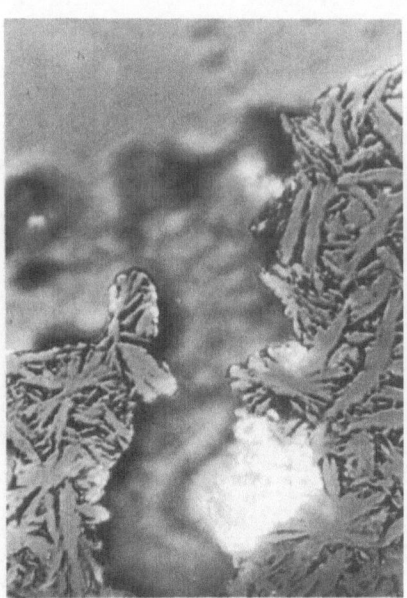

Abb. 22. ——— 30 μ ———. Wie Abb. 21. Die Schärfeebene ist auf die Probenoberfläche eingestellt

V. Sphärolithwachstum im elektrischen Feld

Texturiert man die Schmelze hinreichend polarer Polymere im elektrischen Feld und läßt im Feld abkühlen, dann zeigen die entstehenden Sphärolithe Vorzugsrichtungen des Wachstums in Feldrichtung. Hieraus kann die Bestätigung der Aussage abgeleitet werden, daß für radialsymmetrisches Wachstum Keimanhäufungen vorhanden sein müssen.

Wird dagegen die sphärolithische Struktur unter Anlegen eines elektrischen Feldes nur bis in den Anfang des Erweichungsbereiches erhitzt und getempert (hier im Fall von POM Hostaform ∼ 150 °C), so entstehen Risse in der Sphärolith-Struktur. Wie aus den Abb. 25 und 26 ersichtlich, ist die Lage der Risse durch drei Vorzugslagen gekennzeichnet:

1. Radialrisse in den garbenförmigen Dendriten, ausgehend vom Zentrum.

2. Ringförmige Tangentialrisse senkrecht dazu.

3. Risse entlang der Korngrenzen.

Es kann noch nicht entschieden werden, ob diese Risse ausschließlich durch elektrische Einwirkung von Entladungen entstanden sind, oder ob mechanische Spannungen als Sekundärwirkung des angelegten Feldes die Ursache sind. Jedenfalls werden hier die Schwachstellen innerhalb einer sphärolithischen Struktur sichtbar. Es kann daraus gefolgert werden, daß die beobachteten Inhomogenitäten in der elektrischen (oder mechanischen) Festigkeit die Folge von Inhomogenitäten in der Struktur sind. Die Radialrisse können als Hinweis dafür gelten, daß sich die Struktur zwischen den garbenförmigen Dendriten von diesen unterscheidet. Die Tangentialrisse weisen auf die bekannte Schichtung der Sphärolithe hin. Die Korngrenzenbeanspruchung mag ein Hinweis auf die nicht völlige Homogenisierung aufeinander zuwachsender Dendritenstrukturen sein oder aber auch als Hinweis für Korngrenzen-Ablagerungen gelten. Rein mechanisch verstreckte Polymerstrukturen zeigen recht ähnliches Verhalten. Mechanische Streckung (z. B. gebogene Kabelisolierungen) führt zur Änderung der elektrischen Leitfähigkeit (39) und der elektrischen Eigenschaften (28, 40).

Wir danken der „Gesellschaft zur Förderung der Staatlichen Ingenieur-Akademie Osnabrück" für die Anschaffung des Poliergerätes. Den Firmen Bayer AG,

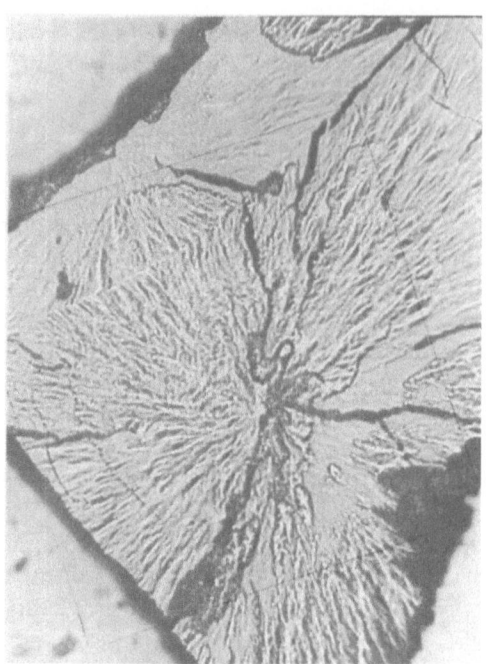

Abb. 25 und 26. ——— 200 μ ———. Wie Abb. 24, die Probe war jedoch nur auf etwa 150 °C erwärmt worden. Die Sphärolithe zeigen sowohl Radialrisse bevorzugt vom Zentrum ausgehend, wie auch Tangentialrisse. Korngrenzen und Eckpunkte zwischen benachbarten Sphärolithen scheinen besonders belastet

BASF AG, Du Pont, Emser Werke, Hoechst AG, Chemische Werke Hüls, danken wir für die Überlassung des Probenmaterials. Der Firma Elastogran Lemförde danken wir für Ihre Unterstützung mit PUR-Hartschaum. Nicht zuletzt sind wir Herrn *Klein-Helmkamp*, Fachhochschule Osnabrück, zu Dank verpflichtet für die Herstellung von Geräten und Proben.

Zusammenfassung

Es wurde dargelegt, daß die Verwendung der Auflichtmikroskopie ein ergänzendes Hilfsmittel bei Strukturanalysen darstellt. Es ist möglich, nében Folien, Dünnschnittschmelzen und frei gewachsenen Oberflächen Strukturen im Inneren voluminöser Proben sichtbar zu machen, wenn die Proben nach den metallographischen Arbeitsmethoden geschliffen, poliert und geätzt werden. Poliervorgänge führen zunächst zur Amorphisierung der Oberfläche, die durch geeignete Ätzmittel abgetragen werden muß. Hier sind die Arbeiten noch nicht abgeschlossen.

Summary

It has been shown, that light-microscopy in reflection may serve to supplement investigations of micro-structures in high-polymeres. Structures become visible in foils, surfaces and thin layers caused by melting. Structures in bulk material are visible after grinding, polishing and etching in the way of metallographic preparation. Grinding and polishing are causing the change of surface layers into amorphous structures, which must be reduced by etching. Further investigations in this field are necessary.

Nucleation in thin layers of molten polyamid could be observed.

Literatur

1) *Barke, W.*, Ingenieurarbeit, Fachhochschule Osnabrück (1971).
2) *Kolde, V.*, Ingenieurarbeit, Fachhochschule Osnabrück (1972).
3) *Saal, D.*, Ingenieurarbeit, Fachhochschule Osnabrück (1972).
4) *Kienbaum, U.*, Ingenieurarbeit, Fachhochschule Osnabrück (1973).
5) *Behre, K.*, Ingenieurarbeit, Fachhochschule Osnabrück (1973).
6) *Jenkel, E., E. Teege* und *W. Hinrichs*, Kolloid-Z. **129**, 19 (1952).
7) *Hechelhammer, W.*, Kunststoffe **45**, 414 (1955).
8) *Zachmann, H. G.* und *H. A. Stuart*, Makromolekulare Chemie **41**, 148 (1960).
9) *Stuart, H. A.* und *V. Veiel*, Kunststoffe **43**, 179 (1953).
10) *Stuart, H. A.*, Die Alterung und Korrosion von Kunststoffen (Weinheim 1967).

11) *Ischebeck, U.*, Kunststoffe **62**, 110 (1972).
12) *Kowatschewa, W.* und *S. Semerdjiev*, Praktische Metallographie **9**, 147 (1972).
13) *Fischer, E. W.*, Z. Naturforschg. **12a**, 753 (1957).
14) *Zachmann, H. G.*, Kolloid-Z. u. Z. Polymere **231**, 504 (1969).
15) *Keller, A.*, Kolloid-Z. u. Z. Polymere **231**, 386 (1969).
16) *Pechhold, W.*, Plenarvorträge Physikertagung 1971, (Stuttgart 1971).
17) *Mandelkern, L.*, J. Appl. Phys. **26**, 443 (1955).
18) *Burns, J. R.* und *D. Turnbull*, J. Appl. Phys. **37**, 4021 (1966).
19) *Price, F. P.*, in: Nucleation (New York 1960).
20) *Menges, G.* und *B. Horn*, GAK und private Mitteilung. *B. Horn* **71**, 714 (1971).
21) Diskussionsbeitrag *E. W. Fischer* zu Vortrag *R. Bonart*, Kolloid-Z. u. Z. Polymere **231**, 438 (1969).
22) *Becke, F.* und *G. Tschermak*, Lehrbuch der Mineralogie (Leipzig 1923).
23) *Hendus, R., G. Schnell, H. Thurn* und *K. A. Wolf*, Erg. exakten Naturwiss. **31**, 220 (1959).
24) Abschnitt 3.2 *Schnittmann, A.* und *H. Oberst*, in: *Nitsche/Wolf*, Kunststoffe Bd. **2**, 62 (Berlin-Heidelberg-New York 1961).
25) *Heber, J.*, J. Polymer Sci. **A 2**, 1291 (1964).
26) *Keith, H. D.*, Kolloid-Z. u. Z. Polymere **231**, 421 (1969).
27) *Flory, P. J.*, J. Amer. Chem. Soc. **84**, 2857 (1966).
28) *Steiner, K., W. Engelbart, F. Asmussen* und *K. Ueberreiter*, Kolloid-Z. u. Z. Polymere **233**, 849 (1969).
29) *Elias, H. G.*, Makromoleküle (Basel 1971).
30) *Mandelkern, L.*, Crystallization of Polymers (New York 1964).
31) *Wunderlich, B.*, Kolloid-Z. u. Z. Polymere **231**, 605 (1969).
32) *Tobolsky, A.*, Mechanische Eigenschaften und Struktur von Polymeren (Stuttgart 1967).
33) *Burnett, B. B.* und *W. F. McDevit*, J. Appl. Phys. **28**, 1101 (1957).
34) *Dietl, J.*, Kunststoffe **59**, 515 (1969).
35) *Wunderlich, B.*, Ind. Eng. Chem. **56**, 18 (1964).
36) *Eppe, R., E. Fischer* und *H. Stuart*, J. Polym. Sci. **34**, 721 (1959).
37) *Jenkel, E. E. Teege* und *W. Hinrichs*, Kolloid-Z. **129**, 19 (1952).
38) *Beck, H.*, Spritzgießen (München 1963).
39) *Woebken, W.*, Dissertation Darmstadt 1950.
40) *Müller, F. H.* und *K. Huff*, Kolloid-Z. **153**, 5 (1957).
41) *H. Westlinning*, Kolloid-Z. u. Z. Polymere **211**, 76 (1966).

Anschrift der Verfasser:

Ing. grad. *K. Behre*
4500 Osnabrück, Kurt-Schumacher-Damm 1
Dr. *J.-H. Kallweit*
Fachhochschule Osnabrück
F. B. Werkstofftechnik
4500 Osnabrück

Progr. Colloid & Polymer Sci. **57**, 176–191 (1975)

17.

Aus dem Meß- und Prüflaboratorium der BASF Aktiengesellschaft, Ludwigshafen am Rhein

Neue elektronenmikroskopische Untersuchungen über die Morphologie von Polyäthylenen

Von G. Kanig

Mit 27 Abbildungen und 1 Tabelle

(Eingegangen am 2. April 1974)

A. Einleitung

Es ist bekannt, daß die physikalischen Eigenschaften und damit auch die Gebrauchseigenschaften von Hochpolymeren sehr stark abhängig sind vom morphologischen Aufbau. Bei der Aufklärung der Mikromorphologie spielt neben der Röntgenographie, den Untersuchungsmethoden mit Ultrarotabsorption, magnetischer Kernresonanz und mechanischer Dispersion die Elektronenmikroskopie eine immer größere Rolle. Während z. B. die Röntgenographie nur mittelbar mit Hilfe bestimmter Auswerteverfahren summarisch etwas über die Morphologie aussagen kann, läßt die Elektronenmikroskopie bei geeigneter Präparation die Möglichkeit zu, unmittelbar die Feinstruktur von Kunststoffen abzubilden. Sie stellt daher eine willkommene Ergänzung zu den anderen Untersuchungsmethoden dar.

Zur Herstellung von Abbildungen vorgegebener kompakter Substanzen sind in der Hauptsache zwei Präparationsverfahren entwickelt worden: die Abdrucktechnik und die Dünnschnittechnik. Es sind eine ganze Reihe von Methoden und Tricks gefunden worden, um die Strukturen kontrastreicher abbilden zu können (1).

So wurden für die *Abdrucktechnik* verschiedene Ätzverfahren entwickelt. Diese beruhen darauf, daß z. B. Elektronen- oder Ionenstrahlen, aber auch Chemikalien, die am Aufbau der Morphologie beteiligten Substanzen oder in unterschiedlichen Aggregatzuständen vorliegende Bereiche, wie kristalline und nichtkristalline Bereiche, verschieden stark anätzen (also abbauen). Dadurch wird die Morphologie regelrecht plastisch herausgearbeitet. Die davon hergestellten Abdrucke liefern dann schließlich nach einer zusätzlichen Schrägbedampfung, z. B. mit Chrom, wesentlich plastischere, kontrastreichere Abbildungen von Oberflächen als ohne diese Behandlung.

Eine andere Methode, die für elektronenmikroskopische Untersuchungen von Mikromorphologien wichtig ist, ist die *Dünnschnitttechnik*. Wie schon der Name sagt, werden hier mittels extra konstruierter Mikrotome Ultradünnschnitte vom Präparat hergestellt und diese dann direkt im Elektronenmikroskop mit den Elektronen durchstrahlt. Der Kontrast der Abbildung ist hier zunächst durch den Dichteunterschied der die Morphologie aufbauenden verschiedenen Materialien gegeben. Der Dichteunterschied ist bei organischen Substanzen aber meistens sehr klein, so daß schon sehr früh – besonders von Biologen und Medizinern – die Dünnschnitte mit Schwermetallverbindungen oder anderen geeigneten Chemikalien behandelt („angefärbt") wurden, um dadurch größere Dichteunterschiede zu erzeugen. Wegen des vielfältigen chemischen Aufbaus der organischen Präparate aus natürlichen Substanzen waren mannigfaltige selektive chemische Reaktionen mit diesen Stoffen möglich, so daß dadurch selektive Dichteerhöhungen erzeugt werden konnten und somit kontrastreiche Abbildungen. Mangels chemisch reaktionsfähiger Gruppen ließen sich aber diese Methoden der Biologen und Mediziner meistens nicht auf synthetische Hochpolymere, wie z. B. Kunststoffe, übertragen. Es sind daher nur wenige *Kontrastiermethoden* hierfür bekannt geworden. So gelingt es z. B. leicht, doppelbindungshaltige Substanzen, wie

Polybutadien mit Osmiumtetroxid, zu kontrastieren, so daß sehr kontrastreich die Polybutadienphase in einer Polystyrolmatrix, so wie sie etwa in ABS-Polymeren vorliegt, sichtbar gemacht werden kann (2). Einige andere Möglichkeiten hat *B. Wunderlich* in seinem Buch (4) zusammengestellt.

In der Aussage verhalten sich die Abbildungen nach der Abdrucktechnik zu denjenigen nach der Dünnschnittechnik etwa wie Lichtbilder zu Röntgenbildern, wobei dann die letzteren einen tieferen Einblick ins Innere erlauben.

Während von verschiedenen Polyäthylenen viele gute Abbildungen nach dem Abdruckverfahren bekannt geworden sind (5), sind relativ wenige · Abbildungen nach dem Dünnschnittverfahren erschienen, die oft wegen ihrer schlechteren Bildqualität auch noch eine geringe Aussagekraft besitzen. Da bei Kunststoffmassen aber gerade die Morphologie im Innern der Probe wichtig ist für das Gesamtverhalten des Materials, sind Dünnschnitte aus dem Innern viel eher repräsentativ als Oberflächenabdrucke, oft auch dann, wenn diese von frischen inneren Bruchflächen des Materials stammen (6). Im folgenden soll eine neue Kontrastiermethode für Polyäthylene vorgestellt werden, die kontrastreiche aussagekräftige Abbildungen von Dünnschnitten zuläßt und erstmalig die kristallinen und die nichtkristallinen Bereiche gut sichtbar macht (3).

Während der Drucklegung dieser Arbeit, wies Herr Prof. Dr. *A. Keller* (Bristol) dankenswerterweise auf eine Arbeit von *F. de Körösy* u. *E. Zeigerson* (J. Appl. Polym. Sci. **11**, 909 (1967)) hin. In dieser werden halbdurchlässige Membranen beschrieben, die durch Behandlung von Polyäthylenfilmen mit $Cl_2 - SO_2$-Gasgemisch unter UV-Licht hergestellt wurden. Elektronenmikroskopische Dünnschnittaufnahmen zeigten auch hier schwarz-weiße Streifenmuster, die auf eine selektive chemische Reaktion hinweisen. Offenbar ist aber die Methode nie als Kontrastiermethode für Polyolefine ausgebaut worden.

B. Eine neue Kontrastiermethode

In den letzten Jahren hat sich immer mehr das 2-Phasen-Modell für kompaktes partiell-kristallines Material durchgesetzt. Es stellt sich in der in Abb. 1 wiedergegebenen Form dar: die eine Phase als *Kristallamellen*, bestehend aus parallel angeordneten Kettenmolekülabschnitten, und die andere Phase als *nichtkristalline Zwischenschichten*, bestehend aus mehr oder weniger ver-

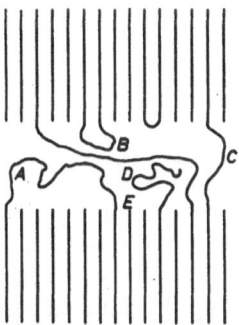

Abb. 1. Schematische Darstellung der möglichen Anordnungen nichtkristallisierter Kettensequenzen in den fehlgeordneten Grenzschichten zwischen zwei Kristalliten [nach *E. W. Fischer* (7)]

spannten Kettenabschnitten zwischen benachbarten Kristallamellen (C, D), aus mehr oder weniger großen Schlaufen rückfaltender Kettenmoleküle (A, B) und schließlich aus Kettenenden (E).

Ein zu erwartendes *unterschiedliches Verhalten* der beiden Mikrophasen konnte im Laufe der Zeit immer häufiger beobachtet und damit das 2-Phasen-Modell immer mehr untermauert werden. So wurde nicht nur das Schmelzen der kristallinen Phase beobachtet, sondern auch die glasige Erstarrung der amorphen Phase. Es wurde das selektive Quellen der nichtkristallinen Phase festgestellt, und es wurde der selektive Angriff der rauchenden Salpetersäure auf die nichtkristalline Phase nicht nur beobachtet (8), sondern auch als Untersuchungsmethode oft benutzt. Hierbei knabbert gewissermaßen die rauchende Salpetersäure die nichtkristallinen Bereiche weg, während die kristallinen zunächst übrig bleiben, später aber auch angegriffen werden.

Gerade das im gewissen Rahmen unterschiedliche chemische Verhalten der beiden Mikrophasen führte schließlich zu einer neuen Kontrastiermethode und gab damit erstmalig die Möglichkeit, die beiden Phasen unter dem Elektronenmikroskop deutlich sichtbar zu machen (3).

Läßt man zwischen Raumtemperatur und – um die vorgegebene Gesamtmorphologie möglichst zu erhalten – ca. 60 °C flüssige oder gasförmige Chlorsulfonsäure in einer abgeschlossenen Petrischale auf Polyäthylenproben einwirken, so werden selektiv nur die amorphen Bereiche chemisch angegriffen, ohne sie zu zerstören. Die Reaktionszeiten konnten oft stark variiert werden (siehe Abb. 9 und 10), ohne daß ein Angriff auf die kristallinen Bereiche erfolgte wie z. B. bei der Salpetersäuremethode (8). Der Fortgang der Reaktion kann durch eine auftretende Braun- und schließlich Schwarzfärbung der Probe verfolgt werden.

Ultrarotspektroskopische Untersuchungen zeigen, daß dabei zum größten Teil Sulfonsäuregruppen gebildet werden (3). *Hradil* und *Štamberg* (31) haben in einem ganz anderen Zusammenhang Reaktionen mit Chlorsulfonsäure an Polyäthylen im Dichloräthanmedium durchgeführt und durch ultrarotspektroskopische und gelchromatographische Untersuchungen außerdem noch SO_4H-, SO_2Cl-, Cl-, OH-, CO- und COOH-Gruppen gefunden.

Nach stufenweisem Auswaschen der Probe, zunächst mit konzentrierter und dann mit immer verdünnterer Schwefelsäure, werden die Sulfonsäuregruppen mittels einer 1%igen wäßrigen Lösung von Uranylacetat mit Uranylgruppen beladen. Durch diese Behandlungsweise erhalten die amorphen Schichten jetzt eine höhere Dichte als die kristallinen Lamellen, und eine elektronenmikroskopische Aufnahme wird – je nach Neigung der Schichten zum Elektronenstrahl – diese entsprechend kontrastreich abbilden.

Der Kontrast zwischen den Kristallamellen und den nun mit einer höheren Dichte versehenen nichtkristallinen Zwischenschichten wird dann am stärksten auf einer Abbildung zum Ausdruck kommen, wenn die Längsausdehnung der Schichten im Dünnschnitt praktisch parallel zum Elektronenstrahl verläuft. Die Längsausdehnungen der beiden verschiedenen Schichten liegen dann gewissermaßen parallel zur Blickrichtung und erscheinen auf der Abbildung als Streifen stark unterschiedlicher Schwärzung. In einer Kurzmitteilung wurde darauf näher eingegangen (3). Im folgenden soll die neue Kontrastiermethode an einigen Beispielen demonstriert werden.

C. Die Morphologie von Sphärolithen

Da Überstrukturen in Form von Sphärolithen an Polyäthylenen immer wieder beobachtet werden, soll zunächst im Zusammenhang mit der neuen Kontrastiermethode auf deren Morphologie kurz eingegangen werden.

Für die elektronenmikroskopische Untersuchung besonders gut geeignete Sphärolithe werden gewöhnlich dadurch erhalten, indem man z. B. aus einer 0,5–1%igen Xylollösung

von Polyäthylen durch Eindampfen auf einem Objektträger sehr dünne Filme erzeugt. Diese werden dann durch Abflottieren auf Goldnetzchen gebracht. Abb. 2 zeigt die Durchstrahlungsaufnahme eines solchen Films. Abb. 3 zeigt die Aufnahme dieses Films nach zweistündiger Behandlung mit dampfförmiger Chlorsulfonsäure bei Raumtemperatur und anschließender Umsetzung mit 1%iger Uranylacetat-Lösung. In beiden Bildern sieht man Ausschnitte mehrerer Sphärolithe, die zusammenstoßen. In Abb. 3 ist links unten der Mittelpunkt eines Sphärolithen zu erkennen. Von diesem ausgehend verbreitet sich *radial* angeordnet eine *Feinstruktur*. Zahlreiche Untersuchungen haben gezeigt, daß diese Struktur durch die radiale Anordnung von Lamellen in ihrer Längsausdehnung zustande kommt. Die um die Sphärolithenmittelpunkte kreisförmig angeordnete *zickzackförmige Bänderung* wird durch eine periodisch auftretende Verdrehung der Lamellenlagen erklärt. Dabei zeigen die Lamellen mit der einen Längsausdehnung (b-Achse) weiterhin radial zum Mittelpunkt, während sie mit der anderen Längsausdehnung (a-Achse) von Band zu Band mehr oder weniger senkrecht zueinander stehen (4, 5).

Beim ersten Blick unterscheiden sich Abb. 2 und 3 kaum voneinander; doch eine Ausschnittsvergrößerung von Abb. 3 in Abb. 4 zeigt in den

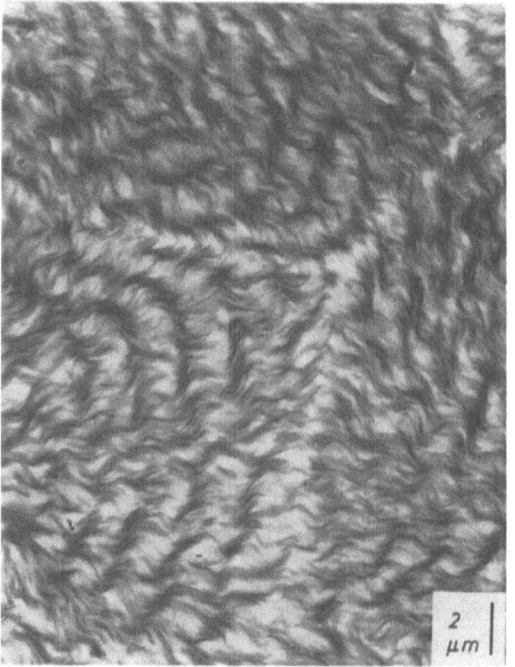

Abb. 2. Dünnfilm aus linearem PE, unkontrastiert

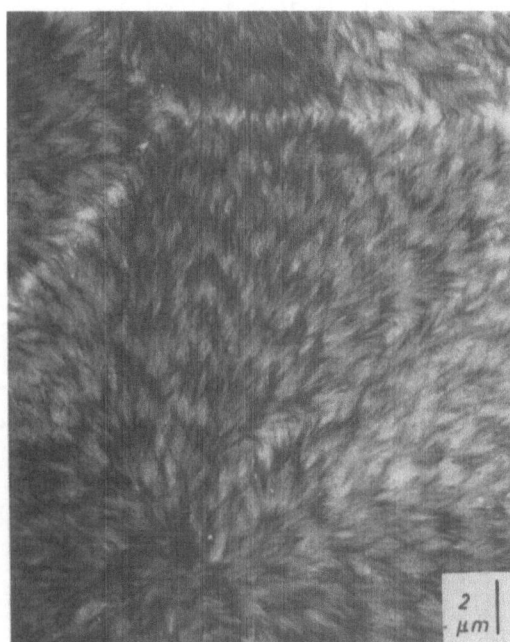

Abb. 3. Dünnfilm aus linearem PE, kontrastiert

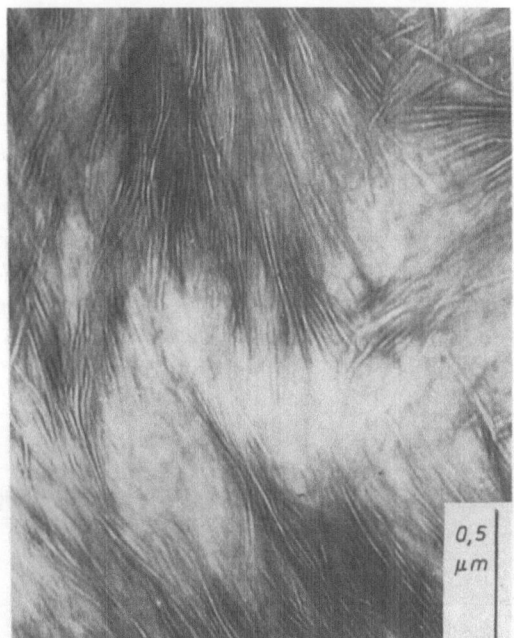

Abb. 4. Ausschnitt von Abb. 3

dunkleren Bereichen der Bänderung eine besonders starke Anhäufung von hellen und dunklen Streifen, die uns nach den im vorigen Kapitel gemachten Schilderungen senkrecht zur Bildebene stehende Lamellen mit ihren kristallinen und amorphen Schichten verraten. In den helleren Bereichen liegen offensichtlich – genau wie erwartet – die Lamellen mehr oder weniger

waagrecht zur Bildebene. Oft wird beschrieben, daß die Lamellen durch eine *propellerähnliche Drehung* von der senkrechten Stellung in dem einen Band zur waagrechten Lage in dem Nachbarband gelangen. Dann müßte aber in der Übergangszone von einem Band zum nächsten eine Überkreuzung der von den nichtkristallinen Zwischenschichten herrührenden schwarzen Streifen zu erwarten sein, was in Abb. 4 jedoch nicht beobachtet werden kann [siehe auch (38)]. Die Lamellen in den benachbarten Bändern sind offenbar verschiedene Individuen und dachziegelartig gepackt.

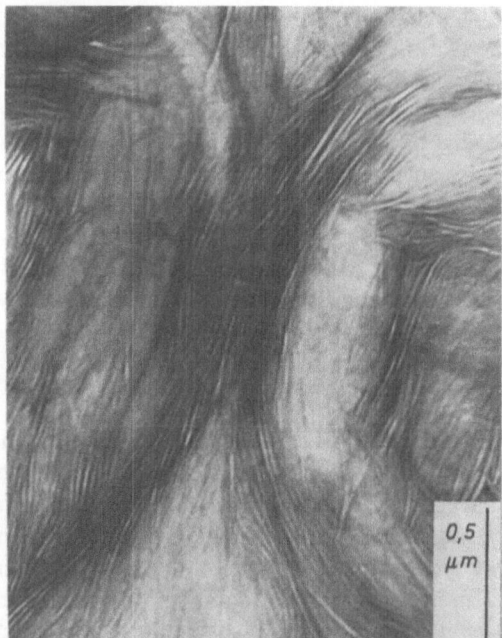

Abb. 5. Embryo eines Sphärolithen

Abb. 6. Sphärolith nach *A. Peterlin* (9)

Abb. 5 zeigt den *Mittelpunkt eines Sphärolithen*. Man erkennt die garbenartige Anordnung von Lamellen, die als embryonaler Zustand des Sphärolithen oft beschrieben wurde (4, 5), so auch in Abb. 6 von *A. Peterlin* (9). Der eingerahmte Ausschnitt in Abb. 6 könnte etwa Abb. 5 skizzieren.

D. Lineares und verzweigtes Polyäthylen

In diesem Kapitel sollen nun Dünnschnittaufnahmen gezeigt werden, die unter Anwendung des neuen Kontrastierverfahrens von linearem und verzweigtem Polyäthylen angefertigt wurden, und die so sichtbar gemachten Morphologien miteinander verglichen werden. Ein Vergleich der in den Abbildungen direkt ausgemessenen *Lamellendicken* mit röntgenographisch ermittelten *Langperioden* erscheint besonders interessant (siehe Tab. 1), da gute Übereinstimmung gefunden wird. In der Tabelle sind einige charakteristische Daten der Polyäthylene zusammengestellt.

a) Herstellung der Präparate

Wie aus der Tabelle ersichtlich, besitzen die beiden Polyäthylene etwa das gleiche Molekulargewicht $\overline{M}_w$. Die Proben, die meistens in Granulatform vorlagen, wurden zunächst in Stäbchenform bei 180 °C gepreßt und dann in der Presse mit Wasser abgekühlt. Die Stäbchen wurden entweder direkt verwertet oder nach einer Temperung unter verschiedenen Bedingun-

gen (siehe Tab. 1). Von den Stäbchen wurden dann Proben für die Präparation hergerichtet und die linearen Polyäthylene meistens bei 60 °C 16 Std. in der im Kapitel B geschilderten Weise mit flüssiger Chlorsulfonsäure und mit Uranylacetat behandelt. Die verzweigten Polyäthylene wurden dagegen bei Raumtemperatur 16 Std. der Chlorsulfonsäure ausgesetzt. Es zeigte sich, daß die letzteren wesentlich leichter reagieren als die ersteren. Es muß dies auf das tertiäre C-Atom der Verzweigungsstelle zurückgeführt werden. Von diesen Proben wurden mit dem Ultramikrotom Om U2 der Fa. Reichert unter Kühlung Dünnschnitte hergestellt und von diesen unter einem EIMISKOP I Aufnahmen gemacht in 8000- bis 20000facher Vergrößerung. Die meisten Bilder wurden noch photographisch nachvergrößert (36000mal).

b) Lineares Polyäthylen

Die folgenden Aufnahmen wurden vom linearen Polyäthylen angefertigt. Abb. 7 zeigt eine unbehandelte und Abb. 8 eine kontrastierte Dünnschnittaufnahme des Materials. Es ist verblüffend, wie das zunächst amorph wirkende Material in Abb. 7 durch die Kontrastierung die Lamellenstruktur enthüllt mit den scharf abgegrenzten hellen kristallinen und den dunklen nichtkristallinen senkrecht stehenden Schichten. Die *Lamellen* scheinen oft *stapelweise* angeordnet zu sein, doch selten streng parallel. Sie verlaufen meistens schwach gebogen, öfter sogar mit Knicken versehen (siehe

Tab. 1

Abb. Nr.	PE	Verzweig.-Grad CH$_3$/ 1000 C	$\overline{M}_w$	Temperung	Langperiode Å	Lamellen-dicke aus der Abb. Å	Kristallinität x_c
8	lineares PE	~0	~300 · 10³	ungetempert	290	~250	0,80
9				120 °C/48 Std. (25 min mit ClSO$_3$H bei 60 °C)	350	~300	0,85
10				120 °C/48 Std. (16 Std. mit ClSO$_3$H bei 60 °C)	350	~300	0,85
11				130 °C/48 Std.	420	~400–500	
13	verzw. PE	~30	~300 · 10³	ungetempert	175	~150	0,48
14				95 °C/48 Std.	215	~200	0,48
15				100 °C/100 d		~200	

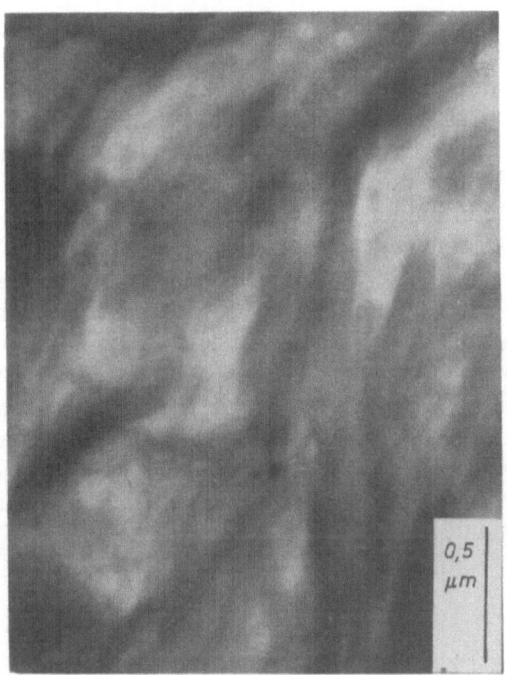

Abb. 7. Ultradünnschnitt von linearem PE, unkontrastiert

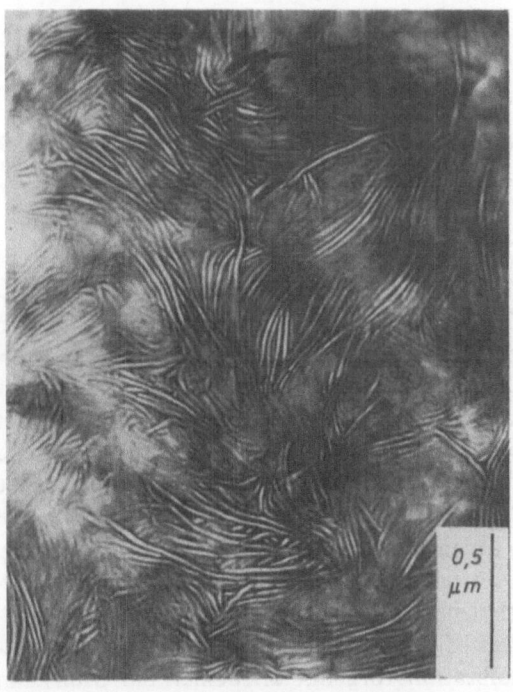

Abb. 8. Ultradünnschnitt von linearem PE, kontrastiert. Pfeil zeigt auf geknickte Lamellen!

Pfeil in Abb. 8). Ihre Dicke stimmt gut mit der röntgenographisch ermittelten Langperiode überein (siehe Tab. 1). Abb. 9 und 10 zeigen Aufnahmen von einer Probe, die 48 Stunden bei 120 °C getempert wurde. Hierbei bleibt bekanntlich die Morphologie erhalten, da praktisch noch kein Schmelzen stattfindet, während die *Lamellendicke* jedoch *zunimmt* (siehe Tab. 1). Auch hier stimmt diese gut mit der Langperiode überein. Während bei der Abb. 9 die Probe

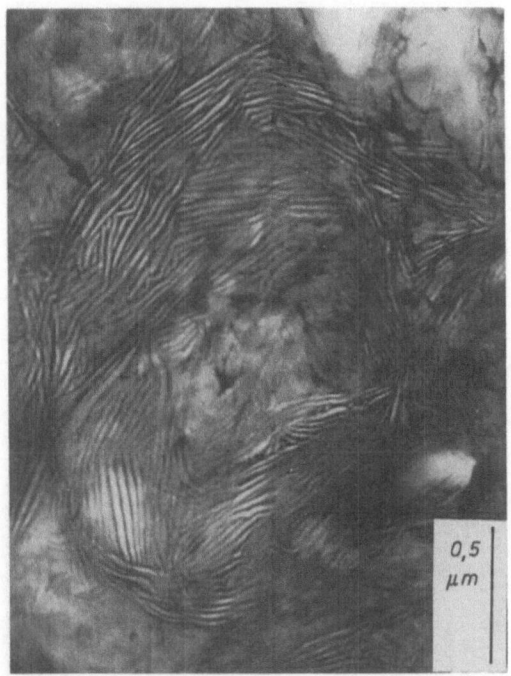

Abb. 9. Probe von Abb. 8, 48 Std. bei 120 °C getempert; 25 min bei 60 °C mit $ClSO_3H$ behandelt. Pfeil zeigt auf geknickte Lamellen!

25 min bei 60 °C mit Chlorsulfonsäure behandelt wurde, wurde sie bei der Abb. 10 16 Std. bei 60 °C behandelt. Beide Abbildungen zeigen Übereinstimmung in den Dicken der kristallinen und der nichtkristallinen Schichten, was beweist, daß in diesem Rahmen die Selektivität der Chlorsulfonsäure *zeitunabhängig* ist. Es ist dies ein wichtiger Befund für die Zuverlässigkeit der Kontrastiermethode. Das runde Gebilde in Abb. 9 läßt den Verdacht aufkommen, daß es sich hier um das Auge eines Sphärolithen handelt (siehe Abb. 6). Abb. 10 zeigt ein besonders dickes Paket von mehr oder weniger parallel verlaufenden Lamellen eines Sphärolitharmes.

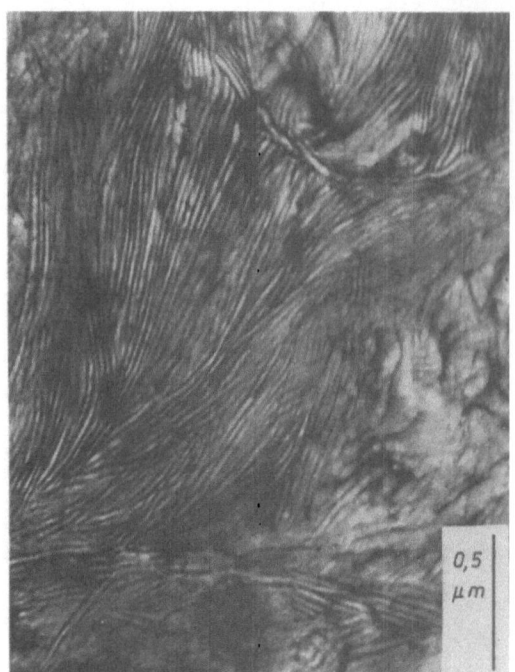

Abb. 10. Probe von Abb. 8, 48 Std. bei 120°C getempert; 16 Std. bei 60°C mit ClSO₃H behandelt

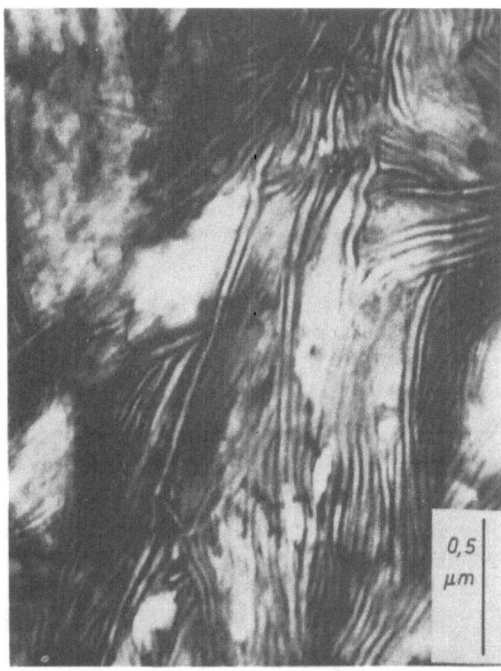

Abb. 11. Probe von Abb. 8, 48 Std. bei 130 °C getempert

Tempert man die Probe 48 Std *bei 130°C*, so entstehen aber dabei wesentlich *dickere Lamellen* (Abb. 11) als bei der Temperung bei 120 °C in Abb. 9 und 10 (siehe Tab. 1). Es ist dies

darauf zurückzuführen, daß bei 130 °C die Temperung gleichzeitig mit einem Aufschmelzvorgang verknüpft ist.

Aus energetischen Gründen muß angenommen werden, daß die unterschiedlich gebogenen Formen der kristallinen Lamellen nicht durch Deformation des Kristallgitters – wobei die zwischenmolekularen Wechselwirkungskräfte beansprucht werden müßten – zustande kommen, sondern lediglich durch parallele Versetzung der Kettensegmente (Abb. 12). Die öfter beobachteten Knicke in den Lamellen (siehe Pfeil in Abb. 8) sind besonders beweiskräftig hierfür, denn sie treten auch in getemperten Proben auf (siehe Pfeil in Abb. 9), wo sie ja „ausheilen" sollten, wenn sie unter Spannung stünden.

Abb. 12. Geknickte Kristallamelle; siehe Abb. 8 und 9!

c) Verzweigtes Polyäthylen

Läßt man Verzweigungen zu (∼ 30 CH₃-Gruppen auf 1000 C-Atomen in der Kette), so tritt eine charakteristische Änderung der Morphologie auf. Abb. 13 zeigt eine kontrastierte Aufnahme von verzweigtem Polyäthylen, auf der zu erkennen ist, daß die *Lamellen dünner* und kürzer sind als bei den vorigen Proben. Eine *stapelartige Anordnung* von Lamellen tritt *kaum noch* auf, so daß die ganze Morphologie viel gestörter erscheint als bei den linearen Polyäthylenen. Hier macht sich sicherlich der *störende Einfluß der Verzweigungen* auf den Kristallisationsvorgang stark bemerkbar. Man kann dies wohl direkt als einen Beweis dafür ansehen, daß die Verzweigungen nicht in den Kristallverband eingebaut werden, sondern in die amorphen Zwischenschichten geschoben werden.

Abb. 13. Ultradünnschnitt von verzweigtem PE, kontrastiert

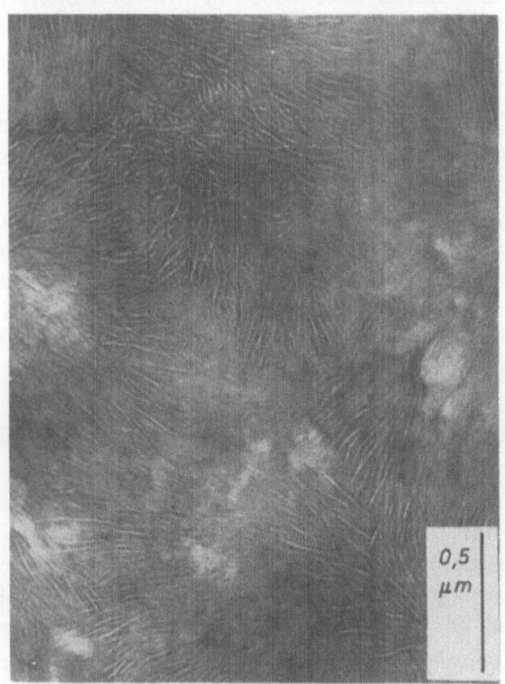

Abb. 14. Probe von Abb. 13, 48 Std. bei 95 °C getempert

Wird die Probe 48 Std. bei 95 °C getempert, so wird auch hier ein Dickenwachstum der Lamellen festgestellt (siehe Tab. 1) unter Beibehaltung der Morphologie (Abb. 14). Wird die Tempe-

rung 100 Tage bei 100 °C durchgeführt, so ändert sich zwar praktisch nur wenig die Dicke der Lamellen, aber die Länge nimmt merklich zu (Abb. 15). Aber auch hierbei muß mit Aufschmelzvorgängen gerechnet werden. Es ist interessant, daß bei verzweigten Polyäthylenen die Verzweigungen beim Tempern zwar das *Dickenwachstum* stark *einschränken*, aber eine Zunahme der *Längsausdehnung* der Lamellen noch *zulassen*.

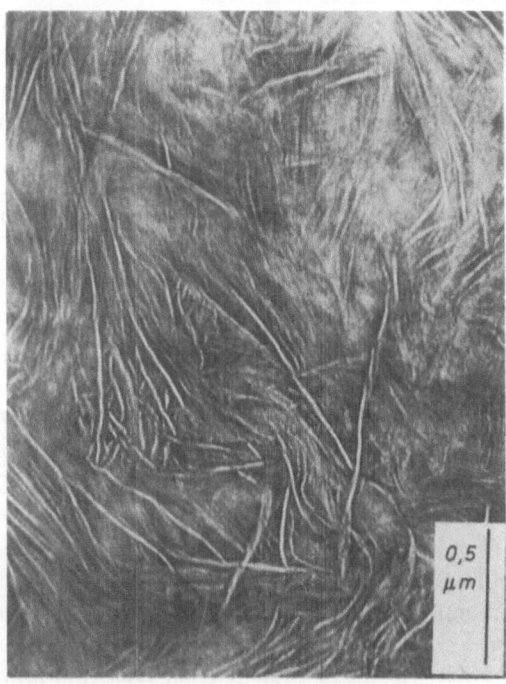

Abb. 15. Probe von Abb. 13, 100 Tage bei 100 °C getempert

E. Kaltverstreckte Polyäthylenfäden

a) Herstellung der Präparate

Nach dem *Schmelzspinnverfahren* wurde aus dem im vorigen Kapitel beschriebenen linearen Polyäthylen ein Faden (Monofil) von 60 μm Durchmesser bei einer Abzugsgeschwindigkeit von 80 m/min gezogen. Die Temperatur im Düsenkopf betrug 200 °C. Ein 3 mm langes Stück dieses Fadens wurde bei Raumtemperatur jeweils mit einer Geschwindigkeit von 3 mm/sec auf das 4-, 6-, 15- und 25fache verstreckt. Der Verstreckungsvorgang wird eher isotherm als adiabatisch abgelaufen sein. Von jeder Verstreckprobe wurde ein Teil im eingespannten Zustand 3 Tage bei 120 °C getempert.

Alle Proben wurden dann 7 Tage und die 25fach verstreckte 9 Tage bei Raumtemperatur mit flüssiger Chlorsulfonsäure behandelt und – wie im Kapitel B beschrieben – weiterverarbeitet.

Es sei hier besonders betont, daß durch diese Behandlungsweise eine echte Fixierung der verstreckten Proben durchgeführt wurde, da die nichtkristallinen Zwischenschichten „gehärtet" wurden und völlig andere chemische Eigenschaften erhielten als die unverändert gebliebenen kristallinen Bereiche.

Von diesen präparierten Fäden konnten dann nach Einbettung in Epoxidharz parallel zur Fadenlänge Dünnschnitte angefertigt werden. Die gezeigten Abbildungen stellen 50000fache Vergrößerungen dar.

b) Modellvorstellungen von A. Peterlin über die Kaltverstreckung

Eine ganze Reihe von Forschern hat sich in den letzten Jahren intensiv mit den morphologischen Veränderungen beim Verstrecken von partiellkristallinen Hochpolymeren beschäftigt, wie z. B. *A. Peterlin* et al. (11, 12, 13, 14, 15, 16, 17), *E. W. Fischer* et al. (18, 19, 20), *I. L. May* und *A. Keller* (21), *R. Bonart* (10, 22, 27), *R. S. Stein* (23), *R. Hosemann* (24, 25, 26), *G. S. Y. Yeh* et al. (28, 29), *P. Y.-F. Fung* und *S. H. Caro* (30) und viele andere. Dabei geht man allgemein davon aus, daß auch hier im Prinzip *Gleitungen und Versetzungen* angenommen werden müssen, ähnlich wie sie in Metallen bei Deformationsvorgängen schon lange bekannt sind (10). Natürlich beeinflußt die lange Kettenform der Moleküle diese Vorgänge erheblich, doch kann man sich anhand der Abb. 16 leicht klar machen, daß

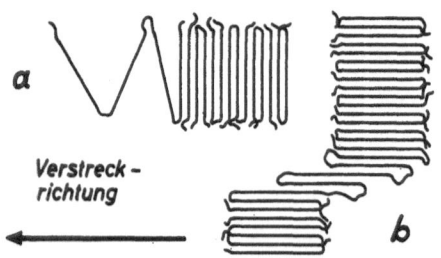

Abb. 16. Kristallamellen bei der Verstreckung: a) unwahrscheinlicher, b) wahrscheinlicher Mechanismus

aus energetischen Gründen das Abgleiten der Kettenteile in Verstreckrichtung leichter durchführbar ist als ein ziehharmonikaartiges Aus-

einanderziehen der Kettenteile, wobei direkt die Wechselwirkungskräfte überwunden werden müssen.

Aufgrund von röntgenographischen und elektronenmikroskopischen Untersuchungen unterscheidet *A. Peterlin* (17) bei der *Kaltverstreckung* eines partiellkristallinen Polymeren, wie z. B. Polyäthylen, *3 Stufen:* 1. die plastische Deformation der vorliegenden Lamellarstruktur, 2. die diskontinuierliche Umwandlung der Lamellarstruktur in eine Faserstruktur durch microecking und 3. die plastische Deformation der Faserstruktur.

Bei der plastischen Deformation der *ersten Stufe* werden Stapel von parallel liegenden Lamellen, die durch wenige durchgehende Kettenmoleküle (interlamellar tie molecules) verknüpft sind, gedreht, Lamellen verschoben – eventuell unter Phasenänderung und Zwillingsbildung im Kristallgitter – und Kettenteile verrückt und gekippt, bis die vordeformierten Lamellen die Position der maximalen Nachgiebigkeit für den Bruch durch microecking erreicht haben.

In der *zweiten Stufe* wird jede einzelne Lamelle durch micronecks in Mikrofibrillen von 100–300 Å Durchmesser umgewandelt, die sich aus Blöckchen von gefalteten Kettenmolekülen zusammensetzen. Diese Blöckchen werden in Zusammenhang gebracht mit einer Mosaikblockstruktur der Lamellen (32), aus der sie durch einen Kettenabgleitmechanismus (siehe Abb. 16b) in den Grenzschichten zwischen den Mosaikblöcken herausgebrochen und perlschnurartig zu Mikrofibrillen angeordnet werden. Dies geschieht durch intrafibrillare tie-molecules, die aus aufgefalteten Molekülabschnitten entstanden sind. Durch aufgefaltete Molekülabschnitte werden dabei auch Querverbindungen zwischen den Fibrillen hergestellt (interfibrillar tie molecules). Aus einem Lamellenstapel wird so ein ganzer Verband von Mikrofibrillen herausgezogen, der als Fibrille bezeichnet wird und einen Durchmesser von ein paar 1000 Å hat. Die Fibrille enthält sowohl die ursprünglich vorhandenen interlamellaren tie-molecules, die die benachbarten Lamellen verbanden, als auch die entstandenen intra- und interfibrillaren tie-molecules.

In der *dritten Stufe* der Kaltverstreckung ist dann nur noch eine plastische Deformation durch ein longitudinales Abgleiten der Mikrofibrillen möglich, das schließlich durch die interfibrillaren tie-molecules begrenzt wird.

Diese drei Etappen des Verstreckungsprozesses können nicht scharf abgegrenzt werden, da sie – je nach Verstreckungsgrad – in dem Material verschieden stark vermischt auftreten.

Im folgenden sollen nun diese Vorstellungen von *A. Peterlin* et al. mit den Beobachtungen verglichen werden, die an den mit der neuen Kontrastiermethode gewonnenen elektronenmikroskopischen Dünnschnittaufnahmen gemacht werden konnten.

c) Vergleichende Betrachtungen

I. an ungetemperten verstreckten Fäden

Die folgenden Abbildungen stellen elektronenmikroskopische Aufnahmen von Dünnschnitten dar, die parallel zur Längsrichtung der verschieden stark verstreckten Fäden geschnitten wurden. Die Längsrichtung verläuft jedesmal parallel zum Seitenrand des Blattes. Abb. 17 zeigt die Struktur des *Ausgangsfadens*.

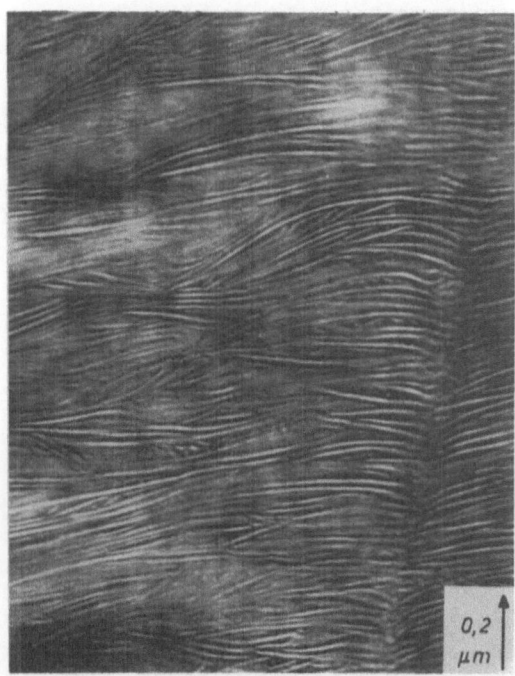

Abb. 17. Ultradünnschnitt eines PE-Fadens parallel zur Längsrichtung; rechts shish-kebab

Die Lamellen verlaufen zum großen Teil mehr oder weniger senkrecht zur Längsrichtung des Fadens, d. h., daß ein großer Teil der Kettenmoleküle schon beim Durchpressen durch die Düse in der Schmelze eine Vorzugsorientierung in der Abzugsrichtung des Fadens erlitt, die

dann beim Abkühlen des Fadens Anlaß zur obigen Lamellenformation gab. Interessant ist der Riesenstapel von Lamellen, der offensichtlich einen shish-kebab darstellt (33). Dies deutet darauf hin, daß öfter ganze Bündel von Kettenmolekülen in der Spinndüse so gut ausgerichtet wurden, daß sie beim Abkühlen als Reihenkeim für die Kristallisation wirkten, an dem viele Lamellen seitlich anwachsen konnten (39). Die mittlere Lamellendicke beträgt ca. 200 Å.

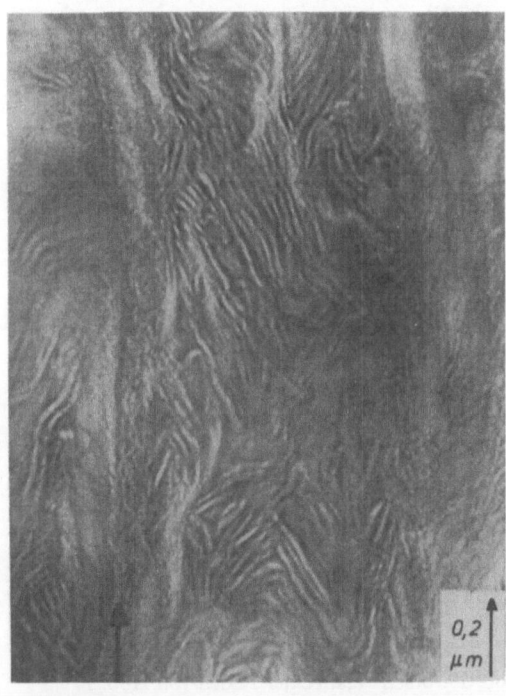

Abb. 18. 4fach verstreckter Faden von Abb. 17. Pfeil zeigt auf micronecks!

Abb. 18 gibt die Mikromorphologie des 4fach verstreckten Fadens wieder. Es fällt sofort ihre große Inhomogenität auf. Es liegen offensichtlich verschiedene Verstreckungsstufen nebeneinander vor. Man erkennt Bereiche, die zur Verstreckrichtung gekippte Lamellenpakete in günstiger Position zeigen und demnach genau die erste Stufe wiedergeben, wie sie *A. Peterlin* geschildert hat. Dabei scheint sehr häufig eine starke Deformation der Lamellen aufzutreten, so daß diese einen „schlierenartigen" Eindruck machen. Die Deformation könnte hier mit Hilfe der interlamellaren tie-molecules durch parallele Verschiebung der Kettensegmente zustande gekommen sein, was z. B. eine Anordnung ähnlich wie in Abb. 12 ergeben würde.

Daneben sieht man Zonen (siehe Pfeil in
Abb. 18), wo die Verstreckung schon weiter
fortgeschritten ist und die von *A. Peterlin* in der
zweiten Stufe als mikronecks bezeichnet wurden. Sie bestehen aus einer Vielzahl von Kristallblöckchen, die sich aber hier keinen Mikrofibrillen zuordnen lassen, wie in Kapitel E b geschildert wurde.

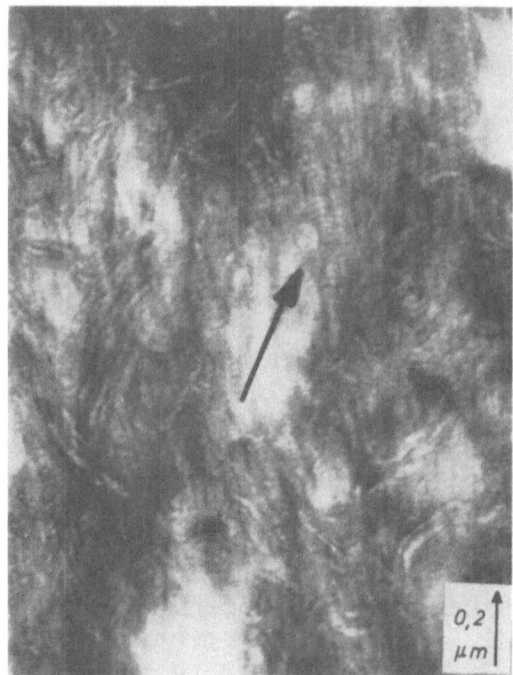

Abb. 20. 15fach verstreckter Faden von Abb. 17. Pfeil
zeigt auf Querstreifung!

Abb. 19. 6fach verstreckter Faden von Abb. 17

(siehe Abb. 22) aufbauen. Die freie Energie des
Gesamtsystems nimmt dabei ab. Im Sinne der
Modellvorstellung von *A. Peterlin* wäre hier
bereits die dritte Verstreckungsstufe beteiligt.

Die Abb. 19 zeigt ähnliche Verhältnisse bei
6facher Verstreckung. Man erkennt sowohl
schräg liegende Lamellen als auch Bereiche
größerer Zerstörung mit vielen Kristallblöckchen.

Auch bei *15facher Verstreckung* in Abb. 20
findet man noch Reste von ursprünglichen Lamellen zwischen den Blöckchenanhäufungen.
Gleichzeitig beginnt an einigen Stellen auch
eine verwackelte lamellare Querstreifung mehr
oder weniger senkrecht zur Verstreckrichtung sichtbar zu werden (siehe Pfeil
in Abb. 20), die etwa eine Dicke von 180 Å
besitzt. Die Querstreifung ist auf die Tendenz
seitlich benachbarter Kristallblöckchen zurückzuführen, zusammenhängende Kristallschichten
zu bilden, die ihrerseits parakristalline Schichtgitter nach *R. Bonart* und *R. Hosemann* (34)

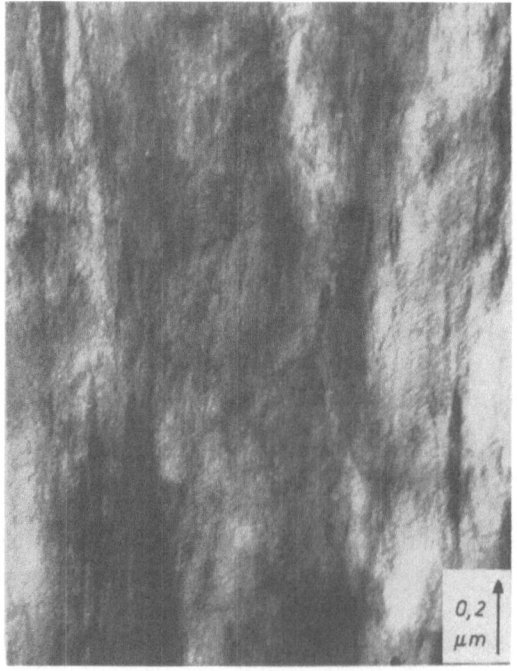

Abb. 21. 25fach verstreckter Faden von Abb. 17

Erst bei einer *25 fachen Verstreckung* sieht man nur noch eine Blöckchenstruktur (Abb. 21), und man erkennt außerdem eine Längsstrukturierung, der – an einigen Stellen gut erkennbar – eine schräg zur Verstreckrichtung liegende Querstreifung überlagert ist mit einer Breite von ca. 150 Å. Es ist offenbar nach *A. Peterlin* nur noch die dritte Verstreckungsstufe wirksam gewesen. Auch hier sollte die Querstreifung mit dem parakristallinen Schichtgitter nach *R. Bonart* und *R. Hosemann* (34) in Verbindung gebracht werden (Abb. 22).

Abb. 22. Parakristallines Schichtgitter nach *R. Bonart* und *R. Hosemann* (34)

Es ist anzunehmen, daß die in den nichtkristallinen Zwischenschichten des Schichtgitters befindlichen Molekülabschnitte aus stark verspannten tie-molecules und ziemlich scharfen Kettenfalten bestehen, im Gegensatz zu den Verhältnissen in unverstreckten Proben (Abb. 1).

Nach *G. Meinel* und *A. Peterlin* (35) werden bei der Deformation der Faserstruktur, die durch longitudinales Gleiten von Mikrofibrillen fortschreitet, die interfibrillaren tie-molecules ausgestreckt unter partieller Entfaltung der Kettenabschnitte, mit denen sie in den Kristallblöckchen eingebaut sind. Das ruft starke Scherkräfte an den Blöckchen und hohe Widerstandskräfte für die Gleitbewegung der Fibrillen hervor. Als Konsequenz ergibt sich daraus eine Scherung der Blöckchen und eine Schräglage der faltenenthaltenden nichtkristallinen Zwischenschichten zur Zugrichtung.

Im Modell von *A. Peterlin* wird viel von Fibrillen (einige 1000 Å dick) gesprochen, die aus *Mikrofibrillen* von 100–300 Å Durchmesser zusammengesetzt sein sollen. Spätestens bei der 25 fachen Verstreckung sollten diese Strukturen klar erkennbar sein. Betrachtet man aber Abb. 21, so will es nicht gelingen, eine derartige Aufteilung der Morphologie zu entdecken. Man erkennt zwar hellere und dunklere Bereiche, doch lassen sich diese kaum als Fibrillen ansehen. Trotz eines „faserigen" Eindruckes der Struktur in der Verstreckrichtung lassen sich auch schlecht Mikrofibrillen in der angegebenen Größe identifizieren.

Das Fehlen von Fibrillen und Mikrofibrillen definierter Dicke ist zunächst enttäuschend. Interessant ist aber in diesem Zusammenhang die Feststellung von *R. Bonart* (10), daß röntgenographische Untersuchungen an verstreckten Polymeren eher einen Zusammenhang mit einem parakristallinen Schichtgitter (Abb. 22) als mit Mikrofibrillen definierter Dicke zulassen.

Zur weiteren Aufklärung mögen im nächsten Abschnitt die Dünnschnittaufnahmen von getemperten verstreckten Fäden dienen.

II. an getemperten verstreckten Fäden

Im folgenden werden Dünnschnittaufnahmen von verstreckten Fäden gezeigt, die ohne Schrumpfmöglichkeit – wie schon in E a beschrieben – bei 120 °C getempert wurden.

Abb. 23 gibt die Lamellenstruktur des getemperten Ausgangsfadens wieder. Ein Vergleich mit Abb. 17 läßt etwa die gleiche Vorzugsorientierung der Lamellen erkennen, zeigt aber eine beachtliche Dickenzunahme der Lamellen von ca. 200 Å auf ca. 300 Å.

Große Überraschung ruft die Veränderung der heterogenen Struktur der 4fach verstreckten Probe (Abb. 18) nach der Temperung hervor (Abb. 24). Es hat eine Uniformierung der Struktur stattgefunden. Die Erklärung hierfür hat bereits *E. W. Fischer* (19) in einer Arbeit über ähnliche Vorgänge ausgesprochen: Beim Tempern wird die Kettenbeweglichkeit so weit erhöht, daß das System in einen Zustand niedrigerer freier Energie übergehen kann. Dabei wird von *Fischer* kein echtes Aufschmelzen erwartet.

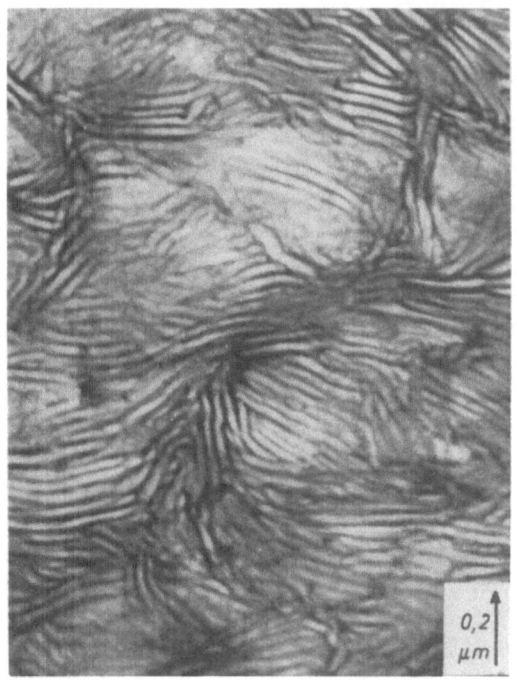

Abb. 23. Faden von Abb. 17, 3 Tage bei 120 °C getempert

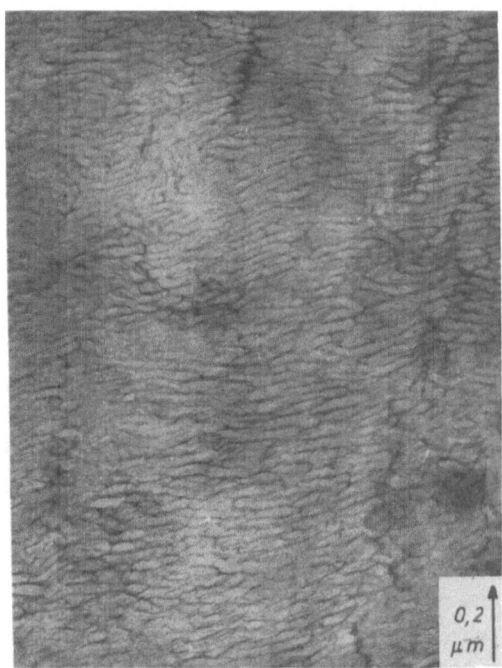

Abb. 24. 4fach verstreckter Faden, 3 Tage bei 120 °C getempert (vgl. Abb. 18)

Bei den kleinen Lamellenbruchstücken in der neck-Zone (siehe Pfeil in Abb. 18) könnte allerdings dann ein echtes Aufschmelzen erwartet werden, wenn ihre Schmelztemperatur aufgrund

des Zusammenhangs mit ihrer Kleinheit, gemäß der *Thomson-Gibbs*schen Beziehung (36), unterhalb der Tempertemperatur von 120 °C liegen würde.

Der hier beobachtete große morphologische Umbau läßt sich also nur durch eine bei 120 °C beachtlich *erhöhte Kettenbeweglichkeit* erklären. Dabei scheint das Abgleiten von Kettensegmenten mehr oder weniger parallel zur Verstreckrichtung unter Abbau der verschiedenen Spannungen besonders begünstigt zu sein. Im Zusammenhang damit muß eine zusätzliche Ausrichtung der Segmente in Längsrichtung des Fadens erfolgen, da röntgenographische Untersuchungen zeigen, daß die bevorzugte Orientierung der c-Achse in dieser Richtung in den verstreckten Proben durch die Temperung noch verstärkt wird. Die entstandene Struktur (Abb. 24) hat sicherlich *parakristallinen* Charakter (Abb. 22), zeigt aber eine *zellenartige* Anordnung der amorphen Schichten. In diesen sind jetzt die Verspannungen der nichtkristallisierten Kettenabschnitte abgebaut, so daß deren Konformation ähnlich wie in Abb. 1 sein sollte (19).

Die Abb. 25 und 26 geben die Strukturen von stärker verstreckten Fäden nach dem Tempern wieder. In allen Fällen entstand die zellenartige

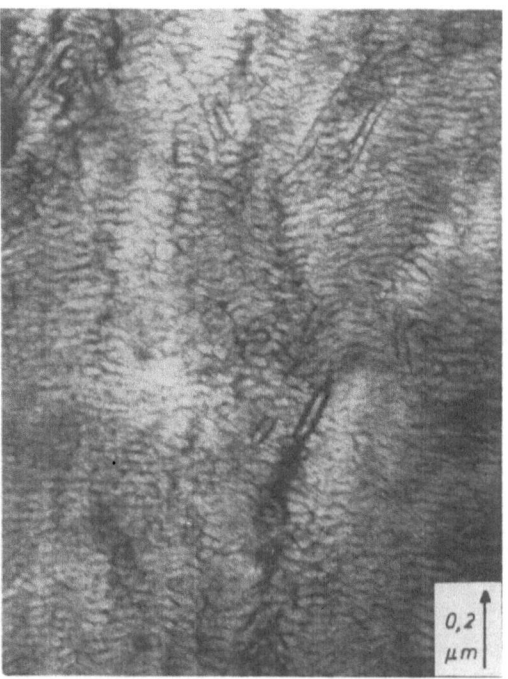

Abb. 25. 6fach verstreckter Faden, 3 Tage bei 120 °C getempert (vgl. Abb. 19)

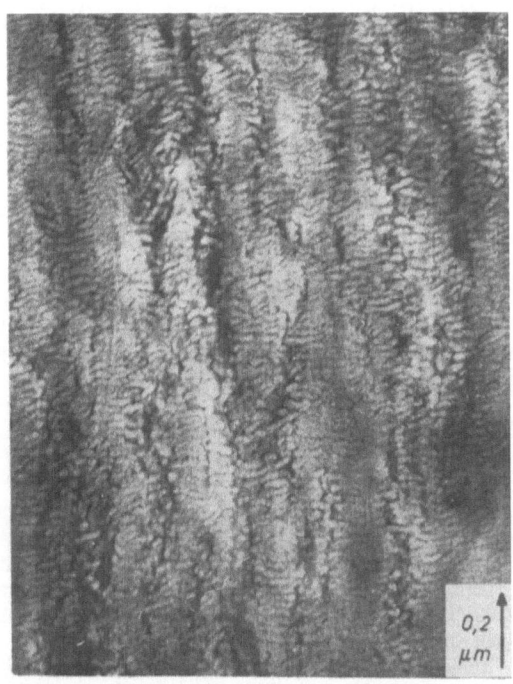

Abb. 26. 25 fach verstreckter Faden, 3 Tage bei 120 °C getempert (vgl. Abb. 21)

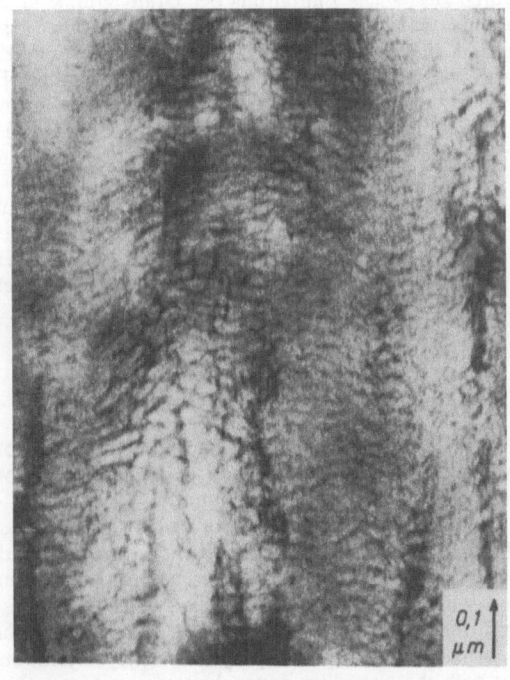

Abb. 27. 9 fach verstreckter Faden, 3 Tage bei 120 °C getempert. Stärkere Vergrößerung!

parakristalline Schichtstruktur. Es ist interessant anzumerken, daß immer wieder ursprüngliche Lamellenreste gefunden werden konnten, die offensichtlich in dem parakristallinen Zellenverband eingebaut wurden. So erkennt man in Abb. 25 recht deutlich den Habitus einiger schrägliegender Lamellen. Auch dies wäre ein Hinweis dafür, daß ein Aufschmelzen beim Tempern nicht stattgefunden haben kann.

Offenbar besteht der Trend, daß mit zunehmendem Verstreckungsgrad die Zellenstruktur kleiner wird.

Bereits in der Abb. 26 bei 50 000 facher Vergrößerung, aber noch besser in der Abb. 27, die die Struktur eines getemperten 9 fach verstreckten Fadens bei 80 000 facher Vergrößerung wiedergibt, erkennt man deutlich parallel zur Fadenrichtung laufende sehr dünne helle Streifen von ca. 70 Å Durchmesser. Die helle Tönung besagt, daß sie nicht kontrastiert wurden und demnach einen kristallähnlichen Zustand besitzen müssen. Man ist geneigt, sie als *Molekülbündel* anzusprechen. Es ist allerdings noch nicht entschieden, ob diese in derartiger Häufigkeit schon bei den stärker verstreckten *ungetemperten* Fäden vorhanden sind und nicht beobachtet werden konnten oder ob die Temperung ihre Bildung gefördert hat, so daß sie dann besser sichtbar wurden.
Jedenfalls gewinnt man den Eindruck, daß bei den getemperten Proben die mehr oder weniger senkrecht zur Längsrichtung des Fadens liegenden Lamellen durch parallel zur Längsrichtung verlaufende Molekülbündel verknüpft sind. Die tie-molecules treten hier offenbar bündelweise auf.

III. Diskussion

Zieht man ein Fazit aus den elektronenmikroskopischen Ergebnissen an verstreckten Fäden, so läßt sich feststellen, daß die detaillierten Modellvorstellungen von *Peterlin* über den Verstreckvorgang größtenteils gut bestätigt werden konnten. Fibrillen und Mikrofibrillen in der von *Peterlin* definierten Weise konnten allerdings nicht gefunden werden. Dies kann unter Umständen darauf zurückzuführen sein, daß es unter den hier durchgeführten Herstellungsbedingungen des Ausgangsfadens und den Verstreckungsbedingungen nicht zur Ausbildung von Fibrillen kam. Doch sollte man sie wenigstens bei der 25 fach verstreckten Probe (Abb. 21) erwarten.

Man könnte aber auch den Verdacht äußern, daß die von *Peterlin* et al., aber auch von anderen Autoren angefertigten elektronenmikroskopischen Aufnahmen von verstreckten Proben nicht das Abbild von tatsächlich vorhandenen Fibrillen darstellen, sondern ein *mechanisches Spannungsfeld* sichtbar machen.

Die in dieser Arbeit angefertigten Bilder haben gezeigt, daß bei den angegebenen makroskopischen Verstreckungsgraden in Mikrobereichen die Verstreckung und damit der Spannungszustand sehr verschieden sein kann. Auch *Peterlin* spricht von einer inhomogenen Verstreckung. Nun ist aber ein großer Teil der Bilder von *Peterlin* und anderen Autoren dadurch zustande gekommen, daß Abdrucke von mit rauchender Salpetersäure geätzten Oberflächen (8) verstreckter Proben angefertigt und diese elektronenmikroskopisch abgebildet wurden. Die Salpetersäure könnte aber weniger stark verspannte Bereiche stärker wegätzen als stärker verspannte und dadurch ein Relief herausarbeiten. Da aber die verschieden verspannten Bereiche parallel zur Verstreckrichtung des Fadens laufen, könnten dadurch „Fibrillen" angezeigt werden. Ähnliches gilt für andere Ätzmethoden. Schon an der Oberfläche von *unbehandelten* verstreckten Fäden könnten sich verschieden stark verspannte Bereiche verschieden stark abheben und ebenfalls den Eindruck von „Fibrillen" erwecken. Der Zweifel an tatsächlich vorhandenen Fibrillen findet zusätzlich eine Stütze durch die schon erwähnten röntgenographischen Untersuchungen von *R. Bonart* (10), die eher Zusammenhänge mit parakristallinen Schichtgittern als mit Fibrillen ergeben haben. Weitere Untersuchungen sollten hier eine Klärung herbeiführen.

Wie weit die hier gefundenen Molekülbündel von 70 Å Durchmesser mit den Modellvorstellungen von *Blasenbrey* und *Pechhold* (37), die von solchen Bündeln ausgehen, in Einklang zu bringen sind, ist auch noch nicht zu beantworten.

F. Schluß

In dieser Arbeit konnte eine neue Kontrastiermethode für elektronenmikroskopische Dünnschnittaufnahmen von Polyäthylenen und anderen Polyolefinen vorgestellt werden, die erstmalig erlaubt, die amorphen und kristallinen Bereiche sichtbar zu machen, und somit einen besseren Einblick in die Mikromorphologie dieser Stoffe ermöglicht. Die in den vorangegangenen Kapiteln geschilderten Untersuchungen an linearen und verzweigten Polyäthylenen, an verstreckten Fäden und an getemperten Proben sollten hierfür Beispiele sein.

In einer folgenden Arbeit soll über Untersuchungen an Blasfolien aus Polyäthylen berichtet werden (40).

Für die röntgenographischen Untersuchungen habe ich meinem Kollegen, Herrn Dr. *H. Haberkorn*, zu danken.

Herrn Ing. *H. Neff*, Herrn *K.-H. Beck* und Fräulein *B. Menger* danke ich für ihre gute Mitarbeit.

Zusammenfassung

Viele Gebrauchseigenschaften von Kunststoffen hängen entscheidend von der Morphologie ab, so daß deren Aufklärung durch die Elektronenmikroskopie eine große Rolle spielt.

Zunächst wird generell auf die Schwierigkeiten eingegangen, von Kunststoffdünnschnitten kontrastreiche Abbildungen herzustellen.

Es wird dann eine Methode aufgezeigt, die diese Schwierigkeiten bei Polyäthylenen und anderen Polyolefinen überwindet: Chlorsulfonsäure reagiert ganz selektiv mit den amorphen Bereichen im partiell-kristallinen Polyäthylen, nicht aber mit den kristallinen Bereichen. Durch zusätzliche Einführung der Uranylgruppe in die verankerten Sulfonsäuregruppen der amorphen Bereiche läßt sich deren Dichte erhöhen, wodurch schließlich kontrastreiche Aufnahmen zustande kommen. Es können somit erstmalig die kristallinen Lamellen und die amorphen Deckschichten sichtbar gemacht und dadurch direkt das 2-Phasenmodell für partiell-kristalline Polymere bestätigt werden.

An linearen und verzweigten Polyäthylenen, an daraus hergestellten verstreckten Fäden und an getemperten Proben wird in folgenden Kapiteln die neue Kontrastiermethode demonstriert und die Beobachtungen diskutiert und mit bekannten Ergebnissen verglichen.

Summary

Many properties of plastics depend considerably on the morphology the clarification of which by electron microscopy is thus very important.

First of all, the difficulties of producing high-contrast photographs from plastics thin sections are dealt with in general. A method is then presented of overcoming these difficulties in polyethylenes and other polyolefins: chlorosulphonic acid reacts very selectively with the amorphous zones in partially crystalline polyethylene but not with the crystalline zones. Uranyl groups are then introduced into the sulphonic acid groups anchored in the amorphous zones. As a result, the density of these zones is increased, and high-contrast photographs are thus obtained. Hence, for the first time it has become possible to make the crystalline lamellae and the amorphous layers visible and thus to confirm directly the two-phase model for partially crystalline polymers.

In the subsequent chapters, the new method of staining is demonstrated on linear and branched polyethylene and on stretched filaments and annealed specimens prepared from them. The observations are discussed and compared with known results.

Literatur

1) *Reimer, L.*, Elektronenmikroskopische Untersuchungs- und Präparationsmethoden (Berlin-Heidelberg-New York 1967).

2) *Schäfer, K., J. Stabenow* und *H. Hendus*, Interner BASF-Bericht 1963. – *Stabenow, J.*, Interner BASF-Bericht 1963. – *Kato, K.*, J. Electron Microscopy Japan **14**, 219 (1965).

3) *Kanig, G.*, Kolloid-Z. u. Z. Polymere **251**, 782 (1973) – *Kanig, G.*, Kunststoffe **64**, 470 (1974).

4) *Wunderlich, B.*, Macromolecular Physics, Vol. I, S. 430ff. (New York-London 1973).

5) *Geil, P. H.*, Polymer Single Crystals (New York-London 1963).

6) *Keller, A.*, Rep. Prog. Physics **31**, 623 (1968).

7) *Fischer, E. W.*, Kolloid-Z. u. Z. Polymere **218**, 97 (1967).

8) *Palmer, R. P.* und *A. J. Cobbold*, Macromol. Chem. **74**, 174 (1964).

9) *Peterlin, A.*, Polymer Sci. Symposium **32**, 297 (1971).

10) *Bonart, R.*, Kolloid-Z. u. Z. Polymere **231**, 438 (1969).

11) *Peterlin, A.*, J. Polymer Sci. **C9**, 61 (1965).

12) *Peterlin, A.*, J. Polymer Sci. **C15**, 427 (1967).

13) *Peterlin, A.*, J. Polymer Sci. **C18**, 123 (1967).

14) *Peterlin, A.*, in: *Mark, H. F., S. M. Atlas* und *E. Cernia*, Man-Made Fibers, Vol. I, S. 283–340 (New York 1967).

15) *Peterlin, A.*, Kolloid-Z. u. Z. Polymere **216/217**, 129 (1967). – *Peterlin, A.* und *K. Sakaoku*, J. Appl. Phys. **38**, 4152 (1967).

16) *Peterlin, A.*, Polymer Eng. Sci. **9**, 172 (1969).

17) *Peterlin, A.*, J. Materials Sci. **6**, 490 (1971).

18) *Fischer, E. W.* und *G. F. Schmidt*, Angew. Chem. **74**, 551 (1962).

19) *Fischer, E. W.*, Kolloid-Z. u. Z. Polymere **231**, 458 (1969).

20) *Fischer, E. W.* und *M. Goddar*, J. Polymer Sci. **C16**, 4405 (1969).

21) *Hay, I. L.* und *A. Keller*, Kolloid-Z. u. Z. Polymere **204**, 43 (1965).

22) *Bonart, R.*, Kolloid-Z. u. Z. Polymere **211**, 14 (1966).

23) *Stein, R. S.*, Polymer Eng. Sci. **9**, 320 (1969).

24) *Hosemann, R.*, J. Polymer Sci. **C20**, 1 (1967).

25) *Loboda-Čačkovič, J., R. Hosemann* und *W. Wilke*, Kolloid-Z. u. Z. Polymere **235**, 1162 (1969).

26) *Hosemann, R., J. Loboda-Čačkovič* und *H. Čačkovič*, Z. Naturforschg. **27a**, 478 (1972).

27) *Bonart, R.* und *F. Schultze-Gebhardt*, Angew. Makromol. Chem. **22**, 41 (1972).

28) *Krüger, D.* und *G. S. Y. Yeh*, J. Macromol. Sci. Phys. **B6**, 431 (1972).

29) *Yeh, G. S. Y., D. Flook, T. Asakawa, R. Chen* und *Patricia Jarvis*, J. Macromol. Sci. Phys. **B6**, 635 (1972).

30) *Fung, P. Y.-F.* und *S. H. Caw*, J. Macromol. Sci. Phys. **B6**, 621 (1972).

31) *Hradil, J.* und *J. Štamberg*, CCCCAK **37**, 3868 (1972).

32) *Hosemann, R.*, J. Polymer Sci. **C20**, 1 (1967).

33) *Mackley, M. R.* und *A. Keller*, Polymer **14**, 16 (1973).

34) *Bonart, R.* und *R. Hosemann*, Kolloid-Z. u. Z. Polymere **186**, 16 (1962).

35) *Meinel, G.* und *A. Peterlin*, European Polymer J. **7**, 657 (1971).

36) *Tammann, G.*, Z. anorg. Chem. **110**, 166 (1920).

37) *Blasenbrey, S.* und *W. Pechhold*, Ber. Bunsenges. Phys. Chem. **74**, 784 (1970).

38) In (5) S. 245.

39) *Keith, H. D., F. J. Padden* und *R. G. Vadimsky*, J. Appl. Phys. **42**, 4590 (1971).

40) *H. Haberkorn, H. Mendus* u. *G. Kanig*, Angew. Makromol. Chemie, im Druck.

Anschrift des Verfassers:

Prof. Dr. *G. Kanig*
BASF Aktiengesellschaft, WHM
6700 Ludwigshafen/Rh.

Diskussion:

H. G. Kilian (Ulm/Donau):

Haben Sie Kenntnisse über die Kristalldickenverteilung im verzweigten Polyäthylen?

G. Kanig (Ludwigshafen/Rhein):

Bisher sind nur halbquantitative Untersuchungen gemacht worden. Die Streuung der Dicken scheint aber nicht sehr stark zu sein.

P. Kassenbeck (Karlsruhe):

Haben Sie versucht, die Dünnschnitte nach dem Kontrastieren mit Uranylacetat zusätzlich mit Bleicitrat zu kontrastieren?

G. Kanig (Ludwigshafen/Rhein):

Nein.

Nachtrag: Inzwischen wurde diese von Biologen und Medizinern an ihren Präparaten gern geübte Praxis getestet. Es zeigt sich auch bei den Polyäthylenproben ein guter zusätzlicher Kontrastiereffekt durch Bleicitrat. Ich danke Herrn Kollege *Kassenbeck* für den Hinweis.

Progr. Colloid & Polymer Sci. **57**, 192–205 (1975)

18.

Aus dem Fachbereich Physikalische Chemie, Bereich Polymere, Universität Marburg

Über die Struktur amorpher Polymere

Von W. Ruland

Mit 7 Abbildungen und 1 Tabelle

(Eingegangen am 26. Februar 1974)

1. Einleitung

In den letzten Jahrzehnten sind entscheidende Fortschritte in der Aufklärung der Struktur kristalliner Polymere gemacht worden. Die Konformation der Makromoleküle und ihre Packung im Kristallgitter ist für viele Polymere bekannt. Eine umfassende Darstellung und Auswertung dieser Ergebnisse findet man im kürzlich erschienenen Buch von *Wunderlich* (1). Zur exakten Struktur der unter verschiedenen Kristallisationsbedingungen eintretenden Rückfaltung der Ketten und zum Ordnungszustand der kristallinen Bereiche gibt es noch eine Reihe von offenen Fragen, die Grundannahmen sind jedoch weitgehend akzeptiert.

Anders verhält es sich auf dem Gebiet der Strukturuntersuchung amorpher Polymere. Hier liegen zur Zeit mehr Strukturvorschläge als gesicherte Untersuchungsergebnisse vor. Ebenso wie im Falle der kristallinen Strukturen stellt sich die Frage nach der Konformation und der Packung der Moleküle. Die Erklärung der Temperaturabhängigkeit der Rückstellkraft im kautschukelastischen Zustand (2) basiert auf der Annahme einer statistischen Konformation der Kettenmoleküle, des statistischen Knäuels. Diese Konformation ist grundlegend verschieden von der Konformation im kristallinen Zustand sowohl in bezug auf die Nah- als auch die Fernordnung der Segmente.

Es bereitet jedoch Schwierigkeiten, den verhältnismäßig geringen Dichteunterschied zwischen dem amorphen und kristallinen Zustand eines Polymers mit Hilfe eines Modells sich durchdringender statistischer Knäuel zu erklären, wenn man nicht einen gewissen Einfluß der Nahordnung (z. B. Parallellagerung von Kettenabschnitten) auf die Abstandsstatistik der Segmente zumindest für kleine Segmentabstände zuläßt. Geht man jedoch von der Annahme aus, daß die Packung der Moleküle im Amorphen der Packung im Kristallinen ähnlich ist, so läßt sich zwar der Dichteunterschied leichter erklären, doch sollte man infolge der sich hierbei ergebenden Parallellagerung der Ketten eine erhebliche Vergrößerung des mittleren Kettenabstandes erwarten (3). Nimmt man eine Tendenz zur Parallellagerung benachbarter Kettenabschnitte als Grundtyp der Packung im amorphen Polymeren an, so können diese Kettenabschnitte dem gleichen oder verschiedenen Molekülen angehören. Ersterer Fall wäre durch eine Kettenrückfaltung realisiert, letzterer durch eine Bündelung der Ketten. Weiterhin sollte man zumindest im ersteren Fall die Existenz von Nahordnungsbereichen mit Korngrenzen erwarten. Solche Bereiche sind für eine Reihe von amorphen Polymeren in elektronenmikroskopischen Aufnahmen beobachtet worden (4–6) und haben zu einer Reihe von Modellvorschlägen geführt (7–11).

Aufgrund von Überlegungen über den Zusammenhang zwischen speziellen Gitterstörungen (Kinken) und dem Ordnungszustand von Polymerkristallen wurde ein anderes Modell entwickelt (Molekülstränge, Mäandermodell) (12), das den Unterschied zwischen Kristall- und Schmelzstruktur im wesentlichen in der Konzentration und Verteilung von Gitterfehlern sieht.

Das Ziel dieser Übersicht ist es, über neuere Ergebnisse auf dem Gebiet der Strukturuntersuchung an amorphen Polymeren zu berichten und ihre Bedeutung für die Gültigkeit einiger Strukturmodelle zu diskutieren.

2. Molekülkonformation

Die Bestimmung der Molekülkonformation mit Hilfe von Streuexperimenten ist nur dann möglich, wenn man den Beitrag der Packung der Moleküle zur Interferenzfunktion abtrennen kann. Betrachtet man die *Debye*sche Streuformel für isotrope Systeme mit beliebiger Struktur

$$I(s) = \sum_j \sum_k f_j f_k \frac{\sin 2\pi r_{jk} s}{2\pi r_{jk} s},$$

in der I die kohärent gestreute Intensität, $s = 2\sin\theta/\lambda$, f_j und f_k die Atomformfaktoren und r_{jk} der Abstand der Atome j und k sind, so kann man zumindest formal die interatomaren Abstände r_{jk} in intra- und die intermolekularen Abstände einteilen. Die ersteren enthalten die Information über die Konformation der Moleküle, die letzteren werden durch die Packung der Moleküle bestimmt. Im kristallinen Zustand bewirken die letzteren das Auftreten von scharfen Interferenzspitzen (Gitterfaktor), während die ersteren im wesentlichen die Intensität (Strukturfaktor) dieser Interferenzmaxima bestimmen. Im amorphen Zustand ist eine einfache Trennung in Gitterfaktor und Strukturfaktor nicht möglich. Man kann jedoch erwarten, daß die intramolekularen Abstände zumindest für kleine Abstände geringeren statistischen Schwankungen unterworfen sind als die intermolekularen Abstände, so daß bei großen Winkeln der Beitrag der kleinen intramolekularen Abstände zur Interferenzfunktion überwiegt.

Eine schematische Darstellung der kohärenten Streuintensität und der intramolekularen Interferenzkomponente für ein amorphes Polymer zeigt Abb. 1. Man sieht, daß die intramolekulare Komponente bei mittleren Winkeln stark und bei kleinen Winkeln völlig von den intermolekularen Interferenzen unterdrückt wird. Nun ist es aber gerade dieser Winkelbereich, in dem die großen intramolekularen Abstände und damit die Gesamtkonformation des Moleküls zur Streuintensität beitragen. Eine Bestimmung der Gesamtkonformation ist daher auch nicht mit Hilfe einer radialen Atomverteilungskurve möglich, da hierbei nur die kurzen intramolekularen Abstände von den intermolekularen Abständen getrennt werden können. Anders verhält es sich, wenn die Moleküle in ein Medium eingebettet sind, dessen Streuvermögen von dem der Moleküle verschieden ist. Für eine verdünnte Lösung von Makromoleku-

len ist die Intensität in erster Näherung die Summe der Streuintensitäten der Einzelmoleküle, wenn man von dem durch die Streuung an den Molekülen des Lösungsmittels bedingten Untergrund absieht. Bezeichnet man die Streuintensität eines Einzelmoleküls mit I_M, so erhält

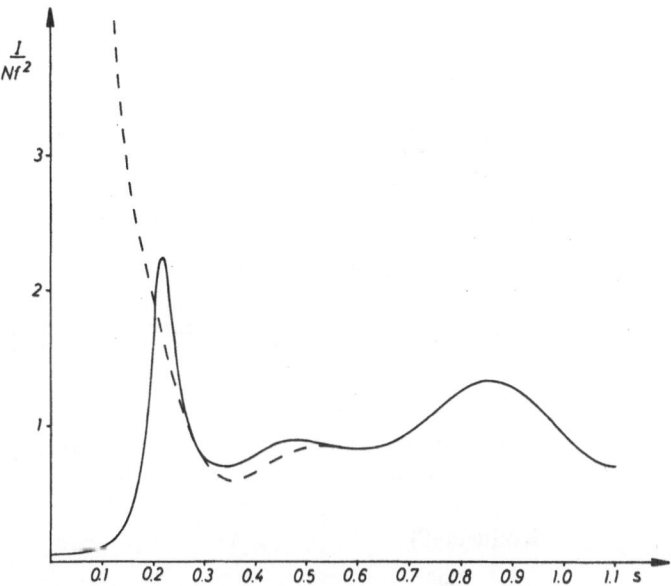

Abb. 1. Schematische Darstellung der kohärenten Streuintensität für ein amorphes Polymer. ——— Intra- und intermolekulare Interferenzen; ––––– intramolekulare Interferenzen

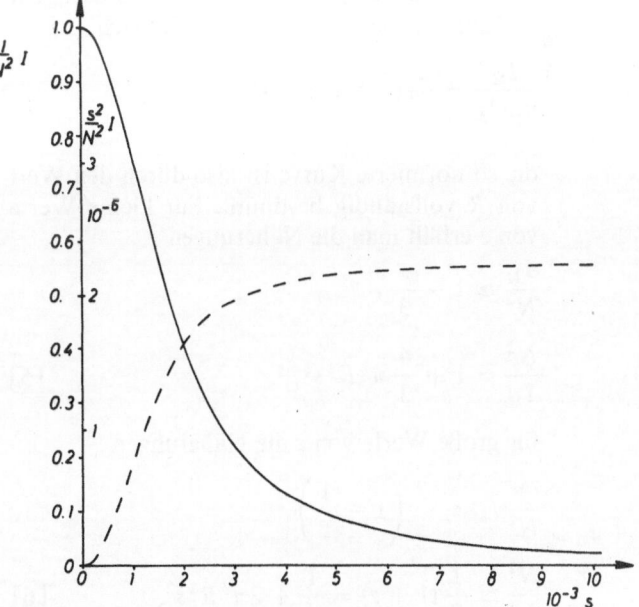

Abb. 2. Streukurve eines statistischen Knäuels mit $R = 150 Å$ nach *Debye*, in einer $I - s$- (———) und einer $s^2 I - s$-Auftragung (–––––)

man bei unendlicher Verdünnung und entsprechender Normierung für die Gesamtintensität

$$I = \sum n_i I_{M_i},\qquad [1]$$

wobei i die Anzahl Moleküle des Molekulargewichts M_i ist.

I_M läßt sich mit Hilfe der Abstandsstatistiken $W_{jk}(r)$ Segmente j und k berechnen.

$$I_M = \sum_{j}^{N} \sum_{k}^{N} \int_{0}^{\infty} W_{jk}(r)\, \frac{\sin 2\pi r s}{2\pi r s}\, dr,\qquad [2]$$

wobei N die Anzahl der Segmente im Molekül ist.

Für ein *Gauß*-Knäuel gilt

$$W_{jk}(r) = \left(\frac{3}{2\pi m a^2}\right)^{3/2} 4\pi r^2 e^{-\frac{3r^2}{2m a^2}}\qquad [3]$$

für alle Werte von $m = |j - k|$, wenn a die Segmentlänge ist. Durch Einsetzen von [3] in [2] und Ersetzen der Summen durch ein Integral erhält man die *Debye*sche Streuformel für *Gauß*-Knäuel (40)

$$I_M = \frac{2 N^2}{z^2}(e^{-z} + z - 1),\qquad [4]$$

wobei $z = 4\pi^2 R^2 s^2$ und R^2 der Streumassenradius des Moleküls ist.

Für die auf den Grenzwert für $s \to 0$ bezogene Streuung des Einzelmoleküls ergibt sich

$$\frac{I_M}{\lim\limits_{s \to 0} I_M} = \frac{2}{z^2}(e^{-z} + z - 1),$$

die so normierte Kurve ist also durch den Wert von R vollständig bestimmt. Für kleine Werte von z erhält man die Näherungen

$$\frac{I_M}{N^2} \simeq 1 - \frac{z}{3},$$

$$\frac{N^2}{I_M} = 1 + \frac{4}{3}\pi^2 R^2 s^2,\qquad [5]$$

für große Werte von z die Näherungen

$$\frac{1}{N^2} I_M \simeq \frac{2}{z}\left(1 - \frac{1}{z}\right),$$

$$\frac{N^2}{I_M} \simeq \frac{1}{2}(1 + z) = \frac{1}{2} + 2\pi^2 R^2 s^2.\qquad [6]$$

Wählt man zur Auswertung der Streukurven Auftragungen des Typs $1/I$ gegen s^2, wie sie zur Auswertung der Lichtstreuung gebräuchlich sind (*Zimm*-Diagramm), so ergeben sich für die Streuung eines Einzelmoleküls zwei lineare Bereiche in einem solchen Diagramm (siehe Abb. 3), deren Steigungen durch den Parameter R bestimmt sind und im Verhältnis 3:2 zueinander stehen. Hierbei ist zu beachten, daß der erste Bereich (Näherung [5]) bis

$$s \simeq \frac{1}{10 R}$$

und der zweite Bereich (Näherung [6]) von

$$s \simeq \frac{1}{2 R}$$

ab gültig ist. Eine solche Auftragung könnte daher zu einer Überprüfung der Gültigkeit der Gl. [4] und damit der Existenz einer *Gauß*-Knäuel-Konformation herangezogen werden.

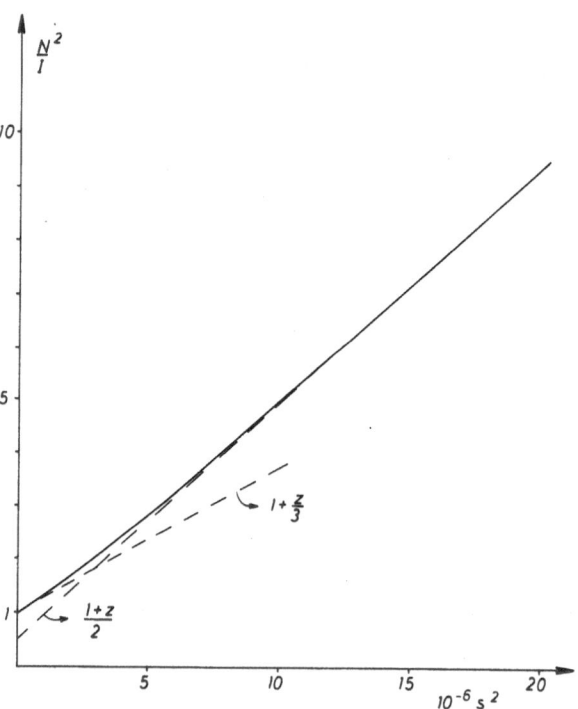

Abb. 3. Streukurve eines statistischen Knäuels mit $R = 150\,\text{Å}$ in einer $I^{-1} - s^2$-Auftragung

Im allgemeinen liegt jedoch bei synthetischen Polymeren eine Molekulargewichtsverteilung von nicht zu vernachlässigender Breite vor, die bei der Auswertung der linearen Bereiche berücksichtigt werden muß. Die Gültigkeit der

Gl. [1] vorausgesetzt, erhält man in diesem Fall

$$\frac{I(s)}{\lim_{s \to 0} I(s)} = \frac{\langle I_M \rangle_n}{\langle N^2 \rangle_n}.$$

Die entsprechenden Näherungen (41) für kleine s-Werte sind

$$\frac{\lim_{s \to 0} I(s)}{I(s)} \simeq 1 + \frac{4}{3} \pi^2 \langle R^2 \rangle_z s^2 \qquad [7]$$

und für große s-Werte

$$\frac{\lim_{s \to 0} I(s)}{I(s)} \simeq \frac{M_w}{2 M_n} + 2 \pi^2 \langle R^2 \rangle_w s^2. \qquad [8]$$

Die Gültigkeit der Näherung [7] setzt Proportionalität zwischen N und R^2 voraus, die zumindest für Θ-Lösungen angenommen werden kann. Die aus der Steigung der beiden linearen Bereiche erhaltenen R^2-Mittelwerte sind also verschieden. Die obere Grenze in s für die Gültigkeit von [7] und die untere Grenze der Gültigkeit von [8] hängen außer vom Mittelwert auch noch von der Verteilung von R ab. Läßt sich die Verteilung durch eine Funktion des Typs

$$f(x) = x^\nu e^{-ax}$$

[*Schulz*-Verteilung (43)] beschreiben, so erhält man an Stelle von [4]

$$\frac{I(s)}{\lim_{s \to 0} I(s)} = \frac{2(\nu + 1)}{\langle z \rangle_n^2 (\nu + 2)}$$

$$\left[\left(1 + \frac{\langle z \rangle_n}{\nu + 1} \right)^{-\nu - 1} + \langle z \rangle_n - 1 \right]$$

mit $\langle z \rangle_n = 4 \pi^2 \langle R^2 \rangle_n s^2$, eine Beziehung, die schon von *Zimm* (41) in einer etwas anderen Form und Normierung angegeben wurde.

Diese Intensitätsverteilung führt zu einem besonders einfachen Ausdruck für $\nu = 0$ entsprechend einer Uneinheitlichkeit von $U = 1$:

$$\frac{\lim_{s \to 0} I(s)}{I(s)} = 1 + \langle z \rangle_n.$$

Die beiden Näherungen sind in diesem Fall gleich und über den gesamten s-Bereich gültig.

Der Gültigkeitsbereich der Näherung [8] wird für große s-Werte dadurch begrenzt, daß die Abstandsstatistiken [3] für kleine Werte von $|j - k| = m$ nicht mehr anwendbar sind. Dies bewirkt einen Übergang vom s^{-2}- zu einem s^{-1}-Abfall der Streukurve in einem s-

Bereich, der durch die Persistenzlänge (14, 15) der Moleküle gegeben ist. Außerdem wirkt sich mit zunehmendem Streuwinkel der Formfaktor des Kettensegmentes aus.

Während die Untersuchungen der Molekülkonformation unter Verwendung der oben diskutierten Beziehungen bisher nur mit Hilfe der Lichtstreuung oder der Röntgenkleinwinkelstreuung an Polymerlösungen durchgeführt wurden, haben sich mehrere Forschergruppen in jüngster Zeit mit der Untersuchung der Molekülkonformation im amorphen Zustand und in der Schmelze befaßt. Zur Trennung der intramolekularen von den intermolekularen Interferenzen hat man sich dabei den erheblichen Unterschied zwischen dem Neutronenstreuvermögen des leichten und des schweren Wasserstoffs zunutze gemacht. Dieser Unterschied im Streuvermögen bewirkt, daß eine verdünnte Lösung von deuterierten Polymeren in undeuterierten, oder umgekehrt, eine Neutronenkleinwinkelstreuung zeigt, die ähnlich wie die Röntgenkleinwinkelstreuung einer verdünnten Polymerlösung ausgewertet werden kann. Wie die ersten Ergebnisse dieser Untersuchungen zeigen, ist diese Methode in der Lage, die Aufklärung der Struktur des amorphen Zustandes entscheidend weiterzutreiben.

Kirste u. Mitarb. (16, 17), die auf diesem Gebiet Pionierarbeit leisteten, befaßten sich mit der Konformation von ataktischem PMMA im Glaszustand. Sie untersuchten die Neutronenkleinwinkelstreuung von verdünnten festen Lösungen von gewöhnlichem PMMA (H-PMMA) in einer Matrix von vollständig deuteriertem PMMA (D-PMMA). Hierbei wurden Streukurven erhalten, die der *Debye*schen Streuformel für *Gauß*-Knäuel über einen großen Winkelbereich angepaßt werden konnten. Ein Vergleich der Streumassenradien im Glaszustand und in einer Θ-Lösung ergab eine gute Übereinstimmung, die Auftragung der Ergebnisse für eine Konzentrationsreihe von H-PMMA in D-PMMA in einem *Zimm*-Diagramm zeigte, daß der zweite Virialkoeffizient vernachlässigbar klein ist, weiterhin wurde Proportionalität zwischen M_w und $\langle R^2 \rangle_w$ festgestellt. Die mittlere Knäuelgröße und die Verteilung der Knäuelzentren ist also äquivalent zu der in einer Θ-Lösung, wie von *Flory* (32) postuliert wurde.

Eine französische Forschergruppe (18–21) untersuchte die Neutronenkleinwinkelstreuung einer verdünnten festen Lösung von deuteriertem ataktischem Polystyrol (D-PSt) in gewöhnlichem ataktischem Polystyrol (H-PSt). Ein Vergleich der $\langle R^2 \rangle_w$- mit den M_w-Werten für eine Molekulargewichtsreihe ergab eindeutig eine Proportionalität zwischen diesen Werten; die Auftragung der Meßergebnisse für eine Konzentrationsreihe in einem *Zimm*-Diagramm zeigt einen vernachlässigbar kleinen Wert für den zweiten Virialkoeffizienten.

Ballard, Wignall und *Schelten* (22) berichteten über Messungen an verdünnten festen Lösungen von H-PSt in D-PSt, in denen sie innerhalb der Fehlergrenze Übereinstimmung zwischen den experimentellen und dem in Θ-Lösungen zu erwartenden Wert des Streumassenradius fanden. Die *Flory*sche Voraussage hat sich damit auch für Polystyrol als gültig erwiesen.

Diese ersten Ergebnisse einer Methode, deren weitere Entwicklung und Anwendung auf andere Polymersysteme sehr lohnenswert sein wird, sprechen also sehr für das statistische Knäuel als wahrscheinlichste Konformation der Moleküle in ataktischem PMMA und PSt. Die Frage ist jedoch, ob aufgrund der bisherigen Ergebnisse andere Konformationen mit Sicherheit auszuschließen sind. Die wesentlichen Ergebnisse sind

1. die Proportionalität zwischen M und R^2 und
2. die Ähnlichkeit der Streukurve mit der *Debye*schen Streuformel für das statistische Knäuel.

Die Proportionalität zwischen M und R^2 schließt offensichtlich kugelförmige Cluster aus, da für Molekülkonformationen, die zu kompakten kugelförmigen Gebilden führen, eine Proportionalität zwischen M und R^3 zu erwarten ist. Eine Proportionalität zwischen M und R^2 ist jedoch gegeben, wenn die Konformation des Moleküls eine gleichmäßige Raumerfüllung in Gestalt einer flachen Scheibe zur Folge hat, vorausgesetzt, daß die Scheibendicke genügend klein im Verhältnis zum Scheibendurchmesser ist. Eine solche Konformation wäre z. B. durch eine ebene Mäanderstruktur gegeben. Der Proportionalitätsfaktor ist in diesem Fall durch die mittlere Massenbelegung pro Oberfläche der Scheibe bestimmt. Betrachtet man eine ebene Mäanderstruktur mit dem Oberflächenelement σ_m pro Mäander und dem Molekulargewichtsanteil M_m eines Moleküls pro Mäander, so erhält man unter den oben gemachten Voraussetzungen die Beziehung

$$M = 2\pi \frac{M_m}{\sigma_m} R^2.$$

Für ein statistisches Knäuel gilt dagegen

$$M = \frac{6 M_0}{a^2} R^2,$$

wenn M_0 das Molekulargewicht der Monomereinheit und a die Länge des statistischen Kettenelements ist.

Setzt man die Proportionalitätsfaktoren gleich und führt man die Kettenlänge pro Mäander L_0 ein, so erhält man die angenäherte Beziehung

$$a \simeq \frac{\sigma_m}{L_0},$$

mit deren Hilfe man abschätzen kann, ob die Dimensionen eines Mäandermodells mit der Länge des statistischen Kettenelements verträglich sind. Bei entsprechender Anpassung der Parameter scheint es daher nicht unmöglich, die Proportionalität zwischen M und R^2 quantitativ mit einem Mäandermodell wiederzugeben.

Was die Streukurve für ein solches Modell betrifft, so ist sie natürlich innerhalb des Gültigkeitsbereiches der *Guinier*schen Näherung mit der eines statistischen Knäuels mit gleichem Streumassenradius identisch. Bei größeren Streuwinkeln findet man bei scheibenförmigen Gebilden ebenfalls einen Bereich, in dem die Intensität mit s^{-2} abfällt, vorausgesetzt, daß die Scheibendicke genügend klein im Vergleich zum Scheibendurchmesser ist. Bezeichnet man den Scheibendurchmesser mit D, so ergibt sich bei Vernachlässigung der Scheibendicke der Streumassenradius zu

$$R^2 = \frac{D^2}{8},$$

und man findet für größere Winkel die Beziehung

$$\frac{I_M}{N^2} = \frac{2}{\pi^2 D^2 s^2} = \frac{1}{4\pi^2 R^2 s^2},$$

während sich für ein statistisches Knäuel die Beziehung

$$\frac{I_M}{N^2} = \frac{1}{2\pi^2 R^2 s^2}$$

aus [6] ableiten läßt.

Bei gleichem Streumassenradius ist also die Streuintensität einer Scheibe bei größeren Winkeln nur halb so groß wie die Streuintensität eines statistischen Knäuels, wenn auch beide mit s^{-2} abfallen. Liegt eine Molekulargewichtsverteilung vor, so findet man entsprechend [7] und [8] für Scheiben

$$\langle R^2 \rangle_z = \frac{\langle D^2 \rangle_z}{8}$$

und

$$\frac{I(s)}{\lim_{s \to 0} I(s)} = \frac{1}{4\pi^2 \langle R^2 \rangle_w s^2} .$$

Hieraus ergibt sich, daß die Streukurve für eine Größenverteilung von statistischen Knäueln bei größeren Winkeln durch die Streukurve einer Größenverteilung von Scheiben angenähert werden kann, wenn für die Scheiben M_z/M_w doppelt so groß ist wie für die statistischen Knäuel, d. h. eine monodisperse Verteilung ($M_z/M_w = 1$) von statistischen Knäueln ergibt eine Streukurve, die durch eine Größenverteilung von Scheiben mit gleichem $\langle R^2 \rangle_z$ und $M_z/M_w = 2$ angenähert werden kann. Ist M_z/M_w bekannt, so sollte man bei hinreichend genauer Intensitätsbestimmung über einen größeren Winkelbereich in der Lage sein, zwischen diesen Konformationen zu entscheiden.

Untersuchungen der Neutronenkleinwinkelstreuung einer Polyäthylenschmelze sind kürzlich von *Fischer* (23) durchgeführt worden. Hierbei wurde ein wesentlich größerer Streumassenradius als der theoretische gefunden, der einem etwa fünfmal größeren statistischen Kettenelement entspricht. Dies zeigt, daß die Molekülkonformation eines kristallisierbaren Polymers in der Schmelze nicht ohne weiteres vergleichbar ist mit der Molekülkonformation eines amorphen ataktischen Polymers im Glaszustand.

Untersuchungen des Linienprofils der kernmagnetischen Resonanz von Polyäthylenschmelzen führten *Zachmann* (24) zu dem Schluß, daß Kettenbündel auftreten, die jedoch eine geringe Lebensdauer haben. Eine solche Tendenz zur Bündelbildung könnte die Erklärung für die von *Fischer* gefundene Vergrößerung des statistischen Kettenelements in der Polyäthylenschmelze sein[1]).

Petermann und *Gleiter* (33) fanden bei elektronenmikroskopischen Untersuchungen von Polymerschmelzen, daß sich bei der Herstellung extrem dünner Filme der Schmelze Lamellen mit einer Dicke von ungefähr 200 Å bilden, bei denen die Kettenachsen bevorzugt normal zur Lamellenebene ausgerichtet sind. Aus Elektronenbeugungsaufnahmen schlossen sie auf eine weitgehende Korrelation der Parallellagerung der Ketten in diesen Lamellen.

Es ist offensichtlich, daß die Unterschiede in der Molekülkonformation zwischen ataktischem PMMA und PSt einerseits und PE in der Schmelze andererseits noch weiterer Untersuchung bedürfen, doch scheint die Frage berechtigt, ob die Bildung von Kettenbündeln bei ataktischen Polymeren eine effektivere Packung der Ketten bewirkt. Man kann sich durchaus vorstellen, daß bei den sperrigen Konturen der ataktischen PMMA- und PSt-Ketten eine mehr statistische Nahordnung zwischen benachbarten Ketten günstiger ist, bei der lokal jeweils die Nahordnungsstruktur ausgewählt wird, die den geringsten Volumenbedarf hat. Das gilt besonders für das PSt, bei dem das Hauptproblem der effektiven Raumerfüllung die Packung der Benzolringe ist. Ganz anders liegen die Verhältnisse bei Polymeren, bei denen eine Parallellagerung der Ketten durch starke Wechselwirkungen erzwungen wird, wie z. B. bei den Polyamiden. Aus dem Verlauf der diffusen kohärenten Röntgenstreuung bei größeren Winkeln kann man bei diesen Polymeren auf eine weitgehende Parallellagerung aller Ketten unabhängig vom Ordnungsgrad schließen (25).

3. Molekülpackung

Wie im letzten Abschnitt diskutiert wurde, ist die Streukurve von amorphen Polymeren, die keine markierten Moleküle enthalten, bei kleinen und mittleren Streuwinkeln im Wesentlichen durch die intermolekularen Interferenzen bestimmt; die Information über die Packung der Moleküle ist also in diesem Bereich enthalten. Dieser Bereich umfaßt den sogenannten „amorphen Halo", ein diffuses Maximum oder eine Überlagerung mehrerer diffuser Maxima, die etwa in demselben Winkelbereich wie die ersten Gitterinterferenzen der kristallinen Phase auftreten. Es liegt daher nahe, diese diffusen Maxima mit Hilfe eines Strukturmodells zu interpretieren, das auf der Annahme eines gestörten Gitters endlicher Ausdehnung basiert, d. h. auf der Annahme von Nahordnungsbereichen mit einer

---

[1]) Nach Drucklegung des Manuskriptes wurden die hier zitierten Werte des Streumassenradius für die Polyäthylenschmelze revidiert (49). Die neuen Werte stimmen mit den für ein statistisches Knäuel berechneten überein.

der kristallinen Phase ähnlichen Struktur. Ob diese Annahme berechtigt ist, soll hier nicht diskutiert werden, man kann nur feststellen, daß es ohne diese Annahme weitaus schwieriger ist, auch nur eine qualitative Interpretation des amorphen Halos durchzuführen. Die wesentliche Frage ist vielmehr, ob es ein Modell für ein gestörtes Gitter gibt, das eine konsistente Interpretation der beobachteten Interferenzeffekte gestattet.

Wenn wir zunächst einmal rein qualitativ die Eigenschaften betrachten, die ein solches Modell aufweisen soll, so scheint das von *Hosemann* und *Bagchi* (26) entwickelte Modell des Parakristalls eine Lösung zu sein. In diesem Modell werden die Abstandsstatistiken mit zunehmendem Abstand der Gitterpunkte voneinander verbreitert, so daß bei großen Abständen die Gitterstruktur in der Korrelationsfunktion verschwindet. Die Abstandsstatistiken zu den nächsten Nachbarn bestimmen die Abstandsstatistiken zu allen weiteren Nachbarn mit Hilfe von Faltungspolynomen. Das Streubild eines solchen Gitters zeigt Interferenzmaxima, die mit zunehmendem Streuwinkel breiter werden und an Intensität verlieren, für große Winkel wird die Streukurve monoton. Bei entsprechender Wahl der Breite der Abstandsstatistiken zu den nächsten Nachbarn kann man Streukurven erhalten, deren erstes Interferenzmaximum nach Intensität und Linienbreite einem amorphen Halo angepaßt werden kann. Berechnet man jedoch den Verlauf der Streukurve mit Hilfe der durch die Anpassung gewonnenen Störungsparameter zu kleineren Winkeln hin, so weicht die theoretische Streukurve in zunehmendem Maße von der experimentellen ab. Eine quantitative Diskussion dieses Problems und seiner Ursache wurde schon in einer früheren Arbeit (27) gegeben. Der Grund liegt im wesentlichen darin, daß die von *Hosemann* vorgeschlagene Entwicklung der Abstandsstatistiken mit Hilfe von Faltungspolynomen zu einer speziellen Art von gestörten Gittern führt, die die Eigenschaft haben, daß ihre Dichtefluktuation mit der Gittergröße zunimmt. Diese Eigenschaft des parakristallinen Gitters schließt seine Anwendung als Modell für flüssigkeitsähnliche Nahordnungsstrukturen aus, da diese im allgemeinen eine endliche und von der Größe der Ordnungsbereiche unabhängige Dichtefluktuation besitzen.

Der Begriff der Dichtefluktuation ist ursprünglich im Zusammenhang mit der Behandlung statistischer Schwankungen thermodynamischer Größen geprägt worden. Für ein Einstoffsystem im thermodynamischen Gleichgewicht existiert die Beziehung (28)

$$\frac{\langle N^2 \rangle_t - \langle N \rangle_t^2}{\langle N \rangle_t} = \varrho k T \varkappa_T, \qquad [9]$$

in der ϱ die mittlere Partikeldichte, k die *Boltzmann*-Konstante, T die absolute Temperatur und $\varkappa_T$ die isotherme Kompressibilität ist. N ist die Anzahl von Partikeln zu einer gegebenen Zeit t in einem Volumen, dessen Dimensionen groß im Vergleich zur Reichweite der Wechselwirkungen der Partikel, aber klein im Vergleich zu den Dimensionen des Volumens der makrokanonischen Gesamtheit ist, innerhalb derer die Mittelung erfolgt, wobei $\langle \rangle_t$ für den zeitlichen Mittelwert steht.

Die Beziehung ist nicht gültig in der Nähe des kritischen Punktes. Wir wollen im folgenden die durch Gl. [9] definierte Dichtefluktuation mit Fl_t bezeichnen. Für ein ideales Gas gilt $Fl_t = 1$, für reale Gase ist $Fl_t > 1$ für $T > T_B$ (*Boyle*-Temperatur), $Fl_t < 1$ für $T < T_B$, der Zusammenhang mit den Virialkoeffizienten A_n ist durch die Beziehung

$$Fl_t = (1 + 2 A_2 \varrho + 3 A_3 \varrho^2 + \cdots)^{-1}$$

gegeben. Für Flüssigkeiten ist Fl_t im allgemeinen sehr klein gegen Eins, auf die Gültigkeit von [9] für den kristallinen Zustand wird später eingegangen werden.

Für Einstoffsysteme im Gleichgewichtszustand wird Fl_t durch Extrapolation der normierten Streuintensität zum Streuwinkel Null erhalten (29, 30).

$$Fl_t = \lim_{s \to 0} \frac{I}{N F^2}, \qquad [10]$$

wobei N die Anzahl Partikel im ausgeleuchteten Volumen und F die Streuamplitude eines Partikels ist, die wir im folgenden gleich Eins setzen wollen. Durch Messungen an Flüssigkeiten (31) wurde die Übereinstimmung zwischen [9] und [10] bestätigt.

Im Zusammenhang mit der Packung der Moleküle in amorphen Polymeren interessiert nun nicht so sehr die zeitliche (Fl_t) als die örtliche Fluktuation der Dichte, die wir mit Fl_v bezeichnen möchten. Die letztere erhält man mit einem der Gl. [9] analogen Ansatz,

$$Fl_v = \frac{\langle N^2 \rangle_v - \langle N \rangle_v^2}{\langle N \rangle_v},$$

bei dem N die Anzahl der Partikel in einem vor-

gegebenen Volumen als Funktion des Ortes dieses Volumens innerhalb der Partikelverteilung
ist und $\langle \ \rangle_v$ für den Mittelwert über das Gesamtvolumen der Partikelverteilung steht.

Im Gleichgewichtszustand ist Fl_t gleich Fl_v,
für eingefrorene Unordnungszustände ist jedoch Fl_v größer als Fl_t; bei absolut starren Unordnungsstrukturen ist Fl_t gleich Null, wie man
leicht einsieht.

Will man den Zusammenhang zwischen der
Streuintensität bei kleinen Winkeln und der
räumlichen und zeitlichen Dichtefluktuation
exakt definieren, so muß man von der Grund-
gleichung der kinematischen Streutheorie ausgehen,

$$I_{obs} = \mathscr{F}(\Delta\varrho^{*2}), \qquad [11]$$

die besagt, daß die beobachtbare Streuintensität
(I_{obs}) die *Fourier*transformierte ($\mathscr{F}$) der Korrelationsfunktion (Faltungsquadrat $*^2$) der loka-
len Dichtedifferenzen ($\Delta\varrho$) ist. Für die Röntgenstreuung kann man annehmen, daß der Streu-
vorgang um mehrere Größenordnungen schneller abläuft als die Thermobewegung der Atome.
Die zu einem bestimmten Zeitpunkt registrierte
Streuintensität ist also durch die zu diesem Zeitpunkt existierende Momentanstruktur des untersuchten Stoffes gegeben. Diese Momentan-
struktur sei durch die Verteilung $\varrho(\vec{r})$ der Dichte
der streuenden Materie als Funktion des Orts-
vektors $\vec{r}$ im physikalischen Raum gegeben. Zur
Ermittlung von Fl_v definiert man ein Bezugs-
volumen v_B, das sich innerhalb von $\varrho(\vec{r})$ an
einer durch den Ortsvektor $\vec{r}_B$ des Volumen-
mittelpunktes bestimmten Stelle befindet und
durch den Gestaltsfaktor Y_B, der den Wert Eins
innerhalb der Begrenzung des Volumens und
Null außerhalb besitzt, in seiner Ausdehnung
festgelegt ist. Bei einer bestimmten Lage des
Bezugsvolumens in $\varrho(\vec{r})$ befinden sich in diesem
Volumen $N_B(\vec{r}_B)$ Partikel, die durch die Beziehung

$$N_B(\vec{r}_B) = \int_v \varrho(\vec{r})\, Y_B(\vec{r} - \vec{r}_B)\, dv_r$$

gegeben sind, d. h. durch eine Faltung von ϱ mit
y_B,

$$N_B = \varrho * Y_B .$$

Der Volumenmittelwert von N_B ist demnach

$$\langle N_B \rangle_v = \frac{1}{v} \int_v (\varrho * Y_B)\, dv_r = v_B \langle\varrho\rangle_v$$

und der Volumenmittelwert von N_B^2

$$\langle N_B^2 \rangle_v = \frac{1}{v} \int_v (\varrho * Y_B)^2\, dv_r$$

$$= \frac{1}{v} (\varrho^{*2} * Y_B^{*2})(\vec{r} = 0)$$

$$= \frac{1}{v} \int_v \varrho^{*2} Y_B^{*2}\, dv_r .$$

Nun ist

$$\Delta\varrho^{*2} = \varrho^{*2} - N\langle\varrho\rangle_v ,$$

wenn N die Gesamtzahl von Partikeln ist, und
somit

$$\frac{1}{v} \int_v \Delta\varrho^{*2}\, y_B^{*2}\, dv_r = \langle N_B^2 \rangle_v - \langle N_B \rangle_v^2 .$$

Die Partikeldichtefluktuation Fl_v als Funktion
des Bezugsvolumens ergibt sich also zu

$$Fl_v(v_B) = \frac{\langle N_B^2 \rangle_v - \langle N_B \rangle_v^2}{\langle N_B \rangle_v}$$

$$= \int_v \frac{1}{N} \Delta\varrho^{*2}\, \frac{1}{v_B}\, y_B^{*2}\, dv_r ,$$

da

$$\langle N_B \rangle_v = \frac{v_B}{v}\, N .$$

Die Beziehung zur Streuintensität erhält man
mit Hilfe der Gl. [11] und der Definition

$$\Phi_B = \mathscr{F}(Y_B) \qquad [12]$$

unter Anwendung des *Parseval*schen Theorems.

$$Fl_v(v_B) = \int_v \frac{1}{N}\, I_{obs}\, \frac{1}{v_B}\, \Phi_B^2\, dv_s . \qquad [13]$$

Dies ist die allgemeinste Definition von Fl_v;
sie enthält explizit die Größe des Bezugsvolumens und setzt keinen bestimmten Verlauf von
I_{obs} und damit keine bestimmte Struktur voraus.

Der Bereich von s, in dem die Funktion Φ_B
wesentlich von Null verschieden ist, verkleinert
sich aufgrund der Beziehung [12] mit zunehmender Größe von v_B, damit trägt mit zunehmendem v_B ein immer kleinerer Bereich von I_{obs} zum
Integral bei. Wenn I_{obs} sich mit abnehmendem
s asymptotisch einem konstanten Wert nähert,
so ist

$$\lim_{s \to 0} \frac{1}{N} I_{obs} = \lim_{v_B \to \infty} Fl_v(v_B) = \text{const}.$$

da

$$\int_v \frac{1}{v_B} \Phi_B^2\, dv_s = 1.$$

14*

Wir erhalten in diesem Fall eine der Gl. [10] analoge Beziehung für Fl_v. Die asymptotische Annäherung von I_{obs} an einen konstanten Wert für kleine s ist also gleichbedeutend mit einem bei zunehmender Größe des Bezugsvolumens von dieser Größe unabhängigen Wert von Fl_v. Die Änderung von Fl_v mit v_B kann daher zur Charakterisierung der Homogenität einer Partikelverteilung herangezogen werden.

Bei anisotropen Strukturen ist I_{obs} eine Funktion des Betrages und der Richtung von s. Hat y_B die Gestalt einer Kugel, so erhält man

$$Fl_v(v_B) = \int_v \frac{1}{N} \langle I_{obs} \rangle_\omega \frac{1}{v_B} \Phi_B^2 dv_s, \qquad [14]$$

d. h., die Homogenität der Partikelverteilung in einer anisotropen Struktur kann durch die Untersuchung des Grenzwertes von $\langle I_{obs} \rangle_\omega$, des sphärischen Mittelwertes von $I_{obs}(\vec{s})$, festgestellt werden.

Die Anwendung von Gl. [14] auf die Streuung eines idealen Parakristalls nach *Hosemann* und *Bagchi* (26) zeigt, daß $Fl_v(v_B)$ mit $v_B^{2/3}$ anwächst (42), die Partikelverteilung in einem idealen Parakristall ist also inhomogen und daher, wie schon erwähnt, als Modell für flüssigkeitsähnliche Unordnungsstrukturen ungeeignet.

Für ein absolut perfektes und starres Kristallgitter ist Fl_v, wie man leicht einsieht, gleich Null. Die thermischen Bewegungen im Gitter würden keine Dichtefluktuation erzeugen, bestünden sie nur in unkorrelierten Schwingungen der Gitterpunkte um ihre Ideallage. Longitudinale Gitterwellen erzeugen dagegen Dichtefluktuationen, die um so mehr zu Fl_v beitragen, je größer ihre Wellenlänge im Vergleich zur Ausdehnung von v_B ist.

Diese Dichtefluktuationen bedingen einen endlichen Wert der diffusen Thermostreuung von Kristallen für kleine Werte von s. In Erweiterung der von *Guinier* (34) angegebenen Näherung erhält man unter Berücksichtigung der Anisotropie der elastischen Eigenschaften eines Kristallgitters die Bezeichnung

$$\lim_{\vec{s} \to 0} \frac{1}{N} I_{obs} = \frac{kT}{mv_g^2(\vec{e})}, \qquad [15]$$

wobei k die *Boltzmann*-Konstante, m die Masse eines Gitterpunktes und $v_g(\vec{e})$ der Grenzwert der Gruppengeschwindigkeit longitudinaler Gitterwellen für große Wellenlängen als Funktion

der Richtung $\vec{e} = \vec{k}/|\vec{k}|$ des Wellenvektors $\vec{k}$ ist. Nach Gl. [14] erhält man hieraus

$$\lim_{v_B \to \infty} Fl_v(v_B) = \frac{kT}{m} \langle v_g^{-2} \rangle_\omega. \qquad [16]$$

Die Dichtefluktuation eines Kristalls ist also proportional zu $\langle v_g^{-2} \rangle_\omega$ und damit richtungsunabhängig, während der Grenzwert von I_{obs} für kleine s-Werte nach Gl. [15] richtungsabhängig ist.

Gitterstörungen wie Leerstellen und Zwischengitteratome können zusätzliche Dichtefluktuationen erzeugen, die von Konzentration, Art und Verteilung der Gitterstörungen abhängen. Sind die Gitterstörungen örtlich fixiert, so tragen sie nur zu Fl_v bei, während der Beitrag der Thermoschwingungen sowohl in Fl_v als auch in Fl_t erscheint.

Aus dem bisher Gesagten geht hervor, daß eine Untersuchung des Verlaufs und des Absolutwertes der Streuintensität bei kleinen Werten von s eine allgemeine Charakterisierung des Ordnungszustandes gestattet, ohne daß man sich auf bestimmte Strukturmodelle festlegen muß. Es ist vielmehr so, daß das Ergebnis dieser Untersuchungen bestimmte allgemeine Kriterien festlegt, denen ein akzeptables Strukturmodell genügen muß. Ansätze zur experimentellen Bestimmung der Dichtefluktuation in amorphen und teilkristallinen Polymeren ergaben sich aus der Untersuchung der systematischen Abweichungen vom *Porod*schen Gesetz der Kleinwinkelstreuung der Grenzflächen in teilkristallinen Polymeren (27, 35). Vorausgegangen waren Untersuchungen anisotroper Unordnungsstrukturen (Kohlefasern, Glaskohlenstoff), bei denen der Beitrag der statistischen Fluktuation von Gitterabständen und Gittergrößen zum monotonen Untergrund im Kleinwinkelbereich besonders stark hervortritt (36 bis 39).

Erste Ergebnisse liegen für die Temperaturabhängigkeit der Dichtefluktuation von ataktischem PMMA (44–46) und PSt (44, 45), für die Temperatur- und Kristallinitätsabhängigkeit von Polyäthylen (45) und die Abhängigkeit vom Vernetzungszustand von Naturkautschuk (44, 45) vor.

Tab. 1 zeigt eine Zusammenstellung der bei 25 °C für eine Reihe von Polymeren gemessenen Werte der Fluktuation der Elektronendichte (Fl_{el}) und der Monomerdichte (Fl_M).

Fl_{el} ist proportional zu Fl_M,

$$Fl_{el} = Z_M Fl_M ,$$

wenn Z_M die Zahl der Elektronen pro Monomereinheit ist, vorausgesetzt, Z_M ist invariant, was für Homopolymere zutrifft. Der Wert für das amorphe Polyäthylen wurde aus der Extrapolation einer Kristallinitätsreihe gewonnen, die wir später diskutieren werden; als Monomereinheit wurde hier CH_2 eingesetzt.

Tab. 1. Dichtefluktuation amorpher Polymere bei 25 °C

Polymer	Fl_{el}	Fl_M	$\dfrac{\sqrt{\langle \Delta^2 v_0 \rangle}}{\langle v_0 \rangle}$	$\dfrac{v_L}{v_M}$	$\dfrac{n_L}{n_M}$
PMMA	0,81	0,015	0,12	0,36	0,12
PSt	0,81	0,015	0,12	0,18	0,45
Naturkautschuk					
unvernetzt	0,75	0,020	0,14	0,20	0,49
PE	0,80	0,10	0,32	0,70	0,20

Die Fl_{el}-Werte der vier amorphen Polymere liegen sehr nahe zusammen, in Fl_M weicht der Wert für das amorphe Polyäthylen wegen des kleinen Z_M-Wertes von den anderen stärker ab. Es ist natürlich etwas willkürlich, die Fluktuation auf die Monomereinheit zu beziehen; das statistische Kettenelement als Einheit zu wählen, wäre wahrscheinlich sinnvoller; die Definition eines statistischen Kettenelementes setzt jedoch die Annahme eines bestimmten Modells für die Kettenkonformation voraus, die wir vermeiden wollen.

Für eine anschauliche Interpretation der erhaltenen Fluktuationswerte bieten sich zwei vereinfachte Modelle imperfekter Strukturen an, ein durch die Fluktuation der Elementarzellenvolumina gestörtes Gitter oder ein durch Leerstellen gestörtes Gitter.

Im ersten Fall schreibt man Fl in der Form

$$Fl = N \frac{\langle v^2 \rangle - \langle v \rangle^2}{\langle v \rangle^2} = N \frac{\langle \Delta^2 v \rangle}{\langle v \rangle^2},$$

wobei $\langle \Delta^2 v \rangle / \langle v \rangle^2$ das relative Schwankungsquadrat des Volumens ist, das von N Partikeln eingenommen wird. Bezieht man nun die Dichtefluktuation auf eine Struktureinheit, die als Elementarzelle des Gitters angenommen werden kann, so ist das relative Schwankungsquadrat des Elementarzellenvolumens $\langle \Delta^2 v_0 \rangle / \langle v_0 \rangle^2$ identisch mit Fl für $N = 1$, also

$$Fl = \frac{\langle \Delta^2 v_0 \rangle}{\langle v_0 \rangle}.$$

Dies bedeutet, daß Fl_M als das relative Schwankungsquadrat des Elementarzellenvolumens eines gestörten Gitters angesehen werden kann, dessen Elementarzelleninhalt eine Monomereinheit ist.

Zur Interpretation der Dichtefluktuation mit Hilfe eines durch Leerstellen gestörten Gitters (44) geht man von dem Ansatz einer statistischen Verteilung von Leerstellen in einer homogenen Matrix aus.

Mit ϱ_m als Dichte der homogenen Matrix und ϱ als mittlere Dichte des Systems ergibt sich für die Elektronendichtefluktuation

$$Fl_{el} = \left(\frac{\varrho_m}{\varrho} - 1 \right) Z_L Fl_L,$$

wobei Z_L die mittlere Zahl von Defizitelektronen pro Leerstelle und Fl_L die Fluktuation der Leerstellendichte ist. Für ein ideales Gas von Leerstellen ist $Fl_L = 1$, damit wird Z_L bestimmbar. Aus dem Verhältnis Z_L/Z_M erhält man die relative Größe des Leerstellenvolumens

$$\frac{v_L}{v_M} - \frac{Z_L}{Z_M}.$$

Weiterhin ist

$$\frac{\varrho_m}{\varrho} - 1 = \frac{n_L v_L}{n_M v_M},$$

wenn n_L/n_M die Zahl der Leerstellen pro Monomereinheit ist. Setzt man für ϱ_m die Dichte des kristallinen Polymeren ein, so erhält man die in Tab. 1 aufgeführten Werte.

Bei chemisch vernetzten Polymeren sollte man erwarten, daß die lokale Dichte in der Umgebung der Vernetzungsstellen anwächst und einen additiven Beitrag zur Gesamtdichtefluktuation liefert. Die Untersuchung einer Reihe von Naturkautschukproben mit bekannter Netzstellenkonzentration (44) bestätigt diese Annahme. Bei einer statistischen Verteilung von Netzstellen ergibt sich für die Elektronendichtefluktuation eine Beziehung der Form

$$Fl_{el} = \frac{Z_K}{Z_K + Z_V} Fl_m + \frac{Z_V^2}{Z_K + Z_V} Fl_V,$$

wobei Z_K die mittlere Anzahl der Elektronen in den Molekülketten pro Vernetzungspunkt, Z_V der Elektronenüberschuß in den Vernetzungsstellen, Fl_m die Elektronendichtefluktuation der Matrix und Fl_V die Fluktuation der Netzstellendichte ist.

Wenn Fl_m als unabhängig vom Vernetzungs-grad, Z_V als sehr klein im Vergleich zu Z_K und für die Netzstellenverteilung eine Gasstatistik ($Fl_V = 1$) angenommen werden kann, dann erhält man eine lineare Beziehung zwischen Fl_{el} und $1/Z_K$.

$$Fl_{el} = Fl_m + \frac{Z_V^2}{Z_K},$$

aus der Z_V ermittelt werden kann.

Abb. 4 zeigt eine solche Auftragung für Naturkautschuk mit Dicumylperoxyd als Vernetzer, aus der sich Z_V zu 13 ergibt. Weiterhin beweist die Linearität der Beziehung, daß eine weitgehend statistische Verteilung der Netzpunkte vorliegt.

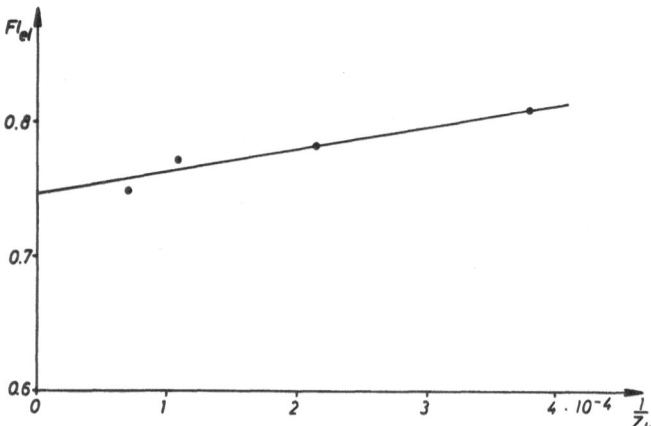

Abb. 4. Elektronendichtefluktuation als Funktion von $1/Z_k$ für Naturkautschuk vernetzt mit Dicumylperoxyd

Liegt ein Zweiphasensystem vor, so ist der Beitrag der Dichtefluktuation innerhalb der Phasen zur Gesamtdichtefluktuation additiv, wenn keine Korrelation zwischen den Fluktuationen der beiden Phasen besteht (27, 35). Für ein teilkristallines Polymer sollte man unter dieser Voraussetzung die Beziehung

$$Fl = w_c Fl_c + w_a Fl_a \qquad [17]$$

erwarten, wenn w_c und w_a die Gewichtsanteile der kristallinen und amorphen Bereiche und Fl_c und Fl_a die zugehörigen Fluktuationen sind. Nimmt man weiterhin an, daß Fl_c und Fl_a von der Kristallinität des Systems nicht abhängen, so sollte man eine lineare Beziehung zwischen Fl und w_c beobachten, aus der die Werte von Fl_a und Fl_c durch Extrapolation ermittelt werden können.

Eine solche Beziehung wurde in der Tat bei 25 °C für eine Kristallinitätsreihe von Polyäthylen festgestellt (45) und ist in Abb. 5 dargestellt. Der sich hieraus ergebende Fl_a-Wert findet sich in Tab. 1, der Fl_c-Wert wurde zu 0,14 (Elektronendichtefluktuation) gefunden. Dieser Wert ist in guter Übereinstimmung mit einem nach Gl. [16] berechneten Wert (0,13), bei dem der sphärische Mittelwert von $1/(mv_g^2)$ mit Hilfe der von *Baur* (47) angegebenen Dispersionsrelationen für akustische Phononen im Polyäthylenkristall berechnet wurde.

Die Änderung der Dichtefluktuation von ataktischem PMMA (45) mit der Temperatur im Bereich von 90 bis 400 °K zeigt Abb. 6. Die Kurve besitzt einen Knickpunkt bei T_G. Oberhalb der Glastemperatur stimmen die Werte von Fl innerhalb der Fehlergrenze mit den nach Gl. [9] berechneten theoretischen Werten für Fl_t im Gleichgewichtszustand überein, setzt man für $\varkappa_T$ die von *Rehage* und *Breuer* (48) gemessenen Werte ein. Bis etwa 50° unterhalb T_G ist Fl annähernd proportional zu T und entspricht damit der von *Fischer* und *Wendorff* (46) aus der Thermodynamik der Nichtgleichgewichte abgeleiteten Beziehung

$$Fl_t = \varrho kT \varkappa_T(T_G), \qquad [18]$$

bei der $\varkappa_T(T_G)$ die isotherme Kompressibilität bei der Glastemperatur ist.

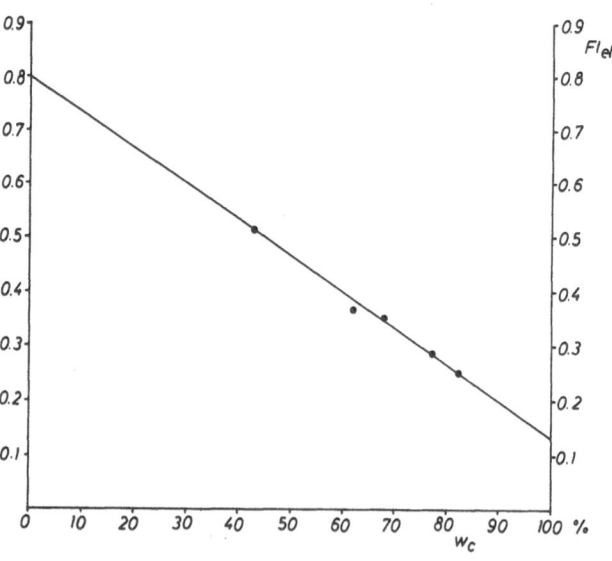

Abb. 5. Elektronendichtefluktuation als Funktion der Kristallinität w_c für Polyäthylen

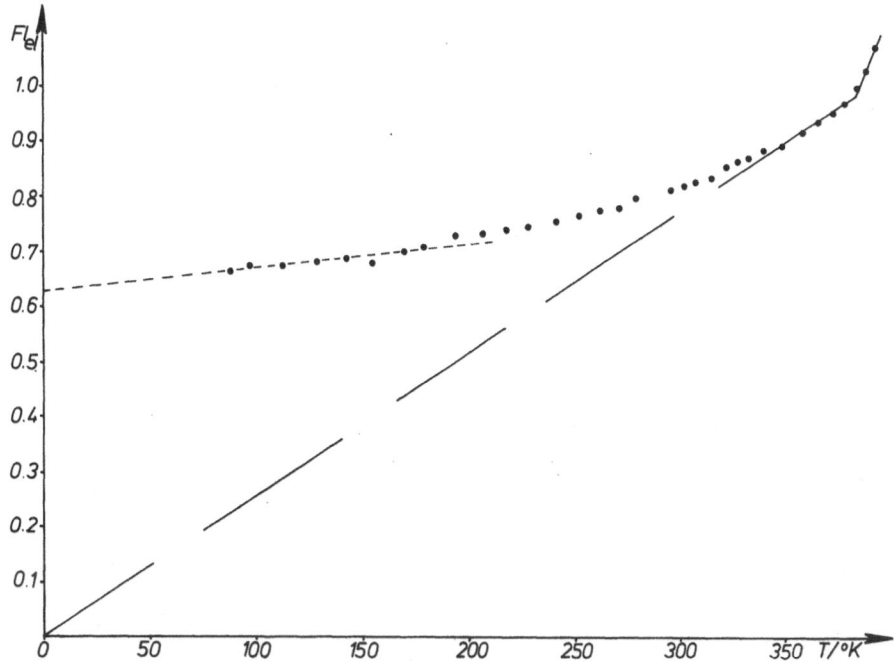

Abb. 6. Elektronendichtefluktuation als Funktion der
Temperatur für PMMA

Bei tieferen Temperaturen weicht die Kurve zunehmend von der Beziehung [18] ab und scheint einem endlichen Wert für $T = 0\,°\text{K}$ zuzustreben. Ob sich die Kurve diesem Wert bei tiefen Temperaturen linear oder asymptotisch nähert, kann aus den bisher vorliegenden Meßergebnissen nicht mit Sicherheit entnommen werden. Es ist jedoch nicht unwahrscheinlich, daß die Kurve bei Temperaturen unter 70 °K einen weiteren linearen Bereich besitzt mit einer Steigung, die analog zu Gl. [16] durch die Gruppengeschwindigkeit der langwelligen Phononen in der amorphen Struktur gegeben ist. Man könnte dann den Verlauf der Fl-T-Kurve qualitativ so interpretieren, daß beim absoluten Nullpunkt eine vollständig eingefrorene Unordnungsstruktur vorliegt, die durch die bei tiefen Temperaturen als erste angeregten langwelligen Phononen nicht verändert wird, so daß sich die Gesamtfluktuation zunächst additiv aus den Beiträgen der eingefrorenen Unordnungsstruktur und der langwelligen Phononen zusammensetzt.

Bei höheren Temperaturen werden kurzwelligere Phononen angeregt, deren mittlere Reichweite sich durch das Fehlen einer Fernordnung in der amorphen Struktur mit abnehmender Wellenlänge verringert und die in zunehmendem Maße die eingefrorene Unordnung in Bewegung bringen. Die Unordnung geht graduell von einer statischen in eine dynamische über, um schließlich in der Nähe von T_G vollständig mittels thermodynamischer Größen beschreibbar zu werden.

Abb. 7 zeigt die Änderung der Dichtefluktuation von Polyäthylen mit einer Kristallinität von 47 und 77%. Der allgemeine Verlauf der Fl-T-Kurve ist ähnlich wie in Abb. 6.

Nimmt man den Übergang einer linearen Beziehung nach Gl. [17] zu einem stärkeren Anstieg von Fl mit T als Kriterium für die Definition von T_G in Fl-T-Kurven, so wäre der bei 32 °C zu beobachtende Knickpunkt als die Glastemperatur des untersuchten Polyäthylenpräparates anzusehen. Aus dem Wert von Fl an dieser Stelle erhält man mit Hilfe von Gl. [17] und [18] einen Wert von $6{,}6 \cdot 10^{-11}\ \text{cm}^2/\text{dyn}$ für die Kompressibilität des amorphen Polyäthylens bei T_G.

Die Änderung von Fl mit T oberhalb von T_G wird bei teilkristallinen Polymeren nicht nur durch die Gl. [9], sondern auch durch die Änderung der Kristallinität mit der Temperatur im Schmelzbereich bestimmt, der nicht nur vom Probenmaterial, sondern auch von der Vorgeschichte abhängt.

Die hier angeführten ersten Versuchsergebnisse zeigen, daß die Untersuchung der Dichte-

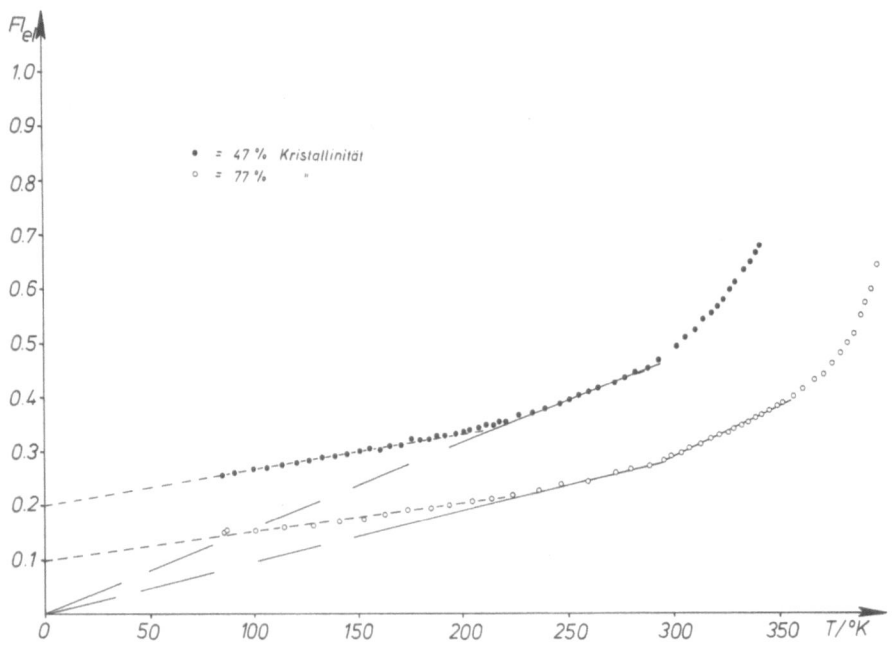

Abb. 7. Elektronendichtefluktuation als Funktion der
Temperatur für Polyäthylen

fluktuation eine Reihe interessanter Fragen auf-
wirft, deren Beantwortung noch eine größere
Zahl von Messungen an den verschiedensten
Polymeren erfordert. Man kann erwarten, daß
diese Untersuchungen neue Impulse zur Aufklärung der dynamischen und statischen Aspekte
der Molekülpackung in amorphen Polymeren
geben werden.

Zusammenfassung

Neuere Entwicklungen auf dem Gebiet der Neutronenkleinwinkelstreuung und Bestimmungen der
Dichtefluktuation aus der Röntgenkleinwinkelstreuung
haben die Kenntnis der Struktur amorpher Polymere
erweitert. Die Möglichkeiten dieser Methoden zur Strukturuntersuchung werden diskutiert. Es wird gezeigt, daß
die Berücksichtigung der Polydispersität der Molekulargewichtsverteilung die Unterscheidung zwischen verschiedenen Modellen der Molekülkonformation verbessern kann und daß die Untersuchung der Dichtefluktuation Informationen sowohl über die eingefrorene
Unordnung der Molekülpackung als auch über die
thermischen Bewegungen liefert.

Summary

Recent developments in the field of neutron small-
angle scattering and determinations of the density
fluctuation from X-ray small-angle scattering have increased our knowledge of the structure of amorphous
polymers. The potential of these methods for structural
studies is discussed. It is shown that the possibility of
distinguishing between different models for the molecular
conformation is improved by taking into account the
polydispersity of the molecular weight distribution and
that the study of the density fluctuation yields information on the frozen-in disorder of the molecular
packing as well as on thermal motion.

Literatur

1) *Wunderlich, B.*, Macromolecular Physics, Vol. 1
(New York and London 1973).
2) *Treloar, L. R. G.*, Physics of Rubber Elasticity
(New York 1958).
3) *Robertsoh, R. E.*, J. Phys. Chem. **69**, 1575 (1965).
4) *Schoon, Th. G. F.* und *R. Kretschmer*, Kolloid-Z.
u. Z. Polymere **197**, 45 (1964).
5) *Schoon, Th. G. F.* und *R. Kretschmer*, Kolloid-Z.
u. Z. Polymere **197**, 51 (1964).
6) *Yeh, G. S. Y.* und *P. H. Geil*, J. Macromol. Sci.
(Phys.) **B1** (2), 235 (1967).
7) *Vollmert, B.* und *H. Stotz*, Angew. Makromol.
Chem. **3**, 182 (1968).
8) *Yeh, G. S. Y.*, J. Macromol. Sci. (Phys.) **B6** (3),
465 (1972).
9) *Kargin, V. A., A. I. Kitaigorodskii* und *G. L. Slo-
nimskii*, Kolloidnyj Žurnal **19**, 131 (1957).
10) *Kargin, V. A.* und *N. F. Bakeev*, Kolloidnyj Žurnal
19, 133 (1957).
11) *Schoon, Th. G. F.* und *G. Rieber*, Angew. Makromol. Chem. **15**, 263 (1971).
12) *Blasenbrey, S.* und *W. Pechhold*, Ber. Bunsenges.
Physikal. Chem. **74**, 784 (1970).
13) *Debye, P.*, J. Phys. Coll. Chem. **51**, 18 (1947).

14) *Kratky, O.* und *G. Porod*, Rec. Trav. Chim. Pays-Bas **68**, 1106 (1949).

15) *Kirste, R. G.*, Small-angle X-ray Scattering. Proceedings of the Conference held at Syracuse University, June 1965, S. 33 (Gordon and Breach, New York, London, Paris 1967).

16) *Kirste, R. G., W. A. Kruse* und *J. Schelten*, Makromol. Chem. **162**, 299 (1972).

17) *Schelten, J., W. A. Kruse* und *R. G. Kirste*, Kolloid-Z. u. Z. Polymere **251**, 919 (1973).

18) *Cotton, J. P., B. Farnoux, G. Jannink, J. Mous* und *C. Picot*, C. R. Acad. Sci. **275**, Série C, 175 (Paris 1972).

19) *Cotton, J. P., B. Farnoux, G. Jannink, C. Picot* und *G. C. Summerfield*, J. Polymer Sci. (im Druck).

20) *Cotton, J. P., B. Farnoux, J. S. Higgins, G. Jannink* und *R. Ober*, J. Appl. Cryst. (im Druck).

21) *Benoit, H., J. P. Cotton, D. Decker, B. Farnoux, J. S. Higgins, G. Jannink, R. Ober* und *C. Picot*, J. Appl. Cryst. (im Druck).

22) *Ballard, D. G. H., G. D. Wignall* und *J. Schelten*, Europ. Polymer J. **9**, 965 (1973).

23) *Fischer, E. W.*, J. Polymer Sci. (im Druck).

24) *Zachmann, H. G.*, Kolloid-Z. u. Z. Polymere **251**, 951 (1973).

25) *Ruland, W.*, Polymer **5**, 89 (1964).

26) *Hosemann, R.* und *S. N. Bagchi*, Direct Analysis of Diffraction by Matter (Amsterdam 1962).

27) *Perret, R.* und *W. Ruland*, Kolloid-Z. u. Z. Polymere **247**, 835 (1971).

28) *Ornstein, F. S.* und *F. Zernicke*, Proc. Acad. Sci. **17**, 793 (Amsterdam 1914).

29) *Smoluchowski, M. V.*, Ann. Physik **25**, 205 (1908).

30) *Einstein, A.*, Ann. Physik **33**, 1275 (1910).

31) *Levelut, A. M.* und *A. Guinier*, Bull. Soc. Minéral. Cristallogr. **40**, 445 (1967).

32) *Flory, P. J.*, J. Chem. Physics **17**, 303 (1949).

33) *Petermann, J.* und *H. Gleiter*, Phil. Mag. **28**, 271 (1973).

34) *Guinier, A.*, Theorie et technique de la radiocristallographie, S. 524 (Paris 1964).

35) *Ruland, W.*, J. Appl. Cryst. **4**, 70 (1971).

36) *Perret, R.* und *W. Ruland*, J. Appl. Cryst. **1**, 308 (1968).

37) *Perret, R.* und *W. Ruland*, J. Appl. Cryst. **2**, 209 (1969).

38) *Perret, R.* und *W. Ruland*, J. Appl. Cryst. **3**, 525 (1970).

39) *Perret, R.* und *W. Ruland*, Kolloid-Z. u. Z. Polymere **251**, 34 (1973).

40) *Debye, P.*, J. Phys. and Coll. Chem. **51**, 18 (1947).

41) *Zimm, B. H.*, J. Chem. Phys. **16**, 1099 (1948).

42) *Ruland, W.*, Vortrag PH 9, Frühjahrstagung der Deutschen Physikalischen Gesellschaft, Münster 1973.

43) *Schulz, G. V.*, Z. Phys. Chem. **B 43**, 25 (1939).

44) *Rathje, J.* und *W. Ruland*, Vortrag PH 10, Frühjahrstagung der Deutschen Physikalischen Gesellschaft, Münster 1973.

45) *Rathje, J.* und *W. Ruland*, Third International Conference on X-ray and Neutron-Small-Angle Scattering, Paper H 1, Grenoble 1973.

46) *Wendorff, J. H.* und *E. W. Fischer*, Kolloid-Z. u. Z. Polymere (im Druck).

47) *Baur, H.*, Kolloid-Z. u. Z. Polymere **250**, 1000 (1972).

48) *Breuer, H.* und *G. Rehage*, Kolloid-Z. u. Z. Polymere **216–217**, 159 (1967).

49) *Fischer, E. W.*, private Mitt.

Anschrift des Verfassers:

Prof. Dr. *W. Ruland*
Fachbereich Physikalische Chemie der
Universität Marburg
D-355 Marburg, Lahnberge, Gebäude H

Progr. Colloid & Polymer Sci. **57**, 206–211 (1975)

19a.

Aus dem Institut für Physikalische Chemie der Universität Köln

Raman- und Infrarotspektren isotaktischer Poly-α-olefine

II: Polyocten-1, Polydecen-1

Von K. Holland-Moritz, P. Djudovic und D. O. Hummel

Mit 5 Abbildungen

(Eingegangen am 18. Oktober 1973)

Einleitung

In der homologen Reihe der Poly-α-olefine wird mit zunehmender Länge der Seitenkette zunächst eine Abnahme der Kristallisationsneigung beobachtet (1). Während Raman- und Infrarotspektren des Polypenten-1 bei 300 K deutlich auf den teilkristallinen Charakter des Polymeren hinweisen, zeigen die Spektren des Polyhexen-1, Polyhepten-1 und Polyocten-1 die von anderen amorphen oder geschmolzenen Proben mit Methylensequenzen her bekannten Spektralcharakteristika (2). Bei diesen drei Polymeren sind die Seitenketten einerseits schon so lang, daß die Ausbildung einer Vorzugskonformation der Hauptkette behindert wird, andererseits reichen die Wechselwirkungen zwischen den Seitenketten noch nicht aus, um eine Seitenkettenkristallisation zu ermöglichen. Mit wachsender Zahl der Methylengruppen in der Seitenkette wird die Wechselwirkung zwischen benachbarten Seitenketten größer und somit die Entstehung von Vorzugskonformationen erleichtert. Polyoctadecen-1 zeigt schon deutlich die von langkettigen Alkanen und vom Polyäthylen her bekannten typischen Spektralcharakteristika (2). Im vorliegenden Beitrag wird die Orientierungsmöglichkeit und die damit verbundene Möglichkeit der Ausbildung von definierten Vorzugskonformationen der Seitenketten beim Übergang von Polyocten-1 zum Polydecen-1 anhand der bei verschiedenen Temperaturen gemessenen Raman- und Infrarotspektren diskutiert.

Experimentelles

Die isotaktischen Poly-α-olefine Polyocten-1 und Polydecen-1 wurden mit Hilfe des stereospezifischen Katalysatorsystems α-Titan-III-chlorid/Diäthylaluminiumchlorid bei Zimmertemperatur in einer Stickstoffatmosphäre von 760 Torr hergestellt. Polyocten-1 hatte ein Molekulargewicht von 730000 und Polydecen-1 ein solches von 730000 (GPC: Eichung gegen Polystyrol).

Die Infrarotspektren wurden an etwa 150 μm dicken Filmen auf KBr-Scheiben mit einem Infrarotspektrometer Modell 125 von Perkin Elmer gemessen. Mit der von uns entwickelten Kühl- und Heizzelle (3) konnten ohne Zellenwechsel Spektren von derselben Probe bei jeder beliebigen Temperatur zwischen 80 und 650 K (Genauigkeit: $\pm \Delta 0{,}1$ K) gemessen werden. Die zugehörige Elektronik ermöglichte es, die Proben mit genau wählbarer Geschwindigkeit abzukühlen oder aufzuheizen. Damit war eine genau definierte und reproduzierbare thermische Behandlung der Proben gewährleistet.

Zur Aufnahme der Raman-Spektren wurden die Polymerproben auf die Spitze eines Miniaturthermoelementes aufgeschmolzen und anschließend zwecks besserer Wärmeübertragung in eine Probenhalterung aus Metall der ebenfalls von uns entwickelten Kühl- und Heizzelle für die Raman-Spektroskopie befestigt. Die Spektren wurden mit einem Raman-Spektrometer, Modell 25-305, von Jarrell Ash aufgenommen. Als Erregerlinie diente die blaue Argon-Laserlinie bei 488 nm; die Leistung betrug etwa 150 mW.

Diskussion

Polyocten-1 galt bisher als nichtkristallisierbar (1). Aus DTA-Untersuchungen an Polyocten-1-Proben, die unterschiedlich lange Zeiten bei verschiedenen Temperaturen getempert wurden, ergab sich, daß Polyocten-1 nach 14tägigem Tempern bei 253 K partiell kristallisiert war. Diese Teilkristallisation konnte auch spektroskopisch nachgewiesen werden.

Abb. 1 zeigt die Infrarotspektren des Polyocten-1 zwischen 1800 und 400 cm^{-1} bei 310 K (a), 273 K (b) und 129 K (c, d). Die Abkühlzeit von 310 K auf 273 K betrug 2 Tage. Selbst nach

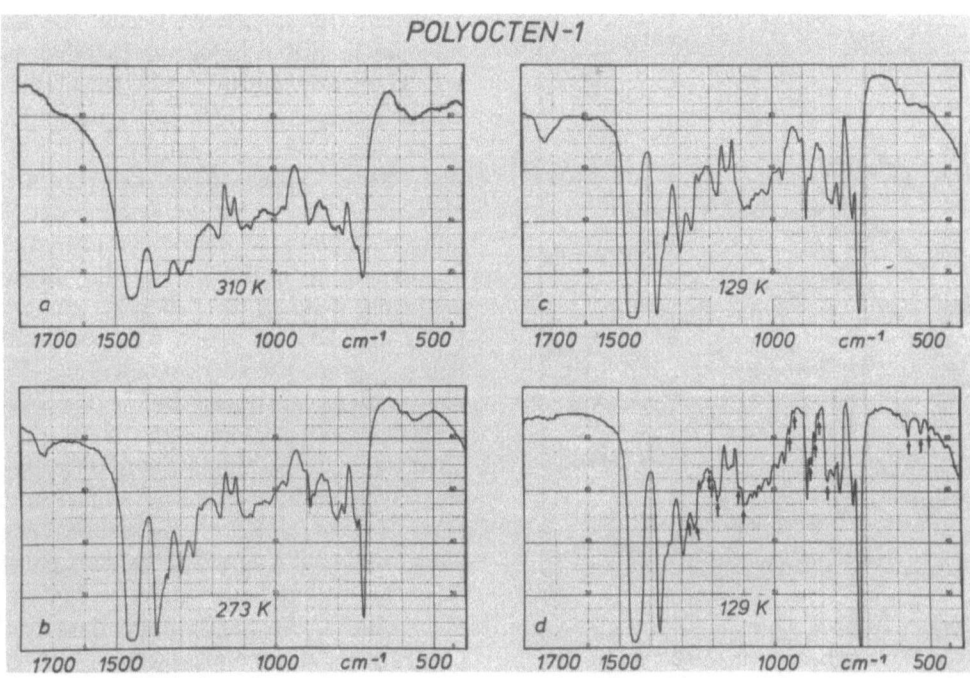

Abb. 1. Infrarotspektren des Polyocten-1 zwischen 1800 und 400 cm^{-1} bei verschiedenen Temperaturen

14 tägigem Tempern bei 273 K und anschließendem langsamen Abkühlen auf 129 K fanden sich im Spektrum (Abb. 1 c) keine Hinweise auf eine Teilkristallisation. Lediglich die Halbwertsbreite aller Banden hatte geringfügig abgenommen. Wurde hingegen dieselbe Probe 14 Tage bei 253 K getempert, so fanden sich bei 129 K deutlich spektrale Änderungen (Abb. 1 c, 1 d). Die in Abb. 1 d durch Pfeile gekennzeichneten Banden und Schultern treten neu oder wesentlich deutlicher auf. Da die Halbwertsbreite dieser neuen Banden geringer ist als die der anderen in beiden Spektren auftretenden Banden, müssen diese Banden durch Molekelschwingungen in definierteren Kraftfeldern und damit in regelmäßiger geordneten Bereichen des Polyocten-1 hervorgerufen worden sein. Besonders auffallend sind die Änderungen zwischen 1000 und 800 cm^{-1} sowie 600 und 500 cm^{-1}, die später beim Polydecen noch genauer diskutiert werden.

Die unterhalb 253 K aufgenommenen Ramanspektren weisen ebenfalls auf eine Teilkristallisations des Polyocten-1 hin. Bei 293 K und 273 K finden sich in den vier Bandenkomplexen zwischen 1500 und 1400 cm^{-1}, 1380 und 1250 cm^{-1}, 1150 und 1050 cm^{-1} sowie 900 und 820 cm^{-1} keine Banden, die auf Schwingungen kristalliner Bereiche zurückzuführen sind. Bei 253 K und tieferen Temperaturen treten spektrale Änderungen auf, die auf eine langsam zunehmende Ordnung innerhalb der Probe schließen lassen. Im Bereich der bending-Schwingungen sind deutlich zwei Banden bei 1439 und 1453 cm^{-1}, im Bereich der wagging- und twisting-Schwingungen 4 Banden bei 1378, 1367, 1333 und 1302 cm^{-1} zu unterscheiden. Intensitätszunahme und Verringerung der Halbwertsbreite der letzteren Bande deuten auf die allmähliche Ausbildung einer planaren Zickzack-Konformation innerhalb der Seitenkette hin. Gleichzeitig nimmt die Intensität der breiten Bande bei 1333 cm^{-1}, die durch die Schwingungen von CH_2-Gruppen in gauche-Stellung verursacht wird, geringfügig ab. Ein analoger Effekt, der ebenfalls auf den Beginn der Ausbildung einer planaren Vorzugskonformation hinweist, wird zwischen 1150 und 1050 cm^{-1} beobachtet. Hier treten zusätzlich zu den breiten Banden bei 1078 und 1142 cm^{-1} beim Abkühlen zwei weitere Banden bei 1064 und 1153 cm^{-1} auf, deren Intensität allmählich zunimmt. Die niederfrequente Bande zeigt ebenfalls (s. u.) eine beginnende Orientierung der Seitenketten an, während die höherfrequente Bande aufgrund ihres Intensitätsverhaltens bei anderen Poly-α-olefinen wahrscheinlich auf gekoppelte Gerüstschwingungen der Hauptkette zurückzuführen ist.

POLYOCTEN-1

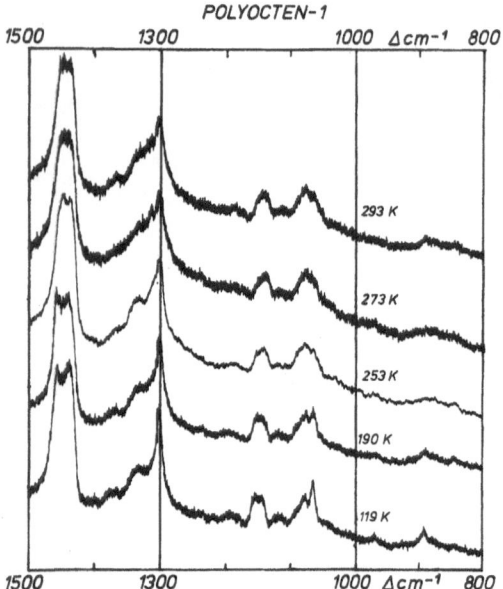

Abb. 2. Ramanspektren des Polyocten-1 zwischen 1500 und 800 cm^{-1} bei verschiedenen Temperaturen

POLYDECEN-1

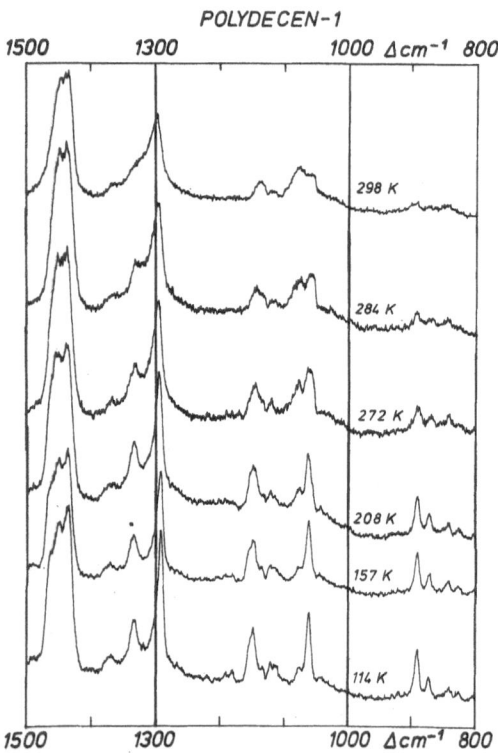

Abb. 3. Ramanspektren des Polydecen-1 zwischen 1500 und 800 cm^{-1} bei verschiedenen Temperaturen

Polydecen-1 kristallisiert wesentlich leichter als Polyocten. Das oberhalb des Schmelzpunktes bei 298 K (Abb. 3) aufgenommene Raman-

spektrum des Polydecen-1 zeigt die amorphe oder geschmolzene Proben mit Methylensequenzen kennzeichnenden Spektralcharakteristika: Breite Banden um 1450 cm^{-1} und 1300 cm^{-1} sowie zwischen 1150 und 1050 cm^{-1} und 900 und 800 cm^{-1}. Bei tieferen Temperaturen (von etwa 284 K an) treten die Banden der Schwingungen kristalliner Bereiche immer deutlicher hervor. Im Komplex der bending-Schwingungen sind deutlich drei Banden zu erkennen (Abb. 3). Die bei tiefen Temperaturen deutliche Asymmetrie der Bandenfüße läßt auf eine weitere, schwache Bande bei 1420 cm^{-1} schließen. Mit zunehmender Zahl der CH$_2$-Gruppen in der Seitenkette wird diese Bande bei den folgenden Poly-α-olefinen immer intensiver. Nach *Hendra* (5), *Koenig* (7) und *Snyder* (8) soll diese Bande auf eine Kristallfeldaufspaltung der A$_g$–CH$_2$-bending-Schwingung bei 1440 cm^{-1} zurückzuführen sein. Sie ist immer dann beobachtbar, wenn die Elementarzelle von zwei Methylensequenzen mit senkrecht zueinander stehender Ebene der Kohlenstoffatome durchsetzt wird. Der Bandenkomplex um 1300 cm^{-1} löst sich deutlich in zwei Banden bei 1300 und 1295 cm^{-1} auf. Die niederfrequente Bande verschiebt sich beim Abkühlen von 1300 cm^{-1} nach 1296 cm^{-1}. Sie wird in paraffinähnlichen Proben der CH$_2$-twisting-Schwingung zugeschrieben (7, 9). Die Intensität der höherfrequenten Bande ist beim Polydecen-1 (und Polyocten-1) auffallend intensiv und nimmt mit wachsender Seitenkettenlänge bei den folgenden Poly-α-olefinen ab (4). Diese Bande kann gekoppelten CH$_2$-wagging-Schwingungen der Hauptkette zugeordnet werden (4), die von wagging-Schwingungen von CH$_2$-Gruppen in gauche-Stellung überlagert sind.

Modellvorstellungen (1) zeigen, daß bei einer paraffinähnlichen Packung der Seitenketten die ersten der Verzweigungsstelle der Hauptkette benachbarten CH$_2$-Gruppen der Seitenkette gauche-Konformation aufweisen müssen. Da bei länger werdender Seitenkette das Verhältnis von CH$_2$-Gruppen in trans-Stellung zu CH$_2$-Gruppen in gauche-Stellung und CH$_2$-Gruppen der Hauptkette größer wird, muß sich das Intensitätsverhältnis der betrachteten Banden zugunsten der Bande bei 1296 cm^{-1} ändern. Deutlicher als beim Polyocten-1 ändern sich die Bandenintensitäten mit abnehmender Temperatur im Bereich der Gerüststreckschwingungen. Die Intensitäten der Banden bei 1149 (Zuordnung s. Polyocten-1) und 1063 (Zuord-

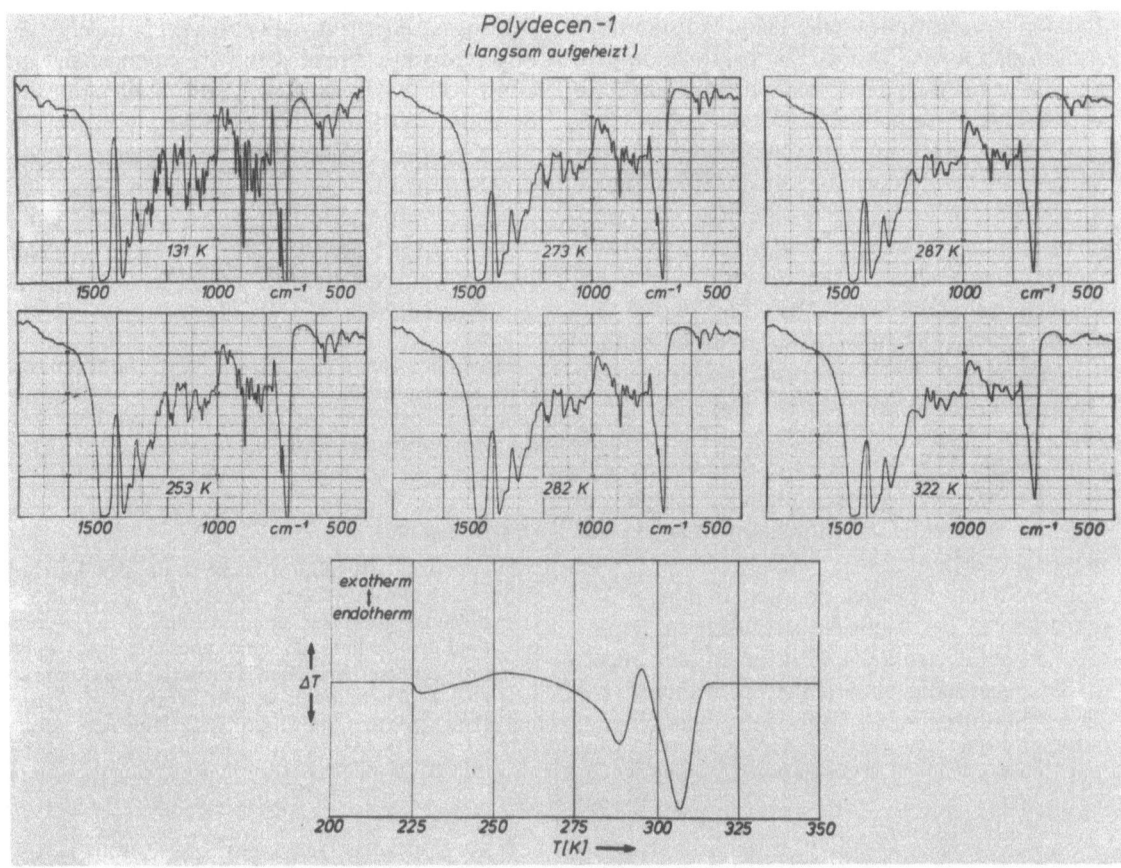

Abb. 4. Infrarotspektren und DTA-Kurve des langsam abgekühlten und anschließend aufgeheizten Polydecen-1

nung im Polyäthylen: B_{2g}-Skel.) cm^{-1} nimmt beim Abkühlen zu, die der Banden bei 1079 und 1133 cm^{-1} bis auf einen konstanten Endwert ab. Zwischen 900 und 800 cm^{-1} treten in den Tiefkühlspektren vier Banden bei 891, 873, 840 und 827 cm^{-1} auf. Die erste und zugleich intensivste Bande dieses Bereiches findet sich auch bei den folgenden höheren Poly-α-olefinen und wird der CH_3-rocking-Schwingung zugeordnet, die sowohl Raman- wie infrarotaktiv und in den Infrarotspektren der höheren Poly-α-olefine bei 890 cm^{-1} zu finden ist. Die anderen drei Banden werden mit zunehmender Seitenkettenlänge immer schwächer und sind auf Schwingungen der Hauptkette zurückzuführen (4).

Die Infrarotspektren und die DTA-Kurve der Abb. 4 wurden von Polydecen-1-Proben aufgenommen, die zunächst langsam abgekühlt und anschließend langsam aufgeheizt wurden. Die Vielzahl der scharfen Banden des bei 131 K gemessenen Spektrums deutet auf eine weitgehende Kristallisation des Polydecen-1 hin. Wird die Probe aufgeheizt, so nimmt die Intensi-

tät dieser „Kristallinitätsbanden" langsam ab. Beim Übergang von 273 K auf 282 K finden sich die ersten Anzeichen einer größer werdenden Beweglichkeit der Seitenkette, die bei einem weiteren Anstieg der Temperatur auf 287 K sehr deutlich werden. In dem Bereich zwischen 1320 und 1400 cm^{-1}, in dem bis 273 K hauptsächlich die beiden Banden der symmetrischen CH_3-bending-Schwingung (1380 cm^{-1}) und der wagging-Schwingung von CH_2-Gruppen in gauche-Konformation (1345 cm^{-1}) (5) überlagern sich bei höheren Temperaturen (von etwa 282 K an) deutlich mehrere Banden, die auf unterschiedliche Konformationen der CH_2-Gruppen der Seitenketten zurückzuführen sind. Die Intensität der CH_3-rocking-Schwingung bei 890 cm^{-1} sowie der Banden bei 920, 840 und 742 cm^{-1}, die wahrscheinlich Progressionsbanden von Methylengruppen in einer planaren Zickzack-Konformation zuzuordnen sind (4, 10), und der Bande der CH_2-rocking-Schwingung bei 721 cm^{-1} nehmen besonders stark ab. Weniger stark ändert sich die Intensität der Banden bei 821, 580, 565 und 521 cm^{-1}. Diese

Banden verschwinden erst beim vollständigen Aufschmelzen der Probe. Die beginnende größere Beweglichkeit der Seitenkette und die damit verbundene Intensitätsabnahme der Schwingungen bestimmter Vorzugskonformationen der Seitenkette fällt mit dem Beginn der ersten Endothermen der DTA-Kurve des Polydecen-1 (Abb. 4) zusammen. Die zweite Endotherme zeigt das vollständige Aufschmelzen des Polymeren an. Da gleichzeitig die Banden bei 821, 580, 565 und $521 \, cm^{-1}$ verschwinden, können diese Banden Schwingungen einer regelmäßig geordneten Hauptkette zugeordnet werden. Die erste Bande wird von einer gekoppelten CH_2-rocking-Schwingung der Hauptkette verursacht. Bei den drei niederfrequenten Banden handelt es sich um Winkeldeformationsschwingungen der Hauptkette (4).

Abb. 5b und 5f zeigen deutlich, daß beim Abschrecken in der Meßzelle (Kühlzeit ca. 5 min) die Polymerketten keine Zeit haben, sich regelmäßig gegenseitig zu orientieren, während bei einer Abkühlzeit von 2 Tagen sehr deutlich eine Vorzugsorientierung zu beobachten ist. Wird die abgeschreckte Probe langsam hochgeheizt, so kann von 240 K an eine Kaltkristallisation beobachtet werden. Beim Übergang von 244 auf 246 K zeigen die für eine Vorzugsorientierung der Seitenketten und Hauptketten besonders typischen Banden bei 920, 871, 840 und $742 \, cm^{-1}$ sowie 821, 565 und $521 \, cm^{-1}$ eine im Vergleich zu den anderen Banden besonders starke Intensitätszunahme.

Herrn Dr. *Trafara* möchten wir für die Aufnahme der DTA-Kurven danken. Der Deutschen Forschungsgemeinschaft danken wir für die finanzielle Unterstützung des Forschungsvorhabens.

Zusammenfassung

Die Raman- und Infrarot-Spektren des isotaktischen Polyocten-1 und Polydecen-1 wurden bei verschiedenen Temperaturen gemessen, um den Einfluß der Seitenketten auf den Ordnungszustand innerhalb dieser Polymeren zu untersuchen. Beim Polyocten-1 wurde erstmals eine Teilkristallinität festgestellt. In den Infrarot- und Ramanspektren finden sich erste Hinweise auf die

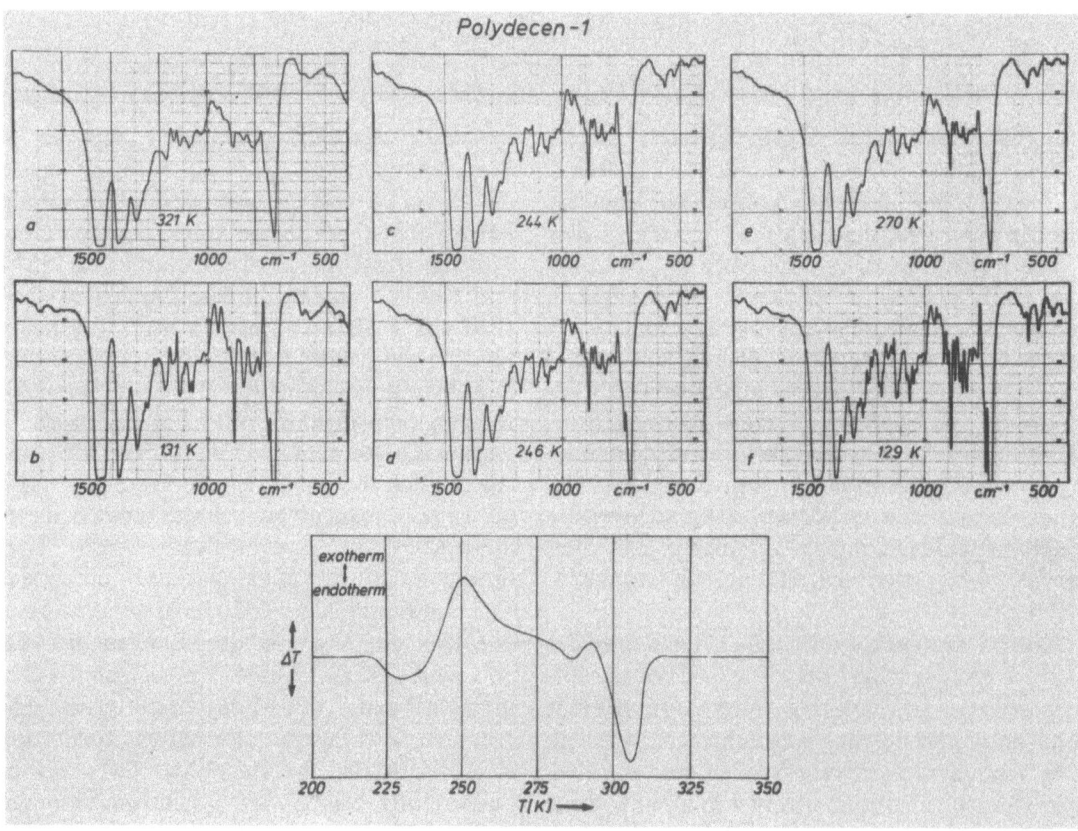

Abb. 5. Infrarotspektren und DTA-Kurve des abgeschreckten und anschließend aufgeheizten Polydecen-1

trans-Konformation der Methylengruppen der Seitenketten. Beim leichter kristallisierenden Polydecen-1 wurden in den Tiefkühlspektren Banden von Schwingungen kristalliner Bereiche beobachtet. Einige dieser Banden können Schwingungen der Hauptkette oder der Seitenkette zugeordnet werden. In den geordneten Bereichen des Polydecen-1 weist die Mehrzahl der Methylengruppen der Seitenketten eine planare Zickzack-Konformation auf.

Summary

For studying the influence of the side-chains on the state of order Raman and infrared spectra of isotactic polyoctene-1 and polydecene-1 were measured at different temperatures. For the first time polyoctene-1 could be partially crystallized. The infrared and Raman spectra indicate trans-conformations of the methylene groups in the side chains. Polydecene-1 crystallizes more easily. In the low temperature spectra bands of vibrations of crystalline ranges are observable. Some of these bands can be assigned to main chain or side chain vibrations respectively. In the ordered ranges of polydecene-1 the majority of side chain methylene groups have a planar zig-zag conformation.

Diskussion:

W. Pechhold (Ulm/Donau):

Beim Abkühlen zeigt die DTA-Kurve des Polydecen-1 (und der folgenden höheren Poly-α-olefine) nur einen exothermen Peak. Anschließendes Aufheizen führt immer zu zwei endothermen Peaks. Die Größe des ersten Peaks wächst, wenn die Probe sehr langsam abgekühlt oder bei der Temperatur des Maximums des exothermen Peaks beim Abkühlprozeß getempert wird. Entsprechend finden sich bei der abgeschreckten Probe eine Kaltkristallisation und nachfolgend zwei endotherme Peaks beim Aufheizen. Die Enthalpie des ersten Peaks kann durch Tempern bei der Temperatur des Maximums der Kaltkristallisation vergrößert werden. Zusammen mit den spektroskopischen Befunden bietet sich folgende Interpretation an. Beim langsamen Abkühlen tritt zunächst eine Seitenketten-

Literatur

1) *Turner-Jones, A.,* Makromolekulare Chem. **71**, 1 (1964).

2) *Holland-Moritz, K., I. Modrić, K.-U. Heinen* und *D. O. Hummel,* Kolloid-Z. u. Z. Polymere **251**, 913 (1973).

3) *Holland-Moritz, K.* und *I. Modrić,* Fortsch. Kolloide Polymere **57**, 212 (1974).

4) *Holland-Moritz, K.,* Kolloid-Z. u. Z. Polymere, im Druck.

5) *Hendra, P.-J., D. S. Watson, M. E. A. Cudby, H. A. Willis* und *P. Holiday,* Chem. Comm. **1970**, 1048.

6) *Fraser, G. F.* und *P. J. Hendra,* Makromol. Chem. **173**, 195 (1973)

7) *Boerio, F. V.* und *J. L. Koenig,* J. Chem. Phys. **52**, 3425 (1970).

8) *Snyder, R. G.,* J. Molecular Spec. **31**, 464.(1969).

9) *Gilson, T. R.* und *P. J. Hendra,* Laser-Raman Spectroscopy (New York 1970).

10) *Snyder, R. G.* und *J. H. Schachtschneider,* Spectrochim. Acta **19**, .85 (1963).

Anschriften der Verfasser:

Prof. Dr. *D. O. Hummel* und Dr. *K. Holland-Moritz*
Institut f. Physik. Chemie der Universität
5000 Köln-41, Luxemburger Str. 116

orientierung ein; dabei wird gleichzeitig die Hauptkette in eine Vorzugskonformation gezwungen. Beim Aufheizen wird zunächst der Ordnungszustand der Seitenketten durch eine einsetzende größere Beweglichkeit geändert oder verringert. Anschließend erfolgt dann das Aufschmelzen der Probe. Weitergehende Untersuchungen werden zur Zeit durchgeführt.

K. Holland-Moritz (Köln):

Bei langsam abgekühltem Polyocten-1 finden Sie kalorimetrisch einen ersten endothermen Peak, den Sie dem Aufschmelzen der teilweise kristallisierten Seitengruppen zuordnen. Nach Abschrecken und anschließendem Aufheizen im Kalorimeter war ein ebenso großer exothermer Peak (Kaltkristallisation der Seitengruppen) zu sehen, jedoch nur eine kleine nachfolgende Änderung des zugehörigen Schmelzpeaks. Können Sie dazu eine Erklärung geben?

Progr. Colloid & Polymer Sci. **57**, 212–215 (1975)

19b.

Aus dem Institut für Physikalische Chemie der Universität Köln

Zwei neu entwickelte Zellen für Raman- und infrarotspektroskopische Untersuchungen zwischen 80 K und 650 K

Von K. Holland-Moritz und I. Modrić

Mit 5 Abbildungen

(Eingegangen am 13. November 1973)

1. Einleitung

Physikalische und chemische Eigenschaften von Polymeren werden in besonderem Maße von den intra- und intermolekularen Wechselwirkungen innerhalb und zwischen den Makromolekeln bestimmt. Erst eine konformationsreguläre Anordnung der Molekelbausteine erlaubt eine definierte Wechselwirkung zwischen benachbarten Polymerketten, die zu einer regelmäßigen dreidimensionalen Ordnung führen kann. Die Zahl der längs einer Kette auftretenden Konformationen wird von der chemischen Struktur, der thermischen Vorbehandlung sowie der Temperatur der Probe beeinflußt. Da die Konformationsregularität („eindimensionale Kristallinität") eine zur Kristallisation von Polymeren notwendige Voraussetzung ist, hängt der Kristallinitätsgrad der Probe wesentlich vom Ordnungszustand innerhalb einer Makromolekel ab.

Mittels schwingungsspektroskopischer Methoden (Raman- und Infrarotspektroskopie) lassen sich unterschiedliche Konformationen durch das Auftreten von „Konformationsbanden" nachweisen. „Konformationsreguläre" Banden finden sich bei einer konformationsregulären Anordnung der Makromolekeln (1, 2). Die „kristallinen Banden" kristalliner Bereiche der Polymeren erlauben Rückschlüsse auf Grad und Art der Kristallinität. Konformationsbanden, konformationsreguläre und Kristallinitätsbanden zeigen in Raman- und Infrarotspektren charakteristische spektrale Änderungen in Abhängigkeit von der Temperatur und der thermischen Vorbehandlung der Probe. Sie können daher zur Beurteilung des jeweiligen Ordnungszustandes und der physikalischen Struktur des Polymeren dienen.

Da zur Untersuchung dieser Problematik keine geeigneten kommerziell erhältlichen Zellen zur Verfügung standen, wurden von uns entsprechende Zellen für die Raman- und Infrarotspektroskopie entwickelt, die es erlaubten, das Temperaturverhalten der entsprechend präparierten Proben in einem Temperaturbereich von 80–650 K ohne Zellenwechsel spektroskopisch zu untersuchen. Die für die spektroskopischen Untersuchungen jeweils optimalen Meßtemperaturen können vorher aus entsprechenden DTA-Untersuchungen gewonnen werden.

2.1. Die Zelle für die Ramanspektroskopie

Die Kühl- und Heizzelle für die Ramanspektroskopie besteht im wesentlichen aus zwei Teilen (Abb. 1):

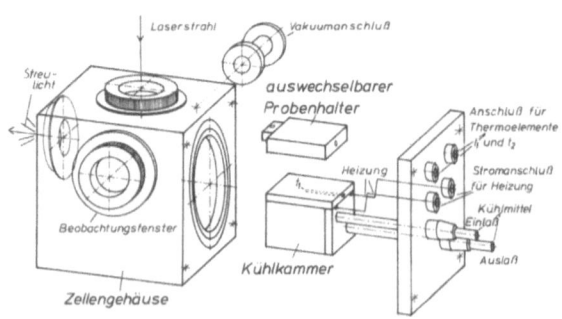

Abb. 1. Zellengehäuse und aufflanschbarer Einsatz für Raman-spektroskopische Untersuchungen

1. Das Zellengehäuse mit 3 Quarzfenstern, die dem Eintritt der Erregerstrahlung (Laser), dem Austritt der Streustrahlung und der Beobachtung bei Justierarbeiten dienen. Um Kontrolleichungen des Thermoelementes innerhalb der Zelle durchführen zu können, ist ein Quarz-

fenster gegen einen speziellen Eicheinsatz aus-
wechselbar.

2. Ein aufflanschbarer Einsatz mit Kühlkammer und auswechselbarem Probenhalter,
Zuleitungen für die entsprechende Kühlflüssigkeit sowie Stromdurchführungen für Heizung
und Thermoelemente.

Zusammengesetzt kann die Zelle je nach erforderlichen Versuchsbedingungen evakuiert
oder unter Inertgasatmosphäre betrieben werden. Zur Vermeidung unnötiger Wärme- bzw.
Kälteübertragung auf die Zellenwände sowie
Eisbildung im Inneren der Zelle werden alle
festen Substanzen im Vakuum untersucht. Flüssigkeiten und viskose Proben werden bis zum
Gefrier- bzw. Erhärtungspunkt unter Inertgasatmosphäre gemessen. Dies ist besonders
dann zweckmäßig, wenn die Proben an der Luft
leicht oxidieren.

2.2. Die Zelle für die Infrarotspektroskopie

Um jegliche Asymmetrie zwischen Vergleichs-
und Meßstrahlengang der Infrarotspektrometer
zu vermeiden, werden zwei vollkommen gleiche
Kühl- und Heizzellen für die Infrarotspektroskopie benutzt. Die Zellen bestehen wiederum
aus zwei Teilen (Abb. 2):

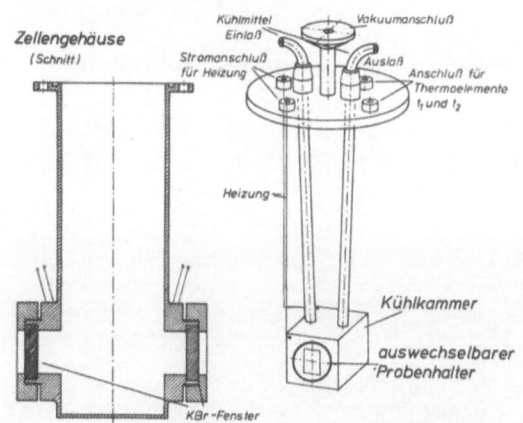

Abb. 2. Zellengehäuse und aufflanschbarer Einsatz für
die infrarotspektroskopischen Untersuchungen

1. Das Zellengehäuse mit zwei gegenüber-
liegenden beheizten CsJ- oder KBr-Fenstern,
die dem Eintritt der Infrarot-Strahlung und dem
Austritt der nicht absorbierten Strahlung dienen.

2. Ein aufflanschbarer Einsatz mit Kühlkammer und Probenhaltern sowie Zuleitungen
für die Kühlflüssigkeit und Stromdurchführun-

gen für Heizung und Thermoelemente. Zur
Vermeidung des in der Infrarotspektroskopie
sehr störenden Wasser- oder Eisniederschlages
werden die Zellen evakuiert.

2.3. Meßprinzip

Sollen Temperaturbereiche unterhalb der
Raumtemperatur erfaßt werden, so wird durch
die Kühlkammer ein geeignetes Kühlmittel ge-
leitet. Zur Kühlung können je nach Meßbereich
ein Kryomat, die Dämpfe des flüssigen Stick-
stoffs oder flüssiger Stickstoff verwendet werden.
Die gewünschte Temperatur kann durch geziel-
tes Heizen zwischen Kühlkammer und Probenhalterung eingestellt werden. Da die Kühlkammer von dem Kühlmittel durchflossen wird und
somit in einen geschlossenen Kreislauf geschal-
tet werden kann, ist es möglich, ohne Mühe die
bei Polymeren notwendigen Langzeitversuche
durchzuführen. Bei den herkömmlichen Kühl-
zellen waren diese Experimente mit großen
Schwierigkeiten verbunden. Zur Einstellung von
Temperaturen oberhalb der Raumtemperatur
wird lediglich die Heizung benutzt.

Zur Steuerung der Temperatur dient eine relativ einfache elektronische Schaltung, deren
Blockschaltbild in der Abb. 3 skizziert ist. Wegen der relativ großen Massen von Kühlkammer
und Probenhaltern und der damit verbundenen
großen Wärmekapazität werden zur Steuerung
und Messung der Temperatur zwei Thermoelemente T_1 und T_2 benutzt. Das zur Temperatur-
steuerung dienende Thermoelement T_1 mißt die
Temperatur in unmittelbarer Nähe der Heizung,
während das zweite Thermoelement T_2 die
Temperatur direkt auf oder in der Probe mißt.
Diese Anordnung der Thermoelemente ermöglicht es, die Heizleistung sofort nachzuregeln

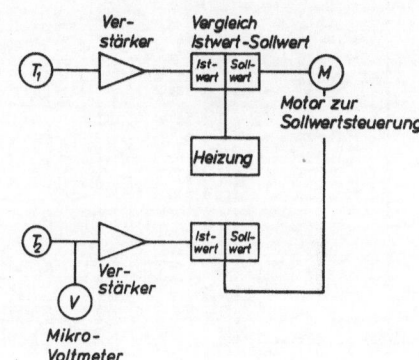

Abb. 3. Blockschaltbild der elektronischen Steuerung

und damit die Temperaturschwankungen an der Probe auf $\pm \Delta 0,1$ K zu begrenzen.

Die Thermospannung des zur Steuerung dienenden Thermoelements wird mit einem Operationsverstärker verstärkt und das verstärkte Signal mit einem einstellbaren Sollwert verglichen. Über- bzw. Unterschreitung des Sollwertes bewirkt sofortiges Absinken bzw. Ansteigen der Heizleistung. Über einen mit steuerbarer Drehzahl laufenden Stellmotor läßt sich der Sollwert kontinuierlich verändern, so daß die Proben mit genau definierter Abkühl- bzw. Aufheizrate thermisch behandelt werden können.

Die Thermospannung des Meßthermoelementes T_2 wird direkt über ein Mikrovoltmeter gemessen. Da das Temperaturgefälle zwischen Kühlkammer und Heizung einerseits sowie den Proben auf den verschiedenen Probenhalterungen andererseits unterschiedlich ist, wird bei definierten Abkühl- und Aufheizvorgängen, bei denen eine bestimmte Endtemperatur nicht unter- oder überschritten werden darf, die Thermospannung des Meßthermoelementes T_2 verstärkt und mit einem entsprechend den Versuchsbedingungen einstellbaren Sollwert verglichen. Bei Erreichen dieses Sollwertes wird dann der Stellmotor abgeschaltet.

3. Diskussion

Die spektroskopischen Untersuchungen mit diesen Zellen werden zweckmäßigerweise mit DTA-Untersuchungen verknüpft. Die letztere Methode gibt Aufschluß über die Temperaturen, bei denen innerhalb einer Probe endotherme, exotherme und Glasumwandlungen auftreten.

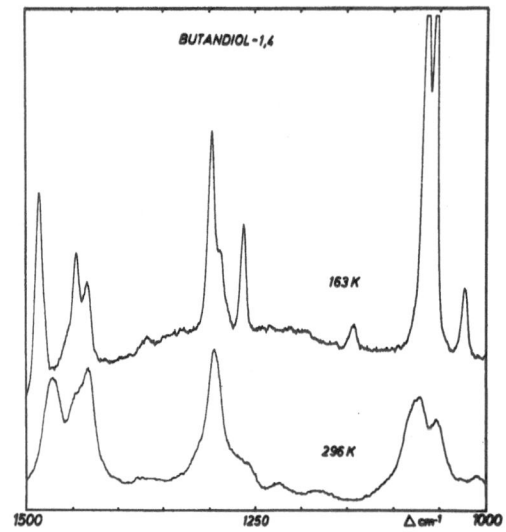

Abb. 4. Raman-Spektrum des Butandiol-1,4 bei 163 K und 296 K

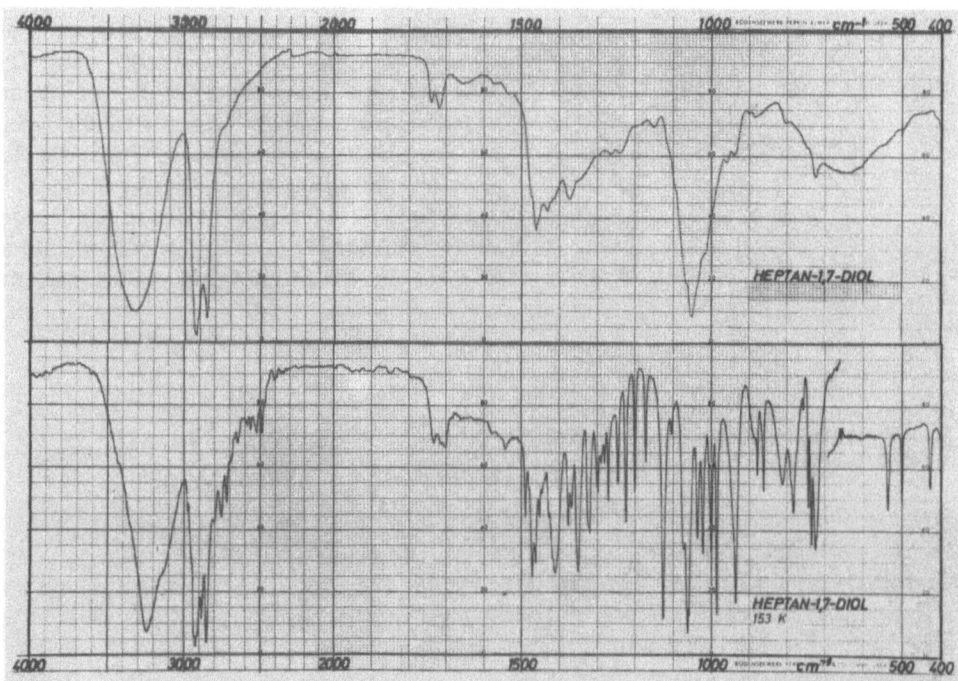

Abb. 5. Infrarotspektrum des Heptandiol-1,7 bei 153 K und 273 K

Die Stärke der Effekte kann durch Tempern bei geeigneter Temperatur beeinflußt werden. Auf welche Strukturänderungen innerhalb der Probe die Exothermen und Endothermen zurückzuführen sind, läßt sich jedoch bei Polymeren aus DTA-Kurven alleine nicht herleiten. Die Verbindung mit infrarot- und Raman-spektroskopischen Untersuchungen ermöglicht eine Aussage über die in den entsprechenden Umwandlungsbereichen auftretenden Änderungen des Ordnungszustandes, da sich aus den spektralen Änderungen auf die der Umwandlung zugrunde liegenden Strukturänderungen schließen läßt. Weitergehende Untersuchungsergebnisse an Polymeren finden sich in (3) und (4).

Die Anwendung der Zellen ist keineswegs auf Polymere beschränkt. Die Abb. 4 zeigt die Ramanspektren des Butandiol-1,4 bei 296 K (flüssig) und bei 163 K (fest), die mit einer auf die Kühlkammer aufsetzbaren Flüssigkeitsküvette aufgenommen wurden, in der das Butandiol langsam beim Abkühlen erstarrte. Zur Aufnahme des IR-Spektrums des Heptandiol-1,7 bei 273 K (flüssig) und 153 K (fest) befand sich das Heptandiol zwischen zwei parallelen KBr-Scheiben, die in die Probenhalterung eingepaßt waren.

Der Deutschen Forschungsgemeinschaft möchten wir an dieser Stelle für die finanzielle Unterstützung beim Bau der Zelle danken.

Zusammenfassung

Es werden zwei neue Tiefkühl- und Heizzellen für die Raman- und Infrarotspektroskopie beschrieben, die es erlauben, die Proben ohne Zellenwechsel zwischen 80 K und 650 K definiert thermisch vorzubehandeln, bevor die Spektren bei den gewünschten Temperaturen gemessen werden.

Summary

Two new cooling and heating cells for Raman and infrared spectroscopy are discussed. These cells allow a defined thermal treatment of the samples without changing the cells between 80 K and 650 K, before scanning the spectra at the desired temperatures.

Literatur

1) *Hummel, D. O.*, Sixth Annual Wayne State University Conference 1970.

2) *Zerbi, G., F. Ciampelli* und *V. Zamboni*, J. Polymer Sci. C-7, 56 (1962).

3) *Holland-Moritz, K., P. Djudovic* und *D. O. Hummel*, Fortschr. Kolloide u. Polymere **56**, (1974).

4) *Holland-Moritz, K., I. Modric, K.-U. Heinen* und

Anschriften der Verfasser:

Prof. Dr. *D. O. Hummel* und
Dr. *K. Holland-Moritz*
Institut f. Physik. Chemie der Universität
5000 Köln-41, Luxemburger Str. 116

Progr. Colloid & Polymer Sci. **57**, 216–224 (1975)

20.

Aus dem Physikalischen Institut der Universität Stuttgart

Kernmagnetische Relaxationsspektroskopie an Polyäthylenglykolen
Molekulargewichtsabhängigkeit

Von G. Preißing und F. Noack

Mit 3 Abbildungen und 3 Tabellen

(Eingegangen am 6. November 1973)

1. Zielsetzung

Polyäthylenglykole (PÄG) wurden in den vergangenen Jahren mit Methoden der Kernspinrelaxation zur Klärung ihrer molekularen Bewegungsmechanismen schon häufig untersucht (1–7). So ergaben Messungen der Temperaturabhängigkeit der beiden Protonenrelaxationszeiten, $T_1(\vartheta)$ und $T_{1\varrho}(\vartheta)$, bei gebräuchlichen Spektrometerfrequenzen (1, 3) für die gesamte polymerhomologe Reihe Relaxationszeitminima, die nach der Theorie (8) auf Prozesse mit Sprungzeiten von der Größenordnung der Larmorperioden hinweisen. Genaue Aussagen über die ursächlichen Bewegungen zu treffen, erwies sich indessen als schwierig, da die Minima für Molekulargewichte M > 200 unterhalb des Schmelzpunktes auftreten; im festen Zustand aber sind die Substanzen teilkristallin, so daß die Relaxationsraten nicht nur von Bewegungsprozessen, sondern in schwer überschaubarer Weise auch von molekulargewichtsabhängigen Kristallinitätseffekten beeinflußt werden.

Untersuchungen an Schmelzen (1) wie auch an verdünnten Lösungen (4), in denen Kristallinitätseffekte fehlen, zeigten im Megahertzbereich mit zunehmendem Molekulargewicht M sehr schnell molekulargewichtsunabhängig werdende Relaxationsraten, obwohl z. B. die Viskosität η mit zunehmenden M-Werten dauernd ansteigt (9, 10) und deshalb der bei kleinen Molekülen zunächst vorhandene Zusammenhang zwischen T_1^{-1} und η mit wachsender Kettenlänge verlorengeht (1). Da PÄG Seitenketten, die eine solche molekulargewichtsunabhängige Relaxation erklären könnten, nicht besitzt, wurde gefolgert, daß die relaxationswirksame Bewegung Segmentcharakter trägt und keine

Eigenschaft einer Kette als Ganzes ist (1). Hingegen ist bei den niedermolekularen Oligomeren zu erwarten, daß T_1, wie bei anderen kleinen Molekülen nachgewiesen (11–14), von der Gesamtmolekülbewegung bestimmt wird; demnach muß sich in Funktion des Molekulargewichts in Polyglykolen eine Änderung des für T_1 verantwortlichen Mechanismus vollziehen. Ein erstes experimentelles Indiz hierfür waren Beobachtungen eines drastischen Wechsels der Larmorfrequenz- bzw. Zeemanfeldabhängigkeit (Dispersion) von T_1 beim Übergang von Äthylenglykol zu PÄG 30000, worüber vor einiger Zeit in dieser Zeitschrift berichtet wurde (5).

Die Erscheinung, daß T_1 im niedermolekularen Bereich auf Gesamtmolekülbewegungen empfindlich ist, bei höheren Molekulargewichten dagegen primär auf Segmentbewegungen anzusprechen scheint, war für uns der Anlaß zu einer systematischen experimentellen und theoretischen Erweiterung unsererer früheren Arbeit. Es sollte genauer untersucht werden, wie sich dieser Übergang vollzieht, bei welchem Molekulargewicht er stattfindet und inwieweit das Resultat mit Ergebnissen der mechanischen und dielektrischen Relaxation verträglich ist.

2. Meßergebnisse

Die T_1-Messungen entstanden an einem früher beschriebenen (15, 16) NMR-Impulsspektrometer bei Protonenlarmorfrequenzen v zwischen 3 kHz und 75 MHz im Temperaturbereich von −40 bis 196 °C. Die für die Untersuchungen verwendeten Substanzen wurden von den Firmen Merck, Fluka, Schuchardt und Hoechst jeweils im besten erhältlichen Reinheitsgrad bezogen und vor Umfüllung in evakuierte Probenröhrchen mehreren „freezepump"-Zyklen unterworfen. Der Meßfehler betrug im Hochfeldbereich ±5% und stieg im Tieffeldbereich auf etwa ± 15% an.

Abb. 1a–h zeigt die Frequenzabhängigkeit von lg T_1 in Äthylenglykol (ÄG), Triäthylen-

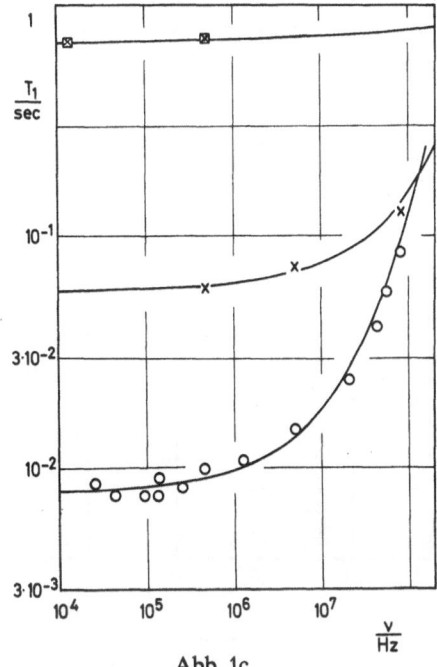

Abb. 1c

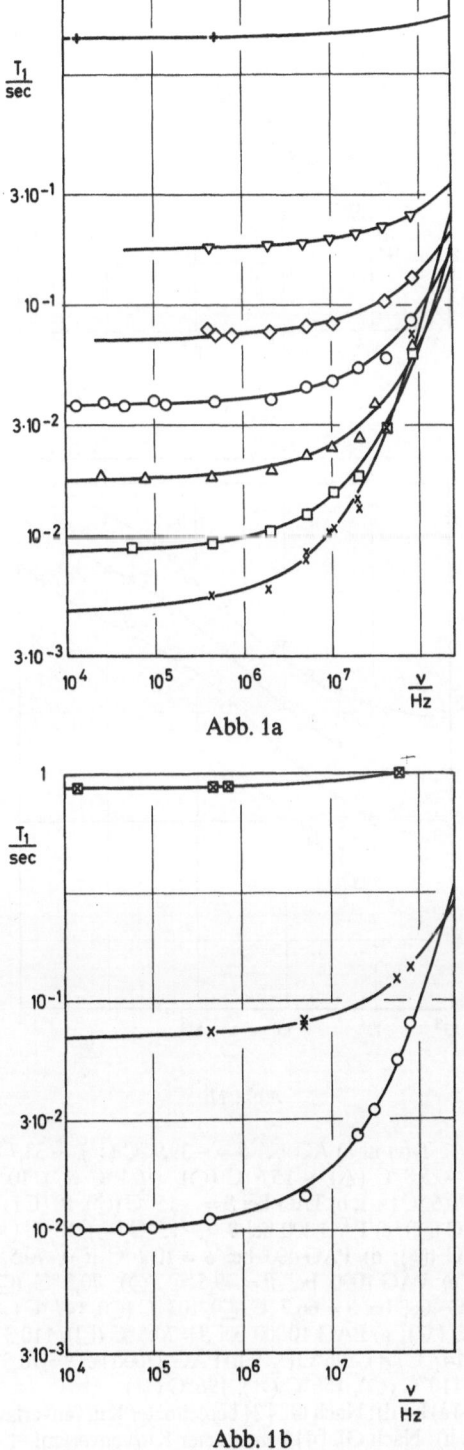

Abb. 1a

Abb. 1b

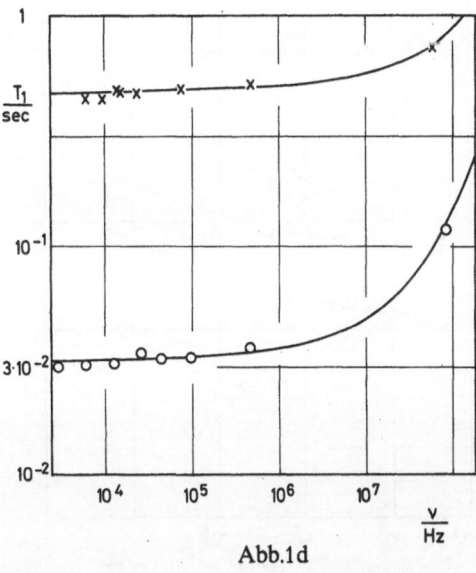

Abb. 1d

glykol (TÄG) und sechs Polyäthylenglykolen (PÄG) unterschiedlichen Molekulargewichts bei mehreren Temperaturen oberhalb der Schmelzpunkte zusammen mit einem berechneten, weiter unten erläuterten Kurvenverlauf. Zwei Eigenschaften der Messungen fallen besonders auf:

1. Innerhalb der einzelnen Diagramme, d. h. für jeweils eine bestimmte Substanz, verschieben sich zwar die Kurven mit steigenden Temperaturen zu höheren Abszissen- und Ordinatenwerten, wechseln jedoch dabei ihre Form im Rahmen der Meßgenauigkeit nicht.

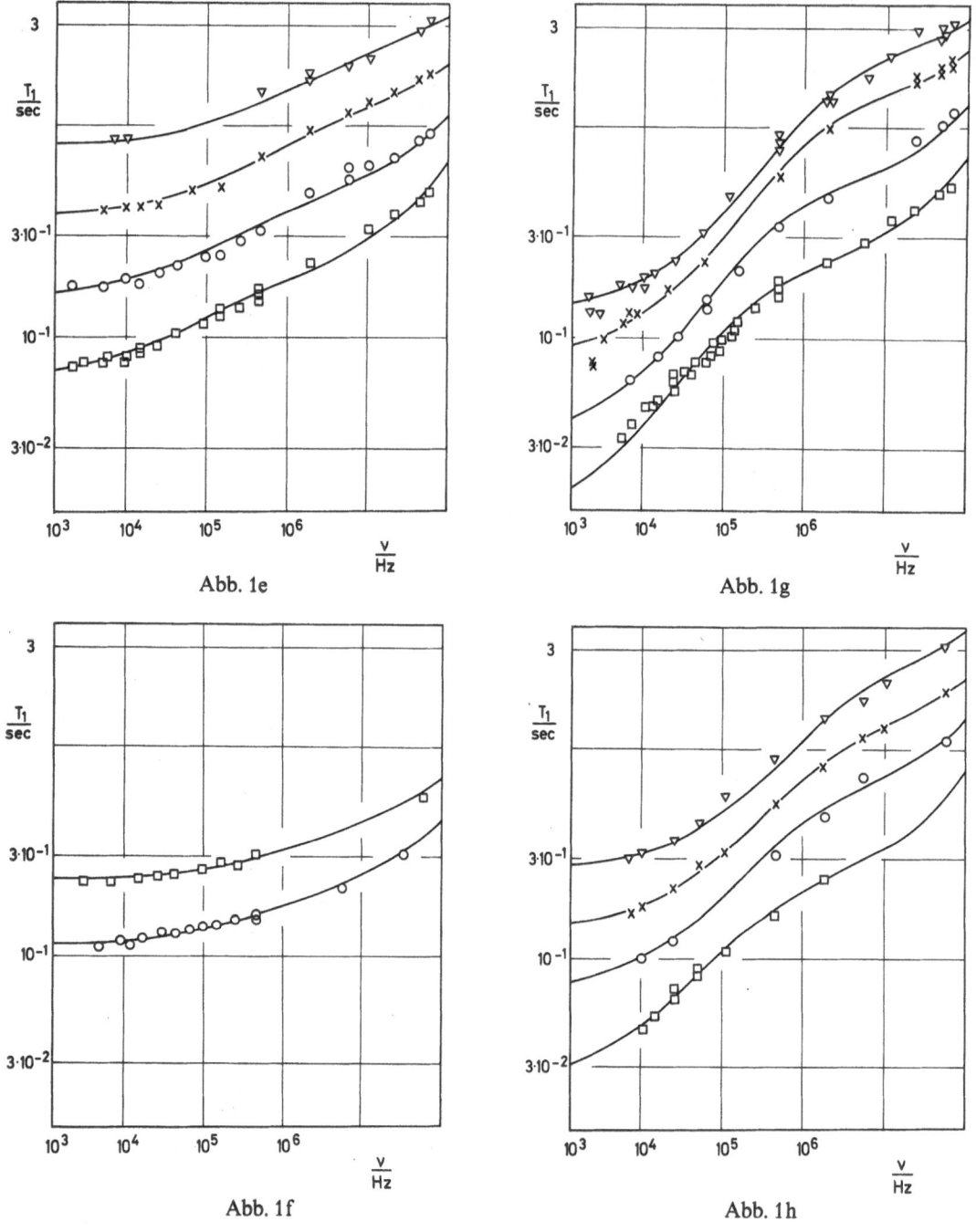

Abb. 1e

Abb. 1g

Abb. 1f

Abb. 1h

2. Beim Vergleich der acht Diagramme unter-einander ist ein drastischer Wechsel des Di-spersionsverhaltens mit steigendem Molekular-gewicht zu erkennen. Zwar sind die Kurven für niedermolekulares PÄG bis M = 400 (Abb. 1a bis d) alle sehr ähnlich und können durch Ver-schieben im lg T_1 − lg ν-Bild zur Deckung ge-bracht werden; sie weisen alle die typische T_1-Abhängigkeit eines einzelnen Relaxationsprozes-ses auf, wie er auch schon in anderen nieder-

Abb. 1. $T_1(\nu)$ in a) ÄG bei $\vartheta = -39{,}9\,°C$ (×), $-33{,}7\,°C$ (□), $-25{,}8\,°C$ (△), $-15{,}6\,°C$ (○), $-6{,}1\,°C$ (◇), $10\,°C$ (▽), $70{,}5\,°C$ (+); b) TÄG bei $\vartheta = -15\,°C$ (○), $10\,°C$ (×), $70{,}5\,°C$ (⊠); c) PÄG 200 bei $\vartheta = -15\,°C$ (○), $10\,°C$ (×), $70{,}5\,°C$ (⊠); d) PÄG 400 bei $\vartheta = 10{,}2\,°C$ (○), $70{,}5\,°C$ (×); e) PÄG 1000 bei $\vartheta = 49{,}5\,°C$ (○), $70{,}5\,°C$ (□); f) PÄG 4000 bei $\vartheta = 66{,}7\,°C$ (□), $103\,°C$ (○), $147\,°C$ (×). $196\,°C$ (▽); g) PÄG 10000 bei $\vartheta = 70{,}5\,°C$ (□), $110{,}3\,°C$ (○), $147\,°C$ (×), $196\,°C$ (▽); h) PÄG 27000 bei $\vartheta = 70{,}5\,°C$ (□), $110\,°C$ (○), $158\,°C$ (×), $196\,°C$ (▽).
(———) a) bis d): Nach Gl. [2] berechneter Kurvenverlauf; e) bis h): Nach Gl. [4] berechneter Kurvenverlauf

molekularen viskosen Flüssigkeiten beobachtet wurde (11). Dagegen können die Kurven für höhermolekulares PÄG ab M = 1000 (Abb. 1 e bis h) nicht mehr durch Verschieben im lg T_1 —lg v-Bild ineinander oder in die Kurven der niedermolekularen Polyglykole überführt werden; hier tritt vielmehr eine für Flüssigkeiten unerwartet ausgedehnte, schon bei den niedrigsten Larmorfrequenzen einsetzende Dispersion in T_1 auf, was anzeigt, daß mit steigendem Molekulargewicht eine drastische Änderung der Relaxationsvorgänge stattfindet.

Der Übergang vom niedermolekularen zum höhermolekularen $T_1(v)$-Verhalten liegt im Rahmen der groben Abstufungen der verwendeten Molekulargewichte bei etwa M = 1000. Zur Verdeutlichung dieses Resultats ist in Abb. 2 der Dispersionsverlauf $T_1(v)$ der verschiedenen Polyglykole bei konstanter Temperatur von 70 °C gegenübergestellt. Deutlich sind für die längeren Ketten zwei Gebiete mit unterschiedlicher Molekulargewichtsabhängigkeit auszumachen:

Von etwa 1 MHz an zu höheren Frequenzen hin fallen die T_1-Werte für PÄG 4000, 10000, 27000 zusammen und bestätigen damit die schon früher erkannte Kettenlängenunabhängigkeit. Neu dagegen ist der Verlauf unterhalb 1 MHz, wo bis zu den höchsten gemessenen Molekulargewichten T_1 von M abhängig bleibt.

3. Diskussion

Nach der Theorie (8, 15) bedeutet das Einsetzen einer T_1-Dispersion im Relaxationsdiagramm, daß ein Bewegungsprozeß besonders relaxationswirksam ist, für den die Beziehung

$$2\pi v \tau \approx 1 \qquad [1]$$

erfüllt ist, wobei v die Larmorfrequenz und τ eine die Bewegung charakterisierende mittlere Sprungzeit bezeichnen. Da die Form der $T_1(v)$-Dispersion den Fluktuationstyp des relaxationswirksamen Prozesses widerspiegelt, müssen zur Deutung der Meßergebnisse dem molekulargewichtsbedingten Wechsel entsprechend mindestens zweierlei Modelle herangezogen werden. Naheliegende Überlegungen hierzu sind folgende:

3.1. Modell der translatorischen Diffusion

Für niedermolekulares PÄG bis M = 400 ist Abb. 1 innerhalb der Meßgenauigkeit stets derselbe Bewegungstyp zu entnehmen, der bei festgehaltenem M mit steigender Temperatur schneller und bei konstanter Temperatur mit dem Übergang von ÄG zu PÄG 400 langsamer wird. Die nach Gl. [1] abschätzbare mittlere Sprungzeit τ nimmt mit wachsender Viskosität η der Schmelze zu. Beachtet man, daß weitgehend analoge Beobachtungen an viskosen Flüssigkeiten, wie z. B. Glycerin, seit einiger Zeit vorliegen (11–14, 17–19) und dort zur Annahme vorherrschend intermolekularer Wechselwirkungen mit translatorischen Fluktuationen der Molekülprotonen führten, so bietet sich eben diese Vorstellung auch für die leichteren Polyglykole an.

Das sehr vereinfachende, ausschließlich translatorische Molekülbewegungen erfassende Modell, das rotatorische Umlagerungen jeglicher Art und damit die intramolekularen Wechselwirkungen völlig außer acht läßt, soll die Relaxation in den niedermolekularen Substanzen versuchsweise beschreiben. Nach *Torrey* (20, 21) gilt im skizzierten Fall für die Relaxationsrate

$$\frac{1}{T_1} = \frac{3}{2}\gamma^4 \bar{h}^2 I(I+1)$$

$$\{J(2\pi v) + 4J(4\pi v)\}$$

$$J(2\pi v) = \frac{8\pi N}{3b^3} \int_0^\infty \frac{[B_{3/2}(\varrho b)]^2}{\varrho b}$$

$$\times \frac{\tau/\varrho^2 b^2}{1 + (5\pi v \tau/\varrho^2 b^2)^2} d(\varrho b) \qquad [2]$$

wobei γ, I, v, N, τ und b sukzessive das magnetogyrische Verhältnis, die Spinquantenzahl, die Larmorfrequenz, die Spindichte, die mittlere translatorische Sprungzeit und die kleinstmögliche Annäherung zweier Spins bedeuten. Ferner bezeichnen $\bar{h}$ die durch 2π geteilte *Planck*sche Konstante, $B_{3/2}$ die *Bessel*-Funktion der Ordnung 3/2 und ϱ eine Integrationsvariable.

Die numerische Auswertung der Meßergebnisse für M $\leq$ 400 nach den beiden Modellparametern b und τ der Beziehung [2] bei bekannten übrigen Daten (21) (magnetogyrisches Verhältnis von Protonen, Zahl der Protonen pro Kette, Molekulargewicht, Dichte der untersuchten Substanzen) erfolgte an der Stuttgarter Rechenanlage TR 4 mit Hilfe des *Fletcher-Powell*schen Verfahrens (22), das die gesuchten Größen über eine Minimalisierung der totalen quadratischen Abweichung zwischen dem theoretischen Kurvenverlauf und den im Computer gespeicherten Meßwerten optimiert. Die hierbei für die einzelnen Polyglykole und interessierenden Temperaturen resultierende Computeranpassung ist in die jeweiligen Diagramme der

Tab. 1. Nach Gl. [2] computeroptimierte Werte für die niedermolekularen Polyglykole

Substanzen	ϑ (°C)	τ (sec)	b (Å)	$T_1(0)$ (msec)
ÄG	−39,9	$4,8 \cdot 10^{-9}$	1,70	4,2
	−33,7	$2,48 \cdot 10^{-9}$	1,72	8,5
	−25,8	$1,24 \cdot 10^{-9}$	1,73	17,3
	−15,6	$6,4 \cdot 10^{-10}$	1,75	36
	− 6,1	$3,2 \cdot 10^{-10}$	1,75	70
	10	$1,28 \cdot 10^{-10}$	1,74	175
	70,5	$1,64 \cdot 10^{-11}$	1,74	1400
TÄG	−15	$2,92 \cdot 10^{-9}$	1,86	9,5
	10	$4,8 \cdot 10^{-10}$	1,94	67
	70,5	$4,0 \cdot 10^{-11}$	1,95	850
PÄG 200	−15	$4,4 \cdot 10^{-9}$	1,96	7,7
	10	$6,4 \cdot 10^{-10}$	2,01	58
	70,5	$5,2 \cdot 10^{-11}$	1,98	700
PÄG 400	10,2	$1,28 \cdot 10^{-9}$	2,08	32
	70,5	$9,6 \cdot 10^{-11}$	2,12	470

Abb. 1 a–d mit eingezeichnet, die zugehörigen Daten der Anpassung sind in Tab. 1 zusammengestellt. Der sich daraus ergebende punktweise Zusammenhang zwischen mittlerer Sprungzeit τ und Temperatur ϑ befolgt ersichtlich kein *Arrhenius*-Gesetz, sondern gehorcht einer Gleichung der allgemeinen Form

$$\tau = A \exp\left(\frac{B}{\vartheta - \vartheta_0}\right) \qquad [3]$$

mit den in Tab. 2 angegebenen Konstanten A, B und ϑ_0; ähnliches war schon bei der Kernrelaxation anderer Substanzen (23) aufgefallen und insbesondere für PÄG 200 auch aus di-

Tab. 2. Nach Gl. [3] ermittelte Konstanten für die Temperaturabhängigkeit von τ in den niedermolekularen Polyglykolen

Substanzen	B (K)	A (sec)	ϑ_0 (K)
ÄG	1180	$1,53 \cdot 10^{-13}$	130
TÄG	830	$8,0 \cdot 10^{-13}$	167
PÄG 200	948	$9,6 \cdot 10^{-13}$	155
PÄG 400	788	$2,77 \cdot 10^{-12}$	170

elektrischen Messungen bereits bekannt (24). Bemerkenswert daran ist, daß die kernmagnetisch und dielektrisch ($\vartheta_0 = 165$ K, $B = 994$ K, $A = 1,03 \cdot 10^{-13}$ s) ermittelten Werte für PÄG 200 in den die Temperaturabhängigkeit charakterisierenden Parametern ϑ_0 und B auf wenige Prozent übereinstimmen. Obwohl das eben diskutierte Modell die Messungen gut beschreibt, bleibt die völlige Vernachlässigung molekülinterner Umlagerungen, die aus den dielektrischen Experimenten gefolgert wurden (24, 25), problematisch (17,18). Eine Klärung dieser Unstimmigkeit scheint allerdings ohne ergänzende Messungen an deuterierten Proben (die in ausreichenden Mengen unerschwinglich sind) kaum zu erhoffen.

3.2. Modell mit Sprungzeitverteilungen

Für höhermolekulares PÄG ab M = 4000 bestätigt der für die behandelten Substanzen molekulargewichtsunabhängige T_1-Dispersionsverlauf im Hochfeld den vermuteten (1) Segmentcharakter der relaxationsaktiven Bewegung; denkbar sind hierbei rotatorische Umlagerungen sehr kurzer Segmente, Kinkwanderungen oder auch lokale translatorische Verschiebungen sehr flexibler Kettenstücke gegenüber Nachbarn. Darüber hinaus weist aber die mit dem Molekulargewicht zunehmende Aufspaltung der kettenlängenabhängigen Tieffelddispersion auf langsame, sehr lange Segmente oder gar ganze Moleküle umfassende Bewegungen hin, wobei betont werden muß, daß ergänzende Messungen an Polyisobutylen entsprechende Parallelen zeigten und damit reine Polyäthylenglykoleffekte unwahrscheinlich machen (21); auch in anderen Polymeren, wie z. B. in Polyäthylen, ist daher eine molekulargewichtsabhängige Tieffelddispersion zu erwarten. Die Aufspaltung schließt die Anwendung eines einfachen, nur einen einzigen Mechanismus betonenden Relaxationsmodells, wie zuvor bei den kürzeren Molekülen, aus. Es verwundert deshalb nicht, wenn sowohl translatorische Diffusionsmodelle als auch alle naheliegenden Ansätze, die mit einer einzigen exponentiellen Korrelationsfunktion (8, 26) arbeiten, die Meßkurven ebensowenig zu beschreiben vermögen wie die zusätzliche Einführung einer der bekannten Sprungzeitverteilungen (11, 27); dazu gehört insbesondere auch die kürzlich von *Outhred* und *George* (28) in anderem Zusammenhang vorgeschlagene Log-Hyperbelverteilung. Des weiteren führte das von *Khazano-vich* (29) mit Einschränkungen auf die Kernrelaxation übertragene *Zimm-Rouse*sche (30, 31) Modell nicht zum gewünschten Ziel, weil es die gefundene Molekulargewichtsabhängigkeit von T_1 nicht erklärt. Als Alternative haben wir deshalb mit der durch die unterschiedliche Molekulargewichtsabhängigkeit im Hoch- und Tieffeld nahegelegten Annahme, daß zwei Bewegungsprozesse vorliegen, und auf Grund der Überlegung, daß sich Log-*Gauß*-Verteilungsfunktionen in vielen Fällen (32) zur pauschalen Behandlung der Polymerkettendynamik bewährten, den BPP-Relaxationsformalismus (8) durch zwei Log-*Gauß*-Sprungzeitverteilungen (der Einfachheit halber) gleicher Verteilungsbreite erweitert. Die Auswertung der Messungen für $M \geqq 1000$ an Hand der Beziehung

$$\frac{1}{T_1} = \frac{1}{T_{11}} + \frac{1}{T_{12}}$$

mit

$$\frac{1}{T_1(2\pi\nu)} = \frac{A}{T_{12}(0)} \left\{ \frac{1}{K_2} \left(\int_{-\infty}^{+\infty} \frac{e^{x-\alpha^2 x^2} dx}{1 + (2\pi\nu\tau_{m2}K_1 e^x)^2} \right. \right.$$

$$+ 4 \int_{-\infty}^{+\infty} \frac{e^{x-\alpha^2 x^2} dx}{1 + (4\pi\nu\tau_{m2}K_1 e^x)^2} \bigg)$$

$$+ \int_{-\infty}^{+\infty} \frac{e^{x-\alpha^2 x^2} dx}{1 + (2\pi\nu\tau_{m2} e^x)^2}$$

$$+ 4 \int_{-\infty}^{+\infty} \frac{e^{x-\alpha^2 x^2} dx}{1 + (4\pi\nu\tau_{m2} e^x)^2} \bigg\} \qquad [4]$$

und

$$K_2 = \frac{T_{11}(0)}{T_{12}(0)} \qquad K_1 = \frac{\tau_{m1}}{\tau_{m2}}$$

$$A = \frac{\alpha}{\sqrt{\pi} \cdot 5 \cdot \exp(1/4\alpha^2)}$$

α Breitenparameter der Log-*Gauß*-Verteilungen
τ_{m1} mittlere Sprungzeit des Hochfeldprozesses
τ_{m2} mittlere Sprungzeit des Tieffeldprozesses

nach den Parametern τ_{m1}, τ_{m2}, T_{11} (0), T_{12} (0) und α erfolgte wieder an der Stuttgarter Rechen-

anlage und lieferte die in Tab. 3 zusammengestellten Daten; mit ihnen wurde der in Abb. 1 e–h eingetragene Kurvenverlauf berechnet. Im Rahmen dieser Anpassung genügen die beiden mittleren Sprungzeiten, die dem BPP-Modell entsprechend pauschal Rotationen und Translationen erfassen, jeweils einem *Arrhenius*-Gesetz mit den in Tab. 3 angegebenen Aktivierungsenergien.

3.3. *Vergleich mit mechanischen und dielektrischen Ergebnissen*

Das kernmagnetische Relaxationsdiagramm in der Form Abb. 2 weist Parallelen auf zu dem von *Liska* [(10), Abb. 3] bei der gleichen Temperatur aufgenommenen mechanischen Relaxationsdiagramm, d. h. zur Frequenzabhängigkeit des komplexen Schubmoduls. Bei den mechanischen Messungen grenzt für die niederen Molekulargewichte von hohen Frequenzen kommend an den Glasübergangsbereich direkt der Fließbereich an, was der kernmagnetischen Beobachtung entspricht, daß sich diese Substanzen wie normale viskose Flüssigkeiten verhalten. Sämtliche Bewegungen, auch translatorische Diffusion des Gesamtmoleküls sind zugelassen, sobald der Glasübergang stattgefun-

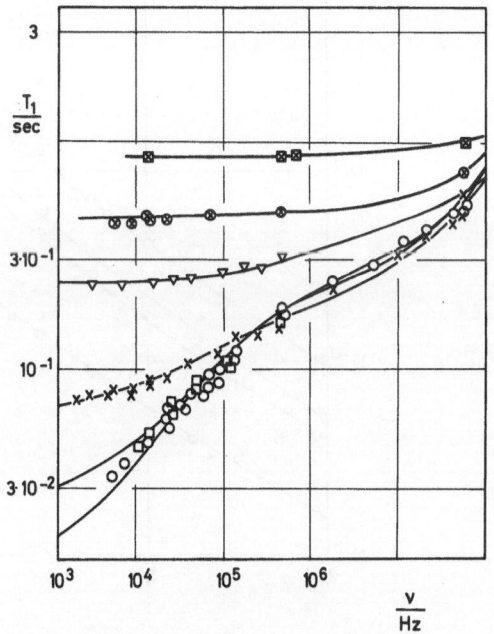

Abb. 2. $T_1(\nu)$ in TÄG ($\boxtimes$), PÄG 400 ($\otimes$), PÄG 1000 ($\triangledown$), PÄG 10000 ($\square$), PÄG 27000 ($\bigcirc$) bei $\vartheta = 70,5\,°C$ und in PÄG 4000 ($\times$) bei $\vartheta = 66,7\,°C$. (——) Nach Gl. [2] bzw. [4] berechneter Kurvenverlauf.

Tab. 3. Nach Gl. [4] angepaßte Werte für höhermolekulare Polyglykole und daraus folgende Aktivierungsenergien

Substanzen	ϑ (°C)	Hochfeldstufe		Tieffeldstufe		E (kcal · Mol^{-1})	α
		τ_{m1} (sec)	$T_{11}(0)$ (sec)	τ_{m2} (sec)	$T_{12}(0)$ (sec)		
PÄG 1000	49,5	$8{,}8 \cdot 10^{-12}$	0,225	$2{,}6 \cdot 10^{-9}$	0,225	7,9	0,33
	70,5	$4{,}2 \cdot 10^{-12}$	0,46	$1{,}2 \cdot 10^{-9}$	0,46		
PÄG 4000	66,7	$3{,}8 \cdot 10^{-11}$	0,19	$3{,}8 \cdot 10^{-8}$	0,095	6,4	0,33
	103	$1{,}6 \cdot 10^{-11}$	0,46	$1{,}6 \cdot 10^{-8}$	0,23		
	147	$6{,}4 \cdot 10^{-12}$	1,15	$6{,}4 \cdot 10^{-9}$	0,575		
	196	$2{,}8 \cdot 10^{-12}$	2,4	$2{,}8 \cdot 10^{-9}$	1,2		
PÄG 10000	70,5	$4{,}0 \cdot 10^{-11}$	0,22	$1{,}2 \cdot 10^{-7}$	0,027	6,4	0,33
	110,3	$1{,}3 \cdot 10^{-11}$	0,6	$3{,}9 \cdot 10^{-8}$	0,075		
	147	$6{,}1 \cdot 10^{-12}$	1,2	$1{,}8 \cdot 10^{-8}$	0,15		
	196	$3{,}2 \cdot 10^{-12}$	2,5	$9{,}6 \cdot 10^{-9}$	0,312		
PÄG 27000	70,5	$3{,}7 \cdot 10^{-11}$	0,21	$3{,}7 \cdot 10^{-7}$	0,013	6,2	0,33
	110	$1{,}4 \cdot 10^{-11}$	0,5	$1{,}4 \cdot 10^{-7}$	0,031		
	158	$5{,}9 \cdot 10^{-12}$	1,3	$5{,}9 \cdot 10^{-8}$	0,081		
	196	$3{,}2 \cdot 10^{-12}$	2,2	$3{,}2 \cdot 10^{-8}$	0,137		

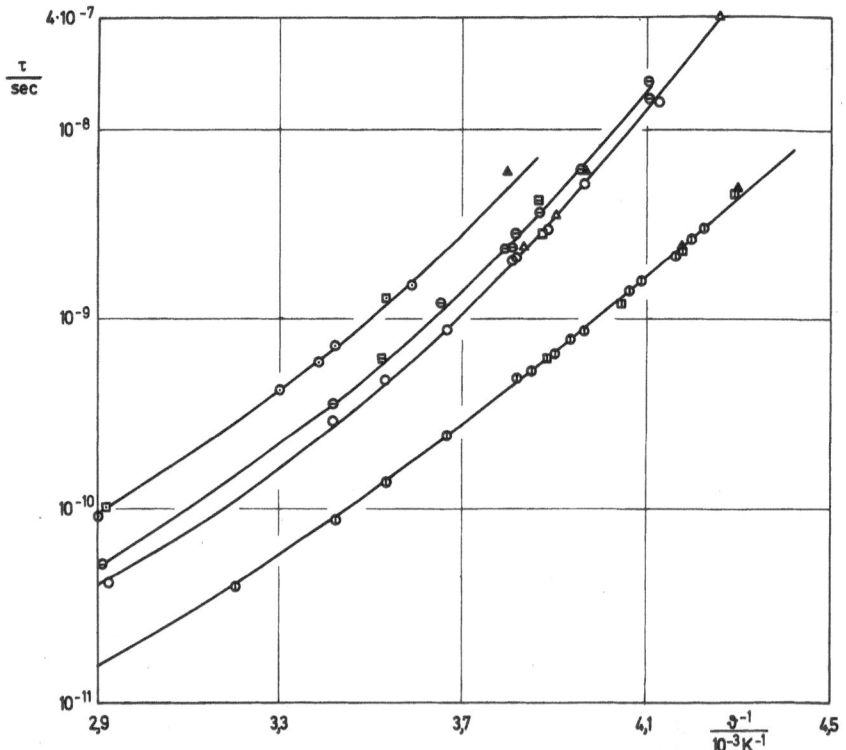

Abb. 3. $\tau(1/\vartheta)$ in ÄG ($\oslash$, $\boxminus$, $\triangle$), TÄG ($\bigcirc$, $\square$, $\triangle$), PÄG 200 ($\ominus$, $\boxminus$, $\triangle$) und PÄG 400 ($\odot$, $\boxdot$, $\triangle$). $\oslash$, $\bigcirc$, $\ominus$, $\odot$, $\boxminus$, $\square$, $\boxminus$, $\boxdot$ Auswertung von $T_1(\nu)$-Kurven; $\triangle$, $\triangle$, $\triangle$, $\triangle$ Minimumsauswertung unveröffentlichter $T_1(1/\vartheta)$-Kurven. (———) Nach Gl. [3] berechneter Kurvenverlauf

den hat. Für höhere Molekulargewichte, ab einem kritischen Wert M = 3000, beginnt sich im mechanischen Bild als Bereich der Gummielastizität ein Plateau des Moduls zwischen den Fließbereich und den Glasübergang zu schieben. Gleichzeitig ändert sich die Molekulargewichtsabhängigkeit der Viskosität (10). Im kernmagnetischen Diagramm beginnt sich parallel dazu etwa beim gleichen kritischen Molekulargewicht die Tieffelddispersion auszubilden. Ihr Erscheinen zusätzlich zur Hochfelddispersion zeigt an, daß nach dem Glasübergang bei hohen Larmorfrequenzen keineswegs alle Bewegungen relaxationsaktiv sind, vielmehr zunächst nur rotatorische und gegebenenfalls translatorische Verschiebungen kurzer Kettensegmente, wie aus der Molekulargewichtsunabhängigkeit von T_1 im Hochfeld gefolgert wurde.

Kooperative Bewegungen längerer Kettenteile und Gesamtmolekülbewegungen, von denen eine Molekulargewichtsabhängigkeit zu erwarten wäre, werden offensichtlich durch Verhakungen zwischen den Ketten behindert und laufen so langsam ab, daß sie bei 70 °C im MHz-Gebiet (siehe Abb. 3) noch nicht relaxationswirksam sind, somit erst mit abnehmender Meßfrequenz als Tieffelddispersion in Erscheinung treten. In dieses Bild fügt sich die Beobachtung, daß die zu diesen Bewegungsprozessen gehörende Dispersionsstufe mit zunehmendem Molekulargewicht zu immer tieferen Meßfrequenzen rückt. Dadurch konnte z. B. der Bereich verschwindender Dispersion in der Schmelze von PÄG 27000, der anzeigen würde, daß isotrope rotatorische und translatorische Umlagerungen des Gesamtmoleküls wie in den niedermolekularen Oligomeren stattfinden, selbst bei 200 °C und 10 kHz nicht mehr festgestellt werden.

Die bis jetzt bekannten Ergebnisse über die dielektrische Relaxation in PÄG sind gegenüber den eben diskutierten mechanischen und kernmagnetischen Resultaten recht unvollständig. Unabhängig vom Molekulargewicht wurde nämlich stets eine so kurze dielektrische Relaxationszeit gefunden, daß kaum mehr als eine Monomereinheit an der Reorientierung der elektrischen Dipole beteiligt sein kann (25, 33). Dieser Befund spricht für eine hohe Beweglichkeit der C—O—C-Bindungen der Ketten, wodurch das Gl. [2] und [4] zugrunde gelegte Bild, daß sämtliche Protonen während eines kernmagneti-

schen Relaxationszyklus an allen Fluktuationen teilnehmen, gestützt wird.

Wir danken unseren Kollegen, insbesondere den Herren *G. Held, M. Stohrer* und *M. Weithase,* für hilfreiche Diskussionen und der Deutschen Forschungsgemeinschaft für die zur Verfügung gestellten Mittel.

Zusammenfassung

Die Larmorfrequenzabhängigkeit (Dispersion) der longitudinalen Protonenspinrelaxationszeit T_1 wurde in einer polymerhomologen Reihe (Äthylenglykol – Polyäthylenglykol mit Molekulargewichten bis zu M = 27000) im Frequenzbereich zwischen 4 kHz und 75 MHz bei mehreren Temperaturen im flüssigen Zustand untersucht. Während für M ≤ 400 der von niedermolekularen viskosen Flüssigkeiten (z. B. Glycerin) her gewohnte einstufige Verlauf der Dispersion zu beobachten ist, treten im Gegensatz dazu bei den längeren Ketten (M ≥ 4000) zwei Dispersionsstufen auf, von denen die niederfrequente molekulargewichtsabhängig ist, die höherfrequente jedoch nicht. Diese Befunde lassen sich anhand eines Translationsmodells bzw. Sprungzeitverteilungsmodells beschreiben. Daß die Aufspaltung der Dispersion in einem Molekulargewichtsbereich erscheint, in dem sich im mechanischen Relaxationsdiagramm das „Gummiplateau" auszubilden beginnt und in dem sich die Molekulargewichtsabhängigkeit der Viskosität ändert, deutet auf einen entscheidenden Einfluß von Kettenverhakungen auch auf die magnetische Relaxation hin.

Summary

We have measured the Larmor frequency dependence (dispersion) of the longitudinal proton spin relaxation time T_1 in the liquid phases of ethyleneglycol, triethyleneglycol and six polyethyleneglycols up to a molecular weight of M = 27000 at various temperatures in a frequency range between 4 kHz and 80 MHz. Whilst for M ≤ 400 one observes a one-step dispersion as known from viscous liquids (e.g. glycerol), the longer chains (M ≥ 4000) show a two-step dispersion; the low-frequency step depending on the molecular weight, the high-frequency one not. These results can be described by a translational model or a model with jump time distributions, respectively. The change in molecular weight dependence of the dispersion compares with the range of rubberlike elasticity in the shear modulus versus frequency diagram of the mechanical relaxation and a related viscosity effect. This suggests a strong influence of chain entanglements on magnetic relaxation, too.

Literatur

1) *Allen, G., T. M. Connor* und *H. Pursey,* Trans. Farad. Soc. **59,** 1525 (1963).
2) *Connor, T. M.,* Polymer **7,** 426 (1966).
3) *Connor, T. M.* und *A. Hartland,* J. Polym. Sci. **A2,** 7, 1005 (1969).
4) *Liu, K. J.* und *R. Ullman,* J. Chem. Phys. **48,** 1158 (1968).

5) *Preißing, G.* und *F. Noack*, Kolloid-Z. u. Z. Polymere **247**, 811 (1971).

6) *Tanner, J. E., K. J. Liu* und *J. E. Anderson*, Macromolecules **4**, 586 (1971).

7) *Tanner, J. E.*, Macromolecules **4**, 748 (1971).

8) *Abragam, A.*, Principles of Nuclear Magnetism (Oxford 1961).

9) *Price, F. P.*, J. Polym. Sci. **50**, 25 (1961).

10) *Liska, E.*, Dissertation (Stuttgart 1968).

11) *Noack, F.* und *G. Preißing*, Z. für Naturforschg. **24a**, 143 (1969).

12) *Fiorito, R. B.* und *R. Meister*, J. Chem. Phys. **56**, 4605 (1972).

13) *Harmon, J. F.*, Chem. Phys. Letters **7**, 207 (1970).

14) *Burnett, L. J.* und *J. F. Harmon*, J. Chem. Phys. **57**, 1293 (1972).

15) *Noack, F.*, NMR-Basic Principles and Progress **3**, 84 (1971).

16) *Kimmich, R.* und *F. Noack*, Z. Angew. Phys. **29**, 248 (1970).

17) *Kintzinger, J. P.* und *M. D. Zeidler*, Ber. Bunsenges. **77**, 98 (1973).

18) *Drake, P. W.* und *R. Meister*, J. Chem. Phys. **54**, 3046 (1971).

19) *Preißing, G.* und *F. Noack*, Z. Phys. **246**, 84 (1971).

20) *Torrey, H. C.*, Phys. Rev. **92**, 962 (1953).

21) *Preißing, G.*, Dissertation (Stuttgart 1973).

22) *Fletcher, R.* und *M. J. D. Powell*, Computer J. **6**, 163 (1963).

23) *Mc Call, D. W., D. C. Douglass* und *D. R. Falcone*, J. Chem. Phys. **50**, 3839 (1969).

24) *Koizumi, N.* und *T. Hanai*, J. Phys. Chem. **60**, 1496 (1956).

25) *Block, H.* und *A. M. North*, Advanc. Mol. Relax. Proc. **1**, 309ff. (1970).

26) *Haeberlen, U.*, Dissertation (Stuttgart 1966).

27) *Connor, T. M.*, Trans. Farad. Soc. **60**, 1574 (1964).

28) *Outhred, R. K.* und *E. P. George*, Ber. Bunsenges. **76**, 1196 (1972).

29) *Khazanovich, T. N.*, Polym. Science USSR **4**, 727 (1963).

30) *Zimm, B. H.*, J. Chem. Phys. **24**, 269 (1956).

31) *Rouse, P. E.*, J. Chem. Phys. **21**, 1272 (1953).

32) *Odajima, A.*, Suppl. Progr. Theor. Phys. **10**, 142 (1959).

33) *Davies, M., G. Williams* und *G. D. Loveluck*, Z. Elektrochem. **64**, 575 (1960).

Anschrift der Verfasser:

Dr. *F. Noack*
Physikal. Institut der Universität
7000 Stuttgart-1, Wiedeholdstr. 13

Diskussion:

W. Luck (Marburg/Lahn):

Können Sie mit Ihrer Methode auch in wäßrigen Lösungen von Polyäthylenglykolen die Wechselwirkung mit den H_2O-Molekeln studieren?

G. Preissing (Stuttgart):

Ja, durchaus. Wir haben, worüber im Vortrag nicht berichtet wurde, die Dispersion der Relaxation auch in deuterierten und nichtdeuterierten wäßrigen Lösungen von Polyäthylenglykol gemessen. Das Ergebnis dieser Untersuchung ist folgendes: Während in D_2O-Lösungen eine einheitliche longitudinale Relaxationszeit T_1 beobachtet wird, verläuft die Relaxation in H_2O-Lösungen nicht mehr exponentiell. Sie kann jedoch in letzterem Fall als Überlagerung zweier Exponentialfunktionen beschrieben werden, wobei der kürzere T_1-Wert im Rahmen der Meßgenauigkeit mit dem T_1 in der deuterierten Phase übereinstimmt. Für diesen Relaxationsanteil sind also allein die Polyäthylenglykolmoleküle verantwortlich. Die lange T_1-Komponente muß dagegen auf die Wasserphase zurückgeführt werden. Wegen der Problematik der eindeutigen Aufspaltung der Mehrphasenrelaxation, zumal noch in Funktion der Larmorfrequenz, mußte auf eine quantitative Diskussion der relevanten Wasserbeweglichkeit (z. B. durch Hydratwasseraustausch) verzichtet werden. Interessant ist, daß sich wäßrige Proteinlösungen, bei denen zum Teil in der Literatur

eine ähnliche Polymer-Wasser-Wechselwirkung vermutet wurde, völlig anders verhalten, d. h. eine einheitliche Relaxation zeigen.

R. Kosfeld (Aachen):

1. Beim Äthylenglykol beobachten Sie, daß die Korrelationszeit τ für den angenommenen translatorischen Bewegungsprozeß als Funktion der Temperatur ϑ konkav nach oben verläuft. Beruht diese Abhängigkeit nicht auf Assoziation? Es sollte in diesem Fall eine ebensolche Abhängigkeit erwartet werden, da das Gleichgewicht Monomer $\leftrightarrows$ Dimer temperaturabhängig ist.

2. Haben Sie Ihre Messungen einmal bei steigender Temperatur und dann mit sinkender Temperatur aufgenommen und beobachten Sie eine Art Hystereseerscheinung?

G. Preissing (Stuttgart):

1. Welche Ursachen zum Nicht-Arrheniusverhalten der Sprungzeit τ führen, kann an Hand der vorliegenden Messungen nicht entschieden werden, da Gl. [3] ein phänomenologischer Ansatz ist [23]. Bekanntermaßen sind Abweichungen vom Arrheniusgesetz durch vielerlei Mechanismen denkbar; Assoziationen können durchaus eine Rolle spielen.

2. Wir haben bei einzelnen Proben solche Meßreihen durchgeführt und im Rahmen unserer Meßgenauigkeit keine Hystereseerscheinungen beobachten können.

Progr. Colloid & Polymer Sci. **57**, 225–235 (1975)

21.

From the Akzo Research Laboratories Arnhem, Corporate Research Department, Arnhem (The Netherlands)

Some observations on transitions in aliphatic polyamides

By M. G. Northolt, B. J. Tabor, and J. J. van Aartsen

With 11 figures and 3 tables

(Received October 14, 1973)

Introduction

In crystalline aliphatic polyamides the formation of hydrogen bonds between adjacent chains is considered to be the principal factor governing the packing modes of the chains. In this respect these polyamides are essentially different from polymers in which only weak dispersion forces interact between the adjacent chains, such as in the polyolefins.

The influence of the hydrogen bond on the order of the amorphous state, and thus on its properties, is not yet well understood. Little is known of the mechanism responsible for the glass transition in the aliphatic polyamides, although the observation that the glass transition in nylon 6 at 50 °C is moisture sensitive may be an indication that there is a relationship between this phenomenon and the presence of hydrogen bonds.

In a paper on the transitions in polyacrylonitrile and poly(methylmethacrylate) (1), *Andrews* postulated that these transitions are caused by thermal breakdown of different types of intermolecular secondary bonding. Support for this view is found in recent work by *Ogura* and *Sobue* (2), who studied the transition of hydrogen bonding in styrene-methacrylic acid copolymers. According to *Andrews* this interpretation may also be applicable to the glass transition in aliphatic nylons. In these polymers the temporary breakdown of hydrogen bonds at this temperature (T_g) is regarded as having a strong similarity to a melting phenomenon. This is in accordance with *Gordon*s interpretation of Differential Scanning Calorimetry experiments on nylon 11 (3), which states that at T_g a hydrogen-bonded network is disrupted.

The presence of such a network in the amorphous state implies at least an ordered molecular packing, and disruption at T_g suggests the possibility of the observation of phenomena that are associated with structural re-ordering in the polymer. Some evidence for this effect was reported in a previous paper (4). If the c axis is taken parallel to the fibre axis, the hydrogen bonds between adjacent chains in oriented crystalline nylon 11 lie approximately parallel to the (010) netplanes. It was found that drawing of amorphous sheets of nylon 11 at temperatures below T_g yielded an uniplanar-axial[1]) specimen (5) in which the (010) netplanes are largely oriented parallel to the sheet plane, whereas drawing at temperatures above T_g resulted in an axial (5) orientation of these planes. Macroscopically, this orientational transition is accompanied by neck deformation below T_g and uniform deformation above T_g. An analogous change in tensile behaviour near T_g was first reported by *Müller* for polyvinylchloride film (6, 7).

In order to understand the mechanism for the glass transition in polyamides it is important to know whether the phenomena observed at T_g are characteristic for this specific transition temperature. With respect to this point an interesting effect was observed by *Gordon* in nylon 11. The endothermic transition at 45 °C, usually ascribed to the glass transition, is shifted to a higher temperature (90 °C) by annealing the amorphous material at 75 °C.

---

[1]) This orientation mode is often described in the literature as "double-oriented" or "biaxially-oriented". This gives rise to confusion since sheet drawn in two mutually perpendicular directions is also described as "biaxially-oriented" or biaxially-drawn.

In this study, DSC determinations of endothermic transitions were made for a range of annealing or ageing temperatures, which is an extension of *Gordon*s experiment. Having observed the transition in tensile behaviour and the orientational transition at the traditional glass transition temperature, we investigated whether these phenomena also take place at the other transition temperatures which are brought about by ageing at temperatures different from room temperature.

Although this study is mainly focussed on nylon 11, some of the experiments were performed on nylons 6, 7 and 12 as well. As regards the nylons 6 and 7 two problems were encountered, viz. the preparation of truly non-crystalline sheets and the sensitivity of the tensile properties to moisture absorption of the specimens.

Since comparison of the X-ray diffraction patterns of quenched nylons with those of truly amorphous polymers shows the nylons to be relatively highly ordered, the material prepared by quenching from the melt will be described as "non-crystalline" instead of "amorphous".

Experimental

The nylons 6, 11 and 12 used in this investigation are commercially available. Nylon 6 K 2 Special came from Enka-Glanzstoff, nylon 11 was from Rodiaceta and nylon 12 from Chemische Werke Hüls AG. Nylon 7 was prepared in our laboratory. Some characteristic data of these polymers are given in table 1.

Table 1. Some characteristic data of the nylons

	M_w	M_w/M_n	Melting point °C
Nylon 6	34000	3.0	215
Nylon 7	37000	3.1	225
Nylon 11	20000	3.2	180
Nylon 12	40000	2.4	174

Non-crystalline sheets, 0.5 mm in thickness, were prepared by melt-pressing and subsequently quenching in ice water. Other quenching media, like dry ice (-72°C) and liquid nitrogen (-198°C), were applied as well, but they did not have a significant effect on the results of the experiments. The absence of large-scale order, like spherulites, in the quenched sheets was checked by the light scattering technique (8). It appeared that visual examination was as valuable as lightscattering in judging the non-

crystallinity of the sheets, viz. in slightly opaque sheets spherulites were detected, whereas in clear sheets they were absent. This distinction did not produce an observable difference in the X-ray diffraction curves of the sheets. The clear sheets were used for the experiments and prior to the experiments the sheets were kept over phosphor pentoxyde.

For determining the thermograms a Perkin-Elmer Differential Scanning Calorimeter DSC-1 was used. The ageing treatment for these measurements was performed in the DSC cell, while for the other experiments use was made of an oven. A scanning speed of 32 °C/min was selected and during the recording of the thermogram dry nitrogen was led through the cell.

Tensile curves of nylon 11 sheet were measured on an Instron Tensile Tester, a constant strain rate of 200%/min being applied. The test length of the specimen was 25 mm, the cross section 5 mm by 0.5 mm. The sheets were drawn in an electrically heated oven.

Hot air was blown into the oven in order to minimize the temperature gradient along the specimen.

The orientational transition of the netplanes containing the hydrogen-bonded chains was studied by X-ray diffraction. Drawing of the sheets was performed by hand in an apparatus in which the temperature was kept constant. The temperature was measured close to the sheet surface. After drawing at a specific temperature the specimen, while it was being held taut, was crystallized about 20°C below the melting point. This crystallization improved the order obtained by drawing, so that the X-ray diffraction patterns became more distinct. It was ascertained that this was the only effect of the crystallization treatment. Actually, the same results were found when crystallization was omitted, although the reflections through which the orientation mode was determined were then less well resolved. The patterns were taken with the X-ray beam directed to the specimen in three mutually perpendicular orientations: normal to the sheet plane, parallel to the drawing direction and parallel to the sheet plane.

Results

DSC measurements

Typical DSC thermograms for nylon 11 taken immediately after ageing at different temperatures are shown in fig. 1. No significant differences in the appearance of the endothermic transitions are obsérved. The results for various nylons are summarized in fig. 2, where the transition temperature corrected for scanning speed influence, is plotted versus the ageing temperature. The heat content of the endothermic peak was measured for two ageing temperatures: 1.437 cal/g for ageing 21 days at 22 °C and 1.455 cal/g for ageing 24 h at 77 °C, both values are for nylon 11. The heat of melting of non-crystalline nylon 11 was 14.20 cal/g. In interpreting the thermograms, a choice had to be made between the minimum in the curve and the break from the base line as the determinant of the transition. Since the minimum procedure is less liable to an arbitrary choice of the experimenter, this method was applied. Consequently the measured transition temperature is a few degrees higher then in the baseline procedure. In this experiment the ageing times were rather arbitrarily chosen, they ranged from 30 min at low temperatures to 5 min at high temperatures. However, a more detailed investigation showed the existence of a logarithmic dependence of the transition temperature on the ageing time. Examples of thermograms for different ageing times are presented in figs. 3 and 4. In fig. 5 the transition temperature is plotted versus ageing time. For approximately zero ageing time after quenching in liquid nitrogen or dry ice no endothermic peaks in the thermogram were detected. For ageing temperatures of 6 and 22 °C special precautions were taken in order to avoid that, before the experiment, samples were subjected to a temperature which was equal to or higher than the ageing temperature. After melt-pressing these samples were quenched and stored in liquid nitrogen while before and during the recording of the thermograms the DSC analyser unit was placed in a box kept at 6°C.

The results of a regression analysis of these curves for the relation $T_D = a \log t_A + b$, where T_D is the corrected transition temperature and

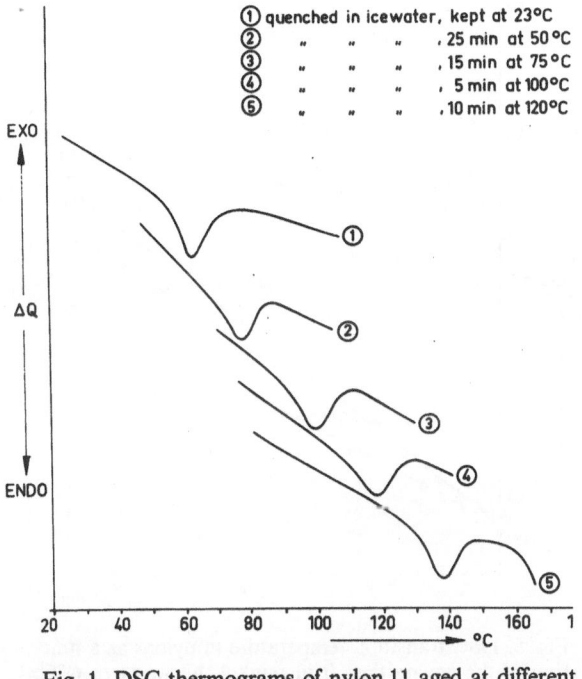

Fig. 1. DSC thermograms of nylon 11 aged at different temperatures

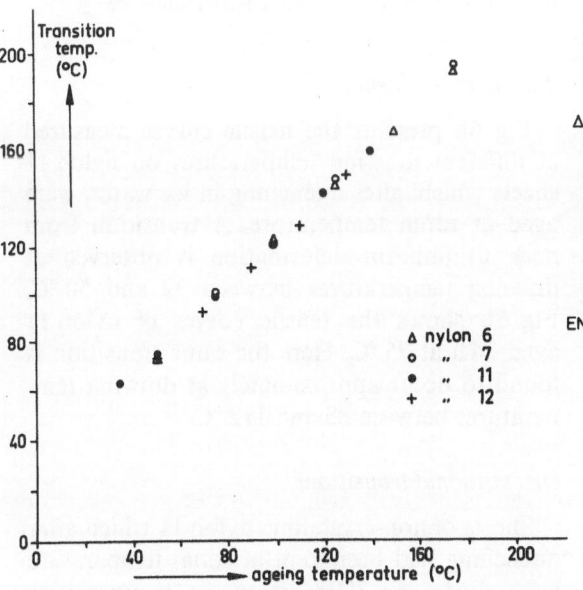

Fig. 2. DSC transition temperature as a function of ageing temperature for nylons 6, 7, 11 and 12

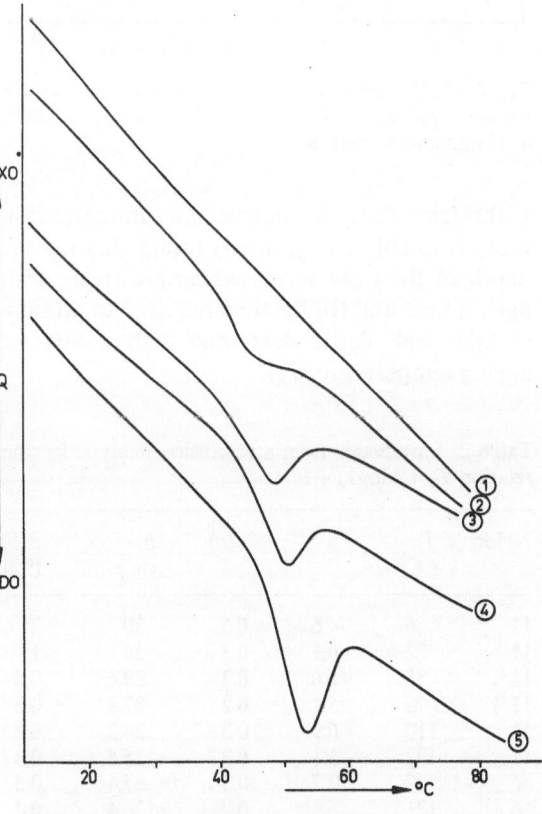

Fig. 3. DSC thermograms of nylon 11. 1. Quenched and aged in dry ice; 2. quenched in liquid nitrogen and aged 52 min at 6 °C; 3. 360 min at 6 °C; 4. 960 min at 6 °C; 5. 5280 min at 6 °C

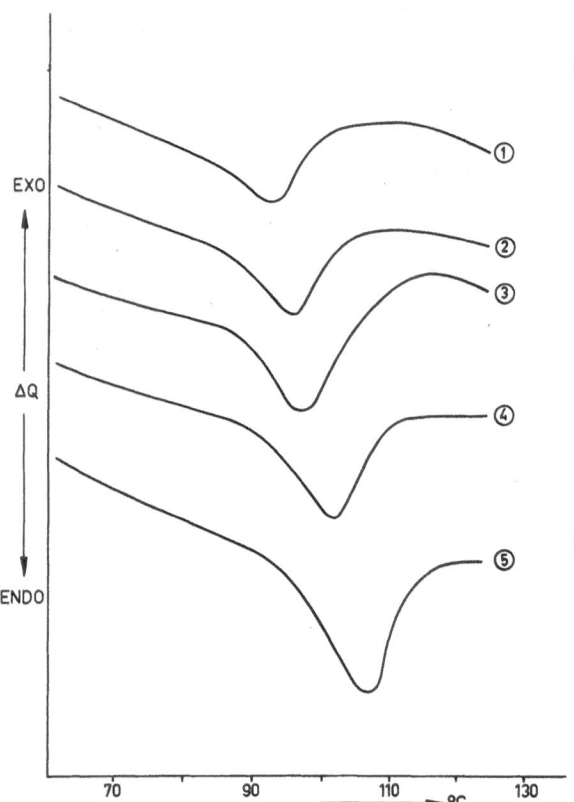

Fig. 4. DSC thermograms of nylon 11 quenched in dry ice and aged at 75 °C. 1. 3 min; 2. 10 min; 3. 20 min; 4. 75 min and 5. 960 min

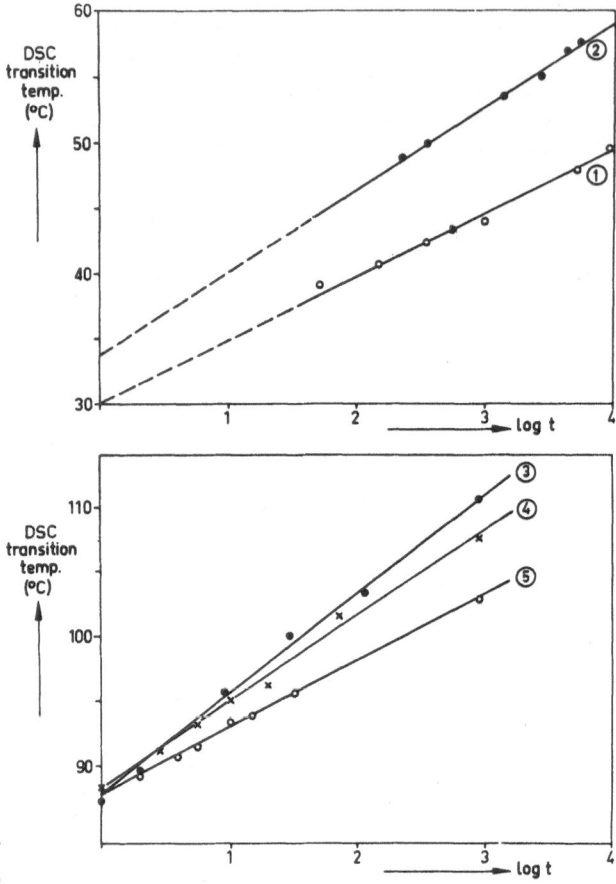

Fig. 5. DSC transition temperature in nylons as a function of the ageing time (t in min). 1. Nylon 11 at 6 °C; 2. nylon 11 at 22 °C; 3. nylon 6 at 75 °C; 4. nylon 11 at 75 °C; 5. nylon 11, semi-crystalline, at 75 °C. Temperatures are corrected for scanning speed influence

t_A the ageing time in minutes, are summarized in table 2. Qualitatively, it was found that (a) the depth of the peak increased progressively with ageing time and (b) the time required to attain a certain peak depth decreased with increasing ageing temperature (T_A).

Table 2. Parameters from a regression analysis for the relation $T_D = a \log t_A + b$

Nylon	T_A (°C)	a	$\sigma(a)$	b (°C)	$\sigma(b)$ (°C)
11	6	4.6	0.5	30	2
11	22	6.1	0.3	34	1
11 [a]	75	6.6	0.3	88.4	0.4
11 [b]	75	5.1	0.2	87.8	0.3
11	110	6.9	0.3	124.2	0.3
11	122	5.1	0.2	135.5	0.3
6	77	7.7	0.3	87.4	0.5
6	121	5.3	0.2	136.4	0.4
6	150	4.3	0.2	166.9	0.3

[a] non-crystalline
[b] semi-crystalline

Tensile experiments

Fig. 6a presents the tensile curves measured at different drawing temperatures on nylon 11 sheets which, after quenching in ice water, were aged at room temperature. A transition from neck to uniform deformation is observed at drawing temperatures between 32 and 50 °C. Fig. 6b shows the tensile curves of nylon 11 aged 24 h at 75 °C. Here the same transition is found to occur approximately at drawing temperatures between 88 and 112 °C.

Orientational transitions

Sheets of non-crystalline nylon 11 which after quenching had been kept at room temperature were drawn to 300% strain at temperatures below, in and above the traditional glass transition range. Through X-ray diffraction patterns

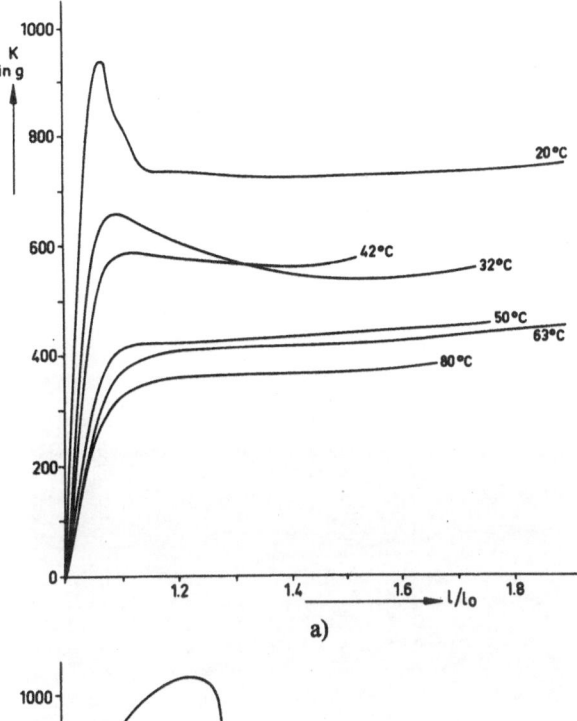

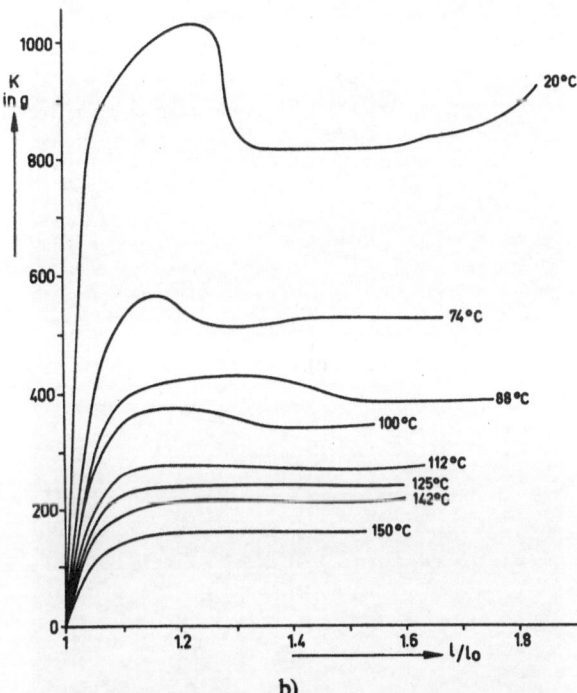

Fig. 6. Tensile curves of nylon 11 drawn at different temperatures. a) Aged at 22 °C; b) aged at 75 °C

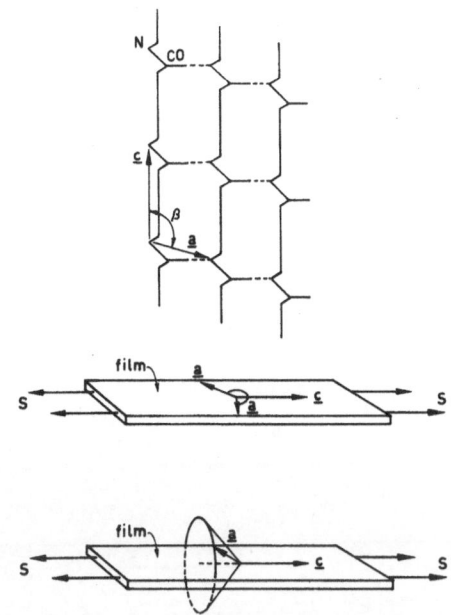

Fig. 7. Schematic diagram of the crystallite orientation in nylon 11 film after drawing below and above T_g. Top: Hydrogen-bonded lattice described by angle β and vectors a and c. Middle: UA-mode for drawing below T_g. Bottom: A-mode for drawing above T_g. S is the direction of drawing.

are shown in fig. 8. Ageing at elevated temperatures yielded the following results: for sheets aged 16 h at 50 °C the orientational transition takes place at drawing temperatures between 65 and 75 °C, for sheets aged 20 h at 75 °C the transition range is 80–90 °C, and for sheets aged 3 h at 120 °C this range is 115–125 °C.

Contrary to the preliminary results reported earlier (4), the deformation behaviour of nylon 12 near the transition at 50 °C is similar to that of nylon 11. The X-ray diffraction pattern of oriented crystalline nylon 12 can be indexed on the basis of a (pseudo)hexagonal cell like in the nylons 8 and 10 (9), as a result of which a three-dimensional hydrogen-bonded network has been postulated for these even nylons (10, 11). However, a more detailed study (12) of highly oriented crystalline nylon 12 has shown us that there is a small difference between the a and b axes, leading to a monoclinic unit cell. In addition an appreciable difference in expansion coefficient has been found between the (100) and (010) netplane distances. This implies that also for nylon 12 the most probable packing mode is one in which hydrogen-bonded planes are stacked parallel to the (010) netplane. Due to the pseudo-hexagonal symmetry, the difference in

it was observed that the orientation mode of the (010) netplanes, which is uniplanar-axial (UA) at drawing temperatures $\leqslant 40$ °C, gradually changed into a completely axial (A) mode for drawing temperatures $\geqslant 50$ °C. A schematical representation of this orientational transition is given in fig. 7 and the X-ray diffraction patterns

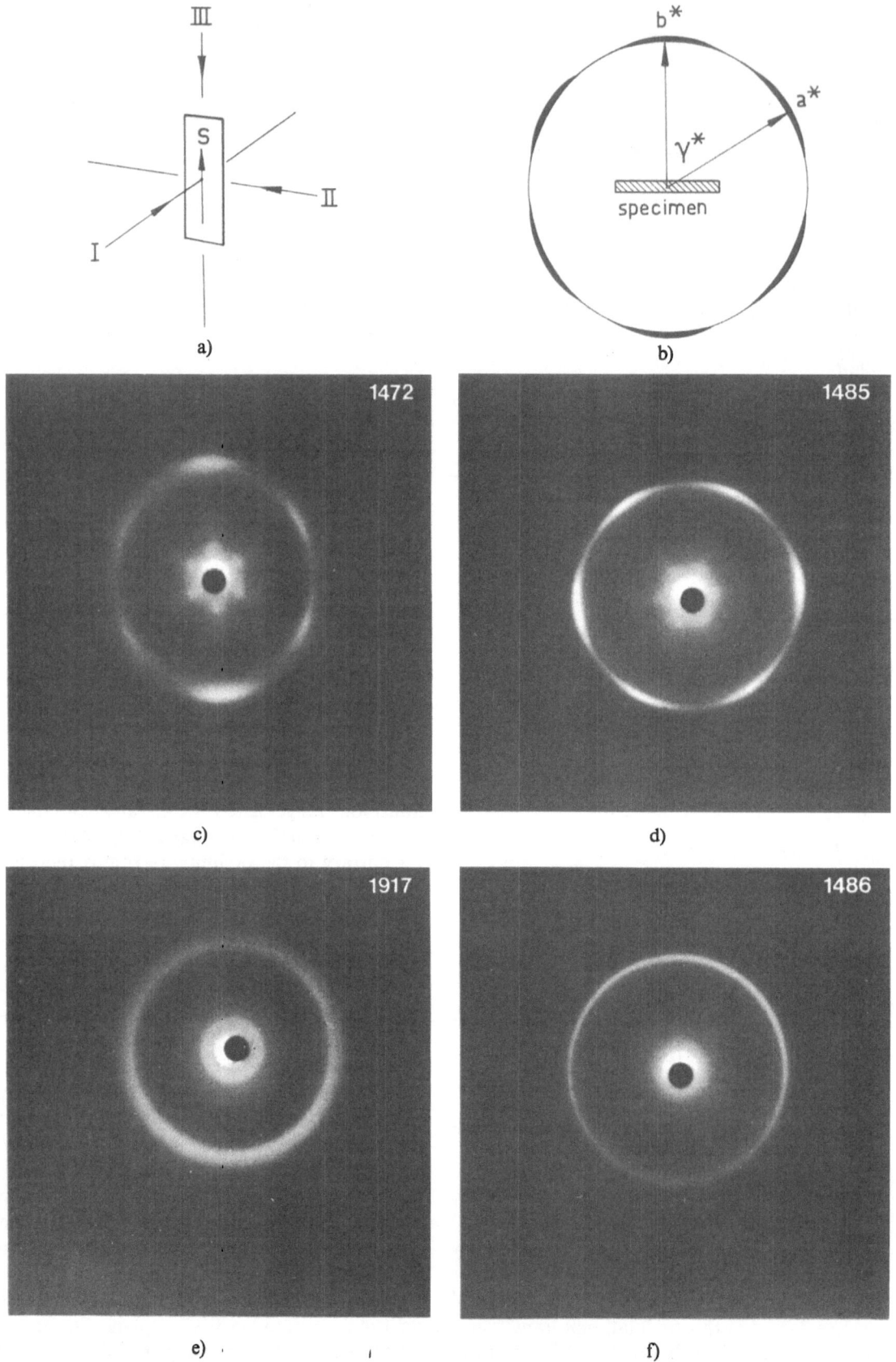

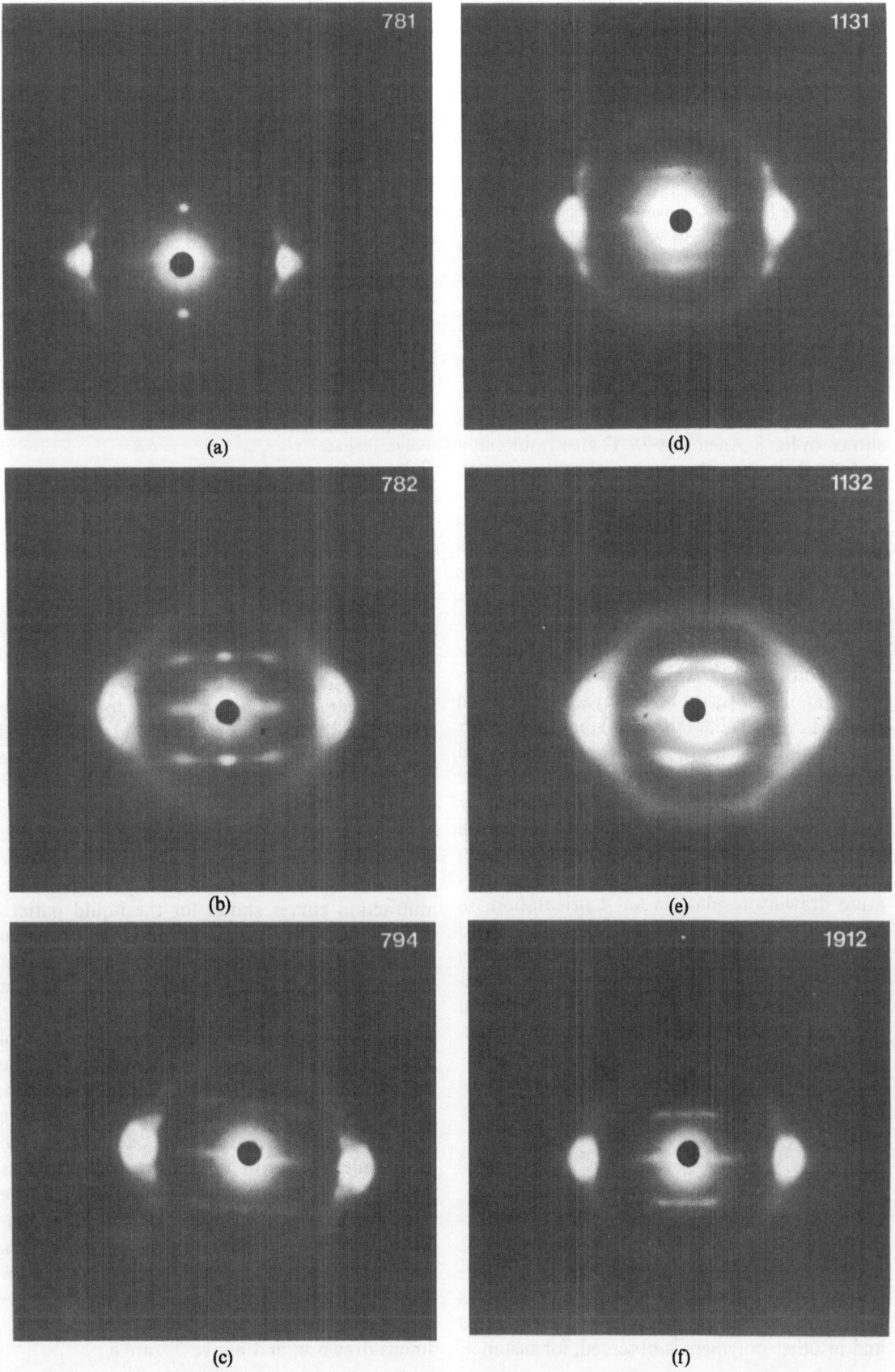

(a)

(d)

(b)

(e)

(c)

(f)

Fig. 8. Orientational transition in nylon 11 and 12. a) The three mutually perpendicular directions of the X-ray beam with respect to the specimen, S drawing direction; b) orientation of the reciprocal lattice for direction III, mode UA; c) nylon 11 drawn at 22 °C, mode UA; d) nylon 11 drawn at 50 °C, mode *A*; e) nylon 12 drawn at 22 °C, mode UA; f) nylon 12 drawn at 45 °C, mode *A*. Fibre axis normal to the plane of the paper

Fig. 9. Orientational transition in nylons 6 and 7. a) and b) UA mode in nylon 6 drawn at 22 °C; c) *A* mode in nylon 6 drawn at 63 °C; d) and e) UA mode in nylon 7 drawn at 8 °C; f) *A* mode in nylon 7 drawn at 57 °C. Fibre axis vertical

orientation of these planes between specimens drawn below and above T_g is only clearly observed in X-ray diffraction patterns taken with the beam parallel to the drawing direction as shown in fig. 8. Ageing at 75 °C also results in a shift of the orientational transition, namely, to the temperature interval of 75–85 °C.

In α nylon 6 it is customary to take the *b* axis parallel to the fibre axis, hence, the hydrogen-bonded planes are parallel to the (001) netplanes (13). The crystal structure of nylon 7 is not precisely known, yet there is a close analogy between the diffraction patterns of oriented crystalline nylon 7 and 11. This led us to the assumption that, like in nylon 11, the hydrogen-bonded planes lie parallel to the (010) netplanes. For non-crystalline sheets of the nylons 6 and 7, kept at room temperature and a relative humidity of 55% the UA orientation, with the hydrogen-bonded planes parallel to the plane of the sheet, could only be obtained at drawing temperatures below 10 °C. Above this temperature drawing resulted in an *A* orientation. In fig. 9 this transition is presented for nylons 6 and 7; here an alternative representation was chosen by which the X-ray beam is taken along directions I and II. Only for specimens dried at room temperature and drawn in dry nitrogen atmosphere was it possible to establish a UA orientation in the sheets at drawing temperatures as high as 22 °C.

Discussion

Before entering into a discussion of the experimental results some remarks need to be made on the non-crystalline state of the aliphatic polyamides. A profound difference in order between this state in aliphatic polyamides and in other polymers is observed, for instance,

through wide-angle X-ray diffraction. Radial diffractometer scans of the so-called amorphous halo show that the width of the intensity distribution is appreciably narrower for the nylons than for many other polymers, as is clarified in table 3. Besides the halo near 4 Å, these scans have a secondary maximum, viz. for nylon 7 a

Table 3. Half-maximum width of the amorphous halo measured with an X-ray diffractometer for various non-crystalline polymers

Polymer	Half-maximum width in degrees 2ϑ
Polyethyleneterephthalate	11.8
Polymethylmethacrylate	6.7
Polycarbonate	5.8
Polystyrene	5.5
Nylon 6	4.6
Nylon 7	4.0
Nylon 11	3.6
Nylon 12	3.2

broad and weak interference at 8 Å and for nylons 11 and 12 rather sharp peaks at 12.9 and 14.7 Å respectively. These values are, within the experimental error, equal to the meridional or near-meridional d-spacings found in oriented crystalline specimens of these nylons, which are successively the weak (001) reflection in nylon 7, the strong (001) reflection in nylon 11 and the strong (002) reflection in nylon 12. Another illustration of the order found in non-crystalline nylons is given in fig. 10. Comparison of the diffraction curves shows for the liquid pattern the absence of the secondary maximum between 12 and 13 Å. These observations indicate that the order in the non-crystalline nylons is at least reminiscent of the order found in the crystalline state and may be attributed to the formation of hydrogen bonds imposing constraints on the conformation of the polymer chain in the solid.

At the traditional glass transition temperature of the nylons studied here three effects have been observed. They are a calorimetric effect as demonstrated by the endothermic peak in the DSC thermogram, a transition from neck to uniform deformation shown by the tensile curves, and a transition in the orientation of the hydrogen-bonded planes from a UA mode for specimens drawn below T_g to an *A* mode for specimens drawn in and above T_g range.

From DSC experiments on aged samples (including ageing at room temperature) some tentative conclusions can be drawn. The temperature of the transition (T_D) is determined by the ageing temperature (T_A) and the ageing time (t_A), and since the thermograms are similar in appearance, independent of T_A and t_A, the nature of the transition is likely to be the same at all ageing temperatures.

From fig. 2 the linear relation between T_D and T_A appears to be independent of the kind of nylon. Hence it may be assumed that the underlying mechanism causing the DSC transition is common to all the aliphatic polyamides studied here. The measurements at 6 °C seem to indicate a levelling-off in the relation between T_D and T_A. The absence of any transition after quenching and subsequently ageing in dry ice or liquid nitrogen together with the observation that the depth of the endothermic peak, reached after a certain ageing time decreases with ageing temperature, may indicate the existence of an ageing temperature below which no DSC transition will be observed within finite ageing times.

Table 2 shows that the shift of T_D per decade of time, the constant "a", varies between 4.3 and 7.7 °C. In view of the difference in "a" between semi-crystalline and non-crystalline material aged at 75 °C, this variation is probably due to the preparation of the sheet, more specifically to the unavoidable differences in quenching rate.

Extrapolation of the plots T_D versus t_A to shorter times shows that (a) after ageing at room temperature lower transition temperatures are found than those reported in the literature, and (b) the values obtained after ageing at 6 °C are still lower. Applying the customary procedure of the break from the baseline as the determinant for T_D, one finds the temperatures of 27 and 22 °C for ageing at 22 and 6 °C respectively.

As shown by the tensile curves, ageing of non-crystalline nylon 11 at 75 °C shifts the temperature range within which the transition from neck to uniform drawing is observed, to the higher level of 88–112 °C. As was to be expected ageing causes a stiffening of the material. This transition approximately coincides with the temperature range of 90–115 °C observed by DSC.

Comparison of the temperature ranges of the orientational transitions with those measured by DSC demonstrates that the orientational transition occurs approximately at the temperature where a break from the baseline in the thermogram is observed.

In judging the agreement between transition ranges as determined by the three experiments one has to take into account that only the DSC measurements provide a precise characterization of the transition. Furthermore it is difficult to avoid, in the experiments for the determination of the tensile and orientational transitions, annealing during the experiment, especially at elevated drawing temperatures. Since the mechanism is not understood, it is not feasible to define a precise temperature characterizing the tensile and orientational transitions. Yet, with these restrictions the observed ranges for the transitions, produced by ageing at a specific temperature, do coincide. Presumably the phenomena perceived in the three experiments are associated with each other.

Some insight into the structural process responsible for the transition may be derived from the change in orientation. As *Bonart* (14) has pointed out local ordering of chains into two-dimensional networks in the non-crystalline state can account for the UA orientation of the hydrogen-bonded planes obtained by neck deformation below T_g. Then the A orientation mode brought about by drawing above T_g can be understood by assuming that at this temperature the hydrogen-bonded network is weakened. Under the stress applied it disrupts with the result that the orienting process is confined to single chains or bundles of chains.

In an attempt to interpret the shift of the transition phenomena to higher temperatures as a result of ageing above room temperature it is proposed that the properties of the network are determined by the ageing history (temperature and time). For hydrogen-bonded amide compounds it is generally accepted that short N----O distances are associated with a stronger bond (15). It is not unlikely that also the mutual orientation of the hydrogen-bonded amide groups is a factor determining the energy of this intermolecular bond. From X-ray diffractometer scans of nylon sheets aged at elevated temperatures it is found that the distribution of interchain distances, as represented by the portion of the scattering curve between approximately 3.4 and 5.4 Å, gradually changes with increasing ageing temperatures. The curve resolves into one or two sharp peaks near 4 Å at high ageing temperatures depending on the crystallographic form in which the nylon crystallizes. If we assume that the mechanism causing the transition is a "weakening" of the intermolecular bonds, the increase in "weakening temperature" may be caused by a greater cohesion of the hydrogen-bonded network brought about by the improvement of the lateral order of chains. This interpretation explains, at least qualitatively, the shift of the three transition phenomena to higher levels through ageing at temperatures above room temperature.

The temperature range of the orientational transition in nylons 6 and 7 was found to be dependent on the moisture content of the material. With the aid of the DSC thermograms of dry and non-dried nylon 6 presented in fig. 11 this effect is easily explained. For the dry polymer aged at room temperature the DSC transition sets in at about 28 °C, while for the material aged in a humid atmosphere at room temperature this point lies at about 8 °C. These values agree well with the highest drawing temperatures observed, for which in each case a UA orientation mode was obtained. Apparently the watermolecules act as a plasticizing agent on the hydrogen bond.

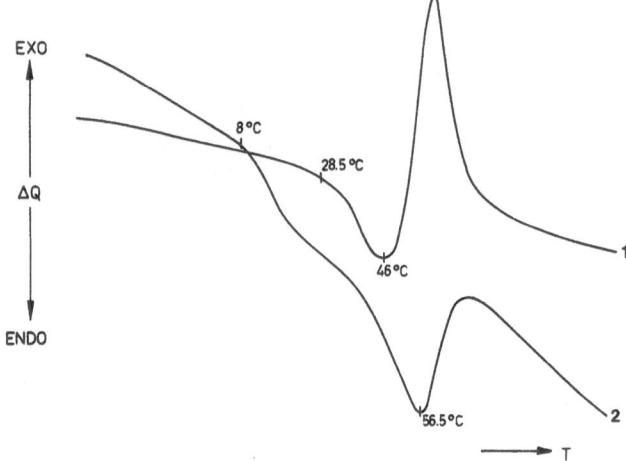

Fig. 11. DSC thermograms of nylon 6 aged at 22 °C; indicated temperatures are corrected for scanning speed influence. 1. Dry nylon 6; 2. non-dried nylon 6

Conclusions

In this study on transitions in aliphatic polyamides it is shown that typical phenomena accompanying the traditional glass transition near 50 °C are also observed near other temperatures, depending on the ageing history of these polymers. This throws some doubt upon the uniqueness of the glass transition in aliphatic polyamides.

An interpretation is given on the basis of a hypothesis, put forward, among others by *R. D. Andrews*, and which describes the structural process causing the transition in terms of weakening of a hydrogen-bonded network at the transition temperature. Ageing above room temperature then increases the cohesion of this network, as a result of which the transition temperature is raised.

The authors are grateful to Mr. *H. Angad Gaur* and Miss. *B. Korff* for performing and interpreting the tensile experiments.

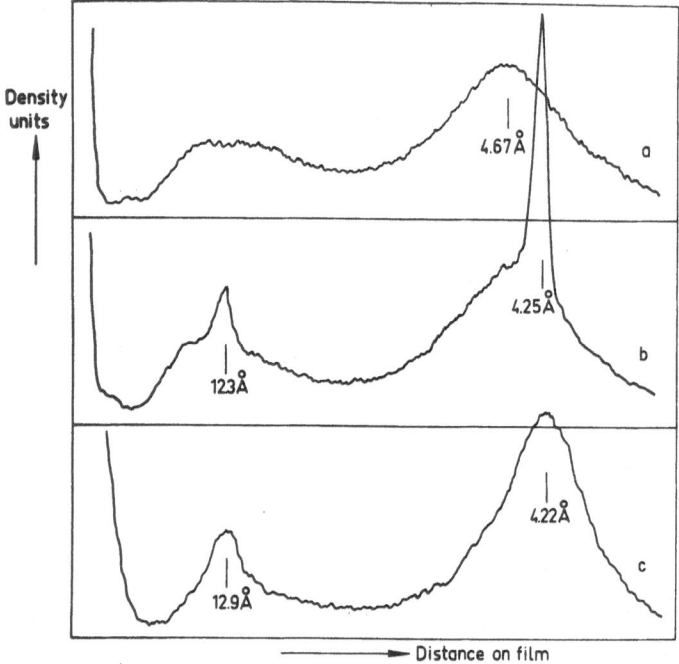

Fig. 10. Densitometer curves of X-ray diffraction patterns of nylon 11 taken with a *Kiessig* camera. a) Liquid state at 190 °C; b) liquid and crystalline states at the melting point of 180 °C; c) non-crystalline state at 21 °C, slightly different specimen to film distance

Summary

Phenomena accompanying the glass transition in nylons 6, 7, 11, and 12 have been studied. They are a calorimetric effect, a change in tensile behaviour, and an orientational transition from a uniplanar-axial to an axial mode in sheets drawn at temperatures below and above T_g. These phenomena were also found at higher temperatures as a result of ageing above room temperature. Two relationships for the transition temperatures were established, namely, a linear increase with ageing temperature and a logarithmic dependence on ageing time.

It is proposed that the transitions are caused by temporary breakdown of a hydrogen-bonded network, the properties of which are determined by the ageing history.

Zusammenfassung

Einige Begleiterscheinungen des Glasübergangs von Nylon 6, 7, 11 und 12 wurden untersucht. Es sind dies ein kalorimetrischer Effekt, eine Änderung des Kraft-Dehnungs-Verhaltens und ein Übergang von einer uniplanar-axialsymmetrischen zu einer axialsymmetrischen Orientierung in anfangs amorphen, bei Temperaturen unter und über T_g verstreckten Folienstreifen. Lagerung bei Werten über Zimmertemperatur ergab diese Erscheinungen auch bei höheren Temperaturen. Zwei Beziehungen für die Übergangstemperatur wurden festgestellt, nämlich eine lineare Zunahme mit der Lagertemperatur und eine logarithmische Abhängigkeit von der Lagerzeit. Für eine qualitative Deutung der Ergebnisse wird angenommen, daß diese Übergänge durch eine Auflockerung der Wasserstoffbrücken in den Rostebenen, deren Kohäsion von Lagerzeit und -temperatur mitbestimmt wird, verursacht werden.

References

1) *Andrews, R. D.*, J. Polym. Sci. C 14, 261 (1966).
2) *Ogura, K.* and *H. Sobue*, Polym. J. 3, 153 (1972).
3) *Gordon, G. A.*, J. Polym. Sci. A2, 9, 1693 (1971).
4) *Northolt, M. G.*, J. Polym. Sci. C38, 205 (1972).
5) *Heffelfinger, C. J.* and *R. L. Burton*, J. Polym. Sci. 47, 289 (1960).
6) *Müller, F. H.*, Kolloid-Z. 114, 59 (1949).
7) *Müller, F. H.*, Kolloid-Z. 135, 65 and 188 (1954).
8) *Stein, R. S.* and *M. B. Rhodes*, J. Appl. Phys. 31, 1873 (1960).
9) *Northolt, M. G., B. J. Tabor*, and *J. J. van Aartsen*, J. Polym. Sci. A2, 10, 191 (1972).
10) *Schmidt, G. F.* and *H. A. Stuart*, Z. Naturforschg. 13A, 222 (1958).
11) *Vogelsong, D. C.*, J. Polym. Sci. A1, 1055 (1963).
12) *Northolt, M. G.* and *B. J. Tabor*, To be published.
13) *Holmes, D. R., C. W. Bunn*, and *D. J. Smith*, J. Polym. Sci. 17, 159 (1955).
14) *Bonart, R.*, Kolloid-Z. 231, 438 (1969).
15) *Pimentel, G.* and *A. L. Mc Clellan*, The Hydrogen Bond (London 1960).

Authors' address:

M. G. Northolt, B. J. Tabor, and *J. J. van Aartsen*
Akzo Research Laboratories Arnhem
Corporate Research Department
Velperweg 76, Arnhem, The Netherlands

Diskussion:

W. Luck (Marburg/Lahn):

Unter welchen Bedingungen erfolgte die Temperung? Wir haben bei Polyamid-6 einen großen Einfluß des Wassergehaltes der Luft beim Tempern festgestellt.

M. G. Northolt (Arnhem/Niederlande):

Um die Verschiebung des endothermen Übergangs unter Einfluß einer Temperatur über Zimmertemperatur messen zu können, wurde in einer trockenen Stickstoffatmosphäre im DSC-Gerät gelagert. Im allgemeinen wurde das zu untersuchende Material auch zuvor noch einige Tage bei Zimmertemperatur getrocknet.

Zur Beobachtung der Verschiebung des Übergangs von Neckverstreckung auf uniforme Verstreckung und des damit verbundenen Orientierungsübergangs von uniplanar-axialer auf axiale Symmetrie unter Einfluß einer Temperung über Zimmertemperatur wurde in einem Ofen unter trockenen Stickstoff gelagert.

Beim Lagern auf Zimmertemperatur und bei niedrigen Temperaturen wurde für Nylon-6-Folien ein deutlicher Einfluß des Wassergehaltes der Luft festgestellt. Im Vergleich mit den Experimenten in trockener Atmosphäre wurden also die obengenannten Übergänge in einer feuchten Atmosphäre bei niedrigeren Temperaturen beobachtet.

Progr. Colloid & Polymer Sci. **57**, 236–248 (1975)

22.

Aus dem Institut für Physikalische Chemie der Universität Mainz

Bestimmung des beweglichen Anteils von Polyamiden mit Hilfe der magnetischen Kernresonanz

Von K. Wangermann und H. G. Zachmann

Mit 13 Abbildungen und 1 Tabelle

(Eingegangen am 11. Dezember 1973)

A. Einleitung

Wir haben Messungen der magnetischen Kernresonanz an Polyamiden unterschiedlicher Vorbehandlung bei Temperaturen oberhalb der Einfriertemperatur durchgeführt. Untersucht wurden Polyamid 6, Polyamid 6,6 und Polyamid 12. Es wurde davon ausgegangen, daß die gut beweglichen Ketten in den nichtkristallinen Bereichen zu schmalen Komponenten im Kernresonanzsignal führen, die Ketten in den Kristalliten sowie die stark verspannten Ketten in den nichtkristallinen Bereichen dagegen zu einer breiten Komponente. Dementsprechend haben wir das gemessene Kernresonanzsignal in Komponenten zerlegt und die Flächenanteile und Linienbreiten der einzelnen Komponenten bestimmt. Aus den Resultaten wurden Rückschlüsse auf die Struktur der nichtkristallinen Bereiche gezogen.

Je nach Vorbehandlung der Probe erhält man bei Polyamiden Kernresonanzspektren von sehr unterschiedlicher Linienform. Einige Proben ergeben Spektren, die deutlich eine Aufspaltung in zwei Komponenten erkennen lassen (siehe Abb. 1). Bei anderen Proben zeigen die Spektren eine weniger ausgeprägte Struktur (siehe Abb. 2, oberes Bild). Es erhebt sich nun die Frage, in welcher Weise man die Zerlegung in Komponenten vornehmen soll.

Eine Auswertung der Spektren von teilkristallinen Polymeren durch Zerlegung in Komponenten wurde erstmals von *Wilson* und *Pake* (1) vorgenommen. Das Spektrum wurde in zwei Komponenten zerlegt. Die Trennung erfolgte durch Einzeichnen einer geraden Linie. Diese Methode ist selbstverständlich sehr ungenau und in vielen Fällen überhaupt nicht anwendbar. Eine Verbesserung des Trennverfahrens wurde von *Bergmann* und *Nawotky* (2, 3) erzielt. Diese Autoren bestimmten die zunächst unbekannte Form der breiten Komponente aus Messungen bei tiefen Temperaturen und extrapolieren diese dann zu höheren Temperaturen hin. Sie führen eine Zerlegung des Spektrums in zwei oder mehr Komponenten durch, die jeweils Bereichen mit

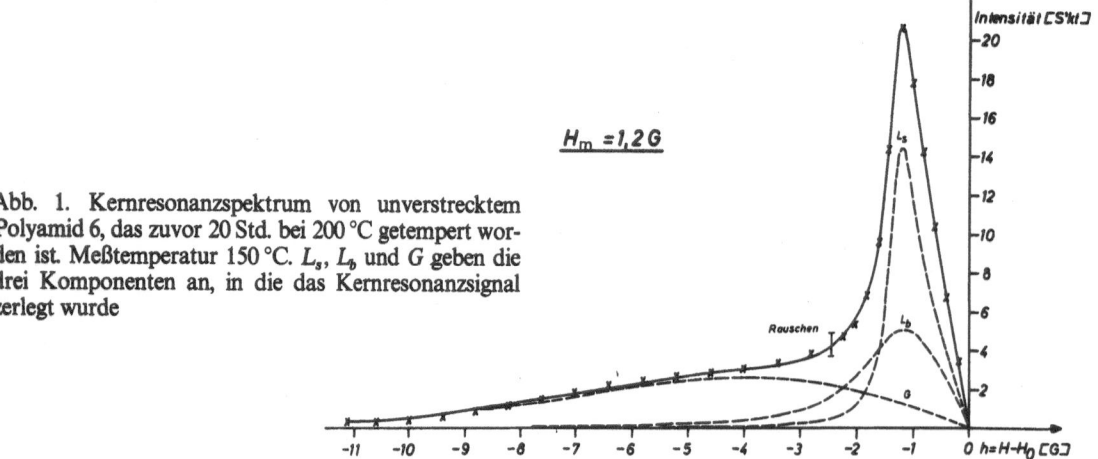

Abb. 1. Kernresonanzspektrum von unverstrecktem Polyamid 6, das zuvor 20 Std. bei 200 °C getempert worden ist. Meßtemperatur 150 °C. L_s, L_b und G geben die drei Komponenten an, in die das Kernresonanzsignal zerlegt wurde

verschiedenen Beweglichkeiten oder bestimmten Gruppen (Seitenketten, CH_3, CH_2 usw.) zugeordnet werden. Das Verfahren wurde zuerst auf Polyäthylen, später jedoch auch auf andere Stoffe einschließlich Polyamid 6 angewandt (4). Beim Polyamid ergibt sich aber eine besondere Schwierigkeit: Untersuchungen von *Olf* (5) zufolge setzen hier im Bereich der Einfriertemperatur auch in den kristallinen Bereichen Bewegungen ein, die zu einer Verkleinerung der Linienbreite der breiten Komponente von etwa 16 Gauß auf etwa 8 Gauß führen. Eine Extrapolation der Linienform der breiten Komponente von tiefen Temperaturen über die Einfriertemperatur hinweg ist daher problematisch. Des weiteren werden im *Bergmann*schen Verfahren die Messungen nur allein mit relativ großen Modulationsamplituden H_m durchgeführt, so daß die schmale Komponente nicht in ihrer wahren Form, sondern verzerrt aufgezeichnet wird. Damit wird auf eine leicht zu gewinnende zusätzliche Information verzichtet.

Ein anderes Verfahren wurde von *Eichhoff* und *Zachmann* (6) entwickelt. Bei diesem wird das Spektrum zunächst mit einer kleinen Modulationsamplitude von z. B. 0,03 Gauß aufgenommen und anschließend noch einmal mit einer größeren Modulationsamplitude von z. B. 1 Gauß. Mit der kleineren Modulationsamplitude zeichnet man die schmale Komponente unverzerrt auf, die breite erscheint dagegen überhaupt nicht oder nur so schwach, daß sie nicht mit ausreichender Genauigkeit bestimmt werden kann. Mit der größeren Modulationsamplitude erhält man demgegenüber die schmale Komponente verzerrt, die breite jedoch so intensiv, daß sie genau bestimmt werden kann. Da man die Verzerrung der schmalen Komponente infolge der Übermodulation rechnerisch berücksichtigen kann, lassen sich beide Spektren zur Auswertung kombinieren. Dieses Verfahren besitzt verschiedene Vorteile: Man erhält erstens die schmale Komponente mit ihrer richtigen Form. Des weiteren tritt im Spektrum, das mit der kleinen Modulationsamplitude aufgenommen wird, die Aufspaltung in Komponenten viel deutlicher zutage als in dem, das mit großer Amplitude gewonnen wurde. Die Fehler, die durch Willkür bei der Trennung hervorgerufen werden, sind daher kleiner. Bei Polyäthylenterephthalat z. B. verschwindet die breite Komponente vollkommen im Untergrund, so daß die Trennung ohne jede willkürlich eingezeichnete Linie vorgenommen werden kann. Dies zeigt, daß die üblicherweise auftretenden Unsicherheiten bei der Aufspaltung des Spektrums in Komponenten zum Teil eine Folge der Übermodulation sind, also davon herrühren, daß die Form des Spektrums nicht richtig aufgenommen wird.

In der vorliegenden Arbeit wird nun das Verfahren von *Eichhoff* und *Zachmann* so weiterentwickelt, daß es auch auf Polyamide anwendbar ist. Eine Weiterentwicklung war deswegen erforderlich, weil sich bei Polyamiden die Kernresonanzlinie nicht einfach als Summe einer schmalen lorentzförmigen und einer breiten gaußförmigen Linie darstellen läßt. Außerdem verschwindet hier die breite Komponente nicht vollständig bei einer Aufnahme des Spektrums mit der kleinen Modulationsamplitude, wie das beim Polyäthylenterephthalat der Fall ist.

B. Experimentelle Methode

Die Messungen wurden mit einem Kernresonanzspektrometer DP-60 der Firma Varian durchgeführt. Das Gerät arbeitet mit einer Frequenz von 60 MHz, zu der im Falle von Protonenresonanz ein statisches Magnetfeld der Stärke $H_0 = 14,1$ kG gehört. Die Feldhomogenität genügt den Anforderungen der hochauflösenden Kernresonanz. Der Nachweis der Signale erfolgt mit der von *Bloch* angegebenen Zwei-Spulen-Anordnung. Es wurde ein Meßkopf der Firma Varian verwendet, der in einem Temperaturbereich von -150 °C bis $+200$ °C eingesetzt werden konnte. Die Temperierung erfolgte mit Hilfe eines Stickstoffstromes, der das Probenröhrchen umspült. Zur Temperatureichung wurde ein Thermometer an die Stelle der Probe in das Innere des Probenröhrchens gebracht. Die gesamte Anlage stand in einem klimatisierten Raum und wurde jeweils erst nach einer Warmlaufzeit von mehreren Stunden für die Verstärker und Sender und von mindestens einem Tag für die Regeleinheiten des Feldes H_0 zur Messung benutzt. Vor jeder Messung wurde die Abstimmung der Spulen korrigiert. Zur Vermeidung von nicht berechenbaren Verzerrungen infolge zu großer HF-Feldstärke wurde bei allen Messungen eine Dämpfung der HF von 20 db gegenüber dem jeweiligen Sättigungswert gewählt.

C. Auswerteverfahren

Bei jeder Temperatur wurden zwei Messungen mit verschiedenem Wert für die Modulationsamplitude H_m durchgeführt. Bei der ersten Messung wählten wir einen relativ großen Wert, z. B. $H_m = 1,2$ G. Dabei erhielten wir die breite Komponente des Spektrums mit ausreichender Intensität, die schmäleren Anteile waren aber stark übermoduliert (siehe Abb. 2 oben, Kreuze).

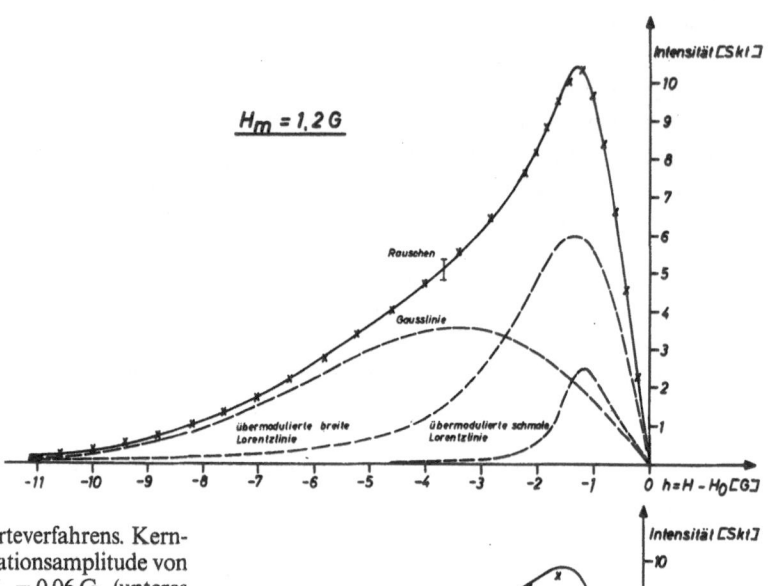

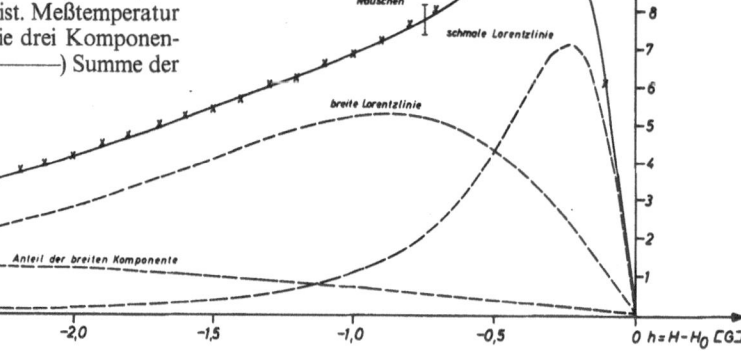

Abb. 2. Zur Erläuterung des Auswerteverfahrens. Kernresonanzsignal, das mit einer Modulationsamplitude von $H_m = 1{,}2$ G (oberes Bild) bzw. $H_m = 0{,}06$ G (unteres Bild) gemessen wurde, von verstrecktem Polyamid 6, das 20 Std. bei 150 °C getempert worden ist. Meßtemperatur 150 °C. (×) Meßpunkte; (– – – –) die drei Komponenten, in die das Signal zerlegt wurde; (———) Summe der drei Komponenten

Bei der zweiten Messung wurde eine relativ kleine Modulationsamplitude gewählt, z. B. $H_m = 0{,}06$ G. Die schmalen Anteile konnten dabei unverzerrt aufgenommen werden, die breite Komponente war allerdings zu intensitätsschwach, um sie mit ausreichender Genauigkeit zu bestimmen (siehe Abb. 2 unten, Kreuze).

Zur weiteren Auswertung wurde anfangs versucht, das Kernresonanzsignal wie bei Polyäthylenterephthalat in eine breite gaußförmige und eine schmale lorentzförmige Komponente zu zerlegen (6). Es zeigte sich, daß dies nicht möglich war. Daher wurde als nächstes eine Zerlegung in zwei schmale *lorentz*förmige Komponenten und eine breite gaußförmige Komponente vorgenommen, was sich in befriedigender Weise durchführen ließ. Die Auswertung erfolgte dabei in zwei Rechenabschnitten.

Im ersten Abschnitt wird der Verlauf der breiten Komponente bei kleinen Werten von $h = H - H_0$ in sehr grober Weise durch eine

Gerade angenähert (siehe Abb. 3), die den Koordinatenursprung mit dem Meßpunkt beim Wert $h = B/3$ verbindet; B ist dabei die meßbare Gesamtbreite der breiten Komponente.

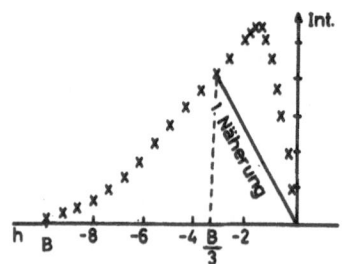

Abb. 3. Zur Bestimmung des Beitrages der breiten Komponente in erster Näherung

Dieser Beitrag der breiten Komponente wird unter Berücksichtigung der unterschiedlichen Modulationsamplituden und Verstärkungen in das Spektrum, das mit der kleinen Modulationsamplitude gemessen wurde, übertragen und von der gesamten Kurve abgezogen. Der verbleibende Rest wird dann in zwei *Lorentz*-Linien zerlegt (siehe Abb. 2, unten). Anschließend wird die Form dieser Linien bei entsprechender Übermodulation nach dem früher beschriebenen Verfahren (6) berechnet[1]) und die übermodulierten Linien in das Spektrum, das mit der großen Modulationsamplitude aufgenommen wurde, übertragen (siehe Abb. 2, oben). Die beiden übermodulierten Linien werden sodann vom gemessenen Spektrum abgezogen. Der verbleibende Rest wird durch eine *Gauß*-Kurve angepaßt, die als zweite Näherung der breiten Komponente angesehen wird.

In einem zweiten Rechenabschnitt wird nun von dieser *Gauß*-Kurve als verbesserte Näherung für die breite Komponente ausgegangen. Diese wird in das Spektrum, das mit der kleinen Modulationsamplitude aufgenommen wurde, übertragen und anschließend wird die soeben beschriebene Rechnung wiederholt.

Dabei werden dann die drei endgültigen Komponenten erhalten: eine schmale *Lorentz*-Kurve, die im folgenden als „schmale Komponente" bezeichnet wird; eine breite *Lorentz*-Kurve, die im folgenden als „mittlere Komponente" bezeichnet wird; und eine *Gauß*-Linie, die im folgenden als „breite Komponente" bezeichnet wird. Die Flächenanteile und Linienbreiten dieser Komponenten werden als Funktion der Meßtemperatur und der Vorbehandlung der Proben bestimmt und diskutiert.

Die durch Addition der einzelnen Komponenten erhaltene Summenkurve ist in Abb. 2 durch eine durchgezogene Linie wiedergegeben. Man sieht daß diese Linie mit den Meßpunkten (Kreuze) sehr gut übereinstimmt. Eine derartig gute Übereinstimmung wurde bei allen Spektren erzielt. Des weiteren wurde festgestellt, daß die vorgenommene Zerlegung jeweils eindeutig ist. Unabhängig von der physikalischen Interpretation der Zerlegung des Spektrums

gewinnt man daher in den Flächenanteilen und Linienbreiten der einzelnen Komponenten gut brauchbare Kenngrößen zur Beschreibung der Kernresonanzlinie.

D. Probenvorbehandlung

Die Proben lagen in Form von Drähten mit einem Durchmesser von etwa 1 mm vor. Die bei der Produktion übliche Oberflächenpräparation mit einem Wasser-Ölgemisch verursacht eine störende schmale Linie im Kernresonanzspektrum; sie wurde daher bei den von uns untersuchten Proben weggelassen. Von jedem Polyamid hatten wir unverstreckte Proben sowie Proben, die unmittelbar nach dem Ziehen aus der Düse im Verhältnis von etwa 1:4 verstreckt worden waren.

Zur Entfernung des Wassers wurden die Proben eine Woche lang im Vakuum von weniger als 0,1 Torr über Silicagel gelagert. Während der Lagerung wurde mehrmals mit nachgereinigtem Stickstoff von Normaldruck gespült. Damit wurde die bei Zimmertemperatur zunächst auftretende sehr schmale Komponente, die von Wasser herrührt, zum Verschwinden gebracht.

Die Temperung der Proben erfolgte im Vakuum von weniger als 0,1 Torr. Es wurden drei verschiedene Temper-Temperaturen gewählt, nämlich 150, 180 und 200 °C. Die Temperzeiten betrugen 20 Std. bei 150 und 200 °C bzw. 2 Std. bei 180 °C. Die Proben wurden jeweils innerhalb von etwa 1 Std. langsam auf die Temper-Temperatur aufgeheizt und nach dem Tempern wieder langsam abgekühlt. Die verstreckten Proben wurden unter verschiedenen Bedingungen getempert, einmal mit freien Enden, wobei ein Schrumpf von 5–13% auftrat, und zum anderen mit eingespannten Enden, um das Schrumpfen zu verhindern.

Zur Durchführung der Kernresonanzmessungen wurden die Proben in Probenröhrchen gebracht, wobei jeweils die Faserachse parallel zur Achse des Probenröhrchens lag. Die Röhrchen wurden evakuiert und abgeschmolzen. Durch diese Maßnahmen konnte eine oxidative Schädigung der Proben während des Temperns und während der Messung weitgehend vermieden werden. Die bei 150 °C getemperten Proben zeigten nur zum Teil eine ganz geringe gelbliche Tönung, die bei 200 °C getemperten Proben eine etwas stärkere äußerliche Verfärbung.

---

[1]) Zur Berechnung der Form der übermodulierten *Lorentz*-Kurven muß die Größe der Modulationsamplitude H_m bei der Messung mit großer Modulationsamplitude sehr genau bekannt sein. Da sie nicht mit ausreichender Genauigkeit unmittelbar gemessen werden konnte, wurde sie in folgender Weise indirekt bestimmt: Von dem gemessenen Näherungswert ausgehend wurde sie so lange rechnerisch variiert, bis das Maximum der Summe der berechneten übermodulierten *Lorentz*-Kurven und der *Gauß*-Kurve genau mit dem Maximum der Meßkurve übereinstimmte.

Zur Charakterisierung der Proben wurde außer der Kernresonanz noch die Dichte, die Röntgenkleinwinkelstreuung und die Röntgenweitwinkelstreuung mit den hierfür üblichen Methoden bestimmt.

E. Ergebnisse

Abb. 4 zeigt die Ergebnisse der Kernresonanzmessungen für unverstrecktes Polyamid 6. Im oberen Teil der Abbildung sind die Flächenanteile der breiten (————), der mittleren (– – – –) und schmalen (·······) Komponente als Funktion der Meßtemperatur wiedergegeben. Der untere Teil zeigt entsprechend die Linienbreiten der mittleren (– – – –) und schmalen (·······) Komponente. Als Parameter ist außerdem jeweils die Temper-Temperatur angegeben. Die Linienbreite der breiten Komponente wurde ebenfalls bestimmt, ist aber aus Maßstabs-

gründen nicht miteingezeichnet. Sie nimmt mit wachsender Temperatur allmählich von 7,5 G auf 6 G ab.

Man sieht, daß die niedrigste Meßtemperatur etwa 90 °C beträgt. Darunter war es nicht möglich, die Kernresonanzlinie nach unserem Verfahren in mehrere Komponenten zu zerlegen, da sich nahe bei der Einfriertemperatur das Signal-Rausch-Verhältnis verschlechtert. Die höchste Meßtemperatur war die jeweilige Temper-Temperatur der Probe. Bei höheren Temperaturen wurde nicht gemessen, weil dabei Umkristallisationseffekte zu erwarten sind, die die Interpretation der Messungen erschweren.

Betrachten wir nun z. B. die Ergebnisse für die Proben, die bei 200 °C getempert worden sind. Der Flächenanteil der breiten Komponente nimmt mit wachsender Meßtemperatur beim unverstreckten Polyamid 6 von 90 auf etwa 75 % ab. Entsprechend steigt der Anteil der mittleren

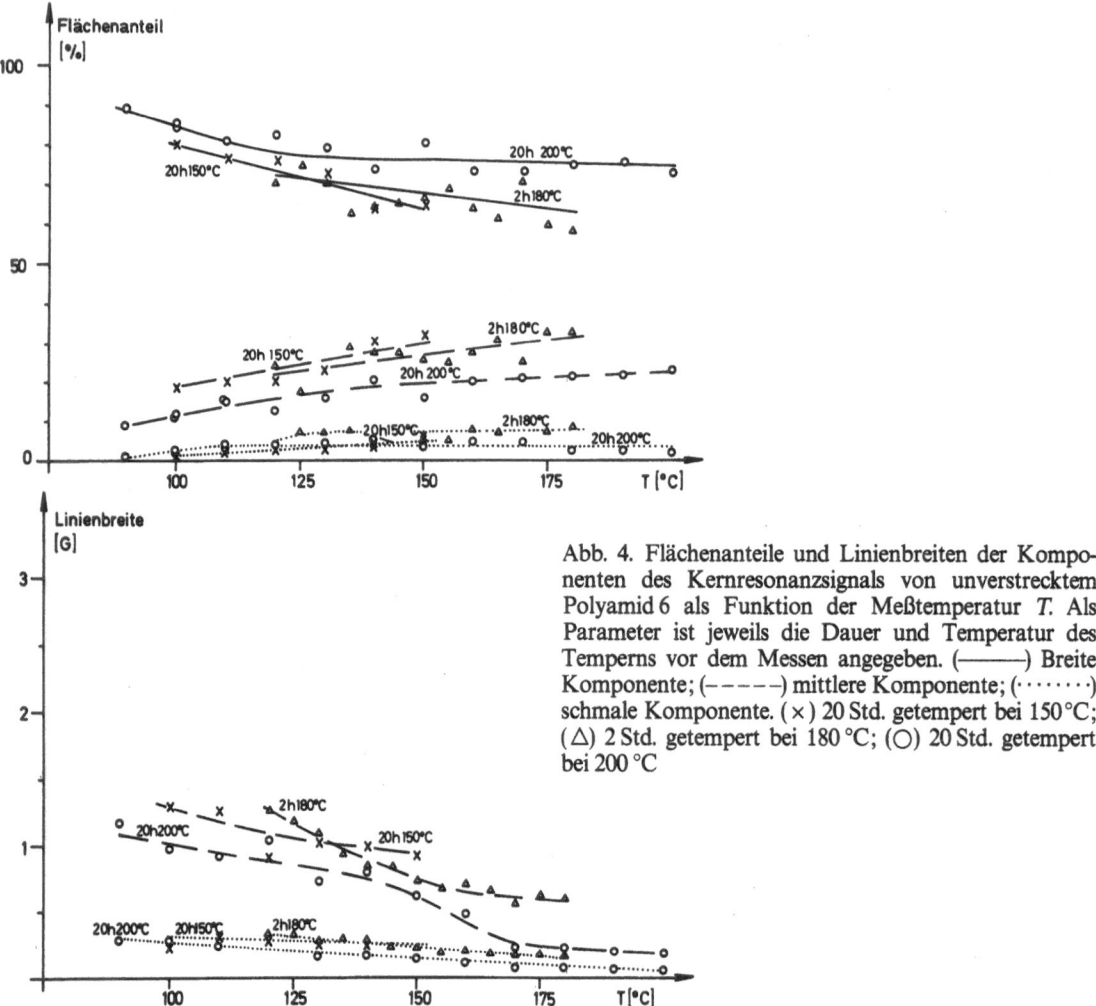

Abb. 4. Flächenanteile und Linienbreiten der Komponenten des Kernresonanzsignals von unverstrecktem Polyamid 6 als Funktion der Meßtemperatur *T*. Als Parameter ist jeweils die Dauer und Temperatur des Temperns vor dem Messen angegeben. (————) Breite Komponente; (– – – –) mittlere Komponente; (·······) schmale Komponente. (×) 20 Std. getempert bei 150 °C; (△) 2 Std. getempert bei 180 °C; (○) 20 Std. getempert bei 200 °C

Komponente auf etwa 20 % an und der Anteil
der schmalen Komponente auf etwa 5 %. Der
Einfluß der Meßtemperatur ist allerdings nur
sehr klein, verglichen mit dem bei Polyäthylenterephthalat (6). Von größerem Einfluß ist die
Meßtemperatur auf die Linienbreite. Wie aus
Abb. 4b hervorgeht, nimmt die Breite der mittleren Komponente mit wachsender Meßtemperatur von etwa 1 G auf 0,4 G ab, die der schmalen
Komponente von 0,4 G auf etwa 0,2 G. Ein
ähnliches Verhalten zeigen auch die Proben, die
bei anderen Temperaturen getempert worden
sind.

Abb. 5 zeigt die Ergebnisse von verstrecktem
Polyamid 6, das mit freien Enden getempert
wurde, Abb. 6 die Ergebnisse für verstrecktes
Polyamid 6, das mit festen Enden getempert
wurde. Man sieht, daß bei der verstreckten Probe

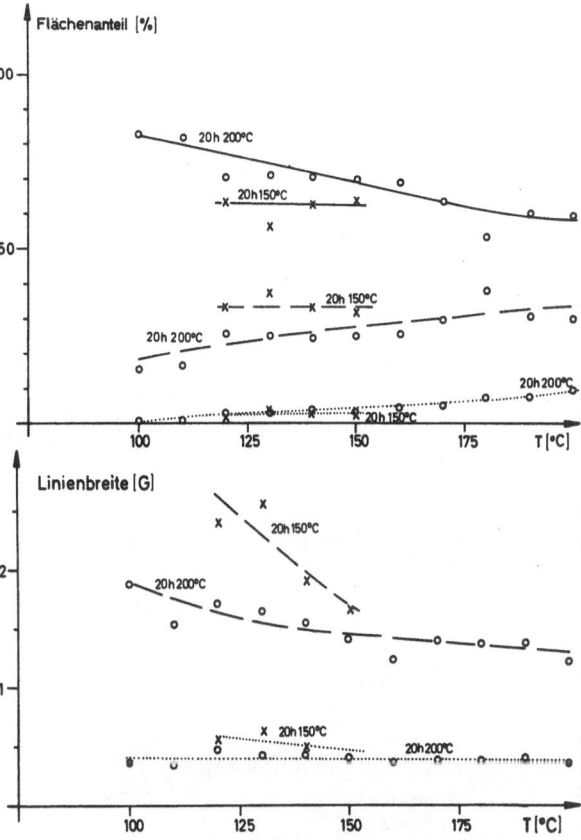

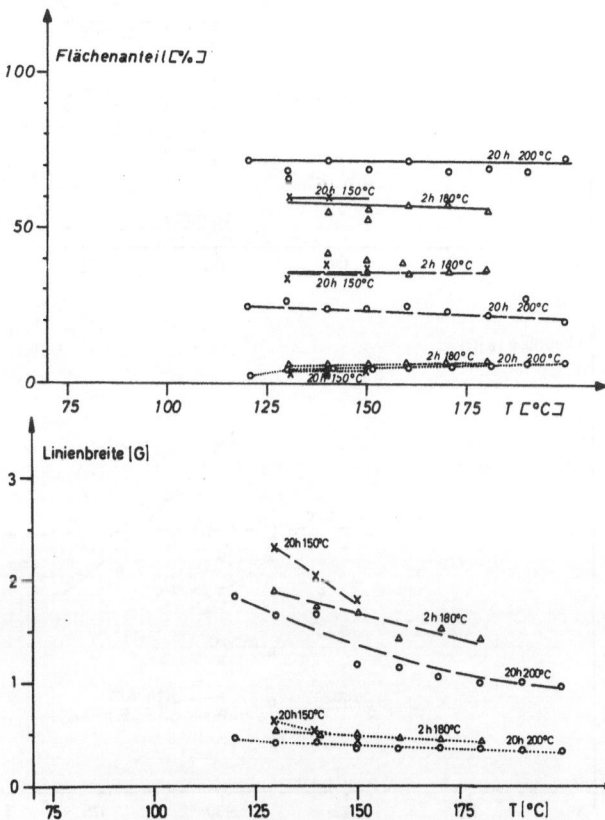

Abb. 5. Flächenanteile und Linienbreiten der Komponenten des Kernresonanzsignals von verstrecktem Polyamid 6, das mit freien Enden getempert worden ist, als
Funktion der Meßtemperatur *T*. Als Parameter ist jeweils die Dauer und Temperatur des Temperns vor dem
Messen angegeben. (———) Breite Komponente;
(– – – –) mittlere Komponente; (·········) schmale
Komponente. (×) 20 Std. getempert bei 150 °C; (△)
2 Std. getempert bei 180 °C; (◯) 20 Std. getempert bei
200 °C

Abb. 6. Flächenanteile und Linienbreiten der Komponenten der Kernresonanzsignals von verstrecktem Polyamid 6, das mit festen Enden getempert worden ist, als
Funktion der Meßtemperatur *T*. Als Parameter ist jeweils die Dauer und Temperatur des Temperns vor dem
Messen angegeben. (———) Breite Komponente;
(– – – –) mittlere Komponente; (·········) schmale Komponente. (×) 20 Std. getempert bei 150 °C; (△) 2 Std.
getempert bei 180 °C; (◯) 20 Std. getempert bei 200 °C

die Messungen erst bei etwas höherer Temperatur einsetzen, da hier auch die Einfriertemperatur etwas höher liegt. Die Breite der mittleren
und der schmalen Komponente ist bei verstreckten Proben bedeutend größer als bei unverstreckten. Hinsichtlich der Flächenanteile treten
keine so stark auffallenden Unterschiede auf.
Ebenso scheint auch die Tatsache, ob mit festen
oder freien Enden (Schrumpf) getempert wurde,
nicht von entscheidendem Einfluß auf die Resultate zu sein.

Abb. 7–9 zeigen die Ergebnisse für Polyamid
6,6. Man findet ein ähnliches Verhalten wie bei
Polyamid 6, jedoch ist der Flächenanteil der breiten Komponente und die Linienbreite der mittleren und schmalen Komponente jeweils etwas
größer als dort.

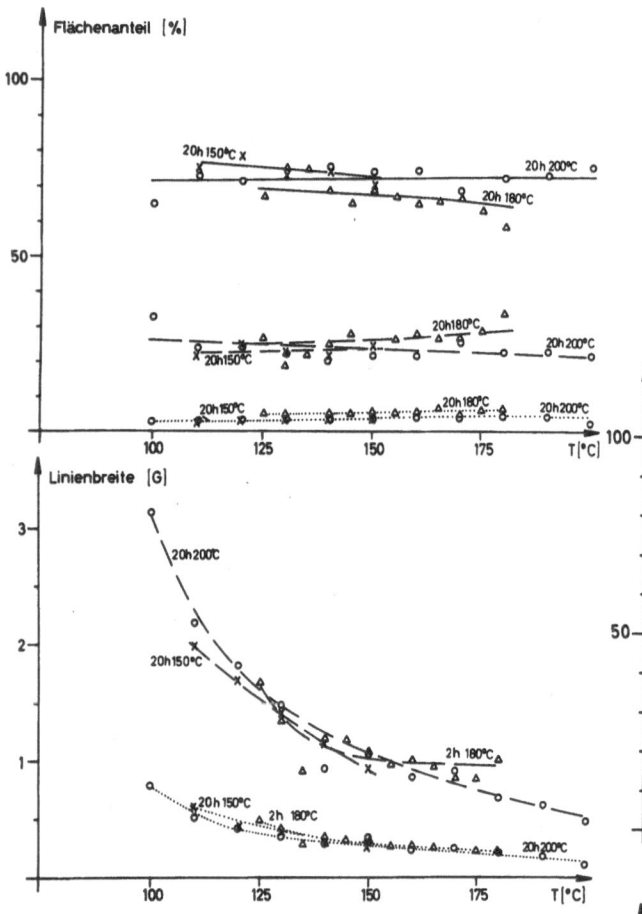

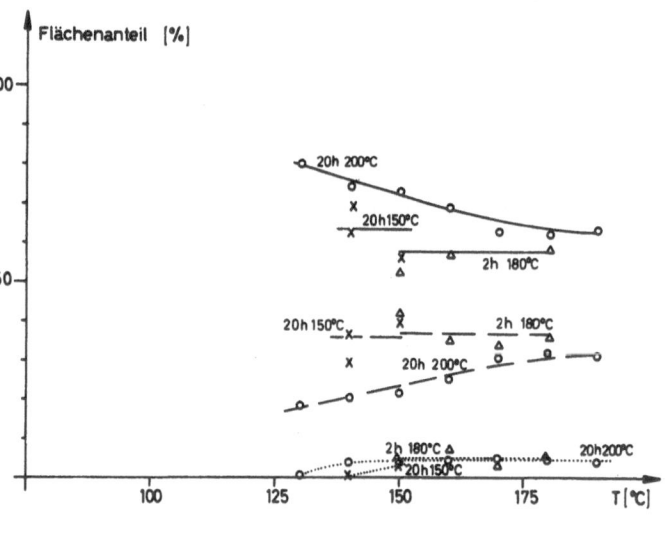

Werte im Ausgangszustand angegeben, in der zweiten nach dem Tempern bei 150 °C, in der dritten nach dem Tempern bei 180 °C und in der letzten schließlich nach dem Tempern bei 200 °C. Man sieht, daß die Dichte, die Langperiode und, im Falle des Temperns der verstreckten Proben mit freien Enden, der Schrumpf mit wachsender Temper-Temperatur zunehmen. Eine besonders große Langperiode zeigt das Polyamid 12.

Abb. 7. Flächenanteile und Linienbreiten der Komponenten des Kernresonanzsignals von unverstrecktem Polyamid 6,6 als Funktion der Meßtemperatur *T*. Als Parameter ist jeweils die Dauer und Temperatur des Temperns vor dem Messen angegeben. (———) Breite Komponente; (– – – –) mittlere Komponente; (· · · · · ·) schmale Komponente. (×) 20 Std. getempert bei 150 °C; (△) 2 Std. getempert bei 180 °C; (○) 20 Std. getempert bei 200 °C

Abb. 10 schließlich zeigt die Ergebnisse für Polyamid 12. Wegen des niedrigeren Schmelzpunktes dieser Substanz wurde hier nur eine Temperung bei 150 °C vorgenommen. Dementsprechend konnten die Ergebnisse für das unverstreckte und das verstreckte Material in einer einzigen Abbildung wiedergegeben werden.

Die gemessenen Werte der Dichte *ϱ*, der Langperiode *L* und des Schrumpfs *S* beim Tempern der Proben können aus Tab. 1 entnommen werden. In der ersten Spalte sind die

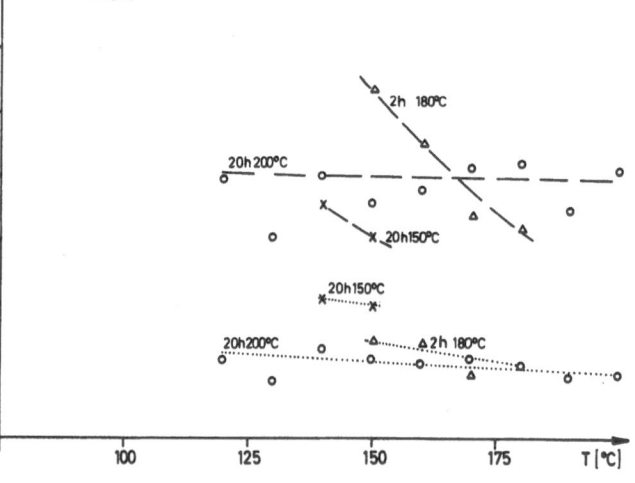

Abb. 8. Flächenanteile und Linienbreiten der Komponenten des Kernresonanzsignals von verstrecktem Polyamid 6,6, das mit freien Enden getempert worden ist, als Funktion der Meßtemperatur *T*. Als Parameter ist jeweils die Dauer und Temperatur des Temperns vor dem Messen angegeben. (———) Breite Komponente; (– – – –) mittlere Komponente; (· · · · · ·) schmale Komponente. (×) 20 Std. getempert bei 150 °C; (△) 2 Std. getempert bei 180 °C; (○) 20 Std. getempert bei 200 °C

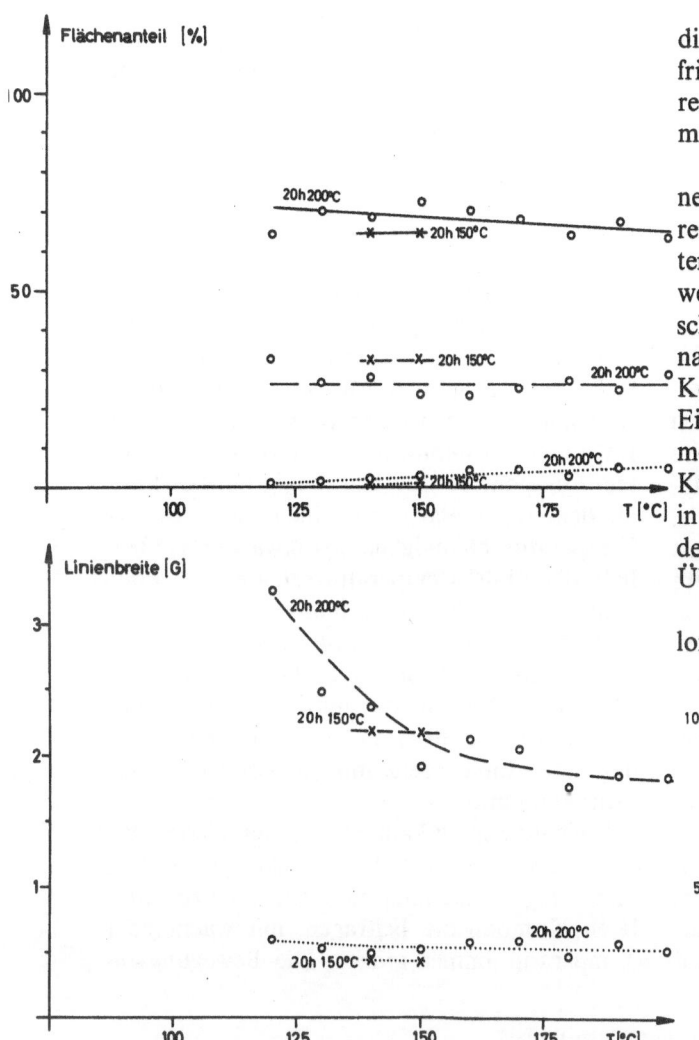

dies darauf zurückzuführen, daß bei der Einfriertemperatur auch in den kristallinen Bereichen ein bestimmter Bewegungsmechanismus einsetzt, der sogenannte α_c-Prozeß.

Die mittlere und schmale Komponente ordnen wir den Ketten in den nichtkristallinen Bereichen zu. Daß wir hier von zwei Komponenten sprechen, liegt zunächst allein in der Auswertung begründet. Wie in Abschnitt C beschrieben wurde, war der Anteil der Kurve, der nach dem Abtrennen der breiten, gaußförmigen Komponente übrigblieb, nicht lorentzförmig. Eine einfache rechnerische Erfassung der Übermodulation ist aber nur bei lorentzförmigen Kurven möglich. Wir haben daher jenen Anteil in zwei lorentzförmige Kurven zerlegt, von denen wir dann leicht die Form im Falle der Übermodulation bestimmen konnten.

Es ist aber leicht möglich, daß den beiden lorentzförmigen Komponenten auch eine ge-

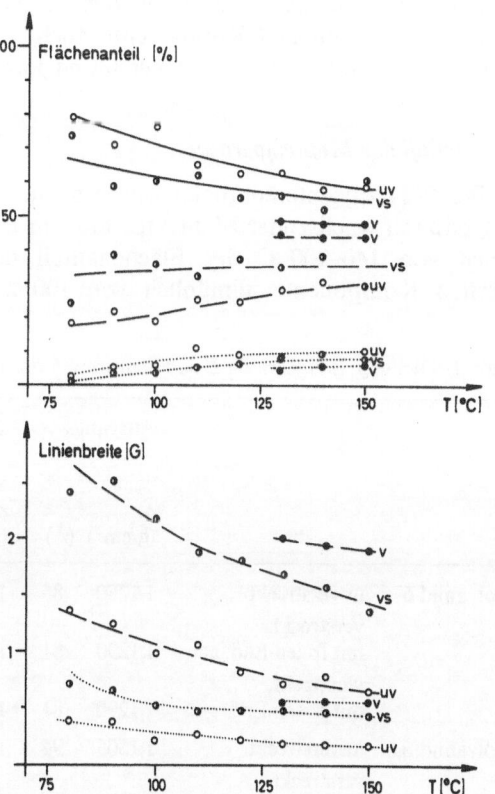

Abb. 9. Flächenanteile und Linienbreiten der Komponenten des Kernresonanzsignals von verstrecktem Polyamid 6,6. das mit festliegenden Enden getempert worden ist, als Funktion der Meßtemperatur *T.* Als Parameter ist jeweils die Dauer und Temperatur des Temperns vor dem Messen angegeben. (———) Breite Komponente; (-----) mittlere Komponente; (·······) schmale Komponente. (×) 20 Std. getempert bei 150 °C; (△) 2 Std. getempert bei 180 °C; (○) 20 Std. getempert bei 200 °C

Abb. 10. Flächenanteile und Linienbreiten der einzelnen Komponenten des Kernresonanzsignals von Polyamid 12, das 20 Std. lang bei 150 °C getempert worden ist, als Funktion der Meßtemperatur *T.* (———) Breite Komponente; (-----) mittlere Komponente; (·······) schmale Komponente; (uv) unverstreckt; (vs) verstreckt mit freien Enden (unter Schrumpf); (v) verstreckt mit festliegenden Enden

F. Diskussion

1. Zuordnung der Komponenten

Die breite Komponente ordnen wir den kristallinen Bereichen zu sowie auch einigen wenigen sehr stark verspannten Ketten in den nichtkristallinen Bereichen. Die Linienbreite dieser Komponente nimmt, wie bereits erwähnt wurde, im Einfrierbereich von etwa 16 G auf weniger als 8 G ab. Untersuchungen von *Olf* (5) zufolge ist

wisse physikalische Bedeutung zukommt. Die mittlere Komponente könnte von solchen Kettenteilen stammen, deren Segmentbeweglichkeit als Folge der Wasserstoffbrücken-Bindungen verlangsamt ist, die schmale von Kettenteilen in der Umgebung von nicht eingeschnappten Wasserstoffbrücken-Bindungen. Da auch oberhalb der Einfriertemperatur der Anteil der offenen Wasserstoffbrücken-Bindungen nur einige Prozent beträgt (7), wäre damit der geringe Flächenanteil der schmalen Komponente erklärt. Die angegebene Zuordnung wird durch die Tatsache gestützt, daß die schmale Komponente bei Polyamiden ungefähr die gleiche Linienbreite wie bei Polyäthylenterephthalat und Polyäthylen zeigt. Eine andere Möglichkeit wäre die, daß die schmale Komponente von Ketten mit einem freien Ende stammt, während die mittlere Komponente von Ketten herrührt, deren beide Enden an den Kristalloberflächen festliegen. Schließlich muß man auch daran denken, daß ein Teil der schmalen Komponente auch von oligomeren Verunreinigungen herrühren kann.

2. Einfluß der Meßtemperatur

Bei Polyäthylenterephthalat wurde gefunden (6), daß mit wachsender Meßtemperatur im Bereich von 140–200 °C der Flächenanteil der breiten Komponente allmählich von 100 auf etwa 60% abnahm. Entsprechend stieg der Anteil der schmalen Komponente allmählich an. Die Temperaturabhängigkeit der Flächenanteile konnte mit Hilfe bekannter Theorien des freien Volumens erklärt werden.

Bei Polyamiden scheinen ganz andere Verhältnisse vorzuliegen. Der Flächenanteil der schmalen Komponente steigt zwar mit wachsender Meßtemperatur von 0 auf 5–10% an, er fällt aber absolut gesehen wenig ins Gewicht. Der Flächenanteil der mittleren Komponente steigt mit wachsender Meßtemperatur nur geringfügig an oder ist fast vollständig konstant. Entsprechend nimmt auch der Anteil der breiten Komponente nur sehr wenig ab. Bei Polyäthylenterephthalat wurde eine derartig geringe Temperaturabhängigkeit erst etwa 120 °C oberhalb der Einfriertemperatur erhalten, bei Polyamiden ist sie dagegen schon etwa 30 °C oberhalb der Einfriertemperatur, also schon von Anfang an vorhanden. Der Haupteinfluß der Meßtemperatur auf die mittlere Komponente oberhalb der Einfriertemperatur besteht darin, daß deren Linienbreite mit wachsender Temperatur abnimmt.

Welchen Schluß kann man daraus ziehen? Bei Polyamiden wird die Beweglichkeit der Ketten in den nichtkristallinen Bereichen, die zur mittleren Komponente beitragen, mit wachsender Temperatur immer größer. Die Bewegungszu-

Tab. 1. Dichte ϱ, Langperiode L und Schrumpf S der untersuchten Proben

		Ausgangswerte		20 Std. bei 150 °C			2 Std. bei 180 °C			20 Std. bei 200 °C		
		ϱ (g/cm³)	L (Å)	ϱ (g/cm³)	L (Å)	S (%)	ϱ (g/cm³)	L (Å)	S (%)	ϱ (g/cm³)	L (Å)	S (%)
Polyamid 6	unverstreckt	1,1250	85	1,1305	92	0	1,1425	100	0	1,1435	121	0
	verstreckt, mit freien End. get.	1,1290	81	1,1315	78	6,2	1,1425	84	11	1,1435	99	13,6
	verstreckt, mit festen End. get.	1,1290	81	1,1315	79	0				1,1390	89	0
Polyamid 6,6	unverstreckt	1,1305	94	1,1315	94	0	1,1375	94	0	1,1405	94	0
	verstreckt, mit freien End. get.	1,1315	81	1,1330	77	4,4	1,1380	80	6,2	1,1390	85	6,6
	verstreckt, mit festen End. get.	1,1315	81	1,1320	77	0	—	—	—	1,1380	85	0
Polyamid 12	unverstreckt	1,0075	100	1,0170	100	0	—	—	—	—	—	—
	verstreckt, mit freien End. get.	1,0110	96	1,0170	169	6,8	—	—	—	—	—	—
	verstreckt, mit festen End. get.	1,0110	96	1,0175	100	0	—	—	—	—	—	—

nahme erfolgt allerdings so, daß *alle Ketten immer die gleiche Beweglichkeit haben.* Die Zunahme der Beweglichkeit läßt sich damit nicht wie bei Polyäthylenterephthalat mit der erwähnten Theorie des freien Volumens erklären (6).

Der Unterschied zwischen Polyamiden und Polyäthylenterephthalat könnte durch folgenden Umstand verursacht sein. Bei Polyamiden setzt nach *Bergmann* (4) in den nichtkristallinen Bereichen bereits unterhalb der Einfriertemperatur eine Beweglichkeit ein, derzufolge die Breite der von *Bergmann* abgetrennten „mittleren Linie" von 9 G auf etwa 3 G abnimmt. Diese Beweglichkeit wird auch mit anderen Methoden nachgewiesen (8). Bei der Temperatur, die üblicherweise als Einfriertemperatur angesehen wird, besitzen daher die Ketten von Polyamiden eine nennenswerte Beweglichkeit. Bei Polyäthylenterephthalat sind dagegen die Ketten knapp unterhalb der Einfriertemperatur noch weitgehend unbeweglich.

3. Einfluß der Temperbedingungen

Mit wachsender Temper-Temperatur nimmt der Flächenanteil der breiten Komponente, von einigen Ausnahmen abgesehen, zu. Auch die Dichte der Proben steigt an (siehe Tab. 1). Die Zunahme des Flächenanteils der breiten Komponente ist aber nicht proportional zur Zunahme der Dichte. Betrachten wir z. B. unverstrecktes Polyamid 6. Zwischen den Proben, die bei 150 und 180 °C getempert worden sind, tritt Tab. 1 zufolge ein Dichteunterschied von 0,012 g/cm³ auf, der Unterschied in den Flächenanteilen ist dagegen verschwindend gering (siehe Abb. 4). Zwischen den Proben, die bei 180 und 200 °C getempert worden sind, tritt andererseits ein Dichteunterschied von nur 0,001 g/cm³ auf, während sich die Flächenanteile um mehr als 10% unterscheiden.

Wenn man annimmt, daß die Dichte dem kristallinen Anteil proportional ist, muß man aus obigen Ergebnissen schließen, daß bei verschiedenen Temper-Temperaturen jeweils verschiedene Anteile der nichtkristallinen Ketten so stark verspannt sind, daß sie zur breiten Komponente beitragen. Die Proportionalität von Dichte und kristallinem Anteil ist aber keineswegs gewährleistet. Besonders bei Polyamiden muß man nämlich berücksichtigen, daß Dichteunterschiede beim Tempern zum Teil auch durch Änderungen der kristallinen Modifikation hervorgerufen werden können (9). Die

von uns an den Proben durchgeführten Röntgenweitwinkelmessungen beweisen solche Modifikationsänderungen. Es wäre wünschenswert, den Flächenanteil der breiten Komponente mit dem kristallinen Anteil zu vergleichen und dadurch wie bei Polyäthylenterephthalat den sogenannten starren nichtkristallinen Anteil zu bestimmen. Um dies durchzuführen, müßten jedoch zunächst verläßlichere Methoden zur Bestimmung des kristallinen Anteils bei Polyamiden gefunden werden.

Von besonderem Interesse ist auch der Einfluß der Temper-Temperatur auf die Linienbreite. Die Linienbreite nimmt sowohl bei der mittleren Komponente als auch bei der schmalen Komponente mit wachsender Temper-Temperatur ab (eine Ausnahme stellt lediglich das unverstreckte Polyamid 6,6 dar). Man muß daraus schließen, daß nach dem Tempern bei höheren Temperaturen die Ketten in den nichtkristallinen Bereichen beweglicher sind als nach dem Tempern bei tiefen Temperaturen. Eine höhere Beweglichkeit kann bei Ketten mit festliegenden Enden entweder durch eine Abnahme des Kettenendenabstandes oder durch eine Zunahme der Kettenlänge bei gleichbleibendem Kettenendenabstand erhalten werden. Die Langperiode steigt mit wachsender Temper-Temperatur nur geringfügig an, so daß die Dicke der nichtkristallinen Bereiche weitgehend unabhängig von der Temper-Temperatur zu sein scheint. Ketten, die einen Kristallit mit einem anderen verbinden, können daher ihren Fadenendenabstand nur dadurch verringern, daß sie den Winkel α zwischen dem Verbindungsvektor ihrer Enden und der Kristalloberfläche vergrößern

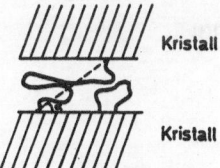

Abb. 11. Zur Erklärung des Winkels α

(siehe Abb. 11). Mit zunehmender Temper-Temperatur muß daher für solche Ketten, sofern sie nicht zur breiten Komponente beitragen, entweder der genannte Winkel größer werden, oder aber die Ketten selbst werden länger. Bei Schlaufen nimmt mit wachsender Temper-Temperatur vermutlich der Schlaufenendenabstand ab.

4. Einfluß des Verstreckens

Um den Einfluß des Verstreckens besser zu erkennen, sind in Abb. 12 die Flächenanteile und Linienbreiten von verstrecktem und unverstrecktem Polyamid 6, das bei 200 °C getempert worden war, zusammengestellt. In ähnlicher Weise kann auch anhand von Abb. 10 das Verhalten von verstrecktem und unverstrecktem Polyamid 12, das bei 150 °C getempert worden war, verglichen werden.

Besonders auffallend ist der Einfluß des Verstreckens auf die Linienbreite. Sowohl die schmale als auch die mittlere Komponente zeigt im verstreckten Material eine nahezu doppelt so große Linienbreite wie im unverstreckten. Dabei ist es nicht von großem Einfluß, ob das Tempern der verstreckten Proben mit festliegenden Enden oder unter Schrumpfen vorgenommen worden ist. Eine geringfügige Erhöhung der Linienbreite (etwa 20 %) ist schon allein daher zu erwarten,

daß die Ketten im verstreckten Material bevorzugt senkrecht zum Magnetfeld liegen. Die beobachtete Erhöhung ist aber viel größer. Aus den Ergebnissen kann man daher schließen, daß die nichtkristallisierten Ketten im verstreckten Material bedeutend weniger beweglich sind als im unverstreckten. Dies könnte zum Teil damit im Zusammenhang stehen, daß die verstreckten Proben, wie aus Tab. 1 ersichtlich ist, eine geringere Langperiode besitzen.

Nicht so einheitlich ausgeprägt ist der Einfluß der Verstreckung auf die Flächenanteile der einzelnen Komponenten. Auch hier sind aber einige Effekte zu beobachten. In fast allen Fällen ist bei den verstreckten Proben der Flächenanteil der breiten Komponente kleiner als bei den unverstreckten, während der der mittleren Komponente größer ist. Um diesen Effekt deuten zu können, müßte man wissen, ob auch der kristalline Anteil der verstreckten Proben

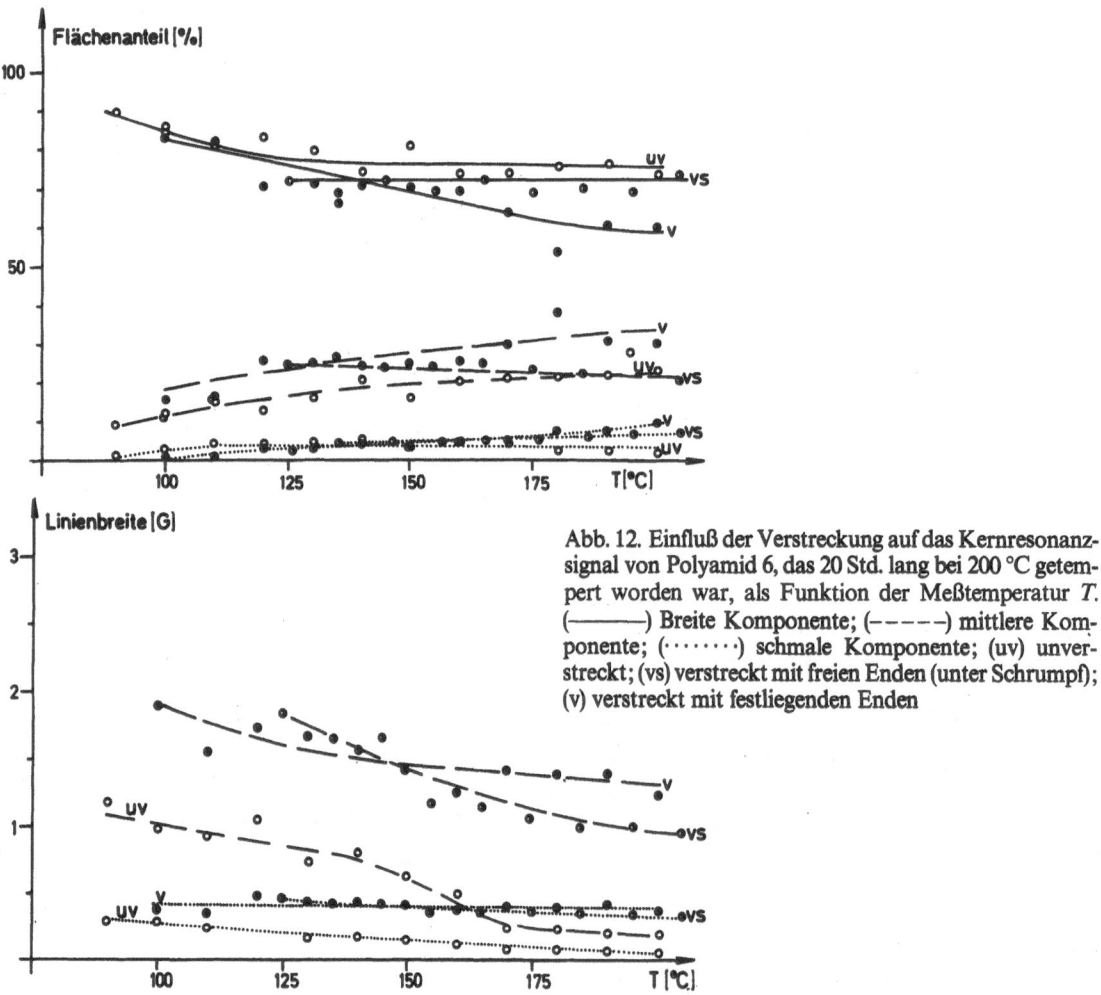

Abb. 12. Einfluß der Verstreckung auf das Kernresonanzsignal von Polyamid 6, das 20 Std. lang bei 200 °C getempert worden war, als Funktion der Meßtemperatur *T*. (———) Breite Komponente; (– – – –) mittlere Komponente; (········) schmale Komponente; (uv) unverstreckt; (vs) verstreckt mit freien Enden (unter Schrumpf); (v) verstreckt mit festliegenden Enden

kleiner als der der unverstreckten ist. Leider läßt sich das nicht feststellen. Die Dichten der verstreckten Proben entsprechen im allgemeinen denjenigen der unverstreckten, mit Ausnahme des bei 200 °C getemperten Polyamid 6,6, wo sie etwas geringer ist. Auch bei gleichen Dichtewerten kann aber der kristalline Anteil des verstreckten Materials kleiner sein als der des unverstreckten, nämlich dann, wenn die Dichte der nichtkristallinen Bereiche im verstreckten Material größer als im nichtverstreckten ist.

Statton (10, 11) hat als Maß für den beweglichen Anteil das Verhältnis des Maximums der schmalen Komponente zu dem der breiten Komponente im unmittelbar gemessenen abgeleiteten Kernresonanzsignal. Der auf diese Art bestimmte bewegliche Anteil ist im verstreckten Material kleiner als im unverstreckten. Dies rührt daher, daß im verstreckten Material die mittlere und schmale Komponente bedeutend größere Linienbreiten als im unverstreckten besitzen, was bei gleicher Fläche zu einer geringeren Intensität des abgeleiteten Signals führt. Der Abnahme des von *Statton* eingeführten Maßes des beweglichen Anteils entspricht daher bei uns die Zunahme der Linienbreiten der mittleren und schmalen Komponente. Beides kann allgemein als Abnahme der Beweglichkeit interpretiert werden.

5. Einfluß der chemischen Struktur

Um den Einfluß der chemischen Struktur auf das Kernresonanzsignal zu diskutieren, haben wir in Abb. 13 die Flächenanteile und Linienbreiten der drei untersuchten Substanzen für den Fall unverstreckter Proben, die bei 150 °C getempert worden sind, zusammengestellt. Man sieht, daß der Flächenanteil der breiten Komponente für Polyamid 6,6 am größten ist, für Polyamid 6 etwas kleiner und für Polyamid 12 am kleinsten. In entsprechend umgekehrter Weise verhalten sich die Anteile der mittleren und schmalen Komponente. Die Linienbreiten der mittleren und der schmalen Komponenten nehmen für die verschiedenen Substanzen in der gleichen Reihenfolge ab wie die Flächenanteile der breiten Komponente. Man kann daraus generell schließen, daß die Ketten in Polyamid 6,6 die geringste Beweglichkeit besitzen; im Polyamid 6 wird die Beweglichkeit bereits größer und im Polyamid 12 schließlich ist die Beweglichkeit am größten.

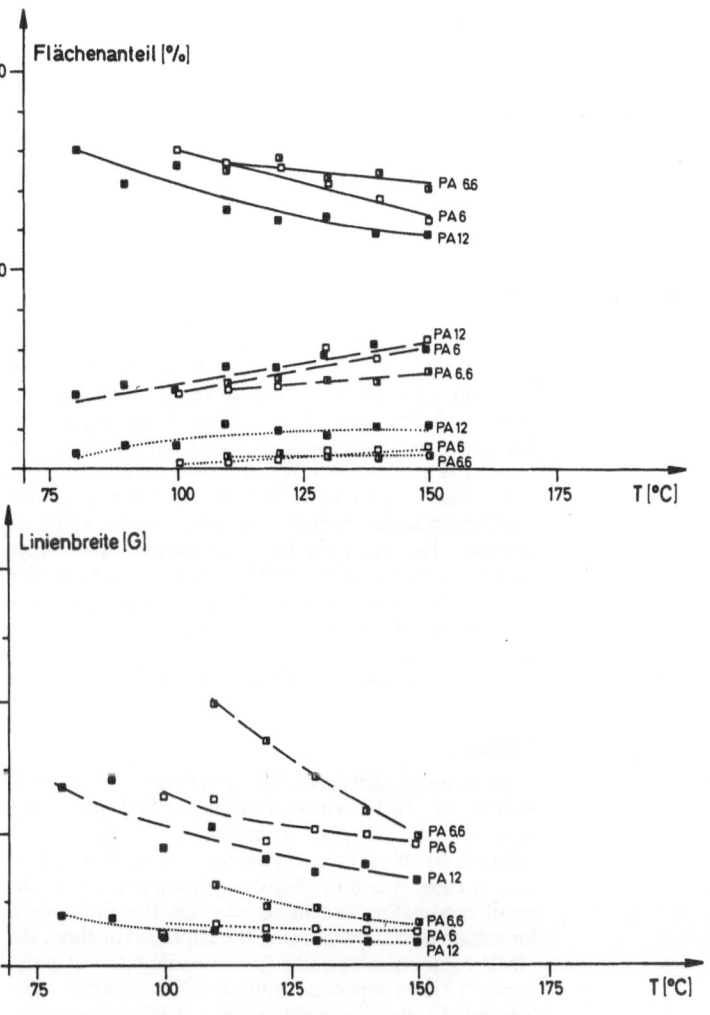

Abb. 13. Einfluß der chemischen Struktur auf das Kernresonanzspektrum. Flächenanteile und Linienbreiten der drei Komponenten des Kernresonanzsignals für verschiedene Polyamide, die 20 Std. lang bei 150 °C getempert worden sind, als Funktion der Meßtemperatur *T*. (————) Breite Komponente; (—————) mittlere Komponente; (········) schmale Komponente.(□ PA 6) Polyamid 6, (▣ PA 6,6) Polyamid 6,6, (■ PA 12) Polyamid 12

Dieses Ergebnis gilt aber nicht generell für alle Vorbehandlungen. Beim unverstreckten Material, das bei 200 °C getempert worden ist, ist der Flächenanteil der breiten Komponente für Polyamid 6 größer als für Polyamid 6,6.

Wir danken der Deutschen Forschungsgemeinschaft, die diese Arbeit im Rahmen des Sonderforschungsbereichs 41 finanziell unterstützt hat. Unser Dank gilt ebenso der Bayer AG für die Überlassung der Polyamidproben.

Zusammenfassung

Zur Bestimmung des beweglichen Anteils von Polyamiden wurde ein früher für Polyäthylenterephthalat angewandtes Auswerteverfahren weiter entwickelt. Dadurch wird es möglich, das Verfahren auch in jenen Fällen anzuwenden, in denen das mit der kleinen Modulationsamplitude gemessene Kernresonanzsignal nicht die Form einer *Lorentz*-Kurve hat. Mit Hilfe dieses Verfahrens wird das Kernresonanzsignal von Polyamid 6, Polyamid 6,6 und Polyamid 12 in drei Komponenten zerlegt. Die Flächenanteile und Linienbreiten dieser Komponenten werden in Abhängigkeit von der Temper-Temperatur und der Verstreckung bestimmt. Die Temper-Temperatur äußert sich vor allem in der Weise, daß mit zunehmender Temper-Temperatur der Flächenanteil der breiten Komponente sowie die Linienbreite der mittleren Komponente abnehmen. Eine Verstreckung hat zur Folge, daß der Flächenanteil der breiten Komponente etwas abnimmt, die Linienbreite der mittleren und der schmalen Komponente aber stark anwachsen. Ein Vergleich der verschiedenen Stoffe zeigt, daß beim Polyamid 6,6 der Flächenanteil der breiten Komponente sowie die Linienbreite der mittleren Komponente am größten sind; beim Polyamid 6 erhält man etwas kleinere Werte, und beim Polyamid 12 sind die Werte am kleinsten, die Ketten also am beweglichsten.

Summary

In order to determine the mobile fraction of polyamides by NMR an evaluation method previously applied to polyethylene terephthalate was further developed. By this it became possible to apply the method also in cases where the NMR signal obtained with the small modulation amplitude has not the shape of a lorentzian curve. By means of the improved method, the NMR signal of polyamide 6, polyamide 6,6, and polyamide 12 was separated into three components. The integrated intensities and the line widths of these components were determined for drawn and undrawn sample annealed at different temperatures. With increasing annealing temperature the integrated intensity of the broad component and the line-width of the middle component decrease. As a consequence of drawing the integrated intensity of the broad component decreases slightly while the line widths of the narrow and the middle component increase considerably. A comparison of the different substances shows that the integrated intensity of the broad component and the line width of the middle component are largest for polyamide 6,6; for polyamide 6 one obtains smaller values; for polyamid 12 the values are smallest, that means the chains have the highest mobility.

Literatur

1) *Wilson, C. W.* und *G. E. Pake*, J. Polymer Sci. **10**, 503 (1953).
2) *Bergmann, K.* und *K. Nawotki*, Kolloid-Z. u. Z. Polymere **219**, 132 (1967).
3) *Bergmann, K.*, Kolloid-Z. u. Z. Polymere **252**, (1974).
4) *Bergmann, K.*, in: NMR-Basic Principles and Progress, S. 233 (Berlin, Heidelberg, New York 1971).
5) *Olf, H. G.*, J. Polymer Sci. **A-2, 9**, 1449 (1971).
6) *Eichhoff, U.* und *H. G. Zachmann*, Ber. Bunsen Ges. Phys. Chem. **74**, 919 (1970).
7) *Trifan, D. S.* und *J. E. Terenzi*, J. Polymer Sci. **28**, 443 (1958).
8) *Forster*, Textile Res. J. **38**, 474 (1968).
9) *Hinrichsen, G.*, Kolloid-Z. u. Z. Polymere **250**, 1162 (1972).
10) *Statton, W. O.*, J. Polymer Sci. **C3**, 3 (1963).
11) *Statton, W. O.*, J. Appl. Polymer Sci. **7**, 803 (1963).

Anschrift der Verfasser:

K. Wangermann und *H. G. Zachmann*
Institut für Physikalische Chemie
6500 Mainz, Jakob-Welder-Weg 15

Progr. Colloid & Polymer Sci. **57**, 249—261 (1975)

23.

Aus der Ingenieur-Abteilung Angewandte Physik der Firma Bayer AG, Werk Krefeld-Uerdingen

Geordnete Überstrukturen in ein- und mehrphasigen amorphen Hochpolymeren

Von G. Kämpf*)

Mit 16 Abbildungen

(Eingegangen am 16. November 1973)

1. Einleitung

Die Frage nach der Existenz von Überstrukturen in amorphen Hochpolymeren ist sowohl für das bessere theoretische Verständnis des uns erst lückenhaft bekannten Eigenschaftsbildes von Hochpolymeren als auch in der Praxis für die gezielt optimale Verarbeitung und den problemangepaßten Einsatz von Kunststoffen von großer Bedeutung. Während bei mehrphasigen amorphen Hochpolymeren Stoffsysteme mit regelmäßiger Anordnung ihrer kolloidalen Bausteine unter Ausbildung gitterähnlicher Strukturen bekannt sind (etwa bei Butadien-Styrol-Blockcopolymeren, s. Kap. 4), hat sich bei einphasigen Hochpolymeren erst in jüngster Zeit die Aufmerksamkeit mehr und mehr der „Struktur im Amorphen" zugewandt, nachdem man erkannt hat, daß in vielen Fällen die amorphen Bereiche in Hochpolymeren eine wichtige, in bestimmten Fällen eine dominierende Rolle spielen. Diese Bemühungen, die Feinstruktur von amorphen Hochpolymeren bzw. der amorphen Bereiche in teilkristallinen Kunststoffen besser verstehen zu lernen, gliedern sich in zwei Arbeitsrichtungen:

Bestimmung der Anordnung der Molekülketten in molekularen Dimensionen (Nahordnung) und

Beobachtung von Überstrukturen mit kolloidalen Dimensionen (Fernordnung)

In diesem Zusammenhang stellt sich u. a. auch die Frage nach der Existenz von Vor-

ordnungsstrukturen sowie von Überstrukturen in einphasigen amorphen Hochpolymeren. Typische „Strukturen im Amorphen" sind von zahlreichen Autoren aufgrund verschiedenartiger physikalischer Messungen postuliert worden [nähere Angaben dazu in (1)]. Bei den bisher in der Literatur beschriebenen, direkt elektronenmikroskopisch nachgewiesenen Strukturen handelt es sich meist um mikrokolloidale Inhomogenitäten mit Größen zwischen 50 und 500 Å, die keine geordnete, sondern eine örtlich regellos verteilte Anordnung im Material besitzen [nähere Angaben dazu in (1)].

In den nachfolgenden Ausführungen dagegen soll das Schwergewicht auf die bei einphasigen amorphen Hochpolymeren beobachtete Ausbildung von Überstrukturen makrokolloidaler Größe (0,1–1 μm) gelegt und die dabei gefundenen nahezu regelmäßig angeordneten Domänen mit den bei mehrphasigen amorphen Hochpolymeren bereits bekannten gitterähnlich angeordneten Strukturen kolloidaler Aggregate verglichen werden.

2. Experimentelle Techniken zum direkten Nachweis von Überstrukturen

2.1. Selektive Ätzung mit hochfrequenzaktiviertem Argon

Dieses Verfahren geht davon aus, daß in Hochpolymeren mit örtlich unterschiedlicher Packungsdichte und/oder Packungsart der Kettenmoleküle die Bereiche mit niedrigerer Volumenerfüllung gegenüber dem Angriff von Argonionen eine höhere Abbaugeschwindigkeit zeigen (2). Damit ist es möglich, Probenbereiche mit niedriger Dichte der Polymermoleküle durch die höhere Abbaurate des Materials bei der Ionenätzung als Höhendifferenzen der Oberfläche (Profilunterschiede) elektronenmikroskopisch sichtbar zu machen. Da die Dichtedifferenzen oder Strukturunterschiede außerordentlich klein sein können, muß die Abbaugeschwindigkeit sehr empfindlich auf geringste Dichte- oder Strukturänderun-

*) Unter Mitarbeit der Herren M. Hoffmann, H. Krömer und H. Orth.

gen im Polymermaterial ansprechen. Dies ist der Grund, warum die bislang gebräuchlichen Ionenätzverfahren (z. B. Abbau mittels 2 keV-Argonionen) meist nicht zum Nachweis von Überstrukturen, die aus geringen Dichte- oder Strukturunterschieden im Polymermaterial resultieren, geeignet sind.

Ein energiespezifischer Materialabbau gelingt dann, wenn hochfrequenzaktivierte Argonionen mit sehr kleinen Druckspannungen (20–400 V) auf die Probe verbracht werden. Folgende apparativen Parameter haben sich zum Nachweis von Überstrukturen in amorphen und teilkristallinen Hochpolymeren als geeignet erwiesen: Argon-Partialdruck $2 \cdot 10^{-3}$ Torr, induktive HF-Anregung (27,12 MHz) bei einem Hochfrequenzstrom von 120 mA (Ätzapparatur Type GEA 3), Druckspannung ca. 50 V (Probe auf Erdpotential), Ätzzeit ca. 30 min. Nähere Einzelheiten dieser Technik, insbesondere die Abhängigkeit der Versuchsergebnisse bei Variation der apparativen Parameter, werden ausführlich in (3) beschrieben und diskutiert.

2.2. „Auto-Dekoration" mit hochfrequenzaktiviertem Sauerstoff

Eine weitere, speziell entwickelte Präparationstechnik beruht auf der Beaufschlagung amorpher und teilkristalliner Hochpolymerer mit Sauerstoff in einem mit einer Gleichspannung überlagerten Hochfrequenzfeld; dieses Verfahren zeichnet sich neben einer selektiven Ausätzung der Bereiche mit niedrigerer Dichte oder unterschiedlicher Packungsart der Polymermoleküle durch eine besonders intensive Kennzeichnung von globulären Strukturen (Domänen) über eine gezielte elektrostatische Abscheidung der arteigenen geladenen Abbauprodukte auf den Domänengrenzen aus (Methode der „Auto-Dekoration"). Folgende apparativen Parameter haben sich zum Nachweis von Überstrukturen als geeignet erwiesen: Sauerstoff-Partialdruck $2 \cdot 10^{-3}$ Torr, induktive HF-Anregung (27,12 MHz) bei einem Hoch-

frequenzstrom von 120 mA (Ätzapparatur Type GEA 3), Druckspannung 2 kV (Probe auf Erdpotential), Ätzzeit ca. 30 min. Nähere Einzelheiten dieser Technik, insbesondere die Abhängigkeit der Versuchsergebnisse bei Variation der apparativen Parameter, werden ausführlich in (3) beschrieben.

3. Überstrukturen in einphasigen amorphen Hochpolymeren

3.1. Abhängigkeit der Überstruktur von der mechanischen Vorbehandlung (Verstreckung)

Als Ausgangsmaterial für diese Untersuchungen diente eine röntgenamorphe Polyäthylenterephthalat(PET)-Extruderfolie, die einer ein- oder zweiachsigen oder einer flächenhaften (multiaxialen) Verstreckung unterzogen wurde; alle Folien wurden mit hochfrequenzaktiviertem Argon (s. Kap. 2.1) geätzt. Von den so vorbehandelten Proben wurden Direktabdrücke angefertigt und im Elektronenmikroskop untersucht.

Während die unverstreckte Ausgangsfolie nach Ätzung keine deutlich differenzierbare Eigenstruktur aufweist (ohne Abbildung), zeigen die verstreckten Folien eine typische, für die jeweilige Verstreckart charakteristische Ausbildung von Domänen kolloidaler Größe. Die wesentlichsten Ergebnisse dieser Untersuchungen sind in Tab. 1 zusammengefaßt:

Tab. 1. Abhängigkeit der Überstrukturen in einphasigen Hochpolymeren von der mechanischen Probenvorgeschichte (Verstreckung)

Art der Verstreckung	Elektronenmikroskopisch erkennbare Überstrukturen nach selektiver Argon-HF-Ätzung oder nach Auto-Dekoration
Linear ohne Querspannung, in Extrusionsrichtung	Wallartige Strukturen senkrecht zur Verstreckrichtung, Achsenverhältnisse bis zu $1 : \infty$ (Beispiel: Abb. 1)
Linear ohne Querspannung senkrecht zur Extrusionsrichtung oder linear mit konstanter Breite	Entartete „Backstein"-Struktur der Domänen; Achsenverhältnisse zwischen 1:3 bis 1:20, je nach der Querbeanspruchung der Folien (Beispiel: Abb. 2)
Zweiachsige Verstreckung	„Backstein"-Struktur der Domänen; Achsenverhältnisse angenähert umgekehrt proportional den biaxialen Verstreckverhältnissen (Beispiel: Abb. 3)
Flächenhafte Verstreckung	Statistische Anordnung der unregelmäßig geformten Domänen. Größe der Domänen weitgehend unabhängig vom Verstreckverhältnis (Beispiel: Abb. 4)

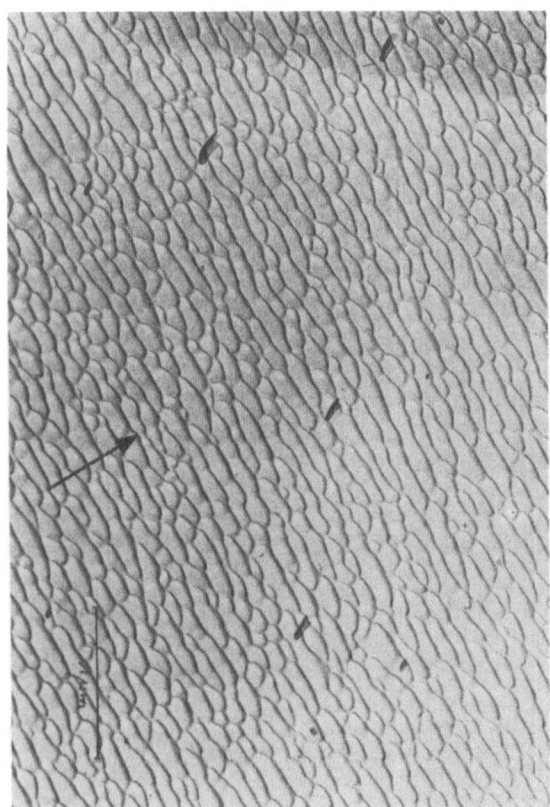

Abb. 1. PET-Folie, linear 1:5 in Extrusionsrichtung verstreckt; Argon-HF-Ätzung (Pfeil: Verstreckrichtung)

Wesentlich ist der Hinweis, daß die an verstreckten PET-Folien gefundenen typischen Überstrukturen auch bei anderen röntgenamorphen und auch teilkristallinen einphasigen Hochpolymeren (Polycarbonat, Polyacrylnitril, 6-Polyamid, 66-Polyamid, Polyäthylen u. a.) nach entsprechender mechanischer Vorbehandlung beobachtet werden konnten[1] [s. a. (1)]. Als Beispiel zeigt Abb. 5 eine teilkristalline Polycarbonat(PC)-Folie 1:4 verstreckt nach Argon-HF-Ätzung, Abb. 6 die gleiche Folie nach einer „Auto-Dekoration" mittels HF-aktiviertem Sauerstoff: Die in Abb. 5 erkennbaren wallartigen Randbezirke der Domänen sind in Abb. 6 durch die Anlagerung ionisierter Molekülbruchstücke kontrastreich „dekoriert".

Charakteristisch ist die Orientierung der Domänen gegenüber der bzw. den Verstreckrich-

tungen; bei einachsig verstrecktem Material zeigt dabei die kurze Halbachse der Domänen in Verstreckrichtung (s. Abb. 1). Die Größe der Domänen in Verstreckrichtung liegt bei den gewählten Verstreckverhältnissen zwischen 0,1 und 0,2 μm; mit steigendem Verstreckgrad nimmt die Größe der kurzen Halbachse unter gleichzeitiger Vereinheitlichung der Abstände bis zu einem bestimmten Grenzwert ab [s. a. (4)]. Bei flächenhaft (isotrop) verstrecktem Material ist die Orientierung der Domänen rein statistisch (s. Abb. 4). Mit steigendem Verstreckgrad bleibt die Größe der Domänen konstant, jedoch nimmt die energetische Differenzierung zwischen den Domänen und den Zwischenbereichen zu, wie aus der sich stark vergrößernden unterschiedlichen Abbaugeschwindigkeit bei der HF-Ätzung geschlossen werden muß [ausführliche Darstellung der Untersuchungsergebnisse in (1)].

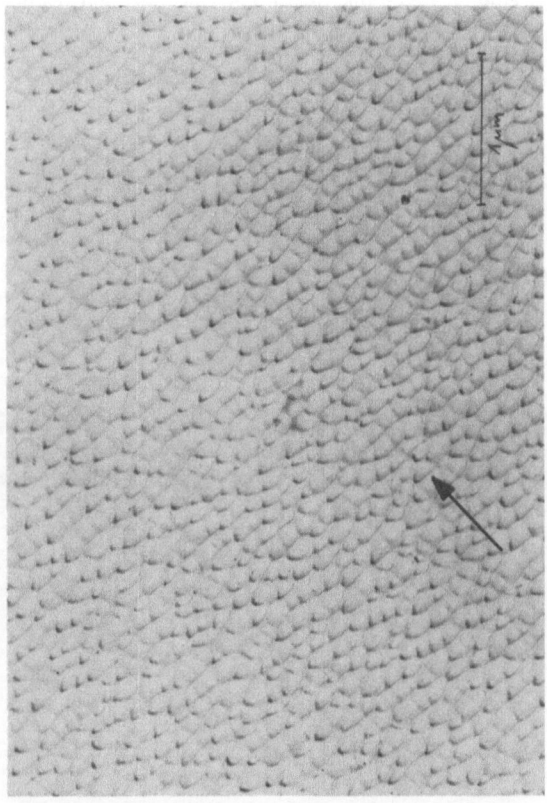

Abb. 2. PET-Folie, linear 1:4,7 in Extrusionsrichtung bei konstanter Breite verstreckt; Argon-HF-Ätzung (Pfeil: Verstreckrichtung)

---

[1] Ähnliche Überstrukturen konnten auch an verstrecktem ataktischem Polystyrol und Styrol-Acrylnitril-Copolymerisaten nach HF-Ätzung von *Großkurth* elektronenmikroskopisch nachgewiesen werden (4).

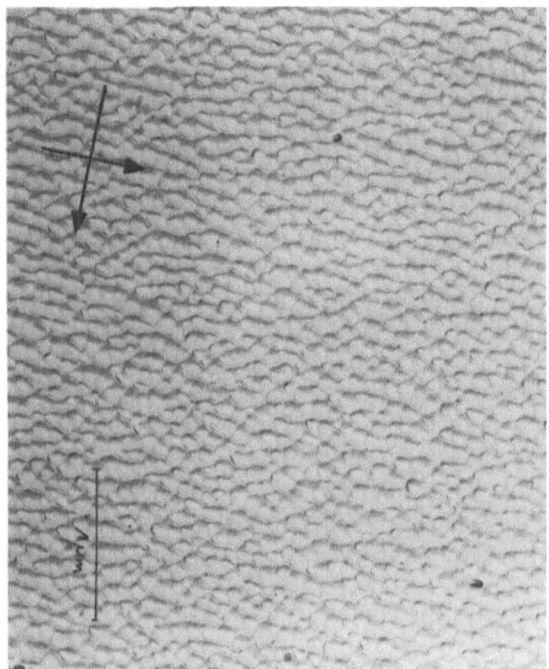

Abb. 3. PET-Folie, linear 1:4,5 in Extrusionsrichtung bei konstanter Breite verstreckt + linear 1:3,5 senkrecht zur Extrusionsrichtung bei geschrumpfter Länge (1:1,3) verstreckt; 10 min bei 175 °C nachgetempert; Argon-HF-Ätzung (Pfeile: Verstreckrichtungen)

Abb. 5. Teilkristalline PC-Folie, 1:4 verstreckt; Argon-HF-Ätzung (Pfeil: Verstreckrichtung)

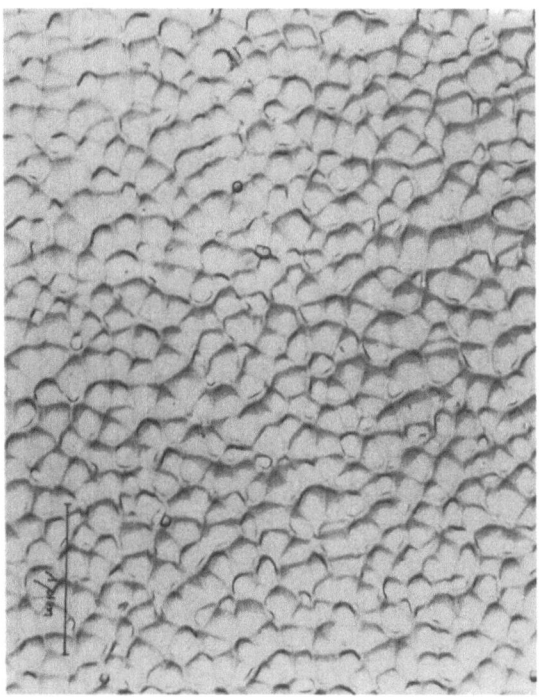

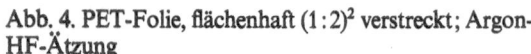

Abb. 4. PET-Folie, flächenhaft (1:2)² verstreckt; Argon-HF-Ätzung

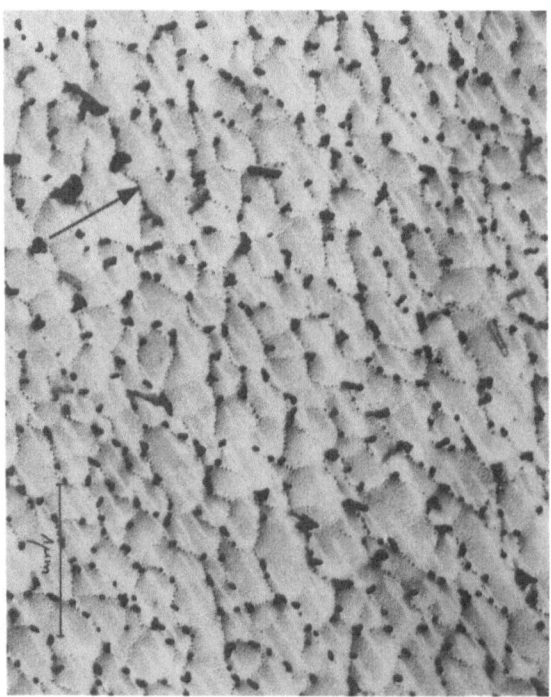

Abb. 6. Teilkristalline PC-Folie, 1:4 verstreckt, Auto-Dekoration (Pfeil: Verstreckrichtung)

3.2. Abhängigkeit der Überstrukturen von der thermischen Vorbehandlung

Als Ausgangsmaterial für diese Untersuchungen diente röntgenamorphes PET-Granulat, das über längere Zeiten bei Temperaturen knapp unterhalb der Einfriertemperatur getempert wurde; alle Proben wurden mit hochfrequenzaktiviertem Sauerstoff (Methode der Auto-Dekoration) geätzt. Von den so vorbehandelten Präparaten wurden Direktabdrücke angefertigt und im Elektronenmikroskop untersucht.

Als Ergebnis wird erhalten, daß die 60 Monate bei 25 °C gelagerte Probe, auch nach kurzzeitiger (2 min) Nachtemperung bei 80 bzw. 100 °C, nur statistisch verteilte Dekorationsstrukturen unterschiedlicher Größe zeigt (Abb. 7); dagegen weist die 60 Monate bei 65 °C getemperte Probe[2]) ausgeprägte Domänen mit einer durchschnittlichen Größe von ca. 0,3 μm auf (Abb. 8). Die türmchenartigen Dekorationsstrukturen besitzen weitgehend einheitliche Durchmesser ($\varnothing_T$ 300–500 Å) und erreichen Höhen bis zu ca. 600 Å. Der Untergrund zeigt deutlich kornartige Struktur ($\varnothing_u$ ca. 100 Å).

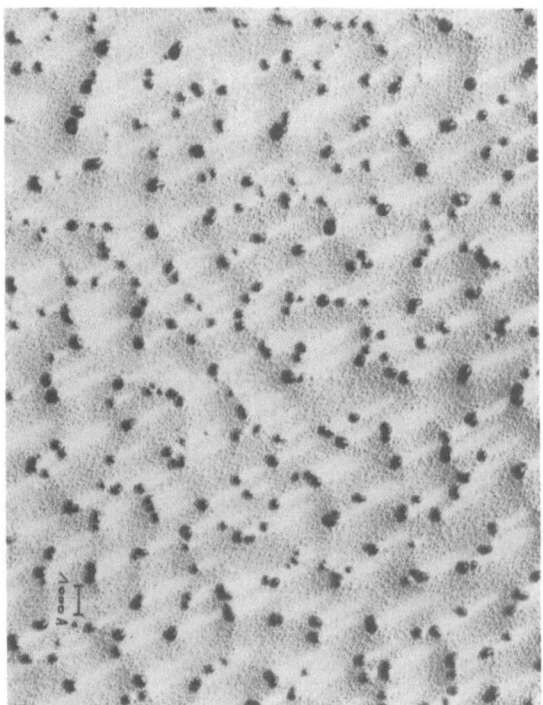

Abb. 8. PET-Granulat, 5 Jahre bei 65 °C getempert; Auto-Dekoration

Wird die getemperte Probe einer kurzzeitigen (2 min) Nachtemperung bei 80 °C unterzogen, so erscheinen die Domänen noch deutlich ausgeprägt (ohne Abbildung); eine Nachtemperung bei 100 °C dagegen ergibt nur statistisch angeordnete Dekorationsstrukturen, ähnlich der bei 25 °C gelagerten Probe [ohne Abbildung; ausführliche Beschreibung der Ergebnisse, auch der Ätzversuche mit HF-aktiviertem Ar, erfolgt in (1)].

4. Geordnete Strukturen kolloidaler Größe in mehrphasigen amorphen Hochpolymeren

Geordnete Strukturen in Butadien-Styrol-Blockcopolymeren als typisches Beispiel eines mehrphasigen Hochpolymeren sind bereits seit einigen Jahren bekannt; über ihren experimentellen Nachweis sowie ihre theoretische Deutung liegt ein umfangreiches Material vor (5–10); besonderes Interesse fanden dabei die Arbeiten von *Keller* u. Mitarb. an SBS-Dreiblockcopolymeren (11) sowie von *Kämpf, Krömer* und *Hoffmann* an BS-Zweiblockcopolymeren (12) mit einkristallartig angeordneten stäbchenförmigen Styrol- bzw. Butadienaggregaten in einer Butadien- bzw. Styrolmatrix.

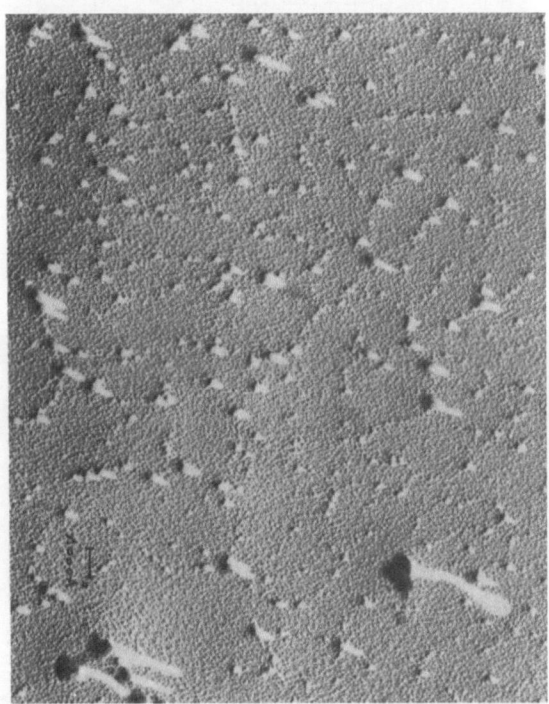

Abb. 7. PET-Granulat, 5 Jahre bei 25 °C gelagert; Auto-Dekoration

---

[2]) Für PET liegt die Einfriertemperatur (ET-Punkt) bei 70 °C; bei 100 °C beginnt die Kristallisation.

Beim Eindampfen aus Lösung tritt in diesen Stoffsystemen wegen der Unverträglichkeit der Polymerarten eine Phasentrennung durch Aggregierung gleichartiger Sequenzen ein. Die Formen der sich ausbildenden Aggregate kolloidaler Größe sind von verschiedenen Parametern, insbesondere vom Styrolgehalt der Probe abhängig.

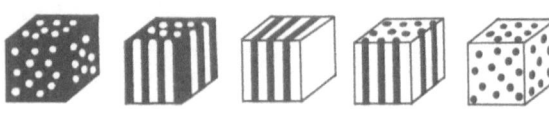

Styrol-Kugeln Styrol-Zylind. Lamellen von Bu-Zylinder Bu-Kugeln i.
in Bu-Matrix   in Bu–Matrix   Bu.u. Styrol in Styr.-Matr. Styrol-Matr.

$0 < \varphi_S < 0{,}15$ $0{,}15 < \varphi_S < 0{,}40$ $0{,}40 < \varphi_S < 0{,}60$ $0{,}60 < \varphi_S < 0{,}85$ $0{,}85 < \varphi_S < 1{,}00$

→ zunehmender Styrol–Gehalt φ_S
abnehmender Butadien- Gehalt

Abb. 9. Existenzbereiche der verschiedenen Aggregatformen eines BS-Zweiblockcopolymeren (φ = Gehalt an blockartig gebundenem Styrol)

Die Existenzbereiche der verschiedenen Gleichgewichtsformen sind am Beispiel eines BS-Zweiblockcopolymeren in Abb. 9 schematisch aufgezeichnet: Bei niedrigen Gehalten an blockartig gebundenem Styrol ($\varrho < 0{,}15$) werden kugelige Styrolaggregate in einer Butadienmatrix[3]) gefunden (Abb. 10). Im Konzentrationsgebiet $0{,}15 < \varrho < 0{,}40$ stellen Styrolzylinder die stabile Phase dar (Abb. 11). Bei annähernd gleichem Gehalt der Komponenten ($0{,}40 < \varrho < 0{,}60$) sind beide Phasen in sich weitgehend kohärent; es bilden sich Schichtstrukturen aus (Abb. 12). Oberhalb $\varrho = 0{,}60$ tritt eine Phasenumkehr ein: In einer Styrolmatrix werden dann Butadienzylinder ($0{,}60 < \varrho < 0{,}85$; Abb. 13) bzw. Butadienkugeln ($\varrho > 0{,}85$; Abb. 14) gefunden.

Während beim unbeeinflußten Eindampfen aus Lösung sich Fernordnungen der zylinder- bzw. lamellenförmigen Aggregate nur in eng begrenzten Volumenbereichen ausbilden und die Orientierung dieser Bereiche gegeneinander mehr oder weniger verkippt ist (s. z. B. Abb. 11 und 13), gelingt es, durch gelenkte Extrusion (11) bzw. durch Eindampfen zwischen Glasplatten (12) Proben mit einkristallartiger Ordnung der stäbchenförmigen Aggregate zu erhalten (Abb. 15). Wegen ihrer sehr gleichmäßigen Form und Größe bauen die Aggregate hier ein makroskopisches Gitter mit weitreichender Ordnung auf. Die Zentren der Stäbchen nehmen dabei Lagen wie in einer hexagonal dichtesten Packung von Zylindern ein; die Aggregate berühren sich aber nicht, da die zu jedem Butadienaggregat gehörenden Styrolsequenzen eine Hülle um das Aggregat bilden und so einen Mindestabstand erzwingen.

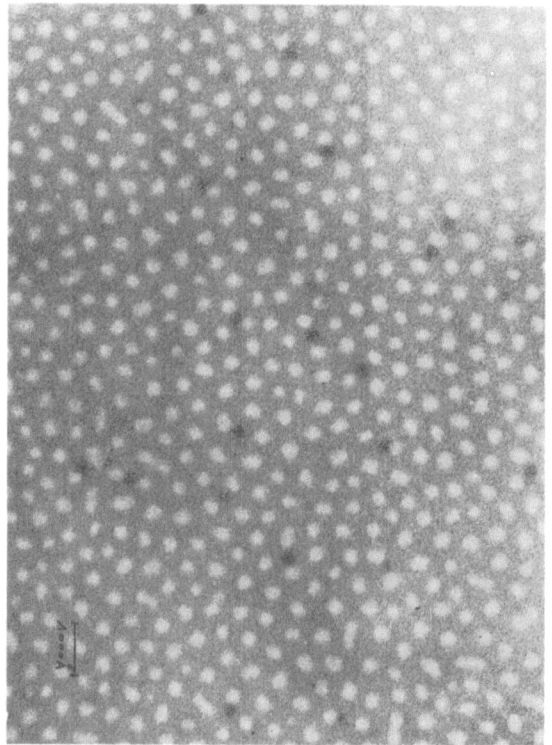

Abb. 10. BS-Blockcopolymeres (15 Gew.-% Styrol) + reines Polybutadien (1:1); Lösungsfilm, bei 100 °C (1 Std.) getempert

Die besondere Bedeutung dieser einkristallartig aufgebauten röntgenamorphen mehrphasigen Hochpolymeren liegt in der anisotropen Anordnung der kolloidalen Aggregate und damit der Anisotropie ihrer physikalischen Eigenschaften. Durch geeignete Verarbeitung dieser

---

[3]) In allen elektronenmikroskopischen Aufnahmen von BS-Blockcopolymeren ist die Butadienphase durch Einlagerung von OsO_4 selektiv kontrastiert.

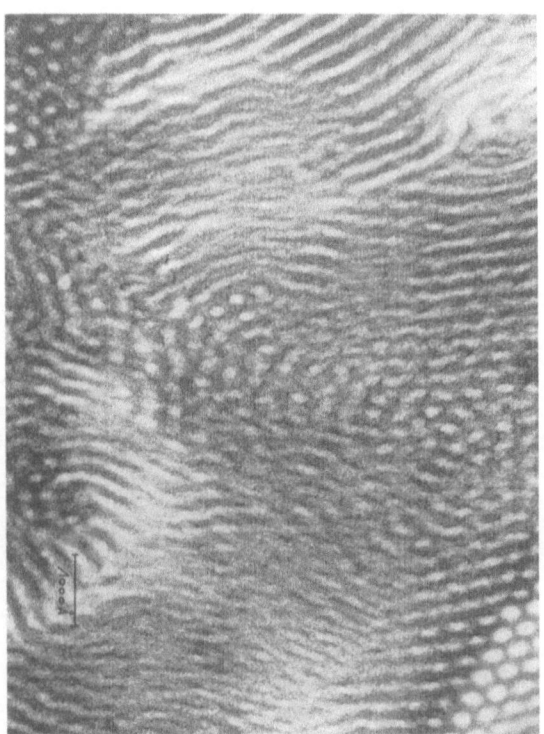

Abb. 11. BS-Blockcopolymeres (26 Gew.-% Styrol);
Tieftemperatur-Ultramikrotomschnitt eines getemperten
Präparates

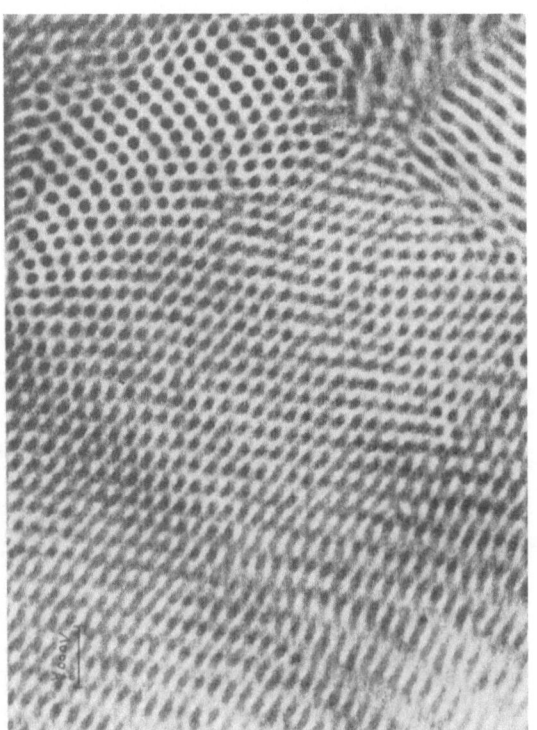

Abb. 13. BS-Blockcopolymeres (68 Gew. % Styrol);
Ultramikrotomschnitt eines getemperten Präparates;
Übersichtsaufnahme

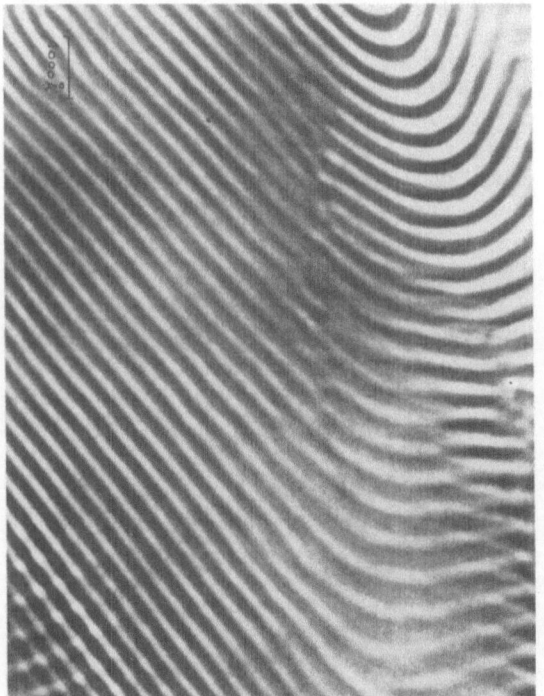

Abb. 12. BS-Blockcopolymeres (39 Gew.-% Styrol);
Tieftemperatur-Ultramikrotomschnitt eines getemperten
Präparates

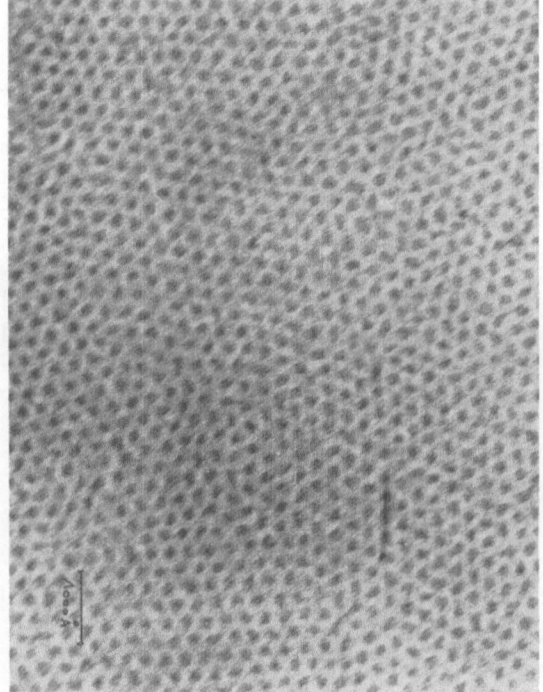

Abb. 14. BS-Blockcopolymeres (85 Gew.-% Styrol);
Lösungsfilm, bei 120 °C (1 Std.) getempert

Abb. 15. BS-Blockcopolymeres (68 Gew.-% Styrol); Ultramikrotomschnitt eines getemperten, orientiert hergestellten Präparates

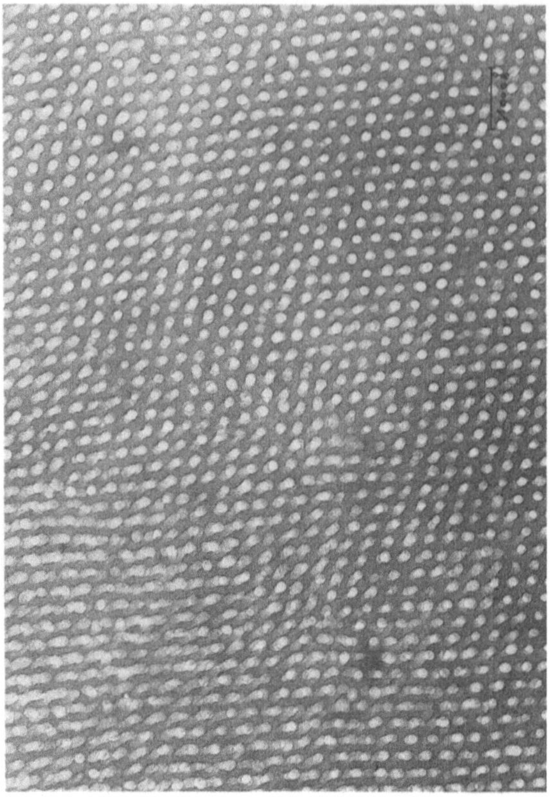

Abb. 16. Wie Abb. 15, jedoch nach Ätzung der Polybutadienphase

Polymersysteme dürften sich in Zukunft neue und aufgrund des anisotropen Aufbaus besonders interessante Einsatzgebiete ergeben. Als Beispiel zeigt Abb. 16 einen Ultradünnschnitt ähnlich Abb. 15, bei welchem die stäbchenförmigen Butadienaggregate ausgeätzt wurden. Damit wird ein Ultrafeinsieb mit besonders einheitlicher Porengröße (im vorliegenden Beispiel $\bar{D} \sim 190\,Å$), regelmäßiger Porenanordnung und einem über das Sequenzmolgewicht der Butadienphase gezielt einstellbaren Porendurchmesser erhalten.

5. Diskussion der Überstrukturen in einphasigen und mehrphasigen amorphen Hochpolymeren

Die in BS-Blockcopolymeren – als Beispiel eines mehrphasigen amorphen Hochpolymeren – gefundenen geordneten Strukturen von aggregierten Sequenzen kolloidaler Größe wurden bereits in verschiedenen Arbeiten ausführlich diskutiert [s. z. B. (12)]; das Schwergewicht der Diskussion soll sich daher auf die an einphasi-

gen amorphen Polymeren beobachteten kolloidalen Überstrukturen konzentrieren.

Während die Korrelation von Größe und Form der Domänen zur mechanischen bzw. thermischen Vorbehandlung der Proben bereits in Kap. 3 beschrieben wurde, müssen im folgenden zwei wesentliche Fragen diskutiert werden:

Phänomenologische Einordnung der kolloidalen Überstrukturen in das Eigenschaftsbild von Hochpolymeren und

Deutungsmöglichkeiten für die Entstehung von Überstrukturen kolloidaler Größe.

5.1. Phänomenologische Einordnung der kolloidalen Überstrukturen von einphasigen amorphen Hochpolymeren

Die phänomenologische Einordnung der beschriebenen Überstrukturen ergibt sich zwangsläufig aus ihrer Größe (0,1–1 μm), da bereits Strukturen beschrieben und bekannt sind, die ca. eine Größenordnung kleiner (ca. 0,01 μm $\hat{=}$ 100 Å) sowie 1–2 Größenordnungen ausgedehnter sind (ca. 10–100 μm).

Bekannt sind die von *Yeh* und *Geil* in amorphem PET beschriebenen ca. 75 Å großen ballähnlichen Strukturen (13), die von *Geil* und *Siegmann* in PC nachgewiesenen ca. 70 Å großen „nodules" (14) sowie die von *Goddar* et al. nach Ionenätzung von PC und PE gefundenen kornähnlichen Strukturen < 100 Å (15). Auch bei den vorliegenden Untersuchungen wurden sowohl in verstrecktem sowie in getempertem, röntgenamorphem PET kornähnliche Feinstrukturen (Größenordnung 100 Å) beobachtet; weiterhin konnten in verstrecktem teilkristallinem PC entsprechende Strukturen (Größenordnung 50 Å) elektronenmikroskopisch festgestellt werden.

Überstrukturen im Größenbereich 10–100 μm wurden von mehreren Autoren in verschiedenen Hochpolymeren nach Angriff durch Lösungsmittel oder durch ätzende Agenzien beschrieben. So fand *Nielsen* (16) „apparent domain structures" in ungetemperten oder verstreckten Polystyrolfilmen bei Einwirkung von Hexan bzw.

Benzol oder von Mischungen der vorgenannten Lösungsmittel mit Methanol; bei einachsig verstreckten Proben wurden Längsrisse mit Abständen von ca. 300 μm, bei ungetempertem, unverstrecktem Material nach Kontakt mit Methanol (Nichtlöser) und anschließend mit Hexandampf ca. 100–300 μm große Domänen freigelegt. Während die Entstehung der Längsrisse durch Materialinhomogenitäten als Folge der molekularen Orientierung diskutiert wurden, sollen die Domänen nach (18) durch eingefrorene thermische Spannungen bedingt sein. Zu ähnlichen Ergebnissen kommen auch *Berestneva* (17) sowie *Baker* (18) an PET, PS, PVC und anderen Hochpolymeren. An ein-, zweiachsig sowie flächenhaft verstreckten PET-Folien (Einwirkung von *n*-Propylamin) sowie PC-Folien (Einwirkung von Diäthylamin) wurden entsprechende Untersuchungen auch von *Kämpf* (19) ausgeführt. Übereinstimmend wurde dabei folgende Strukturen gefunden [Tab. 2: Angaben nach (19)]:

Tab. 2. Ätzstrukturen von Hochpolymeren nach Angriff mit Lösungsmitteln oder ätzenden Agenzien in Abhängigkeit von der mechanischen Vorbehandlung (Verstreckung)

Art der Verstreckung	Lichtmikroskopisch erkennbare Überstrukturen
Einachsig verstreckt	Längsrillen mit Abständen von ca. 10 bis 300 μm; die Zahl der Längsrillen/cm ist dabei abhängig von dem Verstreckverhältnis sowie der Probentemperung
Zweiachsig verstreckt	„Backstein"-Struktur, Bereichsgrößen 10–300 μm
Flächenhaft verstreckt	Netzstruktur mit statistischer Orientierung; Bereichsgrößen zwischen 5 und 100 μm

Damit lassen sich die elektronenmikroskopisch nach Argon-HF-Ätzung oder mittels „Auto-Dekoration" beobachteten Überstrukturen in das folgende übergeordnete Schema einpassen (Tab. 3):

Tab. 3. Phänomenologische Einordnung der in einphasigen Hochpolymeren beobachteten Überstrukturen

Größenbereich	Beobachtete Formen	Materialien	Autoren
50–300 Å	kornähnliche Strukturen	PET, PC	*Yeh, Geil, Goddar, Kämpf*
0,1–1 μm	Domänen mit Achsenverhältnissen zwischen 1:1 und 1:∞; Netzstrukturen	PET, PC, PAN, 6-PA, 66-PA, PÄ, PS u. a.	*Großkurth, Kämpf* und *Orth*
5–300 μm	Längsrisse, „Backstein"-Strukturen, Netzstrukturen	PET, PC, PVC, PS	*Nielsen, Berestneva, Baker, Kämpf*

5.2. Deutungsmöglichkeiten der kolloidalen Überstrukturen in einphasigen amorphen Hochpolymeren

Bei der Diskussion der beobachteten Überstrukturen in der Größenordnung von 2000 Å muß einleitend darauf hingewiesen werden, daß sie nicht als kolloidale Vorordnungsstrukturen mit mehr oder weniger ausgeprägter Kettenparallelisierung (Übergänge von gauche- in trans-Konformation, nematische oder smektische Zustände), wie sie im Zweiphasenmodell von *Yeh* (20) vorgeschlagen werden, zu verstehen sind. Letztere liegen in ihrer räumlichen Ausdehnung um eine Größenordnung niedriger, nämlich zwischen 50 und 75 Å (s. Kap. 5.1), und lassen infolgedessen auch kalorische Effekte, die bestimmten Platzwechselmechanismen zuzuordnen sind, erwarten, wie z. B. die von *Yeh* (21) an kaltverstrecktem röntgenamorphem Polycarbonat unterhalb und oberhalb der ET beobachteten Relaxationsvorgänge.

Wesentlich für die Deutung der Phänomene ist die Beobachtung, daß ausgeprägte Überstrukturen der hier vorliegenden Größenordnung von 2000 Å meist nur dann nachweisbar sind, wenn die Proben eine hinreichende Verstreckung oder eine spezielle Temperung (Langzeittemperung bei Temperaturen knapp unterhalb der Einfriertemperatur) erfahren hatten. *Großkurth* (4) fand ganz entsprechende Kolloidstrukturen mit nahezu regelmäßig angeordneten Domänen in verstreckten Polystyrol- und SAN-(Styrol/Acrylnitril-)Copolymerisat-Proben und bestätigte dabei einen funktionalen Zusammenhang zwischen Verstreckungszustand und Ausbildung der Überstruktur. Diese wird als Substruktur von Fließzonen (Spannungsrissen) in den verstreckten Materialien diskutiert, wobei sich aus der Analyse elektronenmikroskopischer Aufnahmen ergibt, daß in den Bereichsgrenzen der Domänen Material höherer Dichte (geringere Abbauneigung in der Ionenätzung) vorliegen muß.

Auch in der vorliegenden Arbeit wird konstatiert, daß die Kolloid-Bereichsgrenzen nach der Ätzung „erhabene Wälle" im Vergleich zur stärker ausgeätzten Domäne darstellen. Elektronenmikroskopische Aufnahmen von Ultradünnschnitten von 1:4 verstreckten Polycarbonatfolien bestätigen die höhere Dichte der Bereichsgrenzen: Deutlich ist eine kontrastreiche

Netzstruktur entsprechend den Begrenzungslinien der bei Ätzung freigelegten Domänen (s. Abb. 5 und 6) erkennbar [ohne Abbildung; nähere Angaben in (1)].

Die beobachtete Form der Domänen, ihre Orientierung zur Verstreckrichtung und die aus der höheren Abbaugeschwindigkeit zu folgernde niedrigere Dichte dieser Bereiche legt die Vermutung nahe, daß es sich hier um inhomogen erfolgende Verstreckvorgänge im Polymermaterial handelt, die mit den Gesetzen der Kontinuumsmechanik beschrieben werden können.

Ähnliche kontinuumsmechanische Vorgänge für die Entwicklung der Kolloidstruktur werden auch von *Großkurth* durch die Zuordnung der Kolloidstruktur zu den Fließzonen des Polymeren verantwortlich gemacht; allerdings bleiben die strukturellen Voraussetzungen, die im unverstreckten Material für die Ausbildung der kolloidalen Domänen bei nachfolgender mechanischer Beanspruchung erfüllt sein müssen, ungeklärt.

Die weitere Diskussion der beobachtbaren Überstrukturen läuft letztlich auf die Frage hinaus: Enthält die unverstreckte Polymerprobe eine irgendwie geartete Bereichsdifferenzierung, welche durch thermische oder mechanische Beanspruchung verstärkt morphologisch als Domänenstruktur mit der Größenordnung 2000 Å in Erscheinung tritt?

Dettenmaier und *Fischer* (22) sowie *Debye* und *Bueche* (23) haben mit Hilfe der Lichtstreuung an Polymethylmethacrylat je nach Vorbehandlung der Proben bezüglich Dichtefluktuationen Korrelationslängen zwischen 1100 und 2800 Å festgestellt. Diese bringen keine Schwankungen der optischen Anisotropie mit sich und sind demnach nicht mit Orientierungseffekten verknüpft. Die Korrelationslängen-Fluktuationen werden mit Entmischungsvorgängen erklärt, derart, daß niedermolekulare Anteile in den Grenzbereichen hochmolekularer, ggf. physikalisch mehr oder weniger stark molekular verhakter (physikalisch vernetzter) Gebiete akkumuliert werden. Diese niedermolekularen Grenzbereiche besitzen auch eine niedrigere Dichte, da pro Volumeneinheit mehr freie Kettenenden als im höhermolekularen Gebiet vorhanden sind.

Die bei der Verstreckung dünner Folien wirksamen Scherkräfte können wegen der endlichen Ausdehnung der Molekülknäuel nicht in infinitesimal kleinen Materialschichten angreifen;

dagegen bieten sich die mittels Lichtstreuung differenzierten ca. 2000 Å großen höhermolekularen Bereiche als ideale Angriffspunkte für die Scherung an; die dabei auftretende Orientierung und Verkippung der Molekülketten in den „niedermolekularen" Zwischenbereichen (ggf. in Form von fest verspannten „tie-molecules") würde eine erhöhte Dichte und damit eine stärkere Abbauresistenz in den Grenzregionen der Domänen zur Folge haben und die Differenzierungen der Kolloidstruktur nach uniaxialer, biaxialer und multiaxialer Verstreckung zwanglos erklären. Die Verscherungen der Domänen können auch direkt an Bruchflächen der Schmalseite von 1:4 verstreckten Polycarbonatfolien (Bruchfläche parallel zur Extrusionsrichtung) nach Ätzung mit hochfrequenzaktiviertem Argon in Form einer sog. „ripple"-Struktur sichtbar gemacht werden [ohne Abbildung; nähere Angaben in (1)].

Aus Untersuchungen an verstreckten Kunststoffen kommt *Menges* (24) zu Vorstellungen, welche die vorliegenden Ergebnisse direkt bestätigen. Nach *Menges* sind ungefüllte amorphe Thermoplaste keineswegs einphasig und homogen; im Material werden – ohne im einzelnen einen Nachweis zu führen – als Schwachstellen anzusehende Partikelgrenzflächen vermutet. Die zwischen diesen Schwachstellen liegenden Partikeln werden dann bei Zugbelastung des Materials verstreckt und stellen die in derartigen Proben vielfach nachgewiesene Craze-Materie dar: Die Craze-Bildungen (Fließzonen) werden somit als Adhäsionsbruch an den Grenzflächen kolloidaler Substrukturen gedeutet.

Zu ähnlichen rein phänomenologischen Beobachtungen gelangen auch *Gaube* und *Kausch* (25) bei elektronenmikroskopischen Untersuchungen an Tieftemperatur-Bruchflächen von Polyäthylen: Sie finden eine Wabenstruktur mit Durchmessern zwischen 0,1 und 0,6 μm; diese Waben entstehen durch örtlich sehr inhomogen ablaufende Verstreckprozesse beim Bruch.

Ungeklärt bleiben zum gegenwärtigen Zeitpunkt die Ursachen für die Ausbildung von Überstrukturen bei unterhalb der ET über lange Zeit getemperten PET-Granulaten (Kap. 3.2). Weitere Untersuchungen müssen zeigen, ob durch diese Langzeittemperung Entmischungserscheinungen innerhalb des Materials ablaufen oder ein Abbau eingefrorener innerer Spannungen mit dadurch ausgelösten örtlich inhomogenen Materialdehnungen stattfindet.

6. Abschließende Betrachtung

Die in den vorstehenden Kapiteln beschriebenen z. T. regelmäßigen Anordnungen von Aggregaten kolloidaler Größe in ein- und mehrphasigen amorphen Hochpolymeren stellen in vielfacher Sicht extreme Grenzfälle von Überstrukturen dar: Während sich die in BS-Blockcopolymeren durch Entmischung gleichartiger Sequenzen gebildeten Aggregate in streng gitterähnlicher Form bei weitreichender Fernordnung präsentieren und somit einen auch durch Temperung o. ä. nicht wesentlich zu verbessernden Ordnungsgrad erreicht haben, entstehen die in einphasigen amorphen Hochpolymeren durch selektive Ätzung differenzierten Domänen durch örtlich inhomogene Verstreckung des Materials; inwieweit hierbei auch eine auf molekulare Bereiche begrenzte Vorordnung der einzelnen Polymerketten eintritt, ist nicht bekannt.

Trotz dieser Unterschiede in der Entstehungsursache und Art der Überstruktur erregen beide Systeme gleichermaßen unser Interesse:

Bei den mehrphasigen amorphen Polymeren ist es die Anisotropie der Anordnung der kolloidalen Aggregate und damit die Anisotropie der physikalischen Eigenschaften.

Bei den einphasigen amorphen Polymeren stellen die beobachteten Überstrukturen eine wesentliche Erweiterung unseres Eigenschaftsbildes von Hochpolymeren dar; daraus dürften in Zukunft wichtige Hinweise resultieren über örtlich unterschiedliche makroskopische Bewegungsvorgänge bei der thermischen oder mechanischen Beanspruchung von Hochpolymeren und über den Einfluß der gefundenen Materialstrukturierung in Form kolloidaler Domänen auf die Herstellung, die Verarbeitung sowie auf die technologischen Eigenschaften moderner Chemiewerkstoffe.

Zusammenfassung

Die Ausbildung von Überstrukturen in amorphen Hochpolymeren erfolgt unterschiedlich je nach Art des Stoffsystems; ihre Beschreibung und Diskussion muß daher unter verschiedenen Aspekten erfolgen. Während bei den mehrphasigen Polymeren die anisotrope Anordnung der kolloidalen Aggregate und damit die Anisotropie der physikalischen Eigenschaften im Vordergrund steht, ist bei den einphasigen Polymeren die Ausbildung kolloidaler Domänen in Abhängigkeit von der Probenvorgeschichte und der Einfluß dieser Kolloidstruktur auf die technologischen Daten der daraus hergestellten Produkte von ausschlaggebendem Interesse.

Als Beispiel für geordnete Überstrukturen in amorphen mehrphasigen Polymeren werden die an Butadien-Styrol-Zweiblockcopolymeren mit besonders einheitlichen Sequenzmolgewichten beobachteten weitreichenden Ordnungen der kolloidalen Aggregate mit gitterähnlicher Struktur diskutiert. Dabei wird näher auf die Beschreibung derartiger „Makrogitter" eingegangen und die technischen Anwendungen solcher Stoffsysteme angedeutet.

Als Beispiele für teilgeordnete Überstrukturen in amorphen einphasigen Polymeren werden die an verstreckten Polyäthylenterephthalat- und Polycarbonatfolien mit Hilfe besonderer Ätztechniken beobachteten Ausbildungen von Domänen kolloidaler Größe beschrieben. Es wird gezeigt, daß die gefundenen Überstrukturen in allen amorphen und teilkristallinen Hochpolymeren nach geeigneter thermischer oder mechanischer Vorbehandlung auftreten können. Die phänomenologische Einordnung der kolloidalen Domänen in das Eigenschaftsbild von Hochpolymeren, die Korrelation zwischen Form der Domänen und Art der mechanischen Vorbehandlung sowie Deutungsmöglichkeiten für die Entstehung der Kolloidstruktur werden kurz diskutiert.

Summary

Ordered superstructures in single and multi-phase, amorphous, high polymers.

The formation of superstructures in amorphous high polymers differs with the material system; therefore it should be described and discussed under different aspects. In the multi-phase polymers it is the anisotropic arrangement of the colloidal aggregates and, hence, the anisotropy of the physical properties which is most significant whereas in the single-phase polymers the primary interest is concentrated on the formation of colloidal domains as a function of the specimen history as well as on the influence of colloidal structures on the technological data of the resultant products.

As an example for ordered superstructures in amorphous multi-phase polymers, the author discusses the extensive domains of the colloidal aggregates with lattice-type structure as observed in butadiene/styrene two-block copolymers with particularly uniform sequence molecular weights. The discussion includes a closer look at the description of such "macrolattices" and an outline of the technical uses of such material systems.

As an example for partially ordered superstructures in amorphous single-phase polymers, the author describes the colloidal domains found in stretched polyethylene terephthalate and polycarbonate films by means of modified etching techniques. The superstructures found are shown to occur in all amorphous and partially crystalline high polymers upon appropriate thermal or mechanical pretreatment. A brief discussion is presented of the phenomenological incorporation of the colloidal domains into the property pattern of high polymers, the correlation between the shape of the domains and the type of mechanical pretreatment, and interpretations of the formation of the colloidal superstructure.

Literatur

1) *Kämpf, G.* und *H. Orth*, 3. Europhysics Conference, Neapel, 3.–5. 10. 1973 (verschoben auf 1.–3. 5. 1974). J. Macromol. Sci. (Phys.) (im Druck).

2) *Orth, H.*, Vortrag A6 beim 5. Kolloquium des Arbeitskreises ELDO, Graz, 5.–7. 4. 1972. Z. elektronenmikroskop. Direktabbildung (im Druck).

3) *Kämpf, G.* und *H. Orth* (in Vorbereitung).

4) *Großkurth, K. P.*, Gummi Asbest Kunststoffe **25**, 1159 (1972); Kautschuk und Gummi-Kunststoffe **26**, 43 (1973).

5) *Gallot, B., R. Mayer* und *Ch. Sadron*, Compt. Rend. Acad. Sci. Paris **263c**, 42 (1966).

6) *Hendus, H., K.-H. Illers* und *E. Ropte*, Kolloid-Z. u. Z. Polymere **216–217**, 42 (1967).

7) *Bradford, E. B.* und *E. Vanzo*, J. Polymer Sci. A1, **6**, 1661 (1968).

8) *Inoue, T., T. Soen, T. Hashimoto* und *H. Kawai*, J. Polymer Sci. A2, **7**, 1283 (1969).

9) *Fischer, E.*, J. Macromol. Sci. Chem. **A2**, 1285 (1968).

10) *Lewis, P. R.* und *C. Price*, Nature **223**, 494 (1969).

11) *Keller, A., E. Pedemonte* und *F. M. Willmouth*, Nature **225**, 538 (1970); Kolloid-Z. u. Z. Polymere **238**, 385 (1970). – *Folkes, M. J.* und *A. Keller*, Polymer **12**, 222 (1971). – *Folkes, M. J., A. Keller* und *F. P. Scalisi*, Kolloid-Z. u. Z. Polymere **251**, 1 (1973).

12) *Kämpf, G., M. Hoffmann* und *H. Krömer*, Ber. Bunsenges. Phys. Chemie **74**, 851 und 859 (1970); J. Macromol. Sci. Phys. **B6[1]**, 167 1972).

13) *Yeh, G. S. Y.* und *P. H. Geil*, J. Macromol. Sci. (Phys.) **B1[2]**, 235 und 251 (1967).

14) *Siegmann, A.* und *P. H. Geil*, J. Macromol. Sci. (Phys.) **B4[2]**, 239 (1970).

15) *Frank, W., H. Goddar* und *H. A. Stuart*, Polymer Letters **5**, 711 (1967). – *Fischer, E. W.* und *H. Goddar*, J. Polymer Sci., Part C No. 16, 4405 (1969).

16) *Nielsen, L. E.*, J. appl. Polym. Sci. **1**, 24 (1959).

17) *Berestneva, G. L.* und *P. V. Kozlov*, Vysokomol. Soed. **2**, 1854 (1960).

18) *Baker, W. P.*, jr., J. Polymer Sci. **57**, 993 (1962).

19) *Kämpf, G.*, unveröff. Messungen (1964).

20) *Yeh, G. S. Y.*, J. Macromol. Sci. (Phys.) **B6[3]**, 451 (1972).

21) *Brady, T. E.* und *G. S. Y. Yeh*, Polymer Letters **10**, 731 (1972).

22) *Dettenmaier, M.* und *E. W. Fischer*, Kolloid-Z. u. Z. Polymere **251**, 922 (1973).

23) *Debye, P.* und *A. M. Bueche*, J. appl. Phys. **20**, 518 (1949).

24) *Menges, G.*, Kunststoffe **63**, 95 (1973).

25) *Gaube, E.* und *H. H. Kausch*, Kunststoffe **63**, 391 (1973).

Anschrift des Verfassers:

Dr. *Günther Kämpf*
Ingenieur-Abteilung Angewandte Physik
Bayer AG, Werk Krefeld-Uerdingen
415 Uerdingen/Krefeld

Diskussion:

W. Funke (Stuttgart):

Ist anzunehmen, daß die nach Verstrecken erkennbaren vorgeordneten Strukturen – etwa in anderer Form – bereits in nichtgestrecktem Zustand vorgebildet sind?

G. Kämpf (Uerdingen):

Wir nehmen an, daß die Strukturen in Form ca. 2000 Å großer Globulen (wie sie von *Dettenmeier* und *Fischer* mittels Lichtstreuung beispielsweise im Methylmethacrylat nachgewiesen wurden) bereits im nicht verstreckten Zustand vorliegen.

G. Kanig (Ludwigshafen/Rhein):

Da die beobachteten Überstrukturen erst bei Verspannungen auftreten, muß doch angenommen werden, daß sie durch die Ätzbehandlung das Spannungsfeld abbilden, *das nur mittelbar mit der Geometrie der Struktur* zusammenhängt.

G. Kämpf (Uerdingen):

Das örtliche Spannungsfeld steht sicher in einer Beziehung zu der elektronenmikroskopisch nachweisbaren Überstruktur, wenn diese Überstrukturen als gegeneinander durch die Verstreckung gescherten Globulen diskutiert werden.

TET SOEI NG (Hanau):

Die geordneten Strukturen in amorphen Hochpolymeren sind nach Verstrecken und anschließendem Ätzen der Proben festgestellt worden. Haben Sie auch irgendwelche vorgeordneten Strukturen in nichtvorbehandelten amorphen Hochpolymeren, z. B. mit Hilfe der Kleinwinkel-Laser-Lichtstreuung oder Kleinwinkel-Röntgenstreuung, bestimmen können?

G. Kämpf (Uerdingen):

In nichtvorbehandeltem amorphem Methylmethacrylat haben *Dettenmeier* und *Fischer* mittels Laser-Lichtstreuung Überstrukturen in Form ca. 2000 Å großer Globulen

feststellen können. Eigene Versuche mittels Kleinwinkel-Röntgenstreuung führten nicht zum Ziel; offensichtlich sind die Dichteunterschiede (Änderungen der Elektronendichte) zu gering, um röntgenographisch nachgewiesen zu werden.

Dövener (Ludwigshafen/Rhein):

Was ist unter flächenhafter Verstreckung zu verstehen?

G. Kämpf (Uerdingen):

Unter flächenhafter (multiaxialer) Verstreckung versteht man die örtlich isotrope, d. h. gleichmäßig in alle Richtungen der Folienebene erfolgende Verstreckung.

J. Kollmeier (Essen):

Welche mittleren Molekulargewichte müssen die Einzelkomponenten in Polystyrol-Polybutadien Blockcopolymeren mindestens aufweisen, um vollständige Phasentrennung zu erhalten? Wird bei höheren Molekulargewichten generell Phasentrennung beobachtet oder sind Zusammensetzungen der Blockcopolymeren gefunden worden, die definiert etwa durch sehr hohe Gesamtmolekulargewichte, durch hohe Unterschiede in den Molekulargewichten der Komponenten oder durch bestimmte Konfigurationen keine oder nur partielle Phasentrennung ergeben. Welche Konfigurationen der SB-Blockcopolymeren wurden untersucht?

H. Krömer (Leverkusen):

Die Gesamtmolekulargewichte der von uns untersuchten Styrol-Butadien Blockcopolymeren lagen zwischen etwa 20 000 und 200 000 (bei neueren nicht veröffentlichten Untersuchungen bis 400 000). Es handelte sich vorwiegend um Zwei- und Dreiblockpolymere mit 15–85 % Styrol. Die Entmischungstendenz nahm nicht, wie von anderer Seite behauptet wurde, bei hohen Molgewichten wieder ab, sondern wir fanden auch bei den höchsten von uns untersuchten Molgewichten eine praktisch vollständige Entmischung.

Progr. Colloid & Polymer Sci. **57**, 262–271 (1975)

24.

L'Ecole Supérieure de Chimie de Mulhouse (France)

Structures de systèmes polymères hétérogènes

Propriétés de copolymères séquencés et greffés

Par G. Riess

Avec 10 figures

(Reçu p. p. le 23 Novembre 1973)

Les propriétés physiques des matières plastiques et des élastomères dépendent non seulement de la constitution chimique des macromolécules et de leur microstructure, mais également de certaines superstructures qui peuvent se former à l'état solide. Aussi bien pour les polymères cristallisables que pour certains polymères amorphes, tels que les copolymères séquencés et greffés, la formation de ces structures, c'est-à-dire d'une certaine organisation, est due à la présence de deux phases distinctes.

Ainsi dans le cas de polymères cristallisables, par exemple pour certaines polyoléfines, nous sommes en présence d'une phase amorphe et d'une phase organisée ayant la même constitution chimique. Pour les copolymères séquencés et greffés par contre les deux phases en présence sont de nature chimique différente.

Les structures particulières qui peuvent se former pour les copolymères séquencés et greffés, en solution ou à l'état solide, proviennent essentiellement de l'incompatibilité qui existe entre les différentes séquences formant le copolymère.

Après une rapide revue des méthodes de synthèse de ces copolymères, nous nous proposons de montrer quelques propriétés caractéristiques de ces produits

en solution diluée où ils sont capables de former des solutions micellaires et des émulsions;

en solution très concentrée et à l'état solide où ils donnent des structures mésomorphes.

I. Méthodes de synthèse

En considérant deux monomères A et B, par exemple le styrène et le butadiène, on peut représenter schématiquement l'enchaînement des motifs monomères dans les copolymères séquencés et greffés:

A–A————A–A–B–B〰〰B–B   copolymère biséquencé

B–B〰〰B–B–A–A————A–A–B–B〰〰B–B   copolymères triséquencés

A–A————A–A–B–B〰〰B–B–A–A————A–A

copolymères greffés

A ces copolymères, comportant une transition nette entre les séquences A et B, on peut ajouter les copolymères du type «overlap» pour lesquels on passe progressivement d'une chaîne poly A à poly B par l'intermédiaire d'un copolymère statistique de plus en plus riche en motifs B:

A–A—–A–B–A–A–A–B–B–A–A–B–B–B–A–B∿B–B

En ce qui concerne la synthèse de ces copolymères il apparaît de façon schématique dans la fig. 1 qu'elle peut être effectuée soit par réaction de condensation, soit par réaction de polymérisation.

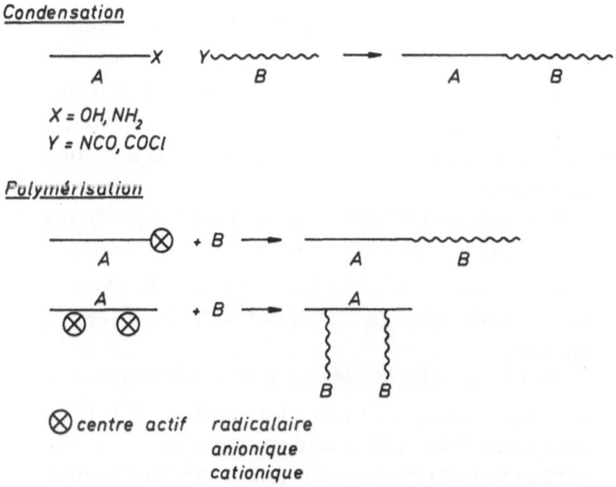

Condensation

$$X = OH, NH_2$$
$$Y = NCO, COCl$$

Polymérisation

⊗ centre actif radicalaire
anionique
cationique

Fig. 1. Méthodes de synthèse des copolymères greffés et séquencés

Pour la synthèse des copolymères séquencés par condensation, on incorpore en bout de chaîne, des polymères A et B, des groupements réactifs du type OH, NH_2, NCO, COCl . . .

Cette technique relativement simple, est cependant limitée aux polymères de faible masse moléculaire en raison des faibles vitesses réactionnelles à ces concentrations molaires de groupes réactifs et par suite de l'incompatibilité qu'on constate généralement pour des mélanges de polymère A et de polymère B.

Pour cette raison on se tourne le plus souvent vers la création de centres initiateurs de polymérisation, soit en bout de chaîne ce qui permet

d'accéder aux copolymères séquencés, soit réparti statistiquement sur une chaîne A préexistante pour former les copolymères greffés.

Suivant la nature du monomère B, ce centre actif peut être du type radicalaire, anionique ou cationique.

D'excellentes revues (1–2) ayant déjà été données, nous nous contenterons de montrer quelques développements récents dans ce domaine.

La technique de polymérisation anionique selon *Szwarc* (3–4) est particulièrement intéressante pour des monomères de faible polarité, tels que le styrène, le butadiène, l'isoprène. Suivant le type d'initiateur, une gamme complète de copolymères pratiquement purs, c'est à dire exempts d'homopolymères correspondants, a pu être obtenue et dont les plus représentatifs sont les copolymères triséquencés polystyrène-polybutadiène du type SBS.

Pour synthétiser des copolymères ayant une séquence formée de monomères plus polaires, tels que le chlorure de vinyle, l'acrylonitrile, l'anhydride maléique, il est nécessaire de préparer dans une première étape un polymère comportant une fonction initiatrice soit un groupe azoïque —N=N—, soit un groupe peroxydique —O—O—.

La fig. 2 schématise un tel procédé, qui permet de synthétiser un initiateur azoïque en partant d'un polystyrène ou d'un polyisoprène anionique vivant (5).

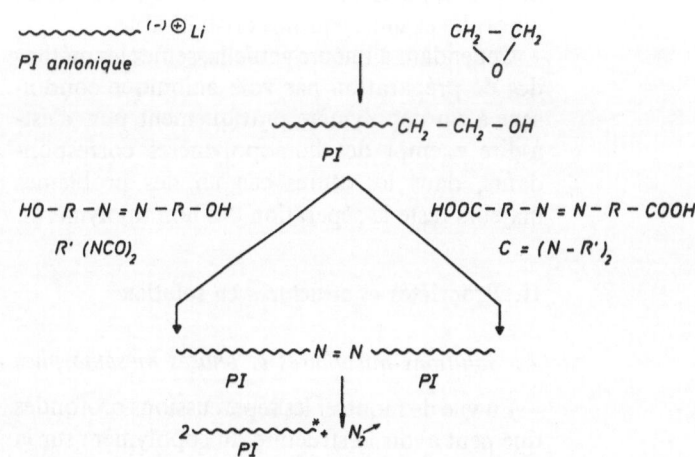

Fig. 2. Synthèse de copolymères séquencés par copolymérisation anionique-radicalaire. – Dérivé «Azo»

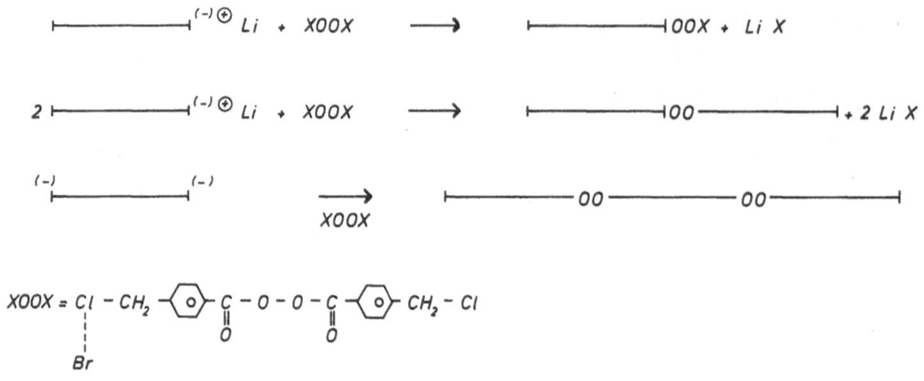

$$\vdash\!\!-\!\!-\!\!-\!\!-\!\!\dashv^{(-)\oplus} Li + XOOX \longrightarrow \vdash\!\!-\!\!-\!\!-\!\!-\!\!\dashv OOX + Li\,X$$

$$2 \vdash\!\!-\!\!-\!\!-\!\!-\!\!\dashv^{(-)\oplus} Li + XOOX \longrightarrow \vdash\!\!-\!\!-\!\!-\!\!-\!\!\dashv OO\vdash\!\!-\!\!-\!\!-\!\!-\!\!\dashv + 2\,Li\,X$$

$$^{(-)}\vdash\!\!-\!\!-\!\!-\!\!-\!\!\dashv^{(-)} \xrightarrow{\;XOOX\;} \vdash\!\!-\!\!-\!\!-\!\!-\!\!\dashv OO\vdash\!\!-\!\!-\!\!\dashv OO\vdash\!\!-\!\!-\!\!-\!\!-\!\!\dashv$$

$$XOOX = Cl\!-\!CH_2\!-\!\bigcirc\!-\!\underset{\underset{O}{\|}}{C}\!-\!O\!-\!O\!-\!\underset{\underset{O}{\|}}{C}\!-\!\bigcirc\!-\!CH_2\!-\!Cl$$

Fig. 3. Synthèse de copolymères séquencés par copolymérisation anionique-radicalaire. – Désactivation d'un polymère «vivant» par un peroxyde réactif

De façon similaire il a été possible, en utilisant des polymères anioniques «vivants» mono- ou difonctionnels, d'obtenir des polymères peroxydés par désactivation avec un peroxyde de benzoyle substitué (7). Le principe de cette réaction de peroxydation est donné dans la fig. 3.

Avec ces initiateurs macromoléculaires, obtenus par voie anionique, on peut donc accéder par polymérisation radicalaire subséquente d'un deuxième monomère à des copolymères séquencés du type «anionique-radicalaire». Il est intéressant de noter que cette technique est complémentaire de celle décrite par *Agouri* et coll. (7) pour la peroxydation de polyoléfines en cours de polymérisation *Ziegler-Natta*.

Ces procédés de polymérisation permettent par conséquent d'obtenir des copolymères séquencés dont les deux séquences sont amorphes ou des copolymères comportant une séquence amorphe et une séquence cristallisable.

Cependant à l'heure actuelle, seules les méthodes de préparation par voie anionique conduisent à un copolymère pratiquement pur, c'est-à-dire exempt des homopolymères correspondants, dans les autres cas un des problèmes majeurs reste la séparation des homopolymères.

II. Propriétés et structures en solution

A. Solutions micellaires et phases mésomorphes

En vue de montrer les répercussions profondes que peut avoir la structure du copolymère sur la morphologie et les propriétés physiques, nous comparerons tout d'abord celles des copolymères statistiques et des copolymères séquencés ou greffés.

En solution déjà, une première différence peut apparaître entre ces deux types de copolymères. En effet si le copolymère statistique se comporte dans une certaine mesure comme un homopolymère, les copolymères séquencés ou greffés peuvent donner lieu à une certaine ségrégation, à l'échelle de la macromolécule, notamment en présence d'un solvant préférentiel d'une des séquences.

Comme montré par *Sadron* et *Gallot* (8–9), un copolymère séquencé ou greffé, à faible concentration dans un bon solvant des deux séquences se présente sous forme d'une *dispersion moléculaire*.

Dans un solvant sélectif d'une des séquences du copolymère, la dispersion moléculaire peut être conservée si la séquence solvatée est suffisamment importante pour maintenir en solution la séquence précipitée.

A concentration plus élevée, la formation de *micelles multimoléculaires* (8) peut intervenir, pour lesquelles la séquence la mieux solvatée joue le rôle de stabilisant.

Cette micellisation constitue donc la première étape vers la formation de structures supramoléculaires. Aucune frontière nette existe cependant entre les domaines des dispersions moléculaires et des solutions micellaires, les micelles étant le plus souvent en équilibre avec les macromolécules non associées.

A concentration plus élevée (15–20%), il peut apparaître dans un solvant commun ou dans un solvant préférentiel d'une des séquences, des structures organisées du type *phases mésomorphes*.

Sadron (8–9), *Skoulios* (10), *Gallot* (11) et leurs collaborateurs, ont étudié en détail la morphologie de tels gels. Par analogie avec les savons, ils ont ainsi pu mettre en évidence des *structures en sphères*, *en cylindres* et en *feuillets*.

A titre d'exemple on peut signaler le cas des copolymères séquencés polystyrène-polyoxyéthylène (PS-POE), étudiés par *Skoulios* (10).

Un tel copolymère PS-POE en présence d'éthylbenzène, solvant préférentiel du polystyrène, forme des feuillets de *POE* plus ou moins cristallisés et des feuillets de PS solvaté par l'éthylbenzène. L'épaisseur des différents feuillets est fonction dans ce cas: des masses moléculaires respectives de chaque séquence, de la température et du taux d'éthylbenzène.

En utilisant comme solvant d'une des séquences un monomère polymérisable, de telles structures ont été figées et des matériaux anisotropes très intéressants ont ainsi pu être obtenus.

Ces propriétés montrent par conséquent que les copolymères séquencés et greffés se comportent dans une certaine mesure comme des savons.

B. Emulsions

Cette analogie avec les molécules de savon, c'est-à-dire le caractère amphipathique, apparaît encore mieux en considérant le *pouvoir émulgateur* des copolymères séquencés et greffés. Des émulsions du type huile dans eau et eau dans huile peuvent être obtenues en présence de copolymères séquencés ou greffés comportant une séquence hydrophile et une séquence hydrophobe. De telles émulsions sont ainsi obtenues avec les copolymères séquencés polystyrène-polyoxyéthylène.

Contrairement aux savons classiques, les copolymères séquencés et greffés ont cependant l'avantage de pouvoir conduire également aux *émulsions du type huile dans huile*.

Pour illustrer le comportement des copolymères séquencés et greffés en tant qu'agent émulsionnant du type huile-huile, on peut considérer un système formé par deux liquides a et b non miscibles et un copolymère A–B. Ces liquides sont choisis de façon telle que l'un d'eux, par exemple a, soit bon solvant de la séquence A du copolymère et non solvant de l'autre B. Inversement, le liquide b est solvant de la séquence B et non solvant de la séquence A du copolymère.

A titre d'exemple, on peut signaler le système acétonitrile-cyclohexane comme solvants non miscibles en présence de copolymères séquencés polystyrène-polyméthacrylate de méthyle, ou

encore le système DMF-hexane en présence de copolymères polystyrène-polyisoprène. Pour un tel système on observe que le copolymère séquencé joue le rôle d'émulsifiant pour donner une émulsion du type huile dans huile et que le degré de dispersion obtenu dépend de la concentration en copolymère, de sa composition et de son poids moléculaire.

La fig. 4 montre la microphotographie en contraste de phase d'une telle émulsion: DMF/hexane/copolymère séquencé polystyrène-polyisoprène.

Ces émulsions, que nous avons étudiées en détail par microscopie et par viscosimétrie (12, 13), peuvent être caractérisées:

par leur stabilité;

par leur type (DMF/hexane ou hexane/DMF);

par le volume de la phase dispersée;

par la taille des particules dispersées.

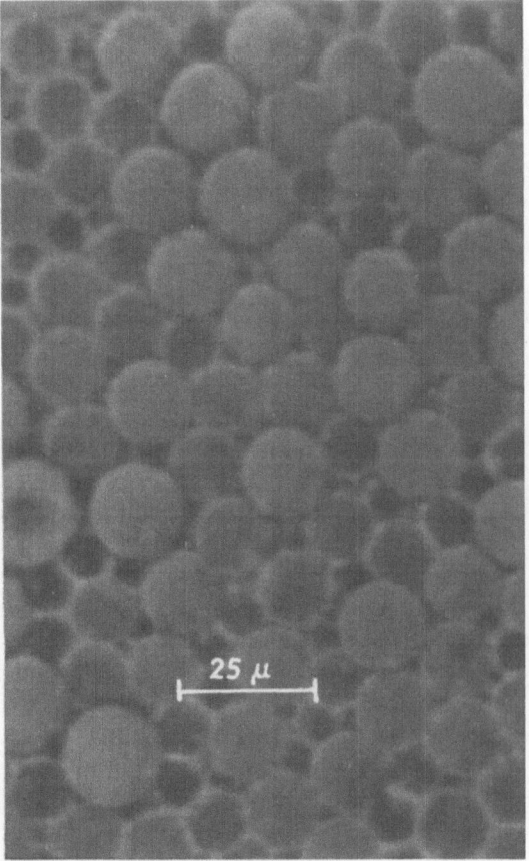

Fig. 4. Emulsion huile dans huile (DMF/hexane) préparée à l'aide d'un copolymère séquencé polystyrène-polyisoprène

La fig. 5 montre à titre d'exemple la différence de stabilité pour des émulsions acétonitrile/cyclohexane en présence de copolymères bi et triséquencés polystyrène-polyméthacrylate de méthyle (13). Les copolymères biséquencés MS conduisent dans ce cas à des émulsions plus stables que les copolymères triséquencés.

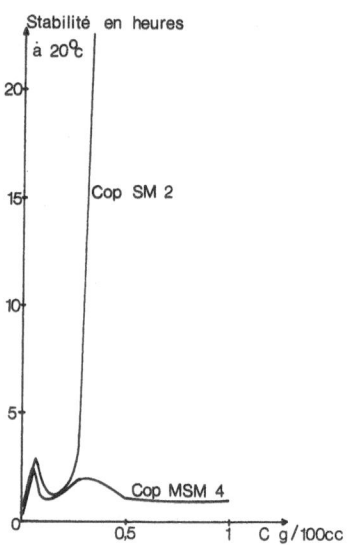

Fig. 5. Stabilité des émulsions huile dans huile (acétonitrile/cyclohexane) préparées à l'aide de copolymères séquencés polystyrène-polyméthacrylate de méthyle. Copolymère biséquencé: Cop SM 2; copolymère triséquencé: Cop MSM 4

En ce qui concerne le type des émulsions, il est apparu que les émulsions huile/huile obéissent à la règle de *Bancroft* (14), d'après laquelle la phase continue d'une émulsion est formée par le solvant dans lequel l'émulsifiant est le plus soluble.

Au cours d'une étude systématique de ces émulsions du type huile dans huile, il est apparu que les dispersions les plus fines sont obtenues avec des copolymères séquencés dont la composition est voisine de 50:50 et que par ailleurs les copolymères biséquencés ont un meilleur pouvoir émulgateur que les copolymères triséquencés correspondants. Les copolymères statistiques ou les mélanges d'homopolymères n'ont par contre pratiquement aucun effet émulsifiant (12, 13).

III. Propriétés et structures à l'état solide

Une première propriété caractéristique des copolymères séquencés et greffés à l'état solide

est la présence de deux phases, qui se forment en raison de l'incompatibilité qui existe entre les séquences du copolymère.

Un tel système à 2 phases apparaît nettement par *microscopie électronique*, notamment pour les copolymères comportant une séquence de polymère insaturé, du type polybutadiène (PBut) ou polyisoprène (PI). Par exemple dans un copolymère PS-PBut ou PS-PI, la séquence insaturée peut réagir sélectivement avec OsO_4 ce qui permet de contraster les phases en présence (15). Le cliché de microscopie électronique de la fig. 6 montre l'aspect caractéristique d'un copolymère PS-PI traité par OsO_4. Sur ce cliché on distingue des microdomaines dont les dimensions sont de l'ordre de quelques centaines d'Angstroems.

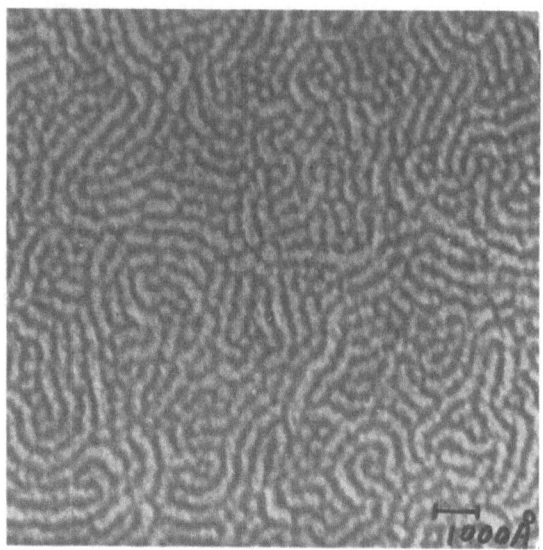

Fig. 6. Copolymère séquencé polystyrène-polyisoprène. Film obtenu par évaporation. Microscopie électronique après traitement par OsO_4. Grossissement 71 000 x

Il nous a été possible d'obtenir une structure similaire dans le cas des copolymères polystyrène-polyméthacrylate de méthyle, pour lesquels il n'est pas possible d'appliquer la technique de marquage préconisée par *Kato* (15). Le procédé de la «smear technique» permet dans ce cas de mettre en évidence les microdomaines (16).

L'existence de deux phases a également pu être prouvée par analyse thermique (17). Par cette technique il est possible de mettre en

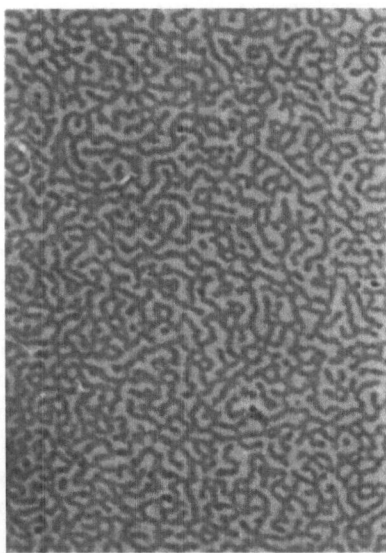

Fig. 7. Copolymère séquencé polystyrène-polyméthacrylate de méthyle. Microscopie électronique; grossissement
20000 x ; photo prise par *L. V. Gallacher* (16)

évidence par exemple les points de transition
vitreux (*Tg*) correspondant aux deux homopolymères. Pour un copolymère séquencé PS-PBut,
on retrouve ainsi pratiquement les *Tg* du polybutadiène et du polystyrène, contrairement aux
copolymères statistiques qui ne présentent qu'un
seul *Tg*, intermédiaire entre celui des 2 homopolymères correspondants.

Cette formation de microdomaines dans le
cas des copolymères séquencés et greffés n'inter-
vient cependant que si les masses moléculaires
des séquences sont au moins de l'ordre de 5000,
c'est-à-dire lorsqu'il existe une incompatibilité
entre les séquences.

A. Organisation des phases

Une régularité dans la structure des phases a
pu être montrée par microscopie électronique et
par diffraction des rayons X aux petits angles
(8, 18). On a ainsi pu mettre en évidence 3 types
de structures caractéristiques: les structures en
sphères, en cylindres et en feuillets qui sont
schématisés sur la fig. 8 (19).

Les domaines d'existence de ces structures
sont conditionnés essentiellement par la composition des copolymères qui déterminent les volumes respectifs de chaque phase. Différents
auteurs (8, 19, 20) ont ainsi pu mettre en évidence les domaines d'existence suivants:

structure sphérique: inférieure à 15% volume
de phase dispersée;

structure cylindrique: entre 15 et 30 à 35%
volume de phase dispersée;

structure en feuillets: entre 30 et 65 à 70%
volume de phase dispersée.

La composition des copolymères, c'est-à-dire
les longueurs respectives des deux séquences
conditionnent non seulement le type de structure, mais aussi la dimension des phases. En
effet l'épaisseur des feuillets ou le diamètre des
sphères ou des cylindres dépend directement de
la masse moléculaire des séquences (8, 10, 21).

B. Interface et organisation dans les micro-domaines

L'interface de telles structures du type sphère,
cylindre ou feuillet peut être représentée schématiquement sur la fig. 9, où nous avons considéré
2 cas:

la formation d'une interface «diffuse» comportant à la fois du polymère A et B;

la formation d'une interface «nette» caractéri-
sant un passage relativement abrupt entre les
2 phases. La variation de la densité électronique
est indiquée dans ce cas (22).

Il semble à l'heure actuelle que pour un même
matériau ces deux types d'interface peuvent
exister suivant les méthodes de préparation de
l'échantillon, conditionnant la perfection de
l'organisation.

  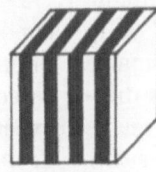  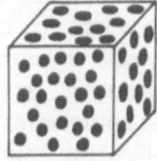

sphères   cylindres   feuillets   cylindres   sphères
           (hex.)   (hex. inverse)

Fig. 8. Structures des copolymères séquencés A–B à l'état solide

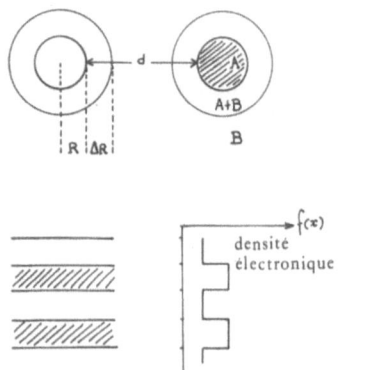

Fig. 9. Morphologie des domaines formés par un copolymère séquencé. Interface «diffuse» et interface «nette».
Variation de la densité électronique

Laflair (23) et *Meier* (24) admettent sur la
base de considérations thermodynamiques que
l'interface diffuse peut représenter de l'ordre de
40 à 90 Å, c'est-à-dire jusqu'à 50% du diamètre
des sphères ou des cylindres, ou encore 50% de
l'épaisseur des feuillets.

Skoulios (22) et *Terisse* (25) par contre ont
montré par diffraction des rayons X aux petits
angles que l'interface peut être réduite à 12–20 Å
pour des épaisseurs de feuillets de 450 Å dans le
cas de matériaux spécialement orientés. Le
volume de l'interface ne représente dans ce cas
que 2 à 3% du volume total et le passage d'une
phase à l'autre se produit sur des distances
correspondant à 1–2 unités monomères.

L'épaisseur de l'interface peut être réduite
notamment:

par recuit à températures relativement basses,
étant donné que la compatibilité entre les séquences augmente par élévation de temperature;

par orientation dans un viscosimètre coaxial,
c'est-à-dire par cisaillement (25);

par augmentation des masses moléculaires,
ce qui entraîne une diminution de la compatibilité entre les séquences de nature différente.
Cependant, en raison de l'augmentation de la
viscosité qu'entraîne cette élévation de masse
moléculaire, les états d'équilibre sont plus diffi-
ciles à atteindre. De ce fait l'optimum de masse
moléculaire pour les séquences semble se situer
vers 100000–300000;

par utilisation de solvants sélectifs lors de la
préparation des échantillons, lesquels favorisent
la ségrégation des phases.

C. Conformation des chaînes dans les micro-domaines

Pour les copolymères séquencés comportant
une *séquence cristallisable* tels que les copolymères PS-POE (polystyrène-polyoxyéthylène)
ou PS-PE (polystyrène-polyéthylène), on peut
mettre en évidence dans les feuillets les conformations classiques de chaînes cristallisables avec
des périodes de repliement de quelques centaines
d'Ångstroems.

La cristallisation peut également être induite
par des *groupes latéraux* d'une des séquences,
comme par exemple dans les méthacrylates
d'alcools linéaires en C_8, C_{12} etc. De telles
structures peuvent avoir des analogies avec
celles des cristaux liquides qu'on peut obtenir
avec les polyméthacrylates du type (27):

Dans le cas des copolymères séquencés comportant uniquement des *séquences amorphes*, on
ne s'attend à priori à aucune organisation des
chaînes dans les microdomaines.

Des approches théoriques à ce problème de
conformation des chaînes dans les microdomaines ont été tentées par différents auteurs (24, 28,
29, 30) du point de vue expérimental cependant
seuls *Inoue* et *Kawai* (31) on montré par étude du
dichroisme infra-rouge une certaine orientation
des chaînes dans les microdomaines, notamment
un alignement des chaînes polyisoprène dans les
copolymères séquencés polystyrène-polyisoprène.

D'après *Skoulios* (32), les séquences A d'un
copolymère A–B pourraient induire une certaine
orientation d'un homopolymère A mélangé à
ce copolymère. Cet auteur se base sur un fait
expérimental, que nous avons signalé au cours
de notre étude sur les alliages de polymères (33),
à savoir qu'un copolymère séquencé A–B émul-
sifie d'autant mieux un homopolymère A, que
la masse moléculaire de la séquence A est
supérieure à celle de l'homopolymère A.

IV. Applications

L'influence de la morphologie sur les propriétés de ces polymères à séquences, apparaissent le mieux pour les copolymères triséquencés et notamment ceux du type S-B-S (polystyrène-polybutadiène-polystyrène). Ces produits ont un intérêt tout particulier étant donné qu'ils conduisent, suivant les caractéristiques moléculaires et les procédés de mise en œuvre, soit à des «structures» comportant des sphères de polystyrène dans une phase continue de polybutadiène, soit à une structure en cylindres (9, 34).

Dans le premier cas, on a un élastomère renforcé et réticulé par l'intermédiaire des particules de polystyrène qui permettent de former un réseau tridimensionnel. Comme cette réticulation est réversible lorsqu'on passe au-dessus de la *Tg* du polystyrène, on a un matériau qui présente à température ambiante toutes les propriétés d'un élastomère vulcanisé, mais dont la mise en œuvre peut être effectuée par les méthodes classiques des thermoplastiques, comme le moulage par injection ou l'extrusion. Ces produits «Thermolastics» peuvent être considérés comme une des premières applications commerciales importantes de copolymères séquencés à l'état pur.

Dans le deuxième cas, avec la structure en cylindre on est en présence de matériaux intéressants en raison de la très nette anisotropie de leurs propriétés mécaniques.

Des produits similaires existent également dans le secteur textile. Il s'agit notamment de copolymères à base de polyuréthanes comportant des séquences rigides et des séquences élastomères. Des fibres obtenues à partir de ces matériaux ont des propriétés similaires à celles d'un caoutchouc réticulé.

En raison des prix encore relativement élevés, les copolymères séquencés peuvent trouver des applications plus nombreuses en tant qu'adjuvants, et notamment dans les *alliages de polymères*.

Grâce au pouvoir émulgateur des copolymères séquencés (ou greffés) A–B, on peut obtenir des dispersions contrôlées d'une phase homopolymère A dans une phase continue B.

Des alliages de polymères résistants au choc peuvent ainsi être obtenus pour les systèmes :
polystyrène (PS) – polybutadiène (PBut)
polystyrène (PS) – polyisoprène (PI)

en présence des copolymères séquencés ou greffés correspondants.

Le copolymère séquencé ou greffé permet de régler la taille des particules d'élastomère dispersé, tout en assurant une adhésion suffisante entre la phase résine et la phase élastomère.

Une étude systématique dans ce domaine a pu être effectuée en montrant l'influence des caractéristiques des homopolymères et du copolymère sur les propriétés mécaniques telles que la résistance au choc, la résistance à la traction . . . (35).

Il est notamment apparu que l'efficacité en tant qu'émulgateur d'un copolymère biséquencé, de composition 50:50, est supérieure à celle d'un copolymère triséquencé ou d'un copolymère greffé de même composition. En plus, un tel copolymère biséquencé a le meilleur pouvoir émulgateur dans les alliages, si sa masse moléculaire est supérieure à celle des homopolymères correspondants (33, 35).

Pour optimiser les caractéristiques moléculaires (masse moléculaire, composition, structure) d'un copolymère assurant l'ancrage à l'interface des deux phases d'un alliage, nous avons mis au point différentes techniques permettant de localiser un copolymère dans un tel mélange. Cette étude a été basée sur l'utilisation de la microscopie interférentielle, de la microanalyse par sonde de *Castaing* et de l'analyse chimique (36).

Les résultats les plus intéressants ont cependant été obtenus en utilisant un copolymère séquencé comportant un groupe fluorescent du type styryl-9 phényl 10 anthracène (36).

Avec un tel copolymère fluorescent, il a été possible de montrer, que suivant les caractéristiques des polymères formant un alliage, ce copolymère peut être réparti dans la phase continue, dans la phase dispersée ou à l'interface.

De nombreuses autres applications des copolymères séquencés et greffés seraient à mentionner: utilisation comme adhésifs, comme agent de traitement de surface, comme additifs ...

Une excellente revue ayant été donnée récemment par *Wippler* (37), nous nous contenterons de montrer le principe de traitement de surface de fibres de carbone par des copolymères séquencés ou greffés (38). Par ce traitement la fibre est revêtue d'un copolymère séquencé A–B capable de former une double couche élastomère-résine qui permet d'absorber les tensions existantes à l'interface fibre-matrice par suite des différences de coefficient de dilatation des deux matériaux. Cette double couche est constituée d'une séquence élastomère (A) au contact de la fibre et d'une séquence (B) compatible avec la résine formant la matrice du matériau composite fig. 10 structure a.

Un tel traitement confère au matériau composite une excellente résistance au cisaillement, une meilleure tenue dans l'eau et une résistance au choc accrue. Des caractéristiques analogues peuvent également être obtenues avec un composite de structure b, où le copolymère séquencé A–B adhère à la fibre par l'intermédiaire de la séquence B et où cette couche comporte des inclusions d'élastomère A.

Conclusion

Cette étude a montré qu'une organisation supramoléculaire dans un matériau macromoléculaire peut exister, non seulement pour des polymères cristallisables, mais également pour des polymères amorphes du type copolymères séquencés et greffés. Les structures qui peuvent se développer dans ces cas sont dues à la présence de deux phases de nature chimique différente. Ces deux phases prennent naissance en raison de l'incompatibilité existant entre les différentes séquences et qui confère un caractère amphipathique à ces copolymères. On retrouve ainsi pour les copolymères séquencés et greffés des caractéristiques similaires à celles des savons, et plus spécialement des propriétés émulgatrices permettant d'obtenir des émulsions du type huile/eau et huile/huile.

Les copolymères séquencés, par suite de la formation possible de phases mésomorphes entraînant une anisotropie des propriétés, constituent une classe de matériaux extrêmement intéressants ayant dans une certaine mesure des analogies avec les membranes biologiques (39).

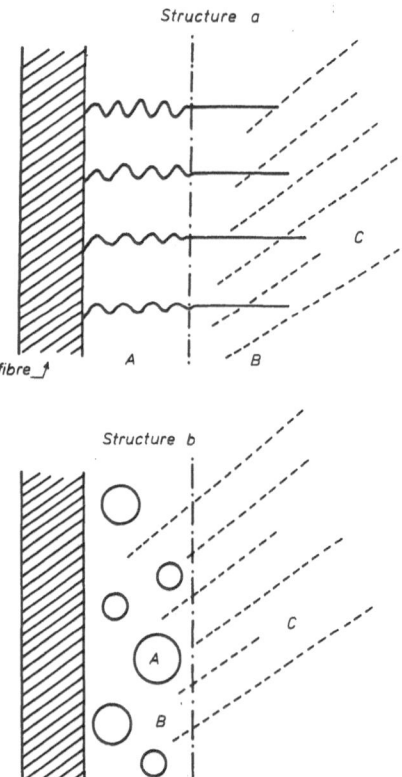

Fig. 10. Modification de la surface des fibres de carbone par des copolymères séquencés comportant une séquencé élastomère. Structure de la couche polymère à l'interface fibre-résine: A. couche élastomère incompatible avec la résine; B. polymère compatible avec la résine; C. résine formant la matrice du matériau composite

Résumé

On montre les structures qui peuvent se former pour les copolymères séquencés et greffés, en solution et à l'état solide. L'incompatibilité qui existe entre les séquences formant le copolymère conduit en solution diluée à des solutions micellaires et à des émulsions. En solution concentrée et à l'état solide ces copolymères forment des structures mésomorphes. Les propriétés et les structures en solution ou à l'état solide sont données, ainsi que différentes applications de ces produits.

Zusammenfassung

Es werden Strukturen behandelt, die sich aus sequentierten und gepfropften Copolymeren bilden können, in Lösung und im festen Zustand. Die Unverträglichkeit, die zwischen den Sequenzen besteht, die die Copolymeren bilden, führt in verdünnter Lösung zu Micell-Lösungen bzw. Emulsionen. In konzentrierten Lösungen und im festen Zustand bilden diese Copolymeren mesomorphe Strukturen aus. Es werden die Eigenschaften und die Strukturen in Lösung und im festen Zustand behandelt, ebenso verschiedene Anwendungen dieser Produkte beschrieben.

Littérature

1) *Rempp, P.*, Colloque copolymères séquencés et greffés. Mulhouse, 8–10 nov. 1972. Publ. Informations Chimie, p. 1.

2) *Kennedy, J. P.*, IUPAC Boston (1971), Preprints 105.

3) *Szwarc, M.*, Makromol. Chem. **35**, 132 (1960).

4) *Rempp, P.*, Bull. Soc. Chim. France 221 (1964).

5) *Foucault, A.*, Thèse Mulhouse 1972.

6) *Palacin, F.*, Thèse Mulhouse, 18 nov. 1972. *Riess G.* et *F. Palacin*, IUPAC Helsinki 1972, Preprint I, 123.

7) *Agouri, E., C. Parlant* et *J. F. Teitgen*, ACS Polymer Preprints **11** (1), 297 (1970). – *Agouri, E., C. Favie, R. Laputte, Y. Philardeau* et *J. Rideau*, Colloque copolymères séquencés et greffés. Mulhouse, 8–10 nov. 1972. Publ. Informations Chimie, p. 55.

8) *Sadron, C.* et *B. Gallot*, Makromol. Chem. **164**, 301 (1973).

9) *Gallot, B., R. Mayer* et *C. Sadron*, Rubber Chem. Technol. **40**, 932 (1967).

10) *Skoulios, A.* et *G. Finaz*, J. Chim. Phys. **59**, 473 (1962).

11) *Douy, A.* et *B. Gallot*, Molecular Crystals and Liquid Crystals **14**, 191 (1971).

12) *Periard, J., A. Banderet* et *G. Riess*, J. Polymer Sci. **B 8**, 109 (1970).

13) *Periard, J.* et *G. Riess*, Kolloid-Z. u. Z. Polymere **248**, 877 (1971).

14) *Bancroft, W. D.*, J. Phys. Chem. **17**, 501 (1913); **19**, 275 (1915).

15) *Kato, K.*, Polymer Letters **4**, 35 (1966).

16) *Gallacher, L. V.*, American Cyanamid Co, Stamford Research Laboratories Communication privée.

17) *Bohn, L.*, Angew. Makromol. Chem. **20**, 129 (1971).

18) *Keller, A., E. Pedemonte* et *F. M. Willmouth*, Kolloid-Z. u. Z. Polymere **238**, 385 (1970).

19) *Molau, G. E.*, Block Polymers (1970). Plenum Press.

20) *Grosius, P., Y. Gallot* et *A. Skoulios*, Makromol. Chem. **127**, 94 (1969).

21) *Skoulios, A.* et *G. Finaz*, C. R. Acad. Sci. **252**, 3467 (Paris 1961).

22) *Skoulios, A.*, Colloque copolymères séquencés et greffés. Mulhouse, 8–10 nov. 1972.

23) *Laflair, R.*, IUPAC Boston 1971.

24) *Meier, D. J.*, J. Polymer Sci. **C 26**, 81 (1969).

25) *Terrisse, J.*, Thèse Strasbourg 1973.

26) *Keller, A., E. Pedemonte* et *F. M. Willmouth*, Nature **225**, 538 (1970).

27) *Riumtsev, E. I.*, IUPAC Helsinki 1972.

28) *Inoue, T., T. Soen, T. Hashimoto* et *H. Kawai*, J. Polymer Sci. **A 2**, 1283 (1969).

29) *Krömer, H., M. Hoffmann* et *G. Kämpf*, Ber. Bunsen Ges. Phys. Chemie **74**, 859 (1970).

30) *Uchida, T., T. Soen, T. Inoue* et *H. Kawai*, J. Polymer Sci. **A 2, 10**, 101 (1972).

31) *Inoue, T.*, Dissertation Université de Kyoto 1971.

32) *Skoulios, A., P. Helfer, Y. Gallot* et *J. Selb*, Makromol. Chem. **148**, 305 (1971).

33) *Kohler, J., G. Riess* et *A. Banderet*, Europ. Polymer J. **4**, 173 (1968); **4**, 187 (1968).

34) *Hoffmann, M., G. Kämpf, H. Krömer* et *G. Pampus*, Multicomponent Polymer Systems Advances in Chemistry Series 99 (Washington 1971).

35) *Periard, J., A. Banderet* et *G. Riess*, Angew. Makromol. Chem. **15**, 37 (1971); **15**, 55 (1971).

36) *Jolivet, Y.*, Thèse Mulhouse, déc. 1971.

37) *Wippler, C.*, Colloque copolymères séquencés et greffés. Mulhouse, 8–10 nov. 1972. Publ. Informations Chimie.

38) *Bourdeaux, M., M. Brie* et *G. Riess*, Article à paraître.

39) *Greene, D. E.* et *G. van der Kooi*, Colloidal and Morphological Behavior of Block and Graft Copolymers. *G. E. Molau* (Ed.), **1971**, p. 103. Plenum Press.

Adresse de l'auteur:

G. Riess
Ecole Supérieure de Chimie
3, rue A. Werner
68093 Mulhouse Cédex

Progr. Colloid & Polymer Sci. **57**, 272–278 (1975)

25.

Aus dem Institut für Physikalische Chemie der Universität Mainz, II. Ordinariat,
und aus dem Organisch-Chemischen Institut der Universität Mainz, Lehrstuhl III

Untersuchung zu Strukturen in Polymeren aus mesomorphen Monomeren

Von J. H. Wendorff, E. Perplies und H. Ringsdorf

Mit 6 Abbildungen und 2 Tabellen

(Eingegangen am 22. Oktober 1973)

1. Einleitung

Das physikalische und technologische Verhalten von Polymeren wird nicht nur von deren chemischer Struktur und von Strukturmerkmalen auf molekularer Ebene – wie z. B. von der Taktizität – bestimmt, sondern auch durch Ordnungszustände in größeren Bereichen. Während der Zusammenhang zwischen diesen Ordnungszuständen und den Eigenschaften bei den teilkristallinen Polymeren schon weitgehend untersucht wurde, trifft dies für rein amorphe Polymere nicht im gleichen Maße zu. Dies liegt im wesentlichen daran, daß die Frage nach der Struktur der amorphen Phase noch nicht zufriedenstellend gelöst ist.

Untersuchungen in dieser Richtung wurden unter anderem von *Flory* (1), *Kargin* (2, 3), *Yeh* (4) und *Pechold* (5, 6) durchgeführt. So deutet *Kargin* z. B. das Kristallisationsverhalten auf der Grundlage eines Kettenbündelmodells der amorphen Phase. *Yeh* versucht, mit seinem „folded chain fringed micellar"-Modell das Deformationsverhalten amorpher Stoffe zu deuten. *Pechold* erklärt eine Reihe von Eigenschaften amorpher Polymerer auf der Basis seines Mäandermodells des amorphen Zustandes.

Obwohl sich auf der Grundlage dieser Strukturmodelle viele Eigenschaften verstehen lassen, ist dennoch die Frage nach der Struktur des amorphen Zustandes nicht vollständig beantwortet. Ergebnisse von Neutronenbeugungsuntersuchungen an amorphem PMMA (7) zur Konformation der Ketten, Lichtstreuuntersuchungen an PMMA (8) und Röntgenkleinwinkeluntersuchungen an einer Reihe von amorphen Polymeren (9) lassen Zweifel an den oben beschriebenen Modellvorstellungen zu.

Eine Möglichkeit zur Gewinnung weiterer Kenntnisse über die Struktur des amorphen Zustandes und über den Zusammenhang zwischen der Struktur und den Eigenschaften besteht darin, Polymere zu untersuchen, deren Strukturen Übergänge zwischen einer kristallinen Ordnung und einer flüssigkeitsähnlichen Nahordnung darstellen. Strukturen dieser Art wurden beim Verstrecken amorpher Polymerer beobachtet. So berichtet *Bonart* (27), daß unter speziellen Verstreckbedingungen bei amorphem Polyäthylenterephthalat sich zunächst eine nematisch-hexagonale Stäbchenpackung der Moleküle ausbildet, die bei höheren Verstreckgraden in eine smektische Packung übergeht.

Strukturen der oben beschriebenen Art lassen sich aber auch durch Polymere verwirklichen, die aus mesomorphen Monomeren aufgebaut werden, d. h. aus Monomeren, die aufgrund ihrer steifen scheibenförmigen oder zylinderförmigen Struktur und aufgrund ihrer spezifischen Wechselwirkungen fähig sind, kristallinflüssige Phasen auszubilden.

Die Struktur kristallin-flüssiger Phasen zeichnet sich dadurch aus, daß keine dreidimensionale Fernordnung auftritt, sondern eine Ordnung geringeren Grades. Entsprechend ihren Ordnungsmerkmalen können die kristallin-flüssigen Phasen drei verschiedenen Typen zugeordnet werden: dem nematischen Typ, dem smektischen Typ und dem cholesterinischen Typ (Abb. 1). In dem nematischen Typ orientieren sich die Molekülachsen spontan parallel, dies ist das einzige Ordnungsmerkmal, senkrecht zu den Moleküllängsachsen liegt eine flüssigkeitsähnliche Nahordnung vor. In den smektischen Phasen bilden die wie in der nematischen Phase parallel orientierten Moleküle zusätzlich Schichten aus, wobei sich mehrere Schichten zusammenlagern. Die

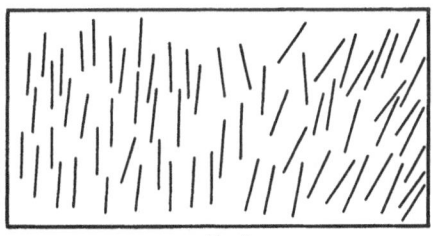

nematisch

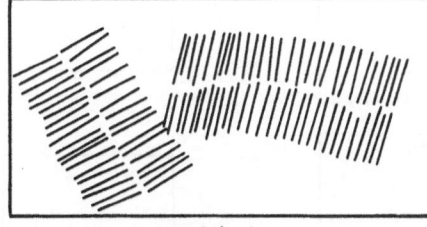

smektisch

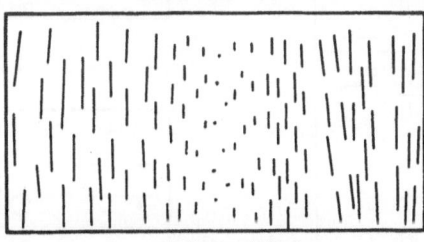

cholesterinisch

Abb. 1. Schematische Darstellung der Strukturmerkmale kristallin flüssiger Phasen

Ordnung innerhalb der Schichten ist im allgemeinen flüssigkeitsähnlich. Bei den cholesterinischen Phasen handelt es sich um verdrillte nematische Phasen, in Sonderfällen auch um verdrillte smektische Phasen. Die Verdrillungsachse ist dabei senkrecht zur Richtung der Molekküllängsachsen ausgerichtet.

Im Laufe der letzten Jahre sind eine Reihe von Untersuchungen über die Polymerisation kristallin-flüssiger Monomere durchgeführt worden (10–17). Die Zielrichtung dieser Untersuchungen war das Problem der Polymerisationskinetik in orientierten Systemen; nur vereinzelt wurde dabei auch die Struktur der entstehenden Polymeren behandelt. Bedingt durch den geringen experimentellen Aufwand bei diesen Untersuchungen sind die Aussagen über die Struktur der Polymeren von sehr begrenztem Wert. Immerhin läßt sich erkennen, daß die spezielle Ordnung der Monomerphasen einen Einfluß auf die Polymerstruktur haben kann.

Je nach dem chemischen Aufbau der Monomeren können bei der Polymerisation lineare Ketten entstehen oder bei einem Einbau der

Monomeren als Seitenkette Polymere kammähnlicher Struktur. Die hier vorliegende Arbeit berichtet über Untersuchungen zur Strukturbildung in Polymeren kammähnlicher Struktur.

2. Experimentelles

2.1. Proben

Als monomere Ausgangssubstanz wurde eine ungesättigte *Schiff*sche Base gewählt, und zwar 4-Acryloxy-benzyliden-4'-äthoxyanilin (Abb. 2). Diese Substanz bildet im Temperaturbereich von 78 bis 136 °C eine nematische Phase aus. Die Polymerisation erfolgte sowohl

$$CH_2=CH-CO-O-\bigcirc-CH=N-\bigcirc-O-C_2H_5$$

Abb. 2. Chemische Struktur von 4-Acryloxy-benzyliden-4'-äthoxyanilin

in Lösung bei verschiedenen Temperaturen als auch in der nematischen Phase und der isotropen Schmelze. Die Herstellungsbedingungen sind in Tab. 1 angegeben. Die Proben wurden sowohl im ungetemperten als auch im getemperten Zustand untersucht. Über die Abhängigkeit der Reaktionskinetik von der Struktur der Ausgangsphase wurde an anderer Stelle berichtet (18).

Tab. 1. Zusammenstellung von Probenbehandlung und Probenkennzeichnung

Proben-kennzeichnung	Probenbehandlung
P1	Polymerisiert in Lösung bei 20 °C, ungetempert und getempert bei 190 °C
P2	Polymerisiert in Lösung bei —78 °C, ungetempert
P3	Polymerisiert in Lösung bei —78 °C, getempert bei 190 °C
P4	Polymerisiert in der nematischen Phase im Temperaturbereich von 78 bis 136 °C, ungetempert und getempert bei 190 °C
P5	Polymerisiert in der isotropen Schmelze bei Temperaturen oberhalb von 136 °C, ungetempert und getempert bei 190 °C
P6	Probe P3, geschmolzen bei 200 °C, gemessen bei dieser Temperatur

2.2. Meßmethodik

Die Struktur der Monomerphasen und der Polymeren wurde mit Hilfe von Röntgenkleinwinkel- (Rigaku Denki Kleinwinkelgoniometer) und Röntgenweitwinkelstreuexperimenten (Siemens-Weitwinkelgoniometer, Flachka-

mera) untersucht. Die gestreute Intensität wurde dabei
mit Hilfe eines Szintillationszählrohres in Verbindung
mit einem Impulshöhendiskriminator bestimmt.

2.3. Streutheorie

Die durch einen endlichen Kristall gestreute Intensität $I(s)$ kann allgemein durch folgenden Ausdruck beschrieben werden (19):

$$I(\vec{s}) \sim |F(\vec{s})|^2 |R(\vec{s})|^2, \qquad [1]$$

wobei

$$F(\vec{s}) = \int \varrho(\vec{x}) \exp{(-2\pi i \vec{s} \vec{x})} \, d\vec{v}_x \qquad [2]$$

der Strukturfaktor ist.

$\varrho(\vec{x})$ ist die Elektronendichteverteilung in der Einheitszelle.

$$R(\vec{s}) = Z(\vec{s}) \sum (\vec{s}) \qquad [3]$$

$$\sum (\vec{s}) = \int \sigma(\vec{x}) \exp{(-2\pi i \vec{s} \vec{x})} \, d\vec{v}_x \qquad [4]$$

$$Z(\vec{s}) = \int z(\vec{x}) \exp{(-2\pi i \vec{s} \vec{x})} \, d\vec{v}_x \qquad [5]$$

Dabei beschreibt $z(\vec{x})$ das Gitter im realen Raum und $\sigma(\vec{x})$ die Gestalt des Kristalls.

Der Faktor $|R(\vec{s})|^2$ beschreibt die Intensitätsverteilung für den Fall, daß an jedem Gitterpunkt nur ein Elektron sitzt. Diese Intensitätsverteilung wird für den realen Kristall durch den Faktor $|F(\vec{s})|^2$ modifiziert, der den Einfluß der Elektronendichteverteilung in der Einheitszelle auf das Streuverhalten berücksichtigt. Bei ideal periodischer Anordnung der Gitterpunkte und bei großer Ausdehnung des Gitters weicht die gestreute Intensität nur in unmittelbarer Umgebung der Punkte des reziproken Gitters vom Wert Null ab. Wird die Periodizität gestört oder wird die Ausdehnung des Gitters verringert, so tritt auch in größerer Entfernung von den reziproken Gitterpunkten eine von Null abweichende Intensität auf.

Zur Erleichterung der später folgenden Diskussion der experimentell erhaltenen Streudiagramme soll dieses Verhalten anhand des Einflusses von ganz spezifischen Gitterstörungen auf das Streuverhalten orientierter Proben erläutert werden. Der Einfluß der Kristallabmessungen bleibt unberücksichtigt. In Anlehnung an *Bonart* (23) und *Hosemann* (20) sind in Abb. 3 für den zweidimensionalen Fall spezifische Koordinationsstatistiken schematisch dargestellt und die Merkmale des zugehörigen Streudiagramms angedeutet. Diese Koordinationsstatistiken sollen in allen Fällen für den dreidimensionalen Fall – die Struktur in der dritten Raumrichtung soll dabei mit der Struktur in Richtung des kleineren Gitterabstandes übereinstimmen – eine Schichtstruktur in Richtung des großen Gitterabstandes beschreiben.

Im Fall der Koordinationsstatistik a liegt eine Struktur vor, bei der in Richtung senkrecht zur Schichtnormalen keine Gitterstörungen vorhanden sind. Die einzelnen Schichten sind aber parallel gegeneinander verschoben.

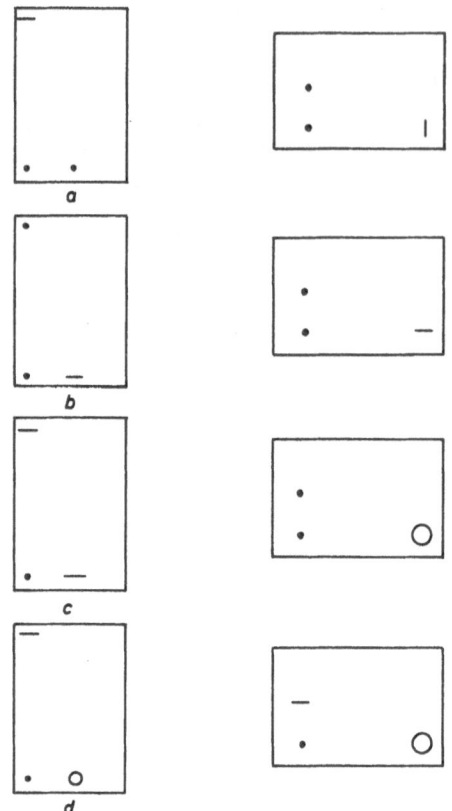

Abb. 3. Darstellung der relativen statistischen Fluktuation der Koordinationsstatistik und der zugehörigen Reflexform für ein zweidimensionales Modell [nach *Bonart* (23)]. Links ist für ein zweidimensionales Gitter die durch unterschiedliche Gitterfehler bedingte Lageverschmierung der nächsten Nachbarn eines Bezugsatoms dargestellt. Rechts ist die durch diese Gitterfehler bedingte Form der Streureflexe für orientierte Systeme dargestellt

Im Fall der Statistik b ist die Ordnung in den Schichten gestört, die Schichten sind aber ohne eine Parallelverschiebung übereinander geschichtet. Im Fall c ist die Ordnung in den Schichten gestört, zusätzlich sind die Schichten parallel zueinander verschoben. Im Fall der Koordinationsstatistik d tritt zusätzlich zum Fall c eine Verbiegung der Schichten in Richtung der Schichtnormalen auf.

Die durch die Koordinationsstatistiken charakterisierten Gitterstörungen äußern sich im Streudiagramm orientierter Proben durch spezifische Merkmale, diese sind in der Abb. 3 dargestellt. Auch bei den Diagrammen nichtorientierter Proben rufen die Gitterfehler charakteristische Merkmale hervor, wie z.B. unsymmetrische Kleinwinkel- oder Weitwinkelreflexe. Obwohl die Merkmale nicht so eindeutig sind wie im Fall orientierter Proben, lassen sich dennoch Rückschlüsse auf die Art der Gitterstörung ziehen.

3. Ergebnisse und Diskussion

Die Struktur der bei der Polymerisation direkt entstehenden Polymeren hängt stark von der Struktur der monomeren Ausgangsphase ab. Dies ist in Abb. 4 anhand der Röntgenkleinwinkelstreukurven deutlich zu erkennen. Während die Proben, die in Lösung bei 20 °C polymerisiert wurden (P1) keine Kleinwinkelreflexe aufweisen, treten bei in Lösung bei —78 °C polymerisierten Proben (P2) breite Kleinwinkelreflexe auf. Bei Proben, die in der nematischen Phase (P4) und in der isotropen Schmelze (P5) polymerisiert wurden, ist das Streudiagramm durch einen scharfen Kleinwinkelreflex hoher Intensität sowie durch mehrere Reflexe höherer Ordnung und niedriger Intensität charakterisiert. Die nematische Phase und die isotrope Schmelze der Monomeren zeigen keinen Kleinwinkelreflex.

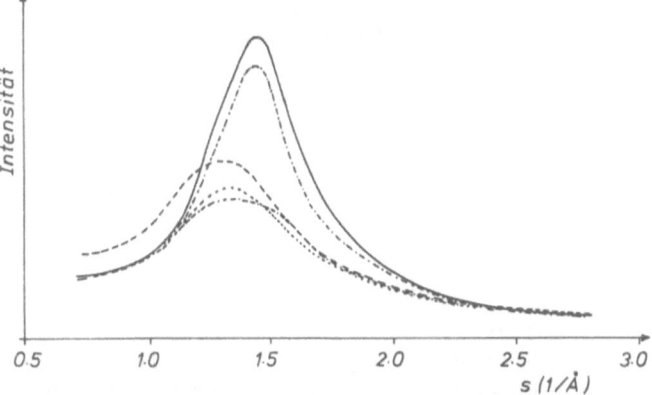

Abb. 5. Röntgenweitwinkelstreuung der Monomeren in der nematischen Phase (- - - - - -) und der Polymeren, polymerisiert in Lösung (P1 ——·——, P2 ——·—, P6 ————) und in der nematischen Phase (P4 ———)

Tab. 2. Zusammenstellung von Werten, die das Weitwinkelstreuverhalten der Proben kennzeichnen

Probe	d-Abstand aus dem Weitwinkelreflex (Å)	Halbwertsbreite des Weitwinkelreflexes (Grad)
Monomeres in nematischer Phase (T = 100 °C)	5,11	8,5
Polymeres polymerisiert in: Lösung bei —78 °C (T = 25 °C)	4,90	6,0
Lösung bei —78 °C, getempert bei 190 °C (T = 25 °C)	4,90	6,0
Lösung bei —78 °C, getempert bei 190 °C (T = 200 °C)	5,38	8,0
Lösung bei 20 °C (T = 25 °C)	5,08	8,0
Nematische Phase (T = 25 °C)	4,90	6,5
Nematische Phase (T = 100 °C)	4,97	6,5
Isotrope Schmelze (T = 25 °C)	4,90	6,5

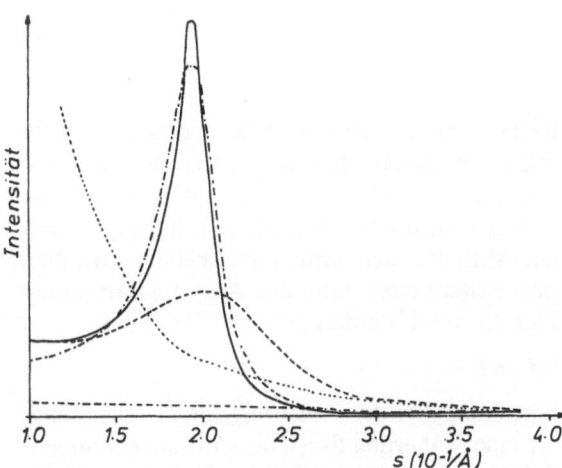

Abb. 4. Röntgenkleinwinkelstreuung des Monomeren in der nematischen Phase (————·————) und der Polymeren, polymerisiert in Lösung (P1 - - - - - -, P2 ————, P3 ——·—) und in der nematischen Phase (P4 ———)

Auch bei den für alle Proben im Weitwinkelbereich zu beobachtenden breiten Reflexen treten bei den verschiedenen Proben Unterschiede hinsichtlich der Winkellage und der Reflexbreite auf. Dieses Verhalten ist der Abb. 5 und der Tab. 2 zu entnehmen. Durch Tempern der bei der Polymerisation direkt entstandenen Proben bei 190 °C tritt im Streudiagramm der Proben 1, 4, 5 keine Änderung auf. Dagegen ändert sich das Kleinwinkelstreuverhalten der in Lösung

bei —78 °C polymerisierten Proben (P2). Nach dem Tempern (P3) stimmt das Streuverhalten mit der in der isotropen Schmelze polymerisierten Probe (P5) überein. Das Weitwinkelstreuverhalten wird bei keiner Probe durch das Tempern verändert. Auch nach dem Tempern bleiben also Unterschiede in der Struktur, die ihre Ursache in unterschiedlichen Polymerisationsbedingungen haben, bestehen.

Bevor die Struktur der einzelnen Proben näher diskutiert werden soll, werden zunächst allgemeine Eigenschaften der Struktur der Proben 3, 4, 5 angegeben. Das Streuverhalten dieser Proben ist bei nicht orientierten Proben durch eine Reihe symmetrischer Reflexe höherer Ordnung und unterschiedlicher Intensität eines scharfen starken Reflexes 1. Ordnung im Kleinwinkelbereich und durch einen breiten nahezu symmetrischen Reflex im Weitwinkelbereich charakterisiert. Dieses Streuverhalten stimmt mit dem überein, welches im Fall der Koordinationsstatistiken b oder c zu erwarten ist. Es liegt also offenbar eine Schichtstruktur vor, bei der in Richtung der Schichtnormalen eine Fernordnung existiert, senkrecht zu dieser Richtung jedoch eine gestörte Ordnung, die mit einer flüssigkeitsähnlichen Nahordnung verglichen werden kann. Dies sind typische Strukturmerkmale einer smektischen Phase. Aus den Streudiagrammen kann nicht entnommen werden, ob die Schichten parallel verschoben sind oder ungestört übereinandergepackt sind. Die Verschiebung kann allerdings nicht statistisch sein. Für eine Verbiegung der Schichten gibt es keine Anzeichen.

Aufgrund dieses Streuverhaltens und aufgrund der den Streudiagrammen zu entnehmenden molekularen Abstände kann folgendes Strukturmodell aufgestellt werden:

Die Polymerkette ist dadurch charakterisiert, daß entlang der C–C-Hauptkette abwechselnd nach zwei Seiten die Seitenketten herausragen (Abb. 6). Diese Struktureinheiten sind in Schichten angeordnet. Die Ordnung in den Schichten ist gestört. Die Hauptkette kann nicht völlig gestreckt vorliegen, da dann selbst bei einer Verwackelung der Seitenketten scharfe Reflexe im Weitwinkelbereich zu erwarten sind; es lägen Störungen vom ersten Typ (19) vor. Es kann nicht entschieden werden, ob die Seitenketten und die Hauptkette in einer Ebene liegen, leichte Abweichungen von dieser Struktur sind mit dem Streuverhalten verträglich. Durch eine Übereinanderlagerung der Schichten entsteht in Richtung der Schichtnormalen eine Fernordnung. Der Schichtabstand und der Abstand innerhalb der Schichten, die sich aufgrund dieses Modells ergeben, stimmen mit den aus dem Streudiagramm erhaltenen Werten überein. Auch die integralen Intensitäten der OOl-

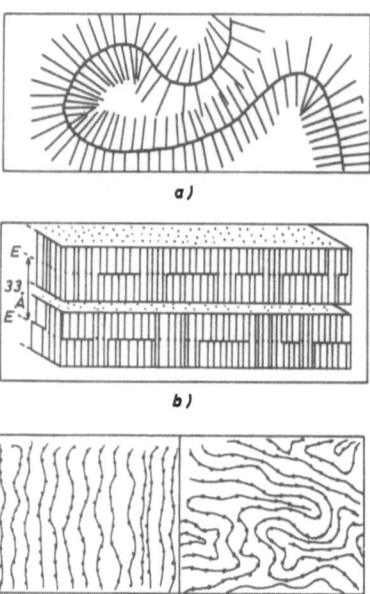

Abb. 6. a) Modell der Struktur der Polymerkette, b) Modell der smektischen Schichtstruktur, c) mögliche Konformationen der Hauptkette in der Ebene E (siehe Abb. 6b) innerhalb der Schichten

Reflexe, die auf der Grundlage dieses Modells mit Hilfe der Gl. [1] und [2] errechnet wurden, stimmen mit den beobachteten Werten überein.

Aus dem breiten Weitwinkelreflex ergibt sich ein Maß für den mittleren Abstand zwischen den Seitenketten und die Abstandsverteilung. Der Abstand wurde nach der Gleichung

$$2d \sin \theta = 1{,}117\,\lambda$$

berechnet. Bei der Ableitung dieser Gleichung, die eine Näherung darstellt, wird angenommen, daß sich die Struktur durch parallel orientierte Zylinder beschreiben läßt (24, 25).

Dieser Seitenkettenabstand ist kleiner als der Abstand zwischen den Monomermolekülen in der nematischen Phase und der isotropen Schmelze (Tab. 2). Er stimmt überein mit dem Abstand für Moleküle sehr ähnlicher Struktur, der in der smektischen Phase gefunden wurde (21, 22). Die Halbwertsbreite ist – wie aus Abb. 5 und Tab. 2 hervorgeht – geringer als im Fall der nematischen Monomerphase. Diese Merkmale deuten darauf hin, daß der Ordnungsgrad zwischen den Polymerseitenketten höher ist als der Ordnungsgrad zwischen parallelen Molekülen in der nematischen Phase. Er ist mit dem einer smektischen Phase zu vergleichen.

Es sollen nun die bei der Polymerisation direkt entstandenen Strukturen diskutiert werden. Bei den Proben, die in der nematischen Phase und in der isotropen Schmelze (P 4 und P 5) polymerisiert wurden, stimmt vom Streuverhalten her die Struktur mit der oben beschriebenen Struktur überein. Geringe Unterschiede in der Halbwertsbreite der Kleinwinkelreflexe können ihre Ursache in unterschiedlichen Kristallabmessungen haben.

Die Strukturbildung geht bei der Polymerisation folgendermaßen vor sich: parallel orientierte Moleküle, die in der nematischen Phase in großen Bereichen und in der isotropen Schmelze vermutlich in kleinen Bereichen vorkommen (26, 32), werden entlang ihrer Längsachse durch die Temperaturbewegung verschoben, so daß sie sich mit ihrer reaktiven Gruppe der wachsenden Polymerkette nähern. Durch die Reaktion wird das Molekül an die Kette geheftet und ist somit nicht mehr frei beweglich. Schon bei geringen Umsätzen bilden sich während der Reaktion die Schichtstrukturen aus. Dies konnte aus Untersuchungen gefolgert werden, bei denen die Polymerisation mit Hilfe der Röntgenstreuung verfolgt wurde: es trat sofort das oben beschriebene charakteristische Streudiagramm auf, die Intensität der Reflexe nahm in Abhängigkeit von der Zeit zu.

Bei den Proben, die in Lösung bei —78 °C polymerisiert wurden, bildet sich nur eine gestörte Ordnung aus. Die Lage und die Breite des Weitwinkelreflexes, die mit den entsprechenden Werten der Proben P 4 und P 5 übereinstimmen, nicht aber mit den Werten der geschmolzenen Proben, können als Hinweis darauf angesehen werden, daß Schichten ausgebildet werden und daß eine gestörte Stapelung der Schichten die Ursache der Verbreiterung der Kleinwinkelreflexe ist. Die Störung kann in einer geringen Ausdehnung des Kristalls in Richtung der Schichtnormalen bestehen oder durch Gitterfehler hervorgerufen worden sein. Wegen der sehr geringen Intensität der Reflexe höherer Ordnung konnte zwischen den beiden Fällen nicht durch eine Analyse der Abhängigkeit der Reflexbreite von der Ordnung entschieden werden.

Durch Temperung bei 190 °C kann die Ordnung in Richtung der Schichtnormalen wesentlich verbessert werden (P 3). Es treten jetzt wie bei den Proben P 4 und P 5 scharfe Kleinwinkelreflexe höherer Ordnung auf, vom Streuverhalten her stimmt die Struktur mit der dieser Proben überein. Bei der Temperung tritt allerdings keine Seitenkettenkristallisation ein, wie sie bei

kammähnlichen Polymeren mit Paraffinseitenketten beobachtet wurde (28–31). *Bonart* (27) wies im Zusammenhang mit Untersuchungen zu parakristallinen Strukturen in Polyäthylenterephthalat darauf hin, daß eine überhöhte Nahordnung eine Kristallisation verhindern kann, dies mag eine Erklärung für das beobachtete Verhalten sein.

Bei den Proben, die bei 20 °C in Lösung polymerisiert wurden (P 1), ist die Anordnung der Seitenketten stärker gestört als in den oben besprochenen Strukturen der Proben P 3, P 4, P 5. Außerdem deutet das Fehlen von Kleinwinkelreflexen darauf hin, daß keine geordnete Schichtenansammlung wie in der smektischen Phase vorliegen kann. Von seinem Streuverhalten her kann dieses Polymere als amorph bezeichnet werden. Das Streuverhalten stimmt im wesentlichen mit dem der geschmolzenen Proben überein. Beim Schmelzen der Proben P 3 verschwinden die Kleinwinkelreflexe, der Weitwinkelreflex verschiebt sich zu kleineren Winkeln und verbreitert sich (Abb. 5). Aufgrund dieses Verhaltens kann angenommen werden, daß beim Schmelzvorgang die Schichtstruktur abgebaut wird und die Hauptkette sich verknäult. Die Seitenketten können auch dann noch in größeren Bereichen parallel orientiert sein, verglichen mit der Schichtstruktur ist der Ordnungsgrad aber gering, er stimmt mit dem der nematischen Phase der Monomeren überein.

Der beobachtete Schmelzpunkt von 195 °C liegt sehr hoch verglichen mit dem Schmelzpunkt von 78 °C für das Monomere und verglichen mit dem nematischen Schmelzpunkt von 136 °C. Bei kristallisierten Polymeren kammähnlicher Struktur mit Paraffinseitenketten wurde eine gute Übereinstimmung zwischen den Schmelzpunkten der freien Paraffine und den Paraffinketten in den Seitengruppen beobachtet (28–30). Von diesem Verhalten weicht das hier untersuchte Polymere stark ab.

Danksagung

Diese Untersuchungen wurden durch die Deutsche Forschungsgemeinschaft im Rahmen des Sonderforschungsbereiches Makromoleküle (SFB 41) Mainz-Darmstadt unterstützt. Wir danken Herrn Prof. Dr. *E. W. Fischer* für die hilfreiche Unterstützung bei diesen Untersuchungen. Herrn Dr. *G. Schmidt* danken wir für die Förderung der Arbeit durch wertvolle Hinweise und Diskussionen.

Zusammenfassung

4-Acryloxy-benzyliden-4'-äthoxyanilin, das im Temperaturbereich von 78 °C bis 136 °C eine nematische kristallin-flüssige Phase aufweist, wurde im nematischen Zustand, in der isotropen Schmelze und in Lösung bei verschiedenen Temperaturen polymerisiert. Die dabei entstehenden Polymeren kammähnlicher Struktur wurden durch Röntgenkleinwinkel- und Röntgenweitwinkeluntersuchungen sowie durch DSC-Untersuchungen charakterisiert.

Die Strukturen der Monomerphasen haben einen starken Einfluß auf die Strukturen der Polymeren. Die Struktur aller Proben, mit Ausnahme der amorphen Probe, die bei der Polymerisation in Lösung bei 20 °C entsteht, ist durch ein Aggregat von Schichten charakterisiert. Diese Aggregate weisen eine eindimensionale Fernordnung in Richtung der Schichtnormalen auf. Je nach den Polymerisationsbedingungen ist diese Ordnung mehr oder weniger stark gestört. Senkrecht zur Richtung der Schichtnormalen besteht nur eine flüssigkeitsähnliche Nahordnung. Das Polymere hat somit die charakteristischen Struktureigenschaften einer smektischen Phase.

Bei der Schmelztemperatur von 195 °C, die verglichen mit der Schmelztemperatur der Monomeren sehr hoch liegt, wird die Schichtstruktur zerstört, das Polymere wird amorph.

Summary

4-Acryloxy-benzylidene-4'-ethoxyaniline, which exhibits a nematic liquid crystalline phase in the temperature range from 78 °C to 136 °C, was polymerized in the nematic phase, the isotropic melt and in solution at different temperatures. The resulting comb-like polymers were characterized by X-ray small and wide angle studies and by DSC-studies.

The structure of the monomer phase strongly influences the structure of the polymer. The structures of all samples (with the exception of the sample polymerized in solution at 20 °C which is amorphous) are characterized by assemblies of layers. These assemblies possess a one dimensional long range order in the direction of the layer normal. This order is more or less disturbed depending on the condition of the polymerisation. Short range order exists perpendicular to this direction. Thus the samples exhibit the characteristic features of a smectic phase. At the melting temperature of 195 °C, which is very high compared with the melting temperature of the monomers, the layer structure is destroyed, the samples become amorphous.

Literatur

1) *Flory, P. J., A. Ciferri* und *R. Chiang*, J. Amer. Chem. Soc. **83**, 1023 (1961).

2) *Kargin, V. A.*, J. Polymer Sci. **30**, 247 (1958).

3) *Ovchinnokov, Yu. K., G. S. Markovwa* und *V. A. Kargin*, Vysokomol. Soed. **A 11**, 329 (1969).

4) *Yeh, G. S. Y.*, J. Macromol. Sci. Phys. **B 6 (3)**, 465 (1972).

5) *Pechold, W.*, Kolloid-Z. u. Z. Polymere **228**, 1 (1968); **231**, 418 (1969).

6) *Pechold, W.* und *S. Blasenbrey*, Kolloid-Z. u. Z. Polymere **241**, 955 (1970).

7) *Kirste, R. G., W. A. Kruse* und *J. Schelten*, Makromol. Chem. **162**, 299 (1972).

8) *Fischer, E. W.* und *M. Dettenmaier*, Kolloid-Z. u. Z. Polymere **251**, 922 (1973).

9) *Wendorff, J. H.* und *E. W. Fischer*, Kolloid-Z. u. Z. Polymere **251**, 876 (1973).

10) *Amerik, Y. B.* und *B. A. Krentsel*, J. Polymer Sci. **C 16**, 1383 (1967).

11) *Amerik, Y. B., J. J. Konstantinov* und *B. A. Krentsel*, J. Polymer Sci. **C 23**, 231 (1968).

12) *Hardy, G., N. Fedorova* und *G. Kovacs*, J. Polymer Sci. **C 16**, 2675 (1967).

13) *Hardy, G.* und *F. Nitrai*, Europ. Polymer J. **5**, 133 (1969); Acta Chim. Acad. Sci. Hung. **65 (3)**, 301 (1970).

14) *Hardy, G.* und *F. Cser*, Acta chim. Acad. Sci. Hung. **65 (3)**, 287 (1970).

15) *Paleos, C. M.* und *M. M. Labes*, Mol. Cryst. **11**, 385 (1970).

16) *Blumstein, A., N. Kitawaga* und *R. Blumstein*, Mol. Cryst. **12**, 215 (1971).

17) *De Visser, A. C., K. de Groot, J. Feyen* und *A. Bantjes*, Polymer Letters **10**, 851 (1972).

18) *Perplies, E.*, Diplomarbeit (Mainz 1972). – *Perplies, E., H. Ringsdorf* und *J. H. Wendorff*, IUPAC Hamburg 1973.

19) *Guinier, A.*, X-Ray Diffraction (London 1963).

20) *Hosemann, R.* und *S. N. Bagchi*, Direct Analysis of Diffraction by Matter (Amsterdam 1962).

21) *De Vries, A.*, Molecular Cryst. **11**, 361 (1970).

22) *De Vries, A.*, Molecular Cryst. **20**, 119 (1973).

23) *Bonart, R.*, Z. Kristall **109**, 296 (1957).

24) *James, R. W.*, The Optical Principles of the Diffraction of X-rays (London 1954).

25) *De Vries, A.*, Molecular Cryst. **10**, 219 (1970).

26) *Stuart, H. A.*, Ber. Bunsenges. Phys. Chem. **74**, 739 (1970).

27) *Bonart, R.*, Kolloid-Z. u. Z. Polymere **213**, 1 (1966).

28) *Turner Jones, A.*, Makromol. Chem. **71**, 1 (1964).

29) *Ailhaud, H., Y. Gallot* und *A. Skoulios*, C. R. Acad. Sci. **267**, 139 (Paris 1968).

30) *Plate, N. A., V. P. Shibaev, B. S. Petrukhin* und *V. A. Kargin*, J. Polymer Sci. **C 23**, 37 (1968). – *Plate, N. A., V. P. Shibaev, B. S. Petrukhin, Yu. A. Zubov* und *V. A. Kargin*, J. Polymer Sci. **A 1, 9**, 2291 (1971).

31) *Jordan, E. F., B. Artymyshyn, A. Speca* und *A. N. Wrigley*, J. Polymer Sci. **A 1, 9**, 3349 (1971).

32) *Zadoc Kahn, J.*, Ann. de physique **(11) 6**, 455 (1936).

Anschrift der Verfasser:

Dr. *J. H. Wendorff*
Institut für Physikalische Chemie, II. Ordinariat
6500 Mainz, Jakob-Welder-Weg 15

Diplomchemiker *E. Perplies* und Prof. Dr. *H. Ringsdorf*
Organisch-Chemisches Institut
6500 Mainz, Johann-Joachim-Becher-Weg 18–20

Progr. Colloid & Polymer Sci. **57**, 279–282 (1975)

26.

Aus der Technischen Hochschule, Darmstadt, und der Universität Bern (Schweiz)

Hysterese der Ad- und Desorption an Stoffen mit variablen Hohlraumstrukturen *)

Bemerkungen zum gegenwärtigen Stand der Hysterese-Forschung

Von H. W. Kohlschütter, R. Signer und M. Lüscher

Mit 4 Abbildungen und 1 Schema

(Eingegangen am 27. September 1973)

1. Der gegenwärtige Stand der Theorie

Hysterese zwischen der Adsorptionsisotherme und der Desorptionsisotherme von Wasser an Silicagelen und Aluminiumoxiden ist ein altes Phänomen. Es gibt heute zwei Gründe, sich dieses Phänomen erneut anzusehen:

a) Die Theorie der Hysterese hat im letzten Jahr Fortschritte gemacht, durch die Beziehungen zwischen alten und neuen Beispielen entstanden. – Neu: Hysterese bei umkehrbaren Reaktionen gelöster makromolekularer Stoffe in biologischen Systemen. – Alt: die Kapillarkondensation in anorganischen Gerüstsubstanzen.

b) Silicagele und Aluminiumoxide sind Sorptionsmittel der Chromatographie. Ihre chromatographische Aktivität wird durch Zusätze von Wasser reguliert. Daraus entsteht die Frage: Liefern Hysterese-Schleifen Informationen über die variablen Hohlraumsysteme dieser Gerüstsubstanzen?

Abb. 1 enthält eine Hysterese-Schleife für Silicagel im Bereich des Wasserdampfpartialdrucks $p/p_0 = 0$–1 (Abszisse). Die vom Silicagel bei der Beladung aufgenommene und bei der Entladung noch behaltene Wassermenge wurde gravimetrisch bestimmt (Ordinate).

Der Vorteil des gravimetrischen Verfahrens wird anschaulich bei dem Vergleich mit der *Kelvin*-Kurve, die so oft für die Berechnung des Kapillarradius aus dem Wasserdampfpartialdruck p/p_0 benutzt wird. Diese Kurve kann nur in den mittleren Bereichen für p/p_0 genau abgelesen werden. Mit einer guten Wägeapparatur kann jedoch der ganze Bereich $p/p_0 = 0$–1 ausgenützt werden. Es ist trotzdem instruktiv, außer

der Skala für p/p_0 die Skala für r_K als Funktion von p/p_0 anzulegen. So erhält man Anhaltspunkte für die Porenweiten, die bei der Beladung und Entladung durchlaufen werden.

Lesen wir die Hysterese-Schleife vom Punkt A aus, dann sagt sie aus: Bei gleichem Partialdruck des Wassers p/p_0 stellen sich im Gleichgewicht verschiedene Wassergehalte im porösen Bodenkörper ein. Diese Leseart kann praktisch wichtig werden, wenn der Wassergehalt gezielt ein-

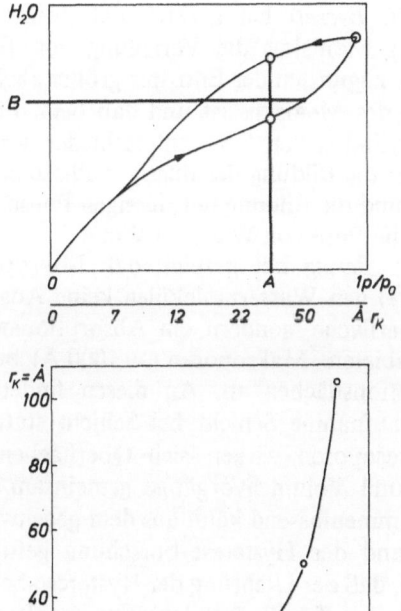

Abb. 1. Hysterese-Schleife und *Kelvin*-Radien

*) Auszug

gestellt werden soll. Dazu muß die Hysterese-Schleife des vorliegenden Präparates bekannt sein.

Lesen wir die Hysterese-Schleife vom Punkt B aus, dann sagt sie aus, daß mit dem gleichen Wassergehalt ein höherer und ein niedrigerer Partialdruck erzeugt werden kann. Der Zustand des Systems mit dem höheren Partialdruck ist gegenüber dem Zustand des Systems mit dem niederen Partialdruck metastabil.

Die Erklärung dieses Unterschiedes (die heute noch nicht abgeschlossen ist) enthält die folgenden Abschnitte:

a) Die *thermodynamische Analyse dieser Metastabilität*, mit der Frage: Welche Teilvorgänge bei der Bildung und beim Abbau des Meniskus von flüssigem Wasser in der Pore sind reversibel oder irreversibel?

b) Die *Entwicklung eines mikroskopischen Modells* mit einer beidseitig offenen und zylindrischen Glaskapillare, mit der Absicht, die thermodynamisch abgeleiteten Teilvorgänge an den Menisken anschaulich zu machen.

c) Die *Anwendung der realen Molekülgrößen und der realen Porendurchmesser* auf die Ergebnisse der thermodynamischen Analyse und auf das mikroskopische Modell.

D. H. Everett hat gezeigt, daß beim Aufbau des Meniskus die Verteilung von Freier Energie zugunsten der Entropie größer als beim Abbau des Meniskus ist und daß beim Füllen einer zylindrischen Pore unterschieden werden müssen: die Bildung der flüssigen Phase an der Wand und die Bildung der flüssigen Phase quer durch die Pore von Wand zu Wand.

B. P. Bering hat gezeigt, daß Mikroporen (< 10 Å) den Wassermolekülen keine Adsorptionsoberfläche, sondern ein Absorptionsvolumen anbieten. Makroporen (> 1000 Å) bieten Adsorptionsflächen an. An diesen findet die Wasseraufnahme Schicht bei Schicht statt. In den Mesoporen wirken sich Oberflächenvorgänge und Volumenvorgänge gemeinsam aus.

Zusammenfassend kann aus dem gegenwärtigen Stand der Hysterese-Forschung gefolgert werden, daß der Ursprung der Hysterese-Schleifen bei der Kapillarkondensation im Bereich der Mesoporen liegt.

2. Gemessene Hysterese-Schleifen

Angewandt wurden Silicagele und Aluminiumoxide mit abgestuften Mesoporen.

Bei Silicagelen läßt sich die Abstufung beispielsweise durch Fällung von Polykieselsäuregelen bei verschiedenen pH-Werten verwirklichen. Die plastischen Gele werden in Xerogele übergeführt. Ihre Gerüstsubstanz ist amorph. Porenabgestufte Aluminiumoxide entstehen beispielsweise durch thermische Zersetzung von kristallisierten Aluminiumhydroxiden bei verschieden hohen Temperaturen. Ihre Gerüstsubstanz ist feinkristallin.

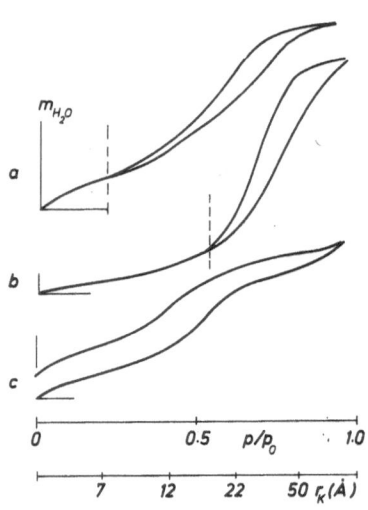

Abb. 2. Typen gemessener Hysterese-Schleifen

a) Die erste Schleife umschreibt einen Bereich, in dem über 90% des reversibel aufgenommenen Wassers in Mesoporen der Gerüstsubstanz untergebracht wird. Formal sind fast alle Porenweiten (r_K) an der Aufnahme beteiligt.

b) Auch die zweite Schleife umschreibt einen Bereich, in dem der überwiegende Anteil des reversibel aufgenommenen Wassers in Mesoporen der Gerüstsubstanz untergebracht wird. Hier sind jedoch überwiegend weitere Poren (r_K) an der Aufnahme beteiligt.

c) Die dritte Schleife ist offen. Während der Adsorption der Mesoporen wird ein Teil des Wassers irreversibel von der Gerüstsubstanz verbraucht. Bei der Desorption entsteht ein Defizit.

Die *spezifisch chemische Aufgabe* besteht nun darin, Beziehungen herzustellen zwischen der Bildung und dem Aufbau der Gerüstsubstanz einerseits, den zugehörigen Hysterese-Schleifen andererseits. Beispiele für Informationen, die man dabei gewinnt, sind u. a.:

Je weiter bei Silicagelen die Mesoporen gebaut werden, um so mehr Wasser kann ein Gramm der Gerüstsubstanz reversibel aufnehmen.

Oder: Bei Silicagelen, die nach ihrer Herstellung noch nie über 200 °C erhitzt worden waren, ist die Schleife zu. Sie geht auf, wenn durch höheres Erhitzen vor dem Beginn der Adsorption zuviel Wasser aus oberflächenständigen SiOH-Gruppen abgespalten wurde. Während der Adsorption kann sich ein Teil der SiOH-Gruppen zurückbilden.

Oder: Auch bei sog. aktiven, also nicht zu hoch geglühten Aluminiumoxiden ist die Schleife offen. Hier spielen sich aber ganz andere Vorgänge als bei Silicagelen ab. Während der Adsorption reagiert Wasser mit der *festen Phase* der Gerüstsubstanz. Die Schleife schließt sich beim Glühen gegen 1000 °C immer mehr. Beim Glühen von Silicagel öffnet sie sich immer mehr.

3. Differenzenquotienten der Hysterese-Schleifen

Weitere Informationen von allgemeiner Bedeutung lieferten die Differenzenquotienten der Hysterese-Schleifen. Das veranschaulicht im Rahmen dieses Auszugs eine zusammengehörende Gruppe von Aluminiumoxiden, die durch Zersetzung von kristallisiertem Aluminiumhydroxid bei 500/800/1000 °C hergestellt worden waren.

Aus Abb. 3 geht hervor:

a) Die Maxima der Differenzenquotienten zeigten eine Unterteilung des Hohlraumvolumens an.

b) Je weiter die Sinterung der Gerüstsubstanz fortschritt, um so mehr ebnete sich die Hohlraumstruktur ein. Der Anteil des Hohlraumvolumens mit den formal kleineren Porenweiten nahm ab zugunsten des Anteils des Hohlraumvolumens mit den formal größeren Porenweiten.

c) Am Beginn der Beladung und am Ende der Entladung war der Differenzenquotient größer als der benachbarte Differenzenquotient. Die Werte dieser herausfallenden (in der Abb. 3 an den drei linken Rändern) Differenzenquotienten änderten sich symbat mit der spezifischen Oberfläche der vermessenen Aluminiumoxide: ihre Absolutwerte nahmen ab, wenn die spezifische Oberfläche abnahm. Die Präparate boten zuerst ihre ganze Oberfläche für die Wasserbeladung an. Erst anschließend wirkten sich die Mesoporen aus. Dieselben Informationen lieferten die Differenzenquotienten für Silicagele.

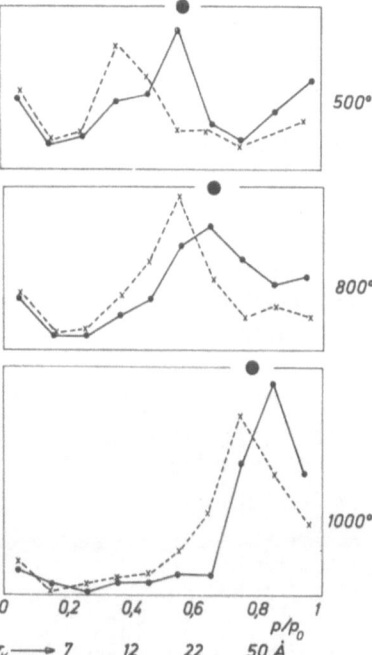

Abb. 3. Differenzenquotienten der Hysterese-Schleifen für Aluminiumoxide. Die schwarzen Punkte an den oberen Rändern sind die nach $r = 2\,V/O$ berechneten „mittleren" Radien. Ausgezogen: Adsorption. Gestrichelt: Desorption.

4. Berechnete Porenweiten

Abb. 3 gibt schließlich auch Anlaß zu einer Bemerkung über die viel angewandte Berechnung von Porenradien aus gemessenen Porenvolumina und gemessenen Oberflächen. Es wird das Zylindermodell benutzt:

$$O = 2\pi r \cdot h$$
$$V = \pi r^2 \cdot h$$
$$r = \frac{2\,V}{O}$$

Es ist ein Glück, daß die Größe h bei der Ableitung der Größe r herausfällt. Mit den Werten für h würden bei den üblichen Silicagelen nur Astronauten umgehen können (einmal Erde – Mond und zurück). h eignet sich nicht für eine feine Identifizierung von Hohlraumstrukturen. Besser lautet das Urteil für r. Seine Werte liegen

nahe bei den Maxima der gravimetrisch ermittelten Hohlraumvolumina. Sie folgen auch
den Veränderungen der Hohlraumstrukturen.
Aber sie sagen doch sehr viel weniger als die
Differenzenquotienten der Hysterese aus.

Wir sind hier an einem wichtigen Punkt der
Hysterese-Forschung angelangt.

Die thermodynamische Analyse der Hysterese
bei der Kapillarkondensation benutzt z. Z. ein
Zylinder-Modell, um die Teilvorgänge der Me-
niskusbildung zu erfassen.

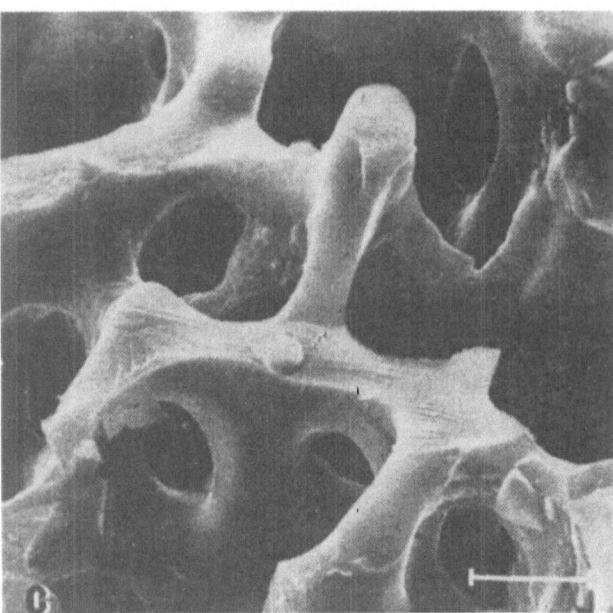

Abb. 4. Vgl. Text

Die präparative Chemie benutzt aus Bequem-
lichkeit z. Z. auch ein *Zylinder-Modell*. Sie will
mit ihrem Zylinder möglichst schnell den makroskopischen Parameter, nämlich den mittleren
Porenradius, bestimmen.

Diskussion:

R. Bonart (Berlin):

Ist die von Ihnen diskutierte Hysterese eine Gleich-
gewichtserscheinung oder sind in ihr Zeiteffekte enthalten?

Beide Zylinder sind Vereinfachungen. Die
jetzt entstehenden Schwierigkeiten beruhen auf
der *Kommunikation* der Kapillaren. Hier ist die
präparative Chemie schon weiter als die Theorie
fortgeschritten.

Abb. 4 enthält dazu eine Aufnahme des Hohlraums in Korallen. Von jedem Punkt kann man
zu jedem Punkt des Hohlraums gelangen. Da
man diesen Typ von Hohlraumsystemen in der
Medizin für die technologische Herstellung von
künstlichen Knochenteilen braucht, wird durch
ein Abdruckverfahren das Calcitgerüst der Ko-
ralle in ein Gerüst von Korund oder Polystyrol
oder Metall überführt. Man sieht daran, daß
Strukturprobleme in Hohlraumsystemen, an
Gerüstsubstanzen, also auch an Polymersystemen, zusammenhängen. Dies gilt z. Z. auch für
das Phänomen der Hysterese. Die graphische
Darstellung der Hysterese-Schleifen in der Form
ihrer Differenzenquotienten ist eine vorläufige
Erleichterung für die Identifizierung der variablen Hohlraumsysteme nahestehender Gerüstsubstanzen. Sie liefert überraschend viele Ein-
zelinformationen.

Literatur

H. W. Kohlschütter, R. Signer, M. Lüscher, Helv. Chim.
Acta **57**, 314 (1973).

H. Halpaap, Standardisierte Kieselgele (Porendurchmesser, Gesamtlänge der Poren etc.), Kontakte (Merck),
1973.

H. U. Niessen, Science **166**, 1147 (1969).

Anschrift der Verfasser:

Prof. Dr. *H. W. Kohlschütter*
6100 Darmstadt, Annastraße 19

Prof. Dr. *R. Signer* und
Dr. *M. Lüscher*
Chemische Institute der Universität Bern

W. Kohlschütter (Darmstadt):

Die Ad- und Desorptionsisothermen waren Gleich-
gewichtskurven. Somit waren auch die Hysterese-Schleifen Gleichgewichtsphänomene.

Für die Schriftleitung verantwortlich: Für Originalarbeiten Prof. Dr. F. H. Müller, 3550 Marbach b. Marburg/Lahn
und Prof. Dr. A. Weiss, 8000 München 2
Dr. Dietrich Steinkopff Verlag, 6100 Darmstadt, Saalbaustr. 12
Herstellung: Druckerei Winter, Heidelberg